“十二五”职业教育国家规划教材
经全国职业教育教材审定委员会审定

基础化学

新世纪高职高专教材编审委员会 组编
主　编 王宝仁 王英健
副主编 柳　意 刘明娣 吉晋兰

第三版

大连理工大学出版社

图书在版编目(CIP)数据

基础化学 / 王宝仁，王英健主编. — 3版. — 大连：大连理工大学出版社，2018.1(2023.1重印)
新世纪高职高专化工类课程规划教材
ISBN 978-7-5685-1124-7

Ⅰ. ①基… Ⅱ. ①王… ②王… Ⅲ. ①化学—高等职业教育—教材 Ⅳ. ①O6

中国版本图书馆CIP数据核字(2017)第283103号

大连理工大学出版社出版
地址：大连市软件园路80号 邮政编码：116023
发行：0411-84708842 邮购：0411-84708943 传真：0411-84701466
E-mail：dutp@dutp.cn URL：http://dutp.dlut.edu.cn
大连雪莲彩印有限公司印刷 大连理工大学出版社发行

幅面尺寸：185mm×260mm 印张：20.75 字数：478千字
2010年7月第1版 2018年1月第3版
2023年1月第5次印刷

责任编辑：马 双 责任校对：李 红
封面设计：张 莹

ISBN 978-7-5685-1124-7 定 价：51.80元

本书如有印装质量问题，请与我社发行部联系更换。

前　言

《基础化学》(第四版)是"十二五"职业教育国家规划教材，也是新世纪高职高专教材编审委员会组编的化工技术类课程规划教材。

自2018年教材第三版出版以来，多次印刷，深受广大读者欢迎。用书单位普遍反映教材紧密围绕培养目标，结构合理，内容够用，实施"任务驱动"教学，问题导向，利教利学，充分体现高等职业教育特色。教材将化工技术类专业所需化学基础知识从传统的"四大化学"中提炼写出来，重新按知识内在联系，形成以能力为本位，以应用为中心的教材体系，是编者多年教学改革经验的结晶。

根据2021年《高等职业学校专业教学标准》中化工技术类专业教学标准要求。本次修订在保持第三版教材体例、结构不变的基础上，突出能力培养，服务于专业培养目标，为实施"1＋X证书"制度提供专业基础支持；加强与专业课、生产、生活的密切联系。修订的主要内容有：

1. 完善系列任务和实例分析设计，突出能力培养主线，为实施"任务驱动"、"问题导向"教学提供基础。

2. 查漏补遗，更新知识，进一步体现教材的科学性、先进性。丰富化学与社会、生活、生产实际紧密联系的信息量，培养学生的化学意识。

3. 完善更新"知识拓展"内容，拓宽视野，引导学生深入学习。

4. 完善"练一练"、"查一查"、"想一想"及各章标准化自测题，启发思考，训练学生分析问题、解决问题的能力。

5. 做好教学资源建设，完善试题库、"ppt"电子教案；增加各章自测题参考答案等资源，为学生自学、教师教学提供参考。

本教材由辽宁石化职业技术学院王宝仁、王英健担任主编。锦州师范高等专科学校柳意、辽宁石化职业技术学院司颐、河南质量工程职业学院方秀苇担任副主编，盘锦信汇新材料有限公司王人华参加了部分内容的编写。具体分工如下：王宝仁编写第 1 章、第 9 章和附录，王英健编写第 5 章、第 7 章，柳意编写第 2 章、第 11 章，司颐编写第 10 章、第 12 章，方秀苇编写第 3 章、第 8 章，王人华写第 4 章、第 6 章。全书由王宝仁负责拟定编写提纲，并做最后的总纂和修改定稿工作。

本教材可作为高职高专院校石油化工技术、工业分析技术、应用化工技术、石油炼制技术等化工技术类专业的教材，也可供环境保护类专业选用。

在教材修订中，参考和吸取一些相关资料的精华，在此向有关作者表示衷心感谢。

限于编者水平，书中不妥之处在所难免，敬请读者批评指正，以便修改。

编　者

2022 年 4 月

所有意见和建议请发往：dutpgz@163.com

欢迎访问职教数字化服务平台：http://sve.dutpbook.com

联系电话：0411-84707492　84706104

目　录

第1章

气体、溶液及相平衡

能 力 目 标

1. 能熟练应用理想气体状态方程、分压定律及分体积定律进行有关计算。

2. 会用质量分数、物质的量浓度、摩尔分数和质量摩尔浓度表示溶液的组成，会计算稀溶液的蒸气压下降、沸点升高、凝固点降低、渗透压及求算难挥发非电解质的摩尔质量。

3. 会进行理想溶液气液平衡计算，能对二组分理想溶液和非理想溶液进行相图分析。

知 识 目 标

1. 掌握理想气体状态方程、分压定律、分体积定律。

2. 掌握溶液组成的表示方法，了解稀溶液依数性的计算与应用。

3. 掌握理想溶液概念及气液平衡组成的计算方法，理解二组分理想和非理想溶液的气液平衡相图特点。

1.1 气 体

1.1.1 理想气体

【任务 1-1】 一个体积为 50.0 L 的氮气钢瓶，在 25 ℃时，使用前钢瓶压力为 15.0 MPa，求钢瓶压力降为 12.0 MPa 时所用去的氮气质量。

1. 理想气体状态方程

气体的基本特性是具有显著的扩散性和可压缩性，能够充满整个容器，不同气体可以按任意比例混合成均匀混合物。气体状态取决于气体的体积、温度、压力和物质的量。

表示理想气体体积、温度、压力和物质的量之间关系的方程式称理想气体状态方程。

$$pV = nRT \tag{1-1}$$

式中 p——气体压力，Pa；

V——气体体积，m^3；

n——气体的物质的量，mol；

R——摩尔气体常数，$R=8.314\ J/(mol \cdot K)$；

T——热力学温度，K。

在任何温度、压力下均严格服从式(1-1)的气体称为理想气体。理想气体是一种假想的气体，它将气体分子看做是几何上的一个点，有位置、质量而无体积，同时气体分子之间无作用力。一些不易液化的真实气体(如 H_2、N_2、O_2 等)在压力不太高和温度不太低的情况下，比较接近理想气体，可用理想气体状态方程近似计算。

【任务 1-1 解答】 使用前，钢瓶中氮气(N_2)的物质的量：

$$n_1=\frac{p_1V}{RT}=\frac{15.0\times10^6\times50.0\times10^{-3}}{8.314\times(273.15+25)}=303\ \text{mol}^{①}$$

使用后，钢瓶中 N_2 的物质的量：

$$n_2=\frac{p_2V}{RT}=\frac{12.0\times10^6\times50.0\times10^{-3}}{8.314\times(273.15+25)}=242\ \text{mol}$$

所用 N_2 的质量：

$$\triangle m=(n_1-n_2)M=(303-242)\times28.0=1.71\times10^3\ \text{g}=1.71\ \text{kg}$$

【任务 1-2】 由气柜管道输送压力为 100 kPa，温度为 50 ℃的氮气，求管道内氮气的体积质量(即密度)。

知识拓展

根据物质的量及密度的定义，可由理想气体状态方程导出：

$$pV=\frac{m}{M}RT \quad \rho=\frac{pM}{RT}$$

【任务 1-2 解答】 $\rho=\frac{pM}{RT}=\frac{100\times10^3\times28\times10^{-3}}{8.314\times323.15}=1.042\ \text{kg/m}^3$

2. 道尔顿分压定律

【任务 1-3】 某容器中含有 NH_3、O_2 与 N_2 等气体的混合物，取样分析得知，其中 $n(NH_3)=0.32$ mol，$n(O_2)=0.18$ mol，$n(N_2)=0.50$ mol，混合气体的总压力 $p=200$ kPa，试计算各组分气体的分压力。

实际遇到的气体多为混合气体。若混合气体各组分之间不发生任何化学反应，则在高温、低压下，可以将真实气体混合物看作理想气体混合物。

1801 年，英国科学家道尔顿根据实验总结出：**理想气体混合物的总压力(p)等于其中各组分气体分压力(p_i)之和(图 1-1)，这就是道尔顿分压定律。**

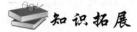

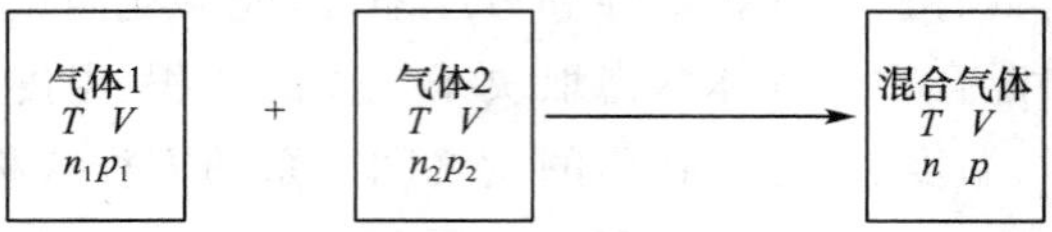

图 1-1 混合气体分压与总压示意图

以二组分气体为例，其数学表达式为

①所有物理量均有单位，物理量＝数值×单位，计算时应将数值和单位一并列出。为简便表示，本教材有关计算过程中，物理量只带入规定的法定单位数值，而略去单位符号，只在计算结果后标明单位。

$$p = p_1 + p_2 \tag{1-2}$$

理想气体混合物中任一组分 B 的分压力，等于该组分在相同温度下，单独占有整个容器时所产生的压力。根据理想气体状态方程，组分 B 的分压力为

$$p_B = \frac{n_B RT}{V} \tag{1-3}$$

理想气体混合物中，组分 B 的分压力与总压力之比为

$$\frac{p_B}{p} = \frac{n_B RT/V}{nRT/V} = \frac{n_B}{n} = y_B \tag{1-4}$$

即理想气体在温度、体积恒定时，各组分的压力分数等于其摩尔分数(y_B)，则理想混合气体中任一组分的分压力等于该组分的摩尔分数与总压力的乘积。

$$p_B = y_B p \tag{1-5}$$

【任务 1-3 解答】 $n = n(NH_3) + n(O_2) + n(N_2) = (0.32 + 0.18 + 0.50)\,mol = 1.00\,mol$

由
$$p_B = \frac{n_B}{n} p$$

得
$$p(NH_3) = \frac{n(NH_3)}{n} p = \frac{0.32}{1.00} \times 200 = 64.0\,kPa$$

$$p(O_2) = \frac{n(O_2)}{n} p = \frac{0.18}{1.00} \times 200 = 36.0\,kPa$$

$$p(N_2) = p - p(O_2) - p(NH_3) = (200 - 64.0 - 36.0)\,kPa = 100\,kPa$$

??? 想一想

N_2 和 H_2 的物质的量之比为 1∶3 的混合气体，在压力为 300 kPa 的容器中，N_2 和 H_2 的分压力各为多少？

3. 阿玛格分体积定律

【任务 1-4】 在 300 K 时，将 200 kPa 的 10 m^3 氧气，50 kPa 的 5 m^3 氮气，混合为相同温度的 15 m^3 混合气，试求：

(1)各气体的分压力和混合气体的总压力；

(2)各气体的摩尔分数；

(3)各气体的分体积。

理想气体混合物的总体积等于组成该气体混合物各组分的分体积之和(图 1-2)，这一经验规律称为阿玛格分体积定律。

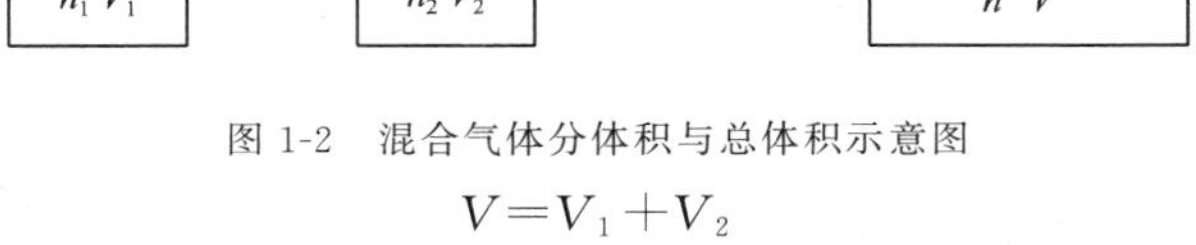

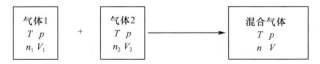

图 1-2 混合气体分体积与总体积示意图

即
$$V = V_1 + V_2 \tag{1-6}$$

分体积是指混合气体中任一组分 B 单独存在，且具有与混合气体相同温度、压力条

件下所占有的体积(V_B)。

$$V_B=\frac{n_B RT}{p} \tag{1-7}$$

由理想气体状态方程得,理想气体混合物中,任一组分气体的体积分数等于压力分数等于摩尔分数。

$$\frac{V_B}{V}=\frac{p_B}{p}=\frac{n_B}{n}=y_B \tag{1-8}$$

则

$$V_B=y_B V \tag{1-9}$$

严格来说,阿玛格分体积定律只适用于理想气体混合物,但高温、低压下的真实气体混合物也可以近似使用。

【任务 1-4 解答】 (1)当温度一定时,由理想气体状态方程可得

$$p_1V_1=p_2V_2$$

则

$$p(O_2)=\frac{200\times 10}{15}=133.3\ \text{kPa}$$

$$p(N_2)=\frac{50\times 5}{15}=16.7\ \text{kPa}$$

$$p=p(O_2)+p(N_2)=133.3+16.7=150\ \text{kPa}$$

(2)

$$y(O_2)=\frac{p(O_2)}{p}=\frac{133.3}{150}=0.89$$

$$y(N_2)=1-y(O_2)=1-0.89=0.11$$

(3)

$$V(O_2)=y(O_2)V=0.89\times 15=13.35\ \text{m}^3$$

$$V(N_2)=y(N_2)V=0.11\times 15=1.65\ \text{m}^3$$

知识拓展

混合气体的平均摩尔质量为:$\overline{M}=y_1M_1+y_2M_2$

练一练

试计算【任务 1-4】中混合气体的平均摩尔质量。

1.1.2 真实气体

【任务 1-5】 10.0 mol C_2H_6 气体在 300 K 充入 4.86×10^{-3} m^3 的容器中,计算容器内气体的压力(实测压力为 3.445 MPa)。

1. 真实气体的 p、V、T 性质

真实气体只有在高温、低压条件下,才能遵守理想气体的状态方程,而在其他条件下,将会偏离理想气体行为,产生偏差(图 1-3)。

图 1-3 一些真实气体的 pV_m-p 等温线

当温度恒定时,理想气体状态方程为 $pV_m=RT$,V_m 为气体摩尔体积。即理想气体的 pV_m 为定值,不随 p 变化。

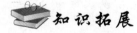

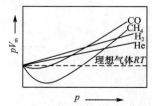

但真实气体却不同，当压力升高时，CH_4、CO、H_2、He 的等温线明显偏离理想气体，且不同气体偏离程度不同。这是由于真实气体分子占有体积及分子间存在作用力（通常以引力为主）而引起的。

2. 真实气体状态方程

（1）压缩因子修正

为表示真实气体与理想气体之间的偏差，引入压缩因子这一物理量。

$$Z=\frac{V}{V_{理}} \tag{1-10}$$

式中 Z——压缩因子，1；

V——真实气体体积，m^3；

$V_{理}$——理想气体体积，m^3。

则真实气体状态方程为：

$$pV = ZnRT \tag{1-11}$$

当 $Z=1$ 时，则在此温度及压力下，真实气体具有理想气体行为，即符合理想气体状态方程；若 $Z>1$，表明真实气体难于压缩，即真实气体体积大于相同条件下理想气体体积，这是因为真实气体分子具有一定体积；$Z<1$，表明真实气体易于压缩，即真实气体体积小于相同条件下理想气体体积，此时真实气体分子间的吸引力起主导作用。

（2）范德华方程

19 世纪后期，荷兰物理学家范德华（J. D. Van der walls）对理想气体状态方程进行了修正，得到较为准确的真实气体状态方程

$$\left(p+\frac{an^2}{V^2}\right)(V-nb)=nRT \tag{1-12}$$

或

$$\left(p+\frac{a}{V_m^2}\right)(V_m-b)=RT \tag{1-13}$$

式中 $\frac{a}{V_m^2}$——压力修正项，Pa；

a——范德华常数，$Pa \cdot m^6/mol^2$；

b——范德华常数，m^3/mol。

a、b 两个范德华常数见表 1-1。

表 1-1 一些气体的范德华常数

物质	$a/(Pa \cdot m^6 \cdot mol^{-2})$	$b\times10^3/(m^3 \cdot mol^{-1})$	物质	$a/(Pa \cdot m^6 \cdot mol^{-2})$	$b\times10^3/(m^3 \cdot mol^{-1})$
H_2	0.0247	0.0266	O_2	0.138	0.0318
He	0.00346	0.0237	Ar	0.036	0.0322
CH_4	0.228	0.0428	CO_2	0.364	0.0427
NH_3	0.422	0.0371	CH_3OH	0.964	0.0670
H_2O	0.554	0.0305	C_2H_6	0.5562	0.0638
CO	0.150	0.0399	C_6H_6	1.823	0.1154
N_2	0.141	0.0391			

通常，对容易液化的气体，分子间引力越大，a 越大；分子体积越大，b 越大。

查一查

查表 1-1，判断下列哪种气体更接近理想气体行为？

A. He　　B. O_2　　C. Ar　　D. CH_4

①体积修正项(b)

在中高压时，真实气体分子的体积不能忽略，b 就是由于气体分子占有一定体积而引起 1 mol 气体自由运动空间的减少，因此又称已占体积或排除体积。

对于理想气体，$pV_m = RT$。V_m 为 1 mol 理想气体自由运动的空间，由于理想气体分子没有体积，故 V_m 就是容器的体积。而真实气体可以自由运动的空间为 $V_m - b$。

②压力修正项($\frac{a}{V_m^2}$)

由于真实气体分子间有吸引力而引起气体压力的减少，因此又称为内压。内压的产生是由于邻近器壁的分子与内部分子之间的相互吸引而引起的(图 1-4)。

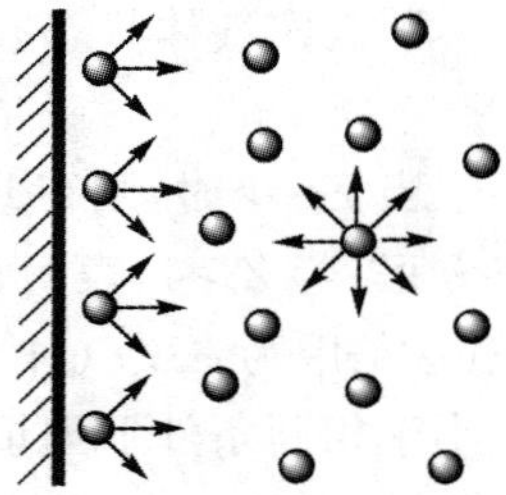

图 1-4　内压形成示意图

若分子间无引力，则：

$$p=\frac{RT}{V_m-b}$$

由于真实气体分子间有作用力，且以吸引力为主，因此其压力为

$$p=\frac{RT}{V_m-b}-\frac{a}{V_m^2}$$

分离变量，整理即得式(1-13)：

$$\left(p+\frac{a}{V_m^2}\right)(V_m-b)=RT$$

【任务 1-5 解答】 (1)用理想气体状态方程计算：

$$p=\frac{n}{V}RT=10.0\times8.314\times300/(4.86\times10^{-3})=5.13\ \text{MPa}$$

(2)用范德华方程计算：

$$p=\frac{nRT}{V-nb}-\frac{an^2}{V^2}=\frac{10.0\times8.314\times300}{4.86\times10^{-3}-10.0\times0.0638\times10^{-3}}-\frac{0.5562\times10.0^2}{(4.86\times10^{-3})^2}=3.55\ \text{MPa}$$

比较两种计算结果，显然用范德华方程计算结果与实测值比较接近。

实验表明，对于中压范围(1.6 MPa≤p<10 MPa)的气体，用范德华方程计算，结果更为准确。

练一练

分别用理想气体状态方程和范德华方程计算 1 mol CH_3OH 气体在 400 K、101325 Pa 条件下的体积，并比较两者有何差别，为什么？

1.2 溶 液

1.2.1 溶液组成的表示方法

【任务1-6】已知乙醇的摩尔质量为46 g/mol，现将23 g乙醇(B)溶于500 g水(A)中，组成密度为0.992 g/mL的溶液，试用下列方法表示该溶液的组成。

(1)质量分数；(2)物质的量浓度；(3)摩尔分数；(4)质量摩尔浓度。

一种物质以分子或离子状态均匀地分散于另一种物质中，所形成的均匀而稳定的系统称为溶液。通常溶液指的是液态溶液，由溶质和溶剂组成，习惯用A代表溶剂，用B代表溶质。水是最常用的溶剂。

在一定量溶液或溶剂中所含溶质的量，称为溶液组成。常用溶液组成的表示方法有质量分数、物质的量浓度、摩尔分数和质量摩尔浓度。

1. 质量分数

物质B的质量与混合物(或溶液)的总质量之比，称为物质B的质量分数。

$$w_B = \frac{m_B}{m} \tag{1-14}$$

式中 w_B——物质B的质量分数，1；

m_B——物质B的质量，g或kg；

m——混合物(或溶液)的总质量，g或kg。

其中

$$m = m_A + m_B \tag{1-15}$$

$$w_A + w_B = 1 \tag{1-16}$$

质量分数用小数或分数表示。例如，100 g Na_2CO_3 溶液中含有12 g Na_2CO_3，则 Na_2CO_3 的质量分数可表示为0.12或12%。

2. 物质的量浓度

单位体积溶液中所含溶质B的物质的量，称为溶质B的物质的量浓度，简称浓度。

$$c_B = \frac{n_B}{V} \tag{1-17}$$

式中 c_B——溶质B的物质的量浓度，mol/L或mol/m^3；

n_B——溶质B的物质的量，mol；

V——溶液的体积，L或m^3。

表示物质的量浓度时，必须指明基本单元。例如，1 L溶液中含有0.01 mol H_2SO_4，可表示为0.01 mol/L H_2SO_4 溶液或 $c(H_2SO_4)=0.01$ mol/L。

同一溶液，其组成无论用何种方法表示，所含溶质的质量不变。据此，可推导出溶质B的物质的量浓度与其质量分数的换算关系。

$$c_B = \frac{1000\rho w_B}{M_B} \tag{1-18}$$

式中 ρ——溶液的密度，g/mL；

M_B——溶质 B 的摩尔质量，g/mol。

3. 摩尔分数

溶质 B 的物质的量与系统总物质的量之比，称为溶质 B 的摩尔分数。

$$x_B = \frac{n_B}{n} \tag{1-19}$$

式中 x_B——溶质 B 的摩尔分数（若为气相，用 y_B 表示），1；

n_B——溶质 B 的物质的量，mol；

n——系统总物质的量（$n = n_A + n_B$），mol。

4. 质量摩尔浓度

每千克溶剂中，所溶有溶质 B 的物质的量，称为溶质 B 的质量摩尔浓度。

$$b_B = \frac{n_B}{m_A} \tag{1-20}$$

式中 b_B——溶质 B 的质量摩尔浓度，mol/kg；

m_A——溶剂的质量，kg。

【任务 1-6 解答】 (1) $w_B = \frac{m_B}{m_B + m_A} = \frac{23}{23+500} = 4.4\%$

$w_A = 1 - w_B = 1 - 4.4\% = 95.6\%$

(2) $c_B = \frac{n_B}{V} = \frac{n_B}{(m_B + m_A)/\rho} = \frac{23/46}{(500+23)/0.992} \times 1000 = 0.948\ \text{mol/L}$

(3) $x_B = \frac{n_B}{n_B + n_A} = \frac{23/46}{23/46 + 500/18} = 0.018$

(4) $b_B = \frac{n_B}{m_A} = \frac{23/46}{500 \times 10^{-3}} = 1.00\ \text{mol/kg}$

练一练

(1) 试用式(1-18)介绍的方法，再计算一遍【任务 1-6】中的问题(2)。

(2) 已知盐酸溶液的浓度为 6.078 mol/L，密度为 1.096 g/mL，试用下面几种方法表示溶液的组成（提示：以 100 g 为计算基准）。

①$w(HCl)$，$w(H_2O)$；②$x(HCl)$，$x(H_2O)$；③$b(HCl)$。

1.2.2 稀溶液的依数性

在一定温度下，纯溶剂溶入难挥发化合物形成稀溶液（通常，稀溶液的浓度小于 0.02 mol/L）后，其性质将发生变化，如产生蒸气压下降、沸点升高、凝固点降低和渗透压等现象。这些与溶质的本性无关，只取决于稀溶液中溶质粒子数目的性质，统称为稀溶液的依数性。

【任务 1-7】 常压下，溶解 2.76 g 甘油(B)于 200 g 水(A)中，试求稀溶液的凝固点。

1. 蒸气压下降

纯溶剂蒸气压与稀溶液中溶剂的蒸气压之差，称为稀溶液中溶剂的蒸气压下降值。

$$\Delta p = p_A^* - p_A \tag{1-21}$$

式中　Δp——蒸气压下降值，Pa；

　　p_A^*——纯溶剂的蒸气压，Pa；

　　p_A——稀溶液中溶剂的蒸气压，Pa。

1887年，法国物理学家拉乌尔在实验基础上提出：**一定温度下，稀溶液中溶剂的蒸气压等于纯溶剂的蒸气压与溶剂的摩尔分数之积，称为拉乌尔定律。**

$$p_A = p_A^* x_A \tag{1-22}$$

由拉乌尔定律可推得　　$p_A = p_A^* x_A = p_A^*(1 - x_B)$

即

$$\Delta p = p_A^* - p_A = p_A^* x_B \tag{1-23}$$

因此，稀溶液溶剂的蒸气压下降值与溶液中溶质的摩尔分数成正比。

式(1-23)适用于难挥发、难电离的非电解质稀溶液。蒸气压的降低，必然导致沸点升高，凝固点降低。

2. 沸点升高

液体的沸点是指液体的蒸气压等于外压时的温度。稀溶液的沸点高于纯溶剂的沸点。

$$\Delta T_b = T_b - T_b^* = K_b b_B \tag{1-24}$$

式中　ΔT_b——沸点升高值，K；

　　T_b——稀溶液的沸点，K；

　　T_b^*——纯溶剂的沸点，K；

　　K_b——溶剂的沸点升高常数，K·kg/mol。

即稀溶液的沸点升高值与溶液的质量摩尔浓度成正比，而与溶质的本性无关。

K_b 仅与溶剂的性质有关，几种溶剂的沸点及 K_b 值见表1-2。

表1-2　　几种溶剂的沸点及沸点升高常数

溶剂	水	乙醇	丙酮	环己烷	苯	氯仿	四氯化碳
T_b^*/K	373.15	351.48	329.3	354.15	353.25	334.35	349.87
K_b/(K·kg/mol)	0.51	1.20	1.72	2.60	2.53	3.85	5.02

应用式(1-24)，可计算稀溶液的沸点升高值及难挥发性溶质的摩尔质量。

练一练

3.20 g萘(B)溶于50.0 g二硫化碳(A)中，溶液的沸点升高1.17 K。已知二硫化碳的沸点升高常数为2.34 K·kg/mol，试求萘的摩尔质量。

3. 凝固点降低

在一定外压下，稀溶液的凝固点就是溶液与纯固态溶剂两相平衡共存时的温度。如果溶入的溶质为非电解质，凝固时仅有溶剂析出，则溶液的凝固点低于纯溶剂。即

$$\Delta T_f = T_f^* - T_f = K_f b_B \tag{1-25}$$

式中　ΔT_f——凝固点降低值，K；

　　T_f——稀溶液的凝固点，K；

　　T_f^*——纯溶剂的凝固点，K；

K_f——溶剂的凝固点降低常数，K·kg/ mol。

同 K_b 一样，K_f 也是仅与溶剂性质有关的常数，几种溶剂的 K_f 值见表 1-3。

表 1-3　几种溶剂的凝固点及凝固点降低常数

溶剂	水	乙酸	环己烷	苯	萘	三溴甲烷
T_f^* /K	273.15	289.75	279.65	278.65	353.5	280.95
K_f/(K·kg/ mol)	1.86	3.90	20.0	5.10	6.90	14.4

式(1-25)的适用范围与式(1-23)、(1-24)相同。此外，式(1-25)仅能对溶质与溶剂不生成固溶物的稀溶液，预测其凝固点下降程度(求 $\triangle T_f$ 或 T_f)；测定其溶质的摩尔质量(M_B)。

知识拓展

在一定的外压下，液体逐渐冷却至开始析出固体时的平衡温度，称为液体的凝固点；而固体逐渐加热至开始析出液体的温度，称为熔点。同样外压下，纯物质的凝固点和熔点是相同的，而溶液的凝固点不仅与溶液的组成有关，还与析出的固体有关。当溶剂 A 中溶有少量溶质 B 时形成稀溶液，则从溶液中析出固态纯溶剂 A 的温度，即溶液的凝固点，就会低于纯溶剂的凝固点，这就是凝固点降低现象。

【任务 1-7 解答】　常压下，水的凝固点为 273.15 K；查元素周期表，计算甘油($C_3H_8O_3$)的相对分子质量为 92.03，即 M_B＝92.03 g/mol；

查表 1-3，水的凝固点降低常数为 1.86 K·kg/ mol。

则由式(1-25)得 $T_f=T_f^*-K_f\,b_B=T_f^*-K_f\times\dfrac{n_B}{m_A}=T_f^*-K_f\times\dfrac{m_B}{m_A\cdot M_B}$

$$T_f=273.15-1.86\times\frac{2.76}{200\times10^{-3}\times92.03}=273.15-0.279=272.87\ \text{K}$$

练一练

在 0.50 kg 水中溶入 1.95×10^{-2} kg 葡萄糖，实验测得溶液的凝固点降低值为 0.402 K，求葡萄糖的摩尔质量。

知识拓展

在寒冷的冬天，为防止汽车水箱冻裂，常在水箱的水中加入甘油或乙二醇来降低水的凝固点，以防止水箱因水结冰而胀裂。冬天下雪后，在道路上撒上盐或融雪剂，可降低水的凝固点，使其尽快融化。

---

4. 渗透压

只允许溶液中溶剂分子透过而溶质分子不能透过的膜，称为半透膜。许多天然及人造膜，都具有这种性质，如膀胱、肠衣及人造高分子膜等。溶剂分子通过半透膜单向扩散的现象，称为渗透。

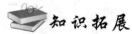

如图 1-5 所示，当渗透作用达平衡时，半透膜两边的静压差，称为渗透压。渗透压也

是为了阻止渗透现象或利用反渗透原理分离溶剂而对溶液施加的最小额外压力。

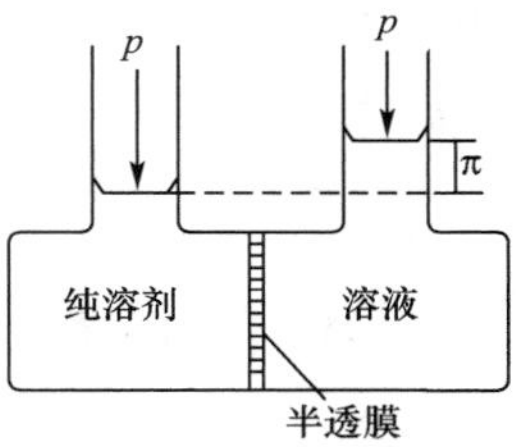

图 1-5 半透膜平衡示意图

在一定温度下，溶液的渗透压与溶液浓度有关。

$$\pi V = n_B RT \tag{1-26}$$

$$\pi = \frac{n_B}{V}RT = c_B RT \tag{1-27}$$

式中 π——渗透压，Pa；

V——溶液的体积，m^3；

n_B——溶质 B 的物质的量，mol；

R——摩尔气体常数，$R=8.314$ J/(mol · K)；

T——热力学温度，K；

c_B——溶质 B 的物质的量浓度，mol/m^3。

应用式(1-27)，可测溶质的摩尔质量。计算反渗透所需要的最小压力。由于 π 可在常温下测定(π 值较大，易测准)，所以易受热分解的天然物质、蛋白质、人工合成的高聚物等，常通过测定 π 来求相对分子质量 M_r。

练一练

将 101 mg 胰岛素溶于 10.0 mL 水中，测得该溶液在 25 ℃的渗透压为 4.34 kPa，求胰岛素的摩尔质量。

知识拓展

细胞膜具有半透膜的性质，渗透压是生物体中传递水分的主要动力。如人体血液渗透压约为 0.78 MPa，植物细胞渗透压可高达 2 MPa，因此水可由植物根部送到数十米高的树枝顶端。人吃盐过多或排汗过多均有口渴的感觉，这说明细胞组织的渗透压升高，饮水则可使其恢复正常。

1.3 相平衡

1.3.1 理想溶液及气液平衡计算

【任务 1-8】 已知 100 ℃时，甲苯(A)和苯(B)的饱和蒸气压分别为 76.08 kPa 和 179.1 kPa。两者形成理想溶液，在 100 ℃达气液两相平衡，此时溶液中苯的摩尔分数为 0.5。试计算蒸气总压以及气相组成。

1. 理想溶液

两种或两种以上组分形成的液态混合物，所有组分在全部浓度范围内都服从拉乌尔定律的溶液叫理想液态混合物，简称理想溶液。

理想溶液的特征是，分子大小相等，结构相似；同种或异种分子间力(A-A、B-B、A-B)

相同；形成溶液的各个组分能够以任意比例相互混溶，混合前后体积不变；并且混合后没有吸、放热现象发生。

许多溶液在一定范围内接近理想溶液，可按理想溶液处理，如甲苯-苯溶液。

知识拓展

理想溶液模型和理想气体模型的区别是，理想气体分子间无作用力，而理想溶液分子间存在作用力，只是分子间作用力相同；理想气体分子体积为零，而理想溶液分子体积不为零，但各种分子大小、形状相似。

2. 理想溶液气液平衡计算

(1)液相组成的计算

一定温度下，封闭容器中液体分子蒸发速率与气体冷凝速率相等时的状态，称为气液相平衡。气液相平衡时的蒸气压强称为饱和蒸气压，简称蒸气压。

假设系统中只有 A 和 B 两个组分，在温度 T 时达到气液两相平衡，则根据拉乌尔定律和道尔顿分压定律，得蒸气总压为：

$$p=p_A+p_B=p_A^*x_A+p_B^*x_B=p_A^*(1-x_B)+p_B^*x_B$$

即

$$p=p_A^*+(p_B^*-p_A^*)x_B \tag{1-28}$$

同样，代入 $x_B=1-x_A$ 可得

$$p=p_B^*+(p_A^*-p_B^*)x_A \tag{1-29}$$

显见，总压 p 对液相组成 x_B 作图得到一直线。此即为压力—组成图中的液相线。只有理想溶液，液相线才为直线。

若 B 为易挥发组分，即 $p_B^*>p_A^*$，则 $p_B^*>p>p_A^*$

练一练

以 100 ℃时，甲苯(A)和苯(B)形成的理想溶液为例，计算其蒸气总压，并绘制总压 p 对液相组成 x_B 直线，求出直线斜率和截距。

式(1-28)和(1-29)经过变换可得：

$$x_B=\frac{p-p_A^*}{p_B^*-p_A^*} \text{ 或 } x_A=\frac{p-p_B^*}{p_A^*-p_B^*} \tag{1-30}$$

用式(1-30)可计算理想溶液气液平衡时液相组成。

(2)气相组成的计算

由道尔顿分压定律和拉乌尔定律得

$$y_B=\frac{p_B}{p}=\frac{p_B^*x_B}{p}=\frac{p_B^*x_B}{p_B^*x_B+p_A^*x_A}=\frac{p_B^*x_B}{p_A^*+(p_B^*-p_A^*)x_B} \tag{1-31}$$

或

$$y_A=\frac{p_A}{p}=\frac{p_A^*x_A}{p}=\frac{p_A^*x_A}{p_B^*x_B+p_A^*x_A}=\frac{p_A^*x_A}{p_B^*+(p_A^*-p_B^*)x_A}$$

利用上述基本公式，可以计算理想溶液的总压、组成和分压等。

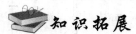

【任务 1-8 解答】 因为甲苯(A)和苯(B)形成的混合溶液为理想溶液。所以蒸气总压为：

$$p = p_A^* + (p_B^* - p_A^*)x_B = 76.08 + (179.1 - 76.08) \times 0.5 = 127.6\ \text{kPa}$$

气相组成为 $$y_B = \frac{p_B}{p} = \frac{p_B^* x_B}{p} = \frac{179.1 \times 0.5}{127.6} = 0.70$$

$$y_A = 1 - y_B = 1 - 0.70 = 0.30$$

若 B 为易挥发组分，即 $p_B^* > p_A^*$

因为 $$p_B^* > p > p_A^* \tag{1-32}$$

所以 $$y_B > x_B, y_A < x_A \tag{1-33}$$

即饱和蒸气压不同的两种液体形成理想溶液，气液平衡时两相组成不同，易挥发组分在气相中的相对含量(y_B)大于它在液相中的相对含量(x_B)。而不易挥发组分在液相中的相对含量(x_A)大于它在气相中的相对含量(y_A)。这是液态混合物可以通过精馏进行提纯分离的理论基础。

1.3.2 二组分理想溶液的气液平衡相图

1. 相和相图

(1)相

系统中具有完全相同物理性质和化学组成的均匀部分，称为相。例如，气体（超高压除外）为一相；液体根据互溶程度来确定，互溶部分为一相；固体物质中，同种物质的不同晶型各为一相；不同物质的合金(固态溶液)为一相，但不互溶时，有几种固体就有几相。

相与相之间具有如下特征，相间有界面，一般肉眼可辨，超过界面，性质突变，如冰水混合物；两相可以用物理方法分离。

(2)相变化基本类型

常见相变化有气液相变化(气化或冷凝过程)、气固相变化(升华或凝华过程)、液固相变化(熔化或凝固过程)三种，此外还有固体的晶型转变过程。

通常将 101.325 kPa 时，气液、液固和气固两相共存，且达到平衡的温度分别称为正常沸点、正常熔点、正常升华点。

应当注意：相平衡时，加热或冷却，温度不会改变，直至一相消失为止。

(3)相图

表示相平衡系统各相组成与温度、压力之间关系的图形，称为相图。常见相图有压力-组成图(蒸气压-组成图)；温度-组成图(沸点-组成图)。

2. 压力-组成图

在一定温度下，表示二组分系统气、液两相平衡组成与压力关系的图像，称为压力-组成图，即 p-$x(y)$图。

【实例分析】 由任务 1-8 中已知数据和式(1-28)和(1-31)表示的关系，可知甲苯(A)和苯(B)形成的理想溶液，以总压 p 为纵坐标，以液相组成 x_B 为横坐标作图得到一直线，即压力-组成图上的液相线；而以 y_B 为横坐标，则得到一条曲线，此即压力-组成图上的气相线。见图 1-6。

在甲苯(A)-苯(B)溶液的压力-组成图中，p_A^*，p_B^*两个端点分别表示一定温度下，纯组分 A、B 的饱和蒸气压；上方过 p_A^*、p_B^* 的直线p-x_B为液相线，下方过 p_A^*、p_B^* 的曲线P-y_B为气相线。液相线和气相线将相图分为三个部分，液相线以上区域是液相区(l)，该区任何一点所代表的压力均大于溶液饱和蒸气压，故全部凝结为液体；气相线以下区域是气相区(g)，在该区各点的压力都小于溶液的饱和蒸汽压，全部蒸发为气体；两线之间的区域是气-液平衡两相区，该区各点均由相互平衡的液相和气相构成。例如，过点 M 的恒压线与液相线和气相线的交点 L_2和 G_2分别表示相互平衡的液相、气相的状态。液相线和气相线上的点，代表某一相的组成和压力，又称为相点，如 L_2为液相点，G_2为气相点。连结 L_2、G_2的直线 L_2G_2，称为连结线。

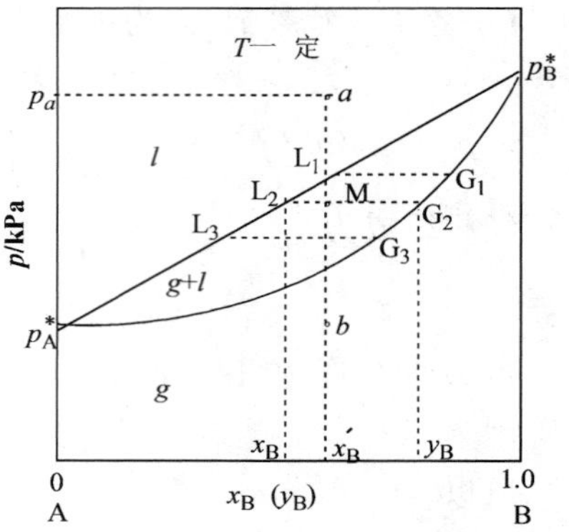

图 1-6　甲苯(A)-苯(B)溶液压力-组成图

从图 1-6 可以看出

$$y_B > x_B;\ y_A < x_A$$

利用压力-组成图可以讨论系统点变化时，压力、组成及相态的变化情况。例如，图 1-6 中从 a 点恒温压缩至 M 点时，分析如下：

①a 点→L_1点　液相恒温减压过程，至 L_1点，开始出现气相，气相组成为 G_1点的横坐标。

②L_1点→M 点：继续恒温降压至 M 点，气体增多，液体减少，液相、气相组成分别为 L_2点、G_2点的横坐标。

从连结线 L_1G_1到 L_2G_2，两相平衡的相点都发生了改变，即两组的组成和压力均发生了变化。

练一练

如图 1-6 所示，请对从 b 点恒温压缩至 M 点的过程进行动态分析。

3. 温度-组成图

在一定压力下，表示二组分系统气、液两相平衡组成与温度关系的图像，称为温度-组成图，即 T-x(y)图或 t-x(y)图。温度-组成图又称为沸点-组成图，若 p=101.325 kPa，气-液平衡温度就是正常沸点。

【实例分析】　已知甲苯(A)和苯(B)可形成理想溶液，两者正常沸点分别为 t_A^* = 110.62 ℃，t_B^*=80.10 ℃。在 80.10～110.62 ℃之间，选取多个温度，并测定 A、B 两纯物质的饱和蒸汽压，再按式(1-30)和(1-31)计算对应温度下的液相组成 x_B和气相组成 y_B。例如，103 ℃时，p_A^*=80.33 kPa，p_B^*=194.5 kPa，则：

$$x_B = \frac{p - p_A^*}{p_B^* - p_A^*} = \frac{101.325 - 80.33}{194.5 - 80.33} = 0.183\ 9$$

$$y_B = \frac{p_B^* x_B}{p} = \frac{194.5 \times 0.183\ 9}{101.325} = 0.353\ 0$$

最后以温度为纵坐标，液相组成或气相组成为横坐标，用描点法绘图可得甲苯(A)-苯(B)溶液温度-组成图(见图1-7)。该图也可以在恒定压力下，由实验测出一系列沸点及与其对应的平衡液相组成及气相组成来绘制。

图1-7中，t_A^*、t_B^*分别为甲苯和苯的沸点。下方的t-x_B曲线表示溶液的沸点与液相组成的关系，称为液相线；上方的t-y_B曲线表示溶液的沸点与气相组成的关系，称为气相线。液相线以下的区域为液相区(l)，气相线以上的区域为气相区(g)。两条曲线之间的区域为气-液两相平衡区，该区中任何一点如N点均可分为相互平衡的气相和液相。过N点的恒温线与气相线和液相线的交点L_3、G_3分别为液相点和气相点，对应的横坐标即为平衡的液相组成x_B和气相组成y_B。

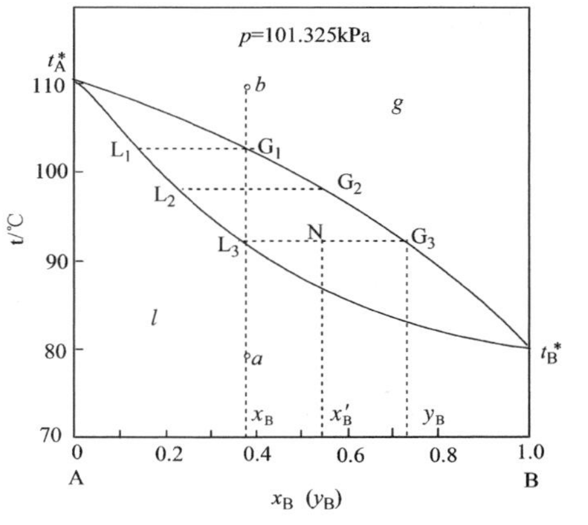

图1-7　甲苯(A)-苯(B)溶液温度-组成图

若将a代表的溶液在恒压下加热升温到L_3对应的温度，则开始沸腾起泡，故L_3对应的温度称为泡点，液相线又称为泡点线。而将b点描述的蒸气在恒压下冷却至G_1点所对应的温度，则开始凝结出露珠状的液滴，因而将G_1点所对应的温度称为露点，气相线又称为露点线。

沸点-组成图表明，理想溶液的沸点t介于两纯液体沸点之间。例如，该实例中溶液的沸点低于难挥发组分甲苯的沸点t_A^*，而高于易挥发组分苯的沸点t_B^*。即

$$t_A^* > t > t_B^* \tag{1-34}$$

查一查

比较甲苯(A)-苯(B)溶液沸点-组成图与压力-组成图，指出两者的特征。

知识拓展

根据溶液中易挥发组分在气相中的相对含量大于它在液相中的相对含量这一重要结论，可用蒸馏或精馏手段来实现液体混合物的分离、提纯及浓缩。蒸馏是利用混合液体各组分沸点不同，使低沸点组分蒸发，再冷凝分离的单元操作过程，是蒸发和冷凝两种单元操作的联合。简单蒸馏只能粗略地将混合物相对分离。

精馏是在精馏塔中进行多次部分汽化和部分冷凝来分离液态混合物的过程。理想溶液精馏如甲苯(A)-苯(B)溶液的结果是：塔顶得到易挥发组分B，塔底得到难挥发组分A。

4. 杠杆规则

【任务1-9】　100 mol总组成为$x'_B=0.50$的甲苯(A)-苯(B)溶液，在117.4 kPa下，加热到100 ℃，达到气液平衡，此时平衡的液相组成和气相组成分别为$x_B=0.40$和$y_B=0.61$。试求气液两相的物质的量。

利用相图不仅能了解系统各相组成与温度、压力之间的关系，而且还能计算气液平衡

两相的数量关系。例如，在甲苯(A)-苯(B)溶液温度-组成图(图 1-7)中，若系统点为 N，则与之相平衡的液相点为 L_3，气相点为 G_3。设溶液的物质的量为 n，总组成为 x'_B；液相物质的量为 n_l，组成为 x_B；气相物质的量为 n_g，组成为 y_B。则系统物质的量应等于气液两相物质的量之和，而系统中 B 物质的物质的量应等于气液两相中 B 物质的量之和。即：

$$\begin{cases} n = n_l + n_g \\ nx'_B = n_l x_B + n_g y_B \end{cases}$$

解得
$$n_l(x'_B - x_B) = n_g(y_B - x'_B) \tag{1-35a}$$

即
$$n_l \cdot \overline{L_3N} = n_g \cdot \overline{NG_3} \tag{1-35b}$$

如果将图 1-7 中的 L_3G_3 比作一个以 N 点为支点的杠杆，则液相的物质的量乘以 $\overline{L_3N}$ 等于气体的物质的量乘以 $\overline{NG_3}$，此关系称为杠杆规则。

【任务 1-9 解答】 设两相的物质的量分别为 n_l 和 n_g，则总物质的量为：

$$100 = n_l + n_g$$

又根据式(1-35)得：

$$n_l(0.50 - 0.40) = n_g(0.61 - 0.50)$$

联立求解，得

$$n_l = 52.4 \text{ mol}$$

$$n_g = 47.6 \text{ mol}$$

1.3.3 二组分非理想溶液的气液平衡相图

1. 一般偏差溶液

非理想溶液的蒸气压常常偏离拉乌尔定律计算值。当溶液蒸气总压和蒸气分压实验值均大于拉乌尔定律计算值时，称为具有正偏差溶液；若小于拉乌尔定律计算值，则称为具有负偏差溶液。

例如，水-甲醇溶液和苯-丙酮溶液均形成具有正偏差溶液。这类溶液除压力-组成图上是液相线为凸曲线外，其他部分均与理想溶液相图(图 1-6、图 1-7)相似，相图分析也相同。而氯仿-乙醚溶液形成具有负偏差溶液。该溶液除压力-组成图中的液相线为凹曲线外，其他部分均与理想溶液相图相似，相图分析也相同。

练一练

已知在具有一般偏差的非理想溶液苯(A)-丙酮(B)中，B 是易挥发组分，试绘制其压力-组成图和温度-组成图的示意图，并比较下列：p^*_B ____ p ____ p^*_A、t^*_A ____ t ____ t^*_B、y_B ____ x_B；若对该溶液进行精馏，则精馏塔顶得__________，精馏塔底得__________。

2. 最大正偏差溶液

当溶液正偏差很大，以至于会出现局部蒸气总压大于易挥发组分蒸气压的现象，这样的非理想溶液称为具有最大正偏差溶液，如甲醇(A)-氯仿(B)溶液。其压力-组成图和温度-组成图见图 1-8 和图 1-9。

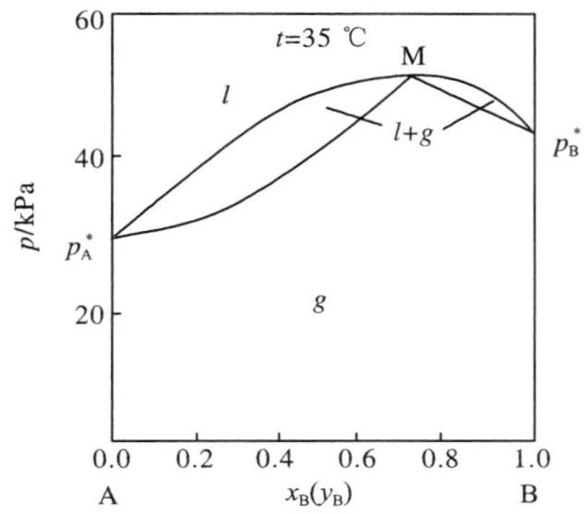

图 1-8　甲醇(A)-氯仿(B)溶液压力-组成图

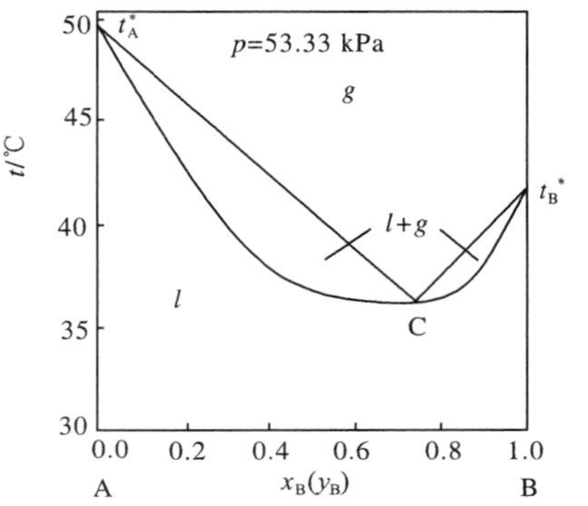

图 1-9　甲醇(A)-氯仿(B)溶液温度-组成图

由图1-8和图1-9可以看出，具有最大正偏差溶液的平衡相图，具有如下特点：压力-组成图中，液相线和气相线的切点 M 为最高点，此点对应的蒸气压最大，液相组成等于气相组成；在 M 点左侧，易挥发组分氯仿(B)在气相中的摩尔分数大于在液相中的摩尔分数，即 $y_B>x_B$；而 M 点右侧，则与其相反，$y_B<x_B$。在温度-组成图中，液相线和气相线的切点 C 为最低点，此点对应的温度最低，且液相组成等于气相组成，即 $y_B=x_B$，故该点对应的温度称为最低恒沸点，对应组成的溶液称为恒沸混合物；在 C 点左侧 $y_B>x_B$；右侧 $y_B<x_B$。

3. 最大负偏差溶液

当溶液负偏差很大，以至于会出现局部蒸气总压小于难挥发组分蒸气压的现象，这样的非理想溶液称为具有最大负偏差溶液，如氯仿(A)-丙酮(B)溶液。其压力-组成图和温度-组成图见图1-10和图1-11。

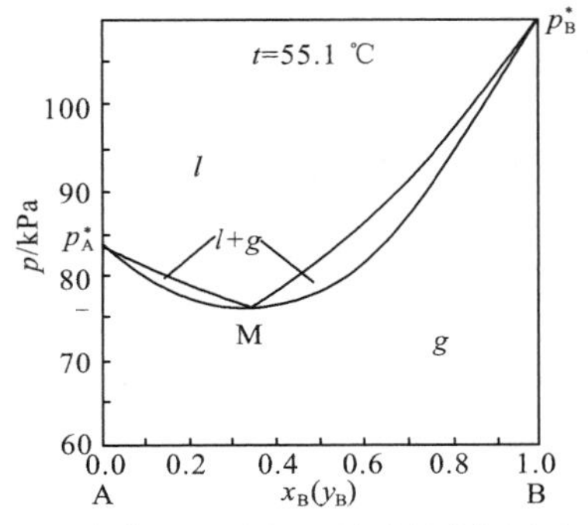

图 1-10　氯仿(A)-丙酮(B)溶液的蒸气压-组成图

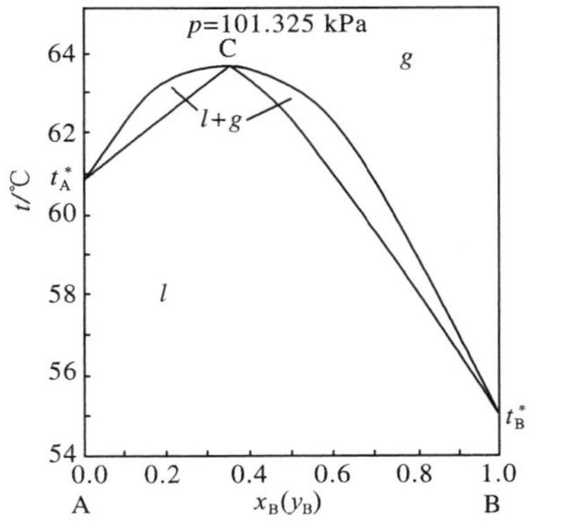

图 1-11　氯仿(A)-丙酮(B)溶液的温度-组成图

具有最大负偏差的溶液，其特点与具有最大正偏差的溶液相反。在压力-组成图中有最低点 M，此点 $y_B=x_B$，对应的蒸气压最小；在 M 点左侧，$y_B<x_B$，右侧 $y_B>x_B$；在温度-组成图中有最高点 C，在该点 $y_B=x_B$，对应温度称为溶液的最高恒沸点，对应组成的溶液称为恒沸混合物；在 C 点左侧，$y_B<x_B$，右侧 $y_B>x_B$。

练一练

在101.3 kPa时，乙酸乙酯和乙醇沸点分别为77.2 ℃、78.3 ℃，乙酸乙酯(A)-乙醇(B)溶液恒沸点为71.6 ℃，恒沸混合物中乙醇摩尔分数为0.46. 试绘制出该溶液的沸点-组成示意图，指出泡点线、露点线，并说明精馏 $x_B=0.7$ 的该溶液时，塔顶、塔底各得什么产品？

本章小结

- 气体、溶液及相平衡
  - 气体
    - 理想气体
      - 理想气体状态方程：$pV = nRT$
      - 道尔顿分压定律：$p = p_1 + p_2$；$p_B = py_B = n_BRT/V$
      - 阿玛格分体积定律：$V = V_1 + V_2$；$V_B = Vy_B = n_BRT/p$
    - 真实气体
      - 压缩因子修正：$pV = ZnRT$
      - 范德华方程：$\left(p + \frac{an^2}{V^2}\right)(V - nb) = nRT$
  - 溶液
    - 溶液组成
      - 质量分数：$w_B = m_B/m$；$m = m_A + m_B$；$w_A + w_B = 1$
      - 物质的量浓度：$c_B = n_B/V$；$c_B = 1\ 000\rho w_B/M_B$
      - 摩尔分数：$x_B = n_B/n$；$n = n_A + n_B$；$x_A + x_B = 1$
      - 质量摩尔浓度：$b_B = n_B/m_A$
    - 稀溶液的依数性
      - 蒸气压下降值：$\Delta p = p_A^* - p_A = p_A^* x_B$
      - 沸点升高值：$\Delta T_b = T_b - T_b^* = K_b b_B$
      - 凝固点降低值：$\Delta T_f = T_f^* - T_f = K_f b_B$
      - 渗透压：$\pi V = n_BRT$；$\pi = c_BRT$
  - 相平衡
    - 理想溶液及气液平衡计算
      - 理想溶液：所有组分在全部浓度范围内都服从拉乌尔定律的溶液
      - 液相组成：$x_B = (p - p_A^*)/(p_B^* - p_A^*)$；气相组成：$y_B = p_B^* x_B/p$
    - 二组分理想溶液的气液平衡
      - 相：系统中具有完全相同物理性质和化学组成的均匀部分
      - 压力-组成图（蒸气压-组成图）：p-$x(y)$ 图
      - 温度-组成图（沸点-组成图）：t-$x(y)$ 图
      - 杠杆规则：$n_l(x'_B - x_B) = n_g(y_B - x'_B)$
    - 二组分非理想溶液气液平衡
      - 一般偏差溶液：若 B 易挥发 $p_B^* > p > p_A^*$，$y_B > x_B$，$t_A^* > t > t_B^*$
      - 最大正偏差溶液：有最高点，该点组成 $y_B = x_B$，有最低恒沸点
      - 最大负偏差溶液：有最低点，该点组成 $y_B = x_B$，有最高恒沸点

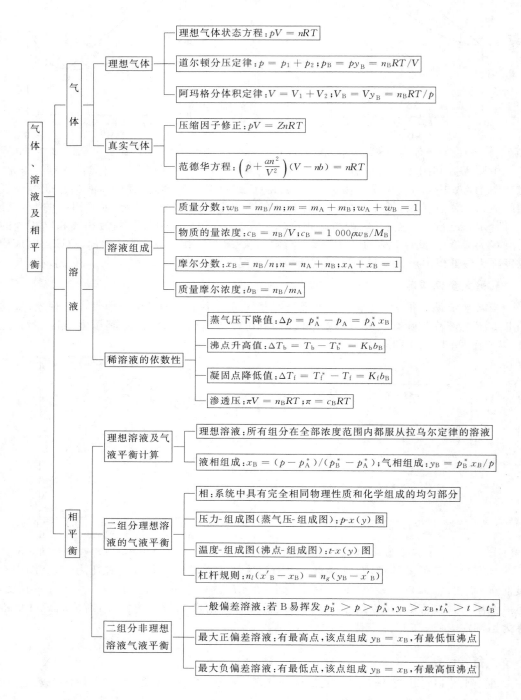

自测题

一、填空题

1. 在任何温度、压力下均能服从 $pV=nRT$ 的气体称为________。

2. 摩尔气体常数，$R=$________ J/(mol·K)。

3. 分体积是指混合气体中任一组分B单独存在，且具有与混合气体相同________、________条件下所占有的体积。

4. 一种物质以________或________状态均匀地分布于另一种物质中，所形成均匀而稳定的系统称为溶液。

5. 稀溶液中，与溶质的本性无关，只取决于溶质粒子数目的性质，统称为________。

6. 两种或两种以上组分形成的液态混合物，所有组分在全部浓度范围内都服从拉乌尔定律的溶液叫________________，简称__________。

7. 对拉乌尔定律有最大正偏差的二组分液态混合物，在压力-组成图中有一最________点；而相应的温度-组成图中有一最________点，此点对应的气相组成和液相组成________，对应的温度称为________点。

二、判断题（正确的画"√"，错误的画"×"）

1. 理想气体的微观模型是分子间没有相互作用力，分子本身没有体积。（　　）

2. 理想混合气体中任一组分的分压力等于该组分的摩尔分数与总压力的乘积。（　　）

3. 理想气体混合物中，任一组分气体的体积分数等于压力分数等于摩尔分数。（　　）

4. 分压定律、分体积定律不仅适于理想气体混合物，也适于中、高压下的真实气体混合物。（　　）

5. 范德华方程式 $(p+\frac{an^2}{V^2})(V-nb)=nRT$ 中的 a 与分子间引力有关，b 与分子体积有关。（　　）

6. 一定温度下，稀溶液中溶剂的蒸气压等于纯溶剂的蒸气压与溶剂的摩尔分数之积。（　　）

7. 饱和蒸气压不同的两种液体形成的溶液，气液平衡时两相组成不同，易挥发组分在气相中的相对含量大于它在液相中的相对含量。（　　）

三、选择题

1. 在 400 kPa 下，由 CH_4、C_2H_6、C_3H_8 组成的气体混合物中，各组分的体积分数依次为 60%、30%、10%，则 CH_4 的分压力为（　　）。

A. 120 kPa　　B. 240 kPa　　C. 40 kPa　　D. 133 kPa

2. 若真实气体比理想气体难于压缩，则压缩因子 Z 的取值为（　　）。

A. $Z<1$　　B. $Z=1$　　C. $Z\geqslant 1$　　D. $Z>1$

3. 在下列表示溶液组成的方法中，称为质量摩尔浓度的是（　　）。

A. $w_B=\frac{m_B}{M}$　　B. $c_B=\frac{n_B}{V}$　　C. $x_B=\frac{n_B}{n}$　　D. $b_B=\frac{n_B}{m_A}$

4. 下列性质中不属于稀溶液依数性的是(　　)。

A. 沸点升高　　B. 均一性　　C. 渗透压　　D. 凝固点下降

5. 利用反渗透技术可以实现海水淡化及污水处理,用来计算反渗透操作所施加最小压力的公式是(　　)。

A. $\Delta p=p_A^* x_B$　　B. $\Delta T_b=K_b b_B$

C. $\Delta T_f=K_f b_B$　　D. $\pi V=n_B RT$

6. 在一定温度下,A 和 B 可形成理想液态混合物,则其蒸气压为(　　)。

A. $p=p_A^*+(p_A^*-p_B^*)x_B$　　B. $p=p_B^*+(p_B^*-p_A^*)x_B$

C. $p=p_A^*+(p_B^*-p_A^*)x_B$　　D. $p=p_*A+p_B^*$

7. A 与 B 可形成理想液态混合物,若在一定温度下,纯 A、B 的饱和蒸气压分别为 $p_A^*>p_B^*$,则在其蒸气压-组成图上的气液两相平衡区呈平衡的气液两相必有(　　)。

A. $y_B>x_B$　　B. $y_B=x_B$　　C. $y_B<x_B$　　D. $y_A<x_A$

四、计算题

1. 23 ℃,100 kPa 时 3.24×10^{-4} kg 某理想气体的体积为 2.8×10^{-4} m^3,试求该气体在 100 kPa,100 ℃时的密度。

2. 气焊用的乙炔由碳化钙与水反应而生成:

$$CaC_2+2H_2O=C_2H_2\uparrow+Ca(OH)_2$$

如果生成的乙炔气为 300.15 K,103.2 kPa,而每小时需用乙炔 0.10 m^3,试求 1 kg CaC_2 能用多长时间?

3. 水煤气的体积分数分别为 H_2,50%;CO, 38%;N_2, 6.0%;CO_2, 5.0%;CH_4,1.0%。在 25 ℃,100 kPa 下,计算:

(1)各组分的摩尔分数;

(2)各组分的分压;

(3)水煤气的平均摩尔质量;

(4)在该条件下,水煤气的密度。

4. 在一个 20 dm^3 的氧气钢瓶中,装入 1.6 kg O_2,若钢瓶能承受的最大压力是 15199 kPa,求此瓶可允许加热的最高温度?假设 O_2 服从范德华方程。

5. 质量分数为 0.98 的浓硫酸,其密度为 1.84 g/mL,试求:

(1)H_2SO_4 的物质的量浓度;

(2)H_2SO_4 的质量摩尔浓度;

(3)H_2SO_4 的摩尔分数。

6. 50 ℃时,纯水的饱和蒸气压为 7.94 kPa,在该温度下,180 g 水中溶 3.42 g 蔗糖($C_{12}H_{22}O_{11}$),求溶液的蒸气压及蒸气压下降值。

7. 已知纯水的凝固点降低常数为 1.86 K·kg/mol,为防止高寒地区汽车发动机水箱结冰,可在水中加入乙二醇($HOCH_2CH_2OH$),若使水的凝固点下降 15 K,计算每千克水中应加入乙二醇的质量。

8. 在 20 ℃下将 68.4 g 蔗糖($C_{12}H_{22}O_{11}$)溶于 1 kg 的水中。试求:

(1)溶液的蒸气压(已知在 20 ℃纯水的饱和蒸气压 $p_A^*=2.339$ kPa);

(2)溶液的渗透压。

9. 已知 400 K 时，液体 A 的蒸气压为 4×10^4 Pa，液体 B 的蒸气压为 6×10^4 Pa。若二者形成的理想溶液达到气液平衡时，在溶液中 A 的摩尔分数为 0.6，试求气相中 B 的摩尔分数。

10. 温度 T 时，纯液体 A、B 的饱和蒸气压分别为 40 kPa、120 kPa，二者形成理想溶液。完成下列各问：

(1)绘出压力-组成示意图；

(2)对压力-组成图进行静态分析；

(3)当液相中 B 的摩尔分数为 0.75 时，试求气相组成。

五、问答题

1. 写出压缩因子的定义式，并讨论其不同取值所代表的意义。

2. 写出实际气体的范德华方程，并指出各修正项的意义。

3. 已知水(A)和乙醇(B)的正常沸点分别是 100 ℃、78.3 ℃，在 101.3 kPa 时，乙醇-水溶液的恒沸点为 78.13 ℃，恒沸混合物中，乙醇的质量分数为 95.6%。试画出该溶液的沸点-组成图(用 t-w_B 图表示)指出泡点线、露点线，并说明精馏 70% 的乙醇-水溶液时，塔顶、塔底各得什么产品？

第2章

化学热力学基础

能 力 目 标

1. 会判断系统类型及运用状态函数的基本特征解决计算问题，能说明热力学能、热和功的符号意义。

2. 会应用热力学第一定律计算化学反应过程、相变过程和单纯 p-V-T 变化过程的热、功和热力学能。

3. 会计算标准摩尔反应熵和标准摩尔反应吉布斯焓变，能判断化学反应过程自发进行的方向。

知 识 目 标

1. 理解系统和环境、状态与状态函数、过程与途径、热力学能、热和功等基本概念。

2. 掌握热力学第一定律的应用、焓及变温过程热的计算方法、化学反应热效应的计算方法。

3. 理解自发过程、熵和吉布斯函数的意义，掌握标准摩尔反应吉布斯焓变的计算方法，理解熵增原理和吉布斯判据的应用。

2.1 化学热力学的基本概念

2.1.1 系统和环境

想一想

若以暖瓶中的水为研究对象，试判断下列情况研究对象与其余部分之间有无物质和能量传递。

(1)打开暖瓶塞；(2)盖上暖瓶塞；(3)假设瓶壁和瓶塞是绝热的，盖严瓶塞的暖瓶。

"能量不能创生，也不能消灭，只能从一种形式转化为另一种形式，而其总量不变"，这一规律是我们早已熟知的能量守恒和转化定律，如热能、机械能、电能、化学能、光能及核能的转化等。热力学就是研究自然界中与热现象有关的各种状态变化和能量转化规律的一门科学。化工生产和实验中的物质制备及分离等过程总是伴随着热现象发生。化学热力学就是研究化学变化和与化学变化有关的物理变化中能量转化规律的科学。它是热力学的一个重要分支。

应用化学热力学可以进行化学变化及与之有关的物理变化过程中能量效应(功、热和热力学能)的计算,为有效利用能源、合理设计反应器和工艺流程提供依据;为化学反应自发进行方向和限度(平衡态)的判断提供依据;为确定物质制备是否可行以及合理控制操作条件提供依据。

热力学的研究对象称为系统。系统以外,与系统密切相关的部分称为环境(或外界)。系统是人为划定的作为研究对象的那部分物质和空间。

按系统与环境之间有无物质和能量传递,可将系统分为三类:

(1)封闭系统:与环境只有能量传递,没有物质传递的系统。

(2)敞开系统:与环境既有能量传递,又有物质传递的系统。

(3)隔离系统:与环境既无能量传递,又无物质传递的系统,或称孤立系统。

化学热力学的主要研究对象为封闭系统,若非特殊说明,本章讨论的均为封闭系统。

描述热力学系统的一切宏观物理量称为系统的热力学性质,简称系统的性质。如质量(m)、物质的量(n)、摩尔质量(M_B)、密度(ρ)、质量分数(ω_B)、温度(T)、压力(p)、体积(V)、热力学能(U)、焓(H)、熵(S)等。系统的性质按其特性可分为两类:

第一类是广延性质(容量性质),即整体和部分具有不同值的性质。其特点是:数值与物质的数量成正比,具有加和性。如两杯水混合后,其总体积为混合前体积之和,因此体积是系统的广延性质。

第二类是强度性质,即整体和部分具有相同值的性质。其特点是:不具加和性。如两杯 50 ℃的水混合后,其温度不变,因此温度是系统的强度性质。

2.1.2 状态函数

系统的状态是系统物理性质和化学性质的综合表现。当系统的 m、n、M_B、T、P、V 及物态等宏观性质一经确定,系统的状态就已确定。因此,系统性质与状态是一一对应的。

在热力学中将描述系统状态的宏观物理量(即系统性质)称为状态函数。状态函数具有如下特征:

(1)单值性,即系统状态一定,所有状态函数都有唯一确定值。例如,水处于正常沸点时,其压力和温度只能是 101.325 kPa、373.15 K(即 100 ℃)。

(2)状态函数的变化值等于终态值减去始态值,而与变化所经历的途径无关。例如,一杯水从 298.15 K(始态)加热到 373.15 K(终态),其温度变化值为 $\Delta t = 373.15 - 298.15 = 75$ K。即

$$\Delta T = \int_{T_1}^{T_2} \mathrm{d}T = T_2 - T_1$$

2.1.3 过程与途径

【实例分析】 某理想气体由始态变化到终态的过程如下:

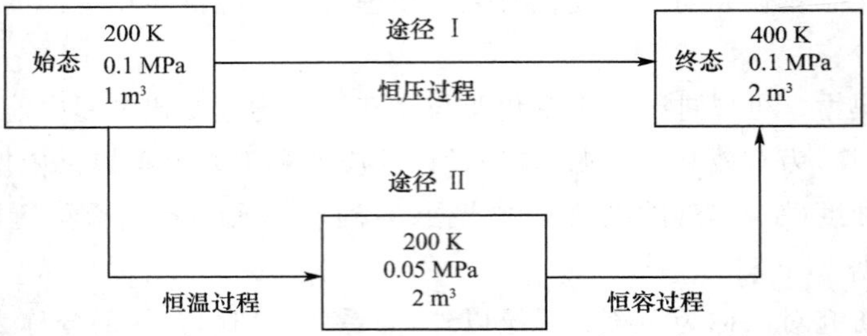

系统状态发生某一变化，称之为经历一个过程。系统由同一始态，变化到同一终态的具体方式，则称为途径。

按系统变化性质分为化学反应过程、相变过程和单纯 p-V-T 变化过程；若按过程进行的条件，又可细分为如下过程：

(1)恒温过程。系统与环境温度相等，且恒定不变的过程，即 $T_1=T_2=T_{环}=$常数。

(2)恒压过程。系统与环境的压力相等，且恒定不变的过程，即 $p_1=p_2=p_{环}=$常数。

(3)恒外压过程。环境压力恒定，即 $p_{环}=$常数；但系统压力可以变化。

(4)恒容过程。系统体积恒定不变的过程，即 $V_1=V_2=$常数。

(5)绝热过程。系统与环境之间没有热交换的过程，即 $Q=0$。

(6)循环过程。系统经一系列变化后又回到原始状态，称为循环过程。此时，所有状态函数的改变量均为零，如 $\Delta p=0$，$\Delta V=0$，$\Delta T=0$。

(7)可逆过程。无限接近平衡、且没有摩擦力条件下进行的理想过程。它是以无限小的变化量，在无限接近平衡状态下进行的无限慢的过程。此时，可近似认为 $p=p_{环}$，$T=T_{环}$。

一些实际过程在比较趋近时，可近似按可逆过程处理。任何一个实际过程，在一定条件下总是能用一个无限接近可逆变化的途径所代替。

2.1.4 热力学能

系统内部所有微观粒子的能量总和，称为热力学能(又称内能)，符号"U"，单位 J。

热力学能包括分子的动能(与系统温度有关)、分子间相互作用的势能(与系统体积有关)、分子内部的能量(分子内各种粒子能量之和在不发生化学反应的条件下，为定值)。因此，一定量的物质的热力学能是与系统温度和体积有关的状态函数，即 $U=f(T、V)$。

U 为广延性质，其绝对值无法确定，只能计算差值。$\Delta U>0$，表示系统热力学能增加，$\Delta U<0$，表示系统热力学能减少。

理想气体分子间没有作用力，分子间不存在势能。因此，封闭系统中，一定量理想气体的热力学能只是温度的函数，即 $U=f(T)$，其微小量表示为 $\mathrm{d}U$。

2.1.5 热和功

1. 热

热是系统与环境之间因温度不同而引起的能量传递。符号 Q，单位 J 或 kJ。热力学规定，系统从环境吸热时，$Q>0$；向环境放热时，$Q<0$。

热是过程变量(或途径函数)，而不是系统的性质，即不是状态函数。其无限小量用

δQ 表示。

根据系统状态变化不同，热常冠以不同名称。例如，恒压热、恒容热、汽化热、熔化热、升华热等。在进行热量计算时，必须按实际过程进行，而不能随意假设途径。

热力学中，主要讨论三种热：化学反应热、相变热、显热（仅因温度变化而吸收或放出的热）。

2. 功

【任务 2-1】 2 mol 某理想气体由 350 K、1.0 MPa，恒温膨胀到 0.10 MPa，求完成此过程所经历不同途径的功和热力学能的变化。

知识拓展

自由膨胀即为向真空（$p_{环}=0$）膨胀，理想气体自由膨胀过程不对环境做功（$W=0$）。实验表明，理想气体自由膨胀过程是一个恒温过程（$\triangle T=0$），因此其热力学能变化为零（$\triangle U=0$）。

（1）自由膨胀；（2）反抗恒外压 0.10 MPa 膨胀；（3）可逆膨胀。

除热以外，系统与环境之间的其他能量传递统称为功。符号为 W，单位 J 或 kJ。热力学规定，环境对系统做功时，$W>0$；系统对环境做功时，$W<0$。功也是过程变量（途径函数），无限小量用 δW 表示。

由于系统体积发生变化而与环境交换的功称为体积功，其余为非体积功（如机械功、电功、磁功、表面功等）。通常热力学系统发生变化时，不做非体积功，因此若非特殊指明，均指体积功，直接用 W 表示。

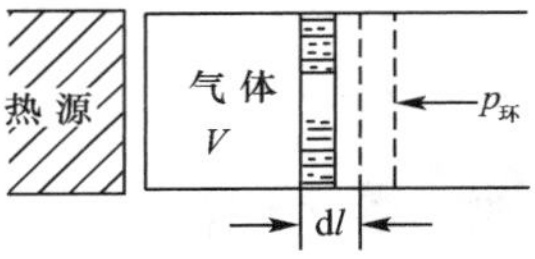

图 2-1　体积功示意图

如图 2-1 所示，当气缸受热，气体反抗环境压力（$p_{环}$）使活塞（面积 A）膨胀 dl，体积变化为 dV 时，系统做功为

$$\delta W=-F\mathrm{d}l=-p_{环}A\mathrm{d}l=-p_{环}\mathrm{d}V$$

积分式

$$W=-\int_{V_1}^{V_2}p_{环}\mathrm{d}V \tag{2-1}$$

理想气体经历不同过程时，体积功计算公式见表 2-1。

表 2-1　理想气体经历不同过程时的体积功计算公式

过程	体积功	过程	体积功
自由膨胀（向真空膨胀）	0	恒压过程	$-nR(T_2-T_1)$
恒容过程	0	恒温可逆过程	$-nRT\ln\frac{V_2}{V_1}=-nRT\ln\frac{p_1}{p_2}$
恒温恒外压过程	$-nRTp_{环}\left(\frac{1}{p_2}-\frac{1}{p_1}\right)$	恒温恒压气化或升华过程（视气体为理想气体）	$-pV_g=-nRT$

【任务 2-1 解答】 由于一定量理想气体热力学能只是温度的函数，所以上述三种恒温途径的 $\Delta U=0$。

（1）自由膨胀　$p_{环}=0$ 则 $W_1=0$

（2）$W_2=-nRT\,p_{环}\left(\frac{1}{p_2}-\frac{1}{p_1}\right)=-2\times8.314\times350\times0.10\times\left(\frac{1}{0.1}-\frac{1}{1.0}\right)$

$=-5237.8\ J=-5.2\ kJ$

(3)$W_3=-nRT\ln\dfrac{p_1}{p_2}=-2\times8.314\times350\times\ln\dfrac{1.0}{0.1}=-13\ 403\ J=-13.4\ kJ$

2.2　焓与过程的热

【任务 2-2】　已知某理想气体的摩尔定压热容为 36.3 J/(mol·K)，若 10 mol 该气体由 300 K 恒容加热到 500 K 时，求该过程的功、热及其焓与热力学能的变化。

2.2.1　热力学第一定律

热力学第一定律就是能量守恒定律。另一种表述为：第一类永动机是不能制成的。第一类永动机是指不消耗任何能量而能循环做功的机器。

热力学第一定律在封闭系统中的数学表达式为

$$\Delta U=Q+W \tag{2-2}$$

式中　ΔU——热力学能的变化，J 或 kJ；

Q——过程变化时，系统与环境传递的热量，J 或 kJ；

W——过程变化时，系统与环境传递的功，J 或 kJ。

式(2-2)的意义是：封闭系统中热力学能的改变量，等于变化过程中与环境传递的热与功的总和。

想一想

实验证明，理想气体向真空膨胀时，温度不变。那么，其 ΔU 及 Q 各为何值？

练一练

根据热力学第一定律可以推得：恒容热与热力学能变化的关系为 $Q_V=\Delta U$；恒压热可表示为状态函数的组合形式 $Q_p=(U_2+p_2V_2)-(U_1+p_1V_1)$

2.2.2　焓、摩尔热容及变温过程热的计算

1. 焓

为方便计算恒压过程的热，我们定义一个新的状态函数——焓。符号 H，单位 J 或 kJ。

$$H=U+pV \tag{2-3}$$

H 只能计算变化值。$\Delta H>0$，表示系统焓增加；$\Delta H<0$，表示系统焓减少。p 是强度性质，U、V 均为广延性质，pV 也是广延性质，因此焓是广延性质。

由热力学第一定律可以推得

$$Q_p=H_2-H_1=\Delta H \tag{2-4}$$

其意义为：在封闭系统中，发生没有非体积功的恒压过程时，系统吸收的热量，全部用于焓的增加；系统减少的焓，全部以热的形式传给环境。

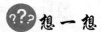

2. 摩尔热容

在不发生化学变化及相变化、非体积功为零的条件下，单位物质的量的物质于恒容(或恒压)下，温度升高 1 K 时所吸收的热量，称为摩尔定容热容(或摩尔定压热容)，符号 $c_{V,\mathrm{m}}$(或 $c_{p,\mathrm{m}}$)，单位 J/(mol·K)。

$$c_{V,\mathrm{m}}=\frac{\delta Q_V}{n\mathrm{d}T}=\frac{\mathrm{d}U}{n\mathrm{d}T} \tag{2-5}$$

$$c_{p,\mathrm{m}}=\frac{\delta Q_p}{n\mathrm{d}T}=\frac{\mathrm{d}H}{n\mathrm{d}T} \tag{2-6}$$

理想气体的摩尔热容有如下关系

$$c_{p,\mathrm{m}}=c_{V,\mathrm{m}}+R \tag{2-7}$$

通常，理想气体的 $c_{V,\mathrm{m}}$ 和 $c_{p,\mathrm{m}}$ 可视为常数，其摩尔热容可按表 2-2 计算。

表 2-2　　理想气体摩尔热容

理想气体分子类型	$c_{V,\mathrm{m}}$	$c_{p,\mathrm{m}}$
单原子分子	1.5R	2.5R
双原子分子	2.5R	3.5R

知识拓展

实际上，物质的热容均随温度升高而逐渐增大。在工程计算中，常采用平均热容或经验式进行计算。

平均热容　$\bar{c}_{p,\mathrm{m}}=(c_{p,\mathrm{m},1}+c_{p,\mathrm{m},2})/2$；$c_{p,\mathrm{m},1}$，$c_{p,\mathrm{m},2}$ 分别为起止温度的热容。

经验式　$c_{p,\mathrm{m}}=a+bT+cT^2$；$a$、$b$、$c$ 为物质的特征常数，可查文献。

3. 变温过程热的计算

若 $c_{V,\mathrm{m}}$、$c_{p,\mathrm{m}}$ 均为常数，则由式(2-5)、(2-6)积分得

$$\Delta U=Q_V=nc_{V,\mathrm{m}}(T_2-T_1) \tag{2-8}$$

$$\Delta H=Q_p=nc_{p,\mathrm{m}}(T_2-T_1) \tag{2-9}$$

一定量理想气体的 U 和 H 只是与温度有关的状态函数，因此在无化学变化及相变化、非体积功为零的条件下发生的任何过程，其 ΔU、ΔH 仍可按式(2-8)、(2-9)计算。

【任务 2-2 解答】　所给过程是恒容过程，$W=0$，所以

$$Q_V=\Delta U=nc_{V,\mathrm{m}}(T_2-T_1)=n(c_{p,\mathrm{m}}-R)\times(T_2-T_1)$$

$$Q_V=10\times(36.3-8.314)\times(500-300)=55\ 972\ \mathrm{J}\approx 56\ \mathrm{kJ}$$

$$\Delta H=nc_{p,\mathrm{m}}(T_2-T_1)=10\times 36.3\times(500-300)=72\ 600\ \mathrm{J}=72.6\ \mathrm{kJ}$$

知识拓展

液体、固体的体积受温度、压力影响很小，可以忽略，在发生单纯 p、V、T 变化时，可视为恒容过程。即其 $c_{p,\mathrm{m}}\approx c_{V,\mathrm{m}}=c_{\mathrm{m}}$，若 c_{n} 为定值，则

$$\Delta U\approx\Delta H=nc_{\mathrm{n}}(T_2-T_1)$$

单位物质的量的纯物质，于恒定温度及其平衡压力下，发生相变时的焓变，称为摩尔相变焓，符号 $\Delta_{\alpha}^{\beta}H_{m}$，单位 J/mol 或 kJ/mol。则

$$Q_p=\Delta_{\alpha}^{\beta}H=n\Delta_{\alpha}^{\beta}H_{m}$$

2.2.3 化学反应热效应计算

【任务 2-3】 车用乙醇汽油是加入变性燃料乙醇 10.0%（体积分数）的汽油，试求乙醇燃烧反应

$$C_2H_5OH(l)+3O_2(g)\longrightarrow 2CO_2(g)+3H_2O(g)$$

在 298.15 K 时的标准摩尔反应焓。

1. 化学反应热效应

在恒温且不做非体积功的条件下，系统发生化学反应时与环境交换的热称为化学反应热效应，简称反应热。根据反应条件不同，分为恒容热效应和恒压热效应两种，其中后者在生产实际中应用最广泛。

恒压热效应即为化学反应焓，根据状态函数性质设计简化途径计算。为方便热力学数据的统一使用，国际上规定了热力学标准态，简称标准态。

气体标准态是指在温度为 T、压力为 $p^{\ominus}$（$p^{\ominus}=100$ kPa，称为标准压力）时，处于理想气体状态的纯物质。

液体或固体是指在温度为 T、压力为 $p^{\ominus}$ 时的固态或液态纯物质。

热力学标准态对温度未作具体规定，通过有关热力学数据表可查取的一般为 $T=$ 298.15 K 时的数据。

参加化学反应的各物质均处于温度 T 的标准态时，其摩尔反应焓，称为标准摩尔反应焓，用 $\Delta_r H_m^{\ominus}$ 表示。其中，上标“⊖”指各种物质均处于标准态；下标“m”表示摩尔反应①；“r”表示反应。若为 298.15 K，温度可不做标注。物质必须标明状态。

2. 标准摩尔生成焓

在温度 T 的标准态下，由稳定单质生成 1 mol 指定相态物质的焓变，称为该物质的标准摩尔生成焓。符号 $\Delta_f H_m^{\ominus}(B,T)$，单位 kJ/mol，下标“f”表示生成反应。

例如，298.15 K，各物质均处于标准态时，$H_2O(l)$的生成反应是

$$H_2(g)+\frac{1}{2}O_2(g)\longrightarrow H_2O(l)；\Delta_r H_m^{\ominus}=-285.83\ \text{kJ/mol}$$

其标准摩尔反应焓就是 $H_2O(l)$的标准摩尔生成焓。即

$$\Delta_f H_m^{\ominus}(H_2O,l)=-285.83\ \text{kJ/mol}。$$

热力学规定：最稳定单质的标准摩尔生成焓为零。最稳定单质是指在该标准态下的单质处于最稳定的相态。298.15 K，标准压力下，一些常见最稳定单质见表 2-3。

---

①摩尔反应可理解为各物质按化学反应计量方程进行的完全反应，如 $H_2(g)+\frac{1}{2}O_2(g)\longrightarrow H_2O(l)$的摩尔反应为 1 mol $H_2(g)$和$\frac{1}{2}$mol $O_2(g)$反应，生成 1 mol $H_2O(l)$。

表 2-3 298.15 K,标准压力下,一些常见最稳定单质

单质	最稳定相态	非最稳定相态	单质	最稳定相态	非最稳定相态
碳	C(s,石墨)	C(s,金刚石)	磷	P(s,白磷)	P(s,红磷)
溴	Br_2(l)	Br_2(g)	氧	O_2(g)	O_2(l)
碘	I_2(s)	I_2(l)	钠	Na(s)	Na(l)

想一想

当各物质均处于标准态时,下列反应的标准摩尔反应焓是否等于CO_2(g)的标准摩尔生成焓。为什么?

(1)C(s,金刚石)+O_2(g)⟶CO_2(g)

(2)2C(s,石墨)+$2O_2$(g)⟶$2CO_2$(g)

(3)CO(g)+ $\frac{1}{2}O_2$(g)⟶CO_2(g)

根据状态函数的特点,利用 $\Delta_f H_m^\ominus$ 数据(见附录一),可以计算 298.15 K 时任意化学反应的标准摩尔反应焓。

$$\Delta_r H_m^\ominus = \sum_B \upsilon_B \Delta_f H_m^\ominus(B) \qquad (2\text{-}10)$$

式中 $\Delta_r H_m^\ominus$——化学反应的标准摩尔反应焓,kJ/mol;

$\Delta_f H_m^\ominus(B)$——反应物质 B 在指定相态的标准摩尔生成焓,kJ/mol;

υ_B——反应物质 B 的化学计量数①,1。

【任务 2-3 解答】 由附录一查得,各反应物和生成物 298.15 K 的标准摩尔生成焓如下

	C_2H_5OH(l)	O_2(g)	CO_2(g)	H_2O(g)
$\Delta_f H_m^\ominus$/(kJ/mol)	−277.69	0	−393.51	−241.82

由式(2-10) $$\Delta_r H_m^\ominus = \sum_B \upsilon_B \Delta_f H_m^\ominus(B)$$

得 $\Delta_r H_m^\ominus = (-1)\times(-277.69)+(-3)\times 0+2\times(-393.51)+3\times(-241.82)$

$$\Delta_r H_m^\ominus = -1\ 234.79\ \text{kJ/mol}$$

热效应为负值,表明上述反应为放热反应。

3. 标准摩尔燃烧焓

【任务 2-4】 烷烃在高温及隔绝空气条件下进行的热分解反应,称为裂化反应。其中,正戊烷可发生如下裂化反应

①化学计量数是化学反应计量方程中,各物质前面的数字,规定反应物为负值,生成物为正值。例如,反应 $aA(g) + bB(g) \rightleftharpoons mM(g) + nN(g)$,各物质的化学计量数分别为:$-a, -b, m, n$。

$$CH_3CH_2CH_2CH_2CH_3(g)\xrightarrow{\text{高温}}CH_3CH_2CH_3(g)+CH_2{=}CH_2(g)$$

试根据附录中标准摩尔燃烧焓数据，计算该反应在 298.15 K 时的标准摩尔反应焓。

在温度 T 的标准状态下，由 1 mol 指定相态物质完全燃烧生成稳定氧化物的焓变，称为该物质的标准摩尔燃烧焓，符号 $\Delta_c H_m^\ominus(B,T)$，单位 kJ/mol。下标"c"表示燃烧反应。

例如，298.15 K，各物质均处于标准态时，$C_6H_{14}(l)$的燃烧反应是

$$C_6H_{14}(l)+9\frac{1}{2}O_2(g)\longrightarrow 6CO_2(g)+7H_2O(l)$$

$$\Delta_r H_m^\ominus=-4\ 163.1\ \text{kJ/mol}$$

其标准摩尔反应焓就是 $C_6H_{14}(g)$ 的标准摩尔燃烧焓。即 $\Delta_c H_m^\ominus(C_6H_{14},l)=-4\ 163.1$ kJ/mol。

完全燃烧生成的稳定氧化物，是指生成规定相态的最终产物。如单质或化合物中的 C 燃烧后转变为 $CO_2(g)$，H 转变为 $H_2O(l)$，S 转变为 $SO_2(g)$，N 转变为 $NO_2(g)$。

想一想

当各物质均处于标准态时，下列各反应的结论是否正确，为什么？

(1)$C(s,石墨)+O_2(g)\longrightarrow CO_2(g)$；$\Delta_r H_m^\ominus=\Delta_c H_m^\ominus(C,s,石墨)$

(2)$H_2(g)+\frac{1}{2}O_2(g)\longrightarrow H_2O(l)$；$\Delta_r H_m^\ominus=\Delta_c H_m^\ominus(H_2O,l)$

(3)$C_2H_5OH(l)+3O_2(g)\longrightarrow 2CO_2(g)+3H_2O(g)$　$\Delta_r H_m^\ominus=\Delta_c H_m^\ominus(C_2H_5OH,l)$

热力学规定：完全燃烧生成的稳定氧化物其标准摩尔燃烧焓为零。

利用 $\Delta_c H_m^\ominus$ 数据(见附录二)，可以计算 298.15 K 时有关化学反应的标准摩尔反应焓。

$$\Delta_r H_m^\ominus=-\sum \upsilon_B \Delta_c H_m^\ominus(B) \tag{2-11}$$

【任务 2-4 解答】 由附录二查得，各反应物和生成物 298.15 K 的标注摩尔燃烧焓如下

	$C_5H_{12}(g)$	$C_3H_8(g)$	$C_2H_4(g)$
$\Delta_c H_m^\ominus/(\text{kJ/mol})$	−3 536.1	−2 219.9	−1 411.0

由式(2-11)　$\Delta_r H_m^\ominus=-\sum_B \upsilon_B \Delta_c H_m^\ominus(B)$

得 $\Delta_r H_m^\ominus=-[(-1)\times(-3\ 536.1)+1\times(-2\ 219.9)+1\times(-1\ 411.0)]$

$$\Delta_r H_m^\ominus=94.8\ \text{kJ/mol}$$

热效应为正值，表明上述反应为吸热反应。

知识拓展

若已知反应各组分的 $c_{p,m}$，则其他温度下的 $\Delta_r H_m^\ominus(T)$ 可由下式计算：

$$\Delta_r H_m^\ominus(T)=\Delta_r H_m^\ominus(298\ \text{K})+\Delta_r c_{p,m}(T-298\ \text{K})$$

式中，$\Delta_r c_{p,m}$ 为化学反应热容差，$\Delta_r c_{p,m}=\sum_B \upsilon_B c_{p,m}(B)$。

2.3 化学反应方向的判断

2.3.1 自发过程

【任务 2-5】 在酸催化剂的作用下，乙烯可经直接水合法制备乙醇，反应如下

$$CH_2{=}CH_2(g)+H_2O(g)\xrightarrow[300℃\ 7\ MPa]{H_3PO_4/硅藻土}CH_3CH_2OH(g)$$

根据附录一中的标准摩尔生成焓和标准摩尔熵数据，计算该反应在298.15 K时的标准摩尔反应吉布斯焓变，并判断反应自发进行的方向。

在一定条件下，不需借助外力就能自动进行的过程，称为自发过程。

自发过程的特点是有推动力，如河水的位差、气流的压力差、物体的温差及溶液的浓度差等；自动向推动力减少的方向进行，当推动力为零时，自发过程达到最大限度，即自发过程具有方向（趋于平衡）和限度（达到平衡状态）；这种推动力的存在，使自发过程具有做功的能力。

自发过程的逆过程（反自发过程）必须借助外力做功才能实现，如水泵可将水抽至高处；真空泵可将空气由低压输向高压；空调可将热从低温传向高温；而电解可使溶质由低浓度向高浓度移动。

借助外力可使自发过程逆向进行，返回至始态，由热力学第一定律得知系统的热力学能不变（$\Delta U=0$），环境对系统做功与系统传递给环境的热相等。若将热收集起来（这需要消耗外加功），再全部用于对系统做功，就形成一个自动循环的做功系统，即是一个将热100％转化为功的永动机（称为第二类永动机）。实践证明，第二类永动机是不可能造成的，这一结论称为热力学第二定律。热力学第二定律的开尔文表述为“不可能从单一热源取热使之完全转变为功，而不引起其他变化”。

2.3.2 熵和熵增原理

1. 熵

熵是表示系统中微观粒子运动混乱度（有序性的反义词）的热力学函数。符号 S，单位 J/K。熵是具有广延性质的状态函数，其定义式为

$$dS=\frac{\delta Q_R}{T} \tag{2-12}$$

$$\Delta S=S_2-S_1=\int_1^2\frac{\delta Q_R}{T} \tag{2-13}$$

即可逆过程的热（δQ_R）温（T）商在数值上等于系统的熵变。由于温度总是正值，因而吸热使熵值增加，放热使熵值减小，即同一物质 $S_{高温}>S_{低温}$。

想一想

由于物质由固体熔化为液体，或由液体蒸发为气体时，总是伴随着吸热过程，因此同一物质 $S(g)>S(l)>S(s)$。正确吗？

2. 熵增原理

隔离系统中发生的自发过程总是向熵增大的方向进行，平衡时达到最大值，此即熵增原理，又称熵判据。

$$\Delta S_{隔}\geqslant 0\begin{cases}自发过程(>0)\\平衡态(=0)\end{cases}\qquad(2\text{-}14)$$

为使熵增原理应用范围更广，对封闭系统做如下处理：将环境和系统包括在一起，构成一个大隔离系统，其总熵变化($\Delta S_{总}$)就是大隔离系统的熵变($\Delta S_{隔}$)。

$$\Delta S_{总}=\Delta S_{隔}=\Delta S+\Delta S_{环}\geqslant 0\begin{cases}自发过程(>0)\\平衡态(=0)\end{cases}\qquad(2\text{-}15)$$

只要求出系统熵变(ΔS)和环境熵变($\Delta S_{环}$)，就能应用总熵变化来判断封闭系统变化过程的方向和限度。

式(2-14)，(2-15)都是热力学第二定律的数学表达式，它指明了自发过程的方向和限度。

3. 化学反应熵变的计算

(1)热力学第三定律

1920 年美国物理化学家路易斯(G. N. Lewis)等人根据前人研究提出：**在 0 K 时，纯物质完美晶体的熵值等于零。即**

$$S_B^*(0\ K)=0\qquad(2\text{-}16)$$

完美晶体，是指晶格结点上的粒子(分子、原子或离子)完全有序排列，其振动、转动以及原子核和电子的运动均处于基态，其混乱度为零。

根据状态函数的特点和热力学第三定律，可以确定任意温度下纯物质的熵值(规定熵)。单位物质的量的物质在标准状态下的规定熵称为标准摩尔熵，符号 $S_m^{\ominus}(B)$，单位 J/(K・mol)。298.15 K 时，各物质的标准摩尔熵数据见附录一。

(2)标准摩尔反应熵的计算

298.15 K 时，各组分均处于标准状态时的化学反应熵变($\Delta_r S_m^{\ominus}$)为

$$\Delta_r S_m^{\ominus}=\sum_B \upsilon_B S_m^{\ominus}(B)\qquad(2\text{-}17)$$

练一练

利用附录一的数据，计算合成氨反应

$$N_2(g)+3H_2(g)\rightleftharpoons 2NH_3(g)$$

在 298.15 K 时的标准摩尔反应熵。

知识拓展

环境、单纯 p、V、T 变化过程及相变过程的熵变计算

(1)环境的熵变,即环境的热温熵。由于 $Q_{环}=-Q$,所以

$$\Delta S_{环}=-\frac{Q}{T_{环}}$$

(2)单纯 p、V、T 变化,即指无相变化、无化学变化,且不做非体积功,只有压力、体积和温度变化的过程。若为理想气体,且 $c_{V,m}$、$c_{p,m}$ 为常数,则封闭系统的熵变为

$$\Delta S=nc_{V,\mathrm{m}}\ln\frac{T_2}{T_1}+nR\ln\frac{V_2}{V_1}=nc_{p,\mathrm{m}}\ln\frac{T_2}{T_1}+nR\ln\frac{p_1}{p_2}$$

(3)相变过程,即在无限接近两相平衡温度和压力下进行的相变为可逆相变。其熵变为

$$\Delta S=\frac{Q_R}{T}=\frac{\Delta_\alpha^\beta H}{T}=\frac{n\Delta_\alpha^\beta H_{\mathrm{m}}(T)}{T}$$

2.3.3 吉布斯函数与化学方应方向的判断

1. 吉布斯函数

吉布斯函数(或称吉布斯自由能)是由美国科学家吉布斯(J. W. Gibbs)于 1876 年提出来的。其定义式为

$$G=H-TS \tag{2-18}$$

吉布斯函数是状态函数,属广延性质,其单位为 J。在恒温、恒压、非体积功为零的过程中,吉布斯函数变化为

$$\Delta G=\Delta H-T\Delta S \tag{2-19}$$

2. 化学反应方向判据

热力学研究表明,当封闭系统在恒温、恒压且非体积功为零的条件下,系统发生自发过程时,吉布斯函数减小;当系统达到平衡时,吉布斯函数不变;吉布斯函变大于零的过程不能发生(或称发生反自发过程)。此即为过程进行方向的吉布斯函数判据

$$\Delta G\leqslant 0\begin{cases}自发过程(<0)\\ 平衡态(=0)\end{cases} \tag{2-20}$$

式(2-20)也是热力学第二定律表达式。若为化学反应过程,ΔG 用标准摩尔反应吉布斯焓变 $\Delta_r G_m^\ominus$ 表示。

通常,生产实验中的相变和化学反应多在恒温恒压条件下进行,用吉布斯函数判据判断过程的方向和限度,可避免环境熵变的计算,应用很方便。

【任务 2-5 解答】 由附录一查得各反应物、生成物在 298.15 K 时的标准摩尔生成焓、标准摩尔熵如下

	$CH_2=CH_2(g)$	$H_2O(g)$	$CH_3CH_2OH(g)$
$\Delta_f H_m^\ominus(B)/(kJ/mol)$	52.26	−241.82	−235.10
$S_m^\ominus/[J/(mol\cdot K)]$	219.56	188.83	282.70

由
$$\Delta_r H_m^\ominus = \sum_B v_B \Delta_f H_m^\ominus(B)$$

得 $\Delta_r H_m^\ominus=[(-1)\times 52.26+(-1)\times(-241.82)+1\times(-235.10)]=-45.54\ kJ/mol$

由
$$\Delta_r S_m^\ominus = \sum_B v_B S_m^\ominus(B)$$

得
$$\Delta_r S_m^\ominus=[(-1)\times 219.56+(-1)\times 188.83+1\times 282.70]$$
$$=-125.69\ J/(mol\cdot K)\approx -0.126\ kJ/(mol\cdot K)$$

$$\Delta_r G_m^\ominus=\Delta_r H_m^\ominus - T\Delta_r S_m^\ominus=[-45.54-298.15\times(-0.126)]=-7.97\ kJ/mol$$

因为
$$\Delta_r G_m^\ominus<0$$

所以在给定条件下,反应能自发向右进行。

知识拓展

通常,$\Delta_r H_m^\ominus(T)$、$\Delta_r S_m^\ominus(T)$随温度变化不明显,因此可用 298.15 K 的数据近似计算$\Delta_r G_m^\ominus(T)$,即

$$\Delta_r G_m^\ominus(T)=\Delta_r H_m^\ominus - T\Delta_r S_m^\ominus$$

利用上述关系,可以计算 $CaCO_3$(s)分解为 CaO (s)和 CO_2(g)的温度范围是

$$T>\frac{\Delta_r H_m^\ominus}{\Delta_r S_m^\ominus}$$

在温度 T 的标准状态下,由稳定相态单质生成 1 mol 指定相态物质时的吉布斯函数变化,称为标准摩尔生成吉布斯函数,用符号 $\Delta_f G_m^\ominus$ 表示,单位为 J/mol。若非 298.15 K,要注明温度,物质必须标注相态。附录一中列出了一些物质在 298.15 K 时的标准摩尔生成吉布斯函数值。

热力学中规定:标准状态下,稳定相态单质的标准摩尔生成吉布斯函数为零。

应用标准摩尔生成吉布斯函数,可以计算标准摩尔反应吉布斯焓变。

$$\Delta_r G_m^\ominus = \sum_B v_B \Delta_f G_m^\ominus(B) \qquad (2\text{-}21)$$

式中 $\Delta_r G_m^\ominus$——标准摩尔反应吉布斯函数,kJ/mol;

$\Delta_f G_m^\ominus(B)$——反应物质 B 在指定相态的标准摩尔生成吉布斯函数,kJ/mol;

v_B——化学计量数,1。

练一练

应用附录一的 $\Delta_f G_m^\ominus(B)$数据,计算[任务 2-5]中的 $\Delta_r G_m^\ominus$。

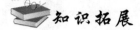

本章小结

- 化学热力学基础
  - 化学热力学基本概念
    - 系统和环境
      - 系统（研究对象）—包括封闭系统、敞开系统、隔离系统
      - 环境（外界）
    - 状态函数—状态函数的基本特征：$\Delta x = x_2 - x_1$；循环过程 $\Delta x = 0$
    - 过程与途径—过程：变化的经过；途径：变化的具体方式
    - 热力学能—U 状态函数：$\Delta U > 0$，系统热力学能增加；$\Delta U < 0$，系统热力学能减少；封闭系统中，一定量的理想气体其 $U = f(T)$
    - 热和功
      - Q 过程变量：$Q > 0$，表示系统吸热；$Q < 0$，系统向环境放热
      - W 过程变量：$W > 0$，环境对系统做功；$W < 0$，系统对环境做功
  - 焓与过程的热
    - 热力学第一定律—封闭系统中：$\Delta U = Q + W$
    - 焓及变温过程热的计算—$\Delta U = Q_V = nc_{V,\mathrm{m}}(T_2 - T_1)$，$\Delta H = Q_p = nc_{p,\mathrm{m}}(T_2 - T_1)$ 适于理想气体、固体和液体单纯 p、V、T 变化；理想气体：$c_{V,\mathrm{m}} + R = c_{p,\mathrm{m}}$
    - 化学反应热效应计算—$\Delta_r H_m^\ominus = \sum_B v_B \Delta_f H_m^\ominus(B) = -\sum_B v_B \Delta_c H_m^\ominus(B)$
  - 化学反应方向和限度的判断
    - 自发过程—不需借助外力就能自动进行的过程；自发过程具有做功能力。
    - 熵和熵增原理
      - 熵的定义式：$dS = \frac{\delta Q_R}{T}$
      - 熵增原理—$\Delta S_{隔} \geqslant 0 \begin{cases} 自发过程(>0) \\ 平衡态(=0) \end{cases}$
      - 化学反应熵变的计算—$\Delta_r S_m^\ominus = \sum_B v_B S_m^\ominus(B)$
    - 化学反应方向的判断
      - $\Delta G < 0$，自发过程；$\Delta G = 0$，平衡态
      - $\Delta_r G_m^\ominus = \Delta_r H_m^\ominus - T\Delta_r S_m^\ominus = \sum_B v_B \Delta_f G_m^\ominus(B)$

自 测 题

一、填空题

1. 在热力学中，把研究的对象称为________，而把与系统密切相关的部分称为________。

2. 与环境只有能量传递，没有物质传递的系统，称为________；与环境既有能量传递，又有物质传递的系统，称为________。

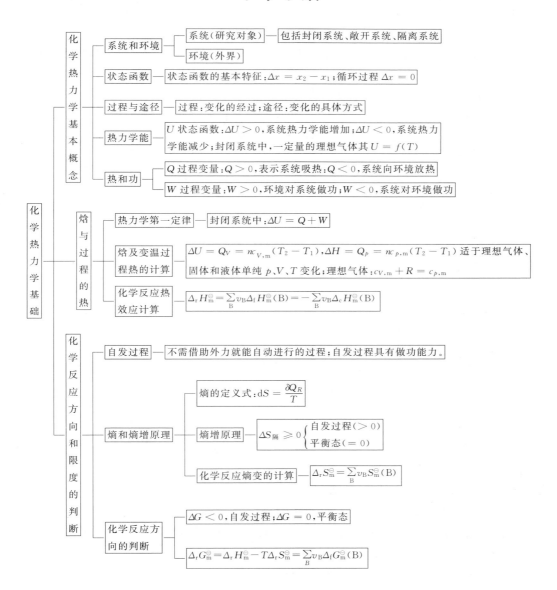

3. 物理量 Q、T、V、W、H、V_m 中，属于状态函数的有________，属于过程变量的有________；状态函数中属于广延性质的是________，属于强度性质的是________。

4. 系统经一系列变化后又回到原始状态，称为________，此时所有状态函数的改变量均为________。

5. 由于系统体积发生变化而与环境交换的功，称为________，其定义式为 $W=$________。

6. 热力学第一定律在封闭系统中的数学表达式为________。

7. 写出理想气体经过下列过程时，各物理量的数值或计算式，见表 2-4。

表 2-4　　理想气体各物理量的计算

过程 \ 物理量	ΔU	ΔH	Q	W
恒容过程				
恒压过程				
恒温恒外压过程				
自由膨胀				
绝热过程				
恒温可逆过程				

8. 热力学标准态又称热化学标准态，对气体而言，是指在________下，处于________状态的气体纯物质。

9. 隔离系统中发生的自发过程总是向熵增大的方向进行，________时达到最大值，这就是________原理，又称为________判据。

10. 吉布斯函数判据的应用条件是：________系统进行________、________且________的过程。

11. 封闭系统在恒温、恒压变化且非体积功为零的条件下，系统发生自发过程时，吉布斯函数________；当系统达到平衡时，吉布斯函数________。

二、判断题（正确的画"√"，错误的画"×"）

1. 与环境既无能量传递，又无物质传递的系统，称为隔离系统，又称为孤立系统。（　）

2. 变化前后，系统与环境的压力相等（即 $p_1=p_2=$常数）的过程，称为恒压过程。（　）

3. 封闭系统中，一定量理想气体的热力学能只是温度的函数。（　）

4. 系统从环境吸热时，$Q>0$；系统对环境做功时，$W<0$。（　）

5. 某系统由状态 A 变化到状态 B，若经历两条途径，则必有 $Q_1+W_1=Q_2+W_2$。（　）

6. 隔离系统的热力学能是守恒的。（　）

7. 1 mol $H_2O(l)$ 由 373.15 K、101.325 kPa 状态下，变成同温同压下的水蒸气，则该过程的 $\Delta H=0$。（　）

8. $\Delta U=nc_{V,m}(T_2-T_1)$ 适用于理想气体的任何变化过程。（　）

9. 系统发生化学反应时与环境交换的热称为化学反应热效应。（　）

10. 在一定温度下，反应 $CO(g)+1/2O_2(g) \longrightarrow CO_2(g)$ 的标准摩尔反应焓就是该温度下 $CO(g)$ 的标准摩尔燃烧焓，也是 $CO_2(g)$ 的标准摩尔生成焓。（ ）

11. 298.15 K 时，液态水的 $\Delta_f H_m^\ominus=0$。（ ）

12. 298.15 K 时，氧气的标准摩尔燃烧焓为零。（ ）

13. 在 0 K 时，纯物质完美晶体的熵值等于零，即 $S_B^*(0\ K)=0$。（ ）

14. 隔离系统的熵是守恒的。（ ）

15. 熵增加的过程，一定是自发过程。（ ）

三、选择题

1. 下列过程，称为绝热过程的是（ ）。

A. $T_1=T_2=T_{环}=$常数　　B. $p_{环}=$常数

C. $Q=0$　　D. $V_1=V_2=$常数

2. 系统经历一个循环过程，下列物理量变化不为零的是（ ）。

A. T　　B. p　　C. U　　D. W

3. 当系统状态发生变化后，Q 一定为零的是（ ）。

A. 循环过程　　B. 绝热过程　　C. 恒容过程　　D. 恒压过程

4. 一定量某理想气体恒温压缩时，正确的说法是（ ）。

A. $\Delta U>0, \Delta H<0$　　B. $\Delta U=0,\ \Delta H=0$

C. $\Delta U<0, \Delta H<0$　　D. $\Delta U<0,\ \Delta H>0$

5. 1 mol 单原子理想气体，从 500 K 经绝热可逆膨胀到 300 K，则其 ΔH 为（ ）。

A. 300 R　　B. 500 R　　C. －300 R　　D. －500 R

6. 298.15 K 时，下列物质中 $\Delta_f H_m^\ominus=0$ 的是（ ）。

A. C(s，金刚石)　　B. $CO_2(g)$　　C. $I_2(g)$　　D. $Br_2(l)$

四、计算题

1. 5 mol 某理想气体由 300 K、2.0 MPa，恒温膨胀到 1.0 MPa，求完成此过程所经历下列不同途径的功和热力学能的变化。

(1)自由膨胀；

(2)反抗恒外压 1.0 MPa 膨胀；

(3)可逆膨胀。

2. 10 mol 某双原子理想气体由 1.0×10^6 Pa，恒温 300 K 膨胀到 1.0×10^5 Pa，试计算下列各过程的 W、Q、ΔU 和 ΔH。

(1)自由膨胀；

(2)反抗恒外压 1.0×10^5 Pa 膨胀；

(3)可逆膨胀。

3. 已知某理想气体的摩尔定压热容为 30 J/(K·mol)，若 5 mol 该理想气体从 27 ℃ 恒压加热到 327 ℃，求此过程的 W、Q、ΔU 和 ΔH。

4. 已知水的摩尔定压热容为 75.3 J/(K·mol)，若将 2 kg 水从 300 K 冷却到 290 K，试求系统与环境之间传递的热量。

5. 10 mol 某双原子分子理想气体，从 300 K，100 kPa 恒压加热到 350 K，求此过程的 W、Q、ΔU 和 ΔH。

6. 利用附录中的标准摩尔生成焓数据，计算下列化学反应在 298.15 K 时的标准摩尔反应焓。

(1) $C_2H_4(g) + H_2O(g) \longrightarrow C_2H_5OH(l)$

(2) $N_2(g) + 3H_2(g) \rightleftharpoons 2NH_3(g)$

7. 利用附录中的标准摩尔燃烧焓数据，计算下列化学反应在 298.15 K 时的标准摩尔反应焓。

(1) $CH_3COOH(l) + C_2H_5OH(l) \longrightarrow CH_3COO\,C_2H_5(l) + H_2O(l)$

(2) $C_3H_8(g) \longrightarrow CH_4(g) + C_2H_4(g)$

8. 根据附录中的数据，用两种方法计算化学反应

$$C_2H_4(g) + H_2O(l) \longrightarrow C_2H_5OH(l)$$

在 298.15 K 时的标准摩尔反应吉布斯焓变。

五、问答题

1. 举例说明什么是过程和途径。

2. 简述 $Q_V = \Delta U$，$Q_p = \Delta H$ 的适用条件。

3. 写出气体分别进行恒容过程、恒压过程、恒温恒外压过程和自由膨胀过程变化时，ΔU、ΔH、Q 和 W 的取值或计算公式。

4. 标准压力为何值？气体、液体及固体的标准态是怎样规定的？

5. 举例说明什么是自发过程、反自发过程。

6. 简述熵增原理，如何将该原理应用于封闭系统中？

7. 举例说明什么是最稳定单质。

第3章

化学反应速率和化学平衡

能力目标

1. 能正确写出基元反应的速率方程，指出反应级数。
2. 能进行具有简单级数化学反应的有关计算。
3. 会书写标准平衡常数表达式及进行有关化学平衡计算。
4. 能应用多重平衡规则计算有关反应平衡常数。
5. 能综合运用化学反应速率和化学平衡原理选择化学反应条件。

知识目标

1. 理解化学反应速率的概念、表示方法。
2. 掌握具有简单级数的化学反应的速率方程及其特征。
3. 掌握浓度、温度、催化剂对化学反应速率的影响规律。
4. 掌握化学平衡特征及标准平衡常数概念。
5. 理解多重平衡，掌握平衡移动原理。

3.1 化学反应速率

3.1.1 化学反应速率的表示方法

【任务3-1】 在一个恒容容器内进行的合成氨反应

$$N_2(g) + 3H_2(g) \longrightarrow 2NH_3(g)$$

实验数据见表3-1，试分别用参与反应的三种物质表示化学反应速率。

表3-1 某合成氨反应实验数据

	$N_2(g)$	$H_2(g)$	$NH_3(g)$
开始时物质的浓度/$(mol \cdot L^{-1})$	1.0	3.0	0.0
2 s后物质的浓度/$(mol \cdot L^{-1})$	0.8	2.4	0.4

化学反应有些进行得很快，如火药爆炸、酸碱中和反应等；有些却很慢，如金属的腐蚀、某些有机合成反应等。

化学反应速率是衡量化学反应快慢的物理量。反应速率越大，化学反应进行得越快。化学反应速率常用单位时间内某一反应物浓度的减少或某一生成物浓度的增加来表示。

常用单位为 mol/(L·s),mol/(L·min)。

绝大多数的化学反应不是等速率进行的。因此,化学反应速率又分为平均速率和瞬时速率。

1. 平均速率

化学反应平均速率是反应进程中某时间间隔内反应物质的浓度变化。即

$$\bar{v}_B = |\Delta c_B / \Delta t| \tag{3-1}$$

式中 $\bar{v}_B$——用 B 物质表示的化学反应平均速率,mol/(L·s) 或 mol/(L·min);

Δc_B——在时间间隔 Δt 内,B 物质的浓度变化,mol/L;

Δt——时间间隔,$\Delta t = t_{终态} - t_{始态}$,s 或 min。

【任务 3-1 解答】

$$\bar{v}(N_2) = -\frac{\Delta c(N_2)}{\Delta t} = -\frac{c(N_2)_{终} - c(N_2)_{始}}{t_{终} - t_{始}} = -\frac{0.8 - 1.0}{2 - 0} = 0.1\ \text{mol/(L·s)}$$

$$\bar{v}(H_2) = -\frac{\Delta c(H_2)}{\Delta t} = -\frac{c(H_2)_{终} - c(H_2)_{始}}{t_{终} - t_{始}} = -\frac{2.4 - 3.0}{2 - 0} = 0.3\ \text{mol/(L·s)}$$

$$\bar{v}(NH_3) = \frac{\Delta c(NH_3)}{\Delta t} = \frac{c(NH_3)_{终} - c(NH_3)_{始}}{t_{终} - t_{始}} = \frac{0.4 - 0.0}{2 - 0} = 0.2\ \text{mol/(L·s)}$$

想一想

在上述合成氨反应中,用不同反应物质表示的化学反应速率之比 $\bar{v}(N_2)$: $\bar{v}(H_2)$: $\bar{v}(NH_3)$ = ________ : ________ : ________。

此例表明:化学反应中,各反应物质的平均反应速率之比等于其化学计量数的绝对值之比。

2. 瞬时速率

【实例分析】 某温度下溶液中 H_2O_2 的分解反应

$$2\ H_2O_2 \longrightarrow 2\ H_2O + O_2 \uparrow$$

其实验数据见表 3-2。

表 3-2 某温度下 H_2O_2 的分解速率

t/min	Δt/ min	$c(H_2O_2)$/(mol·L^{-1})	$\Delta c(H_2O_2)$/(mol·L^{-1})	$\bar{v}(H_2O_2)$/(mol·L^{-1}·min^{-1}))
0	0	0.80	—	—
20	20	0.40	−0.40	0.020
40	20	0.20	−0.20	0.010
60	20	0.10	−0.10	0.005
80	20	0.05	−0.05	0.0025
100	20	0.025	−0.025	0.000125

从表 3-2 数据可见,随着反应进行,反应物 H_2O_2 的浓度不断减小,平均速率也不断变化。因此需用瞬时速率表示化学反应在某一时刻的真实速率。

以表 3-2 中的时间为横坐标,浓度为纵坐标,绘制 c-t 曲线(图 3-1),则曲线上某一点切线斜率的绝对值,即为此刻反应的瞬时速率。即

$$v(H_2O_2) = \left| \frac{dc(H_2O_2)}{dt} \right|$$

对任意反应：$eE+fF \longrightarrow mM+nN$

反应物的消耗速率 $$\begin{cases} v(\mathrm{E})=-\dfrac{\mathrm{d}c(\mathrm{E})}{\mathrm{d}t} \\ v(\mathrm{F})=-\dfrac{\mathrm{d}c(\mathrm{F})}{\mathrm{d}t} \end{cases} \tag{3-2}$$

生成物的生成速率 $$\begin{cases} v(\mathrm{M})=\dfrac{\mathrm{d}c(\mathrm{M})}{\mathrm{d}t} \\ v(\mathrm{N})=\dfrac{\mathrm{d}c(\mathrm{N})}{\mathrm{d}t} \end{cases} \tag{3-3}$$

通式 $$v_B=\pm\frac{\mathrm{d}c_B}{\mathrm{d}t} \tag{3-4}$$

由合成氨反应实例可知

$$v=-\frac{\mathrm{d}c(\mathrm{N_2})}{\mathrm{d}t}=-\frac{1}{3}\cdot\frac{\mathrm{d}c(\mathrm{H_2})}{\mathrm{d}t}=\frac{1}{2}\cdot\frac{\mathrm{d}c(\mathrm{NH_3})}{\mathrm{d}t}$$

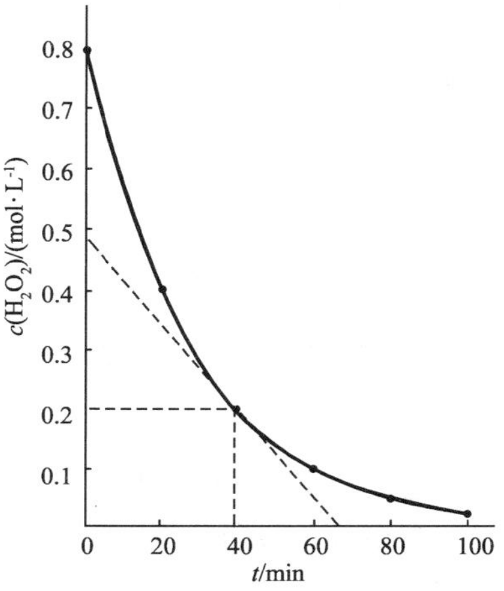

图 3-1 某温度下 H_2O_2 浓度随时间的变化

即反应速率又可表示为：

$$v=-\frac{1}{e}\cdot\frac{\mathrm{d}c(\mathrm{E})}{\mathrm{d}t}=-\frac{1}{f}\cdot\frac{\mathrm{d}c(\mathrm{F})}{\mathrm{d}t}=\frac{1}{m}\cdot\frac{\mathrm{d}c(\mathrm{M})}{\mathrm{d}t}=\frac{1}{n}\cdot\frac{\mathrm{d}c(\mathrm{N})}{\mathrm{d}t} \tag{3-5}$$

其中 $$v=\frac{v(\mathrm{E})}{e}=\frac{v(\mathrm{F})}{f}=\frac{v(\mathrm{M})}{m}=\frac{v(\mathrm{N})}{n} \tag{3-6}$$

对于气体恒容反应，各组分分压与浓度成正比。因此，速率方程中的浓度可用分压代替。为使用方便，通常用易于测定浓度（或分压）的物质来表示化学反应速率。

若不特殊说明，反应速率一般是指瞬时速率。

3.1.2 影响化学反应速率的因素

1. 浓度

【任务 3-2】 写出下述基元反应的速率方程。

(1) $C(s) + O_2(g) \longrightarrow CO_2(g)$

(2) $C_{12}H_{22}O_{11} + H_2O \longrightarrow C_6H_{12}O_6 + C_6H_{12}O_6$

蔗糖　　　　　　　　葡萄糖　　　果糖

【实例分析】 一定温度下，向过硫酸钾（$K_2S_2O_6$）溶液中加入 KI 溶液，可发生如下反应

$$K_2S_2O_6(aq) + 2KI(aq) \longrightarrow 2K_2SO_3(aq) + I_2(s)$$

若溶液中含有淀粉，则遇 I_2 溶液变蓝。实验证明，KI 浓度越大，反应越快，则蓝色出现越快。即在其他条件不变的条件下，增高反应物浓度，可增大反应速率。

绝大多数化学反应并不是简单地一步完成，往往是分步进行的。一步就能完成的反应，称为基元反应（简单反应）。例如

$$2NO_2(g) \longrightarrow 2NO(g) + O_2(g)$$

$$NO_2(g) + CO(g) \xrightarrow{>372\ ℃} NO(g) + CO_2(g)$$

【实例分析】 基元反应 $NO_2(g) + CO(g) \longrightarrow NO(g) + CO_2(g)$ 在 400 ℃时的实验数据见表 3-3。

表 3-3　　反应 $NO_2(g) + CO(g) \rightarrow NO(g) + CO_2(g)$ 在 400 ℃时的实验数据

实验编号	$c(CO)/(mol \cdot L^{-1})$	$c(NO_2)/(mol \cdot L^{-1})$	$v/(mol \cdot L^{-1} \cdot s^{-1})$
1	0.10	0.10	0.005
	0.20	0.10	0.010
	0.30	0.10	0.015
	0.40	0.10	0.020
2	0.10	0.20	0.010
	0.20	0.20	0.020
	0.30	0.20	0.030
	0.40	0.20	0.040
3	0.10	0.30	0.015
	0.20	0.30	0.030
	0.30	0.30	0.045
	0.40	0.30	0.060

由表 3-3 数据分析，在同一组实验中，当 NO_2 浓度保持恒定时，反应速率与 CO 的浓度成正比。而当 CO 的浓度恒定（如为 0.10 mol/L）时，反应速率与 NO_2 浓度成正比。即该反应速率与 NO_2 和 CO 浓度的乘积成正比。

实验证明：对于基元反应，其反应速率与各反应物浓度幂的乘积成正比（浓度的指数在数值上等于各反应物化学计量数的绝对值），这种定量关系称为质量作用定律。

例如，对于溶液中进行的任意基元反应

$$eE + fF \rightarrow mM + nN$$

$$v = k\ [c(\mathrm{E})]^{e} \cdot [c(\mathrm{F})]^{f} \tag{3-7}$$

式中　$c(\mathrm{E})$、$c(\mathrm{F})$——分别为反应物 E、F 的浓度，mol/L；

e、f——反应物 E、F 的化学计量数的绝对值，1；

k——反应速率常数。

若为气体恒容的基元反应

$$v = k\ [p(\mathrm{E})]^{e} \cdot [p(\mathrm{F})]^{f} \tag{3-8}$$

式中　$p(\mathrm{E})$、$p(\mathrm{F})$——分别为反应物 E、F 的分压，Pa。

式(3-7)、(3-8)又称为速率方程。

想一想

式(3-7)、(3-8)如何用消耗速率或生成速率表示？其速率常数与反应速率常数 k 有什么关系？

反应速率常数是化学反应在一定温度下的特征常数。其物理意义是单位浓度（或分压）下的反应速率。不同反应，k 值不同。对同一反应，在浓度（或分压）相同的情况下，k 值越大，反应速率越大；k 值越小，反应速率越小。对于指定反应，k 值与温度、催化剂等因素有关，而与浓度无关。

注意： 书写生成速率和消耗速率时，v 和 k 后要注明对应的反应物质。

速率方程中浓度（或分压）的指数，称为反应级数。a 为反应对 A 物质的反应级数，b 为反应对 B 物质的反应级数，$n = a + b$ 称为反应总级数或反应分子数。绝大多数基元反应为双分子反应。一些物质的热分解反应、异构化反应以及放射性元素的蜕变是单分子反应。而4个粒子同时碰撞而发生反应的机会极少，至今尚未发现反应分子数大于3的基元反应。因此，反应分子数 n 只能是1、2、3不可能为零、分数或负数。

例如，基元反应

$$NO_2(g) + CO(g) \xrightarrow{>372\ ℃} NO(g) + CO_2(g)$$

速率方程为：　　$v = kp(NO_2) \cdot p(CO)$

在速率方程中 $a = 1, b = 1$，则该反应对 NO_2、CO均是1级反应，反应总级数为2级是双分子反应。

书写速率方程时应注意：纯固态、纯液态物质，其浓度可视为常数；稀溶液中溶剂水的浓度视为常数，不必列入速率方程表达式中。

【任务3-2解答】 (1) $v = kp(O_2)$

(2) $v = kc(C_{12}H_{22}O_{11})$

练一练

写出下列基元反应的速率方程，并指出反应的总级数。

(1) $SO_2Cl_2(g) \longrightarrow SO_2(g) + Cl_2(g)$

(2) $2NO_2(g) \longrightarrow 2NO(g) + O_2(g)$

两步或两步以上才能完成的反应，称为非基元反应（复合反应）。例如

$$I_2(g) + H_2(g) \longrightarrow 2HI(g)$$

实际上是分两步进行的

第一步　　$I_2(g) \longrightarrow 2I \cdot (g)$

第二步　　$2I \cdot (g) + H_2(g) \longrightarrow 2HI(g)$

每一步为一个基元反应，总反应为两步反应之和。

非基元反应不符合质量作用定律。其速率方程不能根据总反应方程直接写出，而必须由实验确定。多数非基元反应的速率方程有以下形式

$$v = k[c(E)]^{\alpha} \cdot [c(F)]^{\beta} \qquad (3\text{-}9)$$

例如：

(1)乙醛在450 ℃的分解反应 $CH_3CHO(g) \longrightarrow CH_4(g) + CO(g)$；$v = k[p(CH_3CHO)]^{\frac{3}{2}}$，为3/2级反应。

(2)HCl气相合成反应 $H_2(g) + Cl_2(g) \longrightarrow 2HCl(g)$；$v = kp(H_2)[p(Cl_2)]^{\frac{1}{2}}$，为3/2级反应。

(3)臭氧转化为氧气反应　$2O_3(g) \longrightarrow 3O_2(g)$；$v = k[p(O_3)]^2[p(O_2)]^{-1}$，对 O_3 为2级反应，对 O_2 为−1级反应，总级数为1。

式中 α、β 分别为反应物E、F的反应级数，$n = \alpha + \beta$ 称为反应的总级数。n 可以是整数、分数、负数或零。例如

$$2NO(g) + 2H_2(g) \longrightarrow N_2(g) + 2H_2O(g)$$

由实验测得速率方程为

$$v = k[p(NO)]^2 p(H_2)$$

则该反应对 NO 为二级反应，对 H_2 为一级反应，总的反应级数为三级。

总之，速率方程定量表达了浓度对反应速率的影响。只有当温度及催化剂确定后，浓度(或分压)才是影响化学反应速率的唯一因素。

想一想

增大反应物浓度，反应速率一定增大吗？

2. 压力

在温度一定时，对有气体参加的反应，增大压力，气体反应物浓度增大，反应速率增大；反之降低压力，则反应速率减小。

对无气体参加的反应，由于压力对浓度影响很小，所以其他条件不变时，改变压力，对反应速率影响不大。

想一想

当压力增大到原来的 2 倍时，基元反应

$$2NO_2(g) \longrightarrow 2NO(g) + O_2(g)$$

其反应速率，增大到原来的几倍？

3. 温度

多数化学反应，无论是吸热反应还是放热反应，升高温度反应速率都会显著增大①。例如，H_2 与 O_2 在常温下几年也观察不到反应迹象，但温度升高至 600 ℃时，反应即可迅速进行，甚至发生爆炸。

范特霍夫(J. H. Van't Hoff) 研究了各种反应的反应速率与温度的关系，提出了一个近似的经验规律：一般化学反应，在常温度范围内，温度每升高 10 ℃，反应速率增大到原来的 2～4 倍。

【任务 3-3】 已测得反应 $N_2O_5 \rightarrow N_2O_4 + 1/2O_2$ 在不同温度下的反应速率常数数据如下：

T/K	273	298	308	318	328	338
$k\times10^5/s^{-1}$	0.0787	3.46	13.5	49.8	150	487

试求反应的活化能。

温度对反应速率的影响主要体现在对速率常数 k 的影响上。1889 年，瑞典化学家阿仑尼乌斯(S. A. Arrhenius)提出了一个较为精确描述反应速率常数与温度关系的经验公式，称为阿仑尼乌斯方程。

$$k = Ae^{-E_a/RT} \tag{3-10}$$

$$\ln\frac{k_2}{k_1} = -\frac{E_a}{R}\left(\frac{1}{T_2} - \frac{1}{T_1}\right) \tag{3-11}$$

① 极少数反应例外，如 $2NO + O_2 \longrightarrow 2NO_2$，温度升高，反应速率反而减小。

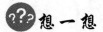

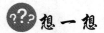

式中 A——常数，称为指前因子或频率因子；

R——摩尔气体常数，J/(K·mol)；

T——热力学温度，K；

E_a——常数，称为反应活化能，J/mol。

式(3-10)、(3-11)表明，反应的温度越高，活化能越小，则 k 值越大。

【任务 3-3 解答】 令 $T_1=273K$，$T_2=338K$，因为

$$\ln\frac{k_2}{k_1}=-\frac{E_a}{R}\left(\frac{1}{T_2}-\frac{1}{T_1}\right)$$

即

$$\ln\frac{487}{0.0787}=-\frac{E_a}{8.314}\left(\frac{1}{338}-\frac{1}{273}\right)$$

解得

$$Ea=1.03\times10^5\ J/mol$$

说明：该题也可用作图法（ln$k$-1/T 图）求得反应的活化能。

按照现代化学速率理论，对于化学反应 A＋BC→AB＋C 的反应过程如下

$$A+BC \rightleftharpoons \underset{\text{活化配合物}}{A\cdots B\cdots C} \rightarrow AB+C$$

反应物分子的能量至少要等于形成活化配合物分子的最低能量，才可能形成产物分子。反应物分子的平均能量与活化配合物分子的最低能量的差值，称为反应的活化能 E_a。

上述反应中的能量变化见图 3-2。反应活化能越大，能峰越高，能越过能峰的反应物分子越少，反应速率越小；反之，反应活化能越小，能峰越低，能越过能峰的反应物分子越多，反应速率越大。

大多数化学反应的活化能约为 60～250 kJ/mol。活化能小于 40 kJ/mol 的反应，反应速率很大，可以瞬间完成；活化能大于 420 kJ/mol 的反应，其反应速率则很小。

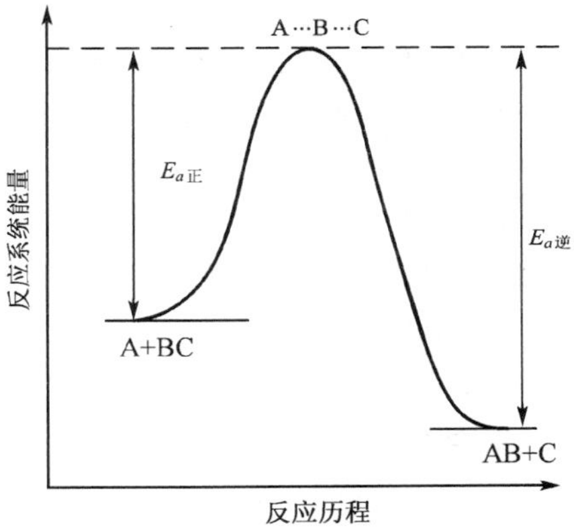

图 3-2 反应过程的能量变化

【实例分析】 已知化学反应数据见表 3-4。

表 3-4 **反应数据表**

化学反应	E_a/(kJ·mol^{-1})	v_{293K}/v_{283K}
$CH_3COOC_2H_5 + NaOH \longrightarrow CH_3COONa + C_2H_5OH$	47.3	1.99
$2N_2O_5 \longrightarrow 4NO_2 + O_2$	103.4	4.48

此例表明，反应活化能越大（反应速率越小），k 随温度升高而增大的幅度越大，即高温对活化能高的反应有利，低温对活化能低的反应有利。利用这一规律，生产和科研中常通过改变反应温度来达到加速主反应、抑制副反应的目的。

想一想

已知连串反应 $A \xrightarrow[k_1]{E_{a1}} R \xrightarrow[k_2]{E_{a2}} S$（R 为目的产物，S 为副产物）若 $E_{a1}>E_{a2}$ 时，则为抑制

副反应需提高反应温度，为什么？

4. 催化剂

催化剂是一种能显著改变化学反应速率，而本身在反应前后组成、质量和化学性质都保持不变的物质。有催化剂参加的反应称为催化反应，催化剂能改变反应速率的作用称为催化作用。

使用催化剂，避免了单纯提高反应温度而带来的副反应加剧及对设备要求更高的不利影响。据统计，目前约有 85%以上的化学反应需要使用催化剂。

【实例分析】 在其他条件不变时，催化剂对反应活化能的影响见表 3-5。

表 3-5 非催化反应和催化反应活化能的比较

反应	$E_a/(kJ \cdot mol^{-1})$		催化剂
	非催化反应	催化反应	
$2HI \longrightarrow H_2 + I_2$	184.1	104.6	Au
$2H_2O \longrightarrow 2H_2 + O_2$	244.8	136.0	Pt
$3H_2 + N_2 \longrightarrow 2NH_3$	334.7	39.3	$Fe\text{-}Al_2O_3\text{-}K_2O$

可见，催化剂加速反应的原因是催化剂能降低反应的活化能。

催化剂除能够改变反应速率外，其另一基本特征是具有选择性，即某种催化剂只能对某些特定反应起催化作用。

能加快反应的催化剂，称为正催化剂；减慢反应的催化剂，称为负催化剂（常根据具体用途称为抗老化剂、缓蚀剂、稳定剂等）。通常催化剂均指的是正催化剂。

催化反应中，微量杂质使催化剂催化能力降低或丧失的现象，称为催化剂中毒。因此，在催化反应中，应使原料保持纯净，必要时可先进行原料预处理。

5. 其他因素

对于多相反应，反应在两相交界面上进行，反应速率与接触面和接触机会有关。因此，可以通过固体粉碎、研磨、液体喷淋、搅拌、气体鼓风等多种措施增大反应速率。

其他如超声波、紫外光、X 射线和激光等也能对某些反应速率产生影响。

3.2 具有简单级数的化学反应

3.2.1 1 级反应

【任务 3-4】 313K 时，N_2O_5(A)在惰性溶剂 CCl_4 中进行分解，为 1 级反应。已知初速率为 1.00×10^{-5} mol/(L·s)，1h 后反应速率为 3.26×10^{-6} mol/(L·s)。试求：

(1)反应速率常数； (2)N_2O_5的初始浓度； (3)半衰期。

【任务 3-5】 ^{14}C 是考古常用的同位素，已知其半衰期为 5730 年，今在某出土文物样品中测得^{14}C 含量只有 72%，试推算该样品距今约多少年。

1. 速率方程

反应速率只与反应物浓度(或分压)有关,且反应级数(α、β 或 n)为零或正整数的反应,称为具有简单级数的化学反应。1 级反应是反应速率与反应物浓度(或分压)1 次方成正比的化学反应。例如,1 级反应

$$A \longrightarrow P$$

速率方程为 $$v_A = -\frac{dc_A}{dt} = k_A c_A (或\ v = kc_A) \tag{3-12}$$

将 $t=0$ 时 A 的浓度 $c_{A,0}$;$t=t$ 时 A 的浓度 c_A 带入到式(3-12)中,分离变量并积分

$$-\int_{c_{A,0}}^{c_A} \frac{dc_A}{c_A} = k_A \int_0^t dt$$

得 $$\ln \frac{c_{A,0}}{c_A} = k_A t \tag{3-13}$$

2. 1 级反应的特征

(1)k_A单位是[时间]$^{-1}$,如 s^{-1},min^{-1},h^{-1}。

(2)半衰期 $t_{1/2}$(反应物浓度消耗一半所需的时间)与 k_A 成反比,与初始浓度无关。

$$t_{1/2} = \ln2/k_A = 0.693/k_A \tag{3-14}$$

(3)$\ln(c_A/c^{\ominus})$对 t 作图为直线(见图 3-3)。由式(3-13)得直线方程。

$$\ln(c_A/c^{\ominus}) = -k_A t + \ln(c_{A,0}/c^{\ominus}) \tag{3-15}$$

直线的斜率为$-k_A$,截距为 $\ln(c_{A,0}/c^{\ominus})$。式中,$c^{\ominus}$ 为标准浓度,$c^{\ominus}=1$ mol/L。

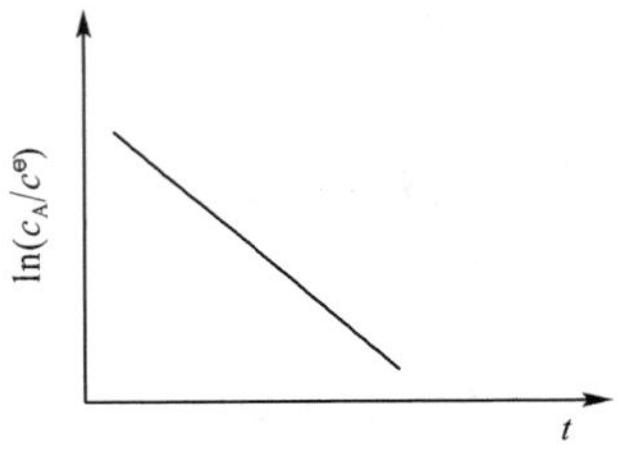

图 3-3 一级反应 $\ln(c_A/c^{\ominus})$-t 图

【任务 3-4 解答】

(1)反应速率方程为 $v_A = k_A c_A$

当 $t=0$ 时,$v_{A,0} = k_A c_{A,0} = 1.00\times10^{-5}$ mol/(L·s)

$t=3600$ s 时,$v_A = k_A c_A = 3.26\times10^{-6}$ mol/(L·s)

$$\frac{v_{A,0}}{v_A} = \frac{c_{A,0}}{c_A} = \frac{1.00\times10^{-5}}{3.26\times10^{-6}}$$

则由式(3-10)得 $$k_A = \frac{1}{t}\ln\frac{c_{A,0}}{c_A} = \frac{1}{3600}\ln\frac{1.00\times10^{-5}}{3.26\times10^{-6}} = 3.11\times10^{-4}\ s^{-1}$$

(2) $$c_{A,0} = \frac{v_{A,0}}{k_A} = \frac{1.00\times10^{-5}}{3.11\times10^{-4}} = 3.22\times10^{-2}\ mol/L$$

(3) $$t_{1/2} = \frac{\ln2}{k_A} = \frac{0.693}{3.11\times10^{-4}} = 2.23\times10^{3}\ s$$

在化工计算中,速率方程常用转化率表示。某一反应物的平衡转化率是指平衡时已转化的量占反应前该反应物总量的百分数,常以 α 来表示。

$$\alpha = \frac{某反应物转化量}{反应前该反应物总量}\times100\% \tag{3-16}$$

对气体恒容或溶液中进行的反应,总量和转化量可用浓度($c_{A,0}$)及转化浓度(Δc_A)代

替。

即对于溶液中进行的反应或气体恒容反应

$$\alpha_A=\frac{\Delta c_A}{c_{A,0}}=\frac{c_{A,0}-c_A}{c_{A,0}};即\ c_A=c_{A,0}(1-\alpha_A)$$

则
$$\ln\frac{1}{1-\alpha_A}=k_At \tag{3-17}$$

若为理想气体恒容反应时，则有

$$\ln\frac{p_{A,0}}{p_A}=k_At \tag{3-18}$$

想一想

如何推导出理想气体恒容反应时，速率方程的积分式，即式(3-18)？

【任务 3-5 解答】 因为同位素蜕变为 1 级反应，所以

$$k_A=\frac{0.693}{t_{1/2}}=\frac{0.693}{5730}=1.21\times10^{-4}年^{-1}$$

因为样品中^{14}C含量为 72%，即转化率为 1－72%＝28%。所以

$$t=\frac{1}{k_A}\ln\frac{1}{1-\alpha_A}=\frac{1}{1.21\times10^{-4}}\ln\frac{1}{1-0.28}==2715\ 年$$

即该文物样品距今约 2715 年

练一练

某反应的速率常数是 $k=4.62\times10^{-2}\ s^{-1}$，求反应掉 3/4 所需时间。

3.2.2 2 级反应

【任务 3-6】 在 298K 时，乙酸乙酯(A)和氢氧化钠(B)皂化反应的 $k_A=6.36$L/(mol·min)。若乙酸乙酯和氢氧化钠的初始浓度均为 0.02 mol/L 时，试求反应半衰期和反应进行 10 min 时的反应速率。

1. 2 级反应类型

反应速率与某一反应物浓度的 2 次方成正比，或与两个反应物的浓度乘积成正比的反应为 2 级反应。

类型Ⅰ aA ⟶产物　　$v_A=k_Ac_A^2$　（或 $v=kc_A^2$）

类型Ⅱ aA＋bB ⟶产物　　$v_A=k_Ac_Ac_B$（或 $v=kc_Ac_B$）

2. 属于类型Ⅰ的 2 级反应

类型Ⅰ的 2 级反应是反应速率正比于某一反应物浓度的平方的化学反应

因为
$$v_A=-\frac{dc_A}{dt}=k_Ac_A^2 \tag{3-19}$$

$$所以\ -\int_{c_{A,0}}^{c_A}\frac{dc_A}{c_A^2}=k_A\int_0^t dt$$

积分得
$$\frac{1}{c_A}-\frac{1}{c_{A,0}}=k_At \tag{3-20}$$

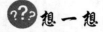

代入 $c_A = c_{A,0}(1-\alpha_A)$，则得到用转化率表示的速率方程

$$\frac{\alpha_A}{c_{A,0}(1-\alpha_A)} = k_A t \tag{3-21}$$

2 级反应特征：

(1)k_A的单位为[浓度]$^{-1}$·[时间]$^{-1}$，如 L/(mol·s)。

(2)半衰期 $t_{1/2}$ 与初始浓度 $c_{A,0}$ 及速率常数 k_A 的乘积成反比。即

$$t_{1/2} = \frac{1}{k_A c_{A,0}} \tag{3-22}$$

(3)由式(3-20)移项，得　$\frac{1}{c_A} = k_A t + \frac{1}{c_{A,0}}$

即以 $1/c_A$ 对 t 作图为一直线。直线的斜率为 k_A，截距为 $1/c_{A,0}$。

3. 属于类型Ⅱ的 2 级反应

(1)两反应物初始浓度相等($c_{A,0} = c_{B,0}$)的 2 级反应，其速率方程及特征与类型Ⅰ相同。

(2)两反应物初始浓度不相等($c_{A,0} \neq c_{B,0}$)的 2 级反应，其速率方程略复杂，本书不介绍。

【任务 3-6 解答】　由速率常数单位可知，该反应为 2 级反应。因为 $\nu_{A,0} = \nu_{B,0}$

所以
$$t_{1/2} = \frac{1}{k_A c_{A,0}} = \frac{1}{6.36 \times 0.02} = 7.86 \text{ min}$$

由式(3-20)得
$$\frac{1}{c_A} = k_A t + \frac{1}{c_{A,0}} = 6.36 \times 10 + \frac{1}{0.02} = 113.6 \text{ L/mol}$$

$$c_A = 8.8 \times 10^{-3} \text{ mol/L}$$

则反应进行到 10 min 时的反应速率为

$$v_A = k_A c_A^2 = 6.36 \times (8.8 \times 10^{-3})^2 = 4.9 \times 10^{-4} \text{ mol/(L·min)}$$

练一练

某反应 $aA \longrightarrow P$ 的速率常数 $k_A = 0.1$ L/(mol·s)，A 的初始浓度为 0.1 mol/ L。求反应速率降到初始速率的 1/4 时，需要多少时间？

3.3　化学平衡

3.3.1　可逆反应与化学平衡

1. 可逆反应

在同一条件下，能同时向正、逆两个方向进行的反应，称为可逆反应。可逆反应方程式用符号“$\rightleftharpoons$”表示。其中，从左向右进行的反应，称为正反应，从右向左进行的反应，称为逆反应。

例如，500 ℃时，二氧化硫和氧气在密闭容器中的反应表示为

$$2SO_2(g) + O_2(g) \xrightleftharpoons[500\ ℃]{N_2O_5} 2SO_3(g)$$

绝大多数反应都具有可逆性，一些反应在一般条件下并非可逆，而改变条件（如密闭环境中、高温条件等），就有明显的可逆性。

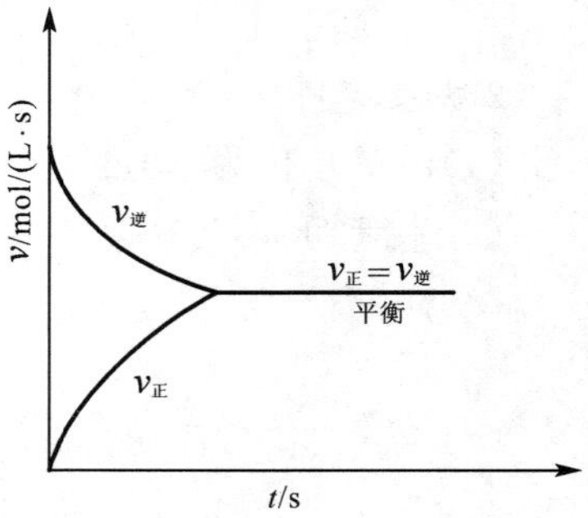

图 3-4　正逆反应速率示意图

2. 化学平衡

如图 3-4 所示，在一定条件下，可逆反应达到正、逆反应速率相等时的状态称为化学平衡。

化学平衡的特征是：反应物和生成物的浓度（或分压）不随时间变化而变化；正、逆反应速率相等，且不等于零；化学平衡是动态平衡；反应条件改变，化学平衡发生移动。

化学平衡是可逆化学反应进行的最大限度。

想一想

如何判断是否达到化学平衡？

3.3.2　化学平衡常数

1. 实验平衡常数

大量实验证明：在一定温度下，可逆反应达到平衡时，各生成物平衡浓度幂的乘积与各反应物平衡浓度幂的乘积之比是一个常数，称为化学平衡常数。例如，对任意可逆反应

$$eE + fF \rightleftharpoons mM + nN$$

在一定温度下，达到平衡时，则有

$$K_c = \frac{[c(M)]^m \cdot [c(N)]^n}{[c(E)]^e \cdot [c(F)]^f} \tag{3-23}$$

K_c 称为浓度平衡常数。

对于低压下进行的任意气相可逆反应

$$eE(g) + fF(g) \rightleftharpoons mM(g) + nN(g)$$

在一定温度下达到化学平衡时，其平衡常数表达式中各物质的平衡浓度常用平衡分压表示，此时的平衡常数称为分压平衡常数，以 K_p 表示。即

$$K_p = \frac{[p(M)]^m \cdot [p(N)]^n}{[p(E)]^e \cdot [p(F)]^f} \tag{3-24}$$

K_c、K_p 均由实验得到，因此称为实验平衡常数。在工业生产中常用于计算一定条件下原料的平衡转化率。

若气相任一组分都符合理想气体状态方程，则 K_p、K_c 关系为：

$$K_p = K_c(RT)^{\sum_B v_B} \tag{3-25}$$

式中　v_B——化学计量数，$\sum_B v_B = m + n - e - f$。

练一练

写出反应 $N_2(g) + 3H_2(g) \rightleftharpoons 2NH_3(g)$ 的实验平衡常数 K_p、K_c 的表达式，并指出两者之间的关系。

2. 标准平衡常数

标准平衡常数是由热力学计算得到的，又称热力学平衡常数，用 $K^{\ominus}$ 表示。

在气体反应中，将 K_p 表达式中各组分的平衡分压用相对平衡分压 $p_B/p^{\ominus}$ 代替，即为标准平衡常数表达式。其中，$p^{\ominus}$（$p^{\ominus}=100$ kPa）为标准态压力。例如，气体反应

$$eE(g) + fF(g) \rightleftharpoons mM(g) + nN(g)$$

标准平衡常数表达式为

$$K^{\ominus}=\frac{[p(M)/p^{\ominus}]^m \cdot [p(N)/p^{\ominus}]^n}{[p(E)/p^{\ominus}]^e \cdot [p(F)/p^{\ominus}]^f} \tag{3-26}$$

标准平衡常数是单位为1的物理量。$K^{\ominus}$ 只随温度的变化而改变，而与反应物的初始浓度（或分压）无关。

对于溶液反应，将 K_c 中各组分的平衡浓度用相对平衡浓度 $c/c^{\ominus}$ 代替即为标准平衡常数表达式，$c/c^{\ominus}$ 常用$[B]$简化表示。其中 $c^{\ominus}$（$c^{\ominus}=1$ mol/L）为标准浓度。例如，溶液反应

$$eE + fF \rightleftharpoons mM + nN$$

$$K^{\ominus}=\frac{[c(M)/c^{\ominus}]^m \cdot [c(N)/c^{\ominus}]^n}{[c(E)/c^{\ominus}]^e \cdot [c(F)/c^{\ominus}]^f}=\frac{[M]^m \cdot [N]^n}{[E]^e \cdot [F]^f} \tag{3-27}$$

书写化学平衡常数表达式时，应注意以下几点：

(1)平衡常数表达式及其数值与化学反应计量方程式的写法有关。即化学反应计量方程式写法不同，平衡常数表达式及其数值不同。例如，相同温度下

$$N_2(g) + 3H_2(g) \rightleftharpoons 2NH_3(g) \quad K_1^{\ominus}=\frac{[p(NH_3)/p^{\ominus}]^2}{[p(N_2)/p^{\ominus}] \cdot [p(H_2)/p^{\ominus}]^3}$$

$$\frac{1}{2}N_2(g) + \frac{3}{2}H_2(g) \rightleftharpoons NH_3(g) \quad K_2^{\ominus}=\frac{p(NH_3)/p^{\ominus}}{[p(N_2)/p^{\ominus}]^{1/2} \cdot [p(H_2)/p^{\ominus}]^{3/2}}$$

$$2NH_3(g) \rightleftharpoons N_2(g) + 3H_2(g) \quad K_3^{\ominus}=\frac{[p(N_2)/p^{\ominus}] \cdot [p(H_2)/p^{\ominus}]^3}{[p(NH_3)/p^{\ominus}]^2}$$

则 $$\sqrt{K_1^{\ominus}}=K_2^{\ominus} \qquad K_1^{\ominus}=\frac{1}{K_3^{\ominus}}$$

(2)反应物为纯固体、纯液体或稀溶液中的溶剂水时，其浓度为常数，视为“1”。例如

$$CaCO_3(s) \rightleftharpoons CaO(s) + CO_2(g)$$

$$K^{\ominus}=p(CO_2)/p^{\ominus}$$

稀溶液中进行的反应

$$Cr_2O_7^{2-} + H_2O \rightleftharpoons 2CrO_4^{2-} + 2H^+$$

$$K^{\ominus}=\frac{[CrO_4^{2-}]^2 \cdot [H^+]^2}{[Cr_2O_7^{2-}]}$$

但在非水溶液中进行的反应,水的浓度不能忽略。例如

$$C_2H_5OH + CH_3COOH \rightleftharpoons CH_3COOC_2H_5 + H_2O$$

$$K^{\ominus}=\frac{[CH_3COOC_2H_5] \cdot [H_2O]}{[C_2H_5OH] \cdot [CH_3COOH]}$$

练一练

写出下列反应的标准平衡常数表达式。

(1)$H_2(g) + I_2(g) \rightleftharpoons 2HI(g)$

(2)$Fe_3O_4(s) + 4H_2(g) \rightleftharpoons 3Fe(s) + 4H_2O(g)$

3. 化学平衡常数的意义

(1)化学平衡常数是可逆反应的特征常数,其大小是反应进行程度的标志,$K^{\ominus}$ 越大,正反应进行得越完全。

(2)化学平衡常数是判断反应方向的依据。化学反应

$$eE + fF \rightleftharpoons mM + nN$$

在任意时刻各生成物相对浓度(或相对分压)幂的乘积与各反应物相对浓度(或相对分压)幂的乘积之比,定义为反应熵 Q。

$$Q=\frac{[c'(M)]^m \cdot [c'(N)]^n}{[c'(E)]^e \cdot [c'(F)]^f} \quad 或\ Q=\frac{[p'(M)]^m \cdot [p'(N)]^n}{[p'(E)]^e \cdot [p'(F)]^f} \tag{3-28}$$

式中　$c'(B)$,$p'(B)$——分别表示任意时刻反应系统内 B 的相对浓度或相对分压,1。

当 $Q<K^{\ominus}$ 时,正反应自发进行;

当 $Q=K^{\ominus}$ 时,反应处于平衡状态;

当 $Q>K^{\ominus}$ 时,逆反应自发进行。

因此,在一定温度下,我们可以通过比较 Q 与 $K^{\ominus}$ 的大小判断反应是否处于平衡状态及反应自发进行的方向,这就是反应熵判据。

3.3.3　有关化学平衡的计算

【任务 3-7】　已知反应 $N_2O_4(g) \rightleftharpoons 2NO_2(g)$,在 50 ℃时 $K^{\ominus}=0.684$,当系统总压力为 101.3 kPa 时,求 N_2O_4 的理论转化率为多少?

有关化学平衡的计算主要包括平衡常数、平衡组成和平衡转化率。

某一反应物的平衡转化率是指平衡时已转化的量占反应前该反应物总量的百分数,常以 α 来表示。

$$\alpha=\frac{某反应物转化量}{反应前该反应物总量}\times 100\% \tag{3-29}$$

对气体恒容或溶液中进行的反应，总量和转化量可用浓度（c_B）及转化浓度（Δc_B）代替。平衡转化率是在一定条件下，理论上能达到的最大转化程度。

【任务 3-7 解答】 设开始时有 1 mol 的 N_2O_4，其平衡转化率为 α。

$$N_2O_4(g) \rightleftharpoons 2NO_2(g)$$

	N_2O_4	NO_2
开始时物质的量/mol	1	0
变化的物质的量/mol	α	2α
平衡时物质的量/mol	$1-\alpha$	2α

平衡时总物质的量/mol $n=1-\alpha+2\alpha=1+\alpha$

平衡时各气体的分压为

$$p(N_2O_4)=p\times\frac{n(N_2O_4)}{n}=101.3\times\frac{1-\alpha}{1+\alpha}$$

$$p(NO_2)=p\times\frac{n(NO_2)}{n}=101.3\times\frac{2\alpha}{1+\alpha}$$

代入平衡常数表达式

因为 $K^\ominus=\dfrac{[p(NO_2)/p^\ominus]^2}{p(N_2O_4)/p^\ominus}$，即 $0.684=\dfrac{\left[\dfrac{2\alpha}{1+\alpha}\right]^2}{\dfrac{1-\alpha}{1+\alpha}}\cdot\dfrac{101.3}{100}$

解得 $\alpha=0.38$，即 N_2O_4 的平衡转化率为 38%。

【任务 3-8】 已知 25 ℃时，反应

$$Fe^{2+}+Ag^+ \rightleftharpoons Fe^{3+}+Ag\downarrow$$

的平衡常数 $K^\ominus=2.98$，当 Fe^{2+}、Ag^+ 的浓度为 0.100 mol/L，Fe^{3+} 的浓度为 0.010 mol/L 时：

(1)判断反应自发进行的方向；

(2)求 Fe^{2+}、Ag^+、Fe^{3+} 的平衡浓度；

(3)求 Ag^+ 的平衡转化率。

【任务 3-8 解答】 (1)$Q=\dfrac{c'(Fe^{3+})}{c'(Ag^+)\cdot c'(Fe^{2+})}=\dfrac{0.0100}{0.100\times0.100}=1$

因为 $Q<K^\ominus$，所以反应自发向正反应方向进行。

(2)设反应达平衡时，Ag^+ 的转化浓度为 x。

则 $Fe^{2+}(aq)+Ag^+(aq) \rightleftharpoons Fe^{3+}(aq)+Ag(s)$

	$Fe^{2+}(aq)$	$Ag^+(aq)$	$Fe^{3+}(aq)$
开始浓度/$(mol\cdot L^{-1})$	0.100	0.100	0.0100
变化浓度/$(mol\cdot L^{-1})$	x	x	x
平衡浓度/$(mol\cdot L^{-1})$	$0.100-x$	$0.100-x$	$0.0100+x$

$$K^\ominus=\frac{[Fe^{3+}]}{[Ag^+]\cdot[Fe^{2+}]} \quad 即 \quad 2.98=\frac{0.0100+x}{(0.100-x)^2}$$

$$x=0.013\ \text{mol/L}$$

$$c(Fe^{3+})=0.0100+0.013=0.023\ \text{mol/L}$$

$$c(Fe^{3+})=c(Ag^{+})=0.100-0.013=0.087\ \text{mol/L}$$

(3) $$\alpha(Ag^{+})=\frac{x}{c(Ag^{+})}\times 100\%=\frac{0.013}{0.1000}\times 100\%=13\%$$

3.3.4 多重平衡规则

在化学反应系统中，若一种或几种物质同时参与多个可逆反应，并同时处于平衡状态，这种现象称为多重平衡。此时任何一种物质的平衡浓度或分压，必定同时满足每一个化学反应的平衡常数表达式。

【实例分析】

(1) $2NO(g) + O_2(g) \rightleftharpoons 2NO_2(g)$ $\qquad K_1^{\ominus}=\dfrac{[p(NO_2)/p^{\ominus}]^2}{[p(NO)/p^{\ominus}]^2\cdot[p(O_2)/p^{\ominus}]}$

(2) $2NO_2(g) \rightleftharpoons N_2O_4(g)$ $\qquad K_2^{\ominus}=\dfrac{p(N_2O_4)/p^{\ominus}}{[p(NO_2)/p^{\ominus}]^2}$

(3) $2NO(g) + O_2(g) \rightleftharpoons N_2O_4(g)$ $\qquad K_3^{\ominus}=\dfrac{p(N_2O_4)/p^{\ominus}}{[p(NO)/p^{\ominus}]^2\cdot[p(O_2)/p^{\ominus}]}$

反应(1)+(2)=(3)

则 $$K_1^{\ominus}\cdot K_2^{\ominus}=\frac{[p(NO_2)/p^{\ominus}]^2}{[p(NO)/p^{\ominus}]^2\cdot[p(O_2)/p^{\ominus}]}\cdot\frac{p(N_2O_4)/p^{\ominus}}{[p(NO_2)/p^{\ominus}]^2}=K_3^{\ominus}$$

即 $$K_1^{\ominus}\cdot K_2^{\ominus}=K_3^{\ominus}$$

如果某一可逆反应由几个可逆反应相加（或相减）得到，则该可逆反应的标准平衡常数等于这几个可逆反应标准平衡常数乘积（或商）。这种关系称为多重平衡规则。

多重平衡规则在实际生产和理论研究中都很重要，当许多化学反应平衡常数较难测定或无从查取时，则可利用有关化学反应平衡常数算出。

练一练

已知某温度下，下列可逆反应的标准平衡常数为

$$2H_2(g) + O_2(g) \rightleftharpoons 2H_2O(g) \quad K_1^{\ominus}$$

$$2CO(g) + O_2(g) \rightleftharpoons 2CO_2(g) \quad K_2^{\ominus}$$

则相同温度下，反应 $H_2(g) + CO_2(g) \rightleftharpoons H_2O(g) + CO(g)$ 的 $K_3^{\ominus}=$________。

3.4 影响化学平衡的因素

3.4.1 浓度

【任务 3-9】 在 25℃时，向 1 L【任务 3-4】的平衡系统中加入 0.100 mol Fe^{2+}，试计算

(1)达到新平衡时，Fe^{2+}、Ag^{+}、Fe^{3+}的浓度；

(2)Ag^{+}的总转化率。

改变反应条件，使可逆反应从一种平衡状态转变到另一种平衡状态的过程，称为化学平衡移动。化学平衡移动的标志是，系统中物质浓度发生了变化。

想一想

在一定温度下，向化学平衡系统中加入反应物，则 $K^{\ominus}$ ________(填增大、不变或减小)，Q ________(填增大、不变或减小)，Q ________ $K^{\ominus}$(填>、=或<)，则化学反应自发向________(填向左或向右)进行。

对任何可逆反应，在其他条件不变时，增大反应物浓度(或减小生成物浓度)，平衡向正反应方向移动；减小反应物浓度(或增大生成物浓度)，平衡向逆反应方向移动。

【任务 3-9 解答】 (1)设达到新平衡时，Ag^{+}转化浓度为 x

则	Fe^{2+}	+	Ag^{+}	$\rightleftharpoons$	Fe^{3+}	+	$Ag\downarrow$
开始浓度/$(mol \cdot L^{-1})$	0.087+0.100		0.087		0.023		
变化浓度/$(mol \cdot L^{-1})$	x		x		x		
平衡浓度/$(mol \cdot L^{-1})$	$0.187-x$		$0.087-x$		$0.023+x$		

$$K^{\ominus}=\frac{[Fe^{3+}]}{[Ag^{+}]\cdot[Fe^{2+}]} \quad 即 \quad 2.98=\frac{0.023+x}{(0.087-x)(0.187-x)}$$

$x_1=0.014\ mol/L$，$x_2=0.595\ mol/L$(不合题意，舍去)

则

$$c(Fe^{2+})=0.187-0.014=0.173\ mol/L$$

$$c(Ag^{+})=0.087-0.014=0.073\ mol/L$$

$$c(Fe^{3+})=0.023+0.014=0.037\ mol/L$$

(2)Ag^{+}转化的总浓度为

$$\Delta c(Ag^{+})=0.013+0.014=0.027\ mol/L$$

则 Ag^{+}的总转化率为

$$\alpha(Ag^{+})=\frac{\Delta c(Ag^{+})}{c(Ag^{+})}=\frac{0.027}{0.10}\times100\%=27\%$$

由【任务 3-9 解答】 可见，在系统中增加 Fe^{2+}，会增大 Ag^{+}的转化率。在化工生产中，常用增加廉价反应物的浓度(或分压)的方法来提高其他反应物的转化率。

想一想

合成氨工业制取原料气 H_2 的反应为

$$CO(g)+H_2O(g)\rightleftharpoons CO_2(g)+H_2(g)$$

生产中一般控制 $p(H_2O)/p(CO)=5\sim8$，其目的何在？

3.4.2 压力

在其他条件不变时，增大压力，平衡向气体分子数减少(气体体积减小)的方向移动；

减小压力，平衡向气体分子数增多（气体体积增大）的方向移动；若反应前后气体分子数相等，则改变压力，平衡不移动。

上述规律可用反应熵判据说明。例如，在一定的温度下气体反应

$$eE(g) + fF(g) \rightleftharpoons mM(g) + nN(g)$$

在密闭容器内达到化学平衡。若温度不变，增大系统压力至原来的 $x(x>1)$ 倍（即将容器压缩至原来的 $1/x$）时，各组分分压也增至原来的 x 倍，则

$$Q=\frac{[xp'(M)]^m \cdot [xp'(N)]^n}{[xp'(E)]^e \cdot [xp'(F)]^f}=x^{(m+n)-(e+f)}\frac{[p(M)/p^{\ominus}]^m \cdot [p(N)/p^{\ominus}]^n}{[p(E)/p^{\ominus}]^e \cdot [p(F)/p^{\ominus}]^f}=x^{\sum_B v_B(g)} \cdot K^{\ominus}$$

(1) 对于 $\sum_B v_B(g) < 0$ 的反应，即生成物气体分子数小于反应物气体分子数时，$Q < K^{\ominus}$，平衡向右移动。如反应

$$N_2(g) + 3H_2(g) \rightleftharpoons 2NH_3(g)$$

增大压力，有利于 NH_3 的生成。

(2) 对于 $\sum_B v_B(g) > 0$ 的反应，即生成物气体分子数大于反应物气体分子数时，$Q > K^{\ominus}$，平衡向左移动。如反应

$$\underset{\text{(无色)}}{N_2O_4(g)} \rightleftharpoons \underset{\text{(红棕色)}}{2NO_2(g)}$$

增大压力，系统红棕色变浅。

(3) $\sum_B v_B(g) = 0$ 的反应，即生成物的气体分子数等于反应物的气体分子数时，$Q = K^{\ominus}$，则平衡不移动。如反应

$$H_2(g) + I_2(g) \rightleftharpoons 2HI(g)$$

改变压力，平衡不受影响。

想一想

增大压力时，化学反应 $C(s) + H_2O(g) \rightleftharpoons CO(g) + H_2(g)$ 化学平衡将怎样移动？为什么？

需要指出的是，在恒温条件下，当向平衡系统加入不参与反应的其他气体物质（惰性组分）时，若在保持总压不变，则系统体积增大（相当于系统的总压减小），则平衡移动情况与因压力减小而引起的平衡变化相同；若保持体积不变，则系统的总压增加，由于各物质的浓度不变，因此平衡不移动。

3.4.3 温度

【实例分析】 如图 3-5 所示，将 NO_2 气体平衡仪的两端分别浸入热水浴和低温水浴（冰加食盐）中。片刻后，热水浴中球内气体颜色变深，低温水浴中球内气体颜色变浅。

气体平衡仪内存在下列化学平衡

$$\underset{(无色)}{N_2O_4(g)} \rightleftharpoons \underset{(红棕色)}{2NO_2(g)};\Delta H_m^{\ominus}(298\ K)=58.2\ kJ/mol$$

大量实验证明:在其他条件不变时,升高温度,化学平衡向吸热反应方向移动;降低温度,化学平衡向放热反应方向移动。

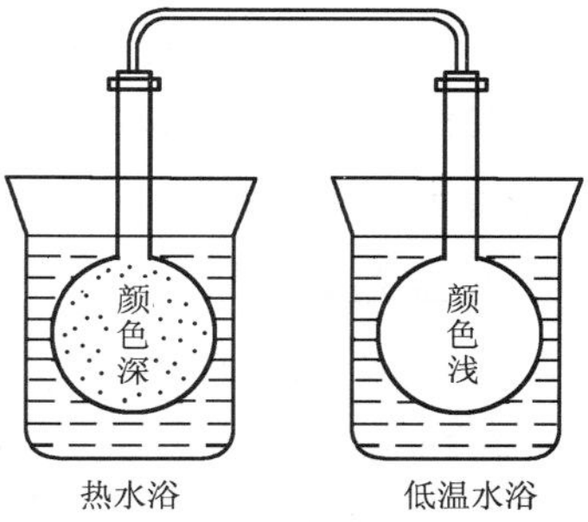

图 3-5 温度对化学平衡的影响

$K^{\ominus}$只是温度的函数,温度是通过改变标准平衡常数来影响平衡移动的。

实验证明:对于吸热反应($\Delta H_m^{\ominus}>0$),升高温度,其标准平衡常数升高($K_2^{\ominus}>K_1^{\ominus}$),降低温度,标准平衡常数降低($K_2^{\ominus}<K_1^{\ominus}$);对于放热反应($\Delta H_m^{\ominus}<0$),升高温度,其标准平衡常数降低($K_2^{\ominus}<K_1^{\ominus}$),降低温度,标准平衡常数升高($K_2^{\ominus}>K_1^{\ominus}$)。

因此,在上述吸热反应实例中,升高温度,$K_2^{\ominus}>K_1^{\ominus}$,反应由原来 $Q=K_1^{\ominus}$ 的平衡状态,变化到 $Q<K_2^{\ominus}$ 的不平衡状态,致使平衡向正反应方向(吸热方向)移动;降低温度,$K_2^{\ominus}<K_1^{\ominus}$,反应由原来 $Q=K_1^{\ominus}$ 的平衡状态,变化到 $Q>K_2^{\ominus}$ 的不平衡状态,则平衡向逆反应方向(放热方向)移动。

想一想

已知,25 ℃时,反应

$$CO(g)+2H_2(g) \rightleftharpoons CH_3OH(l);\Delta H_m^{\ominus}=-128.14\ kJ/mol$$

则升高温度,反应标准平衡常数如何变化?化学平衡移动方向如何变化?

知识拓展

当其他条件不变时,催化剂能同等程度地改变正、逆反应速率,因此使用催化剂化学平衡不发生移动。

3.4.4 平衡移动原理(勒夏特列原理)

综合以上影响平衡移动的各种结论,1887年法国化学家勒夏特列(Le Chatelier)概括出一条普遍原理:如果改变平衡系统的条件之一(浓度、压力、温度等),平衡就向减弱这种改变的方向移动。这一规律被称为勒夏特列原理,又叫平衡移动原理。

勒夏特列原理是一条普遍规律,它对于所有的动态平衡(包括物理平衡)都是适用的。但必须注意,它只能应用于已经达到平衡的系统,对于未达到平衡的系统是不能应用的。

3.5 化学反应速率和化学平衡原理的综合应用

在化工生产和科学实验中,常常需要综合考虑化学反应速率和化学平衡两方面因素来选择最适宜的反应条件。

例如，合成氨反应

$$N_2(g) + 3H_2(g) \rightleftharpoons 2NH_3(g); \Delta_r H_m^{\ominus}(298\ K) = -92.4\ kJ/mol$$

该反应是一个气体分子数减小的放热可逆反应。根据这些反应特点，选择适宜的操作条件如下：

1. 压力

增大压力，可加快合成氨反应，并提高平衡转化率(见表 3-6)。

表 3-6　达到平衡时，平衡混合物中的 NH_3 含量(体积分数)

温度/℃ ＼ NH_3 含量/% ＼ 压力/MPa	0.1	10	20	30	60	100
200	15.3	81.5	86.4	89.9	95.4	98.8
300	2.2	52.0	64.2	71.0	84.2	92.6
400	0.4	25.1	38.2	47.0	65.2	79.8
500	0.1	10.6	19.1	26.4	42.2	57.5
600	0.05	4.5	9.1	13.8	23.1	31.4

研究表明，在 400 ℃、压力超过 200 MPa 时，不必使用催化剂，合成氨反应就能顺利进行。但在实际生产中，增大压力，直接影响到设备投资、制造及合成氨功耗的大小，并可能降低综合经济效益，还会给安全生产带来隐患。因此，合成氨时，并非压力越大越好，目前我国合成氨装置通常采用的压力是 20～50 MPa。

2. 温度

升高温度，增大反应速率，可缩短达成化学平衡的时间。但温度过高，会降低平衡转化率，减少平衡混合物中 NH_3 含量。因此，从化学平衡角度看，合成氨反应在较低温度下进行比较有利(见表 3-6)。因此，实际生产中，在满足催化剂所要求的活性温度范围内，要尽量降低反应温度。一般合成氨反应温度选择在 500 ℃左右。

3. 催化剂

N_2 与 H_2 极不容易化合，即使在高温、高压下，合成氨反应也进行得很缓慢。因此必须使用合适的催化剂，以降低能耗，使反应在较低温度下进行。

目前，合成氨工业中普遍使用以铁为主体的多成分催化剂(又称铁触媒)。铁触媒在 500 ℃左右时的活性最大，这也是合成氨反应一般选择在 500 ℃左右进行的重要原因之一。

4. 浓度

在实际生产中，通常采取迅速冷却的方法，使氨气液化后及时从平衡混合气体中分离出去，以促进平衡右移，并及时向循环气体中补充 N_2 和 H_2，使反应物保持一定的浓度，以有利于合成氨反应。

本章小结

- 化学反应速率和化学平衡
  - 化学反应速率
    - 概念——化学反应速率是衡量化学反应快慢的物理量
    - 表示方法——用单位时间内反应物浓度的减少或生成物浓度的增加来表示
    - 影响因素
      - 浓度
        - 规律：增加反应物浓度，增大反应速率
        - 速率方程：$v = k[c(\mathrm{A})]^a \cdot [c(\mathrm{B})]^b$
      - 压力——增大压力，气体反应速率增大
      - 温度——升高温度，k 增大，则反应速率增大
      - 催化剂——降低 E_a，增大 k，进而加速化学反应
  - 化学平衡
    - 特征——各物质浓度不变，$v_{正} = v_{逆} \neq 0$，条件改变，平衡移动
    - 平衡常数
      - 表达式：$K^\ominus = \dfrac{[\mathrm{M}]^m \cdot [\mathrm{N}]^n}{[\mathrm{A}]^a \cdot [\mathrm{B}]^b}$　$K^\ominus = \dfrac{[p(\mathrm{M})/p^\ominus]^m \cdot [p(\mathrm{N})/p^\ominus]^n}{[p(\mathrm{A})/p^\ominus]^a \cdot [p(\mathrm{B})/p^\ominus]^b}$
      - 意义：标志反应进行的程度，是判断反应方向的依据
      - Q 判据：$Q < K^\ominus$，右移；$Q = K^\ominus$，平衡；$Q > K^\ominus$，左移
    - 平衡计算——平衡转化率：$\alpha_\mathrm{B} = \dfrac{\Delta n_\mathrm{B}}{n_\mathrm{B}} \times 100\% = \dfrac{\Delta c_\mathrm{B}}{c_\mathrm{B}} \times 100\%$
    - 多重平衡——多重平衡规则：如果某一可逆反应由几个可逆反应相加（或相减）得到，则该可逆反应的标准平衡常数等于这几个可逆反应标准平衡常数的乘积（或商）
  - 具有简单级数的化学反应
    - 1级反应
      - 速率方程——$v_\mathrm{A} = -\dfrac{\mathrm{d}c_\mathrm{A}}{\mathrm{d}t} = k_\mathrm{A} c_\mathrm{A}$
      - 特征
        - k_A 单位：[时间]$^{-1}$
        - 半衰期：$t_{1/2} = \ln 2/k_\mathrm{A} = 0.693/k_\mathrm{A}$
        - 直线方程：$\ln(c_\mathrm{A}/c^\ominus) = -k_\mathrm{A} t + \ln(c_{\mathrm{A},0}/c^\ominus)$
    - 2级反应
      - 速率方程——$v_\mathrm{A} = -\dfrac{\mathrm{d}c_\mathrm{A}}{\mathrm{d}t} = k_\mathrm{A} c_\mathrm{A}^2$
      - 特征
        - k_A 单位：[浓度]$^{-1}$ • [时间]$^{-1}$
        - 半衰期：$t_{1/2} = 1/k_\mathrm{A} c_{\mathrm{A},0}$
        - 直线方程：$1/c_\mathrm{A} = -k_\mathrm{A} + 1/c_{\mathrm{A},0}$
  - 影响化学平衡的因素
    - 浓度——增大反应物浓度，平衡向正反应方向移动；减小反应物浓度，平衡向逆反应方向移动
    - 压力——增大压力，平衡向气体分子数减少的方向移动；减小压力，平衡向气体分子数增多的方向移动；若反应前后气体分子数相等，则改变压力，平衡不移动
    - 温度——升高温度，化学平衡向吸热反应方向移动；降低温度，化学平衡向放热反应方向移动
  - 化学反应速率和化学平衡原理的综合应用（合成氨反应）

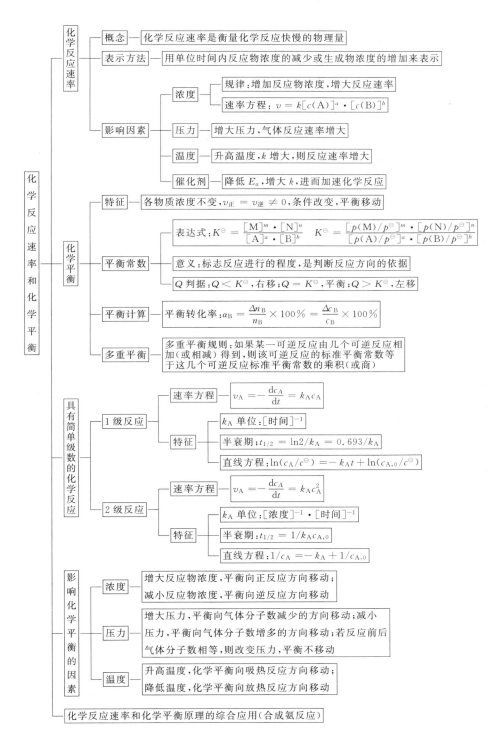

自测题

一、填空题

1. 化学反应速率是衡量________的物理量。

2. 基元反应 $2I\cdot(g)+H_2(g)\longrightarrow 2HI(g)$ 的速率方程为________；反应总级数为________；若其他条件不变，容器的体积增加到原来的 2 倍时，反应速率为原来的________；若体积不变，将 H_2 的分压增加到原来的 2 倍，反应速率为原来的________。

3. 某化学反应的速率常数 $k=4.62\times10^{-2}\ s^{-1}$，$c_0=1\ mol/dm^3$，则该反应的半衰期 $t_{1/2}$ 为________。

4. 一般化学反应，在一定的温度范围内，温度每升高 10 ℃，反应速率大约增大到原来的________倍。

5. 化学反应达到化学平衡状态时，________与________相等；反应各组分的________不再随________发生变化。

6. 某反应物的转化率 $\alpha=$________。

7. 反应 $2SO_2(g)+O_2(g)\rightleftharpoons 2SO_3(g)$；$\Delta_r H_m^\ominus<0$，当达到化学平衡时，如果改变下表中标明的条件，试将其他各项发生的变化情况填入表中：

改变条件	增加 O_2 的分压	增加压力	降低温度
平衡常数			
平衡移动的方向			

二、判断题（正确的画"√"，错误的画"×"）

1. 一步就能完成的反应，称为基元反应。（　　）

2. 反应 $eE+fF\rightarrow mM+nN$ 的速率方程为 $v=k[c(E)]^e\cdot[c(F)]^f$。（　　）

3. 速率方程定量表达了浓度对反应速率的影响。只有当温度及催化剂确定后，浓度（或分压）才是影响化学反应速率的唯一因素。（　　）

4. 某反应物消耗 7/8 所需的时间是消耗 3/4 所需时间的 1.5 倍，则该反应是一级反应。（　　）

5. 对二级反应而言，反应物转化率一定时，起始浓度越低，所需反应时间越短。（　　）

6. 化学反应达到化学平衡状态时，反应各组分的浓度相等。（　　）

7. 其他条件不变时，反应活化能越小，化学反应速率越大。（　　）

8. 高温对活化能高的反应有利，低温对活化能低的反应有利。（　　）

9. 能向正、逆两个方向进行的反应，称为可逆反应。（　　）

10. 催化剂的两个基本特征是能够改变反应速率和具有选择性。（　　）

11. 标准平衡常数只随温度的变化而改变。（　　）

12. 若维持总压不变，向 $N_2(g)+3H_2(g)\rightleftharpoons 2NH_3(g)$ 平衡系统充入惰性气体，则平衡向生成 NH_3 的方向移动。（　　）

13. 催化剂能同等程度地改变可逆反应的正、逆反应速率,因而不影响化学平衡。
( )

三、选择题

1. 在 $N_2(g) + 3H_2(g) \rightleftharpoons 2NH_3(g)$ 反应中,自反应开始至 2 s 末,NH_3 的浓度由 0 增至 0.4 mol/L,则以 H_2 表示该反应的平均反应速率是( )。

A. 0.3 mol/(L·s)　　B. 0.4 mol/(L·s)

C. 0.6 mol/(L·s)　　D. 0.8 mol/(L·s)

2. 合成氨反应 $N_2(g) + 3H_2(g) \rightleftharpoons 2NH_3(g)$;$\Delta H_m^\ominus < 0$,若升高温度,则( )。

A. $v_正$ 增大,$v_逆$ 减小　　B. $v_正$ 减小,$v_逆$ 增大

C. $v_正$ 增大,$v_逆$ 增大　　D. $v_正$ 减小,$v_逆$ 减小

3. 向反应 $C(s) + CO_2(g) \rightleftharpoons 2CO(g)$ 系统中加入催化剂,则( )。

A. $v_正$、$v_逆$ 均增大　　B. $v_正$、$v_逆$ 均减小

C. $v_正$ 增大,$v_逆$ 减小　　D. $v_正$ 减小,$v_逆$ 增大

4. 降低反应的活化能可采取的手段是( )。

A. 升高温度　　B. 降低温度　　C. 移去产物　　D. 使用催化剂

5. 已知下列反应的平衡常数

$$H_2(g) + S(s) \rightleftharpoons H_2S(g) \quad K_1^\ominus$$

$$S(s) + O_2(g) \rightleftharpoons SO_2(g) \quad K_2^\ominus$$

则反应 $H_2(g) + SO_2(g) \rightleftharpoons O_2(g) + H_2S(g)$ 的平衡常数 $K_3^\ominus$ 为( )。

A. $K_1^\ominus + K_2^\ominus$　　B. $K_1^\ominus - K_2^\ominus$　　C. $K_1^\ominus / K_2^\ominus$　　D. $K_1^\ominus \cdot K_2^\ominus$

6. 473 K 时,反应 $2NO(g) + O_2(g) \rightleftharpoons 2NO_2(g)$ 在密闭容器中达到平衡,加入惰性气体 He,使总压增大,则平衡将( )。

A. 左移　　B. 右移　　C. 不移动　　D. 不能确定

7. 某温度下,反应 $E + F \rightleftharpoons 2M$ 达到平衡,若增大或减少 F 的量,M 和 E 的浓度都不变,则 F 是( )。

A. 固体或纯液体　　B. 气体　　C. 溶液　　D. 以上都正确

8. 在密闭容器中充入 4 mol HI,在一定温度下,$2HI(g) \rightleftharpoons H_2(g) + I_2(g)$,达到平衡时,有 30% 的 HI 分解,则平衡混合气体总物质的量是( )。

A. 4 mol　　B. 3.4 mol　　C. 2.8 mol　　D. 1.2 mol

9. 用下列哪种方法能改变可逆反应的平衡常数 $K^\ominus$ 值( )。

A. 改变反应物浓度　　B. 改变温度

C. 加入催化剂　　D. 改变总压

10. 某反应在一定条件下达到化学平衡,且平衡转化率为 50%,若其他条件不变,加入催化剂,则平衡转化率将( )。

A. 大于 50%　　B. 等于 50%　　C. 小于 50%　　D. 不能判定

四、计算题

1. 已知 N_2O_5 按下式分解

$$2N_2O_5(g) \rightleftharpoons 4NO_2(g) + O_2(g)$$

在 10 min 内，N_2O_5 的浓度从 5.0 mol/L 减少到 3.5 mol/L，试计算该反应用不同物质表示的平均速率。

2. 295 K 时，反应 $2NO(g) + Cl_2(g) \rightleftharpoons 2NOCl(g)$，反应物浓度与反应速率关系的数据如下：

$c(NO)/(mol \cdot L^{-1})$	$c(Cl_2)/(mol \cdot L^{-1})$	$v/(mol \cdot L^{-1} \cdot s^{-1})$
0.100	0.100	8.0×10^{-3}
0.500	0.100	2.0×10^{-1}
0.100	0.500	4.0×10^{-2}

问题：(1)对不同反应物，反应级数各为多少？

(2)写出反应的速率方程；

(3)反应速率常数 k 为多少？

3. 已知下列反应的平衡常数

$$HCN \rightleftharpoons H^+ + CN^- \quad K_1^{\ominus} = 4.90 \times 10^{-10}$$

$$NH_3 + H_2O \rightleftharpoons NH_4^+ + OH^- \quad K_2^{\ominus} = 1.80 \times 10^{-5}$$

$$H_2O \rightleftharpoons H^+ + OH^- \quad K_3^{\ominus} = 1.0 \times 10^{-14}$$

试计算反应 $NH_3 + HCN \rightleftharpoons NH_4^+ + CN^-$ 的平衡常数 $K^{\ominus}$。

4. 某一级反应 $A \longrightarrow P$ 的初速率为 $v_0 = 1.0 \times 10^{-3}$ mol/(L·min)，1 h 后，速率为 $v_t = 2.5 \times 10^{-4}$ mol/(L·min)。求此反应的速率常数 k、半衰期 $t_{1/2}$ 和 A 物质的初始浓度 $c_{A,0}$。

5. 已知在 H^+ 浓度为 0.1 mol/L 时，蔗糖水解反应在 303 K 时速率常数为 $1.83 \times 10^{-5}\ s^{-1}$，该反应的活化能为 106.46 kJ/mol。求：

(1)在 333 K 时，反应的速率常数；(2)在 333 K 下，反应进行 2 h 时蔗糖的转化率。

6. 已知反应 $CO(g) + H_2O(g) \rightleftharpoons CO_2(g) + H_2(g)$ 在密闭容器中建立平衡，在 476 ℃时，该反应的平衡常数 $K^{\ominus} = 2.6$。求

(1)若 $n(H_2O)/n(CO) = 1$ 时，CO 的平衡转化率；

(2)若 $n(H_2O)/n(CO) = 3$ 时，CO 的平衡转化率；

(3)根据计算结果，说明浓度对平衡移动的影响规律。

7. 已知反应 $2A(g) \rightleftharpoons B(g)$，在 100 ℃时，$K^{\ominus} = 2.80$，求相同的温度下，下列反应的 $K^{\ominus}$ 值。

(1)$A(g) \rightleftharpoons \frac{1}{2}B(g)$；

(2)$B(g) \rightleftharpoons 2A(g)$。

8. 向一密闭真空容器中注入 NO 和 O_2，使系统始终保持在 400 ℃，反应开始的瞬间测得 p(NO) = 100.0 kPa，$p(O_2) = 286.0$ kPa。当反应

$$2NO(g) + O_2(g) \rightleftharpoons 2NO_2(g)$$

达到平衡时，$p(NO_2) = 79.2$ kPa，试计算该反应在 400 ℃时 $K^{\ominus}$ 值。

9. 在 35 ℃，总压为 1.013×10^5 Pa 时，N_2O_4 分解 27.2%。计算：

(1)反应 $N_2O_4(g) \rightleftharpoons 2NO_2(g)$ 的标准平衡常数；

(2)35 ℃,总压为 2.026×10^5 Pa 时,N_2O_4 的分解率;

(3)根据计算结果,说明压力对平衡移动的影响规律。

五、问答题

1.反应 $2NO(g) + 2H_2(g) \rightleftharpoons N_2(g) + 2H_2O(g)$ 的速率方程为

$$v=k[p(NO)]^2 \cdot p(H_2)$$

试说明下列条件下,反应速率有何变化?

(1)NO 分压增加一倍; (2)温度降低;

(3)反应容器的体积增大一倍; (4)加入催化剂。

2.若反应物消耗掉3/4所需时间是消耗掉1/2所消耗时间的3倍,请用计算式说明该反应是几级反应?

3.已知溶液中进行的反应 $A + B \rightleftharpoons C + D$ 在某温度下,$K^{\ominus}=1.5$,若反应分别从下述情况开始,试判断反应进行的方向。

(1)$c(A)=c(B)=c(C)=c(D)=0.20$ mol/L

(2)$c(C)=c(D)=2$ mol/L;$c(A)=c(B)=0.20$ mol/L

(3)$c(A)=c(B)=c(C)=2$ mol/L;$c(D)=3$ mol/L

4.写出下列反应的标准平衡常数 $K^{\ominus}$ 的表达式。

(1)$CH_4(g) + 2O_2(g) \rightleftharpoons CO_2(g) + 2H_2O(g)$

(2)$A1_2O_3(s) + 3H_2(g) \rightleftharpoons 2Al(s) + 3H_2O(g)$

(3)$NO(g) + 1/2O_2(g) \rightleftharpoons NO_2(g)$

(4)$BaCO_3(s) \rightleftharpoons BaO(s) + CO_2(g)$

(5)$NH_3(g) \rightleftharpoons 1/2N_2(g) + 3/2H_2(g)$

5.采取什么措施,可以使此平衡向正反应方向移动?

$$2CO(g)+O_2(g) \rightleftharpoons 2CO_2(g);\quad \Delta_r H_m^{\ominus}<0$$

第4章

酸碱平衡和酸碱滴定法

能 力 目 标

1. 会计算一元弱酸弱碱解离常数、解离度和溶液的 pH。
2. 能进行缓冲溶液 pH 及有关溶液配制的计算。
3. 会进行有关滴定分析的溶液组成及物质含量的计算。
4. 会计算化学计量点的 pH,并选择合适的指示剂,能判断能否直接滴定。

知 识 目 标

1. 理解酸碱反应实质,掌握共轭酸碱对解离常数之间的定量关系和一元弱酸弱碱解离平衡计算。
2. 理解同离子效应及缓冲溶液的概念,了解缓冲溶液各组成的作用。
3. 掌握滴定分析的基本概念、方法和有关计算。
4. 理解酸碱滴定曲线,掌握常见指示剂的变色范围。

4.1 酸碱理论

4.1.1 酸碱电离理论

1887 年,瑞典化学家阿仑尼乌斯(S. A. Arrhenius)在电离学说基础上提出了酸碱电离理论。该理论定义:在水溶液中解离出的阳离子全部是氢离子(H^+)的化合物称为酸,如 HCl、HNO_3、HClO、H_2SO_4 等;在水溶液中解离出的阴离子全部是氢氧根离子(OH^-)的化合物称为碱,如 KOH、NaOH、$Ca(OH)_2$、$Al(OH)_3$ 等。酸碱反应生成盐和水,其实质是 H^+ 和 OH^- 结合生成 H_2O。即

$$H^+ + OH^- \longrightarrow H_2O$$

想一想

化合物 NH_3、$NaHCO_3$ 在水溶液中有一定酸碱性,根据酸碱电离理论,它们也是酸或碱吗?

酸碱电离理论不能直接说明 NH_3、$NaHCO_3$ 等水溶液的酸碱性;并将酸、碱及其反应限制在水溶液中,而对在非水溶剂(如液氨、乙醇、苯、丙酮等)和气相中进行的反应不能作

出解释。例如,不能解释 HCl 和 NH_3 在苯溶液或气相中生成 NH_4Cl 的反应。

酸碱质子理论克服了酸碱理论的局限性,扩展了酸碱范围。

4.1.2 酸碱质子理论

酸碱质子理论认为:凡能给出质子(H^+)的物质都是酸,又称为质子酸。例如,HCl、HAc、H_2CO_3、H_2S、H_3PO_4、NH_4^+ 等。凡能接受质子(H^+)的物质都是碱,或称为质子碱。例如,OH^-、NH_3、HS^-、$H_2PO_4^-$ 等。

按照酸碱质子理论,酸碱可以是分子和离子。质子酸 HB 给出质子生成质子碱 B^-;反之,碱 B^- 接受质子后又生成质子酸 HB。

$$酸 \rightleftharpoons 质子 + 碱$$

$$HClO \rightleftharpoons H^+ + ClO^-$$

$$H_2CO_3 \rightleftharpoons H^+ + HCO_3^-$$

$$HAc \rightleftharpoons H^+ + Ac^-$$

这种因一个质子得失而相互转化的酸或碱,称为共轭酸碱对,即 B^- 是 HB 的共轭碱,HB 是 B^- 的共轭酸。

质子理论中没有盐的概念。例如,$Na_2CO_3 \longrightarrow 2Na^+ + CO_3^{2-}$ 中,CO_3^{2-} 是质子碱,而 Na^+ 既不是酸,又不是碱,称为非酸非碱物质。

练一练

指出与下列各物质对应的共轭酸碱对。

HAc(醋酸)、HS^-、S^{2-}、CO_3^{2-}、HCO_3^-、HPO_4^{2-}、$H_2PO_4^-$。

HS^-、HCO_3^-、HPO_4^{2-} 等在一定条件下能给出质子表现为酸,而在另一条件下又能接受质子表现为碱,此类物质称为两性物质。

共轭酸碱对的质子传递反应,称为酸碱半反应。酸碱质子理论认为,酸碱半反应不能独立进行。即在溶液中,当一种酸给出质子时,溶液中必定有一种碱接受质子,酸碱反应实质就是两个共轭酸碱对之间的质子传递。中和反应、酸碱解离及盐的水解反应等均可以表示为两个共轭酸碱对之间的质子传递形式,即均属于酸碱反应。

$$酸(1) + 碱(2) \rightleftharpoons 酸(2) + 碱(1)$$

碱(2) 与 酸(2):共轭酸碱对

酸(1) 与 碱(1):共轭酸碱对

HAc	+	OH^-	$\rightleftharpoons$	H_2O	+	Ac^- (中和反应)
HAc	+	H_2O	$\rightleftharpoons$	H_3O^+	+	Ac^- (酸碱解离)
H_2O	+	NH_3	$\rightleftharpoons$	NH_4^+	+	OH^-
NH_4^+	+	H_2O	$\rightleftharpoons$	H_3O^+	+	NH_3 (盐的水解)
H_2O	+	Ac^-	$\rightleftharpoons$	HAc	+	OH^-

酸碱反应总是由较强酸碱相互作用,向生成较弱酸碱的方向进行,参加反应的酸碱越强,反应进行得越完全。

H_2O是两性物质，可以给出质子，生成共轭碱 OH^-，也可以接受质子，生成共轭酸 H_3O^+。因此，水的解离反应也可以表示为酸碱反应形式

$$H_2O + H_2O \rightleftharpoons H_3O^+ + OH^-$$

这种发生在水分子之间的质子传递反应，称为水的质子自递反应（水的自偶反应）。通常将水合氢离子 H_3O^+ 简写为 H^+，则水的解离反应简写为

$$H_2O \rightleftharpoons H^+ + OH^-$$

知识拓展

H^+ 半径小，电荷密度高。因此，游离的 H^+ 是不能在水中独立存在的，而是以 H_3O^+ 形态存在的。

在一定温度下，纯水中 H^+ 和 OH^- 相对浓度的乘积是一个常数，称为水的离子积常数（水的离子积）。即 $K_w^\ominus=[H^+][OH^-]$，25 ℃时，水的离子积为 1.0×10^{-14}。水的离子积适用于纯水和酸碱溶液中。

酸碱质子理论拓宽了酸碱定义及其应用条件，无论有无溶剂（水溶剂、非水溶剂或无溶剂）及物理状态（液态、溶液或气态、固态）如何，都可适用。

4.1.3 弱酸、弱碱的解离常数和解离度

1. 弱酸、弱碱的解离常数

强酸（或强碱）在水溶液中能完全解离，不存在解离平衡，H^+（或 OH^-）浓度应按强酸（或强碱）完全解离的化学计量关系计算。例如

$$HCl + H_2O \longrightarrow H_3O^+ + Cl^- \quad 简写为\ HCl \longrightarrow H^+ + Cl^-$$

则

$$c(H^+) = c(HCl)$$

$$NaOH \longrightarrow Na^+ + OH^-$$

则

$$c(OH^-) = c(NaOH)$$

弱酸（或弱碱）一经溶入水中，随即发生质子传递反应，并产生相应的共轭碱（或共轭酸）。在一定温度下，可达到动态平衡状态，其平衡常数称为弱酸（或弱碱）的解离常数，分别用 $K_a^\ominus$、$K_b^\ominus$ 或用 $K^\ominus$（弱酸）、$K^\ominus$（弱碱）表示。

例如，某一元弱酸 HB 在水溶液中发生的解离反应为

$$HB + H_2O \rightleftharpoons H_3O^+ + B^-$$

简化为

$$HB \rightleftharpoons H^+ + B^-$$

则该酸的解离常数为

$$K_a^\ominus = K^\ominus(HB) = \frac{[B^-][H_3O^+]}{[HB]}$$

简化为

$$K_a^\ominus = \frac{[B^-][H^+]}{[HB]} \tag{4-1}$$

同理，其共轭碱 B^- 在水溶液中发生的解离反应为

$$B^- + H_2O \rightleftharpoons HB + OH^-$$

则该碱的解离常数为

$$K_b^\ominus = K^\ominus(B^-) = \frac{[HB][OH^-]}{[B^-]} \tag{4-2}$$

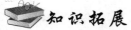

解离常数是表示一定温度下弱酸(或弱碱)解离程度的特征常数。$K_a^\ominus$(或 $K_b^\ominus$)越大,其解离程度越大。对相同类型弱酸(或弱碱),可用 $K_a^\ominus$(或 $K_b^\ominus$)直接比较其相对强弱。例如,25 ℃时

$$K^\ominus(HClO)=2.8\times10^{-8} \quad K^\ominus(HF)=6.6\times10^{-4}$$

说明 HClO 是比 HF 更弱的一元酸。

弱酸(或弱碱)解离常数只随温度变化而改变。但温度对解离常数影响较小,因此在常温下,通常忽略温度的影响。

附录三列出了 25 ℃时常见弱酸、弱碱的解离常数。通常,弱酸弱碱的 $K^\ominus$ 在 10^{-4}～10^{-7} 之间,中强酸、中强碱的 $K^\ominus$ 在 10^{-2}～10^{-3} 之间,而 $K^\ominus<10^{-7}$ 时,则称为极弱酸、极弱碱。

练一练

比较 HB 和 B^- 的解离常数,总结两者之间的关系。

2. 共轭酸碱对的解离常数关系

根据同时平衡原则及式(4-1)和式(4-2),得出共轭酸碱对解离常数之间的关系

$$K_a^\ominus \cdot K_b^\ominus = K_w^\ominus \tag{4-3}$$

$K_a^\ominus$ 越大,其共轭碱的 $K_b^\ominus$ 就越小,即共轭碱越弱;反之,$K_a^\ominus$ 越小,则其共轭碱的 $K_b^\ominus$ 就越大,共轭碱相对越强。

查一查

由附录三查出下列酸碱的解离常数,计算共轭酸碱对的解离常数,并比较酸或碱的相对强弱。

(1)HCN　　(2)HCNS　　(3)HNO_2　　(4)CH_3COOH　　(5)NH_3

3. 弱酸、弱碱的解离度

解离度是弱酸(或弱碱)在溶液中达到解离平衡时,已解离浓度占初始浓度的百分比。

$$\alpha=\frac{c_{解离}}{c_{初始}}\times100\% \tag{4-4}$$

在相同条件下,解离度大的弱酸(或弱碱)较强。α 不仅与物质本性有关,还受温度和浓度的影响(表 4-1)。

表 4-1　　25 ℃时不同浓度 HAc 溶液的解离度

$c(HAc)/(mol \cdot L^{-1})$	0.2	0.1	0.01	0.005	0.001
$\alpha/\%$	0.934	1.33	4.19	5.85	12.4

因此,在使用解离度时,必须指明溶液温度和浓度。但温度对 α 影响比较小,通常若不注明温度,均视为 25 ℃。

4.2　弱酸弱碱解离平衡计算

4.2.1　一元弱酸、弱碱溶液

【任务 4-1】 计算 25 ℃时,0.10 mol/L HAc 溶液的 H^+ 浓度、解离度和 pH。

弱酸弱碱与溶剂分子之间的质子传递反应，称为弱酸、弱碱的解离平衡。其计算主要包括求解离度、解离常数及各组分的平衡浓度等。

1. 一元弱酸溶液

设一元弱酸 HB 溶液的初始浓度为 c，解离浓度为 α

$$HB \rightleftharpoons H^{+} \quad + \quad B^{-}$$

	HB	H^+	B^-
初始浓度/(mol/L)	c	0	0
平衡浓度/(mol/L)	$c(1-\alpha)$	$c\alpha$	$c\alpha$

在一定温度下，达解离平衡时

$$K_a^{\ominus}=\frac{[B^-][H^+]}{[HB]}=\frac{c\alpha \cdot c\alpha}{c(1-\alpha)}=\frac{c\alpha^2}{1-\alpha}$$

当 $c/K_a^{\ominus} \geqslant 500$ 时，$\alpha < 5\%$，可近似处理为 $1-\alpha \approx 1$。则计算 H^+ 浓度的相对误差小于 3%，在一般计算中是允许的。此时一元弱酸 α 与其 $K_a^{\ominus}$ 的关系为

$$\alpha=\sqrt{\frac{K_a^{\ominus}}{c}} \tag{4-5}$$

则 H^+ 浓度简化计算式为

$$[H^+]=c\alpha=\sqrt{cK_a^{\ominus}} \tag{4-6}$$

式(4-5)表明，弱酸解离度与其相对浓度的平方根成反比，这个关系称为稀释定律。即在一定温度下，弱酸解离度随溶液稀释而增大；而对相同浓度的不同弱酸，由于 α 与 $K_a^{\ominus}$ 平方根成正比，所以 $K_a^{\ominus}$ 越大，α 越大。

当 $c/K_a^{\ominus} < 500$ 时，有关 α 和 $[H^+]$ 的计算必须采用一元二次方程求根公式，否则将带来较大误差。

知识拓展

弱酸(或弱碱)水溶液中的 H^+ 平衡浓度又称为酸度。其主要来源是弱酸、弱碱的解离和水的自偶反应。由于水的自偶反应趋势极弱，通常当 $cK_a^{\ominus} \geqslant 20K_w^{\ominus}$(或 $cK_b^{\ominus} \geqslant 20K_w^{\ominus}$)时，可忽略水的解离。本书有关酸碱平衡的计算均忽略水的自偶反应。

当 H^+ 浓度很小时，通常用 pH 或 pOH 表示溶液的酸碱性，其定义为

$$pH=-\lg[H^+] \quad pOH=-\lg[OH^-]$$

同种溶液

$$pH + pOH = 14$$

【任务 4-1 解答】 HAc 在水溶液中的解离平衡式为

$$HAc \rightleftharpoons H^+ + Ac^-$$

由附录三查得，HAc 的解离常数 $K_a^{\ominus}=1.75\times10^{-5}$。

因为
$$c/K_a^{\ominus}=0.10/(1.75\times10^{-5})>500$$

所以
$$[H^+]=\sqrt{K_a^{\ominus}c}=\sqrt{1.75\times10^{-5}\times0.10}=1.32\times10^{-3}$$

则
$$c(H^+)=1.32\times10^{-3}\ mol/L$$

$$\alpha=\frac{c(H^+)}{c(HAc)}\times100\%=\frac{1.32\times10^{-3}}{0.10}\times100\%=1.32\%$$

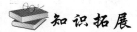

$$pH=-\lg[H^+]=-\lg 1.32\times10^{-3}=2.9$$

练一练

计算 25 ℃时，0.10 mol/L NH_4Cl 溶液的 pH。

2. 一元弱碱溶液

【任务 4-2】 计算 25 ℃时，0.10 mol/L NH_3 溶液的 pH。

一元弱碱溶液中，OH^- 浓度的计算与一元弱酸处理方法相同。例如

$$B^- + H_2O \rightleftharpoons HB + OH^-$$

当 $c/K_b^\ominus \geqslant 500$ 时

$$\alpha=\sqrt{\frac{K_b^\ominus}{c}} \tag{4-7}$$

$$[OH^-]=c\alpha=\sqrt{cK_b^\ominus} \tag{4-8}$$

【任务 4-2 解答】 NH_3 在水溶液中的解离平衡式为

$$H_2O + NH_3 \rightleftharpoons NH_4^+ + OH^-$$

由附录三查得，NH_3 的解离常数为 $K_b^\ominus=1.8\times10^{-5}$

因为 $c/K_b^\ominus=0.10/(1.8\times10^{-5})>500$

所以 $[OH^-]=\sqrt{cK_b^\ominus}=\sqrt{1.8\times10^{-5}\times0.10}=1.34\times10^{-3}$

则 $pOH=-\lg[OH^-]=-\lg(1.34\times10^{-3})=2.9$

$$pH=14-pOH=14-2.9=11.1$$

练一练

计算 25 ℃时，0.10 mol/L NaAc 溶液的解离度和 pH。

*4.2.2　多元弱酸、弱碱溶液

多元弱酸、弱碱在水溶液中的解离是分步进行的。例如

25 ℃时，H_2S 在水溶液中的解离

$$H_2S \rightleftharpoons H^+ + HS^- \qquad K_{a1}^\ominus=1.3\times10^{-7}$$

$$HS^- \rightleftharpoons H^+ + S^{2-} \qquad K_{a2}^\ominus=7.1\times10^{-15}$$

由于 $K_{a1}^\ominus \gg K_{a2}^\ominus$，所以第一级解离是主要的。通常，$H^+$ 浓度的计算，可近似按一元弱酸处理。不同弱酸的相对强弱，由第一级解离常数来比较。

多元弱碱溶液处理方法与此相同，计算 OH^- 浓度只考虑第一步解离。但应注意，$K_{b1}^\ominus$ 的计算要使用相应多元弱酸的最后一级解离常数。

练一练

(1)计算 25 ℃时，0.10 mol/L H_2S 溶液的 pH。

(2)计算 25 ℃时，0.50 mol/L Na_2CO_3 溶液的 pH。

知识拓展

两性物质溶液的酸碱平衡计算较复杂,通常做简化处理。例如,当 $c/K_{a1}^{\ominus} \geqslant 20$, $cK_{a2}^{\ominus} \geqslant 20K_w^{\ominus}$ 时,NaH_2PO_4 和 $NaHCO_3$ 溶液可按下式简化计算。

$$[H^+] = \sqrt{K_{a1}^{\ominus} K_{b1}^{\ominus}}$$

4.3 同离子效应和缓冲溶液

4.3.1 同离子效应

【任务 4-3】 在 0.10 mol/L HAc 溶液中,加入少量 NaAc 晶体(体积忽略不计),使其浓度为 0.10 mol/L,计算该混合溶液的 H^+ 浓度、pH 和 HAc 的解离度。

【实例分析】 向 HAc 溶液中加入 NaAc(或 HCl)溶液时,会因增大 Ac^-(或 H^+)的浓度,而使 HAc 的解离平衡向左移动,HAc 的解离度降低。

$$\begin{array}{c}
\text{平衡移动方向} \left| \begin{array}{c} H^+ + Cl^- \longleftarrow HCl \\ + \end{array} \right. \\
HAc \rightleftharpoons H^+ + Ac^- \\
\text{平衡移动方向} \left| \begin{array}{c} + \\ Ac^- + Na^+ \longleftarrow NaAc \end{array} \right.
\end{array}$$

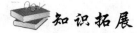

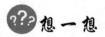

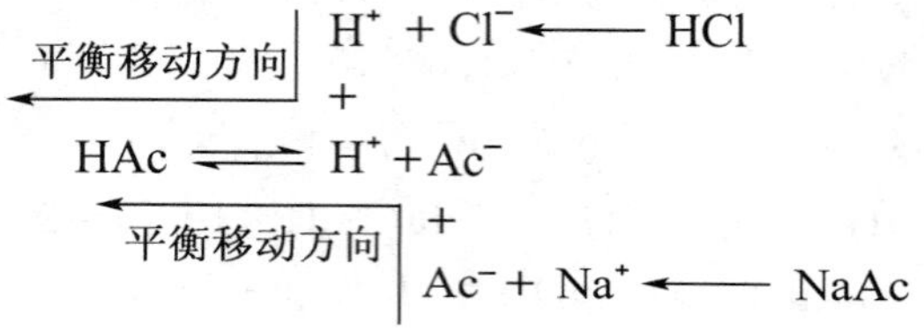

想一想

试分析在 NH_3 溶液中加入 NaOH 或 NH_4Cl 时,能否使 NH_3 的解离平衡发生移动?NH_3 的解离度如何变化?

这种在弱酸(或弱碱)溶液中加入具有相同离子的易溶强电解质,而使其解离度降低的现象,称为同离子效应。

【任务 4-3 解答】 设平衡时,已解离的 HAc 相对浓度为 x,则

$$NaAc \longrightarrow Na^+ + Ac^-$$
$$HAc \rightleftharpoons H^+ + Ac^-$$

初始浓度/(mol/L)　　　　0.10　　　0　　　0.10
平衡浓度/(mol/L)　　　　0.10$-x$　　x　　0.10$+x$

由于同离子效应使 HAc 的解离度变得更小,因此可作如下近似计算

$$K_a^{\ominus} = \frac{[Ac^-][H^+]}{[HAc]} = \frac{(0.10+x)x}{0.10-x} \approx \frac{0.10x}{0.10} = x$$

由附录三查得,$K_a^{\ominus} = 1.75 \times 10^{-5}$,则

$$[H^+] = x = K_a^{\ominus} = 1.75 \times 10^{-5}$$

即

$$c(H^+) = 1.75 \times 10^{-5} \text{ mol/L}$$

$$pH = -\lg[H^+] = -\lg 1.75 \times 10^{-5} = 4.8$$

$$\alpha=\frac{x}{c(\text{HAc})}\times100\%=\frac{1.75\times10^{-5}}{0.10}\times100\%=0.0175\%$$

查一查

比较【任务 4-1 解答】和【任务 4-3 解答】计算结果有何不同？为什么？

从上述计算过程可以总结出，在弱酸-共轭碱溶液中，$[H^+]$近似计算式为

$$[H^+]=K_a^{\ominus}\frac{c_{酸}}{c_{共轭碱}} \tag{4-9}$$

则

$$pH=pK_a^{\ominus}-\lg\frac{c_{酸}}{c_{共轭碱}} \tag{4-10}$$

4.3.2 缓冲溶液

1. 缓冲溶液的组成及作用原理

【任务 4-4】 计算 20 mL 0.20 mol/L HAc 和 30 mL 0.20 mol/L NaAc 混合溶液的 pH。

能抵抗少量外加强酸、强碱或适度稀释，而保持 pH 基本不变的溶液，称为缓冲溶液。缓冲溶液多由弱酸及其共轭碱组成，如 HAc-NaAc、H_2CO_3-$NaHCO_3$、NH_4Cl-NH_3、$NaHCO_3$-Na_2CO_3 等溶液。

缓冲溶液的缓冲作用是由其组成决定的。例如，在由 HAc-NaAc 构成的缓冲溶液中，NaAc 完全解离，而 HAc 存在如下解离平衡

$$\text{HAc} \rightleftharpoons \text{H}^+ + \text{Ac}^-$$

$$\text{NaAc} \longrightarrow \text{Na}^+ + \text{Ac}^-$$

NaAc 提供了大量 Ac^-，由于同离子效应，降低了 HAc 的解离度，致使溶液中还存在着大量 HAc 分子。大量存在的 Ac^- 和 HAc 分子分别称为抗酸组分和抗碱组分。

当向溶液中加入少量强酸时，由强酸解离的 H^+ 与溶液中大量存在的 Ac^- 结合成 HAc，则 HAc 解离平衡向左移动，H^+ 浓度没有显著变化，溶液 pH 基本不变。

若向溶液中加入少量强碱，由于 OH^- 与 H^+ 结合生成水，使 HAc 解离平衡向右移动，HAc 进一步解离，溶液中 H^+ 浓度基本不变，pH 仍很稳定，即溶液中大量存在的 HAc 具有抗碱的作用。

当适度稀释时，由于 HAc 和 Ac^- 的浓度同时降低，$c(\text{HAc})$与 $c(\text{Ac}^-)$比值基本不变，则由式(4-10)得知，缓冲溶液的 pH 基本保持不变。

想一想

NH_4Cl-NH_3 溶液的组成特点是什么？它是如何发挥缓冲作用的？

【任务 4-4 解答】 稀溶液混合，体积有加合性，由于 NaAc 在溶液中完全解离，故

$$c(\text{Ac}^-)=c(\text{NaAc})=\frac{0.20\times30}{50}=0.12\ \text{mol/L}$$

$$c(\text{HAc})=\frac{0.20\times20}{50}=0.08\ \text{mol/L}$$

$$pH = pK_a^{\ominus} - \lg \frac{c(HAc)}{c(Ac^-)}$$

由附录三查得，$K_a^{\ominus} = 1.75 \times 10^{-5}$

则 $$pH = -\lg(1.75 \times 10^{-5}) - \lg \frac{0.08}{0.12} = 4.9$$

2. 缓冲溶液的缓冲范围

【任务 4-5】 用 10 mL 6.0 mol/L HAc 溶液，配制 pH=4.5 的 HAc-NaAc 缓冲溶液 100 mL，需称取 $NaAc \cdot 3H_2O$ 多少克？

缓冲溶液的缓冲能力是有限的，当外加过量强酸或强碱时，大部分共轭碱或共轭酸会被消耗掉，缓冲溶液将失去缓冲作用。

实验表明，当 $c_{酸}/c_{共轭碱} = 0.1 \sim 10$ 时，缓冲溶液具有明显缓冲能力，即 $pH = pK_a^{\ominus} \pm 1$ 的范围称为缓冲溶液的有效缓冲范围，简称缓冲范围。常见缓冲溶液及其缓冲范围见表 4-2。

表 4-2 常见缓冲溶液及其缓冲范围

缓冲溶液	共轭酸	共轭碱	$pK_a^{\ominus}$	缓冲范围
HCOOH-HCOONa	HCOOH	$HCOO^-$	3.75	2.75～4.75
HAc-NaAc	HAc	Ac^-	4.76	3.76～5.76
六次甲基四胺-HCl	$(CH_2)_6N_4H^+$	$(CH_2)_6N_4$	5.15	4.15～6.15
NaH_2PO_4-Na_2HPO_4	$H_2PO_4^-$	HPO_4^{2-}	7.21	6.21～8.21
$Na_2B_4O_7$-HCl	H_3BO_3	$H_2BO_3^-$	9.24	8.24～10.24
NH_3-NH_4Cl	NH_4^+	NH_3	9.25	8.25～10.25
$NaHCO_3$-Na_2CO_3	HCO_3^-	CO_3^{2-}	10.28	9.28～11.28

查一查

若需要分别控制 pH 为 4.0～5.5、8.5～10.0 时，需选用哪种缓冲溶液？

【任务 4-5 解答】 由附录三查得，$K_a^{\ominus} = 1.75 \times 10^{-5}$

因为 $$pH = pK_a^{\ominus} - \lg \frac{c(HAc)}{c(Ac^-)}$$

带入 pH=4.5 及 $K_a^{\ominus}$ 值，得

得 $$4.5 = -\lg(1.75 \times 10^{-5}) - \lg \frac{c(HAc)}{c(Ac^-)}$$

$$\lg \frac{c(HAc)}{c(Ac^-)} = 0.26 \qquad \frac{c(HAc)}{c(Ac^-)} = 1.82$$

配制的缓冲溶液中，HAc 浓度为

$$c(HAc) = \frac{6.0 \times 10}{100} = 0.6\ mol/L \quad 则\ c(Ac^-) = \frac{0.6}{1.82} = 0.33\ mol/L$$

$$n(NaAc \cdot 3H_2O) = n(Ac^-) = 0.33 \times 0.1 = 0.033\ mol$$

$$m(NaAc \cdot 3H_2O) = n(NaAc \cdot 3H_2O) \cdot M(NaAc \cdot 3H_2O)$$

$$m(NaAc \cdot 3H_2O) = 0.033 \times 136 = 4.49\ g$$

知识拓展

缓冲溶液在工农业生产、科学实验及生命活动等方面都有重要的作用。例如，缓冲溶液能保持电镀液酸度一定，以满足电镀反应需要；土壤中的 H_2CO_3-$NaHCO_3$、NaH_2PO_4-Na_2HPO_4 等共轭酸碱对的存在，能维持其 pH＝5～8，从而适于植物生长；正常情况下，人体血液的 pH＝7.4±0.05，每降低 0.1，胰岛素活性将下降 30%。有资料介绍，糖尿病是由于胰岛素活性下降所致。维持血液 pH 稳定，主要归功于人体血液之中的 H_2CO_3-$NaHCO_3$、NaH_2PO_4-Na_2HPO_4 等共轭酸碱对构成的缓冲溶液。

*4.4　滴定分析法

4.4.1　概　述

1. 基本概念

(1)滴定分析法(容量分析)：将一种已知准确浓度的试剂溶液滴加到一定量被测物质溶液中，直至所加试剂与待测物质恰好反应完全，然后由试剂浓度和用量，按化学计量关系计算出被测物质含量的分析方法。

(2)标准滴定溶液：已知准确浓度的试剂溶液，又称滴定剂。

(3)滴定：通过滴定管将标准滴定溶液滴加到被测物溶液中的操作。

(4)化学计量点：当滴定的标准滴定溶液的量与被测物质的量恰好符合化学计量关系时的一点。

(5)指示剂：借助于颜色突变来确定化学计量点的辅助试剂。

(6)滴定终点：根据指示剂改变颜色而停止滴定的那一点，简称终点。

(7)终点误差：滴定终点与化学计量点不一致而引起的误差。

2. 滴定分析对滴定反应的要求

反应要具有确定的化学计量关系，不发生副反应；反应必须定量进行，通常要求反应完全程度≥99.9%；反应要快，反应较慢时，可以采取加热、增加反应物浓度、加入催化剂等措施；有适当方法确定滴定的终点，即有合适的指示剂或仪器确定终点。此外，无共存组分干扰或可用掩蔽等手段消除干扰。

3. 滴定方式

(1)直接滴定法：用标准滴定溶液直接滴定被测物质的方法。凡是满足滴定分析要求的化学反应，都可以用直接滴定法进行测定。直接滴定法是滴定分析法中最常用的滴定方式。

例如，用 NaOH 标准滴定溶液可直接滴定 HAc、HCl、H_2SO_4 等试样。直接滴定法是最常用和最基本的滴定方式，该法简便、快速。

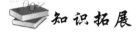

(2)返滴定法(回滴法):在待测试液中加入适当过量的标准滴定溶液,待反应完全后,再用另一种标准滴定溶液滴定剩余的第一种标准滴定溶液,从而测定待测组分的含量的方法。当反应较慢或被测物质是固体,或无合适指示剂时,均需采用返滴定法。

例如,测定 $CaCO_3$ 时,先加入过量的 HCl 标准滴定溶液,再用 NaOH 标准滴定溶液回滴剩余的 HCl,则由 HCl 和 NaOH 标准滴定溶液的浓度和用量,即可计算出 $CaCO_3$ 含量。

(3)置换滴定法:先加入适当的试剂与待测组分定量反应,生成另一种可滴定的物质,再用标准滴定溶液滴定该物质,从而测定待测组分含量的方法。主要用于滴定反应没有定量关系或伴有副反应的情况。

例如,在酸性条件下,$Na_2S_2O_3$ 可被 $K_2Cr_2O_7$ 氧化成 $S_4O_6^{2-}$ 和 SO_4^{2-} 等,反应没有确定的计量关系,因此不能用 $Na_2S_2O_3$ 直接滴定 $K_2Cr_2O_7$。通常采用一定量的 $K_2Cr_2O_7$ 在酸性溶液中与过量 KI 作用,析出相当量的 I_2,以淀粉为指示剂,再用 $Na_2S_2O_3$ 溶液滴定析出的 I_2,进而求得 $Na_2S_2O_3$ 溶液浓度。

滴定反应为:$I_2 + 2S_2O_3^{2-} \longrightarrow S_4O_6^{2-} + 2I^-$

(4)间接滴定法:对某些不能直接与滴定剂反应的待测组分,采用通过其他化学反应间接测定其含量的方法。

例如,溶液中 Ca^{2+} 不发生氧化还原反应,但它可与 $C_2O_4^{2-}$ 作用生成 CaC_2O_4 沉淀,过滤洗净后,加入 H_2SO_4 溶解,再用 $KMnO_4$ 标准滴定溶液滴定 $C_2O_4^{2-}$,就可间接测定 Ca^{2+} 的含量。其反应如下:

$$Ca^{2+} + C_2O_4{}^{2-} \longrightarrow CaC_2O_4 \downarrow$$

$$CaC_2O_4 + 2H_2SO_4 \longrightarrow Ca(HSO_4)_2 + HC_2O_4$$

$$5C_2O_4{}^{2-} + 2MnO_4{}^- + 16H^+ \longrightarrow 10CO_2 \uparrow + 2Mn^{2+} + 8H_2O$$

4.4.2 标准滴定溶液的配制

【任务 4-6】准确称取基准物质无水碳酸钠 0.1698 g,溶于 20~30 mL 水中。用甲基橙作指示剂标定 HCl 溶液,计量点时消耗 HCl 溶液 30.54 mL。计算 HCl 溶液的浓度。

1. 基准物质

用于直接配制或标定标准滴定溶液的物质称基准物质。基准物质必须符合下列条件:

(1)纯度高,其质量分数在 99.9%以上,而杂质含量应达到滴定分析所允许的误差限度以下。

(2)实际组成(包括结晶水)与化学式完全符合。

(3)化学性质稳定,储存时不与空气中的 O_2、CO_2、H_2O 等组分反应,不吸湿、不风化,烘干时不分解。

(4)具有较大的摩尔质量,以减小称量误差。

(5)试剂参加滴定反应时,应严格按反应式定量进行,无副反应发生。

想一想

标定 NaOH 溶液时,草酸($H_2C_2O_4 \cdot 2H_2O$)和邻苯二甲酸氢钾($C_8H_5KO_4$,即 KHP)都可以作基准物质,若 $c(NaOH)=0.05$ mol/L,选哪一种为基准物质更好?若 $c(NaOH)=$

0.2 mol/L（从称量误差考虑）

2. 标准滴定溶液的配制方法

(1)直接法：准确称取一定量基准物质，溶解后定量转移于一定体积容量瓶中，用去离子水稀释至刻度，根据溶质的物质的量和容量瓶的体积计算该标准滴定溶液的准确浓度的方法。

(2)间接法(标定法)：先粗配所需溶液(为所需浓度的±5%以内)，然后用基准物质或另一种标准滴定溶液确定其准确浓度的过程称为标定，采用这种间接方法制备标准滴定溶液的方法称为标定法。

间接法适用于配制不满足基准物质条件的物质(如 HCl、NaOH、$KMnO_4$、I_2、$Na_2S_2O_3$ 等)的标准滴定溶液。例如，欲配制 0.1 mol/L NaOH 溶液，可先粗配成约为 0.1 mol/L 的溶液；再准确称取一定量邻苯二甲酸氢钾(KHP)作为基准物质，用所配溶液进行滴定，即可计算 NaOH 溶液的准确浓度。

4.4.3 滴定分析计算

1. 标准滴定溶液组成的表示方法

(1)标准滴定溶液组成常用物质的量浓度表示。使用物质的量浓度必须指明基本单元。基本单元一般可根据标准滴定溶液在滴定反应中的质子转移数(酸碱反应)、电子得失数(氧化还原反应)或化学计量关系来确定(表 4-3)。

表 4-3　常用标准滴定溶液的基本单元

滴定分析方法	标准滴定溶液	基本单元
酸碱滴定法	NaOH	NaOH
沉淀滴定法	Na_2CO_3	$1/2Na_2CO_3$
	$AgNO_3$	$AgNO_3$
氧化还原滴定法	$KMnO_4$	$1/5KMnO_4$
	$K_2Cr_2O_7$	$1/6K_2Cr_2O_7$
	$Na_2S_2O_3$	$Na_2S_2O_3$
	I_2	$1/2I_2$
配位滴定法	EDTA	EDTA

(2)滴定度即指单位体积标准滴定溶液相当于被测物质的质量。用 T(待测物/滴定剂)表示，单位 g/mL。

例如，若 1 mL $K_2Cr_2O_7$ 标准滴定溶液恰好能与 0.005000 g Fe^{2+} 反应，则该 $K_2Cr_2O_7$ 标准滴定溶液的滴定度可表示为 $T(Fe/K_2Cr_2O_7)=0.005000$ g/mL。如果消耗 $K_2Cr_2O_7$ 标准滴定溶液的体积为 21.50 mL，则试样中的含铁量为

$$m(Fe)=0.005000\times21.50=0.1075\ g。$$

2. 滴定分析的计算

(1)根据化学计量关系计算

对于化学计量式

$$eE + fF \rightarrow mM + nN$$

滴定剂 E 与被测物质 F 的关系为

$$n_F = \frac{f}{e} n_E \tag{4-11}$$

则

$$c_F \cdot V_F = \frac{f}{e} c_E \cdot V_E \tag{4-12}$$

$$\frac{m_F}{M_F} = \frac{f}{e} c_E \cdot V_E \tag{4-13}$$

$$w_F = \frac{\frac{f}{e} c_E \cdot V_E \cdot M_F}{m} \tag{4-14}$$

【任务 4-6 解答】 $2HCl + Na_2CO_3 \longrightarrow 2NaCl + CO_2\uparrow + H_2O$

由式(4-12)得

$$c(HCl) = \frac{2 \times \frac{m(Na_2CO_3)}{M(Na_2CO_3)}}{V(HCl)} = \frac{2 \times \frac{0.1698}{106.0}}{30.54 \times 10^{-3}} = 0.1049 \text{ mol/L}$$

(2)根据等物质的量规则计算

等物质的量规则是指对于一定化学反应，如果选择合适的基本单元，那么在任何时刻所消耗的反应物的物质的量均相等。

$$n(\frac{1}{Z_F}F) = n(\frac{1}{Z_E}E) \tag{4-15}$$

式中 $\frac{1}{Z_E}F$、$\frac{1}{Z_F}F$——物质 E、F 在反应中转移质子数或得失电子数为 Z_E、Z_F 时的基本单元。

【任务 4-7】 准确称取 1.471 g 基准物质 $K_2Cr_2O_7$，溶解后定量转移至 500.0 mL 容量瓶中。已知 $M(K_2Cr_2O_7) = 294.2$ g/mol，计算此 $K_2Cr_2O_7$ 溶液的浓度。

(1)$c(K_2Cr_2O_7)$；(2)$c(\frac{1}{6}K_2Cr_2O_7)$。

【任务 4-7 解答】 (1)$c(K_2CrO_7) = \frac{m(K_2Cr_2O_7)}{V(K_2Cr_2O_7) \times M(K_2Cr_2O_7)}$

$$c(K_2Cr_2O_7) = \frac{1.471}{500.0 \times 294.2 \times 10^{-3}} = 0.01000 \text{ mol/L}$$

(2)

$$c(\frac{1}{6}K_2Cr_2O_7) = \frac{m(K_2Cr_2O_7)}{V(K_2Cr_2O_7) \times M(\frac{1}{6}K_2Cr_2O_7)}$$

$$c(\frac{1}{6}K_2Cr_2O_7) = \frac{1.471}{500.0 \times \frac{1}{6} \times 294.2 \times 10^{-3}} = 0.06000 \text{ mol/L}$$

【任务 4-8】 已知 $M(Na_2CO_3) = 106.0$ g/mol，欲配制 $c(\frac{1}{2}Na_2CO_3) = 0.1000$ mol/L 的 Na_2CO_3 标准滴定溶液 250.0 mL，应称取基准试剂 Na_2CO_3 多少克？

【任务 4-8 解答】 $m(Na_2CO_3) = c(\frac{1}{2}Na_2CO_3) \cdot V(Na_2CO_3) \cdot M(\frac{1}{2}Na_2CO_3)$

$$m(Na_2CO_3)=0.1000\times0.2500\times\frac{1}{2}\times106.0=1.325\ g$$

【任务 4-9】 已知 $M(Na_2CO_3)=106.0$ g/mol，计算 0.1015 mol/L HCl 标准滴定溶液对 Na_2CO_3 的滴定度。

【任务 4-9 解答】 $2HCl + Na_2CO_3 \longrightarrow 2NaCl + CO_2\uparrow + H_2O$

根据等物质的量规则，得

$$n(\frac{1}{2}Na_2CO_3)=n(HCl) \quad 即 \quad \frac{m(Na_2CO_3)}{M\left(\frac{1}{2}Na_2CO_3\right)}=c(HCl)\cdot V(HCl)$$

则

$$T(Na_2CO_3/HCl)=\frac{m(Na_2CO_3)}{V(HCl)}=c(HCl)\cdot M(\frac{1}{2}Na_2CO_3)$$

$$=0.1015\times\frac{1}{2}\times106.0\times10^{-3}$$

$$=0.005380\ g/mL$$

练一练

称取 $CaCO_3$ 试样 0.1800 g，加入 50.00 mL 0.1020 mol/L HCl 溶液，反应完全后，用 0.1002 mol/L NaOH 溶液滴定剩余的 HCl，消耗 18.10 mL。求碳酸钙的含量。已知 $M(CaCO_3)=100.09$ g/mol。

【任务 4-10】 称取重铬酸钾试样 0.1500 g，溶于水后，在酸性条件下加过量 KI，待反应完全后稀释，用 0.1040 mol/L $Na_2S_2O_3$ 溶液滴定，消耗 29.20 mL。求试样中 $K_2Cr_2O_7$ 的含量。已知 $M(K_2Cr_2O_7)=294.2$ g/mol。

【任务 4-10 解答】

$$K_2Cr_2O_7+6KI+7H_2SO_4\longrightarrow Cr_2(SO_4)_3+4K_2SO_4+3I_2+7H_2O$$

$$I_2+2Na_2S_2O_3\longrightarrow Na_2S_4O_6+2NaI$$

根据等物质的量规则，得

$$n(\frac{1}{6}K_2CrO_7)=n(Na_2S_2O_3) \quad 即 \quad \frac{m(\frac{1}{6}K_2Cr_2O_7)}{M(\frac{1}{6}K_2Cr_2O_7)}=c(Na_2S_2O_3)\cdot V(Na_2S_2O_3)$$

则

$$w(K_2Cr_2O_7)=\frac{c(Na_2S_2O_3)\cdot V(Na_2S_2O_3)\cdot M(\frac{1}{6}K_2Cr_2O_7)}{m(\frac{1}{6}k_2Cr_2O_7)}$$

$$=\frac{0.1040\times29.20\times\frac{1}{6}\times294.2}{0.1500\times1000}=99.27\%$$

4.4.4 误差与有效数字

1. 误差与偏差

(1)测量误差的类型

测定值与真实值之间的差值，称为测量值的误差，简称误差。根据导致误差的原因和

性质不同,误差主要分为如下三类:

①系统误差(可测误差)　由某些确定原因造成的,具有重复性、单向性特点的误差,包括仪器误差(仪器、量器不准确所引起)、试剂误差(由试剂纯度不够引起)、方法误差(由选择的分析方法本身的缺欠所引起)和操作误差(由操作者主观判断因素造成的误差)等。

②偶然误差(随机误差)　某些难以预料的偶然因素引起的测量误差。例如,环境温度、仪器微小变化、实验人员对各份试样处理时的微小差别等引起的误差。偶然误差分布符合一般统计规律,呈正态分布,一般采用"多次测量,取平均值"的方法可以减小偶然误差。

③过失误差(粗大误差)　指测量过程操作的粗枝大叶而引起的误差。例如,看错砝码、读错数据、溶液溅失、加错试剂、计算错误、操作不正确等造成的误差,如证实是由过失引起的误差,应弃去此结果。

(2)误差的表示

①绝对误差(E)　表示测定结果(x)与真实值(x_T)之差。

$$E = x - x_T \tag{4-16}$$

②相对误差(E_r)　绝对误差(E)占真实值(x_T)的百分率。

$$E_r = \frac{E}{x_T} \times 100\% \tag{4-17}$$

误差可以表示测定结果的准确度(测定值与真实值的偏离程度)的高低。误差小,准确度高;误差大,准确度低。误差正值表示测定结果偏高,负值表示测定结果偏低。当绝对误差相同时,被测物质真实值越大,相对误差越小,如用天平称量试样时,增大取样量,可减小称量误差对分析结果的影响。

(3)偏差(d)

偏差是指测定值(x)与多次测量结果平均值($\overline{x}$)的差值。偏差是用来衡量精密度(相同条件下,平行测定结果之间的接近程度)高低的物理量。偏差小,精密度高,测定结果重复性好;偏差大,精密度低,测定结果重复性差,则测定结果不可靠。

绝对偏差(d_i)是指单次测定值(x_i)与平均值($\overline{x}$)之差;相对偏差(d_r)是指绝对偏差在平均值中所占的百分率。

$$d_i = x_i - \overline{x} \tag{4-18}$$

$$d_r = \frac{d_i}{\overline{x}} \times 100\% \tag{4-19}$$

由于在几次平行测定中,各次测定的偏差可为正值、负值或零,为了说明分析结果的精密度,通常用平均偏差($\overline{d}$),即单次测量偏差绝对值的平均值来表示精密度。

$$\overline{d} = \frac{|d_1| + |d_2| + \cdots + |d_n|}{n} = \frac{|x_1 - \overline{x}| + |x_2 - \overline{x}| + \cdots + |x_n - \overline{x}|}{n} \tag{4-20}$$

测定结果的相对平均偏差为

$$\overline{d}_r = \frac{\overline{d}}{\overline{x}} \times 100\% \tag{4-21}$$

(4)公差

误差和偏差含义不同,前者以真实值为标准,后者是以多次测量结果的平均值为标准。通常真实值是通过反复测定而得到的近似于真实值的平均结果,用这个平均值代替真实值来计算误差,实质上还是偏差。因此,产品质检时并不强调误差与偏差的区别,而常用公差范围来表示误差的大小。

公差是产品质检部门对分析结果允许误差的一种限量,又称允许差。公差范围是根据对各种分析方法准确度要求而规定的。一般分析工作中,只做两次平行测定,当两次平行测定结果的差值不大于允许差时,取两次平行测定结果的算术平均值作为分析结果;若两次平行测定结果的差值超出允许差,称为"超差",此测定结果无效,必须重新测定。

(5)提高准确度的方法

提高准确度关键在于减小系统误差,一般有如下几种方法:

①校正测量仪器　因仪器出厂时已进行校正,只要仪器保管妥当,一般无需校正。但在准确度要求较高的分析中,对所使用的仪器如天平、砝码、移液管、容量瓶及滴定管等必须预先校正,用以计算测量结果。

②做空白实验　是指在同样测定条件下,用蒸馏水代替试液,用同样的方法进行的实验。从分析结果中扣除空白值,即可消除由试剂、蒸馏水及器皿带入杂质所引起的系统误差。

③做对照实验　用已知准确成份或含量的标准试样,按同样方法和条件进行测定的实验。也可采用不同分析方法、不同分析人员、不同实验室,分析同样的试样。其目的是判断试剂是否失效,反应条件是否控制正确,操作是否正确,仪器是否正常等,以确保得到可靠的测定结果。

2. 有效数字及其修约、运算规则

(1)有效数字

有效数字是指实际能测量到的数字,有效数字最后一位是估计值(可疑数字)。运用有效数字正确记录测量数据是十分必要的(表4-4)。

表4-4　常见有效数字实例

项目	记录数据	有效数字位数	测量仪器
质量	0.6050 g	4	分析天平
	10.3 g	3	托盘天平
天平零点	0.0018 g	2	分析天平
溶液体积	20.03 mL	4	50 mL 滴定管
	45.0 mL	3	50 mL 量筒
	35.15 mL	4	50 mL 吸管
质量分数	56.68%	4	—
平衡常数	$K^{\ominus}=1.8\times10^{3}$	2	—

如表4-4所示,按数据中的位置,数字"0"有不同的意义。在数字前面的"0"仅起定位作用,不是有效数字,如0.0018;数字中间的"0"都是有效数字,如10.3;数字后面的"0",一般为有效数字,如45.0;以"0"结尾的整数,如1800,其有效数字难以确定,若用科学计数法,则因数部分为有效数字,如1.8×10^{3}。

（2）数值修约规则

测量准确程度不同,有效数字位数也不同,因此在进行计算时应舍弃多余的数字,数值修约按 GB/T 8170—2008《数值修约规则与极限数值表示和判定》进行。修约方法可概括为"四舍六入五待定;五后(有)非零则进一,五后皆零(或无数)看前方,前为偶数应舍去,前为奇数则进一"（表 4-5）。

表 4-5　　　　　数字修约规则

修约方法	实例	
	待修约数字	修约后数字
四舍	1.6442	1.64
六入	1.6462	1.65
五后(有)非零则进一	1.6452	1.65
五后皆零(或无数)看前方		
前为偶数要舍去	1.6250 或 1.625	1.62
前为奇数则进一	1.6350 或 1.635	1.64

应当注意,只允许对数据一次修约到所要求的有效数字,不得多次连续修约;负数修约时,符号不变,只对其绝对值按上述规定进行修约。

（3）数值运算规则

加减运算结果的有效数字位数应与绝对误差最大(即小数点后位数最少)的数据相同;乘除法运算结果的有效数字位数应与相对误差最大(即有效数字位数最少)的数据相同;对数运算中,对数值小数点后的位数应与真数相同;乘方和开方计算时,结果的有效数字位数与原数值相同;表示误差时,保留一位最多两位有效数字即可;化学平衡计算一般为两位有效数字。通常,先取舍,后运算。

* 4.5　酸碱滴定法

4.5.1　滴定原理

1.酸碱指示剂

酸碱滴定法是以酸碱反应为基础的滴定分析方法。运用酸碱滴定法进行滴定分析时,必须了解溶液 pH 变化规律,以便根据滴定突跃范围选择合适的指示剂准确确定化学计量点。

酸碱指示剂是在某一特定 pH 区间内随介质酸度条件的改变,颜色有明显变化的物质。常用酸碱指示剂一般是有机弱酸或弱碱,其酸式与共轭碱式具有不同颜色。当溶液 pH 改变时,引起指示剂结构改变,因而呈现不同颜色。

例如,甲基橙(缩写 MO)是一种有机弱碱,也是一种双色指示剂,它在溶液中的解离平衡如下:

$$(CH_3)_2N-\langle\rangle-N=N-\langle\rangle-SO_3^- \underset{OH^-}{\overset{H^+}{\rightleftharpoons}} (CH_3)_2\overset{+}{N}=\langle\rangle=N-NH-\langle\rangle-SO_3^-$$

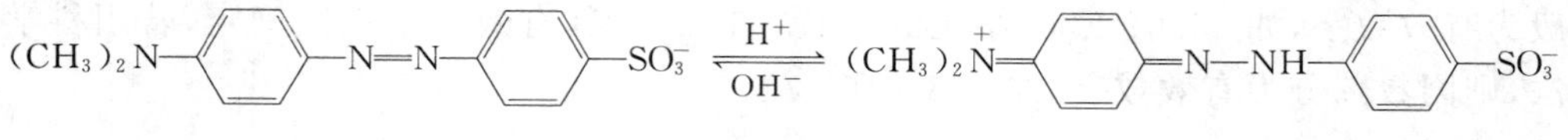

黄色(偶氮式,碱式色)　　　　　　　　　　　　　　红色(醌式,酸式色)

当溶液中$[H^+]$增大时,反应向右进行,此时甲基橙主要以醌式存在,溶液呈红色;当溶液中$[H^+]$降低,而$[OH^-]$增大时,反应向左进行,甲基橙主要以偶氮式存在,溶液呈黄色。

2. 酸碱指示剂的变色范围

若以 HIn 代表酸碱指示剂的酸式(其颜色称为指示剂的酸式色),其解离产物 In^- 代表酸碱指示剂的碱式(其颜色称为指示剂的碱式色),则解离平衡为

$$HIn \rightleftharpoons H^+ + In^-$$

$$K^{\ominus}(HIn)=\frac{[H^+]\cdot[In^-]}{[HIn]}$$

则

$$pH=pK^{\ominus}(HIn)-\lg\frac{[HIn]}{[In^-]} \tag{4-22}$$

溶液颜色决定于指示剂酸式与碱式浓度之比$[HIn]/[In^-]$。在一定温度时,指示剂的 $K^{\ominus}(HIn)$为常数,因此浓度比只决定于$[H^+]$。当一种形式浓度大于另一种 10 倍时,人眼通常只看到较浓物质的颜色。这种理论可见的引起指示剂颜色变化的 pH 间隔称为指示剂理论变色范围。

$$pH=pK^{\ominus}(HIn)\pm1 \tag{4-23}$$

当指示剂酸式浓度与碱式浓度相同时(即$[HIn]=[In^-]$),溶液显示指示剂酸式与碱式的混合色。此时溶液中 $pH=pK^{\ominus}(HIn)$,这一点称为指示剂的理论变色点。几种常用酸碱指示剂变色范围见表 4-6。

表 4-6　　几种常用酸碱指示剂在室温下水溶液中的变色范围

指示剂	变色范围(pH)	颜色变化	$pK^{\ominus}(HIn)$	质量浓度/(g/L)	用量/(滴/10 mL 试液)
百里酚蓝*	1.2～2.8	红～黄	1.7	1 g/L 的 20%乙醇溶液	1～2
甲基黄	2.9～4.0	红～黄	3.3	1 g/L 的 90%乙醇溶液	1
甲基橙	3.1～4.4	红～黄	3.4	0.5 g/L 的水溶液	1
溴酚蓝	3.0～4.6	黄～紫	4.1	1 g/L 的 20%乙醇溶液或其钠盐水溶液	1
溴甲酚绿	4.0～5.6	黄～蓝	4.9	1 g/L 的 20%乙醇溶液或其钠盐水溶液	1～3
甲基红	4.4～6.2	红～黄	5.0	1 g/L 的 60%乙醇溶液或其钠盐水溶液	1
溴百里酚蓝	6.2～7.6	黄～蓝	7.3	1 g/L 的 20%乙醇溶液或其钠盐水溶液	1
中性红	6.8～8.0	红～黄橙	7.4	1 g/L 的 60%乙醇溶液	1
苯酚红	6.8～8.4	黄～红	8.0	1 g/L 的 60%乙醇溶液或其钠盐水溶液	1
酚酞	8.0～10.0	无色～红	9.1	5 g/L 的 90%乙醇溶液	1～3
百里酚蓝*	8.0～9.6	黄～蓝	8.9	1 g/L 的 20%乙醇溶液	1～4
百里酚酞	9.4～10.6	无色～蓝	10.0	1 g/L 的 90%乙醇溶液	1～2

注:* 百里酚蓝有两个变色范围,第一次变色为 pH=1.2～2.8,第二次变色为 pH=8.0～9.6。

3. 酸碱滴定曲线及指示剂的选择

描述滴定过程中溶液 pH 随滴定剂加入量变化的曲线,称为酸碱滴定曲线。

(1)强碱(酸)滴定强酸(碱)

以 0.1000 mol/L NaOH 溶液滴定 20.00 mL 0.1000 mol/L HCl 溶液为例,讨论滴定过程中溶液 pH 的变化。

①滴定开始前　溶液的 pH 由 HCl 溶液酸度决定。

$$[H^+]=0.1000\ mol/L \quad pH=1.00$$

②滴定开始至化学计量点前　溶液的 pH 由剩余 HCl 溶液的酸度决定。当滴入 NaOH 溶液 19.98 mL 时

$$[H^+]=0.1000\times\frac{20.00-19.98}{20.00+19.98}=5.00\times10^{-5}\ mol/L \quad pH=4.30$$

③化学计量点时　溶液 pH 由生成物解离决定。此时溶液中 HCl 与 NaOH 完全中和，产物为 NaCl 和 H_2O，因此溶液呈中性。

$$[H^+]=[OH^-]=1.00\times10^{-7}\ mol/L \quad pH=7.00$$

④化学计量点后　溶液 pH 由过量 NaOH 决定。当滴入 NaOH 溶液 20.02 mL 时

$$[OH^-]=0.1000\times\frac{20.02-20.00}{20.02+20.00}=5.00\times10^{-5}\ mol/L$$

$$pOH=4.30 \quad pH=9.70$$

滴定过程中溶液的 pH 变化见表 4-7。

表 4-7　用 0.1000 mol/L NaOH 溶液滴定 20.00 mL 0.1000 mol/L HCl 溶液时 pH 的变化

加入 NaOH 溶液量/mL	HCl 被滴定百分数/%	剩余 HCl 溶液量/mL	过量 NaOH 溶液量/mL	$[H^+]$	pH
0	0	20.00	0	1.00×10^{-1}	1.00
18.00	90.00	2.00	0	5.26×10^{-3}	2.28
19.80	99.00	0.20	0	5.02×10^{-4}	3.30
19.98	99.90	0.02	0	5.00×10^{-5}	4.30
20.00	100.00	0	0	1.00×10^{-7}	7.00
20.02	—	0	0.02	2.00×10^{-10}	9.70
20.20	—	0	0.20	2.01×10^{-11}	10.70
22.00	—	0	2.00	2.10×10^{-12}	11.68
40.00	—	0	20.00	5.00×10^{-13}	12.52

以溶液的 pH 为纵坐标，以 NaOH 溶液的加入量(或滴定百分数)为横坐标，可绘制出强碱滴定强酸的滴定曲线(图 4-1)。

在化学计量点前后 0.1%处，曲线呈现近似垂直的一段，表明溶液 pH 有一个突然的变化，这种 pH 突然改变的现象称为滴定突跃，而突跃所在的 pH 范围称为滴定突跃范围。此后，继续滴加 NaOH 溶液，pH 变化减小，曲线又趋平坦。

指示剂选择原则为：指示剂变色范围要全部或部分地落入滴定突跃范围内，并且指示剂变色点尽量靠近化学计量点。

滴定突跃范围与被滴定物质及标准滴定溶液浓度有关(图 4-2)。

想一想

如果用 0.1000 mol/L HCl 标准滴定溶液滴定 20.00mL 0.1000 mol/L NaOH 溶液，

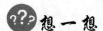

其滴定曲线将如何变化?

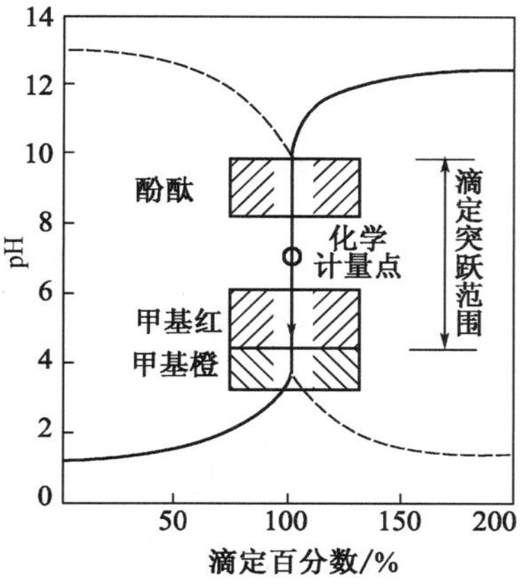

图 4-1 0.1000 mol/L NaOH 滴定 20.00 mL 0.1000 mol/L HCl 溶液滴定曲线

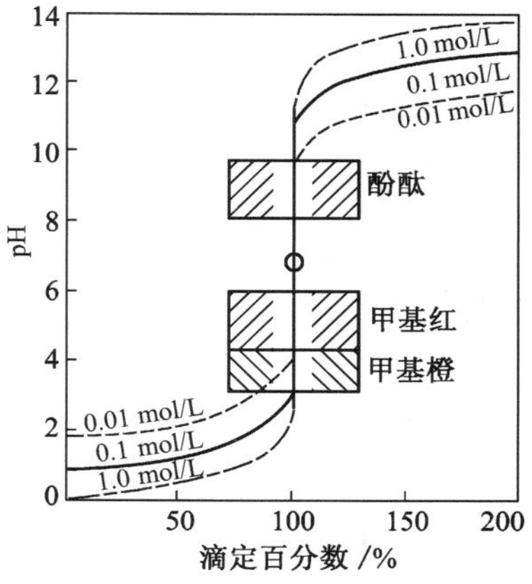

图 4-2 不同浓度 NaOH 滴定不同浓度 HCl 溶液的滴定曲线

(2)强碱(酸)滴定弱酸(碱)

滴定一元弱酸(或一元弱碱),其化学计量点的 pH 取决于共轭碱(或共轭酸)。讨论这一类滴定曲线也分为四个阶段。

例如,以 0.1000 mol/L NaOH 溶液滴定 20.00 mL 0.1000 mol/L HAc 溶液。

$$HAc + OH^- \longrightarrow Ac^- + H_2O$$

滴定过程中,加入任意体积 NaOH 溶液时溶液的 pH 及其计算式见表 4-8。

表 4-8 用 0.1000 mol/L NaOH 溶液滴定 20.00 mL 0.1000 mol/L HAc 溶液时,溶液的 pH 及有关计算式

滴定过程	加入 NaOH 溶液量 /mL	HAc 被滴定百分数 /%	计算式	pH	
滴定开始前	0	0	$[H^+]=\sqrt{c(HAc)K_a^\ominus}$	2.88	
滴定至化学计量点前	10.00 18.00 19.80 19.96 19.98	50.0 90.0 99.0 99.8 99.9	$[H^+]=K_a^\ominus \dfrac{c(HAc)}{c(Ac^-)}$	4.76 5.71 6.76 7.46 7.76	滴定突跃 (7.76~9.70)
化学计量点时	20.00	100.0	$[OH^-]=\sqrt{\dfrac{K_w^\ominus}{K_a^\ominus}c(Ac^-)}$	8.73	
化学计量点后	20.02 20.04 20.20 22.00	100.1 100.2 101.0 110.0	$[OH^-]=c(NaOH)_{过量}$	9.70 10.00 10.70 11.68	

用同样方法,可以计算强酸滴定弱碱时溶液的 pH 变化。表 4-9 列出了用 0.1000 mol/L HCl 标准滴定溶液滴定 20.00 mL 0.1000 mol/L NH_3 溶液时溶液的 pH 及有关计算式。

表 4-9 用 0.1000 mol/L HCl 溶液滴定 20.00 mL 0.1000 mol/L NH_3 溶液时，溶液的 pH 及有关计算式

滴定过程	加入 HCl 溶液量 /mL	NH_3 被滴定百分数 /%	计算式	pH	
滴定开始前	0	0	$[OH^-]=\sqrt{c(NH_3)K_b^\ominus}$	11.12	
滴定至化学计量点前	10.00	50.0	$[OH^-]=K_b^\ominus\frac{c(NH_3)}{c(NH_4^+)}$	9.25	
	18.00	90.0		8.30	
	19.80	99.0		7.25	
	19.98	99.9		6.25	滴定突跃
化学计量点时	20.00	100.0	$[H^+]=\sqrt{\frac{K_w^\ominus}{K_b^\ominus}c(NH_4^+)}$	5.28	
化学计量点后	20.02	100.1	$[H^+]=c(HCl)_{过量}$	4.30	
	20.20	101.0		3.30	
	22.00	110.0		2.32	

根据滴定过程各点的 pH 绘出滴定曲线(见图 4-3、图 4-4)。

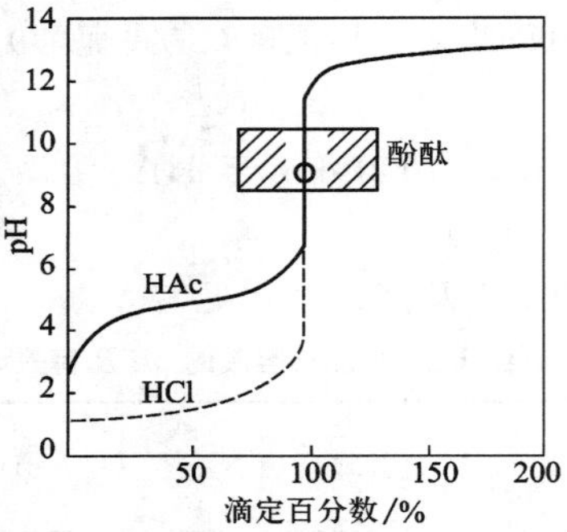

图 4-3 0.1000 mol/L NaOH 标准滴定溶液滴定 0.1000 mol/L HAc 溶液滴定曲线

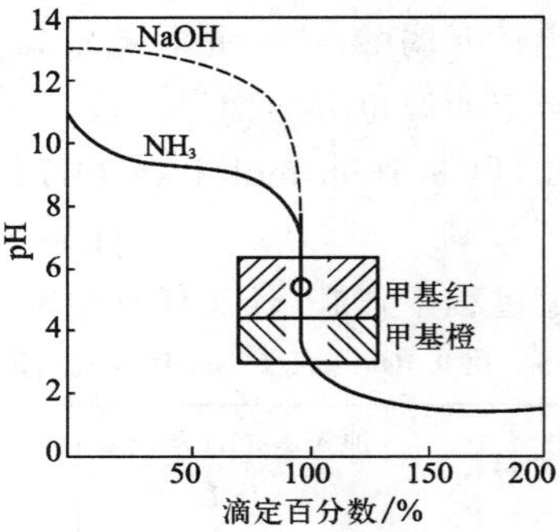

图 4-4 0.1000 mol/L HCl 标准滴定溶液滴定 0.1000 mol/L NH_3 溶液的滴定曲线

图 4-3 中的化学计量点的 pH=8.73，因此不能选用酸性区域变色的指示剂。

查一查

比较图 4-3 与图 4-4，分析强碱滴定强酸与强碱滴定弱酸的滴定曲线有哪些不同之处？

滴定可行性判断：指示剂法直接准确滴定一元弱酸的条件是

$$c_0K_a^\ominus\geqslant10^{-8}\quad 且\ c_0\geqslant10^{-3}\ mol/L$$

同理，能够用指示剂法直接准确滴定一元弱碱的条件是

$$c_0K_b^\ominus\geqslant10^{-8}\quad 且\ c_0\geqslant10^{-3}\ mol/L$$

若允许误差较大或改进检测终点方法，上述条件也可以适当放宽。

知识拓展

标定 HCl 溶液常用的基准物质有无水 Na_2CO_3 或硼砂（$Na_2B_4O_7 \cdot 10H_2O$）等，有关反应为

$$Na_2CO_3 + 2HCl \longrightarrow 2NaCl + CO_2\uparrow + H_2O$$

滴定时可选用甲基橙为指示剂，溶液由黄色变为橙色即为终点。

$$Na_2B_4O_7 + 5H_2O + 2HCl \longrightarrow 4H_3BO_3 + 2NaCl$$

若选用甲基红为指示剂，溶液由黄色变为红色即为终点。

标定 NaOH 溶液常用的基准物质有邻苯二甲酸氢钾（KHP）等，有关反应为

$$\text{（苯环）}\begin{matrix}COOH \\ COOK\end{matrix} + NaOH \longrightarrow \text{（苯环）}\begin{matrix}COONa \\ COOK\end{matrix} + H_2O$$

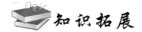

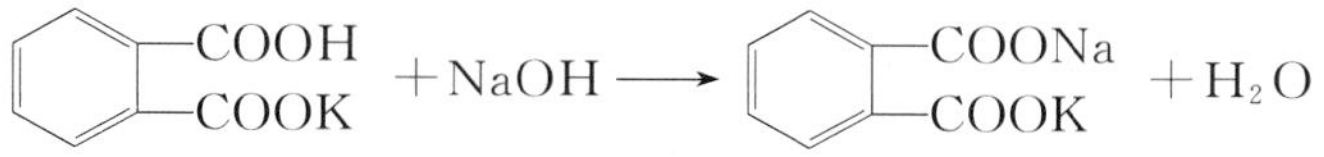

滴定时可选用酚酞或百里酚蓝为指示剂。

- -

（3）多元酸碱的滴定

①强碱滴定多元酸　多元酸在水溶液中的解离分步进行，因此多元酸滴定需要解决的主要问题是能否准确分步滴定及如何选择指示剂。其滴定可行性判断原则如下

当 $cK_{a1}^{\ominus} \geqslant 10^{-8}$ 时，其第一步解离的 H^+ 可被直接滴定。

当 $cK_{a1}^{\ominus} \geqslant 10^{-8}$，$cK_{a2}^{\ominus} \geqslant 10^{-8}$ 且 $K_{a1}^{\ominus}/K_{a2}^{\ominus} \geqslant 10^5$，可分步滴定，出现两个滴定突跃。

当 $cK_{a1}^{\ominus} \geqslant 10^{-8}$，$cK_{a2}^{\ominus} \geqslant 10^{-8}$，$K_{a1}^{\ominus}/K_{a2}^{\ominus} < 10^5$，不能分步滴定，只出现一个滴定突跃。

当 $cK_{a1}^{\ominus} \geqslant 10^{-8}$，$cK_{a2}^{\ominus} < 10^{-8}$ 且 $K_{a1}^{\ominus}/K_{a2}^{\ominus} \geqslant 10^5$，第一步解离的 H^+ 可被滴定，第二步解离的 H^+ 不能被滴定，只出现一个滴定突跃。

【实例分析】　用 0.1000 mol/L NaOH 标准滴定溶液滴定 0.1000 mol/L H_3PO_4 溶液时，H_3PO_4 首先被滴定成 $H_2PO_4^-$

$$H_3PO_4 + NaOH \longrightarrow NaH_2PO_4 + H_2O$$

第一化学计量点，pH＝4.68（可选用甲基橙为指示剂）。继续用 NaOH 滴定，$H_2PO_4^-$ 被进一步中和成 HPO_4^{2-}

$$NaH_2PO_4 + NaOH \longrightarrow Na_2HPO_4 + H_2O$$

第二化学计量点，pH＝9.76（可选用百里酚酞为指示剂）。

第三化学计量点，因 $pK_{a3}^{\ominus}＝12.32$，说明 HPO_4^{2-} 很弱，因此无法用 NaOH 直接滴定，若在溶液中加入 $CaCl_2$ 溶液，会发生如下反应

$$2HPO_4^{2-} + 3Ca^{2+} \longrightarrow Ca_3(PO_4)_2\downarrow + 2H^+$$

则弱酸转化成强酸，就可以用 NaOH 直接滴定了。其滴定曲线见图 4-5。

②强酸滴定多元碱　滴定方法与多元酸的滴定相似，只需将 $cK_a^{\ominus}$ 换成 $cK_b^{\ominus}$ 即可。

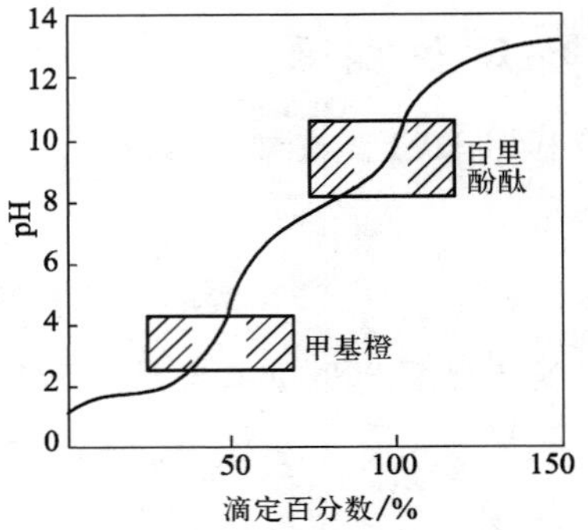

图 4-5　0.1000 mol/L NaOH 标准滴定溶液滴定 0.1000 mol/L H_3PO_4 溶液的滴定曲线

【实例分析】 Na_2CO_3 的滴定。Na_2CO_3 是二元碱，在水溶液中解离平衡为

$$CO_3^{2-} + H_2O \longrightarrow HCO_3^- + OH^- \quad pK_{b1}^{\ominus} = 3.75$$

$$HCO_3^- + H_2O \longrightarrow H_2CO_3 + OH^- \quad pK_{b2}^{\ominus} = 7.62$$

在满足一般分析要求下，Na_2CO_3 还是能够进行分步滴定的，只是滴定突跃较小。如果用 HCl 滴定，则第一步生成 $NaHCO_3$，反应式为

$$HCl + Na_2CO_3 \longrightarrow NaHCO_3 + NaCl$$

继续用 HCl 滴定，则生成的 $NaHCO_3$ 进一步反应生成碱性更弱的 H_2CO_3。H_2CO_3 不稳定，很容易分解生成 CO_2 与 H_2O。反应式为

$$HCl + NaHCO_3 \longrightarrow H_2CO_3 + NaCl$$
$$\quad\quad\quad\quad\quad\quad\quad\quad\quad\quad \hookrightarrow CO_2\uparrow + H_2O$$

第一化学计量点按 $[H^+] = \sqrt{K_{a1}^{\ominus} K_{a2}^{\ominus}}$ 计算，pH＝8.31。用甲基红与百里酚蓝混合指示剂（若选用酚酞作指示剂，滴定误差达±1%）。

第二化学计量点时，是 CO_2 饱和溶液，浓度为 0.04 mol/L，按 $[H^+] = \sqrt{cK_{a1}^{\ominus}}$ 计算，pH＝3.89，用甲基橙作指示剂。但应注意，此时在室温下易形成 CO_2 的过饱和溶液，使终点出现过早。因此，临近终点时，要剧烈摇动溶液以加快 H_2CO_3 分解；或加热煮沸使 CO_2 逸出，冷却后再继续滴定。

4.5.2　酸碱滴定法的应用——双指示剂法测定混合碱

混合碱的主要组分是 NaOH、Na_2CO_3 和 $NaHCO_3$，由于 NaOH 与 $NaHCO_3$ 不可能共存，因此混合碱或者为单一组分，或为 NaOH 与 Na_2CO_3 的混合物，或 Na_2CO_3 与 $NaHCO_3$ 的混合物。若为单一组分，用 HCl 标准滴定溶液直接滴定即可；若为两种组分，则一般可用氯化钡法或双指示剂法进行测定。本节将着重讨论双指示剂法。

1. 方法原理

先以酚酞为指示剂，用 HCl 标准滴定溶液滴定试液至粉红色消失，此时所消耗 HCl 标准滴定溶液的体积为 V_1。再加入甲基橙指示剂，继续用 HCl 标准滴定溶液滴定至溶液由黄色变为橙红色，此时所消耗 HCl 标准滴定溶液体积为 V_2。由 HCl 标准滴定溶液的物质的量浓度及两次消耗的体积 V_1、V_2 可计算混合碱中各组分的质量分数。

2. 结果计算

①$V_1>0, V_2=0$ 则只含 NaOH

$$w(NaOH)=\frac{c(HCl)\cdot V_1\cdot M(NaOH)}{m}$$

②$V_1=V_2>0$ 则只含 Na_2CO_3

$$w(Na_2CO_3)=\frac{c(HCl)\cdot 2V_1\cdot M(\frac{1}{2}Na_2CO_3)}{m}$$

③$V_1=0, V_2>0$ 则只含 $NaHCO_3$

$$w(NHCO_3)=\frac{c(HCl)\cdot V_2\cdot M(NaHCO_3)}{m}$$

④$V_1>V_2>0$ 则含 NaOH 和 Na_2CO_3

$$w(NaOH)=\frac{c(HCl)\cdot (V_1-V_2)\cdot M(NaOH)}{m}$$

$$w(Na_2CO_3)=\frac{c(HCl)\cdot 2V_2\cdot M(\frac{1}{2}Na_2CO_3)}{m}$$

⑤$V_2>V_1>0$ 则含 Na_2CO_3 和 $NaHCO_3$

$$w(Na_2CO_3)=\frac{c(HCl)\cdot 2V_1\cdot M(\frac{1}{2}Na_2CO_3)}{m}$$

$$w(NaHCO_3)=\frac{c(HCl)\cdot (V_2-V_1)\cdot M(NaHCO_3)}{m}$$

式中 $w(NaOH)$——试样中 NaOH 的质量分数,1;

$w(Na_2CO_3)$——试样中 Na_2CO_3 的质量分数,1;

$w(NaHCO_3)$——试样中 $NaHCO_3$ 的质量分数,1;

V_1、V_2——HCl 标准滴定溶液的体积,L 或 mL(常用);

m——试样的质量,g。

本章小结

- 酸碱平衡和酸碱滴定法
  - 酸碱理论
    - 酸碱电离理论
      - 酸(碱)：水溶液中解离出的阳(阴)离子全部是 H^+ (OH^-) 的化合物
      - 酸碱反应的实质：$H^+ + OH^- \longrightarrow H_2O$
    - 解离常数和解离度
      - $K_a^\ominus = [A^-] \cdot [H^+]/[HA]$，$K_b^\ominus = [HA] \cdot [OH^-]/[A^-]$，
      - 共轭酸碱对：$K_a^\ominus \cdot K_b^\ominus = K_w^\ominus$；$\alpha = c_{解离}/c_{初始}$
    - 酸碱质子理论
      - 酸(碱)：能给出(接受)H^+的物质
      - 酸碱反应实质：两个共轭酸碱对之间的质子传递
  - 解离平衡的计算
    - 一元弱酸、弱碱溶液
      - $c/K_a^\ominus \geqslant 500$ 时，$\alpha = \sqrt{K_a^\ominus/c}$，$[H^+] = c\alpha = \sqrt{K_a^\ominus c}$
      - $c/K_b^\ominus \geqslant 500$ 时，$\alpha = \sqrt{K_b^\ominus/c}$，$[OH^-] = c\alpha = \sqrt{K_b^\ominus c}$
    - 多元弱酸、弱碱溶液
      - 当 $K_{a1}^\ominus \gg K_{a2}^\ominus$ 或 ($K_{b1}^\ominus \gg K_{b2}^\ominus$) 时，按一元弱酸(或弱碱)处理
  - 同离子效应和缓冲溶液
    - 同离子效应
      - 在弱酸(或弱碱)溶液中加入具有相同离子的易溶强电解质而使弱酸(或弱碱)解离度降低的现象
    - 缓冲溶液
      - 作用：能够抵抗少量外加强酸、强碱或适度稀释，而保持溶液 pH 基本不变；组成：弱酸 - 共轭碱
      - 缓冲范围：$pH = pK_a^\ominus \pm 1$；$pH = pK_a^\ominus - \lg \frac{c_{酸}}{c_{共轭碱}}$
  - 滴定分析
    - 基本概念
      - 滴定分析、标准滴定溶液、化学计量点、滴定终点、直接滴定法、返滴定法、置换滴定法、间接滴定法
    - 标准滴定溶液配制
      - 两种配制方法：直接法、标定法
    - 滴定分析计算
      - $c_B = n_B/V$，T(待测物 / 滴定剂)；
      - 等物质的量规则：任何时刻所消耗的反应物的物质的量均相等
    - 误差与有效数字
      - 误差衡量的高低，偏差衡量精密度的高低
      - 有效数字：实际能测量到的数字；应先修约，后运算
  - 酸碱滴定法
    - 滴定原理
      - 指示剂变色范围：$pH = pK^\ominus(HIn) \pm 1$
      - 直接准确滴定一元弱酸(或一元弱碱)的条件：$c_0 K_a^\ominus \geqslant 10^{-8}$ ($c_0 K_b^\ominus \geqslant 10^{-8}$)，且 $c_0 \geqslant 10^{-3}$ mol/L
      - 强碱滴定多元酸：当 $cK_{a1}^\ominus \geqslant 10^{-8}$，$cK_{a2}^\ominus \geqslant 10^{-8}$ 且 $K_{a1}^\ominus/K_{a2}^\ominus \geqslant 10^5$ 时，可分步滴定，出现两个滴定突跃；当 $cK_{a1}^\ominus \geqslant 10^{-8}$，$cK_{a2}^\ominus \geqslant 10^{-8}$，且 $K_{a1}^\ominus/K_{a2}^\ominus < 10^5$ 时，不能分步滴定，只出现一个滴定突跃；当 $cK_{a1}^\ominus \geqslant 10^{-8}$，$cK_{a2}^\ominus < 10^{-8}$ 且 $K_{a1}^\ominus/K_{a2}^\ominus \geqslant 10^5$ 时，第一步解离的 H^+ 可被滴定，第二步解离的 H^+ 不能被滴定，只出现一个滴定突跃
    - 酸碱滴定法的应用
      - 双指示剂法测定混合碱

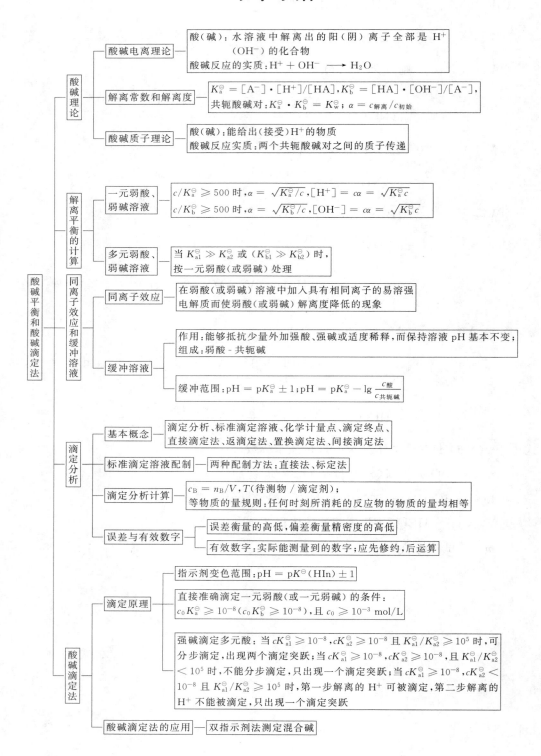

自测题

一、填空题

1. 在酸碱电离理论中，酸碱反应实质是________和________结合生成________的反应。

2. 根据酸碱质子理论，下列物质 HS^-、CO_3^{2-}、NH_3、NO_2^-、HCO_3^-、H_2O、NH_4^+ 中，属于酸的是________________________，属于碱的是________________、________________，两性物质是________________。

3. 在 NH_3 溶液中加入 NH_4Cl 或 NaOH 溶液，而使其解离度降低的现象，称为________。

4. 已知 HAc 的 $K_a^{\ominus}=1.75\times10^{-5}$，则 HAc-NaAc 缓冲溶液的缓冲范围是________。

5. 借助于颜色突变来确定化学计量点的辅助试剂称为________。

6. 在滴定分析中，根据指示剂变色时停止滴定的这一点称为________，而该点与化学计量点不一致而引起的误差称为________。

7. 配制标准滴定溶液的方法一般有________、________两种。

8. 用邻苯二甲酸氢钾(KHP)测定 NaOH 溶液的浓度，这种确定浓度的操作，称为________，而邻苯二甲酸氢钾称为________物质。

9. 测定值与真实值之间的差值，称为测量值的________。

10. 加减运算结果的有效数字位数应与________的数据相同。

11. 理论可见的引起指示剂颜色变化的 pH 间隔称为指示剂________。

12. 甲基橙的变色范围是 pH 为________。当溶液 pH 小于该范围下限时，指示剂呈现________色，pH 大于上限时呈现________色，pH 处在范围之内时，指示剂呈现________色。

13. 酸碱滴定曲线是以________变化为特征的。滴定时，酸碱浓度越大，滴定突跃范围越________；酸碱的强度越大，则滴定的突跃范围越________。

14. 以酚酞作指示剂时，用 NaOH 标准滴定溶液测定 HCl 溶液浓度时，若 NaOH 标准滴定溶液在保存时吸收少量 CO_2，则分析结果将会________（偏高、偏低或无）。

15. 标定 HCl 溶液常用的基准物有无水 Na_2CO_3 或硼砂，测定时应选用在________（酸性、碱性）范围内变色的指示剂。

二、判断题（正确的画“√”，错误的画“×”）

1. 质子理论认为凡能接受质子(H^+)的物质都是碱，又称为质子碱。（　　）

2. $H_2PO_4^-$ 的共轭酸是 HPO_4^{2-}。（　　）

3. 酸碱质子理论认为，酸碱反应实质是两个共轭酸碱对间的质子传递。（　　）

4. 已知 HClO 和 HF 的解离常数分别为 2.8×10^{-8} 和 6.6×10^{-4}，据此可以断定 HF

溶液的酸性比 HClO 强。（　　）

5. 某一元弱碱的共轭酸一定是弱酸。（　　）

6. 弱酸、弱碱的解离平衡常数和解离度都是反映弱酸、弱碱解离程度的物理量，前者只与温度有关，而后者还受溶液浓度的影响。（　　）

7. 稀释 NH_3 溶液时，其解离度增大，因此 pH 升高。（　　）

8. 相同浓度的 H_2S 和 HCl 溶液，前者的酸度一定比后者强。（　　）

9. 缓冲溶液具有能抵抗少量外加强酸、强碱或适度稀释，而保持 pH 基本不变的作用，这称为缓冲溶液的缓冲作用。（　　）

10. 分析纯 NaOH（固体）可用于直接配制标准滴定溶液。（　　）

11. 标准滴定溶液必须用基准物配制。（　　）

12. 等物质的量规则是指对于一定化学反应，在任何时刻所消耗的反应物的物质的量均相等。（　　）

13. 滴定终点就是化学计量点。（　　）

14. 误差反映测定结果的准确度，偏差则衡量测定值的精密度。（　　）

15. 强碱滴定弱酸常用的指示剂为酚酞。（　　）

三、选择题

1. 共轭酸碱对的 $K_a^\ominus$ 与 $K_b^\ominus$ 的关系是（　　）。

A. $K_a^\ominus \cdot K_b^\ominus = 1$　　B. $K_a^\ominus \cdot K_b^\ominus = K_w^\ominus$

C. $K_b^\ominus / K_a^\ominus = K_w^\ominus$　　D. $K_a^\ominus / K_b^\ominus = K_w^\ominus$

2. 欲配制 pH=3 的缓冲溶液，选择下列哪种物质与其共轭酸（或共轭碱）的混合溶液比较合适（　　）。

A. HCOOH（$K_a^\ominus = 1.77 \times 10^{-4}$）　　B. HAc（$K_a^\ominus = 1.75 \times 10^{-5}$）

C. NH_3（$K_b^\ominus = 1.8 \times 10^{-5}$）　　D. HCN（$K_a^\ominus = 6.2 \times 10^{-10}$）

3. 在氨水中加入（　　）时，NH_3 的解离度和溶液 pH 都降低。

A. HCl　　B. H_2O　　C. NaOH　　D. NH_4Cl

4. 当共轭酸碱对的浓度之比为（　　）时，其溶液具有有效缓冲能力。

A. $c_{酸}/c_{共轭碱} = 1 \sim 10$　　B. $c_{酸}/c_{共轭碱} = 0.1 \sim 1$

C. $c_{酸}/c_{共轭碱} = 1 \sim 5$　　D. $c_{酸}/c_{共轭碱} = 0.1 \sim 10$

5. 欲配制 6 mol/L H_2SO_4 溶液，在 100 mL 蒸馏水中应加入（　　）18 mol/L H_2SO_4 溶液。

A. 60 mL　　B. 40 mL　　C. 50 mL　　D. 10 mL

6. 下列数字修约不正确的是（　　）。

A. 1.2035→1.20　　B. 1.2251→1.22

C. 1.2051→1.21　　D. 1.2050→1.20

7. 滴定分析中，一般利用指示剂颜色突变确定化学计量点，在指示剂变色时停止滴定，这一点称为(　　)。

A. 滴定分析　　B. 滴定　　C. 滴定终点　　D. 滴定误差

8. 若 $c(\frac{1}{2}H_2SO_4)=0.2000$ mol/L，则 $c(H_2SO_4)$ 为(　　)。

A. 0.1000 mol/L　　B. 0.2000 mol/L

C. 0.4000 mol/L　　D. 0.5000 mol/L

9. 用盐酸标准滴定溶液测定氨水的含量时，其化学计量点的 pH 是(　　)。

A. 等于 7　　B. 小于 7　　C. 大于 7　　D. 等于 0

10. 有一碱液，可能为 NaOH、$NaHCO_3$ 或者 Na_2CO_3 或它们的混合物，用 HCl 标准溶液滴定至酚酞终点时耗去 HCl 体积为 V_1，继续以甲基橙为指示剂又耗去 HCl 体积为 V_2，且 $V_1<V_2$，则此碱液为(　　)。

A. Na_2CO_3　　B. $NaHCO_3$　　C. NaOH　　D. $NaHCO_3+Na_2CO_3$

11. 用酸碱滴定法测定碳酸钙的含量，可采用的方法是(　　)。

A. 直接滴定法　　B. 返滴定法　　C. 置换滴定法　　D. 间接滴定法

12. 已知 $K^{\ominus}(H_3BO_3)=5.8\times10^{-10}$、$K^{\ominus}(CH_3COOH)=1.75\times10^{-5}$、$K^{\ominus}(HClO)=2.8\times10^{-8}$、$K^{\ominus}(HCN)=6.2\times10^{-10}$，下列约为 0.1 mol/L 的弱酸中，可用 0.1000 mol/L NaOH 溶液进行直接准确滴定的是(　　)。

A. H_3BO_3　　B. CH_3COOH　　C. HClO　　D. HCN

四、计算题

1. 计算下列溶液的 pH。

(1)0.01 mol/L HNO_3 溶液；(2)0.05 mol/L $Ba(OH)_2$ 溶液。

2. 计算 25 ℃时，1.0 mol/L HF 溶液的 H^+ 浓度和解离度。

3. 计算 25 ℃时，0.10 mol/L $NaNO_2$ 溶液的 H^+ 浓度、pH 和 NO_2^- 的解离度。

4. 计算 25 ℃时，3.5 mol/L H_3PO_4 溶液的 pH。

5. 计算 25 ℃时，0.10mol/L Na_2CO_3 溶液的 pH。

6. 计算下列混合溶液的 pH。

(1)等体积混合 0.1 mol/L NaOH 溶液和 0.1 mol/L HAc 溶液；

(2)30 mL 0.2 mol/L NH_3 溶液与 20 mL 0.1 mol/L HCl 溶液混合。

7. 欲配制 1 L pH=9.0 的 NH_3-NH_4Cl 缓冲溶液，若用去 100 mL 6 mol/L NH_3，还需称取多少克 NH_4Cl?

8. 称取基准物质 KHP 0.5208 g，用以标定 NaOH 溶液，至化学计量点时，NaOH 溶液消耗 25.20 mL，求 NaOH 溶液的物质的量浓度。

9. 称取硼砂($Na_2B_4O_7\cdot10H_2O$) 0.4853 g，用以标定盐酸溶液。已知化学计量点时消耗盐酸溶液 24.75 mL，求此盐酸溶液物质的量浓度。

10. 将 0.2497 g CaO 试样溶于 25.00 mL 0.2803 mol/L HCl 标准溶液滴定溶液中，

剩余酸用 0.2786 mol/L NaOH 标准滴定溶液返滴定，消耗 NaOH 11.64 m L，试计算试样中 CaO 的质量分数。

11. 称取某混合碱样品 0.6839 g，以酚酞为指示剂，用 0.2000 mol/L HCl 溶液滴定，用去 23.10 mL，再加甲基橙指示剂，继续用该 HCl 滴定，又消耗 26.81 mL，试判断该样品的组成并计算各组分的含量。

五、问答题

1. 写出下列弱酸、弱碱在水溶液中的解离平衡式及对应的解离常数表达式。

(1)HNO_2；(2)NH_3；(3)CN^-；(4)HF。

2. 根据稀释定律公式，简述其使用条件及其意义。

3. 简述多元弱酸、弱碱溶液 pH 计算的近似处理方法及条件。

4. 什么是缓冲溶液？举例说明缓冲溶液的组成及各组分的作用。

5. 滴定分析有几种滴定方式？

6. 什么是滴定突跃？怎样根据滴定突跃选择指示剂？

第5章

沉淀溶解平衡和沉淀滴定法

能 力 目 标

1. 会书写沉淀溶解平衡方程式及溶度积表达式，能进行溶度积和溶解度的换算。

2. 能判断沉淀生成或溶解，会进行沉淀转化及分步沉淀的计算。

3. 能根据指示剂对银量法分类，会选择滴定条件用莫尔法、佛尔哈德法、法扬斯法对待测离子进行滴定分析。

4. 能进行重量分析的有关计算。

知 识 目 标

1. 掌握溶度积常数的含义。

2. 掌握溶度积规则。

3. 了解沉淀滴定反应具备的条件，理解银量法的分类方法，掌握莫尔法、佛尔哈德法和法扬斯法的测定原理及其应用。

4. 了解重量分析的分类、特点与操作过程，沉淀反应的要求及其条件的选择；掌握重量分析法的有关计算。

5.1 沉淀溶解平衡

5.1.1 溶度积常数

【任务 5-1】 计算 25 ℃时，AgCl 的溶解度。

【任务 5-2】 计算 25 ℃时，Ag_2CrO_4 的溶解度。

【实例分析】 分别将 NaCl、$NaHCO_3$、$CaCO_3$ 各 0.5 g 加入盛有 3 mL 水的试管中，振荡。观察到依次有全溶、部分溶解及几乎不溶的现象发生，为什么？

通常，将室温时溶解度大于 10 g/100 g H_2O 的电解质，称为易溶电解质；溶解度为 1～10 g/100 g H_2O 的称为可溶电解质；溶解度为 0.01～1 g/100 g H_2O 的称为微溶电解质；而溶解度小于 0.01 g/100 g H_2O 的电解质，称为难溶电解质。

难溶电解质在水中的溶解是一个可逆过程。例如，将难溶电解质 AgCl 放入水中，AgCl 晶体表面的 Ag^+ 和 Cl^- 在水分子的碰撞和吸引下，将逐渐形成可自由移动水合离子，这个过程称为溶解；同时，一部分 Ag^+ 和 Cl^- 在不断运动过程中接触到 AgCl 晶体表面时，又被异电荷离子吸引而重新析出，该过程称为沉淀或结晶。

在一定温度下，溶解与沉淀速率相等时的状态，称为沉淀溶解平衡，简称沉淀平衡或溶解平衡。此时溶液形成饱和溶液，各种离子浓度一定。

$$AgCl(s) \underset{\text{沉淀}}{\overset{\text{溶解}}{\rightleftharpoons}} Ag^+(aq) + Cl^-(aq)$$

简写为

$$AgCl(s) \rightleftharpoons Ag^+ + Cl^-$$

沉淀溶解平衡常数为

$$K_{sp}^{\ominus} = [Ag^+] \cdot [Cl^-]$$

在一定温度下，难溶电解质的饱和溶液中，其组成离子相对浓度幂的乘积是一个常数，称为溶度积常数，简称溶度积。任意难溶电解质 A_mB_n 的沉淀溶解平衡为

$$A_mB_n(s) \rightleftharpoons mA^{n+} + nB^{m-}$$

$$K_{sp}^{\ominus}(A_mB_n) = [A^{n+}]^m \cdot [B^{m-}]^n \tag{5-1}$$

式中 $K_{sp}^{\ominus}(A_mB_n)$——难溶电解质 A_mB_n 的沉淀溶解平衡常数，简称溶度积，1；

$[A^{n+}]$，$[B^{m-}]$——分别为饱和溶液中 A^{n+} 和 B^{m-} 的相对浓度，1。

练一练

写出在一定温度下，下列难溶电解质的沉淀溶解平衡方程式及溶度积常数表达式。

(1)$BaSO_4$；(2)Ag_2CrO_4；(3)$CaCO_3$；(4)$Ca_3(PO_4)_2$；(5)CaF_2。

作为标准平衡常数，$K_{sp}^{\ominus}$ 只与难溶电解质的性质和温度有关。通常，温度对 $K_{sp}^{\ominus}$ 的影响不大，若无特殊说明，可使用 25 ℃时的数据，见附录四。

想一想

已知，25 ℃时，难溶电解质 AgCl 、AgBr、Ag_2CrO_4 的溶度积分别为 1.8×10^{-10}、5.4×10^{-13}、1.1×10^{-12}，则下列结论是否正确？

(1)AgCl 的溶解度比 AgBr 大；(2)AgCl 的溶解度比 Ag_2CrO_4 大。

$K_{sp}^{\ominus}$ 是反映难溶电解质溶解性的特征常数。对于相同类型难溶电解质，$K_{sp}^{\ominus}$ 大的溶解度较大。因此，通过 $K_{sp}^{\ominus}$ 可比较相同类型难溶电解质的溶解性。而对于不同类型电解质，则不能直接用 $K_{sp}^{\ominus}$ 比较其溶解性，需换算成溶解度后再比较。

5.1.2 溶度积与溶解度的换算

溶度积和溶解度均表示难溶电解质的溶解能力，二者可以换算。通常难溶电解质溶解度用物质的量浓度表示。其溶解度很小，为稀溶液，因此可以认为其饱和溶液密度近似等于水的密度为 1 g/mL，这样可使计算简化。

1. AB 型难溶电解质

【任务 5-1 解答】 设 25 ℃时，AgCl 在水中的溶解度为 S

$$AgCl(s) \rightleftharpoons Ag^+ + Cl^-$$

平衡浓度/(mol/L) $\qquad S \qquad S$

$$K_{sp}^{\ominus}=[Ag^{+}]\cdot[Cl^{-}]=S^{2}$$

查附录四，得 AgCl 的 $K_{sp}^{\ominus}=1.8\times10^{-10}$

则
$$S=\sqrt{K_{sp}^{\ominus}}=\sqrt{1.8\times10^{-10}}=1.34\times10^{-5}$$

即
$$S=1.34\times10^{-5}\ mol/L$$

由上述计算过程可以总结出，AB 型难溶电解质溶度积与溶解度换算一般式为

$$S_{AB}=\sqrt{K_{sp}^{\ominus}} \tag{5-2}$$

练一练

计算 25 ℃时，AgBr 的溶解度，与 AgCl 的溶解度比较，能得出什么结论？

2. AB_2(或 A_2B)型难溶电解质

【任务 5-2 解答】 设 25 ℃时，Ag_2CrO_4 在水中的溶解度为 S

$$Ag_2CrO_4(s) \rightleftharpoons 2Ag^{+} + CrO_4^{2-}$$

平衡浓度/(mol/L) $\qquad 2S \qquad S$

$$K_{sp}^{\ominus}=[Ag^{+}]^{2}\cdot[CrO_4^{2-}]=(2S)^{2}S=4S^{3}$$

查附录四，得 Ag_2CrO_4 的 $K_{sp}^{\ominus}=1.1\times10^{-12}$

则
$$S=\sqrt[3]{\frac{K_{sp}^{\ominus}}{4}}=\sqrt[3]{\frac{1.1\times10^{-12}}{4}}=6.5\times10^{-5}$$

即
$$S=6.5\times10^{-5}\ mol/L$$

由上述计算过程可以总结出 AB_2 型难溶电解质溶度积与溶解度换算一般式为

$$S_{AB_2}=\sqrt[3]{\frac{K_{sp}^{\ominus}}{4}} \tag{5-3}$$

想一想

比较 AgCl、Ag_2CrO_4 $K_{sp}^{\ominus}$ 的相对大小，并结合【任务 5-1 解答】、【任务 5-2 解答】的计算结果，能得出什么结论？

应当注意，由于存在着解离平衡和水解平衡，所以上式不适用于易水解难溶电解质(如 ZnS)和难溶弱电解质(如 $PbCO_3$、$FeCO_3$、Ag_2S)溶液中。为简便起见，本书计算忽略上述影响。

5.2 溶度积规则及其应用

5.2.1 溶度积规则

【任务 5-3】 25 ℃时，将等体积 0.020 mol/L $BaCl_2$ 溶液和 0.020 mol/L Na_2SO_4 溶液混合，判断有无 $BaSO_4$ 沉淀生成？

【任务 5-4】 25 ℃时，在 $BaSO_4$ 饱和溶液中加入沉淀剂 $BaCl_2$，并使 $BaCl_2$ 浓度为 0.010 mol/L，试计算 $BaSO_4$ 溶解度。

在温度一定时，任意状态下的难溶电解质溶液中，其组成离子相对浓度幂的乘积，称为离子积，用符号 Q_i 表示。

例如，对任意难溶电解质 A_mB_n 溶液中，有如下关系式存在

$$Q_i(A_mB_m)=[c(A^{n+})]^m \cdot [c(B^{m-})]^n \quad (5\text{-}4)$$

式中 $Q_i(A_mB_n)$——难溶电解质 A_mB_n 的离子积，1；

$c(A^{n+})$、$c(B^{m-})$——任意状态下，难溶电解质组成离子 A^{n+}、B^{m-} 的相对浓度，1。

沉淀溶解平衡是一种动态平衡。一定温度下，当离子浓度变化时，平衡就会发生移动，直至离子积等于溶度积为止。因此，根据 Q_i 和 $K^{\ominus}_{sp}$ 的关系，可以判断沉淀的生成或溶解。即

(1)$Q_i > K^{\ominus}_{sp}$，溶液处于过饱和状态，有沉淀生成。

(2)$Q_i = K^{\ominus}_{sp}$，溶液处于饱和状态，沉淀和溶解达到动态平衡。

(3)$Q_i < K^{\ominus}_{sp}$，溶液处于未饱和状态，无沉淀生成或难溶电解质溶解。

上述三种关系是难溶电解质的沉淀溶解平衡规律，称为溶度积规则。利用该规则，可以通过控制离子浓度，实现沉淀的生成、溶解、转化和分步沉淀。

5.2.2 溶度积规则的应用

1. 沉淀的生成

根据溶度积规则，在难溶电解质溶液中，若 $Q_i > K^{\ominus}_{sp}$，则有沉淀生成。

【任务 5-3 解答】 等体积混合后，溶液体积为原溶液的 2 倍，浓度减小至原来的 1/2。

$$c(SO_4^{2-})=c(Na_2SO_4)=1/2\times0.020\ mol/L=0.010\ mol/L$$

$$c(Ba^{2+})=c(BaCl_2)=1/2\times0.020=0.010\ mol/L$$

$$Q_i=c'(Ba^{2+})c'(SO_4^{2-})=0.010^2=1.0\times10^{-4}$$

由附录查四得，$K^{\ominus}_{sp}=1.1\times10^{-10}$，即

$$Q_i > K^{\ominus}_{sp}$$

所以有 $BaSO_4$ 沉淀生成。

练一练

25 ℃时，将浓度同为 0.20 mol/L 的 $CaCl_2$ 溶液和 Na_2CO_3 溶液等体积混合，试判断有无 $CaCO_3$ 沉淀生成？

【任务 5-4 解答】设 25 ℃时，加入沉淀剂后，$BaSO_4$ 的溶解度为 S

$$BaCl_2 \longrightarrow Ba^{2+} + 2Cl^-$$

$$BaSO_4(s) \rightleftharpoons Ba^{2+} + SO_4^{2-}$$

平衡浓度/(mol/L) $\quad 0.010+S \quad S$

$$K^{\ominus}_{sp}=[Ba^{2+}]\cdot[SO_4^{2-}]=(0.010+S)\cdot S$$

查附录四，得 $BaSO_4$ 的溶度积为 1.1×10^{-10}，很小，因此可近似认为

$$0.010+S\approx0.010$$

则
$$1.1\times10^{-10}=(0.010+S)S\approx0.010S$$
$$S=1.1\times10^{-8}$$
即
$$S=1.1\times10^{-8}\ \text{mol/L}$$

想一想

计算 25 ℃时，$BaSO_4$ 在水中的溶解度，并比较【任务 5-4 解答】计算结果，说明由于 Ba^{2+} 的加入，对难溶电解质 $BaSO_4$ 沉淀溶解平衡产生怎样影响？

这种在难溶电解质饱和溶液中，加入含有相同离子的易溶强电解质而使其溶解度减小的现象，称为沉淀溶解平衡中的同离子效应。在实际生产实验中，常采用加入过量沉淀剂的方法使某种离子沉淀完全。例如，用硝酸银和盐酸生产 AgCl 时，加入过量盐酸可使 Ag^+ 沉淀完全；洗涤 $BaSO_4$ 沉淀中的杂质时，用稀 H_2SO_4 溶液可防止 $BaSO_4$ 流失。

通常，在滴定分析中，当被沉淀的离子浓度小于 1.0×10^{-5} mol/L 时，即可认为沉淀完全；而在定量分析中，则要求小于 1.0×10^{-6} mol/L。

应用同离子效应使沉淀完全时，沉淀剂一般过量 20%～50%为宜，若过多，则会引起盐效应、配位效应等副反应。

在难溶电解质饱和溶液中，加入易溶强电解质而使其溶解度增大的现象，称为盐效应。如图 5-1 所示，$BaSO_4$ 和 AgCl 在 KNO_3 溶液中的溶解度(S)比在纯水中的溶解度(S_0)大得多，且 KNO_3 浓度越大，溶解度越大。

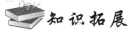

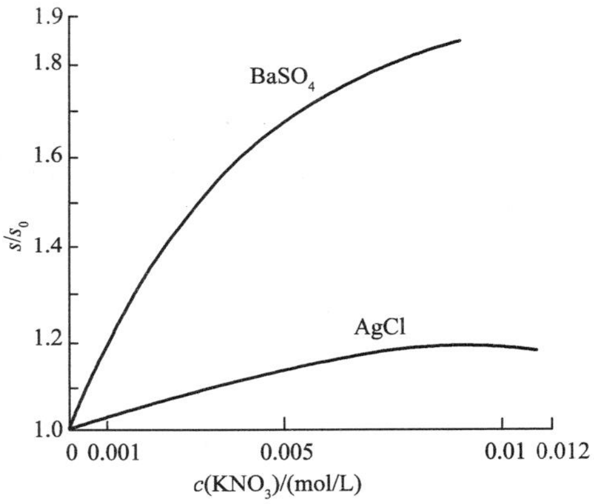

图 5-1　盐效应对 $BaSO_4$ 和 AgCl 溶解度的影响

易溶强电解质的存在，增大了溶液中阴、阳离子浓度，加剧了异电荷离子之间的相互吸引、牵制作用，从而降低了沉淀组成离子的有效浓度，使之在单位时间内碰撞晶体表面重新生成沉淀的机会减少，因而破坏了沉淀溶解平衡，溶解度增大。

当同离子效应和盐效应同时存在时，通常同离子效应起主导作用，盐效应影响较小。一般，沉淀剂过量不超过 0.01 mol/L 时，盐效应可忽略不计。

在高浓度 Cl^- 存在的条件下，AgCl 的溶解度反而增大。原因是 Cl^- 与 AgCl 形成了可溶于水的配合物$[AgCl_2]^-$、$[AgCl_3]^{2-}$。这种因形成配合物而使难溶电解质溶解度增大的现象，称为配位效应(有关配合物知识详见第 8 章)。

知识拓展

溶液酸度对沉淀溶解度的影响，称为酸效应。为防止沉淀溶解损失，对弱酸或多元酸盐沉淀，如 CaC_2O_4、$CaCO_3$、$Ca_3(PO_4)_2$ 等应保持较低的酸度；而难溶酸如硅酸、钨酸等易溶于碱，则应保持在较强的酸性介质中。

2. 沉淀的溶解

根据溶度积规则,如果能降低难溶电解质饱和溶液中某一离子的浓度,使 $Q_i < K_{sp}^{\ominus}$,沉淀溶解平衡就会被破坏,则沉淀溶解。其途径如下:

(1)生成气体　难溶碳酸盐可与足量的盐酸、硝酸等发生作用生成 CO_2 气体,而不断降低 CO_3^{2-} 浓度,使沉淀溶解。

【实例分析】　往 $CaCO_3$ 饱和溶液中滴加盐酸,$CaCO_3$ 沉淀将逐渐消失。平衡移动过程分析如下:

$$CaCO_3(s) \rightleftharpoons Ca^{2+} + CO_3^{2-}$$

平衡移动方向 ↓

$$+$$
$$2H^+ + 2Cl^- \longleftarrow 2HCl$$
$$\parallel$$
$$H_2CO_3 \longrightarrow CO_2\uparrow + H_2O$$

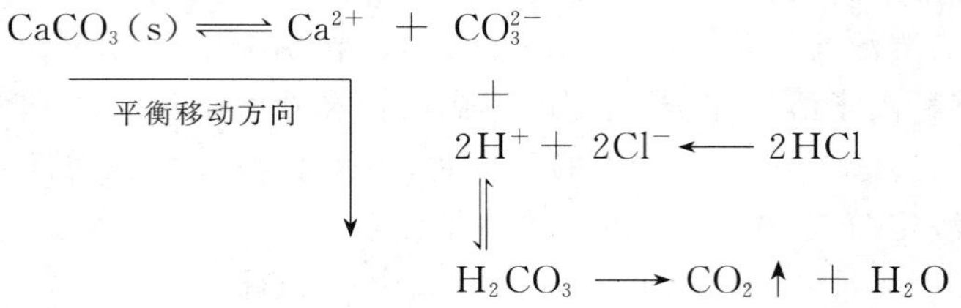

总反应　　　　$$CaCO_3 + 2HCl \longrightarrow CaCl_2 + CO_2\uparrow + H_2O$$

(2)生成弱电解质　难溶金属氢氧化物都能与强酸反应生成弱电解质而溶解。

【实例分析】　向 $Cu(OH)_2$ 饱和溶液中滴加盐酸,则 $Cu(OH)_2$ 沉淀逐渐溶解。

$$Cu(OH)_2(s) \rightleftharpoons Cu^{2+} + 2OH^-$$

平衡移动方向 ↓

$$+$$
$$2H^+ + 2Cl^- \longleftarrow 2HCl$$
$$\parallel$$
$$2H_2O$$

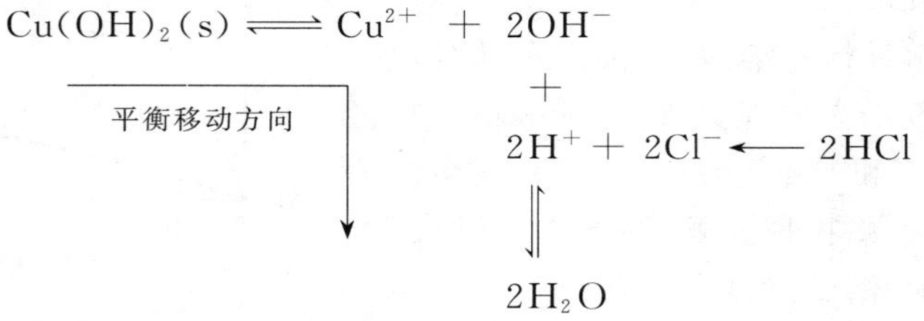

总反应　　　　$$Cu(OH)_2 + 2HCl \longrightarrow CuCl_2 + 2H_2O$$

一些难溶电解质(如 CaC_2O_4、ZnS、FeS 等)能与强酸作用生成弱酸而溶解;而难溶氢氧化物 $Mg(OH)_2$ 能与 NH_4Cl 作用生成弱碱 $NH_3 \cdot H_2O$ 而溶解。

(3)生成配离子　某些试剂能与难溶电解质中的金属离子反应生成配合物,从而破坏沉淀溶解平衡,使沉淀溶解。

【实例分析】　"定影"时,用硫代硫酸钠($Na_2S_2O_3$)溶液冲洗照相底片,未感光的 AgBr 将被溶解,原因是生成了可溶配离子 $[Ag(S_2O_3)_2]^{3-}$。

$$AgBr(s) \rightleftharpoons Br^- + Ag^+$$

平衡移动方向 ↓

$$+$$
$$2S_2O_3^{2-} + 4Na^+ \longleftarrow 2Na_2S_2O_3$$
$$\parallel$$
$$[Ag(S_2O_3)_2]^{3-}$$

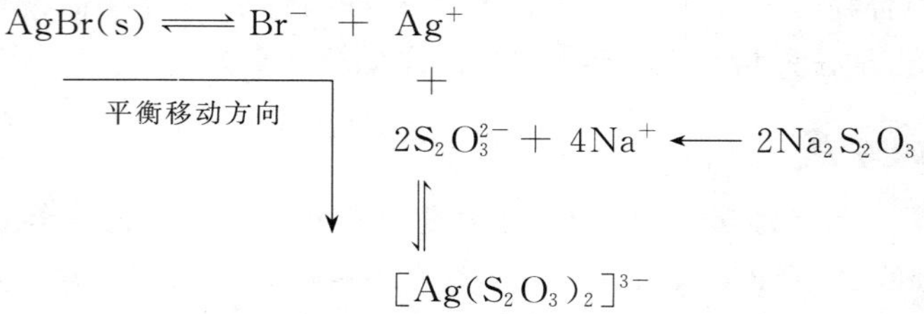

总反应　　　　$$AgBr + 2Na_2S_2O_3 \rightleftharpoons Na_3[Ag(S_2O_3)_2] + NaBr$$

又如,$Cu(OH)_2$ 能溶于 NH_3 溶液中(更多反应见第 8 章),反应如下

$$Cu(OH)_2 + 4NH_3 \longrightarrow [Cu(NH_3)_4]^{2+} + 2OH^-$$

(4)**发生氧化还原反应**   例如,CuS的溶度积很小,既难溶于水,又难溶于稀盐酸,但与硝酸相遇时,则会发生氧化还原反应生成单质S而溶解。

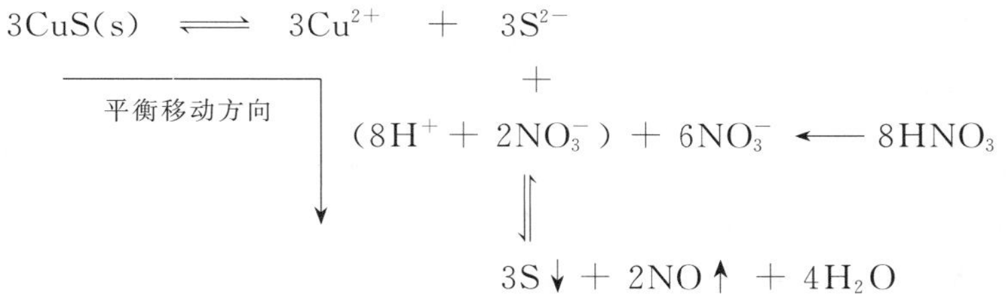

总反应 $3CuS + 8HNO_3 \longrightarrow 3Cu(NO_3)_2 + 3S\downarrow + 2NO\uparrow + 4H_2O$

综上,沉淀的溶解是涉及多种平衡的复杂过程。

3. 沉淀的转化

在含有沉淀的溶液中,加入适当的沉淀剂,使难溶电解质转化为另一种难溶电解质的过程,称为沉淀的转化。

【**实例分析**】   往含有$PbCl_2$沉淀及其饱和溶液(约 5 mL)的试管中,逐滴加入 0.10 mol/L KI溶液,振荡试管,则白色沉淀逐渐转变为黄色沉淀。

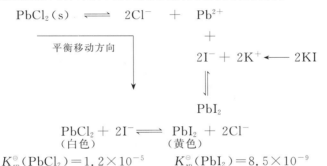

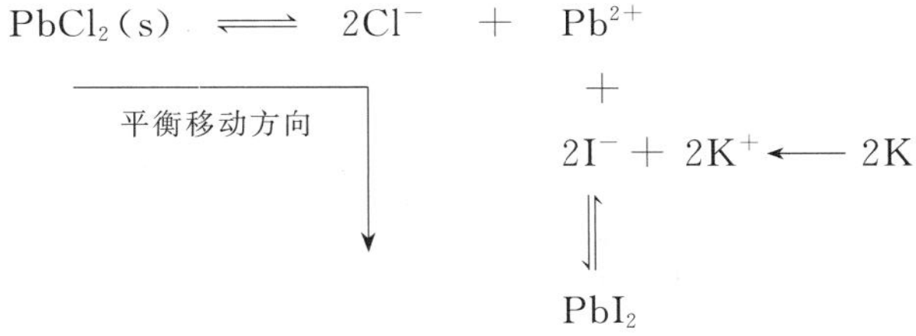

$$PbCl_2(s) \Longrightarrow 2Cl^- + Pb^{2+}$$
$$+$$

平衡移动方向

$$2I^- + 2K^+ \longleftarrow 2KI$$
$$\Updownarrow$$
$$PbI_2$$

总反应
$$\underset{\text{(白色)}}{PbCl_2} + 2I^- \Longrightarrow \underset{\text{(黄色)}}{PbI_2} + 2Cl^-$$

$$K_{sp}^\ominus(PbCl_2) = 1.2 \times 10^{-5} \qquad K_{sp}^\ominus(PbI_2) = 8.5 \times 10^{-9}$$

向$PbCl_2$饱和溶液中加入KI溶液后,$Q_i(PbI_2) > K_{sp}^\ominus(PbI_2)$,有更难溶的$PbI_2$沉淀生成。由于$Pb^{2+}$浓度降低,致使$Q_i(PbCl_2) < K_{sp}^\ominus(PbCl_2)$,其沉淀溶解平衡向右移动。随着KI的不断加入,$PbCl_2$逐渐被溶解,并转化为$PbI_2$沉淀。

上述反应的平衡常数为

$$K^\ominus = \frac{[Cl^-]^2}{[I^-]^2} = \frac{[Pb^{2+}] \cdot [Cl^-]^2}{[Pb^{2+}] \cdot [I^-]^2} = \frac{K_{sp}^\ominus(PbCl_2)}{K_{sp}^\ominus(PbI_2)} = \frac{1.2 \times 10^{-5}}{8.5 \times 10^{-9}} = 1.4 \times 10^3$$

该沉淀转化反应的平衡常数很大,反应向右进行的趋势很强。

???想一想

锅炉水垢中含有$CaSO_4$,若能将其转化为质地疏松、且易溶于稀盐酸的$CaCO_3$,那么水垢变得容易清除了,这一设想能否实现?为什么?

沉淀转化通常由溶解度大的难溶电解质向溶解度小的方向转化,两种沉淀溶解度之差越大,沉淀转化越容易进行。对于相同类型的难溶电解质,则由$K_{sp}^\ominus$较大的向$K_{sp}^\ominus$较小的方向进行。

查一查

利用互联网,课后查找沉淀转化的应用实例。

4.分步沉淀

【任务5-5】 在2.0 mol/L $CuSO_4$ 溶液中,含有0.010 mol/L Fe^{3+} 杂质,问能否通过控制溶液pH的方法来达到除杂的目的?

向多种离子混合溶液中加入某种沉淀剂,可能与几种离子发生沉淀反应,首先析出沉淀的是离子积最先达到溶度积的化合物。这种在混合溶液中加入某种沉淀剂时,离子发生先后沉淀的现象,称为分步沉淀。

练一练

溶液中同时存在 Cl^- 和 I^- 两种离子,其浓度均为0.010 mol/L,若滴加 $AgNO_3$ 溶液,试判断哪种离子首先被沉淀?

应用分步沉淀原理,可以进行混合离子的分离、提纯。分步沉淀时,各种离子所需沉淀剂的浓度差越大,分离得越完全。

【任务5-5解答】 由附录四查得 $Cu(OH)_2$ $K_{sp}^{\ominus}=2.2\times10^{-20}$

$Fe(OH)_3$ $K_{sp}^{\ominus}=2.6\times10^{-39}$

欲使 Cu^{2+} 产生沉淀所需最低pH为

$$c(OH^-)=\sqrt{\frac{K_{sp}^{\ominus}}{c(Cu^{2+})}}=\sqrt{\frac{2.2\times10^{-20}}{2.0}}=1.0\times10^{-10}$$

$$c(OH^-)=1.0\times10^{-10}\ \text{mol/L}$$

$$pOH=-\lg c(OH^-)=-\lg(1.0\times10^{-10})=10.0$$

$$pH=14-pOH=14-10.0=4.0$$

欲使 Fe^{3+} 开始产生沉淀,所需最低pH为

$$c(OH^-)=\sqrt[3]{\frac{K_{sp}^{\ominus}}{c(Fe^{3+})}}=\sqrt[3]{\frac{2.6\times10^{-39}}{0.010}}=6.4\times10^{-13}$$

$$c(OH^-)=6.4\times10^{-13}\ \text{mol/L}$$

$$pOH=-\lg(6.4\times10^{-13})=12.2$$

$$pH=14-12.2=1.8$$

沉淀 Fe^{3+} 所需pH小,首先产生 $Fe(OH)_3$ 沉淀。

当 Fe^{3+} 浓度低于 1.0×10^{-5} mol/L,认为已被沉淀完全。沉淀 Fe^{3+} 所需最低pH为:

$$c(OH^-)=\sqrt[3]{\frac{K_{sp}^{\ominus}}{1.0\times10^{-5}}}=\sqrt[3]{\frac{2.6\times10^{-39}}{1.0\times10^{-5}}}=6.4\times10^{-12}$$

$$c(OH^-)=6.4\times10^{-12}\ \text{mol/L}$$

$$pOH=-\lg(6.4\times10^{-12})=11.2$$

$$pH=14-11.2=2.8$$

只要控制 $2.8<pH<4.0$,就能够实现除去杂质 Fe^{3+} 的目的。

查一查

利用互联网，课后查找分步沉淀的应用实例。

*5.3 沉淀滴定法

5.3.1 沉淀滴定法概述

沉淀滴定法是以沉淀反应为基础的一种滴定分析方法。沉淀反应很多，但能用于滴定分析的沉淀反应必须符合下列几个条件：

1. 反应必须迅速，并按一定的化学计量关系进行。

2. 生成的沉淀应具有恒定的组成，而且溶解度必须很小。

3. 有确定滴定终点的简单方法。

由于上述条件的限制，能用于沉淀滴定法的反应并不多。目前广泛使用的是形成难溶性银盐的反应。例如

$$Ag^+ + Cl^- \longrightarrow AgCl\downarrow (白色)$$

$$Ag^+ + SCN^- \longrightarrow AgSCN\downarrow (白色)$$

这种利用生成难溶银盐反应进行沉淀滴定的方法称为银量法。银量法主要用于测定 Cl^-、Br^-、I^-、Ag^+、CN^-、SCN^- 等离子及含卤素的有机化合物。

根据确定终点的指示剂不同，银量法分为莫尔法、佛尔哈德法和法扬斯法。

5.3.2 滴定方法

1. 莫尔法

(1)测定原理

莫尔法于1856年由莫尔创立。莫尔法是以 K_2CrO_4 作指示剂，在中性或弱碱性介质中用 $AgNO_3$ 标准滴定溶液测定卤素混合物含量的方法。

以测定 Cl^- 为例，其反应为

$$Ag^+ + Cl^- \longrightarrow AgCl\downarrow (白色)$$

$$2Ag^+ + CrO_4^{2-} \longrightarrow Ag_2CrO_4\downarrow (砖红色)$$

依据分步沉淀原理，在用 $AgNO_3$ 标准滴定溶液滴定时，溶解度较小的 AgCl 首先析出。当滴定剂 Ag^+ 与 Cl^- 达到化学计量点时，微过量的 Ag^+ 与 CrO_4^{2-} 反应，析出砖红色的 Ag_2CrO_4 沉淀，指示滴定终点的到达。

(2)滴定条件

①指示剂用量　用 $AgNO_3$ 标准滴定溶液滴定 Cl^-，化学计量点时 $[Ag^+]$ 为

$$[Ag^+]=[Cl^-]=\sqrt{K_{sp}^{\ominus}(AgCl)}=\sqrt{1.8\times10^{-10}}=1.34\times10^{-5}$$

若此时恰有 Ag_2CrO_4 沉淀，则

$$[CrO_4^{2-}]=\frac{K_{sp}^{\ominus}(Ag_2CrO_4)}{[Ag^+]^2}=\frac{1.1\times10^{-12}}{(1.34\times10^{-5})^2}=6.1\times10^{-3}$$

在滴定时，由于 K_2CrO_4 显黄色，当其浓度较高时，不易判断砖红色的出现。为清楚观察终点，指示剂浓度比理论计算浓度略低些为好。实验证明，滴定溶液中 5×10^{-3} mol/L K_2CrO_4 是确定滴定终点的适宜浓度，滴定误差小于 0.1%。

②溶液酸度　在溶液中，CrO_4^{2-} 有如下平衡

$$\underset{(黄色)}{2CrO_4^{2-}}+2H^+\rightleftharpoons 2HCrO_4^-\rightleftharpoons \underset{(橙红色)}{Cr_2O_7^{2-}}+H_2O$$

在 $pH<6.5$ 的酸性溶液中，由于平衡向右移动，将降低 CrO_4^{2-} 浓度，致使 Ag_2CrO_4 沉淀出现过迟，甚至不产生沉淀；而在 $pH>10.5$ 的碱性溶液中，则会有褐色的 Ag_2O 沉淀析出

$$2Ag^+ + 2OH^- \longrightarrow Ag_2O\downarrow(褐色)+H_2O$$

因此，莫尔法只能在中性或弱碱性（$pH=6.5\sim10.5$）溶液中进行。溶液酸性过强，可用 $Na_2B_4O_7\cdot10H_2O$ 或 $NaHCO_3$ 中和；溶液碱性过强，可用稀 HNO_3 中和；而在有 NH_4^+ 存在时，滴定范围应控制在 $pH=6.5\sim7.2$。

(3)注意事项

①莫尔法适于直接测定 Cl^- 或 Br^-，当两者共存时，则测定的是两者的总量。

②为防止 Ag_2CrO_4 沉淀溶解度增大，同时降低指示剂的灵敏度，莫尔法要求滴定在室温下进行。

③滴定过程中生成的 AgCl 沉淀易吸附溶液中尚未反应的 Cl^-，造成终点提前，从而产生误差。因此滴定时必须剧烈摇动锥形瓶，使被吸附的 Cl^- 释放出来。

④如果试样中含有能与 Ag^+ 和 CrO_4^{2-} 生成沉淀或配合物的离子或含有在中性或弱碱性溶液中易水解的离子，可采用掩蔽和分离的方法处理后再进行滴定。

⑤莫尔法不宜测定 I^- 和 SCN^-，因为滴定生成的 AgI 和 AgSCN 沉淀表面会强烈吸附 I^- 和 SCN^-，使滴定终点过早出现，造成较大的滴定误差。

⑥莫尔法不适于直接测定 Ag^+，因为加入 K_2CrO_4 指示剂立即生成大量的 Ag_2CrO_4 沉淀，而它转变为 AgCl 沉淀的速率很慢，使滴定无法进行。但若先往溶液中准确加入过量的 NaCl 标准滴定溶液，然后再用 AgCl 标准滴定溶液反滴定剩余的 Cl^-，则可以测定 Ag^+。

⑦莫尔法的选择性差，原因是在中性或弱碱性溶液条件下，许多离子也能与 Ag^+ 或 CrO_4^{2-} 生成沉淀。

知识拓展

国家标准 GB 18186—2000《酿造酱油》中，NaCl 含量采用莫尔法测定。通常，酿造酱油中 NaCl 含量为 18%～20%。过少，起不到调味作用，且容易变质；若过多，则味变苦，不鲜，感官指标不佳，影响产品质量。

2. 佛尔哈德法

佛尔哈德法由佛尔哈德于1898年创立。佛尔哈德法是在酸性介质中，以铁铵矾[$NH_4Fe(SO_4)_2 \cdot 12H_2O$]作指示剂确定滴定终点的一种银量法。根据滴定方式的不同，佛尔哈德法分为直接滴定法和返滴定法两种。

(1)直接滴定法测定 Ag^+

在含有 Ag^+ 的 HNO_3 介质中，以铁铵矾作指示剂，用 NH_4SCN 标准滴定溶液直接滴定，当滴定到化学计量点时，微过量的 SCN^- 与 Fe^{3+} 结合，生成红色的[$FeSCN$]$^{2+}$，即为滴定终点。

$$Ag^+ + SCN^- \longrightarrow AgSCN\downarrow \text{（白色）}$$

$$Fe^{3+} + SCN^- \longrightarrow [Fe(SCN)]^{2+} \text{（红色）}$$

由于指示剂中的 Fe^{3+} 在中性或碱性溶液中将形成$[Fe(OH)]^{2+}$、$[Fe(OH)]_2^+$ 等深色配合物，碱度再大还会产生 $Fe(OH)_3$ 沉淀，因此滴定应在酸性(0.3～1 mol/L HNO_3)溶液中进行。

用 NH_4SCN 溶液滴定 Ag^+ 溶液时，生成的 AgSCN 沉淀能吸附溶液中的 Ag^+，使 Ag^+ 浓度降低，致使红色出现略早于化学计量点。因此在滴定过程中需剧烈摇动，使被吸附的 Ag^+ 释放出来。

(2)返滴定法测定卤素离子

佛尔哈德法测定 Cl^-、Br^-、I^- 和 SCN^- 等离子时应采用返滴定法。即在酸性(HNO_3 介质)待测溶液中，先加入已知过量的 $AgNO_3$ 标准滴定溶液，再用铁铵矾作指示剂，用 NH_4SCN 标准滴定溶液回滴剩余的 Ag^+(HNO_3 介质)。

$$Ag^+\text{（过量）} + Cl^- \longrightarrow AgCl\downarrow \text{（白色）}$$

$$Ag^+\text{（剩余量）} + SCN^- \longrightarrow AgSCN\downarrow \text{（白色）}$$

终点指示反应

$$Fe^{3+} + SCN^- \longrightarrow [Fe(SCN)]^{2+} \text{（红色）}$$

用佛尔哈德法测定 Cl^-，滴定到临近终点时，经摇动后形成的红色会褪去。这是因为 AgSCN 的溶解度小于 AgCl 的溶解度，加入的 NH_4SCN 与 AgCl 发生沉淀转化反应

$$AgCl + SCN^- \longrightarrow AgSCN\downarrow + Cl^-$$

这种转化作用将继续进行到 Cl^- 与 SCN^- 浓度之间建立一定的平衡关系，才会出现持久的红色，无疑滴定多消耗了 NH_4SCN 标准滴定溶液。

为避免上述现象的发生，通常采用以下措施：

①试液中加入过量的 $AgNO_3$ 标准滴定溶液之后，将溶液煮沸，使 AgCl 沉淀凝聚，以减少其对 Ag^+ 的吸附。滤去沉淀，并用稀 HNO_3 充分洗涤沉淀，然后用 NH_4SCN 标准滴定溶液回滴滤液中的过量 Ag^+。

②在滴入 NH_4SCN 标准滴定溶液之前，加入有机溶剂硝基苯(有毒)或邻苯二甲酸二丁酯或1,2-二氯乙烷。用力摇动后，有机溶剂将包住 AgCl 沉淀，使其与外部溶液隔离，阻止沉淀转化反应进行。

③提高 Fe^{3+} 的浓度，以减小终点时 SCN^- 的浓度，从而减小上述误差(实验证明，一

般溶液中 $c(Fe^{3+})=0.2$ mol/L 时，终点误差将小于 0.1%）。

用佛尔哈德法测定 Br^-、I^- 和 SCN^- 时，滴定终点十分明显，不会发生沉淀转化，因此不必采取上述措施。但测定碘化物时，必须加入过量 $AgNO_3$ 溶液，之后再加入铁铵矾指示剂，以免 I^- 还原 Fe^{3+} 而造成误差。强氧化剂和氮的氧化物以及铜盐、汞盐都能与 SCN^- 作用，干扰测定，必须预先除去。

想一想

佛尔哈德法测定 Cl^- 时，未加硝基苯，分析结果是否正常？偏低还是偏高？为什么？

3. 法扬斯法

(1)测定原理

法扬斯法于 1923 年由法扬斯创立，是一种以吸附指示剂来确定滴定终点的银量法。吸附指示剂是一类有机染料，按其作用机理可分为两类。一类是阴离子型指示剂，如荧光黄及其衍生物等酸性染料，它们都是弱酸，常用 HFIn 表示，起作用的是阴离子部分。另一类是阳离子型指示剂，它们是在溶液中能解离出阳离子的碱性染料，如甲基紫(用 MV 表示)、罗丹明-6G 等。吸附后结构改变，从而引起颜色变化，指示滴定终点到达。现以 $AgNO_3$ 标准滴定溶液滴定 NaCl 为例，说明指示剂荧光黄的作用原理。

荧光黄是一种有机弱酸，在水中可解离为荧光黄阴离子 FIn^-，呈黄绿色

$$HFIn \rightleftharpoons FIn^- + H^+$$

在化学计量点前，生成的 AgCl 沉淀吸附 Cl^- 而带负电荷，因而不能吸附指示剂阴离子 FIn^-，溶液呈黄绿色。达到化学计量点时，微过量的 $AgNO_3$ 可使 AgCl 沉淀吸附 Ag^+，而带正电荷，因此可吸附荧光黄阴离子 FIn^-，结构发生变化，呈现粉红色，指示终点的到达。

$$(AgCl)\cdot Ag^+ + \underset{\text{(黄绿色)}}{FIn^-} \longrightarrow \underset{\text{(粉红色)}}{(AgCl)\cdot AgFIn}$$

(2)注意事项

为使终点变色敏锐，应用吸附指示剂时要注意以下几点：

①保持沉淀呈胶体状态。由于吸附指示剂颜色变化发生在沉淀微粒表面上，因此应尽可能使卤化银沉淀呈胶体状态，在滴定前应加糊精或淀粉等高分子化合物作为保护剂，以防止卤化银沉淀凝聚。

②控制溶液酸度。常用的吸附指示剂大多是有机弱酸，起指示剂作用的是其阴离子。酸度大时，H^+ 与指示剂阴离子结合成不被吸附的指示剂分子，无法指示终点。酸度大小与指示剂的解离常数有关，解离常数大，酸度可以大一些。

③避免强光照射。卤化银沉淀对光敏感，易分解析出银，使沉淀变为灰黑色，影响滴定终点的观察，因此在滴定过程中应避免强光照射。

④吸附指示剂的选择。沉淀胶体微粒对指示剂离子的吸附能力应略小于对待测离子的吸附能力，否则指示剂将在化学计量点前变色。

⑤溶液的浓度不能过低，否则产生沉淀过少，观察终点比较困难。

常用吸附指示剂及其应用见表 5-1。

表 5-1　　　　几种常用的吸附指示剂及其应用

指示剂	被测离子	滴定剂	滴定条件
荧光黄	Cl^-、Br^-、I^-	$AgNO_3$	pH=7～10
二氯荧光黄	Cl^-、Br^-、I^-	$AgNO_3$	pH=4～10
曙红	Br^-、SCN^-、I^-	$AgNO_3$	pH=2～10
甲基紫	Ag^+	NaCl	酸性溶液

练一练

取井水 100.0 mL，用 0.0900 mol/L $AgNO_3$ 溶液滴定，耗去 2.00 mL，计算每升井水中含 Cl^- 多少克？

5.3.3　沉淀滴定法应用——水中氯含量的测定

知识拓展

Cl^- 是水和废水中一种常见的无机阴离子，几乎所有天然水中都有 Cl^- 存在，在人类生存活动中，氯化物有很重要的生理作用及工业用途。例如，GB5749—2006《生活饮用水卫生标准》中，水质的常规指标及限值规定 Cl^- 含量不高于 250 mg/L；水质非常规指标及限值规定 Na^+ 含量不高于 200 mg/L。若水中同时含有较高的 Cl^- 和 Na^+ 时，会感觉到有咸味；但水中氯化物含量高时，会损害金属管道和构筑物，并影响植物生长。

1. 原理

在中性或弱碱性溶液中，以 K_2CrO_4 为指示剂，用 $AgNO_3$ 标准滴定溶液滴定氯化物时，由于 AgCl 的溶解度小于 Ag_2CrO_4，Cl^- 首先被完全沉淀后，CrO_4^{2-} 才以 Ag_2CrO_4 形式沉淀出来，产生砖红色物质，指示 Cl^- 滴定的终点。

$$Ag^+ + Cl^- \longrightarrow AgCl\downarrow（白色）$$

$$2Ag^+ + CrO_4^{2-} \longrightarrow Ag_2CrO_4\downarrow（砖红色）$$

2. 结果计算

$$\rho = \frac{(V_1 - V_0)\cdot c(Ag^+)\cdot M(Cl^-)\times 1000}{V_s} \tag{5-5}$$

式中　ρ——水样中氯化物含量，mg/L；

V_0——蒸馏水消耗硝酸银标准滴定溶液的体积，mL；

V_1——水样消耗硝酸银标准滴定溶液的体积，mL；

$c(Ag^+)$——Ag^+（硝酸银标准滴定溶液）浓度，mol/L；

$M(Cl^-)$——氯离子的摩尔质量，g/mol；

V_s——水样体积，mL。

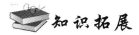

3. 方法讨论

①测定时,必须加入足量指示剂;因终点较难判断,故需做空白试验,以作对照判断。

②若水样中含有 H_2S 时,可用稀硝酸酸化,并煮沸 5～10 min,待冷却后再调节 pH 为 6.5～10.5。

③若水样中含有 SO_3^{2-} 离子,则在滴定前用 H_2O_2 将其氧化为 SO_4^{2-},以防 SO_3^{2-} 与 Ag^+ 离子作用生成 Ag_2SO_3,而导致测定结果偏高。

④若水样颜色过深,会影响滴定终点的观察,可在滴定前用活性炭或明矾吸附脱色。

⑤本方法的适用浓度范围是 10～500 mg/L。

5.4 重量分析法

5.4.1 重量分析法的分类与特点

1. 重量分析法的分类

重量分析法(称量分析法)是通过称量生成物的重量来测定物质含量的定量分析方法。按待测组分的分离方式不同,常用如下两种方法:

①沉淀法 先使待测组分生成难溶化合物,然后测定沉淀质量,进而计算待测组分含量的分析方法。例如,测定试液中 SO_4^{2-} 含量时,先在试液中加入过量 $BaCl_2$ 溶液,使 SO_4^{2-} 完全转化成 $BaSO_4$ 沉淀,经过滤、洗涤、干燥后,称量 $BaSO_4$ 质量,即可计算试液中 SO_4^{2-} 的含量。

②汽化法 用加热或蒸馏等方法使被测组分转化为挥发性物质逸出,然后根据试样质量减轻来计算被测组分含量或用吸收剂将逸出被测组分气体全部吸收,根据吸收剂质量增加来计算被测组分含量的分析方法。

例如,测定氯化钡晶体($BaCl_2 \cdot 2H_2O$)中结晶水含量,可将一定质量试样加热,使水分逸出,根据其质量减轻算出试样的含湿量。也可以用吸湿剂(如高氯酸镁)吸收逸出的水分,再根据吸湿剂质量的增加来计算试样的含湿量。

2. 重量分析法的特点与操作过程

重量分析的全部数据均由分析天平称量确定。其操作过程主要是沉淀、过滤、洗涤、烘干或灼烧,转化为称量形式后在分析天平上称量,最后计算含量。

5.4.2 沉淀反应要求及其条件的选择

1. 对沉淀的要求

在重量分析中,沉淀要经过烘干或灼烧后再称量,故可分为沉淀形式和称量形式两种。两种形式可以相同，也可以不同；例如 $BaSO_4$ 沉淀在灼烧过程中不发生化学变化，$BaSO_4$ 既是沉淀形式又是称量形式。而在测定 Mg^{2+} 时，沉淀形式是 $MgNH_4PO_4 \cdot 6H_2O$，灼烧后所得的称量形式却是 $Mg_2P_2O_7$。

(1)对沉淀形式的要求

【任务 5-6】 25 ℃时，在 Ba^{2+} 溶液中，加入等物质的量的 H_2SO_4，若溶液的总体积为 200 mL，问溶解损失为多少？

沉淀要完全，溶解度小，一般要求溶解损失量≤0.2 mg(一般称量精确度要求)；沉淀必须纯净，否则结果偏高；易于过滤和洗涤；易转化为称量形式。

【任务 5-6 解答】 查附录四，得 $BaSO_4$ 的 $K_{sp}^{\ominus}=1.1\times10^{-10}$，则

$$c(Ba^{2+})=S=\sqrt{K_{sp}^{\ominus}}=\sqrt{1.1\times10^{-10}}=1.0\times10^{-5}$$

即 $$c(Ba^{2+})=1.0\times10^{-5}\ \text{mol/L}$$

损失量为 $m(BaSO_4)=c(Ba^{2+})\cdot V\cdot M(BaSO_4)=1.0\times10^{-5}\times200\times233.4$

$$m(BaSO_4)=0.5\ \text{mg}$$

溶解损失量≥0.2 mg，需采取措施减少溶解损失。

(2)对称量形式的要求

组成必须与化学式完全符合；称量形式要稳定，不易吸收空气中的水分和 CO_2，在干燥、灼烧时不易分解，如 $CaC_2O_4\cdot H_2O$ 灼烧后得到的 CaO 就不宜作为称量形式；称量形式的摩尔质量尽可能地大，减少称量误差。

2. 影响沉淀溶解度的因素

为满足定量分析要求，必须考虑影响沉淀溶解度的各种因素，以便选择和控制沉淀的条件。影响溶解度的因素如下：

①同离子效应　重量分析中，沉淀很少能达到一般称量精确度要求，为此，常加入过量沉淀剂，利用同离子效应来降低沉淀的溶解度，以使沉淀完全。沉淀剂过量的程度，应根据沉淀剂的性质来确定。若沉淀剂不易挥发，应过量少些，一般过量 20%～50%；若沉淀剂易挥发除去，则可过量多些，甚至过量 100%。

必须指出，沉淀剂不能加得太多，否则可能发生其他影响(如盐效应、配位效应等)，反而使沉淀的溶解度增大。

练一练

计算 25 ℃时，在【任务 5-6】的系统中加入过量的 H_2SO_4，并使溶液中 SO_4^{2-} 的浓度为 0.01 mol/L，试计算 $BaSO_4$ 溶解损失为多少？

②盐效应　盐效应可使难溶电解质的溶解度增大。

练一练

分别计算 25 ℃时，AgCl 在纯水和 0.01 mol/L KNO_3 溶液中的溶解度，可以得出什么结论？

在利用同离子效应降低沉淀溶解度时，应考虑到盐效应的影响，即沉淀剂不能过量太多。

③酸效应　酸效应使弱酸盐、多元酸盐或难溶酸盐(硅酸、钨酸)的溶解度增大。

④配位效应　配位效应使难溶电解质的溶解度增大，甚至不能产生沉淀。例如，用 Cl^- 沉淀 Ag^+ 时，若溶液中有氨水，可形成$[Ag(NH_3)_2]^+$配离子，在 0.01 mol/L NH_3 溶液中，AgCl 的溶解度比在纯水中的溶解度高 40 倍。若氨水浓度足够大，则不生成 AgCl 沉淀。又如 AgCl 在 0.01 mol/L HCl 溶液中的溶解度比在纯水中小，这是同离子效应作用的结果，若 Cl^- 浓度增到 0.5 mol/L，则 AgCl 的溶解度超过纯水中的溶解度，此时配位效应的影响已超过同离子效应；若 Cl^- 浓度更大，则由于配位效应起主要作用，可能不出现 AgCl 沉淀。因此用 Cl^- 沉淀 Ag^+ 时，必须严格控制 Cl^- 浓度。

想一想

影响 $BaSO_4$、CaC_2O_4 及 AgCl 沉淀各有哪些效应？

综上，在进行沉淀反应时，对无配位反应的强酸盐沉淀，应主要考虑同离子效应和盐效应；对弱酸盐或难溶酸盐，多数情况要主要考虑酸效应；在有配位反应，尤其在能形成较稳定的配合物，而沉淀的溶解度又不太小时，则应主要考虑配位效应。

⑤温度　溶解一般是吸热过程，故沉淀的溶解度通常随温度升高而增大。因此，对溶解度不是很小的沉淀，应在室温下洗涤；对溶解度很小的沉淀，为加快过滤速度，也可趁热过滤和洗涤。

⑥溶剂的影响　大部分无机物沉淀是离子型晶体，在有机溶剂中的溶解度比在纯水中要小，如在加入适量乙醇的溶液中，$CaSO_4$ 的溶解度大为降低。

⑦沉淀颗粒大小和结构的影响　同一种沉淀，在相同质量时，颗粒越小，其总表面积越大，溶解度越大。因此，在沉淀形成后，常将沉淀和母液一起放置一段时间进行陈化，使小晶体逐渐转变为大晶体，有利于沉淀的过滤与洗涤。陈化还可使沉淀结构发生转变，由初生成时的结构转变为另一种更稳定的结构，溶解度就大为减小。

3. 影响沉淀纯度的因素

在重量分析中，要求获得纯净的沉淀。但当沉淀从溶液中析出时，会或多或少地夹杂溶液中的其他组分，使沉淀玷污。因此，必须了解影响沉淀纯度的各种因素，找出减少杂质的方法，以获得合乎重量分析要求的沉淀。

①共沉淀　一种难溶物质从溶液中沉淀析出时，引起溶液中某些可溶性杂质一起沉淀的现象，称为共沉淀。例如，用沉淀剂 $BaCl_2$ 沉淀 SO_4^{2-} 时，如试液中有 Fe^{3+}，则由于共

沉淀，$BaSO_4$ 沉淀中常含有 $Fe_2(SO_4)_3$，使沉淀经过滤、洗涤、干燥、灼烧后略带灼烧后 Fe_2O_3 的棕色。因共沉淀而使沉淀玷污，这是重量分析中最重要的误差来源之一。产生共沉淀的原因有表面吸附、混晶(杂质进入晶格排列中)、吸留(被吸附的杂质机械地嵌入沉淀中)和包藏(母液机械地包藏在沉淀中)等，其中最主要的是表面吸附。

②后沉淀　由于沉淀速度的差异，而在已形成的沉淀上形成第二种不溶物质的现象。后沉淀多发生在特定组分形成的稳定的过饱和溶液中。例如，沉淀 CaC_2O_4 时，若有 Mg^{2+} 存在，Mg^{2+} 由于形成稳定的 MgC_2O_4 过饱和溶液而不会立即析出。如果立即过滤 CaC_2O_4 沉淀，则表面只吸附少量镁；若将含有 Mg^{2+} 的母液与 CaC_2O_4 沉淀一起放置一段时间，则 MgC_2O_4 的后沉淀量将明显增多。

后沉淀所引入的杂质量比共沉淀要多，且随着沉淀放置时间的延长而增加。故为防止后沉淀现象发生，某些沉淀的陈化时间不宜过久。

4. 沉淀的形成与沉淀条件的选择

为了获得纯净且易于分离和洗涤的沉淀，必须了解沉淀形成的过程和选择适当的沉淀条件。

(1)沉淀的形成

一般要经过晶核形成和晶核长大两个过程。由离子形成晶核，再进一步聚集成沉淀微粒的速率称为聚集速率。在聚集的同时，构晶离子在一定晶格中定向排列的速率称为定向速率。如果聚集速率大，而定向速率小，则得到非晶形沉淀；反之，离子有足够时间进行晶格排列，则得到晶形沉淀。

聚集速率和定向速率这两个速率的相对大小，直接影响沉淀的类型，其中聚集速率主要由沉淀时的条件所决定。为了得到纯净而易于分离和洗涤的晶形沉淀，要求有较小的聚集速率，这就应选择适当的沉淀条件。

(2)沉淀条件的选择

①在适当稀的溶液中进行沉淀，以降低相对过饱和度。

②在不断搅拌下，慢慢地滴加稀的沉淀剂，以免局部相对过饱和度过大。

③在热溶液中进行沉淀，使溶解度略有增加，相对过饱和度降低。同时，增高温度，可减少杂质吸附。为防止因溶解度增大而造成溶解损失，沉淀需经冷却才可过滤。

④陈化。陈化是在沉淀定量完全后，将沉淀和母液一起放置一段时间。其作用是：小晶体逐渐消失，大晶体不断长大，最后获得粗大的晶体，使沉淀变得更纯净。

知识拓展

均相沉淀是改进沉淀结构的一种沉淀方法。该法不是将沉淀剂直接加入溶液中，而是通过溶液中发生的化学反应，缓慢而均匀地在溶液中产生沉淀剂，从而使沉淀在整个溶液中均匀、缓慢析出。这样可获得颗粒较粗、结构紧密、纯净而易过滤的沉淀。

5.4.3 重量分析法的应用

1. 硫酸根的测定

由于 $BaSO_4$ 沉淀颗粒较细，沉淀作用应在稀盐酸溶液中进行。采用玻璃砂芯坩埚抽滤 $BaSO_4$，烘干，称量，虽然其准确度比灼烧法稍差，但可缩短分析时间。

硫酸钡重量法测定 SO_4^{2-} 的方法应用很广。如铁矿中的硫和钡的含量测定（参见 GB/T 6730.16—2016《铁矿石　硫含量的测定　硫酸钡重量法》和 GB/T 6730.29—2016《铁矿石　钡含量的测定　硫酸钡重量法》，磷肥、萃取磷酸、水泥中的硫酸根和许多其他可溶硫酸盐都可用此法测定。

2. 硅酸盐中二氧化硅的测定

硅酸盐在自然界分布很广，经典方法是用盐酸反复蒸干脱水，准确度高，但繁琐、费时。后来多采用动物胶凝聚法，即利用动物胶吸附 H^+ 而带正电荷（蛋白质中氨基酸的氨基吸附 H^+），与带负电荷的硅酸胶粒发生胶凝而析出，但必须蒸干才能完全沉淀。近年来用长碳链季铵盐，如十六烷基三甲基溴化铵（简称 CTMAB）作沉淀剂，它在溶液中形成带正电荷胶粒，可以不再加盐酸蒸干，而将硅酸定量沉淀，所得沉淀疏松而易洗涤。这种方法比动物胶法优越，且可缩短分析时间。

得到的硅酸沉淀，需经高温灼烧才能完全脱水和除去带入的沉淀剂。在要求较高的分析中，于灼烧、称量后，还需加氢氟酸及硫酸，再加热灼烧，使 SiO_2 转化为 SiF，挥发逸去，最后称量，从两次质量的差即可得纯 SiO_2 的质量。

5.4.4 重量分析法的计算

【任务 5-7】 测定镁时，先将 Mg^{2+} 沉淀为 $MgNH_4PO_4$，再灼烧成 $Mg_2P_2O_7$ 称量。若 $Mg_2P_2O_7$ 质量为 0.3515 g，求所含镁的质量。

【任务 5-7 解答】 $m(Mg)=m(Mg_2P_2O_7)\times\frac{2M(Mg)}{M(Mg_2P_2O_7)}$

$$m(Mg)=0.3515\ g\times\frac{2\times24.31}{222.56}=0.07679\ g$$

【任务 5-8】 测定磁铁矿中 Fe_3O_4 含量时，溶解试样后，将 Fe^{3+} 沉淀为 $Fe(OH)_3$，然后灼烧成 Fe_2O_3，称得 Fe_2O_3 为 0.1501 g，求所含 Fe_3O_4 的质量。

【任务 5-8 解答】 $m(Fe_3O_4)=m(Fe_2O_3)\times\frac{2M(Fe_3O_4)}{3M(Fe_2O_3)}$

$$m(Fe_3O_4)=0.1501\ g\times\frac{2\times231.6}{3\times159.7}=0.1451\ g$$

本章小结

- 沉淀溶解平衡和沉淀滴定法
  - 沉淀溶解平衡
    - 溶度积常数 — $A_mB_n(s) \rightleftharpoons mA^{n+} + nB^{m-}$；$K_{sp}^{\ominus}(A_mB_n) = [A^{n+}]^m \cdot [B^{m-}]^n$
    - 溶度积与溶解度的换算
      - AB 型难溶电解质：$S_{AB} = \sqrt{K_{sp}^{\ominus}}$
      - AB_2 型难溶电解质：$S_{AB_2} = \sqrt[3]{K_{sp}^{\ominus}/4}$
  - 溶度积规则
    - 溶度积规则
      - $Q_i > K_{sp}^{\ominus}$，溶液处于过饱和状态，有沉淀生成
      - $Q_i = K_{sp}^{\ominus}$，溶液处于饱和状态，沉淀和溶解达到动态平衡
      - $Q_i < K_{sp}^{\ominus}$，溶液处于未饱和状态，无沉淀生成或难溶电解质溶解
    - 溶度积规则的应用
      - 沉淀的生成：$Q_i > K_{sp}^{\ominus}$
      - 沉淀的溶解：$Q_i < K_{sp}^{\ominus}$
      - 沉淀的转化：在含有沉淀的溶液中，加入适当的沉淀剂，使难溶电解质转化为另一种难溶电解质的过程
      - 分步沉淀：在混合溶液中加入某种沉淀剂时，离子发生先后沉淀的现象
  - 沉淀滴定法
    - 莫尔法 — 以铬酸钾为指示剂，以硝酸银作标准滴定溶液，在中性或弱碱性介质中，用直接滴定法测定 Cl^- 和 Br^-；返滴定测 Ag^+
    - 佛尔哈德法 — 以铁铵矾为指示剂，以硫氰酸铵作标准滴定溶液，在硝酸介质中，用直接滴定法测定 Ag^+；用返滴定法测定 Cl^-，Br^-，I^-，SCN^-
    - 法扬斯法 — 用吸附指示剂，以硝酸银作标准滴定溶液，直接测定 Cl^-，Br^-，I^-，SCN^-
  - 重量分析法
    - 分类与特点
      - 分类：沉淀法、汽化法等
      - 特点：分析的全部数据均由分析天平称量确定
    - 沉淀条件的选择
      - 对沉淀的要求：沉淀形式，称量形式
      - 沉淀条件的选择：搅拌下，热的稀溶液中沉淀，冷过滤，陈化
    - 重量分析法的应用 — 应用实例：硫酸根的测定，硅酸盐中二氧化硅的测定

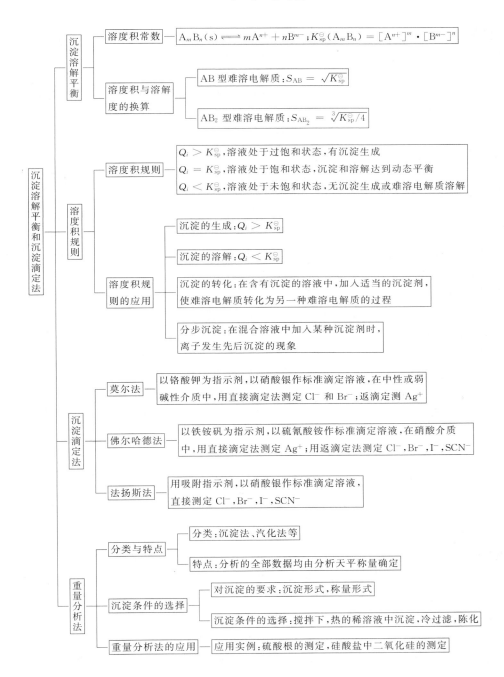

自测题

一、填空题

1. 通常将室温时，溶解度大于________ g/100 g H_2O 的电解质，称为易溶电解质；溶解度为________ g/100 g H_2O 的称为可溶电解质；溶解度为________ g/100 g H_2O 的称为微溶电解质；而溶解度小于________ g/100 g H_2O 的电解质，称为难溶电解质。

2. 在一定温度下，难溶电解质的溶解速率与沉淀速率相等时的状态，称为________。

3. 在滴定分析中，当被沉淀的离子浓度小于________ mol/L 时，即可认为沉淀完全；而在定量分析中，则要求小于________ mol/L。

4. 根据溶度积规则，如果能降低难溶电解质饱和溶液中某一离子的浓度，就会使 Q_i ________ $K_{sp}^{\ominus}$，沉淀溶解平衡被破坏，则沉淀溶解。其主要途径有________、________、________、________。

5. 在混合溶液中加入某种沉淀剂时，离子发生先后沉淀的现象，称为________。

6. 莫尔法测 Cl^- 时，应控制在________性或________性条件下进行。所用指示剂为________，其浓度应比理论上计算出的浓度略________一些为好。

7. 莫尔法仅适用于测定卤素离子中的________和________，而不适用于测定________和________，这是因为后者的银盐沉淀对其被测离子的________作用过强。

8. 佛尔哈德法是在________条件下，用________作指示剂，用________作为标准溶液的一种银量法。

9. 在用佛尔哈德法测定碘化物时，指示剂必须在________后才能加入。

10. 佛尔哈德法为使被吸附的 Ag^+ 及时释放出来，在滴定时必须________。

11. 莫尔法和佛尔哈德法测定 Cl^- 离子时的终点色变，分别为由________色溶液变为________色沉淀和由________色转变________色。

12. 重量分析法的操作过程分为：________、________、________、________和________五步。

13. 影响沉淀溶解度的因素有四大效应，分别是________、________、________和________。

14. 影响沉淀纯度的因素有________沉淀和________沉淀。

二、判断题(正确的画"√"，错误的画"×")

1. 溶度积 $K_{sp}^{\ominus}$ 是反映难溶电解质溶解性的特征常数，相同温度下溶度积较大的电解质其溶解度较大。 (　　)

2. 在难溶电解质溶液中，若 $Q_i \geq K_{sp}^{\ominus}$，则有沉淀生成。 (　　)

3. 根据同离子效应，沉淀剂过量越多，难溶电解质沉淀越完全。 (　　)

4. 在含有沉淀的溶液中，加入适当的沉淀剂，使难溶电解质转化为另一种难溶电解质的过程，称为沉淀的转化。 (　　)

5. 沉淀转化通常由溶解度小的难溶电解质向溶解度大的难溶电解质方向转化，两种沉淀的溶解度之差越大，沉淀转化越容易进行。 (　　)

6. 分步沉淀时，首先析出沉淀的是离子积最先达到溶度积的化合物。（　　）

7. 标定硝酸银标准溶液可使用氯化钠基准物。（　　）

8. $AgNO_3$ 溶液应装在棕色瓶中。（　　）

9. 莫尔法测定氯离子含量时，溶液的 pH<5，则会造成正误差。（　　）

10. 莫尔法使用的指示剂为 Fe^{3+}，佛尔哈德法使用的指示剂为 K_2CrO_4。（　　）

11. 莫尔法、法扬斯法使用的标准滴定溶液都是 $AgNO_3$。（　　）

12. 莫尔法主要用于测定 Cl^-、Br^-。（　　）

13. 法扬斯法中，使用吸附指示剂指示终点。（　　）

14. 重量分析法是通过称量生成物的重量来测定物质含量的定量分析方法。（　　）

15. 重量分析法的一般称量精确度要求是溶解损失量≤0.5 mg。（　　）

三、选择题

1. 一定温度下，$CaCO_3$ 在下列哪种液体中的溶解度最大（　　）。

A. Na_2CO_3 溶液　　B. 纯水中　　C. $CaCl_2$ 溶液　　D. KNO_3 溶液

2. 在 $BaSO_4$ 的饱和溶液中，加入稀硫酸，使其溶解度减小的现象称为（　　）。

A. 盐效应　　B. 缓冲作用　　C. 同离子效应　　D. 配位效应

3. 精制食盐时，用 $BaCl_2$ 除去粗食盐中的 SO_4^{2-}，若使 SO_4^{2-} 离子沉淀完全[已知 $K_{sp}^{\ominus}(BaSO_4)=1.1\times10^{-10}$]，需控制 Ba^{2+} 离子浓度为（　　）。

A. $>1\times10^{-5}$ mol/L　　B. $>1.1\times10^{-5}$ mol/L

C. $<1.1\times10^{-5}$ mol/L　　D. $>1.1\times10^{-6}$ mol/L

4. 反应 $CaSO_4 + CO_3^{2-} \rightleftharpoons CaCO_3 + SO_4^{2-}$ 的平衡常数为（　　）。

A. $K_{sp}^{\ominus}(CaSO_4)\cdot K_{sp}^{\ominus}(CaCO_3)$　　B. $K_{sp}^{\ominus}(CaSO_4)/K_{sp}^{\ominus}(CaCO_3)$

C. $K_{sp}^{\ominus}(CaCO_3)/K_{sp}^{\ominus}(CaSO_4)$　　D. $K_{sp}^{\ominus}(CaSO_4)+K_{sp}^{\ominus}(CaCO_3)$

5. 在含有 $PbCl_2$ 白色沉淀的饱和溶液中，加入 KI 溶液而产生黄色 PbI_2 沉淀的现象称为（　　）。

A. 分步沉淀　　B. 沉淀的生成　　C. 沉淀的溶解　　D. 沉淀的转化

6. 莫尔法采用 $AgNO_3$ 标准溶液测定 Cl^- 时，其滴定条件是（　　）。

A. pH＝2～4　　B. pH＝6.5～10.5　　C. pH＝3～5　　D. pH≥12

7. 莫尔法所用 K_2CrO_4 指示剂的浓度（或用量）应比理论计算值（　　）。

A. 高一些　　B. 低一些　　C. 与理论值一致　　D. 是理论值的二倍

8. 莫尔法中所用指示剂 K_2CrO_4 的量过大时，会引起（　　）。

A. 测定结果偏高　　B. 测定结果偏低

C. 滴定终点的提早出现　　D. 无影响

9. 下列有关莫尔法操作中的叙述，错误的是（　　）。

A. 指示剂 K_2CrO_4 用量应大些　　B. 被测卤离子的浓度不应太小

C. 振摇能减免沉淀的吸附现象　　D. 滴定条件应为中性或弱碱性

10. 以铁铵钒为指示剂，用 NH_4SCN 标准滴定溶液滴定 Ag^+ 时，其滴定条件是（　　）。

A. 酸性　　B. 中性　　C. 微酸性　　D. 碱性

11. 应用佛尔哈德法测定Cl^-时，若没有加入硝基苯，则测定结果将会(　　)。

A. 偏高　　B. 偏低　　C. 无影响　　D. 难预测

12. 下列有关佛尔哈德法应用中的叙述，正确的是(　　)。

A. 测定氯离子时，应当采取措施消除沉淀的转化作用

B. 测定溴离子时，应防止AgBr沉淀转化为AgSCN沉淀

C. 测定碘离子时必须加入硝基苯，以防沉淀转化

D. 由于AgSCN沉淀的吸附作用而使终点延迟到达

13. 重量分析对沉淀形式的要求是(　　)。

A. 化学性质稳定　　B. 组成固定　　C. 完全、纯净　　D. 换算因数小

14. 下列提高沉淀纯度的措施中错误的是(　　)。

A. 洗涤可减少表面吸附的杂质　　B. 事先分离易形成混晶的杂质

C. 洗涤可除去吸留的杂质　　D. 沉淀完成后立即过滤可减免后沉淀

15. 晶形沉淀的沉淀条件是(　　)。

A. 热、稀、搅、慢、陈　　B. 浓、热、快、搅、陈

C. 浓、冷、搅、慢、陈　　D. 稀、热、快、搅、陈

16. 在用$(NH_4)_2C_2O_4$沉淀Ca^{2+}时，若溶液中有少许Mg^{2+}，则MgC_2O_4会在CaC_2O_4表面上后沉淀析出，为减少后沉淀，采取的主要措施是(　　)。

A. 洗涤沉淀　　B. 使沉淀陈化

C. 沉淀后立即过滤　　D. 不断搅拌下加入稀$(NH_4)_2C_2O_4$

四、计算题

1. 计算25 ℃时，下列电解质在水中的溶解度。

(1)$CaCO_3$　(2)$PbCl_2$　(3)PbI_2　(4)$CaSO_4$　(5)$Mg(OH)_2$

2. 25 ℃时，将等体积0.020 mol/L $CaCl_2$溶液和0.030 mol/L Na_2SO_4溶液混合，判断有无$CaSO_4$沉淀生成？

3. 在10 mL 0.0015 mol/L $MnSO_4$溶液中，加入5 mL 0.15 mol/L NH_3溶液，是否能产生$Mn(OH)_2$沉淀？

4. 25 ℃时，在AgCl饱和溶液中加入沉淀剂NaCl，并使NaCl的浓度为0.010 mol/L，试计算AgCl的溶解度。

5. 硬水中的Ca^{2+}可用加入CO_3^{2-}的方法，使其沉淀为$CaCO_3$而除去，试计算Ca^{2+}沉淀完全时，需要CO_3^{2-}的浓度范围。

6. 某溶液中含有0.01 mol/L Ba^{2+}和0.1 mol/L Ag^+，若滴加Na_2SO_4溶液(忽略体积的变化)，哪种离子先被沉淀？继续滴加Na_2SO_4溶液时，能否实现Ba^{2+}、Ag^+的分离？

7. 已知某溶液含有0.10 mol/L Ni^{2+}和0.10 mol/L Fe^{3+}，能否通过控制溶液pH的方法来达到分离的目的？

8. 称取某试样0.5000 g，经一系列处理后得纯NaCl和KCl共0.1803 g，将此混合物溶于水后，加入$AgNO_3$溶液，得0.3904 g AgCl，计算试样中Na_2O和K_2O的质量分数。

9. 称取含有NaCl和NaBr的试样0.5776 g，用重量法测定，得到二者的银盐沉淀为0.4403 g；另取同样质量的试样，用沉淀滴定法测定，消耗0.1074 mol/L $AgNO_3$溶液

25.25 mL。求 NaCl 和 NaBr 的质量分数。

10.某化学家欲测量一个大水桶的容积，但手边没有可用以测量大体积液体的适当量具，他把 420 g NaCl 放入桶中，用水充满水桶，混匀溶液后，取 100.0 mL 溶液，以 0.0932 mol/L $AgNO_3$ 溶液滴定，达终点时用去 28.56 mL。则该水桶的容积是多少？

五、问答题

1.写出在一定温度下，下列难溶电解质的沉淀溶解平衡方程式及溶度积常数表达式。

(1)AgBr　(2)Ag_3PO_4　(3)$Ba_3(PO_4)_2$　(4)$PbCl_2$

2.举例说明，什么是沉淀溶解平衡中的同离子效应？

3.根据溶度积规则，说明为什么 $Mg(OH)_2$ 能溶解于盐酸溶液中？

4.何谓银量法？银量法分为几种方法？其分类原则是什么？

5.试述银量法指示剂的作用原理，并与酸碱滴定法比较。

6.为了使沉淀定量完全，必须加入过量沉淀剂，为什么又不能过量太多？

7.影响沉淀溶解度的因素有哪些？它们是怎样发生影响的？在分析工作中，对于复杂的情况，应如何考虑主要影响因素？

8.要获得纯净而易于分离和洗涤的晶形沉淀，需采取些什么措施？为什么？

9.陈化的作用是什么？在重量分析中，是否陈化的时间越长越好？

第 6 章

物质结构基础知识

能 力 目 标

1. 会书写 1～36 号元素原子的核外电子分布式、原子实表示式、价电子构型和轨道表示式。

2. 能根据元素周期律比较、判断主族元素单质及其化合物性质的差异。

3. 能用杂化轨道理论判断分子的空间构型。

4. 会判断分子的极性，解释分子间力、氢键对物质性质的影响。

知 识 目 标

1. 掌握基态原子核外电子分布规律和主族元素性质周期性的变化规律。

2. 理解离子键、共价键和金属键的本质、特征及杂化轨道理论对分子结构的解释。

3. 了解分子间力的判断方法，掌握分子间力对物质性质影响的规律。

4. 理解氢键的形成条件、本质、特征及其对物质性质的影响。

6.1 核外电子的运动状态

6.1.1 核外电子的运动特征

【实例分析】 1927 年戴维逊(Davisson C. J.)和革末(Germer L. H.)将一束高速电子流通过镍晶体(作为光栅)投射到荧光屏上，得到了与光衍射现象相似的一系列明暗交替的衍射环纹(图 6-1)，这种现象称为电子衍射。

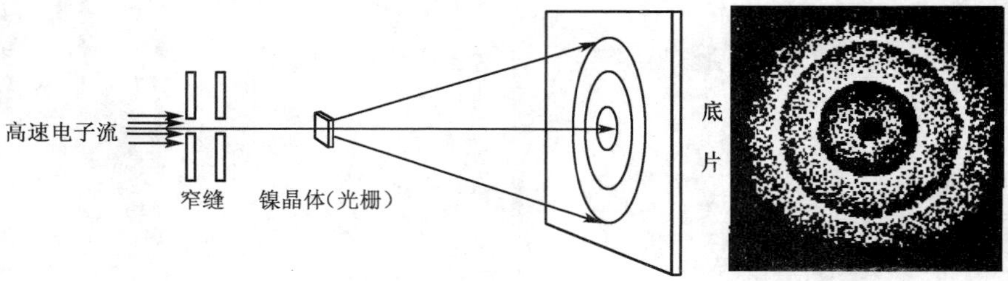

图 6-1　电子衍射示意图

衍射是波的特性。该实验证明,高速运动的电子流除有粒子性(有质量、动量)外,也有波动性,称为电子的波粒二象性。除光子、电子外,其他微观粒子如质子、中子、原子、分子等也具有波粒二象性。

微观粒子运动状态与宏观物体不同,没有确定的运动轨道,无法用经典力学理论描述。现代量子力学理论研究表明,原子核外电子呈概率密度分布。

知识拓展

量子力学是研究原子、分子、原子核和电子等粒子运动规律的科学。微观粒子的运动不同于宏观物体,其特点为能量变化量子化,运动具有波粒二象性。量子化是指辐射能的吸收和放出是不连续的,而按照一个基本量或基本量的整数倍进行,这个最小的基本量称为量子或光子。

6.1.2 电子云

电子在核外空间单位体积内出现的概率,称为概率密度。用密度不同的小黑点形象描述电子在原子核外呈概率密度分布的图像称为电子云(图 6-2)。

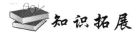

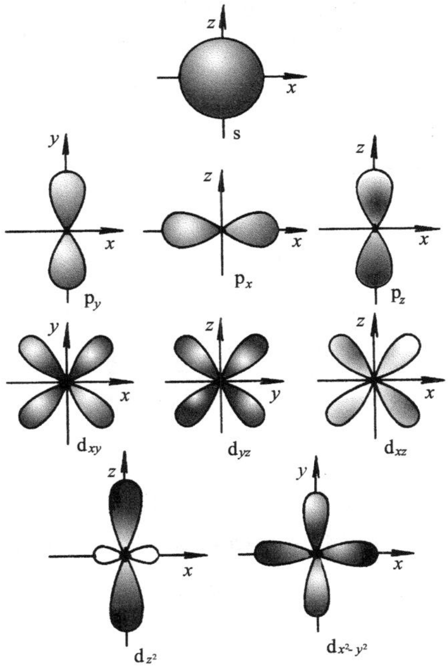

图 6-2 s、p、d 电子云轮廓图

黑点密,表示电子出现概率密度大;黑点稀,表示电子出现概率密度小。

s 电子云球形对称,电子在核外空间半径相同的各个方向上出现概率密度相同;p 电子沿某一坐标轴方向出现概率密度最大,电子云主要集中在该方向上,其形状为无柄哑铃形，在核外空间有三种分布；d 电子云为四瓣花形，在核外空间有五种分布。

6.1.3 四个量子数

量子力学指出，核外电子的运动状态必须同时用主量子数、角量子数、磁量子数和自旋量子数四个量子数来确定。

1. 主量子数(n)

主量子数(电子层)是表示电子离核平均距离远近及电子能量高低的量子数。n 取值为 1、2、3、4、5、6、7 等正整数，常用 K、L、M、N、O、P、Q 等光谱符号表示。n 越大，电子离核平均距离越远；n 相同，电子离核平均距离比较接近，因此称其处于同一电子层；电子离核越近，能量越低，即电子能量随 n 增大而升高。

2. 角量子数(l)

角量子数(副量子数、电子亚层或亚层)就是描述核外电子云形状的量子数，也是决定电子能量的次要因素。

角量子数取值为 $l \leqslant n-1$，每个 l 值代表一个亚层。角量子数的取值、符号及能量变化见表 6-1。

表 6-1　　角量子数的取值、符号及能量变化

角量子数(l)	0	1	2	3	…
光谱符号	s	p	d	f	…
能量变化	从左到右能量依次升高				

3. 磁量子数(m)

磁量子数(m)是描述电子云在空间伸展方向的量子数。

磁量子数取值是从 $+l$ 到 $-l$ 包括 0 在内的任何整数值，即 $|m| \leqslant l$。当 $l=0$ 时，$m=0$，即 s 亚层只有 1 个伸展方向(见图 6-2)；当 $l=1$ 时，$m=+1、0、-1$，即 p 亚层有 3 个(p_x、p_y、p_z)伸展方向；当 $l=2$ 时，$m=+2、+1、0、-1、-2$，即 d 亚层有 5 个伸展方向；f 亚层则有 7 个伸展方向。

当 n、l、m 有确定值时，电子在核外运动的空间区域就已被确定。因此，将 n、l、m 有确定值的核外电子运动状态称为一个原子轨道①。s、p、d、f 亚层分别有 1、3、5、7 个原子轨道；而当 n、l 都相同时，原子轨道的能量也相同，故称其为等价轨道，p、d、f 亚层分别有 3、5、7 个等价轨道(表 6-2)。

---

①原子轨道与对应的电子云形状、数目、伸展方向均相同，只是略“胖”一些，且有“+”、“-”之分，形成共价键时原子轨道同号重叠成键。

表 6-2　　　　　　　　　　原子轨道与 3 个量子数之间的关系

n	1	2		3			…	n	电子层不同
l	0	0	1	0	1	2	…	0,…,$(n-1)$	亚层(形状)不同
亚层名称	1s	2s	2p	3s	3p	3d	…	ns,np,nd,…	由 n、l 决定
m	0	0	0,±1	0	0,±1	0,±1,±2	…	0,…,±l	空间取向不同
轨道数	1	1	3	1	3	5	…	1,3,5,7,…	$2l+1$
轨道总数	1	1+3=4		1+3+5=9			…	n^2	由 n 决定

4. 自旋量子数(m_s)

电子除绕核运动外,还做两种相反的自旋运动。描述电子自旋运动的量子数称为自旋量子数。取值为$+\frac{1}{2}$或$-\frac{1}{2}$,用符号“↑”和“↓”表示。

练一练

用一套量子数表示某一核外电子的运动状态,正确的是(　　)

A. $n=3,l=3,m=2,m_s=1/2$　　　　B. $n=3,l=1,m=-1,m_s=1/2$

C. $n=1,l=0,m=0,m_s=0$　　　　D. $n=2,l=0,m=-2,m_s=1/2$

6.1.4　原子轨道的能级

核外电子的能量取决于主量子数(n)和角量子数(l),即各电子层的不同亚层,都对应一个不同的能量状态,称之为能级。如 2s、2p、3d 等亚层,又分别称为 2s、2p、3d 能级。

根据光谱实验和理论计算的结果,美国化学家鲍林(L. Pauling)总结出原子轨道的近似能级图(图 6-3),它反映出多电子原子中轨道能级顺序。

原子轨道能级规律如下:

(1)当 n 不同,l 相同时,其能量关系为:$E_{1s}<E_{2s}<E_{3s}<E_{4s}$。即不同电子层的相同亚层,其能级随电子层序数增大而升高。

(2)当 n 相同,l 不同时,其能量关系为:$E_{ns}<E_{np}<E_{nd}<E_{nf}$。即相同电子层的不同亚层,其能级随亚层序数增大而升高。

(3)当 n 和 l 均不同时,由于电子间相互作用,引起某些电子层较大的能级反而低于某些电子层较小的能级的现象,称为“能级交错”。例如:

$$E_{4s}<E_{3d};\ E_{5s}<E_{4d};$$

$$E_{6s}<E_{4f}<E_{5d};\ E_{7s}<E_{5f}<E_{6d}$$

查一查

根据图 6-3 总结,不同电子层的同类亚层,能级的变化顺序;同一电子层的不同亚层,能级变化顺序。

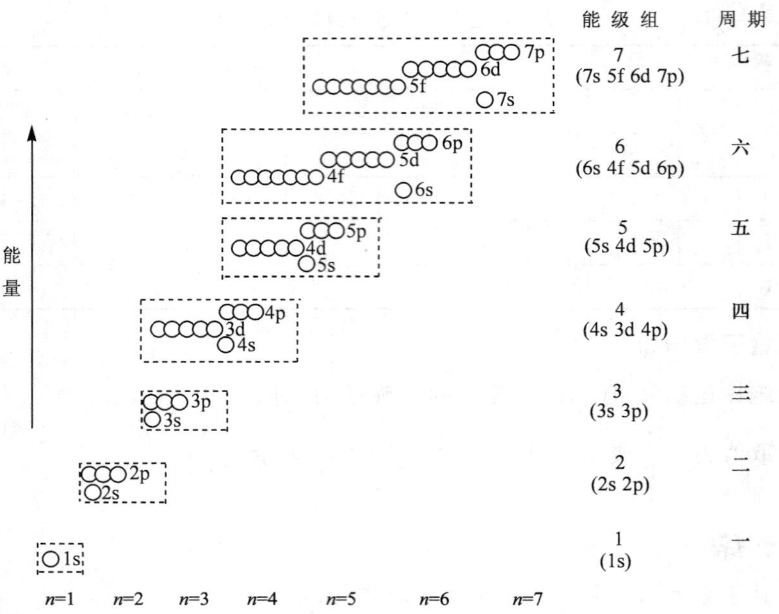

图 6-3　鲍林的原子轨道近似能级图

6.2　原子核外电子分布与元素周期表

6.2.1　基态原子核外电子分布规律

【任务 6-1】 写出基态${}_{26}$Fe 原子核外电子分布式、原子实表示式和轨道表示式。

根据原子光谱实验结果和对元素周期律的分析、归纳和总结，科学家总结出基态（处于能量最低的稳定态）原子核外电子分布规律。

1. 泡利不相容原理

奥地利物理学家泡利(Pauli)提出：在同一原子中不允许有四个量子数完全相同的电子存在。换言之，每个原子轨道中，最多只能容纳两个自旋方向相反的电子。

若用小“○”或“□”表示一个原子轨道，则

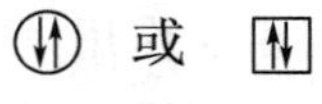

想一想

应用泡利不相容原理，推算出 1～4 电子层中电子的最大容量，并总结其规律。

2. 能量最低原理

基态原子核外电子分布总是尽先占据能量最低的轨道，使系统能量处于最低状态，这个规律称为能量最低原理。

根据能量最低原理和近似能级图,确定基态多电子原子核外电子的分布顺序为

$$1s \to 2s, 2p \to 3s, 3p \to 4s, 3d, 4p \to 5s, 4d, 5p \to 6s, 4f, 5d, 6p \to 7s, 5f, 6d, 7p。$$

用电子分布式(将核外电子分布按电子层序数依次排列,电子数标注在能级符号右上角的式子,又称电子结构式)可清楚表示基态原子核外电子分布。例如

$${}_6C \quad 1s^2 2s^2 2p^2 \qquad {}_{17}Cl \quad 1s^2 2s^2 2p^6 3s^2 3p^5$$
$${}_{19}K \; 1s^2 2s^2 2p^6 3s^2 3p^6 4s^1 \qquad {}_{25}Mn \; 1s^2 2s^2 2p^6 3s^2 3p^6 3d^5 4s^2$$

原子实(原子结构内层与稀有气体原子核外电子分布相同的那部分实体)表示式可简化表示核外电子分布。原子实用加有方括号的稀有气体元素符号表示,而其余外围电子仍用电子分布式表示。例如

$${}_6C \qquad [He]2s^2 2p^2 \qquad {}_{17}Cl \qquad [Ne]3s^2 3p^5$$
$${}_{19}K \qquad [Ar]4s^1 \qquad {}_{25}Mn \qquad [Ar]3d^5 4s^2$$

在化学反应时,原子中能参与形成化学键的电子,称为价电子。价电子在原子核外的分布称为价电子构型,应用价电子构型可方便讨论化学反应规律。

主族元素的价电子构型为 $ns^{1\sim2}np^{1\sim6}$,副族元素为 $(n-1)d^{1\sim10}ns^{1\sim2}$(镧系和锕系元素除外)。例如:

$${}_6C \; 2s^2 2p^2 \quad ; \quad {}_{17}Cl \; 3s^2 3p^5 \quad ; \quad {}_{19}K \; 4s^1 \quad ; \quad {}_{25}Mn \; 3d^5 4s^2$$

【任务 6-1 解答】 ${}_{26}Fe$ 原子核外电子分布式:$1s^2 2s^2 2p^6 3s^2 3p^6 3d^6 4s^2$

原子实表示式:$[Ar]3d^6 4s^2$

轨道表示式:### 3. 洪德规则

1925 年,德国化学家洪德(Hund)指出:在等价轨道上分布的电子,将尽可能分占不同轨道,且自旋方向相同。此规律称为洪德规则。

例如,基态 N 原子核外电子分布的轨道表示式为

$$\begin{array}{ccc} 1s & 2s & 2p \end{array}$$
$${}_7N \quad \uparrow\downarrow \quad \uparrow\downarrow \quad \uparrow\,\uparrow\,\uparrow$$

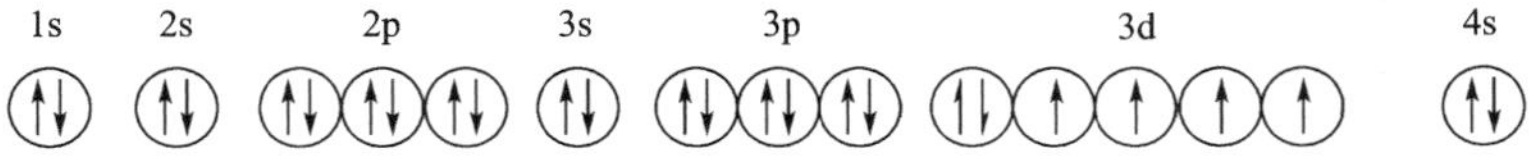

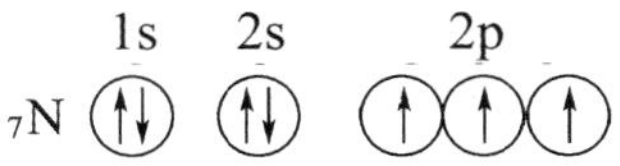

 练一练

写出基态 ${}_6C$ 原子核外电子分布的轨道表示式。

【实例分析】 实验表明,铬和铜原子核外电子的分布式如下

${}_{24}Cr$ 不是 $1s^2 2s^2 2p^6 3s^2 3p^6 3d^4 4s^2$,而是 $1s^2 2s^2 2p^6 3s^2 3p^6 3d^5 4s^1$。

${}_{29}Cu$ 不是 $1s^2 2s^2 2p^6 3s^2 3p^6 3d^9 4s^2$,而是 $1s^2 2s^2 2p^6 3s^2 3p^6 3d^{10} 4s^1$。

根据光谱实验及量子力学计算总结出:等价轨道在全充满(p^6、d^{10}、f^{14})、半充满(p^3、d^5、f^7)和全空(p^0、d^0、f^0)时,具有较低能量,比较稳定。这一规律称为洪德规则特例。

表 6-3 列出了由光谱实验结果得到的 1～36 号元素基态原子的电子分布。

表 6-3　　原子序数为 1～36 的元素基态原子核外电子分布

周期	原子序数	元素符号	元素名称	电子层									
				1	2		3			4			
				1s	2s	2p	3s	3p	3d	4s	4p	4d	4f
1	1	H	氢	1									
	2	He	氦	2									
2	3	Li	锂	2	1								
	4	Be	铍	2	2								
	5	B	硼	2	2	1							
	6	C	碳	2	2	2							
	7	N	氮	2	2	3							
	8	O	氧	2	2	4							
	9	F	氟	2	2	5							
	10	Ne	氖	2	2	6							
3	11	Na	钠	2	2	6	1						
	12	Mg	镁	2	2	6	2						
	13	Al	铝	2	2	6	2	1					
	14	Si	硅	2	2	6	2	2					
	15	P	磷	2	2	6	2	3					
	16	S	硫	2	2	6	2	4					
	17	Cl	氯	2	2	6	2	5					
	18	Ar	氩	2	2	6	2	6					
4	19	K	钾	2	2	6	2	6		1			
	20	Ca	钙	2	2	6	2	6		2			
	21	Sc	钪	2	2	6	2	6	1	2			
	22	Ti	钛	2	2	6	2	6	2	2			
	23	V	钒	2	2	6	2	6	3	2			
	24	Cr	铬	2	2	6	2	6	5	1			
	25	Mn	锰	2	2	6	2	6	5	2			
	26	Fe	铁	2	2	6	2	6	6	2			
	27	Co	钴	2	2	6	2	6	7	2			
	28	Ni	镍	2	2	6	2	6	8	2			
	29	Cu	铜	2	2	6	2	6	10	1			
	30	Zn	锌	2	2	6	2	6	10	2			
	31	Ga	镓	2	2	6	2	6	10	2	1		
	32	Ge	锗	2	2	6	2	6	10	2	2		
	33	As	砷	2	2	6	2	6	10	2	3		
	34	Se	硒	2	2	6	2	6	10	2	4		
	35	Br	溴	2	2	6	2	6	10	2	5		
	36	Kr	氪	2	2	6	2	6	10	2	6		

应当注意，原子失去电子的顺序并不是核外电子分布的逆过程，而是按电子层从外到内顺序依次进行的。例如

$_{25}Mn^{2+}$的核外电子分布为[Ar]$3d^5$，而不是[Ar]$3d^3 4s^2$。

6.2.2　核外电子分布与元素周期表

【任务6-2】某原子核外电子的分布式为$1s^2 2s^2 2p^6 3s^2 3p^6 3d^2 4s^2$，试指出其价电子构型、周期、族、区和原子序数。

元素单质及化合物的性质，随原子序数（核电荷数）递增而呈周期性的变化规律，称为元素周期律。元素周期律总结和揭示了元素性质从量变到质变的特征、内在规律和联系。元素周期律的图表形式称为元素周期表。

1. 周期与能级组

元素周期表中有七个周期。周期的划分与能级组的划分完全一致（见图6-3），每个能级组对应一个周期。其中

周期序数＝该周期元素原子的电子层数（$_{46}Pd$除外）＝能级组数

各周期元素的数目 ＝ 相应能级组中原子轨道所能容纳的电子总数

2. 族与价电子构型

元素周期表中共有18列，国外多采用IUPAC（国际纯粹与应用化学联合会）推荐的方法，将元素周期表从左至右分为18个族（见书末元素周期表第一横标）。目前我国常采用的方法是，将元素周期表划分为16个族：8个A族（主族），8个B族（副族），族序数用罗马数字表示。其中

主族序数＝最外层电子数＝(ns+np)电子数＝价电子数

ⅢB～ⅦB族序数＝外层电子数＝[(n－1)d＋ns]电子数＝价电子数

ⅠB、ⅡB族序数为ns电子数；

ⅧB族序数是外层电子[(n－1)d＋ns]数为8、9、10的三列。

由于B族元素位于元素周期表的中部，因此又习惯称其为过渡元素。

知识拓展

习惯上，将ⅢB族元素中的Sc、Y及镧系元素等17种元素合称为稀土元素。稀土元素是18世纪沿用下来的名称，因为当时认为这些元素稀有，且它们的氧化物既难溶又难熔，因而得名。中国的稀土资源十分丰富，有开采价值的储量占世界第一位。稀土元素性质相似，并在矿物中共生，难以分离。稀土元素具有特殊的物质结构，因而具有优异的物理、化学、磁、光、电学性能，有着极为广泛的用途。例如，在钢铁中加入适量稀土金属，可得到良好的塑性、韧性、耐磨性、耐热性、抗氧化性、抗腐蚀性；稀土金属能制成磁光存储记录材料，用于生产磁光盘；彩电显像管中使用稀土荧光粉，可提高画面亮度、色彩鲜艳度；稀土金属可提高分子筛催化活性、寿命。此外，在超导材料，特种玻璃，精密陶瓷以及农、林、牧、医等方面都有应用。

3. 周期表元素分区

周期表中，元素按外层电子构型划分为s、p、d、ds、f五个区（图6-4）。

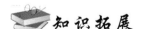

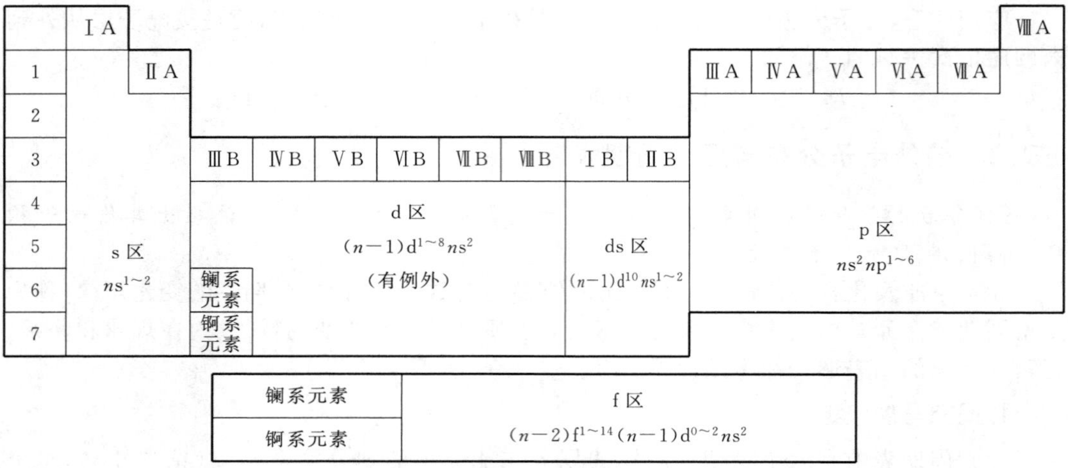

图 6-4　原子外层电子构型与周期表分区

(1)s 区元素　包括ⅠA 和ⅡA 族元素，最外电子层构型为 $ns^{1\sim2}$。

(2)p 区元素　包括ⅢA 到ⅧA 族元素，最外电子层构型为 $ns^2np^{1\sim6}$(He 除外)。

(3)d 区元素　包括ⅢB 到ⅧB 族元素，外电子层构型为 $(n-1)d^{1\sim8}ns^2$(第ⅥB 族的 Cr、Mo 及第ⅧB 族的 Pd、Pt 例外)。

(4)ds 区元素　包括ⅠB 和ⅡB 族的元素，外电子层构型为 $(n-1)d^{10}ns^{1\sim2}$。

(5)f 区元素　包括镧系和锕系元素，电子层结构在 f 亚层上增加电子，外电子层的构型为 $(n-2)f^{1\sim14}(n-1)d^{0\sim2}ns^2$。

【任务 6-2 解答】

价电子构型	周期	族	区	原子序数
$3d^24s^2$	四	ⅣB	d	22

练一练

填写下表：

原子序数	核外电子分布式	价电子构型	周期	族
			4	ⅧA
		$2s^22p^6$		
	$1s^22s^22p^63s^23p^63d^54s^1$			
4				

6.3　元素基本性质的周期性变化

【任务 6-3】　根据元素在周期表中的位置，指出 P、Cl 和 F 下列性质的递变规律。

(1)原子半径　(2)元素的电负性　(3)元素的非金属性

6.3.1　原子半径

核外电子在原子核外空间是按概率密度分布的，没有明确的界面，因此原子大小无法直接测定。原子半径是根据原子不同存在形式来定义的，常用以下三种：

(1)金属半径　视金属晶体由金属原子紧密堆积而成，则两相邻金属原子核间距离的一半，称为该金属原子的金属半径。

(2)共价半径　同种元素的两个原子以共价键结合时，其核间距离的一半，称为该原子的共价半径。例如，氯原子的共价半径为 99 pm。

(3)范德华半径　在分子晶体中，分子间以范德华力相结合，这时相邻分子间两个非键合的同种原子，其核间距离的一半，称为该原子的范德华半径。例如，氯原子的范德华半径则为 180 pm。

三种半径的定义不同，没有可比性。元素周期表中各元素的原子半径见表 6-4。

表 6-4　　元素的原子半径 r/pm

	ⅠA																	ⅧA
1	H 37	ⅡA											ⅢA	ⅣA	ⅤA	ⅥA	ⅦA	He 120
2	Li 154	Be 112											B 82	C 77	N 75	O 73	F 72	Ne 160
3	Na 154	Mg 159	ⅢB	ⅣB	ⅤB	ⅥB	ⅦB	ⅧB			ⅠB	ⅡB	Al 143	Si 111	P 106	S 102	Cl 99	Ar 191
4	K 234	Ca 197	Sc 162	Ti 146	V 133	Cr 126	Mn 126	Fe 126	Co 125	Ni 121	Cu 127	Zn 137	Ga 140	Ge 136	As 119	Se 116	Br 114	Kr 200
5	Rb 248	Sr 214	Y 179	Zr 159	Nb 145	Mo 139	Tc 135	Ru 133	Rh 134	Pd 137	Ag 144	Cd 154	In 166	Sn 162	Sb 159	Te 135	I 133	Xe 220
6	Cs 267	Ba 221	La 187	Hf 158	Ta 145	W 139	Re 137	Os 135	Ir 135	Pt 138	Au 143	Hg 157	Tl 171	Pb 174	Bi 170	Po 176	At	Rn

镧系	La	Ce	Pr	Nd	Pm	Sm	Eu	Gd	Tb	Dy	Ho	Er	Tm	Yb	Lu
	187	182	182	182	—	180	198	180	178	177	176	175	174	193	173

同一周期从左至右，主族元素原子半径递减，是由于随核电荷增加，原子核对各电子层引力增大所致；副族元素原子半径减小缓慢，且不规则，原因是增加的$(n-1)$d 电子对最外层 ns 电子的排斥，部分抵消了原子核的吸引的缘故；同样，镧系元素由于增加的$(n-2)$f 电子对最外层 ns 电子的排斥作用，使其原子半径收缩幅度更为减小，这种现象称为镧系收缩；稀有气体原子半径明显大，原因是其均采取范德华半径。

同一主族从上到下，随电子层数增加，原子半径显著增大；但副族元素的原子半径增大幅度减小，且不规则，这与其核电荷数显著增多有关。

6.3.2　元素电负性

原子在分子中吸引成键电子的能力，称为元素电负性。元素电负性(x)越大，该元素原子在分子中吸引成键电子能力越强，反之则越弱。

表 6-5 是鲍林(Pauling)电负性值,他指定最活泼非金属元素氟的电负性为 4.0,由此借助热化学数据计算求得其他元素电负性。

表 6-5　　　　元素的电负性

H																
2.1																
Li	Be											B	C	N	O	F
1.0	1.5											2.0	2.5	3.0	3.5	4.0
Na	Mg											Al	Si	P	S	Cl
0.9	1.2											1.5	1.8	2.1	2.5	3.0
K	Ca	Sc	Ti	V	Cr	Mn	Fe	Co	Ni	Cu	Zn	Ga	Ge	As	Se	Br
0.8	1.0	1.3	1.5	1.6	1.6	1.5	1.8	1.9	1.9	1.9	1.6	1.6	1.8	2.0	2.4	2.8
Rb	Sr	Y	Zr	Nb	Mo	Tc	Ru	Rh	Pd	Ag	Cd	In	Sn	Sb	Te	I
0.8	1.0	1.2	1.4	1.6	1.8	1.9	2.2	2.2	2.2	1.9	1.7	1.7	1.8	1.9	2.1	2.5
Cs	Ba	La~Lu	Hf	Ta	W	Re	Os	Ir	Pt	Au	Hg	Tl	Pb	Bi	Po	At
0.7	0.9	1.0~1.2	1.3	1.5	1.7	1.9	2.2	2.2	2.2	2.4	1.9	1.8	1.9	1.9	2.0	2.2
Fr	Ra	Ac~Lr														
0.7	0.9	1.1~1.3														

同一周期从左至右,主族元素随核电荷数增加,原子半径减小,原子核对电子吸引增强,元素电负性递增;同一主族从上到下,虽然核电荷数有所增加,但原子半径增大起主导作用,因而原子核对电子吸引逐渐减弱,电负性递减。

练一练

根据元素在周期表中的位置,将原子 O、F、S、P、Na 按电负性由高到低的次序排列。

6.3.3　元素的金属性与非金属性

元素的金属性指原子失电子能力;元素的非金属性指原子得电子能力。

元素的金属性和非金属性强弱用电负性衡量。电负性越小,原子越易失去电子,元素的金属性越强;电负性越大,原子越易获得电子,元素的非金属性越强。

元素周期表中,同一周期从左至右,主族元素金属性递减,非金属性递增。同一主族从上到下,元素金属性递增,非金属性递减。副族元素变化不规律。

元素的金属性及非金属性强弱,主要表现在元素性质上。主族元素金属性越强,其单质越易从水或酸中置换出氢气,对应氢氧化物的碱性越强。例如,第三周期元素金属 Na 遇冷水能剧烈反应,置换出氢气,并生成强碱 NaOH;而 Mg 则需与沸水接触才能反应,生成 $Mg(OH)_2$ 为弱碱。元素的非金属性越强,其单质越易与氢气化合,生成的气态氢化物越稳定,且高价含氧酸的酸性越强。例如,

卤素的非金属强弱顺序:F＞Cl＞Br＞I

卤素气态氢化物稳定顺序:HF＞HCl＞HBr＞HI

$HClO_4$ 是最强的高价含氧酸,原因是 Cl 的电负性最大(不能形成高价含氧酸的 O、F 除外)。

【任务 6-3 解答】

原子半径	元素的电负性	元素的非金属性
P＞Cl＞F	P＜Cl＜F	P＜Cl＜F

练一练

根据元素在周期表中的位置，指出 P、S 和 O 下列性质的递变规律。

(1)原子半径 (2)元素的电负性 (3)元素的非金属性

6.3.4 元素氧化数

元素氧化数(或称氧化态)是指某元素一个原子的形式电荷数，这种电荷数是假设化学键中的电子指定给电负性较大原子而求得的。

氧化数反映元素氧化状态，有正、负和零之分，可以是分数。周期表中元素常见最高氧化数与原子的价电子构型密切相关，呈周期性变化(表 6-6)。

表 6-6 元素常见最高氧化数与价电子构型的关系

主族	ⅠA	ⅡA	ⅢA	ⅣA	ⅤA	ⅥA	ⅦA	ⅧA
价电子构型	ns^1	ns^2	ns^2np^1	ns^2np^2	ns^2np^3	ns^2np^4	ns^2np^5	ns^2np^6
最高氧化数	+1	+2	+3	+4	+5	+6	+7	+8(部分元素)
副族	ⅠB	ⅡB	ⅢB	ⅣB	ⅤB	ⅥB	ⅦB	ⅧB
价电子构型	$(n-1)d^{10}ns^1$	$(n-1)d^{10}ns^2$	$(n-1)d^1ns^2$	$(n-1)d^2ns^2$	$(n-1)d^3ns^2$	$(n-1)d^{4\sim5}ns^{1\sim2}$	$(n-1)d^5ns^2$	$(n-1)d^{6\sim10}ns^{1\sim2}$
最高氧化数	+3(部分元素)	+2	+3	+4	+5	+6	+7	+8(部分元素)

非金属元素最高氧化数与负氧化数的绝对值之和等于 8。

练一练

指出下列物质中，带“·”元素原子的氧化数。

(1)$K_2\underset{\cdot}{Mn}O_4$ (2)$Na_2\underset{\cdot}{S}_2O_3$ (3)$\underset{\cdot}{Fe}_3O_4$ (4)$K_2\underset{\cdot}{Cr}_2O_7$

6.4 化学键

6.4.1 化学键

【任务 6-4】 下列化合物中，具有共价键和配位键的离子化合物是( )。

A. NaCl B. CH_4 C. NH_4Cl D. $Ca(OH)_2$

自然界中，除稀有气体以单原子形式存在外，其他物质均以分子(或晶体)形式存在。分子是保持物质化学性质的一种粒子，物质间进行化学反应的实质是分子的形成和分解。分子(或晶体)中相邻原子(或离子)间的强烈相互作用，称为化学键。

化学变化的特点是原子核组成不变，只是核外电子运动状态发生变化，即化学键的形成与分解只与原子核外电子运动有关。按电子运动方式不同，化学键分为离子键、共价键(含配位键)和金属键。

6.4.2 离子键

阴、阳离子间通过静电作用而形成的化学键，称为离子键。离子键本质是静电作用。例如，钠在氯气中燃烧，形成离子化合物 NaCl 的过程表示如下

$$\mathrm{Na}^{\times} + \cdot\underset{\cdot\cdot}{\overset{\cdot\cdot}{\mathrm{Cl}}}: \longrightarrow \mathrm{Na}^{+}[\,\overset{\cdot}{\underset{\times}{}}\underset{\cdot\cdot}{\overset{\cdot\cdot}{\mathrm{Cl}}}:\,]^{-}$$

$$[\mathrm{Ne}]3s^1 \quad [\mathrm{Ne}]3s^2 3p^5 \quad [\mathrm{Ne}] \quad [\mathrm{Ar}]$$

离子键具有无方向性、无饱和性的特征。离子电场分布是球形对称的，可以从任意方向吸引带异号电荷的离子，故离子键无方向性。只要离子周围空间允许，各种离子将尽可能多地吸引带异号电荷的离子，因此离子键无饱和性。受静电作用平衡距离限制，形成离子键的异电荷离子数并不是任意的，如氯化钠晶体中，每个 Na^+（或 Cl^-）只能和 6 个 Cl^-（或 Na^+）相结合，因此通常使用的氯化钠相对分子质量，也仅对化学式而言的。

6.4.3 共价键

1. 共价键的本质

原子间通过共用电子对而形成的化学键，称为共价键。例如

$$\mathrm{H}\cdot + {}^{\times}\mathrm{H} \longrightarrow \mathrm{H}\overset{\cdot}{\underset{\times}{}}\mathrm{H} \qquad (\text{结构式为 H—H})$$

$$\textcircled{\downarrow} \qquad \textcircled{\uparrow} \qquad \boxed{\textcircled{\downarrow}\textcircled{\uparrow}}$$

共价键的本质是原子轨道重叠。当电子自旋方向相反的两个 H 原子相互靠近时，1s 轨道发生重叠，核间电子云密度增大，这既增强了原子核对电子云的吸引，又削弱了原子核间的相互排斥，直至核间达平衡距离（74 pm）时，系统能量最低，形成了稳定的 H_2 分子（基态 H_2 分子），见图 6-5；反之，若两电子自旋方向相同，核间排斥增大，系统能量升高，则处于不稳定状态，不能形成 H_2 分子。

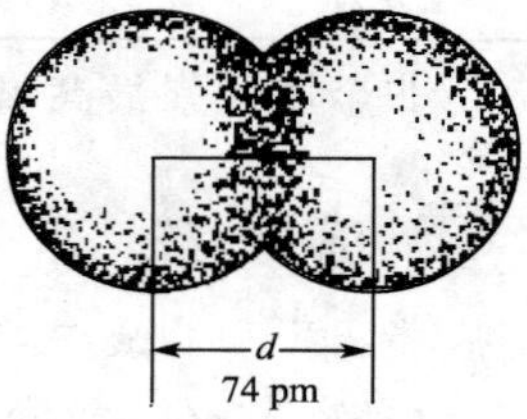

图 6-5 基态 H_2 分子示意图

2. 价键理论要点

（1）电子配对原理 将 H_2 分子研究成果推广到其他分子，形成了价键理论（电子配对理论）。该理论认为：具有自旋方向相反未成对电子的两原子相互靠近时，可以配对形成共价键。

每个未成对电子只能与一个自旋方向相反的未成对电子配对成键。例如，H 原子只有一个未成对电子，因此 H_2 只能通过一对共用电子对相结合形成共价单键。

（2）最大重叠原理 形成共价键时，原子轨道将尽可能达到最大重叠，以使系统能量最低，共价键最牢固。

想一想

为什么水分子是 H_2O，而不是 H_3O？根据最大重叠原理，原子轨道重叠越多，化学键越牢固吗？

3. 共价键的特征

(1)饱和性　根据电子配对原理，一个原子有几个未成对电子，就只能形成几个共价键，这称为共价键的饱和性。例如，H 原子仅有一个电子，因此 H_2 分子只能以单键结合；水分子是 H_2O（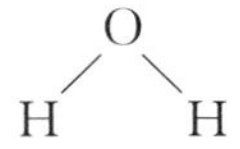），而不是 H_3O，原因在于 O 原子只有两个未成对电子数；N 原子有三个未成对电子，因此 N_2 分子为叁键（N≡N）；而稀有气体 He、Ne、Ar 等没有未成对电子，故其单质为单原子分子。

(2)方向性　按最大重叠原理，形成共价键时，原子轨道只有沿电子云密度最大的方向进行重叠，才能达到最大有效重叠，使系统能量处于最低状态，这称为共价键的方向性。因此，除 H_2 分子形成外，其他化学键的形成均有方向性限制。例如，HCl 分子形成过程（图 6-6）。

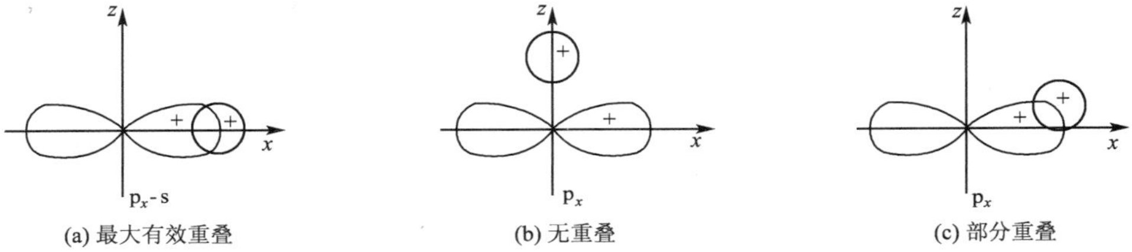

图 6-6　HCl 分子形成示意图

4. 共价键的类型

(1)非极性键和极性键　共用电子对无偏向的共价键，称为非极性键。例如，H_2、O_2、N_2、Cl_2 等单质分子中的共价键，成键两原子的电负性相同，电子云在两核间呈对称分布。

共用电子对有偏向的共价键，称为极性键。例如，在 HCl、NH_3、H_2O、CH_4 等分子中，成键两原子电负性不同，共用电子对偏向电负性较大的原子，使其电子云密度较大，显负电性，另一原子则显正电性，故为极性分子。

成键原子间的电负性之差（Δx）越大，键的极性越强。键的极性对判断分子的极性很有意义。

练一练

下列共价键属于极性共价键的是（　　）。

A. CO_2　　B. H_2　　C. Cl_2　　D. I_2

(2)σ 键和 π 键　原子轨道沿键轴方向，以“头碰头”方式重叠而形成的共价键，称为 σ 键。可重叠形成 σ 键的轨道有 s-s、s-p_x、p_x-p_x。例如，化学键 H—H、H—Cl 及 Cl—Cl 均为 σ 键，见图 6-7(a)。

原子轨道沿键轴方向，以“肩并肩”方式重叠而形成的共价键，称为 π 键，如图 6-7(b) 所示。

受原子轨道伸展方向的限制，两原子形成共价键时，只能形成一个 σ 键，其余均为 π 键，如 N_2 分子是由一个 σ 键和两个 π 键相结合的。

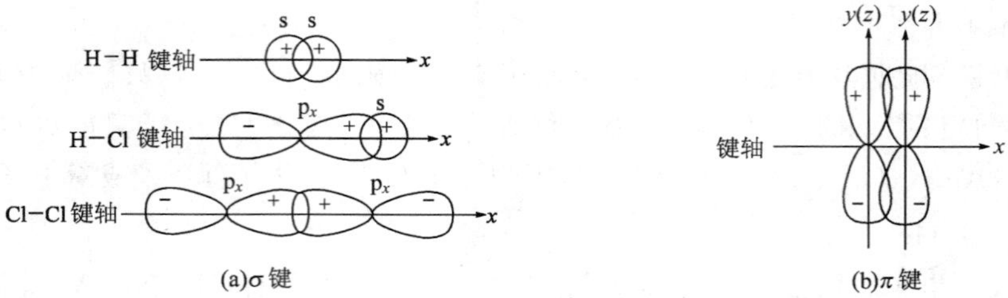

图 6-7 σ 键、π 键示意图

由于 π 键重叠程度比 σ 键小，π 电子能量较高，因此 π 键容易断裂而发生化学反应，如烯烃、炔烃、芳香烃及醛、酮等有机化合物的加成反应，都是由于 π 键断裂引起的。

???想一想

"s 电子与 s 电子间形成的键是 σ 键，p 电子与 p 电子间形成的键是 π 键"，这种说法对吗？

（3）配位键   由一个原子提供共用电子对而形成的共价键，称为配位共价键，简称配位键。在配位键中，提供电子对的原子称为电子给予体；接受电子对的原子称为电子接受体。配位键用箭号"→"表示，箭头指向接受体。

例如，C、O 两原子的 2p 轨道上各有 2 个未成对电子，可以重叠形成两个共价键；此外，O 原子的 2p 轨道上的一对成对电子（孤对电子），可提供给 C 原子的空轨道共用而形成配位键（图 6-8）。

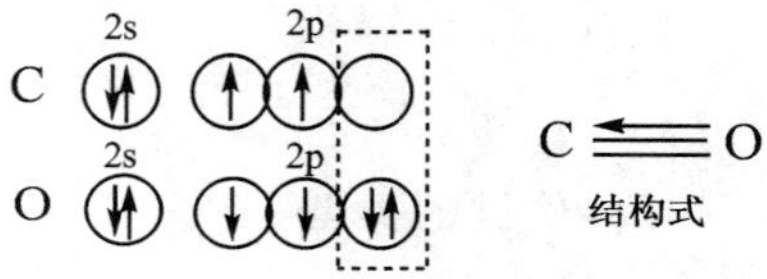

图 6-8 CO 分子中的配位键形成示意图

配位键的形成必须具备如下条件：电子给予体的价电子层有孤对电子；电子接受体的价电子层有空轨道。

【任务 6-4 解答】   正确答案为 C，化合物 NH_4Cl 的电子式如下

$$\left[\begin{array}{c} H \\ \cdot\cdot \\ H \colon N \colon H \\ + \\ H \end{array}\right]^{+} \left[\colon \ddot{Cl} \colon\right]^{-}$$

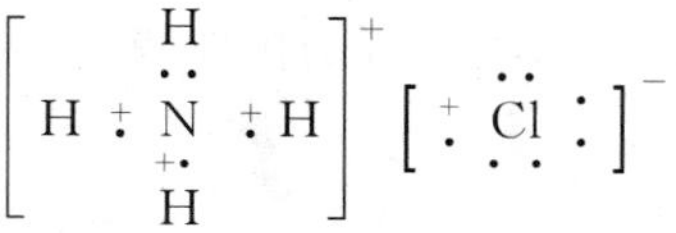

配位键是共价键的一种，也具有方向性和饱和性特征。此类共价键在无机物中大量存在，如 NH_4^+，SO_4^{2-}，PO_4^{3-}，ClO_4^- 等离子中都含有配位键。

5.键参数

表征化学键性质的物理量，统称为键参数，包括键能、键长、键角等。

（1）键能   在 25 ℃和 100 kPa 下，断裂气态分子单位物质的量的化学键（$6.02×10^{23}$ 个化学键）使其变成气态原子或原子团时所需的能量，称为键能，单位为 kJ/mol。对于多原子分子如 CH_4，其键能为 4 个 C—H 键离解能的平均值。

键能是衡量共价键强弱的物理量，键能越大，化学键越牢固。共价键是一种很强的结合力（表 6-7）。

表 6-7　　一些共价键的键长和键能

化学键	键长/pm	键能/(kJ·mol^{-1})	化学键	键长/pm	键能/(kJ·mol^{-1})
H—H	74	436	C—C	154	356
H—F	92	566	C=C	134	596
H—Cl	127	432	C≡C	120	513
H—Br	141	366	N—N	146	1 160
H—I	161	299	N≡N	110	946
F—F	128	158	C—H	109	416
Cl—Cl	199	242	N—H	101	391
Br—Br	228	193	O—H	96	467
I—I	267	151	S—H	136	347

(2)键长　分子中成键两原子核间的平衡距离(核间距),称为键长,单位为 pm。用 X 射线衍射方法可以精确地测得各种化学键的键长。

键长是反映分子空间构型的重要物理量。通常,成键原子的半径越小,共用电子对越多,其键长越短,键能越大,共价键越牢固,见表 6-7。

(3)键角　分子内同一原子形成的两个化学键之间的夹角,称为键角。键角也是反映分子空间构型的重要物理量。例如,H_2O 分子中两个 O—H 键的夹角为 104°45′,分子构型呈"V"形;而在 CO_2 分子中,两个 C=O 键的夹角是 180°,为直线形分子。

键长、键角可通过 X 射线衍射、光谱等实验的方法进行精确测定。

6.4.4　金属键

金属元素电负性小,原子易失去电子形成阳离子。在金属晶体中,从原子中脱落下来的价电子并不固定在某一原子附近,而是在整个晶体中做自由运动,称为自由电子。自由电子时而与金属离子结合,时而脱落下来,将金属离子和金属原子紧密结合起来。这种依靠自由电子运动,而将金属原子和离子结合起来的化学键,称为金属键(图 6-9)。金属键的本质是静电作用。

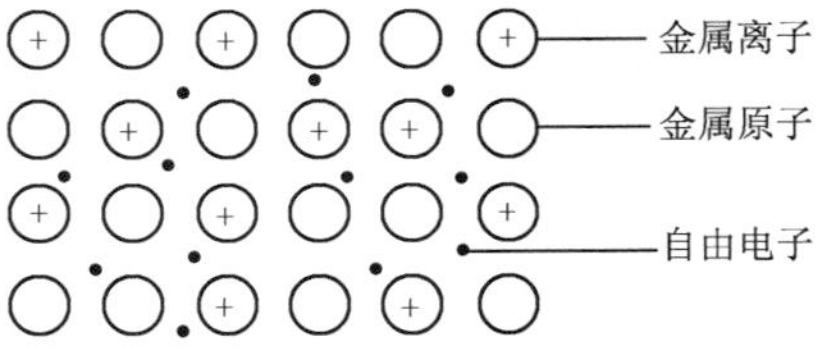

图 6-9　金属内部微粒示意图

由于金属晶体中的原子和离子共用全部自由电子,因此又称金属键为"改性共价键",但由于自由电子可自由运动,故金属键没有饱和性、方向性。

自由电子向一个方向移动,可产生电流,因此一般金属是电的良好导体。金属的其他物理性质如光泽、延展性和导热性等都与金属键有关系。

6.5　杂化轨道与分子构型

6.5.1　杂化与杂化轨道

【任务 6-5】　下列关于 CO_2 的描述正确的是(　　)。

A. sp^2 杂化，平面三角形　　B. sp^3 杂化，正四面体

C. sp 杂化，直线形　　D. sp 杂化，平面三角形

【实例分析】 C 原子价电子构型为 $2s^2 2p_x^{\ 1} 2p_y^{\ 1}$，根据价键理论，C 原子只能与 H 原子形成 CH_2，键角为 90°。但事实上，甲烷分子式是 CH_4，有 4 个性质相同的 C—H 键，键角为 109°28′，分子构型为正四面体。

为解释多原子分子的成键及空间构型，1931 年鲍林提出了杂化轨道理论，发展了价键理论，该理论认为：在形成共价键的过程中，同一原子能级相近的某些原子轨道，可以重新组成相同数目的新轨道，这个过程称为杂化。杂化后所形成的新轨道，称为杂化轨道。杂化轨道与原轨道不同，其成键能力更强，形成的分子更稳定。

6.5.2 s-p 型杂化与分子构型

1. sp^3 杂化

由同一原子的 1 个 ns 轨道和 3 个 np 轨道发生的杂化，称为 sp^3 杂化。例如，在 CH_4 分子形成过程中，基态 C 原子价电子层的 1 个 2s 电子被激发到 2p 能级的空轨道中，随之与 3 个 2p 轨道发生杂化，形成 4 个等价的 sp^3 杂化轨道，每个轨道含有 1 个未成对电子。

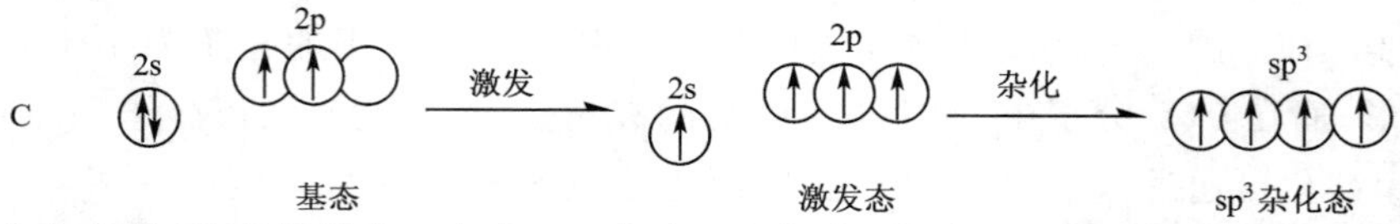

各 sp^3 杂化轨道形状均“一头大，一头小”，“大头”指向正四面体的顶点，轨道夹角为 109°28′(图 6-10)。成键时，每个杂化轨道较大一端与 H 原子的 1s 轨道发生“头碰头”重叠形成 σ 键，生成正四面体构型的 CH_4 分子(图 6-11)。

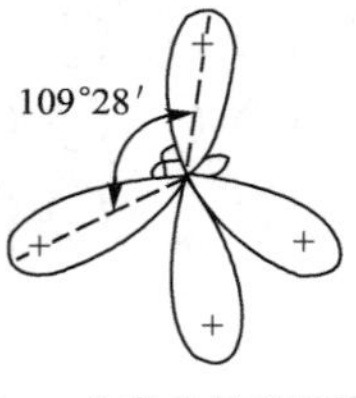

图 6-10　sp^3 杂化轨道伸展方向

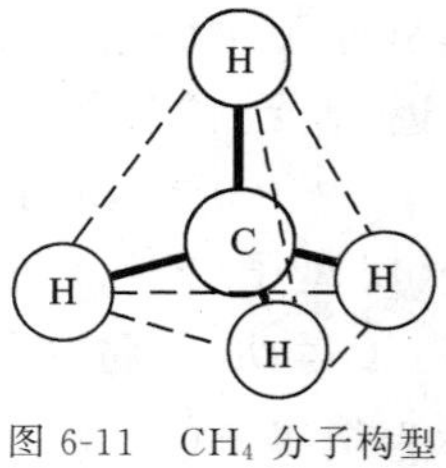

图 6-11　CH_4 分子构型

2. sp^2 杂化

由同一原子的 1 个 ns 轨道和 2 个 np 轨道发生的杂化，称为 sp^2 杂化。例如，BF_3 分子中，中心原子 B 的杂化。

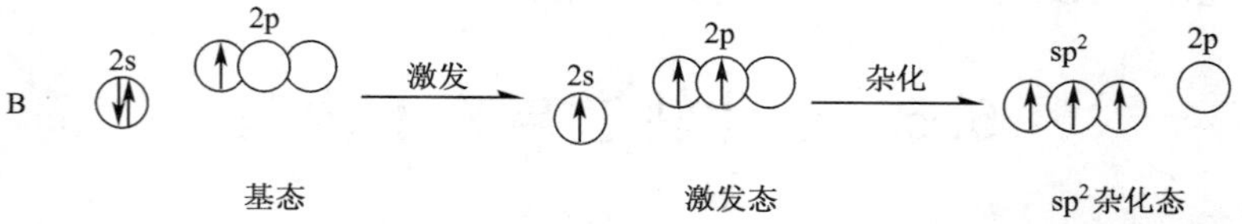

B 原子的 3 个 sp^2 杂化轨道(图 6-12)各与 1 个 F 原子的 $2p_x$ 轨道进行“头碰头”重叠形成 σ 键，生成平面三角形的 BF_3 分子(图 6-13)。

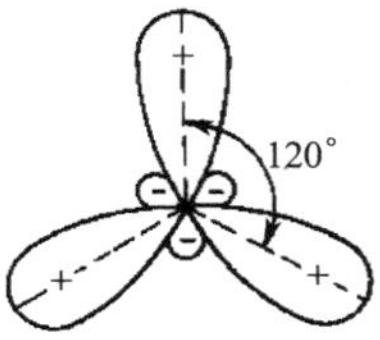

图 6-12 sp^2 杂化轨道伸展方向

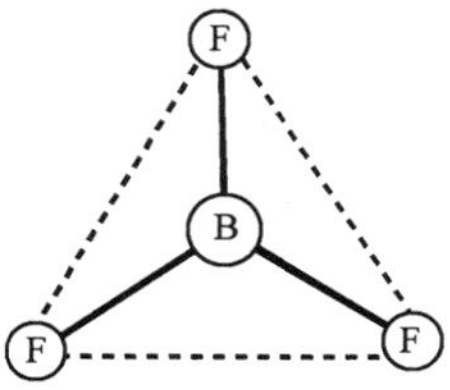

图 6-13 BF_3 分子构型

知识拓展

在 C_2H_4 分子中，C 原子只有 2 个 2p 轨道参与形成 sp^2 杂化，另 1 个未参与杂化的 2p 轨道保持原状，并垂直于 sp^2 杂化轨道平面。成键时，两个 C 原子各用 1 个 sp^2 杂化轨道"头碰头"重叠形成 σ 键，1 个 2p 轨道"肩并肩"重叠形成 π 键；其余杂化轨道均与 H 原子形成 σ 键。C_2H_4 成键及其结构式示意图如下

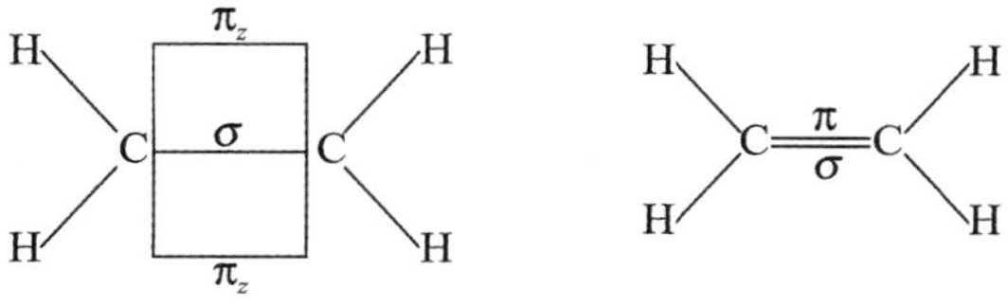

---

3. sp 杂化

由同一原子的 1 个 *n*s 轨道和 1 个 *n*p 轨道发生的杂化，称为 sp 杂化。例如，$BeCl_2$ 分子中，中心原子 Be 的杂化。

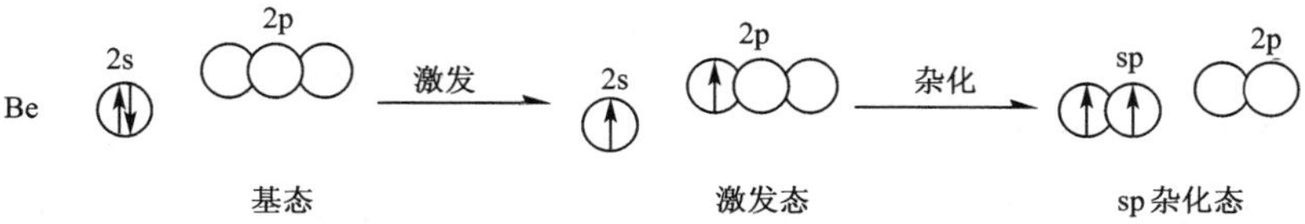

sp 杂化轨道夹角为 180°(图 6-14)，因此 $BeCl_2$ 为直线形分子(图 6-15)。

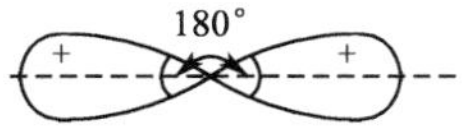

图 6-14 sp 杂化轨道的伸展方向

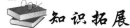

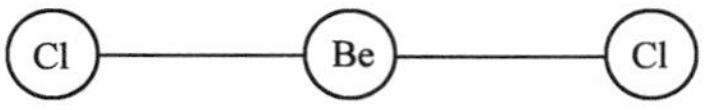

图 6-15 $BeCl_2$ 的分子构型

【任务 6-5 解答】 正确答案为 C。

s-p 型杂化轨道的性质及常见实例见表 6-8，杂化轨道的 s 成分越多，能量越低，其成键能力越强。

表 6-8 **sp 型杂化及其空间构型**

杂化方式	杂化轨道数目	s 成分	p 成分	轨道夹角	空间构型	实例
sp	2	1/2	1/2	180°	直线形	CS_2，CO_2，$BeCl_2$，C_2H_2，$HgCl_2$
sp^2	3	1/3	2/3	120°	平面三角形	BF_3，BCl_3，C_2H_4，C_6H_6
sp^3	4	1/4	3/4	109°28′	正四面体	CH_4，CCl_4，SiH_4，SiF_4、NH_4^+

4. sp^3 不等性杂化

在 NH_3 分子中,N 原子发生 sp^3 杂化时,参与杂化的 1 个 2s 轨道和 3 个 2p 轨道中,有一对孤对电子,这种有孤对电子参与形成的杂化轨道(图 6-16),其能量不完全等同(孤对电子占据的杂化轨道 s 成分略多),称为不等性杂化轨道。由于孤对电子占据的杂化轨道,不参与成键,电子云离核较近,对其余两个成键轨道施以同电相斥作用,使键角∠HNH 由 109°28′压缩至 107°18′,因此 NH_3 分子呈三角锥体构型(图 6-17)。

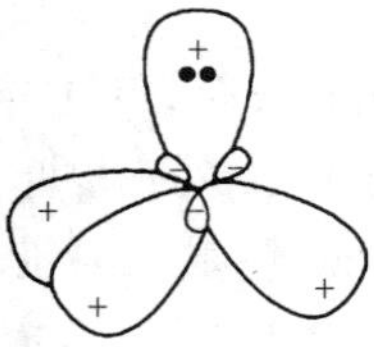

图 6-16 N 原子 sp^3 不等性杂化轨道示意图

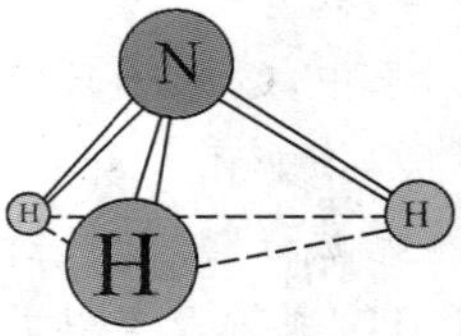

图 6-17 NH_3 分子构型示意图

类似实例有 PH_3、PCl_3 和 NF_3,中心原子 P、N 均采取 sp^3 不等性杂化。此外,在 H_2O、H_2S 分子中,中心原子 O、S 也都采取 sp^3 不等性杂化,只是各有两对孤对电子占据杂化轨道,不参与成键,分子构型均为"V"形。

6.6 分子间力与氢键

6.6.1 分子的极性

【任务 6-6】 下列分子为极性分子的是(　　)。

A. $BeCl_2$　　B. BCl_3　　C. CH_4　　D. NH_3

任何共价键分子中,都存在带正电荷的原子核和带负电荷的电子。尽管整个分子是电中性的,但可设想分子中两种电荷各自集中于一点,分别称为正电荷重心和负电荷重心。分子中,正、负电荷重心重合的,称为非极性分子;正、负电荷重心偏离的,称为极性分子。

双原子分子的极性与化学键极性是一致的。例如,由非极性键结合的 H_2、Cl_2、N_2 等分子,是非极性分子;由极性键结合的 HCl、HBr、HI、CO 等分子是极性分子。

多原子分子的极性,主要取决于分子的空间构型。若构型对称,则为非极性分子;反之,为极性分子。

【任务 6-6 解答】 正确答案为 D,因为在 NH_3 分子中,中心原子 N 采取 sp^3 不等性杂化,NH_3 分子是空间不对称的三角锥体构型。

常见实例见表 6-9。

表 6-9　　多原子分子的类型、空间构型和极性

分子类型		空间构型	分子极性	常见实例
三原子分子	ABA	直线形	非极性	CO_2,CS_2,$BeCl_2$,$HgCl_2$
	ABA	弯曲形	极性	H_2O,H_2S,SO_2
	ABC	直线形	极性	HCN,HClO
四原子分子	AB_3	平面三角形	非极性	BF_3,BCl_3,BBr_3,BI_3
	AB_3	三角锥体	极性	NH_3,NF_3,PCl_3,PH_3
五原子分子	AB_4	正四面体	非极性	CH_4,CCl_4,SiH_4,$SnCl_4$
	AB_3C	四面体	极性	CH_3Cl,$CHCl_3$,CF_2Cl_2

分子极性大小，可用偶极矩来衡量。偶极矩定义为

$$\mu = Qd \tag{6-1}$$

式中　μ——偶极矩，C·m；

Q——偶极分子正电荷重心的电量，C；

d——正、负电荷重心距离，m。

偶极矩是矢量，规定方向由正电荷重心指向负电荷重心。偶极矩可由实验测出。根据 μ 的大小，可以判断分子的极性及推断分子构型。非极性分子 $\mu=0$；极性分子 $\mu>0$，μ 越大，分子的极性越大。例如，CO_2 分子的 $\mu=0$，一定是直线形的非极性分子，H_2O 分子的 $\mu>0$，一定是"V"形的极性分子。

6.6.2　分子间力及其对物质性质的影响

【任务 6-7】　下列卤素单质中，沸点最高的是(　　)。

A. F_2　　B. Cl_2　　C. Br_2　　D. I_2

1. 分子间力

在一定条件下，NH_3、Cl_2、I_2 等气体可以凝聚成液体或固体。这表明分子之间存在一种相互吸引的作用力，称为分子间力。由于范德华首先对分子间力进行了深入研究，因此又称分子间力为范德华力。分子间力包括取向力、诱导力和色散力三种，其本质是静电引力。

(1)取向力　极性分子本身存在的正、负两极，称为固有偶极。当两个极性分子充分靠近时，固有偶极就会发生同极相斥、异极相吸的取向(或有序)排列。这种固有偶极之间产生的作用力，称为取向力(图 6-18)。

图 6-18　极性间分子取向示意图

取向力存在于极性分子与极性分子之间。分子偶极矩越大，取向力越大。

(2)诱导力　极性分子充分靠近非极性分子时，会诱导非极性分子的电子云，使其变形，导致分子正、负电荷重心不相重合，产生诱导偶极(图 6-19)。这种固有偶极与诱导偶极间的作用力，称为诱导力。

诱导力存在于极性分子与非极性分子之间、极性分子与极性分子之间。分子极性越

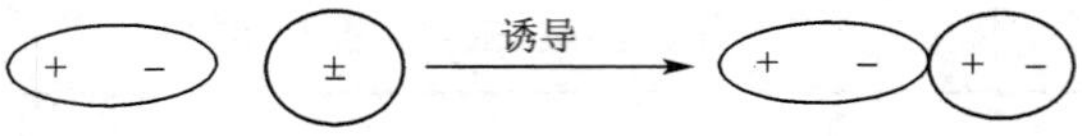

图 6-19　极性分子诱导非极性分子示意图

强，或越易变形，诱导力越强；分子间距离越大，诱导力越弱。

(3)色散力　由于电子运动及原子核的振动，可引起非极性分子正、负电荷重心发生瞬间偏移，称为瞬时偶极。瞬时偶极可使邻近分子异极相邻(图 6-20)。这种由瞬时偶极作用而产生的分子间力，称为色散力。

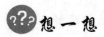

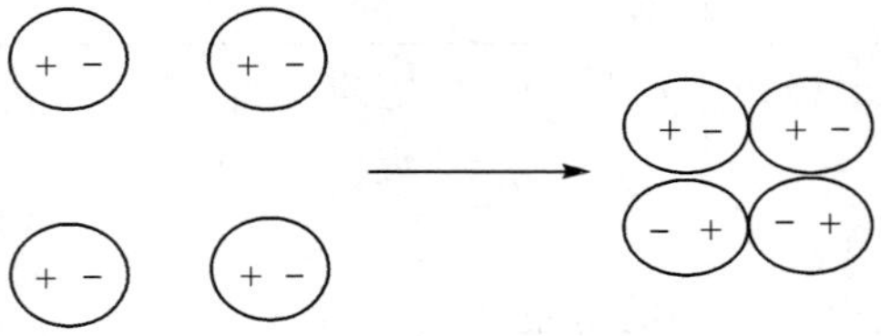

图 6-20　非极性分子相互作用示意图

瞬时偶极稍现即逝，但不断出现，分子间始终存在色散力。所有分子都会产生瞬时偶极，因此色散力存在于一切分子之间。

色散力与分子变形性有关。通常，组成、结构相似的分子，相对分子质量越大，分子越易变形，则色散力越大。

例如，稀有气体从 He 到 Xe，卤素单质从 F_2 到 I_2，卤化硼从 BF_3 到 BI_3，卤素氢化物从 HCl 到 HI 等，伴随相对分子质量的增大，色散力递增。

分子间力比化学键弱得多，即使在分子晶体中或分子靠得很近时，其作用力也仅是化学键的 1/100 到 1/10，并且只有在分子间距小于 500 pm 时，才表现出分子间力，并随分子间距离的增加而迅速减小，因此分子间力是短程力。

除强极性分子 HF、H_2O 外，通常色散力是最主要的分子间力，取向力次之，诱导力最小(表 6-10)。

表 6-10　　**某些物质分子间作用能及其构成**

分　子	$E_{取向}/(kJ \cdot mol^{-1})$	$E_{诱导}/(kJ \cdot mol^{-1})$	$E_{色散}/(kJ \cdot mol^{-1})$	$E_{总}/(kJ \cdot mol^{-1})$
Ar	0.000	0.000	8.49	8.49
CO	0.003	0.0084	8.74	8.75
HCl	3.305	1.004	16.82	21.13
HBr	0.686	0.502	21.92	23.11
HI	0.025	0.1130	25.86	26.00
NH_3	13.31	1.548	14.94	29.80
H_2O	36.38	1.929	8.996	47.30

注：两分子间距离 d=500 pm，温度 t=25 ℃

想一想

下列各组分子之间存在哪些分子间力？

(1)I_2 和 CCl_4　(2)NH_3 和 H_2O　(3)Cl_2 气体　(4)H_2O 和 N_2

2. 分子间力对物质性质的影响

(1)对物质熔、沸点的影响　物质熔化与气化,需要克服分子间力。分子间力越强,物质熔、沸点越高。通常,组成、结构相似的分子,随相对分子质量增大,熔、沸点升高。

【任务 6-7 解答】　正确答案为 D。

稀有气体从 He 到 Xe,卤素单质从 F_2 到 I_2,卤化硼从 BF_3 到 BI_3,卤素氢化物从 HCl 到 HI,熔、沸点依次升高(如表 6-11)。

表 6-11　　卤化氢的熔、沸点

卤化氢	HF	HCl	HBr	HI
熔点/ ℃	−83	−115	−87	−51
沸点/ ℃	19.4	−85	−67	−35

(2)对溶解性的影响　大量生产实验总结出:“结构相似的物质,易于相互溶解”;“极性分子易溶于极性溶剂之中,非极性分子易溶于非极性分子之中”。这个规律称为“相似相溶”规律,原因是这样溶解前后,分子间力的变化较小。

例如,结构相似的甲醇(CH_3OH)和水(HOH)可以互溶,极性相似的 NH_3 和 H_2O 有极强的互溶能力;非极性的碘单质(I_2),易溶于非极性的苯()或四氯化碳(CCl_4)溶剂中,而难溶于水。

依据“相似相溶”规律,在工业生产和实验室中,可以选择合适溶剂进行物质的溶解或混合物的萃取分离。

6.6.3　氢键及其对物质性质的影响

1. 氢键的形成

查一查

比较表 6-11 中卤素氢化物的沸点、熔点数据,有什么结论?

卤素氢化物中,HF 的相对分子质量最小,但熔、沸点却反常高,类似情况也存在于ⅥA、ⅤA族元素氢化物中(图 6-21)。这是由于 HF、H_2O、NH_3 等单质分子之间除范德华力外,还存在着另一种特殊的分子间力,这就是氢键,氢键的本质也是静电引力。

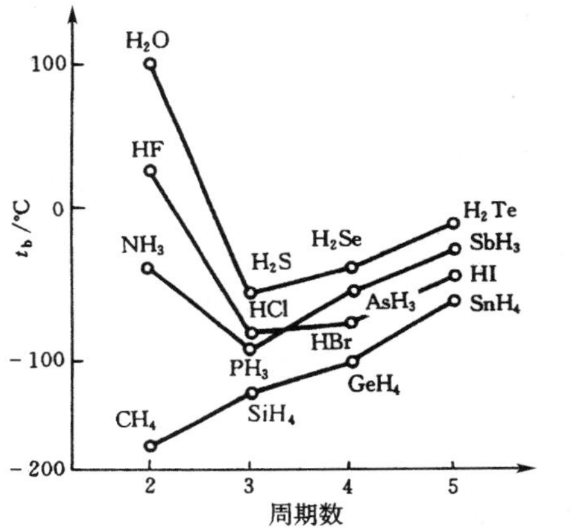

图 6-21　ⅣA～ⅦA 族元素氢化物的沸点递变情况

在 HF 分子中,由于 F 原子电负性很大,共用电子对强烈偏向于 F 原子,使 H 原子几乎呈质子状态。这样就使 H 原子和相邻 HF 分子中 F 原子的孤对电子产生较强吸引,这种静电吸引力就是氢键。这种已经和电负性很大原子形成共价键的 H 原子,又与另一电负性很大且含有孤对电子的原子之间存在较强的静电吸引作用，称为氢键。

氢键使 HF 形成缔合分子$(HF)_n$，如图 6-22 所示。

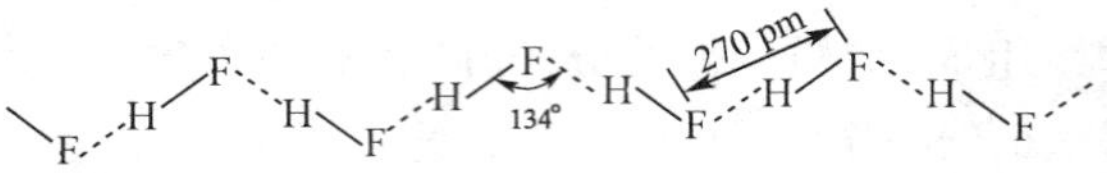

图 6-22　HF 分子间氢键示意图

类似的缔合分子还有$(H_2O)_n$、$(NH_3)_n$ 等。

氢键的组成可用 X－H┈Y 来表示，其中 X、Y 代表电负性大、半径小、有孤对电子，且具有局部负电荷的原子，通常为 F、O、N 等原子。氢键不仅可在同种分子间形成，也可在不同分子间甚至在分子内形成(图 6-23)。

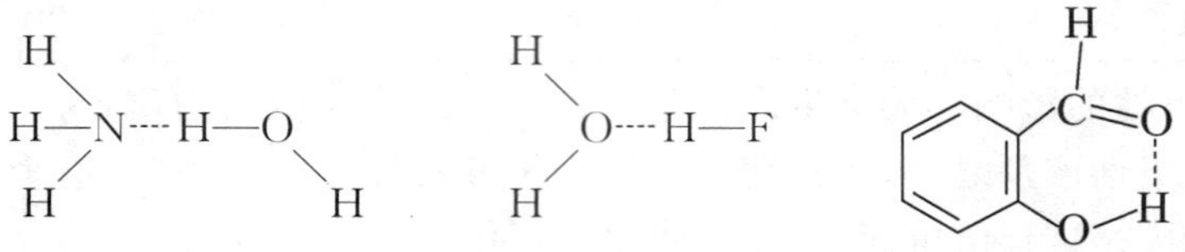

图 6-23　一些物质的氢键示意图

想一想

N_2、O_2、F_2 等非极性分子能与 H_2O、NH_3 形成氢键吗？为什么？

氢键不是化学键，但也有饱和性和方向性。即每个 X－H 只能与一个 Y 原子相互吸引形成氢键；Y 与 H 形成氢键时，尽可能采取 X－H 键键轴的方向，使 X－H┈Y 在一直线上(分子内氢键例外)。

2. 氢键对物质性质的影响

简单分子形成缔合分子后，并不改变其化学性质，但对物质的某些物理性质产生较大影响。

氢键结合能虽然远比化学键能小，但通常又比分子间力大许多。例如，HF 的氢键结合能为 28 kJ/mol，当 HF、H_2O、NH_3 由固态转化为液态，或由液态转化为气态时，除需克服分子间力外，还需破坏比分子间力更大的氢键，需要消耗更多的能量，此即 HF、H_2O、NH_3 的溶、沸点反常高的原因。

分子内氢键常使物质的熔、沸点降低。例如，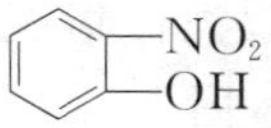

(邻硝基苯酚)和 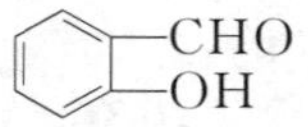

(水杨醛)的熔、沸点均比其同分异构体低，这是因为两者都能形成分子内氢键，由于氢键具有饱和性特征，一旦形成分子内氢键，就不能再形成分子间氢键了，因此其分子间力明显低于其他同分异构体，致使其熔、沸点均比其同分异构体明显降低。HNO_3 的熔、沸点较低也是其分子内氢键引起的。

氢键的形成，有利于溶质的溶解，如 NH_3、CH_3CH_2OH(乙醇)、HCHO(甲醛)在水中有较大的溶解度。

想一想

在室温下，为什么水是液体，而 H_2S 是气体？

本章小结

- 物质结构基础知识
  - 核外电子的运动状态
    - 核外电子的运动特征 — 具有波粒二象性，原子核外电子呈概率密度分布，用电子云描述
    - 电子云 — 黑点密，表示电子出现概率密度大；反之，电子出现概率密度小
    - 四个量子数
      - 主量子数 — n 取正整数，$n\uparrow$，电子离核越远，能量越高
      - 角量子数 — $l \leqslant n-1$，l 不同，电子云形状不同，能量不同
      - 磁量子数 — $|m| \leqslant l$，s、p、d 电子云伸展方向数分别是 1、3、5
      - 自旋量子数 — $m_s = +1/2, -1/2$，电子自旋方式有两种，分别用"↑"、"↓"表示
  - 原子核外电子分布与元素周期表
    - 基态原子核外电子分布规律
      - 泡利不相容原理 — 每个原子轨道中最多只能容纳两个自旋方向相反的电子
      - 能量最低原理 — 基态原子核外电子分布总是先占据能量最低的轨道，使系统能量处于最低状态
      - 洪德规则 — 等价轨道中，电子将尽可能分占不同轨道且自旋方向相同，特例：全充满、半充满、全空更稳定
    - 核外电子分布与元素周期表 — 周期序数 = 能级组数，主族序数 = 价电子数，周期表划分五个区
  - 元素基本性质的周期性变化 — 主族元素 — 同周期从左至右：主族元素 $r\downarrow$，$x\uparrow$，"金减非递增"；同主族从上至下：$r\uparrow$，$x\downarrow$，"金增非递减"；通常，最高氧化数等于族序数
  - 化学键
    - 离子键 — 本质：静电作用；特征：无饱和性、无方向性
    - 共价键
      - 本质：原子轨道重叠；特征：有饱和性、有方向性
      - 两原子间只能形成一个 σ 键，余者为 π 键，π 键容易断裂；非极性键 $\Delta x = 0$，极性键 $\Delta x > 0$；配位键：单原子提供共用电子对
      - 键参数：表征化学键的性质，常见键能、键长、键角
    - 金属键 — 依靠自由电子的运动，而将金属原子和离子结合起来的化学键
  - 杂化轨道理论
    - 杂化与杂化轨道 — 在形成共价键的过程中，同一原子能级相近的某些原子轨道，可以重新组成相同数目的新轨道，这个过程称为杂化
    - s-p 型杂化轨道 — sp 杂化轨道夹角 180°，直线形；sp^2 杂化轨道，夹角 120°，平面三角形；sp^3 杂化轨道，夹角 109°28′，正四面体形
  - 分子间力与氢键
    - 分子的极性 — 正、负电荷重心重合的为非极性分子，不重合的为极性分子；分子的极性与共价键的极性及分子的对称性有关
    - 分子间力及其对物质性质的影响
      - 分子间力 — 取向力只存在于极性分子之间；诱导力存在于极性分子之间，极性分子与非极性分子之间；色散力存在于一切分子之间
      - 对物质性质的影响 — 分子间力↑，熔点↑，沸点↑；结构或极性相似的物质易于相互溶解，即"相似相溶"
    - 氢键
      - 通式 X—H┄Y（X、Y 为 O、N、F 等原子）；有饱和性、方向性
      - 对物质的熔、沸点和相互溶解性等性质有很大影响

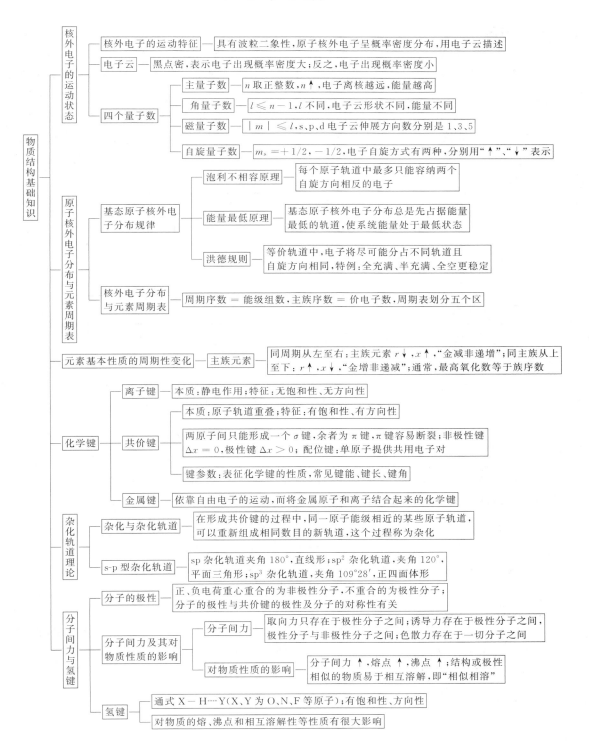

自测题

一、填空题

1. 电子云是描述电子在原子核外呈________分布的图像。

2. 当主量子数为3时，包含________、________、________三个亚层，各亚层分别包含________、________、________个轨道，最多能容纳________、________、________个电子。

3. 同时用 n、l、m 和 m_s 四个量子数可表示原子核外某电子的________；用 n、l、m 三个量子数表示核外电子运动的一个________；而 n、l 两个量子数确定原子轨道的________。

4. 改错。

原子	核外电子分布	违背哪条原理	正确的电子分布式
$_{3}Li$	$1s^3$		
$_{15}P$	$1s^2 2s^2 2p^6 3s^2 3p_x^2 3p_y^1$		
$_{24}Cr$	$1s^2 2s^2 2p^6 3s^2 3p^6 3d^4 4s^2$		
$_{22}Ti$	$1s^2 2s^2 2p^6 3s^2 3p^6 3d^3 4s^1$		

5. 完成下表。

原子序数	元素符号	原子实表示式	价电子构型	周期	族	区	最高氧化数
35							
	Mn						
		$[Ar]3d^5 4s^1$					
			$3s^2 3p^3$				
				四	ⅢB		
				三		P	+7

6. 分子（或晶体）中相邻原子（或离子）间的________，称为化学键。其中，阴、阳离子间通过静电作用而形成的化学键，称为________，其本质是________，特征是________、________。

7. 原子间通过共用电子对而形成的化学键，称为________，其本质是________，形成条件是两个具有________的原子轨道，尽可能达到________。

8. 表征化学键性质的物理量，统称为________，常用的有________、________、________。

9. 由一个原子提供共用电子对而形成的共价键，称为________。在该化学键中，提供电子对的原子称为________；接受电子对的原子称为________。

10. NH_3 分子构型为________，中心原子 N 采取________杂化，键角∠HNH________ 109°28′（提示：填写>，=或<）。

11. 完成下表。

物质	杂化方式	空间构型	分子的极性
H_2O			
CH_2Cl_2			
CS_2			

12. 完成下表(用"√"或"×"表示有或无)。

作用力	I_2 和 CCl_4	CH_4 和 NH_3	HF 和 H_2O	O_2 和 H_2O
取向力				
诱导力				
色散力				
氢键				

二、判断题(正确的画"√",错误的画"×")

1. s电子云是球形对称的,凡处于s状态的电子,在核外空间中半径相同的各个方向上出现的概率相同。 (　　)
2. 3p亚层,又称为3p能级。 (　　)
3. 磁量子数为1的轨道都是p轨道。 (　　)
4. 每个电子层中,最多只能容纳两个自旋相反的电子。 (　　)
5. 每个原子轨道必须同时用 n、l、m 和 m_s 四个量子数来描述。 (　　)
6. ⅠB～ⅧB族元素统称为过渡元素。 (　　)
7. $_{26}Fe^{2+}$ 的核外电子分布是$[Ar]3d^6$,而不是$[Ar]3d^4 4s^2$。 (　　)
8. 根据元素在周期表中的位置,可以断定 $Mg(OH)_2$ 的碱性比 $Al(OH)_3$ 强。 (　　)
9. 所有共价键都具有饱和性和方向性的特征。 (　　)
10. 共价单键均为 σ 键,共价双键、叁键均为 π 键。 (　　)
11. 依靠自由电子运动,而将金属原子和离子结合起来的化学键,称为金属键。 (　　)
12. NF_3 和 BF_3 分子的中心原子杂化方式相同,分子构型也相同。 (　　)
13. 多原子分子中,键的极性越强,分子极性越强。 (　　)
14. CCl_4 的熔点、沸点低,所以分子不稳定。 (　　)
15. "相似相溶"规律是指结构或极性相似的物质,易于相互溶解。 (　　)

三、选择题

1. 下列各符号中,表示第二电子层沿 x 轴方向伸展p轨道的是(　　)。

A. p　　B. 2p　　C. $2p_x$　　D. $2p_x^1$

2. 下列原子轨道中,属于等价轨道的一组是(　　)。

A. 2s,3s　　B. $2p_x$,$3p_x$　　C. $2p_x$,$2p_y$　　D. 3d,4s

3. 核外某电子的运动状态可用一套量子数来描述,下列表示正确的是(　　)。

A. $3,1,2,+\frac{1}{2}$　　B. $3,-2,-1,+\frac{1}{2}$

C. $3,2,0,-\frac{1}{2}$　　D. $3,2,\frac{1}{2},1$

4. 基态多电子原子中，$E_{3d}>E_{4s}$的现象，称为(   )。

A. 能级交错　B. 镧系收缩　C. 洪德规则　D. 洪德规则特例

5. 下列能级中，不可能存在的是(   )。

A. 4s　B. 2d　C. 3p　D. 4f

6. 在连二硫酸钠 $Na_2S_4O_6$ 中，S 元素的氧化数是(   )。

A. +6　B. +4　C. +2　D. +5/2

7. 根据元素在周期表中的位置，指出下列最稳定的气态氢化物(   )。

A. CH_4　B. H_2S　C. HF　D. NH_3

8. 根据元素在元素周期表中的位置，指出下列最强酸是(   )。

A. H_2SO_4　B. $HClO_4$　C. H_3PO_4　D. $HBrO_4$

9. 根据元素在元素周期表中的位置，指出下列化合物中，化学键极性最大的是(   )。

A. H_2S　B. H_2O　C. NH_3　D. CH_4

10. 下列化合物中，具有共价键和配位键的离子化合物是(   )。

A. NaOH　B. CO_2　C. NH_4Cl　D. $CaCl_2$

11. 下列物质中，中心原子采取 sp^2 杂化的是(   )。

A. BF_3　B. $BeCl_2$　C. NH_3　D. H_2O

12. 下列分子中，偶极矩不为零的是(   )。

A. O_2　B. CS_2　C. BF_3　D. $CHCl_3$

13. 下列不属于范德华力的是(   )。

A. 取向力　B. 诱导力　C. 色散力　D. 氢键

14. 下列各组物质之间，能形成氢键的是(   )。

A. HCl、H_2O　B. CH_4、HCl　C. N_2、H_2O　D. HF、H_2O

15. 下列各组物质沸点比较正确的是(   )。

A. $CH_3OH<CH_3CH_2OH$　B. $NH_3<PH_3$

C. $CCl_4<CH_4$　D. $F_2>Cl_2$

四、问答题

1. 举例说明什么是等价轨道。

2. 总结元素周期表中，同周期从左至右，同族从上到下，主族元素的原子半径、电负性、氧化数、元素金属性与非金属性等基本性质的变化规律。

3. 某元素的原子序数为 35，试回答：

(1)该原子的电子数是多少？

(2)写出该原子核外电子分布式、原子实表示式和价电子构型。

(3)指出该元素位于元素周期表的位置(周期、族、区)及最高氧化数。

4. 共价键的本质和特征是什么？

5. 如何判断极性健和非极性健的强弱？

6. 指出下列分子中，中心原子采用的杂化轨道类型和分子构型。

(1)$HgCl_2$　(2)PCl_3　(3)BCl_3　(4)CS_2

7. 为什么 H_2O 分子呈“V”形，键角为 $104°45'$，而不是 $90°$？

8. 为什么卤素单质 F_2、Cl_2、Br_2、I_2 的熔、沸点逐渐升高？

9. 为什么 I_2 易溶于 CCl_4 而难溶于水？

10. 氢键的形成条件是什么？为什么 CH_4、HCl 不能形成氢键？

第 7 章

氧化还原平衡和氧化还原滴定法

能 力 目 标

1. 能用离子—电子法配平氧化还原反应方程式。

2. 会用原电池符号表示原电池。

3. 会使用标准电极电势表，并计算电极电势；会判断原电池正、负极；比较氧化剂、还原剂氧化还原能力相对强弱；判断氧化还原反应方向和进行程度；能使用元素标准电势图。

4. 能利用氧化还原平衡原理定量分析物质含量。

知 识 目 标

1. 掌握氧化还原反应的概念和配平方法。

2. 了解原电池的组成、原理及电池表示方法，理解电极电势的产生和标准电极电势的意义，掌握电极电势的影响因素。

3. 掌握电极电势的应用。

4. 掌握氧化还原滴定法的原理及滴定条件。

7.1 氧化还原反应方程式的配平

7.1.1 氧化还原反应的概念

【实例分析】 金属锌置换溶液中 Cu^{2+} 的反应如下

失去 $2e^-$，氧化数升高（被氧化）

$$Zn + Cu^{2+} \longrightarrow Zn^{2+} + Cu$$

得到 $2e^-$，氧化数降低（被还原）

反应分为两个部分

$$\text{氧化反应：} Zn - 2e^- \longrightarrow Zn^{2+}$$

$$\text{还原反应：} Cu^{2+} + 2e^- \longrightarrow Cu$$

氧化还原反应是物质间有电子转移（电子得失或共用电子对偏移）的反应。失去电子、氧化数升高的物质称为还原剂，获得电子、氧化数降低的物质称为氧化剂。

练一练

标注出下列反应中元素的氧化数，并指出氧化剂、还原剂。

(1)$SO_2 + Cl_2 + 2H_2O \longrightarrow H_2SO_4 + 2HCl$

(2)$SO_2 + 2H_2S \longrightarrow 3S\downarrow + 2H_2O$

(3)$3Cl_2 + 6NaOH \xrightarrow{\triangle} 5NaCl + NaClO_3 + 3H_2O$

有时，同一物质在不同反应中，既能表现出还原性，又能表现出氧化性。处于中间氧化数的元素，可同时向较高氧化数和较低氧化数转化，这种氧化还原反应称歧化反应。

常见氧化剂一般是活泼非金属单质(如 F_2、Cl_2、Br_2、O_2、S 等)，某些含高氧化态化合物(如 $KMnO_4$、$K_2Cr_2O_7$、$FeCl_3$、H_2SO_4、HNO_3、$HClO_4$ 等)；还原剂一般是活泼金属(如 Na、K、Ca、Mg、Zn 等)，某些含低氧化态化合物(如 KI、$FeSO_4$、$SnCl_2$ 等)。

7.1.2 氧化还原反应方程式的配平——离子电子法

【任务 7-1】 用离子电子法配平高锰酸钾和亚硫酸钾在稀硫酸中的反应

$$\underset{\text{紫红色}}{KMnO_4} + K_2SO_3 \xrightarrow{H^+} \underset{\text{无色}}{MnSO_4} + K_2SO_4$$

配平原则

(1)原子守恒　反应前后各元素的原子总数相等。

(2)电荷守恒　方程式两边的离子电荷总数也应相等。

(3)得失电子总数相等　氧化剂得电子总数与还原剂失去电子总数相等。

【任务 7-1 解答】 (1)改写成离子反应

$$MnO_4^- + SO_3^{2-} \xrightarrow{H^+} Mn^{2+} + SO_4^{2-}$$

(2)将离子反应分解为两个半反应

还原半反应　　$MnO_4^- \longrightarrow Mn^{2+}$

氧化半反应　　$SO_3^{2-} \longrightarrow SO_4^{2-}$

(3)配平半反应　首先配平原子数，然后再加上适当电子数配平电荷数。

$$MnO_4^- + 8H^+ + 5e^- = Mn^{2+} + 4H_2O$$

$$SO_3^{2-} + H_2O = SO_4^{2-} + 2H^+ + 2e^-$$

(4)找出得失电子数的最小公倍数　将半反应各项分别乘以相应系数，使得失电子数相等，然后两式相加，整理，即得配平的离子反应方程式

$$\begin{array}{ll|l} & MnO_4^- + 8H^+ + 5e^- = Mn^{2+} + 4H_2O & \times 2 \\ (+) & SO_3^{2-} + H_2O = SO_4^{2-} + 2H^+ + 2e^- & \times 5 \\ \hline \end{array}$$

$$2MnO_4^- + 5SO_3^{2-} + 6H^+ = 2Mn^{2+} + 5SO_4^{2-} + 3H_2O$$

(5)加上未参与氧化还原反应的离子，改写成分子方程式，核对两边各元素原子数相等，完成方程式配平。

$$2KMnO_4 + 5K_2SO_3 + 3H_2SO_4 = 2MnSO_4 + 6K_2SO_4 + 3H_2O$$

配平半反应时，若为酸性介质，O 原子少的一侧加 H_2O，另一侧加 2 倍的 H^+；在碱

性介质中，O原子多的一侧加 H_2O，另一侧加2倍的 OH^-；而在中性介质中，若氧原子数不平，左侧加入 H_2O，右侧加2倍的 OH^- 或 H^+。

【任务7-2】 配平 $KMnO_4 + K_2SO_3 \xrightarrow{OH^-} K_2MnO_4 + K_2SO_4$

紫红色　　　　深绿色

【任务7-2解答】

$$\begin{array}{rl|l} & MnO_4^- + e^- = MnO_4^{2-} & \times 2 \\ (+) & SO_3^{2-} + 2OH^- = SO_4^{2-} + H_2O + 2e^- & \times 1 \\ \hline \end{array}$$

$$2MnO_4^- + SO_3^{2-} + 2OH^- = 2MnO_4^{2-} + SO_4^{2-} + H_2O$$

$$2KMnO_4 + K_2SO_3 + 2KOH = 2K_2MnO_4 + K_2SO_4 + H_2O$$

想一想

该反应可否用NaOH作为碱性介质？

【任务7-3】 配平在中性介质中进行的氧化还原反应

$$KMnO_4 + K_2SO_3 \rightarrow MnO_2\downarrow + K_2SO_4$$

紫红色　　　　棕色

【任务7-3解答】

$$\begin{array}{rl|l} & MnO_4^- + 2H_2O + 3e^- = MnO_2 + 4OH^- & \times 2 \\ (+) & SO_3^{2-} + H_2O = SO_4^{2-} + 2H^+ + 2e^- & \times 3 \\ \hline \end{array}$$

$$2MnO_4^- + 3SO_3^{2-} + H_2O = 2MnO_2\downarrow + 3SO_4^{2-} + 2OH^-$$

加上未参与氧化还原反应的离子，改为分子方程式

$$2KMnO_4 + 3K_2SO_3 + H_2O = 2MnO_2\downarrow + 3K_2SO_4 + 2KOH$$

离子电子法仅适用于配平水溶液中的氧化还原反应。

练一练

用离子电子法配平下列化学反应式：

(1) $KMnO_4 + HCl \longrightarrow MnCl_2 + Cl_2\uparrow$ （酸性介质）

(2) $Cr_2O_7^{2-} + SO_3^{2-} \longrightarrow Cr^{3+} + SO_4^{2-}$ （酸性介质）

(3) $Cu + HNO_3$(浓) $\longrightarrow Cu(NO_3)_2 + NO_2\uparrow$ （酸性介质）

(4) $CrO_2^- \longrightarrow CrO_4^{2-}$ （碱性介质）

(5) $Cl_2 + NaOH \longrightarrow NaCl + NaClO$

7.2 原电池和电极电势

7.2.1 原电池

1. 原电池的组成

【任务7-4】 根据下列电池反应写出相应的电池符号

(1)$H_2 + 2Ag^+ \longrightarrow 2H^+ + 2Ag\downarrow$

(2)$Cu + 2Fe^{3+} \longrightarrow Cu^{2+} + 2Fe^{2+}$

【实例分析】 将 Zn 与 $CuSO_4$ 溶液反应设计在图 7-1 装置内进行时，发现电路接通后，检流计指针偏转，表明导线中有电流通过，同时锌片开始溶解，而铜片上有铜沉积。由检流计指针偏转方向可知，电子从锌电极流向铜电极。

这种借助氧化还原反应自发产生电流的装置称为原电池。在原电池反应中化学能转变成为电能。Zn-Cu 原电池由两个半电池组成，一个是锌片和 $ZnSO_4$ 溶液，另一个是铜片和 $CuSO_4$ 溶液，之间用盐桥（装满饱和 KCl 或 KNO_3 溶液的琼脂冻胶“U”形管，起固定溶液、沟通电路、保持溶液电中性作用）相连。

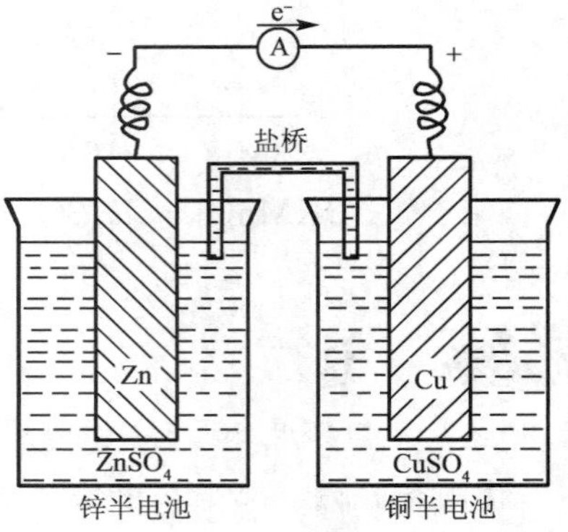

图 7-1 Zn-Cu 原电池示意图

在原电池中，电子流出的电极是负极，发生氧化反应；电子流入的电极是正极，发生还原反应。因此，锌片为负极，铜片为正极，其反应为

负极 $Zn \longrightarrow Zn^{2+} + 2e^-$ （氧化反应）

正极 $Cu^{2+} + 2e^- \longrightarrow Cu$ （还原反应）

电池反应 $Zn + Cu^{2+} \longrightarrow Zn^{2+} + Cu$

在电极上发生的氧化或还原反应称为电极反应或半电池反应；两个半电池反应合并构成电池反应。电极反应中高氧化态物质称为氧化型物质，低氧化态物质称为还原型物质。构成的氧化还原电对表示为氧化型物质/还原型物质。例如，Zn^{2+}/Zn，Cu^{2+}/Cu。

2. 原电池的表示方法

为了科学、方便地表示原电池的结构和组成，原电池装置常用符号表示。如

$$(-)\ Zn \mid ZnSO_4(c_1) \parallel CuSO_4(c_2) \mid Cu\ (+)$$

正确书写原电池符号的规则如下：

(1)负极写在左边，正极写在右边。

(2)金属材料写在外面，电解质溶液写在中间。

(3)相接界面用单实垂线“|”或“,”隔开，盐桥用双垂线“||”表示。

(4)注明温度和压力（若不注明，一般指 298.15 K、100 kPa）和溶液浓度。

(5)若电极反应中无金属导体，需用惰性电极 Pt 电极或 C 电极，它只起导电作用，不参与电极反应。例如

$$(-)Pt \mid H_2(p) \mid H^+(c_1) \parallel Fe^{3+}(c_2), Fe^{2+}(c_3) \mid Pt\ (+)$$

【任务 7-4 解答】

(1)$(-)Pt \mid H_2(p) \mid H^+(c_1) \parallel Ag^+(c_2) \mid Ag(+)$

(2)$(-)Cu \mid Cu^{2+}(c_1) \parallel Fe^{3+}(c_2), Fe^{2+}(c_3) \mid Pt\ (+)$

练一练

根据下列原电池符号写出电池反应

(1)$(-)Pt \mid H_2(p) \mid H^+(c_1) \parallel Fe^{3+}(c_2), Fe^{2+}(c_3) \mid Pt(+)$

(2)$(-)Zn \mid Zn^{2+}(c_1) \parallel H^+(c_2) \mid H_2(p) \mid Pt\ (+)$

3. 原电池电动势

原电池正、负极之间的平衡电势差称为原电池电动势。

$$E=\varphi_{(+)}-\varphi_{(-)} \quad (7\text{-}1)$$

式中 E——原电池电动势，V；

$\varphi_{(+)}$——原电池正极的平衡电势，V；

$\varphi_{(-)}$——原电池负极的平衡电势，V。

原电池电动势与溶液的浓度、温度等因素有关。在标准态下测得的电动势称为标准电动势($E^{\ominus}$)。标准态是指电池反应中的液体或固体都是纯净物，溶液中各离子浓度为1.0 mol/L，气体(为理想气体)分压为100 kPa的状态。

7.2.2 电极电势

【任务7-5】写出下列电对的能斯特方程表达式

(1)Cu^{2+}/Cu　　(2)Cl_2/Cl^-　　(3)MnO_4^-/Mn^{2+}　　(4)AgCl/Ag

1. 电极电势的产生

在一定条件下，当将金属放入含有该金属离子的盐溶液时，有两种反应倾向：金属表面离子进入溶液形成水合离子〔图7-2(a)〕；溶液中的水合离子从金属表面获得电子，沉积到金属上〔图7-2(b)〕。即

$$M \rightleftharpoons M^{n+}+ne^-$$

这样，金属表面与其盐溶液就形成了带异种电荷的双电层(见图7-2)。

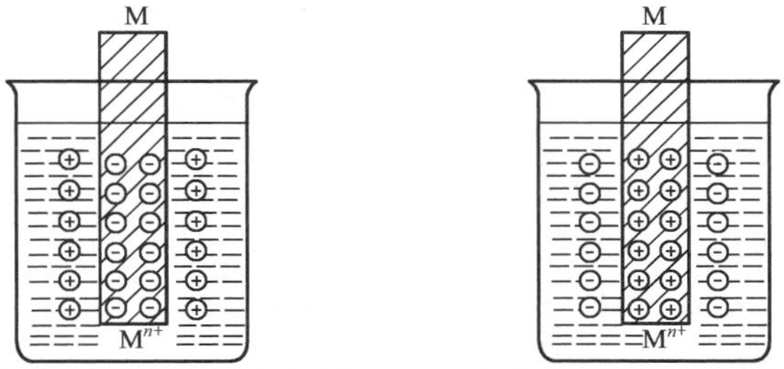

(a)金属溶解的趋势大于离子沉积的趋势　(b)离子沉积的趋势大于金属溶解的趋势

图7-2　金属的电极电势

这种金属表面与其盐溶液形成双电层间的电势差称为该金属的电极反应电势，简称电极电势。用符号“φ”表示。金属越活泼，溶解成离子的倾向越大，离子沉积倾向越小，到达平衡时，电极电势越低；反之，电极电势越高。

2. 标准电极电势

电极电势的绝对值无法测定，只能测定其相对值。为此，规定用标准氢电极作为比较电极电势高低的标准。

(1)标准氢电极　标准氢电极(图7-3)是将镀有一层海绵状铂黑的铂片，浸入H^+浓度为1.0 mol/L的硫酸溶液中。在298.15 K时不断通入100 kPa的纯氢气流，使铂黑电极上吸附氢气达到饱和，并与溶液中H^+达到平衡

$$2H^+(1.0\ mol/L)+2e^- \rightleftharpoons H_2(p^{\ominus})$$

此时，电对 H^+/H_2 中的物质都处于标准态，电极即为标准氢电极。规定在 298.15 K 时，标准氢电极的电极电势为零，即

$$\varphi^{\ominus}(H^+/H_2)=0 \tag{7-2}$$

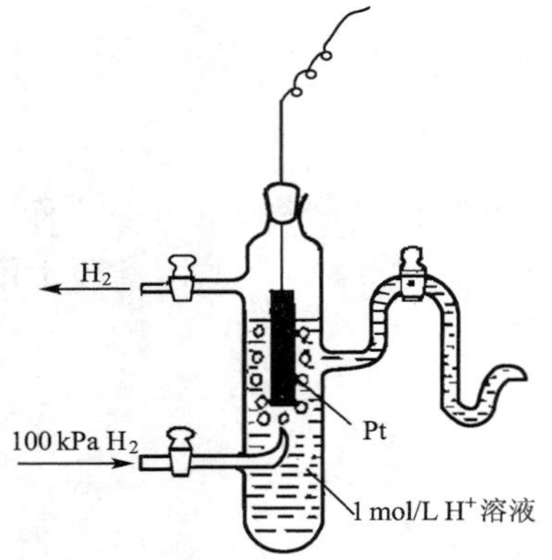

图 7-3　标准氢电极

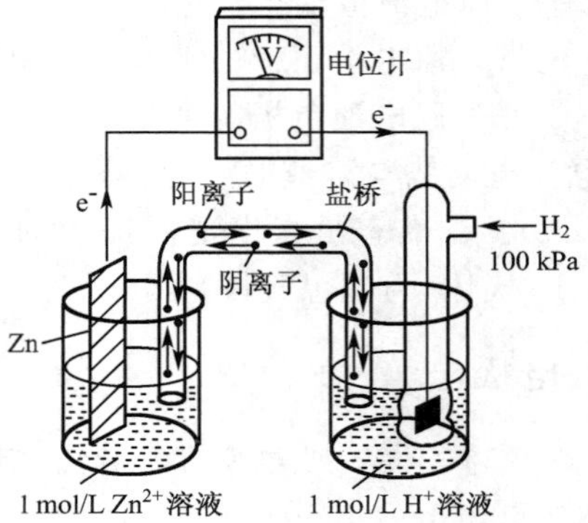

图 7-4　标准电极电势的测定

(2)标准电极电势　电极反应物质均处于标准态时的电极电势，称为电极的标准电极电势。用 $\varphi^{\ominus}$(氧化型/还原型)表示。

【实例分析】 将标准锌电极与标准氢电极组成原电池(图 7-4)。根据检流计指针偏转方向，得知电流由氢电极通过导线流向锌电极，所以标准氢电极为正极，标准锌电极为负极。原电池符号为

$$(-)Zn|Zn^{2+}(1.0\ mol/L)\ ||\ H^+(1.0\ mol/L)\ |\ Pt, H_2(100\ kPa)(+)$$

电池反应为　$Zn+2H^+=H_2\uparrow+Zn^{2+}$

298.15 K 时，测得原电池标准电动势 $E^{\ominus}=0.7618$ V，则

$$E^{\ominus}=\varphi^{\ominus}_{(+)}-\varphi^{\ominus}_{(-)}=\varphi^{\ominus}(H^+/H_2)-\varphi^{\ominus}(Zn^{2+}/Zn)=0.7618\ V$$

所以　$\varphi^{\ominus}(Zn^{2+}/Zn)=-0.7618$ V

同样可测出其他标准电极电势(附录五)。使用标准电极电势表时应注意

①电极反应习惯用"氧化型 $+ne^- \rightleftharpoons$ 还原型"表示。

②标准电极电势由低向高排列。

③标准电极电势只与电对有关，而与电极反应的书写方向及化学计量数无关。

④标准电极电势表有酸表和碱表之分，通常电极反应中出现 OH^- 或在碱性溶液中反应时，查碱表($\varphi^{\ominus}_B$)；否则查酸表($\varphi^{\ominus}_A$)。

⑤标准电极电势仅适用于水溶液，对非水溶液、固相反应不适用。

3. 影响电极电势的因素

电极电势首先取决于构成电对物质的性质，同时也受温度、溶液中离子浓度和溶液酸碱度的影响。其影响关系可用能斯特方程表示

$$a\,\text{氧化型}+n\,e^- \rightleftharpoons b\,\text{还原型}$$

$$\varphi=\varphi^{\ominus}-\frac{RT}{nF}\ln\frac{[\text{还原型}]^b}{[\text{氧化型}]^a} \tag{7-3}$$

式中　φ——电对在任一温度、浓度时的电极电势，V；

$\varphi^{\ominus}$——电对的标准电极电势，V；

R——摩尔气体常数，8.314 J/(mol·K)；

F——法拉第常数，96485 C/mol；

T——热力学温度，K；

n——电极反应式中转移的电子数；

$[氧化型]^a$、$[还原型]^b$ 分别表示电极反应中氧化型和还原型一侧各物质相对浓度幂的乘积，若是气体则用相对分压表示；指数 a、b 等于电极反应中各相应物质的化学计量数的绝对值；与书写平衡常数相似，纯固体、纯液体或稀溶液中的溶剂水，其浓度为常数，视为“1”。

若温度为 298.15 K，则

$$\varphi=\varphi^{\ominus}-\frac{0.0592}{n}\lg\frac{[还原型]^b}{[氧化型]^a} \tag{7-4}$$

或

$$\varphi=\varphi^{\ominus}+\frac{0.0592}{n}\lg\frac{[氧化型]^a}{[还原型]^b} \tag{7-5}$$

由能斯特方程可知，氧化型物质浓度增大或还原型物质浓度减小，都会使电极电势值增大；相反，电极电势值则减小。

【任务 7-5 解答】 (1)电极反应 $Cu^{2+}+2e^- \rightleftharpoons Cu$

$$\varphi(Cu^{2+}/Cu)=\varphi^{\ominus}(Cu^{2+}/Cu)+\frac{0.0592}{2}\lg[Cu^{2+}]$$

(2)电极反应　　$Cl_2+2e^- \rightleftharpoons 2Cl^-$

$$\varphi(Cl_2/Cl^-)=\varphi^{\ominus}(Cl_2/Cl^-)+\frac{0.0592}{2}\lg\frac{p'(Cl_2)}{[Cl^-]^2}$$

(3)电极反应　　$MnO_4^-+8H^++5e^- \rightleftharpoons Mn^{2+}+4H_2O$

$$\varphi(MnO_4^-/Mn^{2+})=\varphi^{\ominus}(MnO_4^-/Mn^{2+})+\frac{0.0592}{5}\lg\frac{[MnO_4^-]\cdot[H^+]^8}{[Mn^{2+}]}$$

(4)电极反应　　$AgCl(s)+e^- \rightleftharpoons Ag(s)+Cl^-$

$$\varphi(AgCl/Ag)=\varphi^{\ominus}(AgCl/Ag)+0.0592\lg\frac{1}{[Cl^-]}$$

练一练

写出下列电对的能斯特方程表达式：

(1)Zn^{2+}/Zn　(2)$Cr_2O_7^{2-}/Cr^{3+}$　(3)Fe^{3+}/Fe^{2+}　(4)H^+/H_2

【任务 7-6】 若 $c(MnO_4^-)=c(Mn^{2+})=1$ mol/L，计算 298.15 K 时，电对 MnO_4^-/Mn^{2+} 在下列条件下的电极电势。

(1)$c(H^+)=1$ mol/L　(2)$c(H^+)=0.001$ mol/L

【任务 7-6 解答】 电极反应 $MnO_4^-+8H^++5e^- \rightleftharpoons Mn^{2+}+4H_2O$

查附录五得：$\varphi^{\ominus}(MnO_4^-/Mn^{2+})=1.507$ V

$$\varphi(MnO_4^-/Mn^{2+})=\varphi^{\ominus}(MnO_4^-/Mn^{2+})+\frac{0.0592}{5}\lg\frac{[MnO_4^-]\cdot[H^+]^8}{[Mn^{2+}]}$$

$$=1.507+\frac{0.0592}{5}\lg[H^+]^8$$

(1)当 $c(H^+)=1$ mol/L 时：

$$\varphi(MnO_4^-/Mn^{2+})=1.507+\frac{0.0592}{5}\lg 1^8=1.507\ V$$

(2)当 $c(H^+)=0.001\ mol/L$ 时：

$$\varphi(MnO_4^-/Mn^{2+})=1.507+\frac{0.0592}{5}\lg 0.001^8=1.223\ V$$

想一想

(1)酸度对电对 MnO_4^-/Mn^{2+} 的电极电势有何影响？

(2)改变还原型和氧化型浓度，电极电势将如何变化？

7.3 电极电势的应用

7.3.1 判断原电池正、负极及计算原电池电动势

【任务 7-7】 试判断下列原电池的正、负极，并计算其在 25 ℃时的电动势。

$$Zn \mid Zn^{2+}(0.001\ mol/L) \parallel Zn^{2+}(1\ mol/L) \mid Zn$$

电流总是由高电势电极流向低电势电极，即原电池中，电极电势大的电极为正极；电极电势小的电极为负极。因此，原电池电动势一定为正值。

【任务 7-7 解答】 根据能斯特方程，盐桥左右两侧的电极电势为

$$\varphi_{(左)}=\varphi(Zn^{2+}/Zn)=\varphi^{\ominus}(Zn^{2+}/Zn)+\frac{0.0592}{2}\lg[Zn^{2+}]$$

$$=-0.7618+\frac{0.0592}{2}\lg 0.001$$

$$=-0.851\ V$$

$$\varphi_{(右)}=\varphi^{\ominus}(Zn^{2+}/Zn)=-0.7618\ V$$

因为 $\varphi_{(右)}>\varphi_{(左)}$，所以盐桥左边为负极，盐桥右边为正极，则

$$E=\varphi_{(+)}-\varphi_{(-)}=-0.7618-(-0.851)=0.089\ V$$

正确的原电池符号为

$$(-)Zn|Zn^{2+}(0.001\ mol/L)\parallel Zn^{2+}(1\ mol/L)|Zn(+)$$

这种两极电对相同，只是离子浓度不同的原电池称为浓差电池。

7.3.2 判断氧化剂、还原剂的相对强弱

【任务 7-8】 根据标准电极电势，指出在标准态时，下列电对中最强的氧化剂和最强的还原剂，并列出各氧化型的氧化能力和各还原型的还原能力强弱次序。

$$MnO_4^-/Mn^{2+} \qquad Fe^{3+}/Fe^{2+} \qquad I_2/I^-$$

电极电势越大，其氧化态在标准态的氧化能力越强；电极电势数值越小，其还原态在标准态的还原能力越强。

【任务 7-8 解答】 查附录五得

$$MnO_4^-+8H^++5e^- \rightleftharpoons Mn^{2+}+4H_2O \qquad \varphi^{\ominus}(MnO_4^-/Mn^{2+})=1.507\ V$$

$$Fe^{3+} + e^- \rightleftharpoons Fe^{2+} \quad \varphi^{\ominus}(Fe^{3+}/Fe^{2+}) = 0.771\ V$$

$$I_2 + 2e^- \rightleftharpoons 2I^- \quad \varphi^{\ominus}(I_2/I^-) = 0.5355\ V$$

因为 $\varphi^{\ominus}(MnO_4^-/Mn^{2+}) > \varphi^{\ominus}(Fe^{3+}/Fe^{2+}) > \varphi^{\ominus}(I_2/I^-)$

所以，在标准态时，最强氧化剂是 MnO_4^-，最强还原剂是 I^-。

各氧化型在标准态时氧化能力为 $MnO_4^- > Fe^{3+} > I_2$，各还原型在标准态时还原能力为 $I^- > Fe^{2+} > Mn^{2+}$。

知识拓展

根据 K^+/K、Ca^{2+}/Ca、Na^+/Na……H^+/H_2、Cu^{2+}/Cu……氧化还原电对的标准电极电势，可以得出还原型的还原能力强弱顺序：K、Ca、Na、Mg、Al、Zn、Fe、Sn、Pb、(H)、Cu、Hg、Ag、Pt、Au，此即金属活动顺序表。金属活动顺序表显示了在标准态下，金属单质在水溶液中还原能力的相对大小。

若电极反应处于非标准态，不能直接用标准电极电势判断氧化性或还原性的相对高低，则需用能斯特方程计算各电对的电极电势，然后再进行比较。

7.3.3　判断氧化还原反应的方向

【任务 7-9 解答】　已知 $\varphi^{\ominus}(Pb^{2+}/Pb) = -0.1262\ V$，$\varphi^{\ominus}(Sn^{2+}/Sn) = -0.1375\ V$，试判断反应 $Pb^{2+} + Sn \longrightarrow Pb + Sn^{2+}$

(1)在标准态能否自发向右进行？

(2)当 $c(Sn^{2+}) = 1\ mol/L$，$c(Pb^{2+}) = 0.1\ mol/L$ 时，能否自发向右进行？

由于原电池电动势为正值，所以氧化还原反应总是自发地由强氧化剂与强还原剂反应，向生成弱氧化剂和弱还原剂的方向进行。

【任务 7-9】　(1)因为 $\varphi^{\ominus}(Pb^{2+}/Pb) > \varphi^{\ominus}(Sn^{2+}/Sn)$，最强氧化剂、还原剂分别为 Pb^{2+}、Sn。所以在标准态时，反应正向自发进行。

(2)当 $c(Sn^{2+}) = 1\ mol/L$，$c(Pb^{2+}) = 0.1\ mol/L$ 时

$$\varphi(Pb^{2+}/Pb) = \varphi^{\ominus}(Pb^{2+}/Pb) + \frac{0.0592}{n}\lg[Pb^{2+}]$$

$$= -0.1262 + \frac{0.0592}{2}\lg 0.1 = -0.156\ V$$

因为 $\varphi^{\ominus}(Sn^{2+}/Sn) > \varphi(Pb^{2+}/Pb)$，最强氧化剂、还原剂分别为 Sn^{2+}、Pb。所以在该条件下，反应逆向自发进行。

通常，$E^{\ominus} > 0.2\ V$ 时，可直接用 $E^{\ominus}$ 判定氧化还原反应方向。

练一练

判断反应 $2Fe^{3+} + Cu \longrightarrow 2Fe^{2+} + Cu^{2+}$ 在标准态自发进行的方向。

想一想

已知 $\varphi^{\ominus}(MnO_2/Mn^{2+})<\varphi^{\ominus}(Cl_2/Cl^-)$，为什么在加热条件下，实验室能够用 MnO_2 与浓 HCl 反应制备 Cl_2？

7.3.4 判断氧化还原反应进行的程度

【任务 7-10】 计算 Cu-Zn 原电池反应的标准平衡常数。

平衡常数是衡量化学反应进行程度的特征常数。氧化还原反应的标准平衡常数可以通过两个电对的标准电极电势来求得。

【任务 7-10 解答】 Cu-Zn 原电池反应为

$$Zn + Cu^{2+} \longrightarrow Zn^{2+} + Cu$$

根据能斯特方程得

$$\varphi(Zn^{2+}/Zn)=\varphi^{\ominus}(Zn^{2+}/Zn)+\frac{0.0592}{2}\lg[Zn^{2+}]$$

$$\varphi(Cu^{2+}/Cu)=\varphi(Cu^{2+}/Cu)+\frac{0.0592}{2}\lg[Cu^{2+}]$$

当反应达到平衡状态时

$$\varphi(Zn^{2+}/Zn)=\varphi(Cu^{2+}/Cu)$$

即 $\varphi^{\ominus}(Zn^{2+}/Zn)+\frac{0.0592}{2}\lg[Zn^{2+}]=\varphi^{\ominus}(Cu^{2+}/Cu)+\frac{0.0592}{2}\lg[Cu^{2+}]$

则 $E^{\ominus}=\varphi^{\ominus}(Cu^{2+}/Cu)-\varphi^{\ominus}(Zn^{2+}/Zn)=\frac{0.0592}{2}\lg\frac{[Zn^{2+}]}{[Cu^{2+}]}=\frac{0.0592}{2}\lg K^{\ominus}$

$$\lg K^{\ominus}=\frac{2E^{\ominus}}{0.0592}=\frac{2[0.3419-(-0.7618)]}{0.0592}=37.3$$

$$K^{\ominus}=1.95\times10^{37}$$

标准平衡常数值非常大，说明反应进行得很完全。

298.15 K 时，任一氧化还原反应的标准平衡常数为

$$\lg K^{\ominus}=\frac{nE^{\ominus}}{0.0592}=\frac{n[\varphi^{\ominus}_{(+)}-\varphi^{\ominus}_{(-)}]}{0.0592} \qquad (7\text{-}6)$$

即氧化还原反应标准平衡常数由氧化剂和还原剂两电对的标准电极电势差决定，电势差越大，平衡常数越大，反应也越完全。

练一练

计算 $MnO_2+4H^++2Cl^- \rightleftharpoons Mn^{2+}+Cl_2(g)\uparrow+2H_2O$ 的标准平衡常数。

7.3.5 元素标准电势图及其应用

表示一种元素各种氧化态（按氧化态由高到低顺序排列）之间标准电极电势关系的图，称为元素电势图。

1. 判断氧化剂的相对强弱

【实例分析】根据标准电势图，说明在不同介质中氯元素各氧化态的氧化能力。

$$\varphi_A^\ominus/\text{V}\quad ClO_4^- \xrightarrow{1.189} ClO_3^- \xrightarrow{1.214} HClO_2 \xrightarrow{1.645} HClO \xrightarrow{1.611} Cl_2 \xrightarrow{1.358\,3} Cl^-$$

$$ClO_3^- \xrightarrow{1.47} Cl_2$$

$$\varphi_B^\ominus/\text{V}\quad ClO_4^- \xrightarrow{0.36} ClO_3^- \xrightarrow{0.33} ClO_2^- \xrightarrow{0.66} ClO^- \xrightarrow{0.42} Cl_2 \xrightarrow{1.36} Cl^-$$

$$ClO_3^- \xrightarrow{0.48} Cl_2$$

在两种介质中标准电极电势均为正值，且酸性介质较大，碱性介质较小。说明除 Cl^- 外，各氧化态在酸性介质中均具有较强氧化能力，是较强氧化剂；而在碱性介质中氧化能力很小。Cl_2/Cl^- 电对的电极电势不受溶液酸碱性影响，Cl_2 仍为较强氧化剂。

2. 判断能否发生歧化反应

【任务 7-11】 已知在酸性介质中

$$\varphi^\ominus/\text{V}\qquad Cu^{2+} \xrightarrow{0.17} Cu^+ \xrightarrow{0.521} Cu$$

$$Cu^{2+} \xrightarrow{0.3419} Cu$$

试判断 Cu^+ 在标准态下能否发生歧化反应？

在标准电势图中，当 $\varphi_{右}^\ominus > \varphi_{左}^\ominus$ 时，处于中间氧化态的物质在标准态下能发生歧化反应，生成氧化态较高和较低的物质；相反，则发生逆歧化反应，由氧化态较高和较低的物质反应生成中间氧化态物质。

【任务 7-11 解答】 由于 $\varphi_{右}^\ominus > \varphi_{左}^\ominus$，因此 Cu^+ 在标准态下可发生歧化反应，生成 Cu^{2+} 和 Cu。

$$2Cu^+ \longrightarrow Cu^{2+} + Cu\downarrow$$

练一练

已知铁的电势图如下

$$\varphi_A^\ominus/\text{V}\qquad Fe^{3+} \xrightarrow{0.771} Fe^{2+} \xrightarrow{-0.447} Fe$$

(1) Fe^{2+} 在溶液中能否歧化反应？

(2) 配制 $FeCl_2$ 溶液时在溶液中放入铁钉有什么作用？

*7.4　氧化还原滴定法

7.4.1 滴定原理

1. 氧化还原滴定法的应用

氧化还原滴定法是以氧化还原反应为基础的滴定分析方法。其应用范围较广，主要用于测定氧化剂或还原剂，对于一些没有变价的元素，也可以通过转化为具有氧化还原性的物质进行间接测定。

2. 条件电极电势

在一定介质条件下，氧化态和还原态分析浓度均为 1 mol/L 时的电极电势，称为条件电极电势。用 $\varphi^{\ominus\prime}$ 表示（表 7-1）。

表 7-1　　　一些氧化还原电对的条件电极电势

电极反应	$\varphi^{\ominus\prime}$/V	介质
Ce(Ⅲ)$+e^- \longrightarrow$Ce(Ⅱ)	1.74	1 mol/L $HClO_4$
	1.44	0.5 mol/L H_2SO_4
	1.28	1 mol/L HCl
$Cr_2O_7^{2-}+14H^++6e^- \longrightarrow 2Cr^{3+}+7H_2O$	1.03	1 mol/L $HClO_4$
	1.15	4 mol/L H_2SO_4
	1.00	1 mol/L HCl
Fe(Ⅲ)$+e^- \longrightarrow$Fe(Ⅱ)	0.75	1 mol/L $HClO_4$
	0.68	1 mol/L HCl
	0.68	1 mol/L H_2SO_4
$I_3^-+2e^- \longrightarrow 3I^-$	0.545	0.5 mol/L H_2SO_4

$\varphi^{\ominus\prime}$反映离子强度和各种副反应影响的总结果，在一定条件下为常数。在进行有关平衡计算时，若缺乏相同条件的$\varphi^{\ominus\prime}$值，可用介质条件相近的$\varphi^{\ominus\prime}$。对于没有相应$\varphi^{\ominus\prime}$的氧化还原电对，则使用标准电极电势。

3. 氧化还原滴定曲线

在氧化还原滴定中，电极电势随滴定剂加入量而变化的曲线，称为滴定曲线。滴定过程中各点电极电势可通过仪器测量或根据能斯特方程计算。化学计量点的电势以及滴定突跃电势是选择指示剂的依据。

(1) 滴定曲线的制作

【实例分析】 用 0.1000 mol/L $Ce(SO_4)_2$ 标准滴定溶液在 0.5 mol/L H_2SO_4 溶液中滴定 20.00 mL 0.1000 mol/L $FeSO_4$ 溶液，制作滴定曲线。

$$Ce^{4+} + Fe^{2+} \longrightarrow Ce^{3+} + Fe^{3+}$$

滴定过程中

$$\varphi(Fe^{3+}/Fe^{2+}) = \varphi^{\ominus\prime}(Fe^{3+}/Fe^{2+}) + 0.0592\lg\frac{[Fe^{3+}]}{[Fe^{2+}]}$$

$$\varphi(Ce^{4+}/Ce^{3+}) = \varphi^{\ominus\prime}(Ce^{4+}/Ce^{3+}) + 0.0592\lg\frac{[Ce^{4+}]}{[Ce^{3+}]}$$

每滴加一份 Ce^{4+} 溶液达平衡时，都有 $\varphi(Fe^{3+}/Fe^{2+}) = \varphi(Ce^{4+}/Ce^{3+})$，因此可选择其中一个电对，根据能斯特方程确定各阶段的电极电势。

①化学计量点前　加入的 Ce^{4+} 几乎全部被还原为 Ce^{3+}，到达平衡时$[Ce^{4+}]$很小，电势不易直接求得。但若知滴定百分数，即可求得$[Fe^{3+}]/[Fe^{2+}]$，则按下式计算电极电势。设 Fe^{2+} 被滴定了 a(%)，则

$$\varphi(Fe^{3+}/Fe^{2+}) = \varphi^{\ominus\prime}(Fe^{3+}/Fe^{2+}) + 0.0592\ \lg\frac{a}{100-a}$$

练一练

在上述【实例分析】中，若滴入 12.00 mL 0.1000 mol/L $Ce(SO_4)_2$ 标准滴定溶液时，计算其滴定百分数和电极电势。

②化学计量点后　Fe^{2+} 几乎全部被 Ce^{4+} 氧化为 Fe^{3+}，[Fe^{2+}]很小，不易直接求得，但只要知道加入 Ce^{4+} 过量的百分数，就可知道[Ce^{4+}]/[Ce^{3+}]，进而求得电极电势。设加入 Ce^{4+} 为 b(%)，则过量的 Ce^{4+} 为(b－100)%。

$$\varphi(Ce^{4+}/Ce^{3+})=\varphi^{\ominus\prime}(Ce^{4+}/Ce^{3+})+0.0592\lg\frac{b-100}{100}$$

③化学计量点　Ce^{4+} 和 Fe^{2+} 分别定量转变为 Ce^{3+} 和 Fe^{3+}，未反应的[Ce^{4+}]和[Fe^{2+}]很小，不能直接求得。电极电势由下式求得

$$\varphi=\frac{n_1\varphi_1^{\ominus\prime}+n_2\varphi_2^{\ominus\prime}}{n_1+n_2} \tag{7-7}$$

式中　φ——化学计量点时的电极电势，V；

$\varphi_1^{\ominus\prime}$、$\varphi_2^{\ominus\prime}$——氧化剂与还原剂的条件电极电势，V；

n_1，n_2——两电极反应的电子转移数。

则　$$\varphi=\frac{\varphi^{\ominus\prime}(Fe^{3+}/Fe^{2+})+\varphi^{\ominus\prime}(Ce^{4+}/Ce^{3+})}{2}=\frac{0.68+1.44}{2}=1.06\ \text{V}$$

将滴定过程的电极电势计算结果列于表 7-2。

表 7-2　滴定过程电极电势的计算值

加入 Ce^{4+} 溶液体积 V/mL	Fe^{2+} 被滴定的百分数 a/%	电极电势 φ/V
1.00	5.0	0.60
2.00	10.0	0.62
4.00	20.0	0.64
8.00	40.0	0.67
10.00	50.0	0.68
12.00	60.0	0.69
18.00	90.0	0.74
19.80	99.0	0.80
19.98	99.9	0.86 突跃范围
20.00	100.0	1.06 突跃范围
20.02	100.1	1.26 突跃范围
22.00	110.0	1.38
30.00	150.0	1.42
40.00	200.0	1.44

④滴定曲线。以滴定剂加入的百分数为横坐标、电对的电极电势为纵坐标作图可得氧化还原滴定曲线，见图 7-5。

(2)滴定突跃　滴定百分数在 99.9%～100.1%内，电极电势变化范围为 1.26～0.86 V，即滴定突跃为 0.40 V。滴定突跃为判断氧化还原滴定的可能性及选择指示剂提供了依据。该实例中，两电对的电子转移数都是 1，化学计量点的电势(1.06 V)正好位于滴定突跃的

中间,滴定曲线基本对称。

氧化还原滴定曲线突跃的长短与两电对条件电势的差值有关,其差值越大,滴定突跃越长。

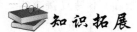

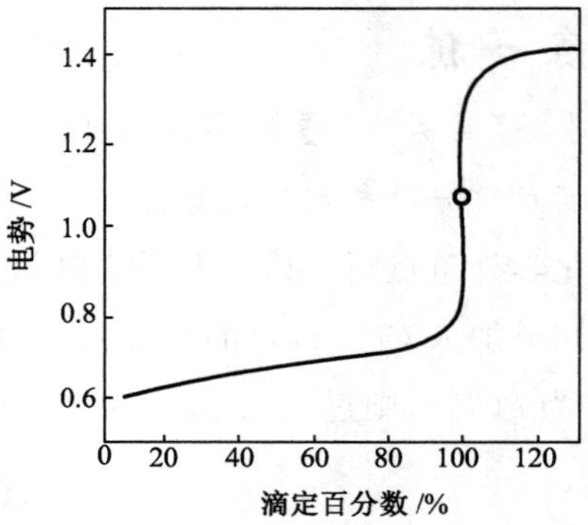

图 7-5　0.1000 mol/L $Ce(SO_4)_2$ 标准滴定溶液滴定 20.00 mL 0.1000 mol/L $FeSO_4$ 溶液的滴定曲线

知识拓展

一般当两电对的 $\varphi^{\ominus\prime}$(或 $\varphi^{\ominus\prime}$)之差大于 0.2 V 时,滴定突跃较明显,才有可能进行滴定分析,差值大于 0.40 V,可选用氧化还原指示剂指示。

4. 氧化还原指示剂

(1)自身指示剂　以滴定剂本身颜色指示滴定终点的物质。例如,$KMnO_4$ 本身显紫红色,滴定 Fe^{2+} 溶液时,反应产物 Mn^{2+}、Fe^{3+} 的颜色很浅或无色,到化学计量点时,只要稍微过量半滴,溶液就呈现淡红色,指示滴定终点到达。

(2)显色指示剂(专属指示剂)　本身无氧化还原性,但能与滴定剂或被测定物质发生显色反应,而且是可逆的,因而可指示滴定终点。常用淀粉与碘溶液反应生成深蓝色的吸附产物,当 I_2 被还原为 I^- 时,蓝色突然褪去。

(3)氧化还原指示剂　氧化型和还原型具有不同颜色,当指示剂发生转变时,溶液颜色改变,从而指示滴定终点。例如,用 $K_2Cr_2O_7$ 滴定 Fe^{2+} 时,常用二苯胺磺酸钠做指示剂,其还原型无色,滴定至化学计量点时,稍过量的 $K_2Cr_2O_7$,使二苯胺磺酸钠转变为氧化型,溶液显紫红色,指示滴定终点到达。

若以 In(ox)和 In(red)分别代表指示剂的氧化型和还原型,滴定过程中,指示剂电极反应为

$$\mathrm{In(ox)} + ne^- \rightleftharpoons \mathrm{In(red)}$$

$$\varphi^{\ominus} = \varphi^{\ominus\prime} + \frac{0.0592}{n}\lg\frac{[\mathrm{ln(ox)}]}{[\mathrm{ln(red)}]} \tag{7-8}$$

滴定过程中,随着溶液电势的改变,其浓度比也在改变,致使溶液颜色也发生变化。肉眼可见溶液颜色变化的电势范围,称为氧化还原指示剂的变色范围,它相当于浓度比从 1/10 变化到 10 时的电势变化范围。

$$\varphi^{\ominus} = \varphi^{\ominus\prime} \pm \frac{0.0592}{n} \tag{7-9}$$

当被滴定溶液电势等于 $\varphi^{\ominus\prime}$ 时,指示剂呈中间色,称为变色点(表 7-3)。

表 7-3　　一些常用氧化还原指示剂的颜色变化

指示剂	$\varphi^{\ominus\prime}$/V $c(H^+)=1$ mol/L	颜色变化	
		氧化型	还原型
次甲基蓝	0.52	蓝色	无色
二苯胺磺酸钠	0.85	紫红色	无色
邻苯氨基苯甲酸	0.89	紫红色	无色
邻二氮菲亚铁	1.06	浅蓝色	红色

指示剂选择原则：指示剂变色点要处于电势突跃范围内。例如，前述在 0.5 mol/L H_2SO_4 溶液中，用 Ce^{4+} 滴定 Fe^{2+} 时，电势突跃范围是 0.86～1.26 V。显然，选择邻苯氨基苯甲酸和邻二氮菲亚铁比较合适，而选二苯胺磺酸钠则终点提前，终点误差将大于允许误差。

7.4.2　常用氧化还原滴定法

1. 高锰酸钾法

(1)方法概述　$KMnO_4$ 是强氧化剂，其氧化能力与溶液酸度有关。在强酸性溶液中，被还原为 Mn^{2+}。

$$MnO_4^- + 8H^+ + 5e^- \rightleftharpoons Mn^{2+} + 4H_2O \qquad \varphi^{\ominus}(MnO_4^- / Mn^{2+}) = 1.507\ V$$

高锰酸钾滴定法多在硫酸介质中进行，而不用盐酸、硝酸等介质。因为盐酸有还原性，能诱发副反应，干扰滴定；硝酸有氧化性，容易发生副反应。

在弱酸性、中性或碱性溶液中，高锰酸钾被还原为棕色的 MnO_2 沉淀，妨碍终点观察，故很少使用。

但当 pH>12 时，由于 $KMnO_4$ 氧化有机物的反应比在酸性条件下更快，所以常在强碱性溶液中测定有机物。

(2)高锰酸钾法的特点　$KMnO_4$ 氧化能力强，可直接或间接测定多种无机物和有机物；$KMnO_4$ 溶液呈紫红色，可作自身指示剂；但方法选择性欠佳，且与还原性物质反应较复杂，易发生副反应；标准滴定溶液不能直接配制，且不稳定，久置需经常标定。

(3)标准滴定溶液的制备　$KMnO_4$ 试剂常含有少量 MnO_2 及其他杂质，因此标准滴定溶液不能直接配制，一般先配成近似浓度溶液，放置 1 周后，滤去沉淀，再用基准物质标定。

标定 $KMnO_4$ 溶液的基准物质有 $Na_2C_2O_4$、$(NH_4)_2Fe(SO_4)_2 \cdot 6H_2O$、$H_2C_2O_4 \cdot 2H_2O$ 和纯铁丝等。常用的是 $Na_2C_2O_4$，这是因为它易提纯，性质稳定，不含结晶水，在 105～110 ℃烘 2 h 至恒重，即可使用。标定反应为

$$2MnO_4^- + 5C_2O_4^{2-} + 16H^+ \longrightarrow 2Mn^{2+} + 10CO_2\uparrow + 8H_2O$$

为使标定反应定量进行，应注意以下滴定条件：

①温度　加热至 70～85 ℃再进行滴定。但温度不能超过 90 ℃，否则草酸($H_2C_2O_4$)分解，标定结果偏高。

$$H_2C_2O_4 \longrightarrow H_2O + CO_2\uparrow + CO\uparrow$$

②酸度　一般控制酸度为 0.5～1 mol/L，滴定终点时近 0.2～0.5 mol/L。酸度不足，易生成 MnO_2 沉淀；酸度过高，草酸易分解。

③滴定速率　滴定开始时，应等第一滴 $KMnO_4$ 溶液褪色后，再加第二滴，此后由于生成的 Mn^{2+} 自动催化作用，反应逐渐加快，可略快滴定。但不能过快，否则 $KMnO_4$ 在热酸性溶液中分解，导致标定结果偏低。

$$4MnO_4^- + 12H^+ \longrightarrow 4Mn^{2+} + 6H_2O + 5O_2\uparrow$$

④滴定终点　滴定至溶液呈淡粉红色，30 s 不褪色即为终点。若放置时间过长，空气中还原性物质能使 $KMnO_4$ 还原而褪色。

溶液放置一段时间后，若发现有 $Mn(OH)_2$ 沉淀析出，应重新过滤并标定。

2. 重铬酸钾法

(1)方法概述　$K_2Cr_2O_7$ 是强氧化剂，在酸性介质中，被还原为 Cr^{3+}

$$Cr_2O_7^{2-} + 14H^+ + 6e^- \longrightarrow 2Cr^{3+} + 7H_2O \qquad \varphi^{\ominus}(Cr_2O_7^{2-}/Cr^{3+}) = 1.33\ V$$

$K_2Cr_2O_7$ 氧化能力比 $KMnO_4$ 弱，可测物质不如 $KMnO_4$ 广泛。

(2)重铬酸钾法的特点　$K_2Cr_2O_7$ 易提纯，可以制成基准物质，在 140～150 ℃干燥 2 h后，可直接称量配制标准溶液；室温下，当 HCl 溶液浓度低于 3 mol/L 时，$Cr_2O_7^{2-}$ 不会诱导氧化 Cl^-，因此可在盐酸介质中滴定 Fe^{2+}；$K_2Cr_2O_7$ 标准滴定溶液稳定，在密闭容器中，浓度可长期保持不变；与大多数有机物反应很慢，一般不发生干扰。

重铬酸钾法常用二苯胺磺酸钠或邻苯氨基苯甲酸作指示剂。

3. 碘量法

(1)方法概述　该法利用 I_2 的氧化性和 I^- 的还原性进行测定。其反应为

$$I_2 + 2e^- \rightleftharpoons 2I^- \qquad \varphi^{\ominus}(I_2/I^-) = 0.5355\ V$$

固体 I_2 在水中溶解度很小(25 ℃时为 1.18×10^{-3} mol/L)，且易于挥发。通常将 I_2 溶解于 KI 溶液中，此时它以 I_3^- 形式存在

$$I_3^- + 2e^- \rightleftharpoons 3I^- \qquad \varphi^{\ominus}(I_3^-/I^-) = 0.536\ V$$

I_2(或 I_3^-)是较弱氧化剂，可与较强的还原剂作用；I^- 是中等强度还原剂，能与许多氧化剂作用。

①直接碘量法(碘滴定法)　用 I_2 配成的标准滴定溶液可以直接滴定电势值比 $\varphi^{\ominus}(I_2/I^-)$ 小的还原性物质。直接碘量法不能在碱性溶液中进行滴定，因为碘与碱发生歧化反应

$$I_2 + 2OH^- \longrightarrow IO^- + I^- + H_2O$$

$$3IO^- \longrightarrow IO_3^- + 2I^-$$

②间接碘量法(滴定碘法)　电势比 $\varphi^{\ominus}(I_2/I^-)$ 高的氧化性物质可在一定条件下用 I^- 还原，再用 $Na_2S_2O_3$ 标准滴定溶液滴定释放出的 I_2，该法可测 Cu^{2+}、$Cr_2O_7^{2-}$、IO_3^-、BrO_3^-、ClO^-、ClO_3^-、H_2O_2、MnO_4^- 和 Fe^{3+} 等氧化性物质。

(2)碘量法的特点　应用范围广，既可测定氧化剂又可测定还原剂；I_3^-/I^- 电对反应可逆性好，副反应少，当 pH<9 时，酸度不影响滴定；用淀粉指示液指示终点时，与 I_2 形成深蓝色配合物，灵敏度很高。

(3)反应条件 在间接碘量法中，为不影响分析结果必须要注意以下几点：

①控制溶液酸度 必须在中性或弱酸性溶液中进行，否则在碱性溶液中

$$S_2O_3^{2-}+4I_2+10OH^- \longrightarrow 2SO_4^{2-}+8I^-+5H_2O$$

同时，I_2 还会发生歧化反应

$$3I_2+6OH^- \longrightarrow IO_3^-+5I^-+3H_2O$$

在强酸性溶液中，$Na_2S_2O_3$ 溶液会发生分解反应

$$S_2O_3{}^{2-}+2H^+ \longrightarrow SO_2\uparrow+S\downarrow+H_2O$$

酸性较高或阳光直射时，可促进空气中的 O_2 对 I^- 的氧化

$$4I^-+4H^++O_2 \longrightarrow 2I_2\downarrow+2H_2O$$

②防止 I_2 挥发和 I^- 被氧化 碘量法的误差来源主要有 I_2 易挥发及酸性溶液中 I^- 被空气中的 O_2 所氧化。因此，要采取以下措施：

测定时要加入过量 KI，使 I_2 生成 I_3^- 离子，并使用碘量瓶，不要剧烈摇动，以减少 I_2 挥发。由于 I^- 被空气氧化的反应随光照及酸度增高而加快，因此应将碘瓶置于暗处，滴定前调节好酸度，析出 I_2 后立即用 $Na_2S_2O_3$ 标准滴定溶液滴定。此外，Cu^{2+}、NO_2^- 等会催化空气对 I^- 的氧化，应设法消除干扰。

③终点淀粉指示液 需用可溶性淀粉，不能在热溶液中进行滴定。直接碘量法指示终点，应在滴定开始加入，终点时溶液由无色突变为蓝色。间接碘量法指示终点，应滴至 I_2 的黄色很浅时再加入指示液(若过早加入，形成的蓝色配合物会吸附部分 I_2，易使终点提前)，终点时溶液由蓝色转为无色。

淀粉指示液的用量一般为 2～5 mL(5 g/L 淀粉指示液)。

7.4.3 氧化还原滴定法应用——水中化学耗氧量的测定

化学耗氧量(COD)是 1 L 水中还原性物质在一定条件下被氧化时所消耗的氧含量，单位为 mg/L。它是反映水体被还原性物质污染的主要指标。还原性物质包括有机物、亚硝酸盐、亚铁盐和硫化物等。水受有机物污染极为普遍，因此 COD 可作为有机物污染程度的指标，是环境监测分析的主要项目之一。

1. 原理

COD 的测定方法是：在酸性条件下，加入过量 $KMnO_4$ 标准滴定溶液，将水样中的某些有机物及还原性物质氧化，然后加入过量的 $Na_2C_2O_4$ 还原剩余的 $KMnO_4$，再用 $KMnO_4$ 标准滴定溶液返滴定过量的 $Na_2C_2O_4$，从而计算出水样中所含还原性物质所消耗的 $KMnO_4$，换算为 COD。

$$4KMnO_4+6H_2SO_4+5C \longrightarrow 2K_2SO_4+4MnSO_4+5CO_2\uparrow+6H_2O$$

$$2MnO_4{}^-+5\,C_2O_4{}^{2-}+16H^+ \longrightarrow 2Mn^{2+}+8H_2O+10CO_2\uparrow$$

2. 结果计算

$$COD=\frac{[(V_1+V_2)K-15.00]c\left(\frac{1}{2}Na_2C_2O_4\right)\times 8\times 1000}{100.00} \tag{7-10}$$

式中　COD——化学耗氧量，mg/L；

100.00——水样的体积，mL；

V_1+V_2——测定水样时用去 $KMnO_4$ 标准滴定溶液的总体积，mL；

15.00——测定水样时，加入的 $Na_2C_2O_4$ 标准滴定溶液的体积，mL；

$c\left(\frac{1}{2}Na_2C_2O_4\right)$——$Na_2C_2O_4$ 标准滴定溶液浓度，mol/L；

8——以$\frac{1}{4}O_2$ 为基本单元时 O_2 的摩尔质量，g/mol；

K——1 mL $KMnO_4$ 标准滴定溶液相当 $Na_2C_2O_4$ 标准滴定溶液的体积，mL/ mL。

3. 注意事项

本方法只适用于较为清洁的水样测定；水样中加入 H_2SO_4 的量应足够；水样中加入 $KMnO_4$ 溶液后应在沸水浴中加热至 75～85 ℃；控制 $KMnO_4$ 标准滴定溶液的滴定速度。

本章小结

- 氧化还原平衡和氧化还原滴定
  - 氧化还原反应方程式的配平
    - 氧化还原反应的概念 — 氧化还原反应：一类物质间有电子转移(电子得失或共用电子对偏移)的反应。还原剂失去电子(氧化数升高)被氧化，氧化剂得到电子(氧化数降低)被还原
    - 离子电子法配平 — 配平原则：原子守恒，电子守恒，得失电子总数相等
  - 原电池和电极电势
    - 原电池
      - 原电池：借助于氧化还原反应自发产生电流的装置
      - 负极：电子流出(氧化反应)，如 $Zn \rightarrow Zn^{2+} + 2e^-$
      - 正极：电子流入(还原反应)，如 $Cu^{2+} + 2e^- \rightarrow Cu$
      - 电池符号：$(-)\ Zn \mid ZnSO_4(c_1) \parallel CuSO_4(c_2) \mid Cu(+)$
      - 电池电动势：$E = \varphi_{(+)} - \varphi_{(-)}$
    - 电极电势
      - 电极电势：金属表面与其盐溶液形成的双电层间的电势差
      - 标准电极电势：电极反应物质均处于标准状态
      - 影响因素(能斯特方程)：$\varphi = \varphi^{\ominus} + \dfrac{0.0592}{n}\lg\dfrac{[\text{氧化型}]^a}{[\text{还原型}]^b}$
  - 电极电势的应用
    - 判断原电池正、负极 — 负极：$E \geqslant 0$，φ 较小；正极：φ 较大
    - 判断氧化剂的强弱 — φ 较大，氧化态氧化能力强；φ 较小，还原态还原能力强
    - 判断反应的方向 — 氧化还原反应总是自发地由强氧化剂与强还原剂反应，向生成弱氧化剂和弱还原剂的方向进行
    - 判断反应程度 — $\lg K^{\ominus} = nE^{\ominus}/0.0592 = n(\varphi^{\ominus}_{(+)} - \varphi^{\ominus}_{(-)})/0.0592$
    - 判断歧化反应 — 能发生歧化反应：$\varphi^{\ominus}_{(右)} > \varphi^{\ominus}_{(左)}$
  - 氧化还原滴定法
    - 滴定原理
      - 氧化还原滴定法：以氧化还原反应为基础的滴定分析方法
      - 滴定曲线：电极电势随滴定剂加入百分数变化的曲线
      - 氧化还原指示剂：自身指示剂、显色指示剂(专属指示剂)、氧化还原指示剂
    - 氧化还原滴定法 — 高锰酸钾法、重铬酸钾法、碘量法
    - 氧化还原滴定法的应用 — 水中化学耗氧量(COD)的测定

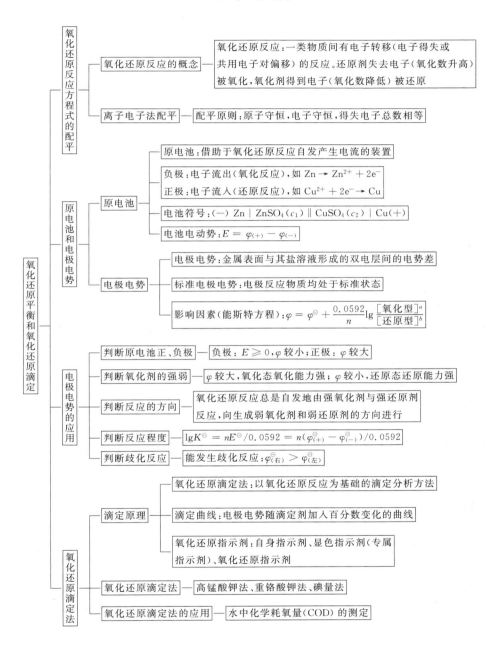

自测题

一、填空题

1. 原电池是________的装置，在原电池中，电子由________极流向________极；外电路中电流由________极流向________极。

2. 在氧化还原反应中，氧化数________（升高或降低），________（得到或失去）电子的物质是氧化剂。

3. 在原电池中，φ 值大的氧化还原电对做________极，发生________反应；φ 值小的氧化还原电对做________极，发生________反应。

4. 由氧化还原反应 $2FeCl_3 + Cu \longrightarrow 2FeCl_2 + CuCl_2$ 构成的原电池，用符号表示为________________________，负极发生的电极反应为________，正极发生的电极反应为________。

5. 已知 $\varphi^\ominus(Fe^{3+}/Fe^{2+})=0.771\ V$，$\varphi^\ominus(Fe^{2+}/Fe)=-0.447\ V$，根据铁元素的标准电势图可知，$Fe^{2+}$ 在水中________发生歧化反应（能或不能），在配制其盐溶液时，常常放入适量的铁粉防止 Fe^{2+} 被________。

6. 氧化还原滴定中，采用指示剂的类型有________、________和________。

7. 常用的氧化还原滴定法有________、________和________。

8. 高锰酸钾标准溶液应采用________方法配制，重铬酸钾标准溶液采用________方法配制。

9. 标定高锰酸钾标准溶液一般选用________作基准物。

10. 碘量法中使用________指示剂，高锰酸钾法一般采用________指示剂。

11. $KMnO_4$ 在强酸介质中被还原为________，在微酸、中性或弱碱性介质中还原为________，在强碱性介质中还原为________。

12. $KMnO_4$ 滴定法终点的粉红色不能持久的原因是________所致。因此，一般只要粉红色在________ min 内不褪色便可认为终点已到。

13. 碘量法的主要误差来源是________和________。

二、判断题（正确的画"√"，错误的画"×"）

1. 物质失去电子的反应，即氧化数升高的反应，是氧化反应。（　　）

2. 在原电池的组成中，标准电极电势大的电对作正极，标准电极电势小的电对作负极。（　　）

3. 在 25 ℃及标准态下，测定氢电极的电势为零。（　　）

4. 某电极反应 $A+2e^- \rightleftharpoons A^{2-}$，增大 A^{2-} 浓度时，其电极电势值增大。（　　）

5. 据标准电极电势判定，$I_2 + Sn^{2+} \rightleftharpoons 2I^- + Sn^{4+}$ 反应只能逆向进行。（　　）

6. $KMnO_4$ 溶液作为滴定剂时，必须装在酸式滴定管中。（　　）

7. 直接碘量法的终点是从蓝色变为无色。（　　）

8. 已知 $K_2Cr_2O_7$ 溶液浓度 $c(K_2Cr_2O_7)=0.05\ mol/L$，则 $c(\frac{1}{6}K_2Cr_2O_7)=0.3\ mol/L$。（　　）

9. 用基准试剂 $Na_2C_2O_4$ 标定 $KMnO_4$ 溶液时，需将溶液加热至 75～85 ℃进行滴定，若超过此温度，会使测定结果偏低。　(　　)

10. 用间接碘量法测定试样时，最好在碘量瓶中进行，并应避免阳光照射，为减少 I^- 与空气接触，滴定时不宜过度摇动。　(　　)

三、选择题

1. 在实验室里配制 $FeCl_2$ 溶液时，为防止被氧化，经常加入一些(　)。

A. 铁钉　B. Fe^{2+}　C. Fe^{3+}　D. 盐酸

2. 已知 $\varphi^\ominus(Fe^{3+}/Fe^{2+}) = 0.771$ V，$\varphi^\ominus(Cu^{2+}/Cu) = 0.3419$ V，$\varphi^\ominus(Fe^{2+}/Fe) = -0.447$ V，则下列反应不能正向自发进行的是(　　)。

A. $Cu^{2+} + 2Fe^{2+} \rightleftharpoons Cu\downarrow + 2Fe^{3+}$

B. $Fe + 2Fe^{3+} \rightleftharpoons 3Fe^{2+}$

C. $Cu^{2+} + Fe \rightleftharpoons Cu + Fe^{2+}$

D. $Cu + 2Fe^{3+} \rightleftharpoons 2Fe^{2+} + Cu^{2+}$

3. 已知 $\varphi^\ominus(Fe^{3+}/Fe^{2+})=0.771$ V，$\varphi^\ominus(Br_2/Br^-)=1.066$ V，$\varphi^\ominus(I_2/I^-)=0.5355$ V，则下列反应能自发正向进行的是(　　)。

A. $2Fe^{3+}+2Br^- \rightleftharpoons 2Fe^{2+}+Br_2$

B. $I_2+2Fe^{2+} \rightleftharpoons 2Fe^{3+}+2I^-$

C. $2Fe^{2+}+Br_2 \rightleftharpoons 2Fe^{3+}+2Br^-$

D. $I_2+2Br^- \rightleftharpoons 2I^- + Br_2$

4. 向电极反应 $Cu^{2+}+2e^- \rightleftharpoons Cu$ 溶液中加入浓氨水，则 Cu 的还原性(　　)。

A. 无影响　B. 增强　C. 减弱　D. 消失

5. 已知 $Cu^{2+}+2e^- \rightleftharpoons Cu$ 的 $\varphi^\ominus = 0.3419$ V，则 $\frac{1}{2}Cu \rightleftharpoons \frac{1}{2}Cu^{2+}+e^-$ 的 $\varphi^\ominus$ 为(　　)。

A. 0.17095 V　B. −0.17095 V　C. 0.3419 V　D. −0.3419 V

6. 已知 $\varphi^\ominus(Fe^{3+}/Fe^{2+}) = 0.771$ V，$\varphi^\ominus(Br_2/Br^-) = 1.066$ V，$\varphi^\ominus(I_2/I^-) = 0.5355$ V，则下列物质不能在水溶液中共存的是(　　)。

A. Br_2，Fe^{2+}　B. Br^-，I_2　C. Fe^{3+}，Br^-　D. Br^-，Fe^{2+}

7. 已知 $\varphi^\ominus(Fe^{3+}/Fe^{2+}) = 0.771$ V，$\varphi^\ominus(Cu^{2+}/Cu) = 0.3419$ V，$\varphi^\ominus(Fe^{2+}/Fe) = -0.447$ V，则在水溶液中能够共存的物质是(　　)。

A. Cu^{2+}，Fe^{2+}　B. Cu，Fe^{3+}　C. Fe，Fe^{3+}　D. Cu^{2+}，Fe

8. 根据电极电势表，下列各组溶液在酸性条件下不能共存的是(　　)。

A. Fe^{3+}，$Cr_2O_7^{2-}$　B. Zn^{2+}，Cl^-　C. Fe^{2+}，NO_3^-　D. Cu^{2+}，Fe^{3+}

9. 已知反应 $H_2+Cu^{2+} \rightleftharpoons 2H^+ +Cu\downarrow$ 在标准态下能自发进行，则可判断(　　)。

A. $\varphi^\ominus(H^+/H_2) > \varphi^\ominus(Cu^{2+}/Cu)$　B. $\varphi^\ominus(H^+/H_2) < \varphi^\ominus(Cu^{2+}/Cu)$

C. $\varphi^\ominus(H^+/H_2) = \varphi^\ominus(Cu^{2+}/Cu)$　D. 无法判断

10. 已知 $\varphi^\ominus(MnO_4^-/Mn^{2+})=1.507$ V，$\varphi^\ominus(Fe^{3+}/Fe^{2+})=0.771$ V，$\varphi^\ominus(Cr_2O_7^{2-}/Cr^{3+})=1.33$ V，$\varphi^\ominus(Cl_2/Cl^-)=1.3583$ V，$\varphi^\ominus(Br_2/Br^-)=1.066$ V，$\varphi^\ominus(I_2/I^-)=0.5355$ V，则在含有 Cl^-、Br^-、I^- 的混合溶液中，欲使 I^- 氧化成 I_2，而 Br^-、Cl^- 不被氧化，应选择

(　　)作氧化剂。

A. $KMnO_4$　　B. $FeCl_3$　　C. $K_2Cr_2O_7$　　D. Cl_2

11. 在电极反应 $Fe^{2+}+2e^- \longrightarrow Fe$ 中，增大 Fe^{2+} 的浓度，则单质 Fe 的(　　)。

A. 还原性增大　　B. 还原性减弱　　C. 氧化性增强　　D. 氧化性减弱

12. 在电极反应 $I_2+2e^- \longrightarrow 2I^-$ 中，增大 I^- 的浓度，则单质 I_2 的(　　)。

A. 还原性增大　　B. 还原性减弱　　C. 氧化性增强　　D. 氧化性减弱

13. 电极电势不能判别(　　)。

A. 氧化还原反应速率　　B. 氧化还原反应方向

C. 氧化还原能力大小　　D. 氧化还原的完全程度

14. 在酸性介质中，用 $KMnO_4$ 溶液滴定草酸盐溶液时，滴定应(　　)。

A. 像酸碱滴定那样快速进行

B. 开始缓慢，以后逐步加快，近终点时又减慢滴定速度

C. 始终缓慢地进行

D. 开始时快，然后缓慢

15. 在间接碘量法中，加入淀粉指示液的适宜时间是(　　)。

A. 滴定开始时　　B. 近终点时

C. 滴入近 30%时　　D. 滴入近 50%时

16. 下列物质中可以用氧化还原滴定法测定的是(　　)。

A. 草酸　　B. 醋酸　　C. 盐酸　　D. 硫酸

17. 二苯胺磺酸钠是 $K_2Cr_2O_7$ 滴定 Fe^{2+} 的常用指示剂，它属于(　　)。

A. 自身指示剂　　B. 特殊指示剂

C. 氧化还原指示剂　　D. 其他指示剂

18. $KMnO_4$ 滴定 $Na_2C_2O_4$ 时，第一滴 $KMnO_4$ 溶液的褪色最慢，但以后就逐渐变快，原因是(　　)。

A. $KMnO_4$ 电势很高，干扰多，影响反应速度

B. 该反应分步进行，但只要反应一经形成，速度就快了

C. 当第一滴 $KMnO_4$ 与 $Na_2C_2O_4$ 反应后，产生反应热，加快反应速度

D. 反应产生 Mn^{2+}，它是 $KMnO_4$ 与 $Na_2C_2O_4$ 反应的催化剂

四、计算题

1. 由镍片与 1 mol/L Ni^{2+} 溶液，锌片与 1 mol/L Zn^{2+} 溶液构成的原电池，哪个是正极？哪个是负极？写出电池反应式，并计算电池的标准电动势。

2. 有一电池：

$Pt, H_2(50.7\ kPa) \mid H^+(0.5\ mol/L) \parallel Sn^{4+}(0.7\ mol/L), Sn^{2+}(0.05\ mol/L) \mid Pt$

(1)写出半电池反应；(2)计算电极电势；(3)写出电池反应；(4)计算该电池的电动势。

3. 计算 25 ℃时，氧化还原反应 $Fe+2Fe^{3+} \rightleftharpoons 3Fe^{2+}$ 的标准平衡常数。

4. 已知 25 ℃时，$\varphi^\ominus(Pb^{2+}/Pb)=-0.1262\ V$，$\varphi^\ominus(Sn^{2+}/Sn)=-0.1375\ V$，$c(Pb^{2+})=0.1\ mol/L$，$c(Sn^{2+})=1.0\ mol/L$。试判断反应

$$Pb^{2+}+Sn \rightleftharpoons Pb+Sn^{2+}$$

自发进行的方向。

5. 称取 0.4000 g 软锰矿样品，用 50.00 mL $c(\frac{1}{2}H_2C_2O_4)=0.2000$ mol/L 的 $H_2C_2O_4$ 溶液处理，过量的 $H_2C_2O_4$ 用 $c(\frac{1}{5}KMnO_4)=0.1152$ mol/L 的 $KMnO_4$ 溶液返滴定，消耗 $KMnO_4$ 溶液 10.55 mL，试计算软锰矿中 MnO_2 的质量分数。

6. 将 0.1500 g 的铁矿样处理成 Fe^{2+}，用 $c(\frac{1}{5}KMnO_4)=0.1000$ mol/L 的 $KMnO_4$ 标准溶液滴定，消耗 15.03 mL，试计算铁矿石中 Fe_2O_3 的质量分数。

7. 称取稀土试样 1.000 g，用 H_2SO_4 溶解后，稀释至 100.0 mL，取 25.00 mL，用 $c(Fe^{2+})=0.05000$ mol/L 的 Fe^{2+} 标液滴定，用去 6.32 mL，试计算稀土中 $CeCl_4$ 的质量分数（反应式为 $Fe^{2+}+Ce^{4+}\longrightarrow Fe^{3+}+Ce^{3+}$）。

8. 测定 0.1666 g 的磁铁矿样，经溶解、氧化，使 Fe^{3+} 沉淀为 $Fe(OH)_3$，灼烧后得 Fe_2O_3 质量为 0.1370 g，计算试样中 Fe 和 Fe_3O_4 的质量分数。

五、问答题

1. 配平下列氧化还原反应方程式

(1) $Cu + HNO_3$(稀) —— $Cu(NO_3)_2 + NO\uparrow + H_2O$

(2) $KMnO_4 + H_2S + H_2SO_4$ —— $MnSO_4 + S\downarrow + K_2SO_4 + H_2O$

(3) $CuS + HNO_3$ —— $Cu(NO_3)_2 + S\downarrow + NO\uparrow + H_2O$

(4) $MnO_4^- + H^+ + SO_3^{2-}$ —— $Mn^{2+} + SO_4^{2-} + H_2O$

(5) $Cl_2 + NaOH \longrightarrow NaCl + NaClO + H_2O$

2. 写出下列原电池的电极反应和电池反应：

(1) $(-)Pt, H_2(p) | H^+(c_1) || Ag^+(c_2) | Ag(+)$

(2) $(-)Zn, Zn^{2+}(c_1) || Sn^{2+}(c_2), Sn^{4+}(c_3) | Pt(+)$

3. 为什么高锰酸钾滴定法一般多在 H_2SO_4 介质中使用，而不使用盐酸介质？

4. 为什么 $KMnO_4$ 标准滴定溶液不能直接配制？

5. 为什么规定用 $KMnO_4$ 溶液滴定至溶液呈淡粉红色，30 s 不褪色为终点？

6. 简述重铬酸钾法的特点。

第8章

配位平衡和配位滴定法

能 力 目 标

1. 会正确书写、命名配合物，并指出其组成。

2. 能根据配位平衡进行有关计算。

3. 会计算条件稳定常数。

4. 会确定金属离子准确滴定及连续测定的酸度条件，能进行水中钙、镁含量测定的计算。

知 识 目 标

1. 掌握配合物的概念、组成、命名及化学式的书写方法。

2. 理解配位平衡常数的意义，掌握有关配位平衡的计算方法。

3. 理解EDTA及其配合物的解离平衡及酸效应系数和条件稳定常数的意义。

4. 掌握配位滴定原理及配位滴定判据，了解酸效应曲线应用及金属指示剂作用的原理。

8.1　配合物的基本概念

8.1.1　配合物的定义

【任务8-1】　指出配合物$[Cu(NH_3)_4](OH)_2$的中心离子、配位体、配位原子和配位数。

【实例分析】　向一支盛有5 mL 0.1 mol/L $CuSO_4$溶液的试管内，滴加2.0 mol/L NH_3溶液，直至溶液变成深蓝色。然后将该溶液分成两份，一份滴加0.1 mol/L $BaCl_2$溶液，另一份滴加1.0 mol/L NaOH溶液。发现前者有白色沉淀生成，后者却没生成沉淀。表明深蓝色溶液中仍有游离的SO_4^{2-}存在，但Cu^{2+}浓度却降至不足以与OH^-形成$Cu(OH)_2$沉淀。

这是由于Cu^{2+}与NH_3以配位键结合形成了复杂配离子(铜氨配离子)。

$$Cu^{2+} + 4NH_3 \longrightarrow [Cu(NH_3)_4]^{2+}$$

铜氨配离子在溶液和晶体中都能稳定存在。其电子式和构造式如下

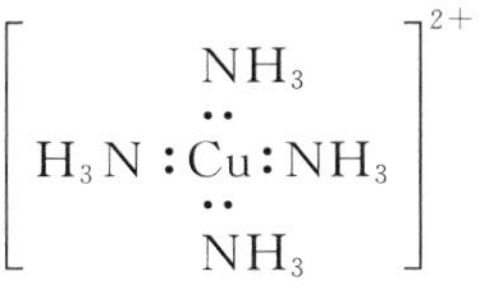

$$\begin{bmatrix} & NH_3 & \\ & :: & \\ H_3N & :Cu: & NH_3 \\ & NH_3 & \end{bmatrix}^{2+} \quad 和 \quad \begin{bmatrix} & NH_3 & \\ & \uparrow & \\ H_3N \longrightarrow & Cu & \longleftarrow NH_3 \\ & \downarrow & \\ & NH_3 & \end{bmatrix}^{2+}$$

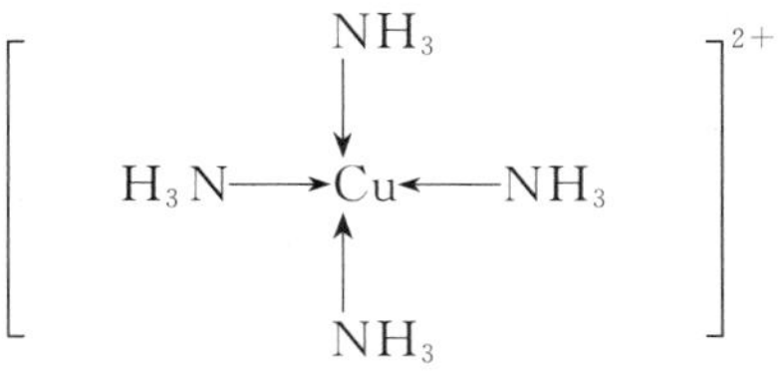

类似的还有$[HgI_4]^{2-}$、$[PtCl_6]^{2-}$、$[Co(NH_3)_6]^{3+}$、$[Ag(NH_3)_2]^+$、$Ni(CO)_4$等。

这种由一个阳离子(或原子)和一定数目的中性分子或阴离子以配位键相结合形成的能稳定存在的复杂离子或分子,称为配离子或配分子。配分子或含有配离子的化合物,称为配合物。习惯上,也称配离子为配合物。

配合物与无机物相似,也有酸、碱、盐之分。例如,$H_2[PtCl_6]$为配位酸;$[Cu(NH_3)_4](OH)_2$为配位碱;$K_2[HgI_4]$、$[Ag(NH_3)_2]Cl$、$[Cu(NH_3)_4]SO_4$、$K_3[Fe(CN)_6]$为配位盐。

知识拓展

复盐如明矾$KAl(SO_4)_2 \cdot 12H_2O$尽管组成与配合物很相似,但却有着本质区别,因为复盐在水溶液中能全部解离为一般离子。

$$KAl(SO_4)_2 \cdot 12H_2O \longrightarrow K^+ + Al^{3+} + 2SO_4^{2-} + 12H_2O$$

8.1.2 配合物的组成

配合物一般由内界和外界两部分组成。内界是配合物的特征部分,书写化学式时,用方括号括上;外界通常为一般离子。配分子则只有内界,没有外界(图 8-1)。

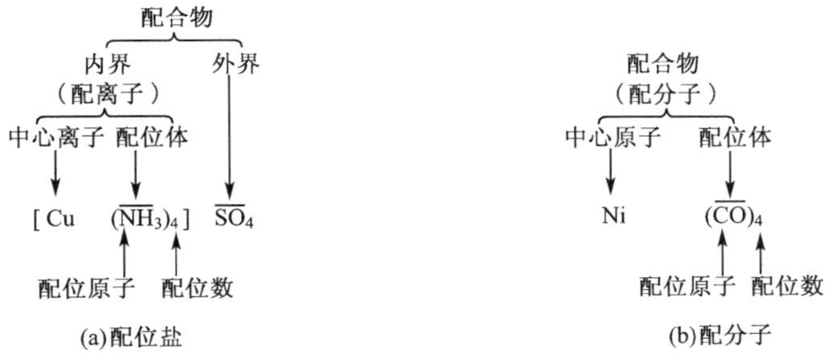

图 8-1 配合物的组成示意图

1.中心离子(或中心原子)

中心离子或中心原子是配合物的核心,统称为中心离子。中心离子提供空轨道,是孤对电子的接受体。常见中心离子多为副族元素离子,如Cr^{3+}、Fe^{3+}、Fe^{2+}、Co^{3+}、Co^{2+}、Ni^{2+}、Cu^{2+}、Cu^+、Ag^+、Zn^{2+}、Pt^{4+}、Pt^{2+}、Au^+、Hg^{2+}等;少数副族金属原子和高氧化态主族元素离子也可作中心离子,如$Fe(CO)_5$、$Ni(CO)_4$、$[AlF_6]^{3-}$、$[SiF_6]^{2-}$、$[BF_4]^-$中的Fe、Ni、Al^{3+}、Si^{4+}、B^{3+}等。

2.配位体和配位原子

在配合物中,与中心离子结合的阴离子或中性分子称为配位体,简称配体。配体中直接与中心离子以配位键相结合的原子,称为配位原子。例如$[CoCl_2(NH_3)_4]Cl$中,配位

体是 Cl^-、NH_3，配位原子是 Cl 和 N。

配位原子是孤对电子的给予体，常见配位原子均是电负性较大的非金属原子，如 C、N、O、S 及 X(卤素原子)等。只含有一个配位原子的配位体，称为单齿配位体(表 8-1)；含有两个或两个以上配位原子的配位体，称为多齿配位体，如乙二胺 $H_2N—CH_2—CH_2—NH_2$ 分子(简写 en)中，两个 N 原子都是配位原子。有些配位体含有两个配位原子，但只有一个配位原子参与配位，也归类于单齿配位体。例如，SCN^- 以 S 为配位原子时，称为硫氰酸根(SCN^-)，以 N 为配位原子时，称异硫氰酸根(NCS^-)；NO_2^- 以 N 为配位原子时，称硝基(NO_2^-)，以 O 为配位原子时，称亚硝酸根(ONO^-)。

表 8-1　　常见单齿配位体及其名称

配位原子	配体化学式	配体名称	配位原子	配体化学式	配体名称
F	F^-	氟	S	SCN^-	硫氰酸根
Cl	Cl^-	氯	S	$S_2O_3^{2-}$ *	硫代硫酸根
Br	Br^-	溴	N	NH_3	氨
I	I^-	碘	N	NCS^-	异硫氰酸根
O	OH^-	羟	N	NO_2^-	硝基
O	H_2O	水	N	NH_2^-	氨基
O	ROH	醇	C	CN^-	氰
O	ONO^-	亚硝酸根	C	CO	羰基

注：* $S_2O_3^{2-}$ 只有一个配位原子，与中心离子的连接方式是 SSO_3^{2-}。

3. 配位数

配合物中的配位原子总数，称为中心离子的配位数。

单齿配位体　　　　配位数＝配位原子数＝配位体数

多齿配位体　　　配位数＝配位原子数＝配位体数×齿数

例如，在$[Ag(NH_3)_2]Cl$ 中，中心离子 Ag^+ 的配位数是 2；$K_3[Fe(CN)_6]$中，中心离子 Fe^{3+} 的配位数是 6。

通常，中心离子电荷与其配位数有表 8-2 的关系。

表 8-2　　中心离子电荷与常见配位数的关系

中心离子电荷	+1	+2	+3	+4
常见配位数	2	4(或 6)	6(或 4)	6(或 8)

中心离子的配位数，主要取决于中心离子和配位体的性质。一般中心离子电荷多、半径大及配体电荷少、半径小，配位数较高；其次，配体浓度大，反应温度低，易形成高配位数配合物。因此，同一中心离子，其配位数也可不同。

【任务 8-1 解答】

中心离子	配位体	配位原子	配位数
Cu^{2+}	NH_3	N	4

练一练

填写下表：

配合物	中心离子	配位体	配位原子	配位数
$[Cu(NH_3)_4]SO_4$				
$K_2[HgI_4]$				
$[CoCl(NH_3)_5]Cl_2$				
$K[Ag(SCN)_2]$				

8.1.3 配合物命名

1. 配离子和配分子的命名方法

(1)配离子命名　配离子的命名顺序和方法如下

配位体数目⟶配位体名称⟶“合”⟶中心离子名称⟶中心离子氧化数⟶“离子”

配位体数目↓：用“二、三”等数字表示

配位体名称↓：①不同配位体之间用“·”分开
②配位体命名顺序：阴离子⟶中性分子
(阴离子：简单⟶复杂⟶有机酸根离子)
(中性分子：NH_3 ⟶H_2O ⟶有机物分子)

中心离子氧化数↓：用(Ⅰ)，(Ⅱ)等罗马数字表示

例如：

$[Cu(NH_3)_4]^{2+}$　四氨合铜(Ⅱ)离子

$[HgI_4]^{2-}$　四碘合汞(Ⅱ)离子

$[PtCl_6]^{2-}$　六氯合铂(Ⅳ)离子

$[Al(OH)_4]^-$　四羟合铝(Ⅲ)离子

$[Fe(CN)_6]^{3-}$　六氰合铁(Ⅲ)离子

$[CoCl_2(NH_3)_3(H_2O)]^+$　二氯·三氨·水合钴(Ⅲ)离子

(2)配分子命名　其命名与配离子相同，只是不写“离子”二字。

$Ni(CO)_4$　四羰基合镍(0)

$[PtCl_2(NH_3)_2]$　二氯·二氨合铂(Ⅱ)

命名时，多原子酸根、有机配体及带倍数的复杂配体，要写在括号内。

$[Cr(NCS)_4(NH_3)_2]^-$　四(异硫氰酸根)·二氨合铬(Ⅲ)离子

$[Cu(en)_2]^{2+}$　二(乙二胺)合铜(Ⅱ)离子

书写化学式时，配体从左至右与命名顺序相同；同类配体，按配位原子元素符号的英文字母顺序先后排列；中性分子和多原子酸根分写在括号内。

2. 配合物的命名方法

配合物的命名遵循无机物命名原则。见表8-3。

表 8-3　　配合物的命名方法

配合物	命名	配合物组成特征	实例
配位酸	某酸	内界为配阴离子，外界为 H^+	$H_2[PtCl_6]$
配位碱	氢氧化某	内界为配阳离子，外界为 OH^-	$[Cu(NH_3)_4](OH)_2$
配位盐	某化某	内界为配阳离子，外界酸根离子为简单离子	$[CoCl_2(NH_3)_3(H_2O)]Cl$
	某酸某	酸根离子为复杂离子或配阴离子	$[Cu(NH_3)_4]SO_4$、$K_4[Fe(CN)_6]$

常见配合物除用系统命名法命名外，往往还沿用习惯命名和俗名，如 $K_4[Fe(CN)_6]$ 习惯称亚铁氰化钾，俗名为黄血盐；$K_3[Fe(CN)_6]$ 习惯称铁氰化钾，俗名为赤血盐。一些只含一种配体的配合物，还可采用简名，如 $H_2[SiF_6]$、$Cu[SiF_6]$、$H_2[PtCl_6]$ 分别称为氟硅（Ⅳ）酸、氟硅（Ⅳ）酸铜、氯铂（Ⅳ）酸。

8.1.4　螯合物

中心离子与多齿配位体形成的环状配合物称为螯合物，又称内配合物。例如，$[Cu(en)_2]^{2+}$ 是具有两个五元环（五个原子参与成环）的螯合物（图 8-2）。

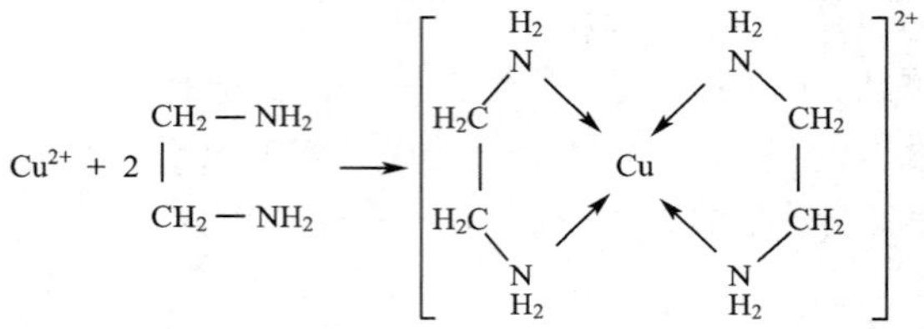

图 8-2　二（乙二胺）合铜（Ⅱ）离子

具有五元环或六元环的螯合物最稳定，而且环数越多，螯合物越稳定，这种由于成环作用导致配合物稳定性剧增的现象称为螯合效应。

能和中心离子形成螯合物的多齿配位体称为螯合剂。乙二胺四乙酸（缩写 EDTA），是常用螯合剂（图 8-3）。

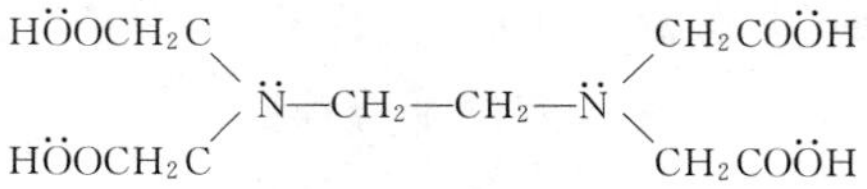

图 8-3　乙二胺四乙酸

EDTA 是具有 6 个配位原子（带孤对电子的 O、N 原子）的四元酸，通常用 H_4Y 表示。由于 H_4Y 微溶于水，因此常用其易溶于水的二钠盐（$Na_2H_2Y \cdot 2H_2O$，在水中解离为 H_2Y^{2-}）作螯合剂，H_2Y^{2-} 螯合能力极强，几乎能与所有金属离子形成螯合物，螯合比均为 1∶1。例如

$$Ca^{2+} + H_2Y^{2-} \longrightarrow [CaY_2]^{2-} + 2H^+$$

配离子 $[CaY_2]^{2-}$ 具有 5 个五元环（图 8-4），其中心离子 Ca^{2+} 的配位数为 6。

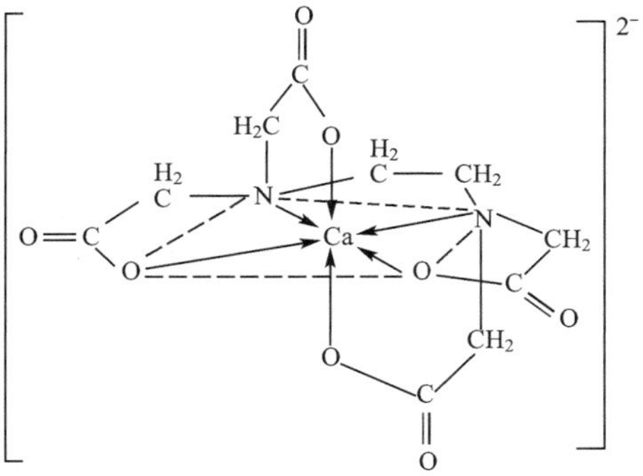

图 8-4 $[CaY_2]^{2-}$的结构

知识拓展

极少数无机物也有螯合能力，如三聚磷酸钠能与 Ca^{2+}、Mg^{2+}、Fe^{2+} 等形成稳定的螯合物，因此常用作锅炉除垢剂，也是汽车水箱内壁高效、快速除垢剂的主要成分。由于 Na_3PO_4 能与钢铁反应生成磷酸铁保护膜，因而对锅炉等金属材料又具有一定的防腐作用。

螯合物稳定性极强，难解离，许多不易溶于水，而易溶于有机溶剂，且多具有特征颜色，因此被广泛应用于金属离子的萃取分离、提纯及比色测定、容量分析等方面。

8.2 配位平衡

8.2.1 配位平衡常数

【任务 8-2】 室温下，将 0.02 mol/L $CuSO_4$ 与 0.28 mol/L NH_3 等体积混合，计算达配位平衡时，溶液中 Cu^{2+}、NH_3 和$[Cu(NH_3)_4]^{2+}$的浓度。

1. 解离常数

配合物内界与外界以离子键结合，在水溶液中能完全解离成配离子和外界离子。例如

$$[Cu(NH_3)_4]SO_4 \longrightarrow [Cu(NH_3)_4]^{2+} + SO_4{}^{2-}$$

配离子中心离子与配体之间以配位键结合，在水溶液中只部分解离。

$$[Cu(NH_3)_4]^{2+} \underset{配位}{\overset{解离}{\rightleftharpoons}} Cu^{2+} + 4NH_3$$

$$K^{\ominus}_{不稳} = \frac{[Cu^{2+}][NH_3]^4}{[Cu(NH_3)_4^{2+}]}$$

$K^{\ominus}_{不稳}$是配离子的解离常数，又称不稳定常数，是表示配离子不稳定程度的特征常数。当配体数相同时，$K^{\ominus}_{不稳}$越大，配离子解离趋势越大，越不稳定。

配离子在溶液中逐级解离，一步解离一个配体，有一个逐级不稳定常数。

$$[Cu(NH_3)_4]^{2+} \rightleftharpoons [Cu(NH_3)_3]^{2+} + NH_3 \qquad K^{\ominus}_{不稳1} = \frac{[Cu(NH_3)_3^{2+}] \cdot [NH_3]}{[Cu(NH_3)_4^{2+}]}$$

$$[Cu(NH_3)_3]^{2+} \rightleftharpoons [Cu(NH_3)_2]^{2+} + NH_3 \qquad K^{\ominus}_{不稳2} = \frac{[Cu(NH_3)_2^{2+}] \cdot [NH_3]}{[Cu(NH_3)_3^{2+}]}$$

$$[Cu(NH_3)_2]^{2+} \rightleftharpoons [Cu(NH_3)]^{2+} + NH_3 \qquad K^{\ominus}_{不稳3} = \frac{[Cu(NH_3)^{2+}] \cdot [NH_3]}{[Cu(NH_3)_2^{2+}]}$$

$$[Cu(NH_3)]^{2+} \rightleftharpoons Cu^{2+} + NH_3 \qquad K^{\ominus}_{不稳4} = \frac{[Cu^{2+}] \cdot [NH_3]}{[Cu(NH_3)^{2+}]}$$

根据多重平衡规则，有 $K^{\ominus}_{不稳1} \cdot K^{\ominus}_{不稳2} \cdot K^{\ominus}_{不稳3} \cdot K^{\ominus}_{不稳4} = K^{\ominus}_{不稳}$

2. 配位常数

配离子的稳定性还可以用配位常数 $K^{\ominus}_{稳}$（又称稳定常数）表示。例如

$$Cu^{2+} + 4NH_3 \rightleftharpoons [Cu(NH_3)_4]^{2+}$$

$$K^{\ominus}_{稳} = \frac{[Cu(NH_3)_4^{2+}]}{[Cu^{2+}] \cdot [NH_3]^4}$$

显然

$$K^{\ominus}_{稳} = \frac{1}{K^{\ominus}_{不稳}} \tag{8-1}$$

当配体数相同时，$K^{\ominus}_{稳}$越大，配离子生成趋势越大，越稳定，在水溶液中越难解离。常见配离子的 $K^{\ominus}_{稳}$ 见附录六。

配离子的形成也是分步进行的，相应平衡常数称为逐级稳定常数。生产和实验中，配位剂往往是过量的，因此只需用总稳定常数进行有关计算。

练一练

写出$[Cu(NH_3)_4]^{2+}$形成的平衡方程式和逐级平衡常数表达式。

【任务 8-2 解答】 分析：两种稀溶液等体积混合时，浓度均冲稀至原来的 1/2，即 $c(Cu^{2+})=0.01$ mol/L，$c(NH_3)=0.14$ mol/L；由于溶液中的 NH_3 过量，可以认为 Cu^{2+} 能定量转化为$[Cu(NH_3)_4]^{2+}$，即每形成 1 mol$[Cu(NH_3)_4]^{2+}$要消耗 4 mol NH_3。而后再考虑$[Cu(NH_3)_4]^{2+}$的解离。

设配位平衡时，Cu^{2+}的浓度为 x。

	Cu^{2+}	+	$4NH_3$	$\rightleftharpoons$	$[Cu(NH_3)_4]^{2+}$
起始浓度/(mol/L)	$1/2\times0.02=0.01$		$1/2\times0.28=0.14$		0
平衡浓度/(mol/L)	x		$0.14-4\times0.01+4x$		$0.01-x$

$$K^{\ominus}_{稳} = \frac{[Cu(NH_3)_4^{2+}]}{[Cu^{2+}] \cdot [NH_3]^4} = \frac{0.01-x}{x(0.10+4x)^4}$$

由附录六查得　$K^{\ominus}_{稳}=2.09\times10^{13}$。

由于 $K^{\ominus}_{稳}$较大，$[Cu(NH_3)_4]^{2+}$不易解离，近似为 $0.10+4x\approx0.10$，$0.01-x\approx0.01$。则

$$2.09\times10^{13} = \frac{0.01}{0.10^4 x}$$

解得

$$x=4.78\times10^{-12}$$

即平衡组成为

$$c(Cu^{2+})=4.78\times10^{-12}\ \text{mol/L}$$

$$c(NH_3)=0.10\ \text{mol/L}$$

$$c([Cu(NH_3)_4]^{2+}) = 0.010\ mol/L$$

8.2.2 配位平衡移动

【任务 8-3】 已知 $\varphi^{\ominus}(Hg^{2+}/Hg)=0.851\ V$，$K^{\ominus}_{稳}([Hg(CN)_4]^{2-})=2.5\times10^{41}$，计算反应

$$[Hg(CN)_4]^{2-} + 2\ e^- \rightleftharpoons Hg + 4CN^-$$

的标准电极电势 $\varphi^{\ominus}([Hg(CN)_4]^{2-}/Hg)$。

1. 配位平衡与酸碱平衡

【实例分析】 在试管中制取 10 mL $[FeF_6]^{3-}$ 溶液①，均分两份，一份滴加 2 mol/L NaOH 溶液，另一份滴加 2 mol/L H_2SO_4 溶液。发现，前者产生红褐色沉淀，说明有 $Fe(OH)_3$ 生成；后者溶液由无色逐渐变为黄色，说明有更多的 Fe^{3+} 生成。

$[FeF_6]^{3-}$ 溶液中，存在下列解离平衡

$$\underset{无色}{[FeF_6]^{3-}} \rightleftharpoons \underset{黄色}{Fe^{3+}} + 6F^-$$

加入 NaOH 时，生成 $Fe(OH)_3$ 沉淀，Fe^{3+} 浓度降低，平衡右移，$[FeF_6]^{3-}$ 稳定性降低。因此，从金属离子考虑，溶液酸度大些好；加入 H_2SO_4 至一定浓度时，H^+ 与 F^- 结合生成弱电解质 HF，平衡向解离的方向移动。故从配体考虑，溶液的酸度越大，配离子的稳定性越低。

通常，酸度对配体影响较大。当配体为弱酸根（F^-、CN^-、SCN^-、有机酸根）和 NH_3 时，都能与 H^+ 结合形成难解离的弱酸，使配离子向解离方向移动。这种增大溶液的酸度，而导致配离子稳定性降低的现象，称为酸效应。在一些定性鉴定和容量分析中，为避免酸效应，常控制在一定的 pH 条件下进行。

2. 配位平衡与沉淀溶解平衡

【实例分析】 在盛有 1 mL 含有少量 AgCl 沉淀的饱和溶液中，逐滴加入 2 mol/L NH_3 溶液，振荡试管后，AgCl 沉淀溶于 NH_3 溶液中。

$$AgCl(s) \rightleftharpoons Ag^+ + Cl^- \qquad K^{\ominus}_{sp}=[Ag^+]\cdot[Cl^-]$$

$$+$$

$$2NH_3$$

$$\Updownarrow$$

$$[Ag(NH_3)_2]^+ \qquad K^{\ominus}_{稳}=\frac{[Ag(NH_3)_2^+]}{[Ag^+]\cdot[NH_3]^2}$$

（平衡移动方向）

即转化反应为 $$AgCl(s) + 2NH_3 \rightleftharpoons [Ag(NH_3)_2]^+ + Cl^-$$

转化反应总是向金属离子浓度减小的方向移动。转化反应进行程度可用转化平衡常数来衡量。

---

①往 0.1 mol/L $FeCl_3$ 溶液中逐滴加入 1 mol/L NaF 溶液，直至溶液无色为止。

想一想

已知 AgCl 的 $K_{sp}^{\ominus}$ 和 $[Ag(NH_3)_2]^+$ 的 $K_{稳}^{\ominus}$，根据多重平衡规则，判断反应 $AgCl(s)+2NH_3 \rightleftharpoons [Ag(NH_3)_2]^+ + Cl^-$ 的转化平衡常数为(　　)

A. $K^{\ominus}=K_{稳}^{\ominus}K_{sp}^{\ominus}$　　B. $K^{\ominus}=K_{稳}^{\ominus}/K_{sp}^{\ominus}$

C. $K^{\ominus}=K_{sp}^{\ominus}/K_{稳}^{\ominus}$　　D. $K^{\ominus}=K_{稳}^{\ominus}+K_{sp}^{\ominus}$

3. 配离子之间的平衡

【实例分析】取少量 $[Fe(NCS)_6]^{3-}$ 溶液于试管中，再逐滴加入 1 mol/L NaF 溶液，直至血红色褪去。其转化反应为

$$[Fe(SCN)_6]^{3-} \rightleftharpoons Fe^{3+} + 6SCN^-$$

$$+$$

$$6F^-$$

$$\Downarrow\Uparrow$$

$$[FeF_6]^{3-}$$

平衡移动方向

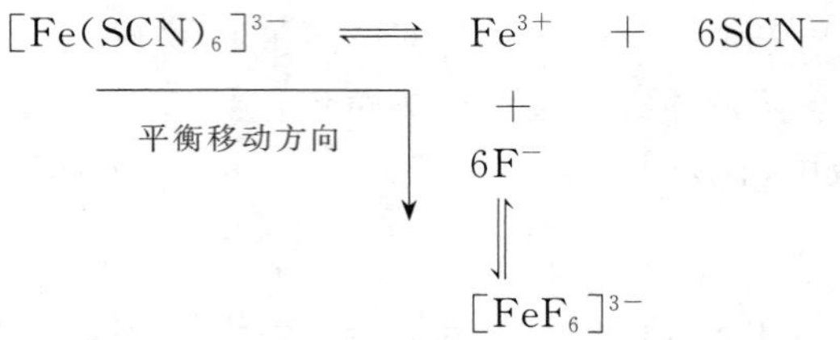

即转化反应为　$[Fe(SCN)_6]^{3-} + 6F^- \rightleftharpoons [FeF_6]^{3-} + 6SCN^-$

血红色　　　　无色

$K_{稳1}^{\ominus}=1.48\times10^{3}$　　$K_{稳2}^{\ominus}=1.0\times10^{16}$

转化平衡常数为

$$K^{\ominus}=\frac{[FeF_6^{3-}]\cdot[SCN^-]^6}{[Fe(SCN)_6^{3-}]\cdot[F^-]^6}=\frac{K_{稳2}^{\ominus}}{K_{稳1}^{\ominus}}=6.8\times10^{12}$$

$K^{\ominus}$ 很大，说明转化反应进行得很完全。

配离子间转化总是向着生成更稳定的配离子方向进行；当配体数相同时，反应由 $K_{稳}^{\ominus}$ 较小的配离子向 $K_{稳}^{\ominus}$ 较大的方向转化，且 $K_{稳}^{\ominus}$ 相差越大，转化得越完全。

练一练

查附录六，根据 $K_{稳}^{\ominus}$ 说明下述配离子转化反应方向。

$$[Ag(NH_3)_2]^+ + 2CN^- \rightleftharpoons [Ag(CN)_2]^- + 2NH_3$$

4. 配位平衡与氧化还原平衡

【任务 8-3 解答】　由平衡 $Hg^{2+}+4CN^- \rightleftharpoons [Hg(CN)_4]^{2-}$

得
$$K_{稳}^{\ominus}=\frac{[Hg(CN)_4^{2-}]}{[Hg^{2+}]\cdot[CN^-]^4}$$

若反应处于标准态，即当 $[Hg(CN)_4^{2-}]=[CN^-]=1.0$ mol/L 时

得
$$[Hg^{2+}]=1/K_{稳}^{\ominus}$$

则电极反应 $Hg^{2+}+2e^- \rightleftharpoons Hg$ 在 298.15 K 时的电极电势为

$$\varphi(Hg^{2+}/Hg)=\varphi^{\ominus}(Hg^{2+}/Hg)+\frac{0.0592}{n}\lg[Hg^{2+}]$$

$$=\varphi^{\ominus}(Hg^{2+}/Hg)-\frac{0.0592}{2}\lg K_{稳}^{\ominus}$$

$$=0.851-\frac{0.0592}{2}\lg(2.5\times10^{41})$$

$$=-0.37\ \text{V}$$

此电极反应电势就是反应$[Hg(CN)_4]^{2-}+2e^- \rightleftharpoons Hg+4CN^-$的标准电极电势即

$$\varphi^{\ominus}\{[Hg(CN)_4]^{2-}/Hg\}=\varphi(Hg^{2+}/Hg)=-0.37\ \text{V}$$

可见，$\varphi^{\ominus}\{[Hg(CN)_4]^{2-}/Hg\}$明显比$\varphi^{\ominus}(Hg^{2+}/Hg)$低。即金属与其配离子组成电对的标准电极电势要比该金属与其离子的标准电极电势低得多，配离子越稳定，标准电极电势降低得越多。因此，氧化态物质的氧化性降低，还原态物质的还原能力增强，则金属离子就可在溶液中稳定存在。

配离子形成对氧化还原反应的影响，其实质就是浓度对电极电势的影响。

想一想

将金属铜放入$HgNO_3$溶液中，会发生如下反应

$$Cu+Hg^{2+}\longrightarrow Cu^{2+}+Hg$$

但Cu却不能从$[Hg(CN)_4]^{2-}$的溶液中置换出Hg，这是为什么？

知识拓展

配合物的形成总是伴随着颜色、溶解度、电极电势的变化，因此配合物在生产实验和科研中有广泛的应用。

在分析化学中，常用于离子鉴定、掩蔽和分离。例如，Co^{2+}能与KSCN形成蓝色的$[Co(SCN)_4]^{2-}$而得到鉴定；但血红色$[Fe(SCN)_6]^{3-}$会影响颜色观察，通常先加入掩蔽剂NaF，使共存离子$[Fe(SCN)_6]^{3-}$生成无色的$[FeF_6]^{3-}$而排除干扰；Al^{3+}和Zn^{2+}均能与NH_3溶液作用生成沉淀$Al(OH)_3$、$Zn(OH)_2$，但加入过量的NH_3溶液时，后者能形成$[Zn(NH_3)_4]^{2+}$而进入溶液，因此可过滤分离。

湿法冶金提取Au，是先用NaCN溶液从低品位矿石中将Au浸出，再用Zn还原出Au。即

$$4Au+8CN^-+2H_2O+O_2\longrightarrow 4[Au(CN)_2]^-+4OH^-$$

$$Zn+2[Au(CN)_2]^-\longrightarrow 2Au+[Zn(CN)_4]^{2-}$$

电镀工业用形成配离子来控制金属离子的浓度，使其缓慢释放，逐渐析出，可得到光滑、致密、牢固的镀层。

生物体内，许多重要物质都以配合物形式存在。例如，动物血液中起输送氧气作用的血红素是Fe^{2+}的螯合物；植物中光合作用叶绿素是Mg^{2+}的螯合物；胰岛素是Zn^{2+}的螯合物等。

顺铂$[PtCl_2(NH_3)_2]$是一种典型的抗癌药品。

此外，配合物还广泛应用在配位催化、原子能、半导体、太阳能储存、环境保护、制革、印染等多方面。

*8.3 EDTA 及其配合物

8.3.1 EDTA 的解离平衡

【任务 8-4】 若只考虑酸效应，求 pH=2.0 和 pH=5.0 时$[ZnY]^{2-}$ 的 $\lg K^{\ominus\prime}(ZnY)$。

乙二胺四乙酸的二钠盐($Na_2H_2Y \cdot 2H_2O$)，也简称 EDTA，为白色无水结晶粉末，易溶于水，溶解度为 11.1 g/100 g H_2O，通常用其作滴定剂。

在水溶液中，EDTA 分子中两个羧基上的 H^+ 可转移到氮原子上形成双偶极离子，其结构为

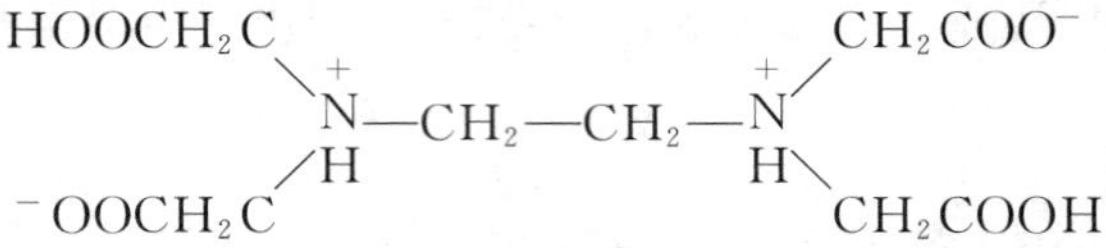

两个羧酸根还可以接受质子。当溶液酸度很高时，EDTA 便以 H_6Y^{2+} 形式存在，这样 EDTA 就相当于六元酸，在水溶液中有六级解离平衡：

$$H_6Y^{2+} \rightleftharpoons H^+ + H_5Y^+ \qquad K_{a1}^{\ominus}=1\times10^{-0.90}$$

$$H_5Y^+ \rightleftharpoons H^+ + H_4Y \qquad K_{a2}^{\ominus}=1\times10^{-1.60}$$

$$H_4Y \rightleftharpoons H^+ + H_3Y^- \qquad K_{a3}^{\ominus}=1\times10^{-2.00}$$

$$H_3Y^- \rightleftharpoons H^+ + H_2Y^{2-} \qquad K_{a4}^{\ominus}=1\times10^{-2.67}$$

$$H_2Y^{2-} \rightleftharpoons H^+ + HY^{3-} \qquad K_{a5}^{\ominus}=1\times10^{-6.16}$$

$$HY^{3-} \rightleftharpoons H^+ + Y^{4-} \qquad K_{a6}^{\ominus}=1\times10^{-10.26}$$

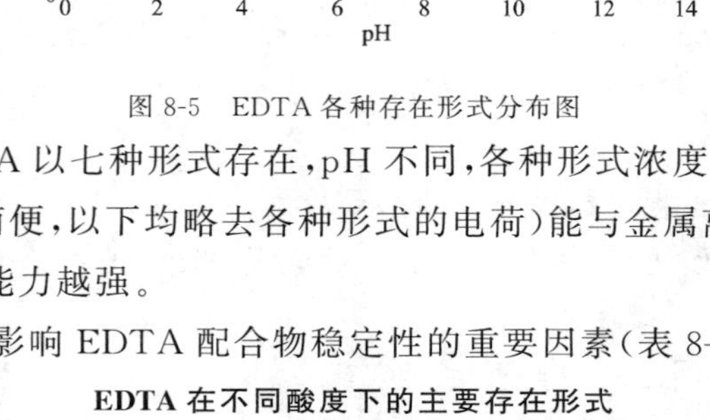

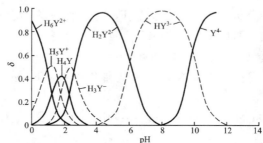

图 8-5 EDTA 各种存在形式分布图

在水溶液中，EDTA 以七种形式存在，pH 不同，各种形式浓度不同(图 8-5)。七种形式中，只有 Y(为书写简便，以下均略去各种形式的电荷)能与金属离子直接配位。即溶液 pH 越高，EDTA 配位能力越强。

因此，溶液酸度是影响 EDTA 配合物稳定性的重要因素(表 8-4)。

表 8-4 EDTA 在不同酸度下的主要存在形式

pH	<0.9	0.9~1.6	1.6~2.0	2.0~2.67	2.67~6.16	6.16~10.26	>10.26
EDTA 主要存在形式	H_6Y^{2+}	H_5Y^+	H_4Y	H_3Y^-	H_2Y^{2-}	HY^{3-}	Y^{4-}

8.3.2　EDTA 的金属离子配合物

$Na_2H_2Y \cdot 2H_2O$ 可以精制成基准试剂，能直接配制成标准滴定溶液。EDTA 与金属离子螯合时，有如下特点：

①能与绝大多数金属离子形成螯合物，因此配位滴定应用很广泛。

②螯合比均为 1∶1，故计算简单。

③EDTA 分子含有 4 个亲水的羧氧基团，且螯合物多带有电荷，因此能溶于水中，使多数螯合反应能瞬间完成。

④多数金属离子螯合物无色，利于指示剂确定终点。但有色金属离子螯合物除外，如 $[NiY]^{2-}$（蓝绿）、$[CuY]^{2-}$（深蓝）、$[CoY]^{2-}$（紫红）、$[MnY]^{2-}$（紫红）等，滴定这类金属离子时，试剂浓度应低一些，以便观察指示剂变色。

⑤由于 EDTA 是弱酸，所以配位能力与溶液酸度密切相关。

EDTA 与常见金属离子形成配合物的 $\lg K^{\ominus}_{稳}$ 值列于表 8-5。

表 8-5　常见金属离子与 EDTA 所形成配合物 $\lg K^{\ominus}_{稳}$(MY) 值(25 ℃)

金属离子	$\lg K^{\ominus}_{稳}$(MY)	金属离子	$\lg K^{\ominus}_{稳}$(MY)	金属离子	$\lg K^{\ominus}_{稳}$(MY)
Ag^+	7.32	Co^{2+}	16.31	Mn^{2+}	13.87
Al^{3+}	16.30	Co^{3+}	36.00	Na^+	1.66*
Ba^{2+}	7.86*	Cr^{3+}	23.40	Pb^{2+}	18.04
Be^{2+}	9.20	Cu^{2+}	18.80	Pt^{3+}	16.40
Bi^{3+}	27.94	Fe^{2+}	14.32*	Sn^{2+}	22.11
Ca^{2+}	10.69	Fe^{3+}	25.10	Sn^{4+}	7.23
Cd^{2+}	16.46	Li^+	2.79*	Sr^{2+}	8.37*
Ce^{3+}	16.00	Mg^{2+}	8.70*	Zn^{2+}	16.50

注：* 表示在 0.1 mol/L KCl 溶液中，其他条件相同。

8.3.3　EDTA 配合物的解离平衡

在滴定过程中，一般将 EDTA(Y)与被测金属离子 M 发生的反应称为主反应，其他反应则称为副反应。

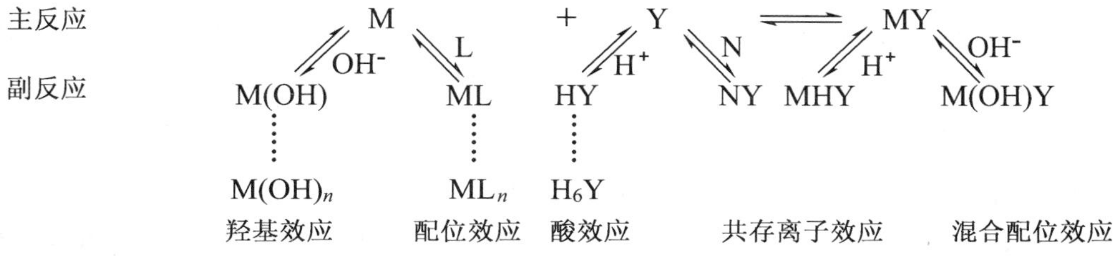

L 为辅助试剂，N 为干扰离子。反应物 M 或 Y 发生副反应，不利于主反应进行；反应产物 MY 发生副反应，则利于主反应进行。

1. 酸效应和酸效应系数

因 H^+ 的存在而使配位体 Y 参加主反应能力降低的现象就是酸效应。EDTA 酸效应系数 $a\{Y(H)\}$ 是指在一定酸度下，未与 M 配位的 EDTA 各种存在形式的总浓度[Y′]与滴定剂酸根 Y^{4+} 的平衡浓度[Y]之比。

$$a\{Y(H)\}=[Y']/[Y] \tag{8-2}$$

不同酸度下的 $a\{Y(H)\}$ 计算式为

$$a\{Y(H)\}=1+\frac{[H^+]}{K^{\ominus}_{a6}}+\frac{[H^+]^2}{K^{\ominus}_{a6}\cdot K^{\ominus}_{a5}}+\cdots+\frac{[H^+]^6}{K^{\ominus}_{a6}\cdot K^{\ominus}_{a5}\cdots K^{\ominus}_{a1}} \tag{8-3}$$

式中　$K^{\ominus}_{a6},K^{\ominus}_{a5},\cdots,K^{\ominus}_{a1}$——$H_6Y^{2+}$ 的各级解离常数。

$a\{Y(H)\}$ 越小，EDTA 的平衡浓度[Y]越大，当 pH>12 时，$a\{Y(H)\}$ 逐渐接近 1，此时 EDTA 几乎完全解离，配位能力最强（表 8-6）。

表 8-6　　不同 pH 时 EDTA 的 lg$a$\{Y(H)\}

pH	lg$a$\{Y(H)\}	pH	lg$a$\{Y(H)\}	pH	lg$a$\{Y(H)\}
0.0	23.64	3.4	9.70	6.8	3.55
0.4	21.32	3.8	8.85	7.0	3.32
0.8	19.08	4.0	8.44	7.5	2.78
1.0	18.01	4.4	7.64	8.0	2.27
1.4	16.02	4.8	6.84	8.5	1.77
1.8	14.27	5.0	6.45	9.0	1.28
2.0	13.51	5.4	5.69	9.5	0.83
2.4	12.19	5.8	4.98	10.0	0.45
2.8	11.09	6.0	4.65	11.0	0.07
3.0	10.60	6.4	4.06	12.0	0.01

2. 配位效应和配位效应系数

在 EDTA 滴定中，由于其他配位剂存在使金属离子参加主反应能力降低的现象称为配位效应。其影响程度用配位效应系数 $a\{M(L)\}$ 来衡量。$a\{M(L)\}$ 是没有参加主反应的金属离子总浓度[M′]与金属离子平衡浓度[M]之比。

$$a\{M(L)\}=[M']/[M]=1+K_1[L]+K_1\cdot K_2[L]^2+\cdots+K_1\cdot K_2\cdots K_n[L]^n \tag{8-4}$$

$a\{M(L)\}$ 越大，越不利于主反应进行。配位剂 L 一般是滴定时加入的缓冲剂或为防止金属离子水解所加入的辅助配位剂，也可能是为消除干扰而加的掩蔽剂。

3. 条件稳定常数

将考虑副反应影响而得出的实际稳定常数，称为条件稳定常数（表观稳定常数）。它是考虑酸效应、配位效应、共存离子效应、羟基化效应等因素后的实际稳定常数，用 $K^{\ominus}_{稳}{}'$ 或 $K^{\ominus}{}'(MY)$ 表示。若只考虑配位效应和酸效应，则

$$\lg K^{\ominus}{}'(MY)=\lg K^{\ominus}(MY)-\lg a\{Y(H)\}-\lg a\{M(L)\} \tag{8-5}$$

由于 EDTA 是一个多元弱酸，所以酸效应对配位滴定的影响尤为显著。当只有酸效应影响时

$$\lg K^{\ominus\prime}(MY)=\lg K^{\ominus}(MY)-\lg a\{Y(H)\} \tag{8-6}$$

此时 $\lg K^{\ominus\prime}(MY)$ 的大小反映了在相应酸度条件下 MY 的实际稳定程度，也是判断滴定可能性的重要依据。

【任务 8-4 解答】 (1)pH＝2.0 时，由表 8-5、表 8-6 分别查得

$\lg K^{\ominus}(ZnY)=16.50$；$\lg a\{Y(H)\}=13.51$，

则由式(8-6)得　　$\lg K^{\ominus\prime}=16.50-13.51=2.99$

(2)pH＝5.0 时，由表 8-6 查得 $\lg a\{Y(H)\}=6.45$，则

$$\lg K^{\ominus\prime}(ZnY)=16.50-6.45=10.05$$

练一练

已知 $\lg K^{\ominus}(CaY)=10.69$，若只考虑酸效应，计算 pH＝10.0 和 pH＝5.0 时，$[CaY]^{2-}$ 的条件稳定常数 $\lg K^{\ominus\prime}(CaY)$。

*8.4　配位滴定法

8.4.1　配位滴定基本原理

【任务 8-5】 已知溶液中含有 Bi^{3+}、Pb^{2+} 两种离子，浓度均为 0.01 mol/L，试确定准确滴定 Bi^{3+} 的酸度范围。

配位滴定法是以生成配合物反应为基础的滴定分析方法。用于滴定的配位反应需满足如下条件：配位反应进行必须完全，即配合物稳定常数应足够大；金属离子与配位剂的配位比应恒定；反应快；有适当方法确定滴定的终点。

1. 配位滴定曲线

配位滴定曲线反映滴定过程中配位滴定剂的加入量与待测金属离子浓度之间的变化关系，曲线可通过计算绘制或通过仪器测量绘制。

【实例分析】 以 pH＝12.00 时用 0.01000 mol/L 的 EDTA 标准滴定溶液滴定 20.00 mL 0.01000 mol/L 的 Ca^{2+} 溶液为例，通过计算滴定过程中的 pM 说明配位剂加入量与待测金属离子量之间的变化关系。

EDTA 与 Ca^{2+} 的配位反应为

$$Ca^{2+}+Y^{4-}\rightleftharpoons[CaY]^{2-}$$

由于 Ca^{2+} 既不易水解也不与其他配位剂反应，因此在配位平衡时只需考虑酸效应。当 pH 为 12.00 时，$\lg a\{Y(H)\}\approx 0$，副反应忽略不计，计算时采用绝对稳定常数即可。

(1)滴定前　溶液中只有 Ca^{2+}，$c(Ca^{2+})=0.01000$ mol/L，则 pCa＝2.00。

(2)化学计量点前　溶液中有剩余的 Ca^{2+} 和滴定产物 $[CaY]^{2-}$。由于 $\lg K^{\ominus}$ 较大，剩余 Ca^{2+} 对 $[CaY]^{2-}$ 解离又有一定抑制作用，故可忽略 $[CaY]^{2-}$ 的离解，按剩余 Ca^{2+} 浓度计算 pCa。

当滴入 EDTA 溶液体积为 19.98 mL 时

$$[Ca^{2+}]=\frac{0.02\times0.01000}{20.00+19.98}=5.002\times10^{-6}\ \text{mol/L}$$

$$pCa=5.30$$

(3)化学计量点时 Ca^{2+} 与 EDTA 几乎全部形成 $[CaY]^{2-}$ 离子，所以

$$[CaY^{2-}]=\frac{2.00\times0.01000}{20.00+20.00}=5.000\times10^{-3}$$

此时，$[Ca^{2+}]=[Y^{4-}]$，查表 8-5 得 $\lg K^{\ominus}_{稳}(CaY)=10.69$。则

$$\frac{[CaY^{2-}]}{[Ca^{2+}]\cdot[Y^{4-}]}=\frac{[CaY^{2-}]}{[Ca^{2+}]^2}=K^{\ominus}(CaY)=1.00\times10^{10.69}=4.90\times10^{10}$$

解得
$$[Ca^{2+}]=\sqrt{\frac{[CaY^{2-}]}{K^{\ominus}(CaY)}}=\sqrt{\frac{5.00\times10^{-3}}{4.9\times10^{10}}}=3.19\times10^{-7}$$

即
$$pCa=6.56$$

(4)化学计量点后　溶液的 pCa 取决于 EDTA 过量的浓度，当加入的 EDTA 溶液体积为 20.02 mL 时

$$[Y^{4-}]=\frac{0.02\times0.01000}{20.000+20.02}=5.000\times10^{-6}$$

$$\frac{[CaY^{2-}]}{[Ca^{2+}]\cdot[Y^{4-}]}=K^{\ominus}(CaY)$$

即
$$\frac{5.000\times10^{-3}}{[Ca^{2+}]\times5.000\times10^{-6}}=4.90\times10^{10}$$

解得
$$[Ca^{2+}]=10^{-7.69}\ \text{mol/L}$$

则
$$pCa=7.69$$

计算所得数据列于表 8-7，并绘制滴定曲线如图 8-6。

表 8-7　0.0100 mol/L EDTA 标准滴定溶液滴定 20.00 mL 0.0100 mol/L Ca^{2+} 溶液中 pCa 的变化

滴入的 EDTA 溶液/mL	剩余 Ca^{2+} 溶液/mL	过量 EDTA 溶液/mL	pCa
0.00	20.00	0.00	2.00
18.00	2.00	0.00	3.30
19.80	0.20	0.00	4.30
19.98	0.02	0.00	5.30
20.00	0.00	0.00	6.49
20.02	0.00	0.02	7.69

在 pH＝12.00 时，用 0.01000 mol/L EDTA 标准滴定溶液滴定 0.01000 mol/L Ca^{2+}，计量点时的 pCa 为 6.49，滴定突跃的 pCa 为 5.30～7.69，比较大，可以准确滴定。

2. 配位滴定判据

在配位滴定中，采用指示剂目测终点时，要求滴定突跃大于 0.4 pM。若终点误差不超过±0.1%，金属离子能否被准确滴定的判据是

$$\lg c(\mathrm{M})K^{\ominus\prime}(\mathrm{MY})\geqslant 6 \qquad (8\text{-}7)$$

3. 配位滴定最高允许酸度

若只有酸效应，当被测金属离子浓度为 0.01 mol/L 时，$\lg K^{\ominus\prime}\geqslant 8$，金属离子可被准确滴定。因此

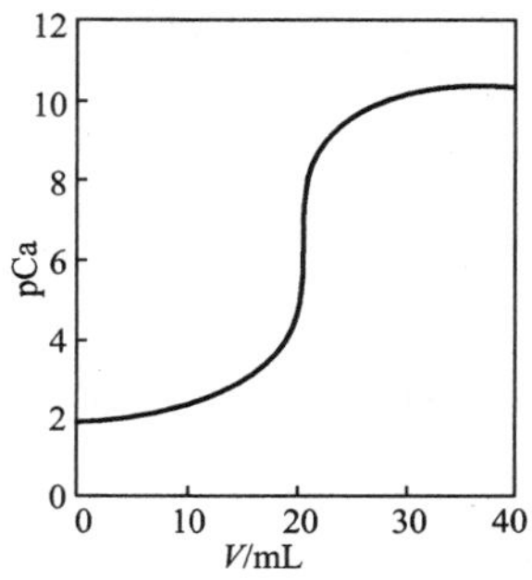

图 8-6　pH＝12.00 时 0.01000 mol/L EDTA 滴定 0.01000 mol/L Ca^{2+} 溶液的滴定曲线

$$\lg K^{\ominus\prime}(\mathrm{MY})=\lg K^{\ominus}(\mathrm{MY})-\lg \alpha\{\mathrm{Y(H)}\}\geqslant 8$$

即

$$\lg \alpha\{\mathrm{Y(H)}\}\leqslant \lg K^{\ominus}(\mathrm{MY})-8 \qquad (8\text{-}8)$$

将金属离子 $\lg K^{\ominus}(\mathrm{MY})$ 代入式(8-8)，即可求出对应的最大 $\lg \alpha\{\mathrm{Y(H)}\}$，再从表 8-6 查得最低允许 pH。

练一练

在 pH＝2.0 和 pH＝5.0 的介质中，能否用 0.010 mol/L EDTA 的标准滴定溶液准确滴定 0.010 mol/L 的 Zn^{2+} 溶液？

将金属离子的 $\lg K^{\ominus}$ 或对应的 $\lg \alpha\{\mathrm{Y(H)}\}$ 与最低允许 pH 绘成的曲线，称为酸效应曲线(图 8-7)。

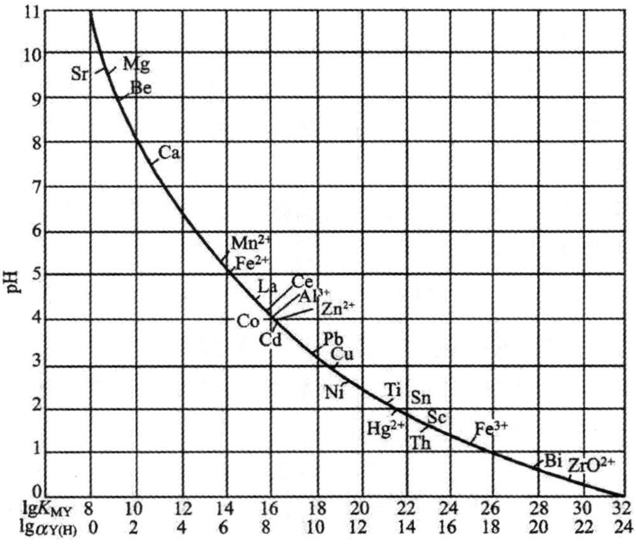

图 8-7　EDTA 酸效应曲线

使用酸效应曲线查单独滴定某种金属离子的最低 pH 的前提是：金属离子浓度为 0.01 mol/L；允许测定的相对误差为±0.1%；溶液中除 EDTA 酸效应外，金属离子未发

生其他副反应。否则，曲线将发生变化，因此要求的 pH 也有所不同。酸效应曲线的应用如下：

(1)选择滴定金属离子的酸度条件　从图 8-7 上，找出被测金属离子的位置，由此作水平线，所得 pH 就是滴定单一金属离子的最低允许 pH。例如，滴定 Fe^{3+} 时，pH 必须大于 1。

(2)判断干扰情况　一般在酸效应曲线上，被测金属离子以下的金属离子都干扰测定。

经验表明，当 M 和 N 两种离子浓度相近时，$\lg K^{\ominus}(MY)-\lg K^{\ominus}(NY)\geqslant 5$，就可连续滴定两种离子而互不干扰。在横坐标上，从 $\lg K^{\ominus}(NY)+5$ 处作垂线，与曲线相交于一点，再从这点作水平线，所得的 pH 就是滴定 M 离子的最高允许 pH。若低于此酸度，N 离子开始干扰。

(3)控制酸度进行连续测定　在滴定 M 离子后，如欲连续滴定 N 离子，可从 N 离子的位置作水平线，所得的 pH 就是滴定 N 离子的最高允许酸度。例如，溶液中含有 Bi^{3+}、Zn^{2+}，可在 pH＝1.0 时滴定 Bi^{3+}，在 pH＝4.0～5.0 时滴定 Zn^{2+}。

(4)兼作 $pH-\lg a\{Y(H)\}$ 表用　图 8-7 中横坐标第二行是用 $\lg a\{Y(H)\}$ 表示的，它与 $\lg K^{\ominus}(MY)$ 之间相差 8 个单位，可代替表 8-6 使用。

滴定时，为保证金属离子配位完全，通常控制 pH 比最低允许值略高些。而金属离子不被沉淀的最低酸度(最高允许 pH)，可通过 $M(OH)_n$ 溶度积求得。

查一查

利用酸效应曲线，分别查出金属离子 Cu^{2+}、Ca^{2+}、Al^{3+}、Fe^{3+} 被定量准确滴定的最高允许酸度。

4. 金属指示剂

金属指示剂是一种有机染料，也是一种配位剂，能与某些金属离子反应，生成与其本身颜色显著不同的配合物以指示终点。

在滴定前加入金属指示剂(用 In 表示金属指示剂的配位基团)，则 In 与待测金属离子 M 有如下反应(省略电荷)：

$$M + \underset{\text{甲色}}{In} \rightleftharpoons \underset{\text{乙色}}{MIn}$$

这时溶液呈 MIn(乙色)的颜色。当滴入 EDTA 溶液 Y 后，Y 先与游离 M 结合。至化学计量点附近，Y 夺取 MIn 中的 M 使指示剂 In 游离出来，溶液由乙色变为甲色，指示滴定终点的到达。

$$MIn + Y \rightleftharpoons MY + In$$

【实例分析】　铬黑 T 是在弱碱性溶液中滴定 Mg^{2+}、Zn^{2+}、Pb^{2+} 等离子的常用指示剂。在 pH＝10 的水溶液中呈蓝色，其 Mg^{2+} 配合物为酒红色。若此时用 EDTA 滴定 Mg^{2+}，并先加入铬黑 T 指示剂，则溶液呈红色。随滴定剂的不断加入，EDTA 逐渐与 Mg^{2+} 反应。在化学计量点附近，Mg^{2+} 浓度降至很低，EDTA 可夺取 Mg-EBT 中的 Mg^{2+}，使铬黑 T 游离出来，此时溶液呈现出蓝色，指示滴定终点到达。

常用金属指示剂使用的 pH 范围、可直接滴定的金属离子和颜色变化见表 8-8。

表 8-8　常用金属指示剂及其应用范围

指示剂	使用的 pH 范围	颜色		可以直接滴定的离子	备注
		In	MIn		
铬黑 T (EBT)	8～10	蓝	红	pH＝10：Mg^{2+}、Zn^{2+}、Cd^{2+}、Pb^{2+}，Hg^{2+}，稀土	Fe^{3+}、Al^{3+}、Cu^{2+}、Ni^{2+} 等封闭① EBT
钙指示剂 (NN)	12～13	蓝	红	pH＝12～13：Ca^{2+}	Fe^{3+}、Al^{3+}、Ti^{3+}、Cu^{2+}、Co^{2+}、Ni^{2+} 等封闭 NN
二甲酚橙 (XO)	＜6	黄	红紫	pH＜1：ZrO^{2+} pH＝1～2：Bi^{3+} pH＝2.5～3.5：Th^{4+} pH＝5～6：Zn^{2+}、Cd^{2+}、Pb^{2+}、Hg^{2+}、Tl^{3+}、稀土	Fe^{2+}、Al^{3+}、Ni^{2+}、Ti^{4+} 等封闭 XO
过氧乙酰硝酸酯 (PAN)	2～12	黄	红	pH＝2～3：Bi^{3+}、Th^{4+} pH＝4～5：Zn^{2+}、Cd^{2+}、Pb^{2+}、Cu^{2+}	MIn 溶解度小，为防止 PAN 僵化②，滴定时要加热
酸性铬蓝 K	8～13	蓝	红	pH＝10：Mg^{2+}、Zn^{2+}、Mn^{2+} pH＝13：Ca^{2+}	
磺基水杨酸	1.5～2.5	无	紫红	pH＝1.5～2.5：Fe^{3+}	

注：①指示剂的封闭：由于 $K^{\ominus}(MIn)$ 过大，导致 Y 不易与 MIn 中的 M 结合，而推迟终点，甚至不变色的现象。

②指示剂的僵化：由于 MIn 不易溶于水，而使滴定剂与 MIn 交换缓慢，终点拖延的现象。

5. 提高配位滴定选择性的方法

(1)控制溶液酸度　当溶液中有 M 与 N 两种离子时，能准确滴定 M 并保证 N 不发生干扰的条件是 $\lg c(M)K^{\ominus\prime}(MY)\geqslant 6$，且 $\lg c(N)\ K^{\ominus\prime}(NY)\leqslant 1$，或

$$\Delta\lg K_{稳}^{\ominus\prime}=\lg c(M)K^{\ominus\prime}(MY)-\lg c(N)K^{\ominus\prime}(NY)\geqslant 5 \quad (8\text{-}9)$$

在连续滴定 M 与 N 时，准确滴定 M 的最高允许酸度由式(8-8)确定；N 存在下滴定 M 的最低允许酸度为

$$\lg a\{Y(H)\}\geqslant \lg K^{\ominus}(NY)-3 \quad (8\text{-}10)$$

也可以利用酸效应曲线，确定滴定 M 的 pH 范围。

【任务 8-5 解答】　由表 8-5 查得，$\lg K^{\ominus}(BiY)=27.94$　$\lg K^{\ominus}(PbY)=18.04$

则　$\triangle\lg K_{稳}^{\ominus}=27.94-18.04=9.90>5$

因此，控制酸度可以选择滴定 Bi^{3+}，而 Pb^{2+} 不产生干扰。

由式(8-8)得　$\lg a\{Y(H)\}\leqslant \lg K^{\ominus}(BiY)-8=27.94-8=19.94$

则查表 8-6 得，允许滴定的最小 pH＝0.6

由式(8-10)得　$\lg a\{Y(H)\}\geqslant \lg K^{\ominus}(PbY)-3=18.04-3=15.04$

则查表 8-6 得，允许滴定的最大 pH＝1.6

所以，控制酸度 pH＝0.6～1.6 可以准确滴定 Bi^{3+} 而 Pb^{2+} 不产生干扰。

??? 想一想

如何用图 8-7 确定【任务 8-5】中，允许滴定 Bi^{3+} 的最小 pH?

(2)掩蔽方法　常用的掩蔽方法有三种，其中配位掩蔽法应用最广泛。

①配位掩蔽法　利用掩蔽剂 L 与干扰离子 N 发生配位反应以消除干扰的方法。例如，EDTA 测定水中的 Ca^{2+}、Mg^{2+} 含量时，若先加入三乙醇胺与干扰离子 Fe^{3+}、Al^{3+} 生成更稳定的配合物，则可以在 pH＝10 条件下测定 Ca^{2+}、Mg^{2+} 总含量。

②沉淀掩蔽法　利用掩蔽剂 L 与干扰离子 N 发生沉淀反应以消除干扰的方法。例如，EDTA 测定水的钙硬度时，Mg^{2+} 干扰 Ca^{2+} 的测定，可加入 NaOH 溶液，并使 pH＞12，则 Mg^{2+} 形成 $Mg(OH)_2$ 沉淀，从而消除 Mg^{2+} 的干扰。

③氧化还原掩蔽法　利用掩蔽剂 L 与干扰离子 N 发生氧化还原反应，降低 N 与 EDTA 形成配合物的稳定性以消除干扰的方法。例如，测定 Fe^{3+}、Bi^{3+} 中的 Bi^{3+} 时，Fe^{3+} 产生干扰，可在溶液中加入抗坏血酸或盐酸羟胺，将 Fe^{3+} 还原为 Fe^{2+}，消除干扰。

8.4.2　配位滴定的方法

1. 直接滴定法

这是配位滴定中最基本的方法。该方法是将待测组分溶液调节至所需要的酸度，加入必要的辅助试剂和指示剂，用 EDTA 标准滴定溶液滴定，然后根据标准滴定溶液浓度和体积计算出被测组分含量的方法。如 Ca^{2+}、Mg^{2+}、Mn^{2+}、Co^{2+}、Ni^{2+}、Zn^{2+}、Cd^{2+}、Pb^{2+}、Cu^{2+}、Fe^{3+}、Bi^{3+}、Sr^{2+} 等在一定酸度下，都可以用 EDTA 直接滴定。

2. 返滴定法

当被测离子与 EDTA 配位缓慢或在滴定条件下发生副反应，或使指示剂出现封闭现象、产生僵化，或无合适指示剂时，均可采用返滴定法。即先加已知过量的 EDTA 标准滴定溶液，使之与被测离子配位，待反应完全后，再用另一种金属离子标准滴定溶液滴定剩余的 EDTA，由两种标准滴定溶液所消耗的物质的量之差计算被测离子含量的方法。

例如，Al^{3+} 与 EDTA 配位缓慢，使二甲酚橙等指示剂出现封闭现象，又易水解，因此一般采用返滴定法测定。先加过量的 EDTA 标准滴定溶液于试液中，调节 pH，加热煮沸，使 Al^{3+} 与 EDTA 配位完全，冷却后调节 pH＝5～6，加入二甲酚橙，用 Zn^{2+} 标准滴定溶液滴定剩余的 EDTA。

3. 置换滴定法

置换滴定法是利用置换反应，从配合物中置换出等物质的量的另一种金属离子或 EDTA，然后进行滴定的方法。

例如，$\lg K^{\ominus}=7.32$，不能用 EDTA 直接滴定，但若将 Ag^+ 加入到 $[Ni(CN)_4]^{2-}$ 溶液中，则发生置换反应

$$2Ag^+ + [Ni(CN)_4]^{2-} \rightleftharpoons 2[Ag(CN)_2]^- + Ni^{2+}$$

在 pH＝10 的氨溶液中，用 EDTA 滴定置换出来的 Ni^{2+}，即可求出 Ag^+ 的含量。

4. 间接滴定法

一些金属离子(Li^+、Na^+、K^+、Rb^+、Cs^+等)及非金属离子(SO_4^{2-}、PO_4^{3-}等)不能与EDTA配位或与EDTA形成的配合物不稳定,可采用间接法进行测定。

例如,测定Na^+时,先沉淀为醋酸铀酰锌钠[$NaZn(UO_2)_3(Ac)_9 \cdot 9H_2O$],然后再分离沉淀,洗净沉淀并将其溶解。最后用EDTA标准滴定溶液滴定Zn^{2+},从而间接计算出Na^+的含量。

8.4.3 配位滴定法应用——水中钙、镁总含量的测定

水中钙、镁总含量是衡量生活用水和工业用水水质的一项重要指标。如锅炉给水,经常要进行此项分析,为水处理提供依据。各国对水中钙、镁总含量的表示方法不尽相同,通常采用以下方法表示:

①以1 L水中所含Ca^{2+}、Mg^{2+}的总含量相当于$CaCO_3$的质量来表示,单位为mg/L。例如,GB 5749—2006《生活饮用水卫生标准》规定,饮用水中钙、镁总含量以$CaCO_3$计,不超过450 mg/L。

②将水中Ca^{2+}、Mg^{2+}总含量以物质的量浓度表示,单位为mmol/L。

③将水中Ca^{2+}、Mg^{2+}总含量折合为CaO后,以度表示(1 L水中含10 mg CaO为1度),单位为度(°)。

(1)测定方法原理

在pH=10的氨缓冲溶液中,以铬黑T作指示剂,用EDTA标准滴定溶液直接滴定Ca^{2+}、Mg^{2+},溶液由酒红色变为纯蓝色为终点。

测定过程中生成的CaY、MgY、Mg-EBT、Ca-EBT稳定性依次为

$$\text{CaY} > \text{MgY} > \text{Mg-EBT} > \text{Ca-EBT}$$

铬黑T首先与Mg^{2+}结合,生成红色配合物Mg-EBT;当滴入EDTA时,Ca^{2+}、Mg^{2+}依次与之结合,最后EDTA夺取与铬黑T结合的Mg^{2+},使指示剂游离出来,溶液颜色由红色变为蓝色,指示滴定终点。

(2)结果计算

水中钙、镁总含量计算如下:

$$\text{钙、镁总含量}(\text{CaCO}_3\ \text{mg/L}) = \frac{c(\text{EDTA}) \cdot V(\text{EDTA}) \cdot M(\text{CaCO}_3) \times 10^3}{V(\text{H}_2\text{O})} \tag{8-11}$$

$$\text{钙、镁总含量}\ c(\text{mmol/L}) = \frac{c(\text{EDTA}) \cdot V(\text{EDTA}) \times 10^3}{V(\text{H}_2\text{O})} \tag{8-12}$$

$$\text{总硬度}(°) = \frac{c(\text{EDTA}) \cdot V(\text{EDTA}) \cdot M(\text{CaO})}{10V(\text{H}_2\text{O})} \times 10^3 \tag{8-13}$$

式中 $c(\text{EDTA})$——标准滴定溶液的浓度,mol/L;

$V(\text{EDTA})$——滴定时,用去的EDTA标准滴定溶液的体积,mL;

$V(\text{H}_2\text{O})$——水样的体积,mL;

$M(\text{CaCO}_3)$——$CaCO_3$的摩尔质量,g/mol;

$M(\text{CaO})$——CaO的摩尔质量,g/mol。

(3)注意事项

滴定不能过快，要与反应速度相适应；硬度较大的水样，应加(1∶1)盐酸酸化，并煮沸数分钟，除去 CO_2；滴定时，水中少量 Fe^{3+}、Al^{3+} 等干扰离子可用三乙醇胺掩蔽；滴定时，水中少量 Cu^{2+}、Pb^{2+}、Zn^{2+} 等重金属离子可用 KCN、Na_2S 或巯基乙酸掩蔽；Mn^{2+} 存在时，可加入还原剂盐酸羟胺防止其氧化，因在碱性条件下，空气氧化成的 Mn^{4+} 能使铬黑 T 氧化褪色。

本章小结

- 配位平衡和配位滴定法
  - 配合物的基本概念
    - 配合物的定义 — 由一个阳离子(或原子)和一定数目的中性分子或阴离子以配位键相结合形成的能稳定存在的复杂离子或分子，称为配离子或配分子。配分子或含有配离子的化合物，称为配合物
    - 配合物的组成
      - 外界：一般离子，如 Cl^-，SO_4^{2-}，OH^-，K^+ 等
      - 内界：配离子或配分子，含中心离子、配位体
    - 配合物的命名 — 有酸、碱、盐之分，内界命名最为关键
    - 螯合物 — 中心离子与多齿配位体形成的环状配合物
  - 配位平衡
    - 配位平衡常数 — $K^{\ominus}_{不稳1} \cdot K^{\ominus}_{不稳2} \cdot K^{\ominus}_{不稳3} \cdot K^{\ominus}_{不稳4} = K^{\ominus}_{不稳}$；$K^{\ominus}_{稳} = 1/K^{\ominus}_{不稳}$
    - 配位平衡移动 — 除酸效应外，平衡向中心离子浓度更小的方向移动，进而影响配离子的稳定性和中心离子的氧化性
  - EDTA及其配合物
    - EDTA 的解离平衡 — EDTA 为乙二胺四乙酸，四元酸，用 H_4Y 表示，常用其二钠盐 Na_2H_2Y，6 配位原子，相当于六元酸
    - EDTA 的配合物 — 配位能力强；螯合比多为 1∶1；计算简单；配位反应快；利于指示剂确定终点；配位能力受酸度影响
    - 配合物的解离平衡 — 条件稳定常数 $\lg K^{\ominus\prime}(MY) = \lg K^{\ominus}(MY) - \lg a\{Y(H)\} - \lg a\{M(L)\}$
  - 配位滴定法
    - 配位滴定的基本原理
      - 配位滴定法是以生成配位化合物的反应为基础的滴定分析方法。反应需具备稳定常数大、配位比稳定、反应速率快、终点易于确定等特点
      - 单一金属离子能否被准确滴定的判据为 $\lg c(M)K^{\ominus\prime}(MY) \geqslant 6$
      - 配位滴定的最高允许酸度(只有酸效应时) $\lg a\{Y(H)\} \leqslant \lg K^{\ominus}(MY) - 8$ 据 $\lg a\{Y(H)\}$ 查 pH
      - 准确滴定 M，离子而共存离子 N 不发生干扰的条件是 $\Delta \lg K^{\ominus}_{稳} = \lg c(M)K^{\ominus\prime}(MY) - \lg c(N)K^{\ominus\prime}(NY) \geqslant 5$
    - 配位滴定的方法 — 直接滴定法、返滴定法、置换滴定法、间接滴定法
    - 配位滴定法的应用 — 示例：水中钙、镁总含量的测定

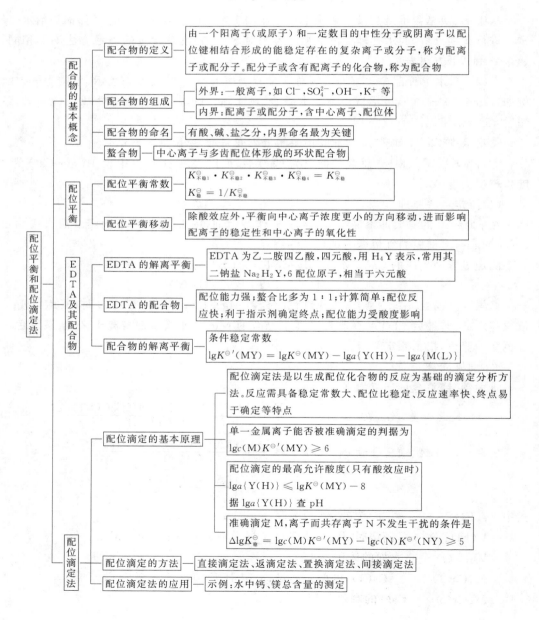

自 测 题

一、填空题

1. 由________阳离子(或原子)和________的中性分子或阴离子以配位键相结合形成的能稳定存在的复杂离子或分子，称为________或________。

2. $[CoCl_2(NH_3)_3(H_2O)]Cl$ 命名为________________，其中心离子为________配位体有________、________、________，配位原子有________、________、________，配位数为________，配离子的电荷为________。

3. 完成下表

化学式	命名	中心离子	配位体	配位原子	配位数	配离子电荷
$H_2[PtCl_6]$						
	氢氧化四氨合铜(Ⅱ)					
		Fe^{3+}	CN^-		6	
$[Al(OH)_4]^-$						
	二氯·二羟·二氨合铂(Ⅳ)					
$[Cu(en)_2]SO_4$						
$K_2[Cu(CN)_4]$						
$[Ag(NH_3)_2]OH$						

4. 中心离子与多齿配位体形成的环状配合物称为________，相应反应称为________。

5. 配合物的内界与外界是以________键结合的，在水溶液中能________解离为配离子和外界离子；配离子的中心离子与配位体之间是以________键结合的，在水溶液中只是________解离。

6. 影响 EDTA 配位滴定的主要因素有________和________。

7. 金属离子能被准确滴定的条件是 $\lg c(\mathrm{M})K^{\ominus\prime}(\mathrm{MY})\geqslant$________。

8. 在配位滴定中，若溶液中金属离子 M 与 N 浓度均为 1.0×10^{-2} mol/L，则当 $\lg c(\mathrm{M})K^{\ominus\prime}(\mathrm{MY})-\lg c(\mathrm{N})K^{\ominus\prime}(\mathrm{NY})\geqslant$________时，N 离子不干扰 M 的滴定。

9. 用 EDTA 滴定 Ca^{2+}、Mg^{2+} 总量时，以________作为指示剂，溶液的 pH 必须控制在________。滴定 Ca^{2+} 时，以________作为指示剂，溶液的 pH 则应控制在________以上。

二、判断题(正确的画"√"，错误的画"×")

1. 含有两个以上配位原子的配位体，称为多齿配位体。（　）

2. 配合物中，中心原子的配位数等于配位体数。（　）

3. 环状结构是螯合物的最基本特征，且环数越多，螯合物越稳定。（　）

4. 由于 EDTA 分子中含有氨氮和羧氧两种配合能力很强的配位原子，所以它能和许多金属离子形成环状结构的配合物，且稳定性较高。（　）

5. 只要金属离子能与 EDTA 形成配合物，都能用 EDTA 直接滴定。（　）

6. 在配位滴定中，利用酸效应或配位效应使 $\Delta \lg K^{\ominus}_{稳} \geq 5$，则副反应不干扰主反应正常进行。 ( )

7. 在配位滴定中，常用掩蔽干扰离子的方法有配位掩蔽法、沉淀掩蔽法和氧化还原掩蔽法。 ( )

8. EDTA 滴定中，当溶液中存在某些金属离子与指示剂生成极稳定的配合物时，会产生指示剂封闭现象。 ( )

三、选择题

1. 下列配合物中属于配分子的是( )。

A. $[Cu(NH_3)_4](OH)_2$　　B. $K_2[HgI_4]$

C. $[Ni(CO)_4]$　　D. $H_2[PtCl_6]$

2. 配合物 $[Pt(en)(NH_3)(H_2O)]$ 的配位数是( )。

A. 2　　B. 3　　C. 4　　D. 6

3. EDTA 与金属形成配合物时，其配位数是( )。

A. 2　　B. 3　　C. 4　　D. 6

4. 某钴氨配合物，用 $AgNO_3$ 溶液沉淀所含的 Cl^- 时，能得到相当于总含氯量的 2/3，则该化合物是( )。

A. $[CoCl(NH_3)_5]Cl_2$　　B. $[CoCl_2(NH_3)_4]Cl$

C. $[CoCl_3(NH_3)_3]$　　D. $[Co(NH_3)_6]Cl_3$

5. 配离子的稳定常数和不稳定常数的关系是( )。

A. $K^{\ominus}_{稳}+K^{\ominus}_{不稳}=1$　　B. $K^{\ominus}_{稳}/K^{\ominus}_{不稳}=1$

C. $K^{\ominus}_{稳}\cdot K^{\ominus}_{不稳}=1$　　D. $K^{\ominus}_{不稳}-K^{\ominus}_{稳}=1$

6. 往 $[FeF_6]^{3-}$ 溶液中加入 H_2SO_4，溶液由无色变为黄色的现象称为( )。

A. 配位效应　　B. 同离子效应　　C. 螯合效应　　D. 酸效应

7. 反应 $AgCl+2NH_3 \rightleftharpoons [Ag(NH_3)_2]^+ + Cl^-$ 的转化平衡常数 $K^{\ominus}$ 为( )。

A. $K^{\ominus}_{sp}/K^{\ominus}_{稳}$　　B. $K^{\ominus}_{sp}\cdot K^{\ominus}_{稳}$　　C. $K^{\ominus}_{sp}+K^{\ominus}_{稳}$　　D. $K^{\ominus}_{sp}-K^{\ominus}_{稳}$

8. 已知 $\varphi^{\ominus}(Cu^{2+}/Cu)=0.3419$ V，$K^{\ominus}_{稳}\{[Cu(NH_3)_4]^{2-}\}=2.00\times10^{13}$，则为 $\varphi^{\ominus}\{[Cu(NH_3)_4]^{2-}/Cu\}$( )。

A. 0.555 V　　B. −0.0524 V　　C. −1.24 V　　D. −0.897 V

9. 在 Ca^{2+}、Mg^{2+} 的混合溶液中，用 EDTA 法测定 Ca^{2+}，要消除 Mg^{2+} 的干扰，宜用( )。

A. 沉淀掩蔽法　　B. 配位掩蔽法

C. 氧化还原掩蔽法　　D. 萃取分离法

10. 在 EDTA 配位滴定中，铬黑 T 指示剂常用于( )。

A. 测定钙镁总量　　B. 测定铁铝总量

C. 测定镍含量　　D. NaOH 滴定 HCl

11. 已知 $\lg K^{\ominus}_{稳}[CaY]=10.7$，当溶液 pH＝9.0 时，$\lg \alpha\{Y(H)\}=1.28$，则 $\lg K^{\ominus'}_{稳}[CaY]$ 等于( )。

A. 11.96　　B. 10.69　　C. 9.42　　D. 1.28

12. 测定水中Ca^{2+}、Mg^{2+}含量时，消除少量Fe^{3+}、Al^{3+}干扰的正确方法是(　　)。

A. 于pH＝10的氨缓冲溶液中直接加入三乙醇胺

B. 于酸性溶液中加入KCN，然后调至pH＝10

C. 于酸性溶液中加入三乙醇胺，然后调至pH＝10氨缓冲溶液

D. 加入三乙醇胺时不考虑溶液的酸碱性

13. 用于测定水硬度的方法是(　　)。

A. 碘量法　　B. $K_2Cr_2O_7$法　　C. EDTA法　　D. 酸碱滴定法

四、计算题

1. 计算在25 ℃时，与0.1 mol/L $[Ag(NH_3)_2]^+$和2.0 mol/L NH_3溶液成平衡状态的Ag^+浓度。

2. 计算下述转化反应的标准平衡常数。

(1) $AgBr(s)+2S_2O_3^{2-} \rightleftharpoons [Ag(S_2O_3)_2]^{3-}+Br^-$

(2) $[Ni(NH_3)_4]^{2+}+4CN^- \rightleftharpoons [Ni(CN)_4]^{2-}+4NH_3$

3. 称取锡青铜试样0.2000 g制成溶液，加入过量EDTA标液，则Sn^{2+}、Cu^{2+}、Pb^{2+}等全部生成配合物。剩余的EDTA用0.01000 mol/L $Zn(Ac)_2$标液滴定，然后加入适量的NH_4F，($SnY+6F^- \longrightarrow [SnF_6]^{2-}+Y^{4-}$)，再用$Zn(Ac)_2$标液滴定置换出的EDTA，用去22.30 mL，试计算锡青铜中锡的质量分数。

4. 测定硫酸盐中的SO_4^{2-}。称取试样3.000 g，溶解后配制成250.0 mL溶液。吸取25.00 mL，再加入25.00 mL 0.05000 mol/L的$BaCl_2$溶液。加热沉淀后，用0.02000 mol/L EDTA溶液滴定剩余的Ba^{2+}，用去17.15 mL，试计算硫酸盐试样中SO_4^{2-}的质量分数？

5. 取水样50 mL，调pH＝10，以铬黑T为指示剂，用0.02000 mol/L EDTA标准溶液滴定，消耗15.00 mL；另取水样50 mL，调pH＝12，以钙指示剂为指示剂，用同一EDTA标准溶液滴定，消耗10.00 mL。计算：

(1) 水样中钙、镁总量(以mmol/L表示)；

(2) 水样中钙、镁各自含量(以mg/L表示)。

6. 称取含磷试样0.1000 g，经处理使磷沉淀成$MgNH_4PO_4$，将沉淀洗涤后溶解，并调节溶液的pH＝10.0，以EBT为指示剂，用0.01000 mol/L EDTA标液滴定其中的Mg^{2+}，用去20.00 mL，试计算试样中P_2O_5的质量分数。

五、问答题

1. 简述什么是配位体和配位原子。

2. 写出下列配合物或配离子的化学式。

(1) 二氯·二氨合铂(Ⅱ)　　(2) 氯化二氯·四氨合钴(Ⅲ)

(3) 六氰合铁(Ⅱ)酸钾　　(4) 四羟合铝(Ⅲ)离子

(5) 二(硫代硫酸根)合银(Ⅰ)酸钾

3. 举例说明，何谓酸效应？

4. 判断下述反应进行的方向，并说明原因。

$$[Zn(NH_3)_4]^{2+}+4CN^- \rightleftharpoons [Zn(CN)_4]^{2-}+4NH_3$$

5. 简述金属指示剂的作用原理和使用条件。

第9章

脂肪烃

能力目标

1. 会正确书写有机化学反应方程式，能对有机化合物分类。
2. 能根据脂肪烃结构特征预测命名与性质的特点，会命名脂肪烃。
3. 能应用脂肪烃性质进行鉴别、推断、分离及合成有机物。

知识目标

1. 了解有机物的结构、特征及分类方法。
2. 掌握脂肪烃结构特征及命名方法。
3. 掌握脂肪烃性质及其反应规律。

9.1 有机物基础知识

9.1.1 有机物的结构及特性

【任务 9-1】 下列各组化合物中属于同分异构体的有哪些？并具体指出是哪种异构体。

(1) 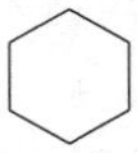 和 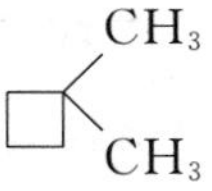

(2) $H_2C{=}CHCH_2CH_3$ 和 

(3) 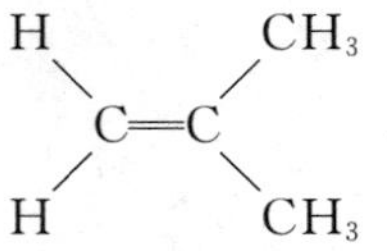 和 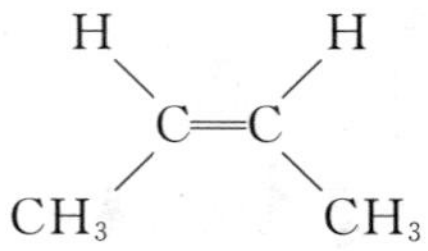

(4) 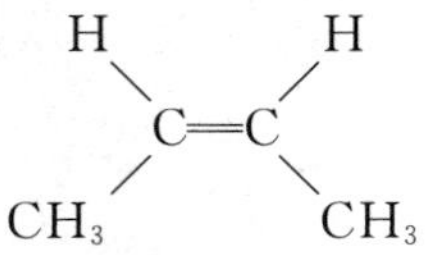 和 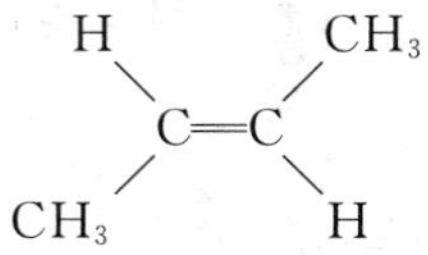

1. 有机物的结构

碳氢化合物及其衍生物，称为有机化合物，简称有机物。

知识拓展

有机物与人类生产、生活密切相关。人体需要的六大生命物质水、无机盐、糖类、脂肪、蛋白质和维生素中的后四种，三大合成材料（塑料、合成纤维、合成橡胶），基本有机化工原料“三苯”（苯、甲苯、二甲苯）、“三烯”（乙烯、丙烯、丁二烯）、“一炔”（乙炔）、“一萘”，石油燃料天然气、液化石油气、汽油、喷气燃料、柴油、残渣燃料，保障机械正常运转的润滑油、润滑脂，其他石油产品蜡、沥青等都是有机物。

在有机物分子中，每个碳原子的4个价电子均与其他原子以共价键相结合。碳原子还可自行结合成碳碳单键（C—C）、双键（C=C）和叁键（C≡C），并可连接成碳链或碳环。

碳原子成键特点决定了有机物种类繁多这一特点。分子式相同，而结构不相同的化合物互称同分异构体。其中，由分子中原子间相互连接次序和方式不同而引起的异构，称为构造异构。例如，丁烷和2-甲基丙烷，环己烷和甲基环戊烷均为构造异构体。

$CH_3CH_2CH_2CH_3$

丁烷

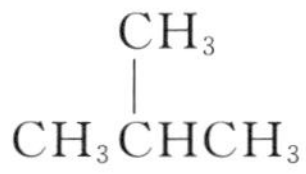

2-甲基丙烷

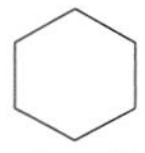

环己烷

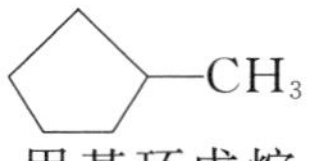

甲基环戊烷

原子或基团连接次序相同，但空间排列方式不同而引起的异构，称为立体异构。例如，烯烃和环烷烃的顺反异构

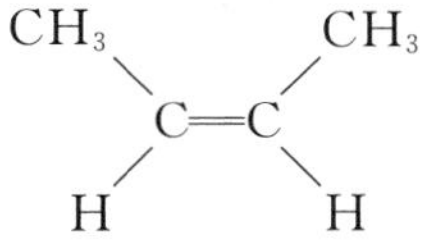

顺-2-丁烯

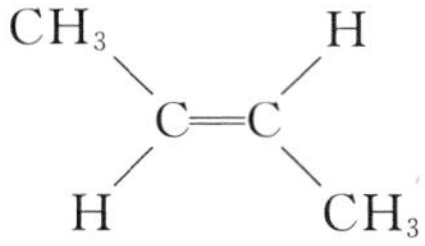

反-2-丁烯

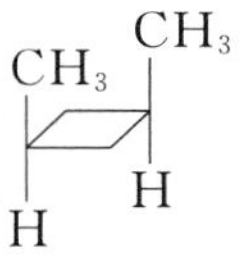

顺-1,3-二甲基环丁烷

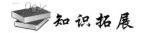

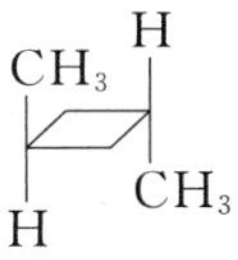

反-1,3-二甲基环丁烷

【任务9-1解答】 属于同分异构体的有：(1)、(3)、(4)。其中，(1)、(3)为构造异构；(4)为立体异构。

2. 有机物的特性

(1)容易燃烧 绝大多数有机物容易燃烧，完全燃烧时生成CO_2和H_2O等。因此可以通过灼烧实验，初步区别有机物和无机物。但少数有机物（如CCl_4、CF_2ClBr等），不仅不燃烧，而且还可用于灭火。

(2)熔点、沸点低 室温下为气体、液体和固体。固体熔点一般低于300 ℃。如NaCl的熔点为801 ℃、沸点1413 ℃；而乙醇的熔点为−114 ℃、沸点78.3 ℃。实验室可通过测定有机物的熔、沸点来检验其纯度及鉴定有机物。

(3)难溶于水 有机物大多数是非极性或极性很弱的分子，因此除小分子醇、醛、羧酸、脂肪胺等极性分子外，均难溶于水，而易溶于有机溶剂。

(4)反应慢，副反应多 与无机物不同，有机物反应一般为分子反应，通过分子有效碰撞来完成，因此多数有机反应较慢。由于有机物分子复杂，可参加反应的活性部位多，导致主、副反应并存,反应条件不同,产物也不同。

书写化学反应方程式时通常用箭号“⟶”表示,只写主产物即可,还要注明必要的反应条件。

想一想

实验室合成有机物时,为什么常采用回流操作?

9.1.2 有机物的分类

【任务 9-2】 指出下列化合物的类别及其对应的官能团。

(1)CH_3CH_2OH　　(2)$CH_3CH_2OCH_2CH_3$

(3)CH_3CHO　　(4)CH_3COOH

1. 按碳架分类

(1)开链化合物　分子中碳原子相互连接成链状骨架,可以带有支链。

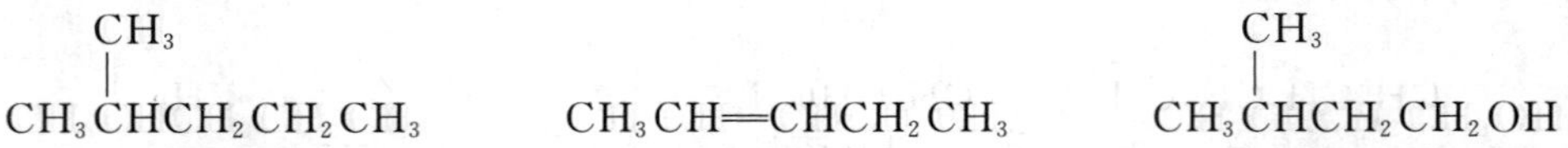

2-甲基戊烷　　2-戊烯　　异戊醇

由于这类化合物最初是从脂肪中获得的,又称脂肪族化合物。

(2)碳环化合物　分子中含有由碳原子构成的环状结构。

①脂环族化合物　分子中含有由碳原子连接而成的环状结构。其性质和脂肪族化合物相似,故称为脂环族化合物,如环己烷,环己烯等。

②芳香族化合物　分子中含有苯环的化合物。例如

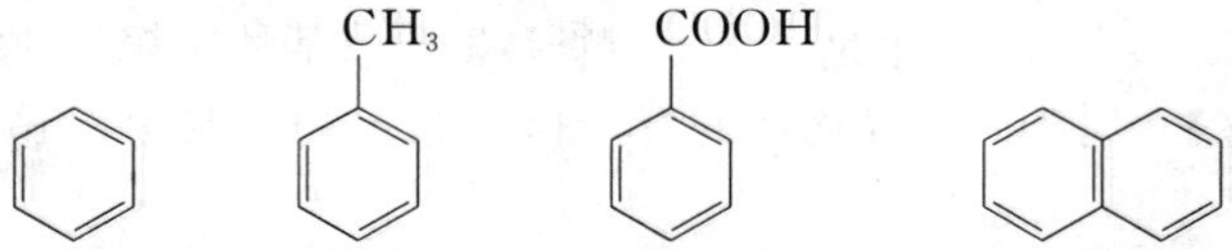

苯　　甲苯　　苯甲酸　　萘

这类化合物最初是在具有芳香味的有机物中和树脂中发现的,故称为芳香族化合物。

(3)杂环化合物　分子中含有由碳原子和氧、氮、硫等杂原子共同构成的环状结构。例如

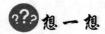

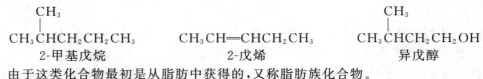

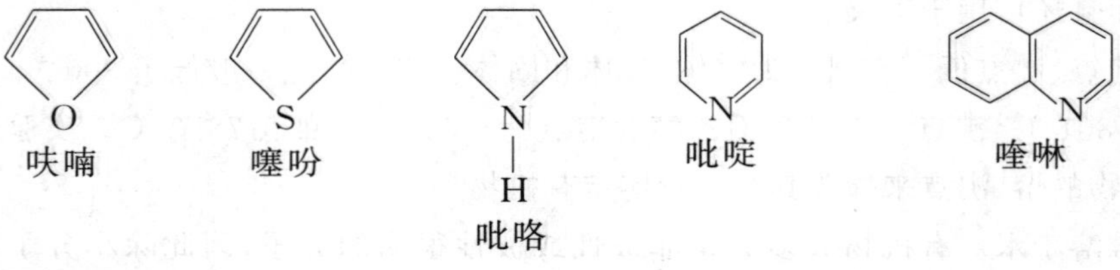

呋喃　　噻吩　　吡咯　　吡啶　　喹啉

2. 按官能团分类

官能团是决定有机物主要性质的原子或原子团。具有相同官能团的化合物,其性质相似。常见有机物及其官能团见表 9-1。

表 9-1　　常见有机物及其官能团

有机物类别	官能团		实例	
	结构	名称	结构式	名称
烯烃	$>C=C<$	双键	$CH_2=CH_2$	乙烯
炔烃	$-C\equiv C-$	叁键	$CH\equiv CH$	乙炔
卤代烃	—X(F、Cl、Br、I)	卤素	CH_3CH_2Br	溴乙烷
醇和酚	—OH	羟基	CH_3CH_2OH	乙醇
			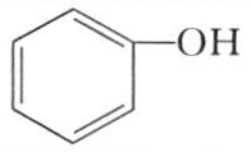	苯酚
醚	—O—	醚键	$CH_3CH_2-O-CH_2CH_3$	乙醚
醛	$(H)(>)C=O$	醛基	$CH_3-C(=O)H$	乙醛
酮	$>C=O$	羰基	$CH_3-C(=O)-CH_3$	丙酮
羧酸	$-C(=O)-OH$	羧基	$CH_3-C(=O)OH$	乙酸
胺	$-NH_2$	氨基	CH_3-NH_2	甲胺
腈	—CN	腈基	$CH_2=CH-CN$	丙烯腈
磺酸	$-SO_3H$	磺酸基	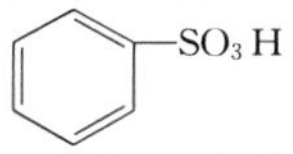	苯磺酸
硝基化合物	$-NO_2$	硝基	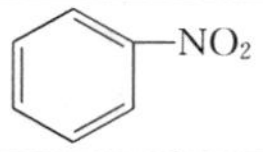	硝基苯
硫醇	—SH	巯基	CH_3CH_2SH	乙硫醇

【任务 9-2 解答】 (1)醇,—OH(羟基)　(2)醚,—O—(醚键)　(3)醛,—CHO(醛基)　(4)羧酸,—COOH(羧基)

9.2 脂肪烃的结构特征及命名

9.2.1 脂肪烃的结构特征

脂肪烃是由碳碳单键、双键、叁键连接而成的开链化合物。按碳原子间成键类型不同,可分为烷烃、烯烃和炔烃。

碳原子间只以单键连接的脂肪烃,称为饱和烃或烷烃。其特点是 C—C 可以任意旋转而不破坏 σ 键。

想一想

下列脂肪烃是构造异构体吗？为什么？

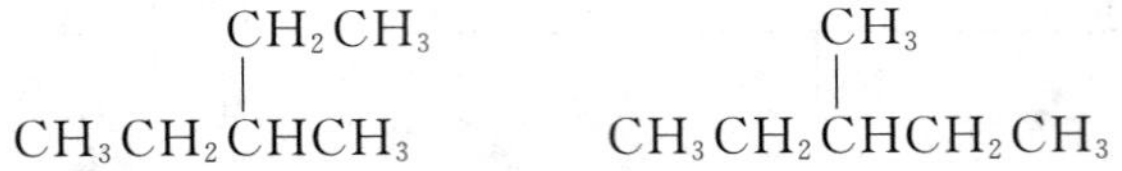

含有碳碳双键或叁键的脂肪烃称为不饱和烃。在 C=C、C≡C 中，只有一个 σ 键，其余为 π 键。π 键重叠程度小，易断裂，是化学反应活性部位。由于键长 C≡C<C=C，故炔烃加成反应活性比烯烃低，且炔氢有弱酸性，容易形成金属炔化物。π 键的特点是不能自由旋转，因此烯烃有立体异构。

两个双键被一个单键隔开的二烯烃，称共轭二烯烃。例如，1，3-丁二烯（图 9-1）。

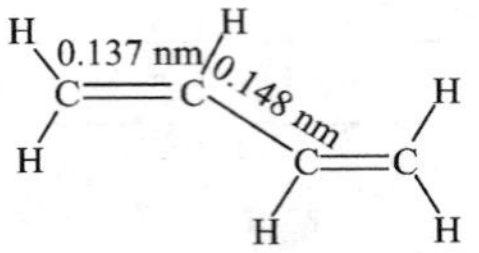

图 9-1　1，3-丁二烯分子的碳碳键长

共轭二烯烃分子具有碳碳键长趋于平均化、所有原子共平面、极性交替、互相传递（$\overset{\delta^+}{CH_2}=\overset{\delta^-}{CH}-\overset{\delta^+}{CH}=\overset{\delta^-}{CH_2}$）、体系能量较低、分子稳定的特点，称为共轭效应。其 4 个 π 电子不再局限于两个直接相连的原子之间，而运动于 4 个碳原子核外，形成了离域 π 键（大 π 键或共轭 π 键）。这种有共轭 π 键结构的体系，称为共轭体系。

9.2.2　饱和脂肪烃命名

【任务 9-3】　用系统命名法命名下列化合物或烷基。

(1) $(CH_3)_2CH-$　　　(2) $(CH_3)_3CCH_2CH(CH_3)_2$

(3) $CH_3(CH_2)_{13}CH_3$（直链烃）　　　(4) 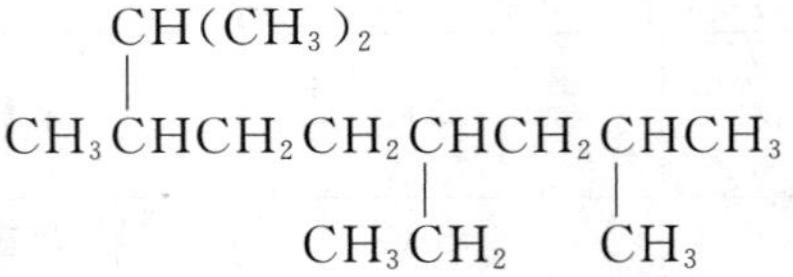

1. 普通命名法（习惯命名法）

用于一些结构简单的烷烃，十个碳原子以内的烷烃依次用甲、乙、丙、丁、戊、己、庚、辛、壬、癸等天干数表示；多于十个碳原子则用中文数字（十一、十二……）表示。并用汉字词头“正”、“异”、“新”表示异构体。

$CH_3CH_2CH_2CH_2CH_3$
正戊烷

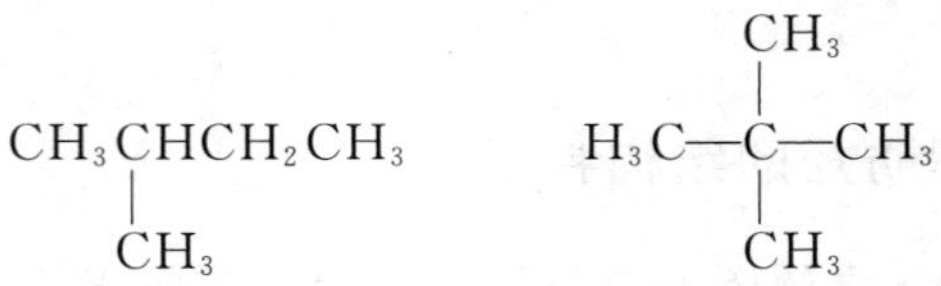

异戊烷　　新戊烷

烷烃分子中去掉一个氢原子剩下的基团，称为烷基，通常用 R—（或 C_nH_{2n+1}—）表示。常见烷基如下

甲基　CH_3-　　　　乙基　CH_3CH_2-

正丙基 $CH_3CH_2CH_2—$　　异丙基 $(CH_3)_2CH—$

正丁基 $CH_3CH_2CH_2CH_2—$　　仲丁基 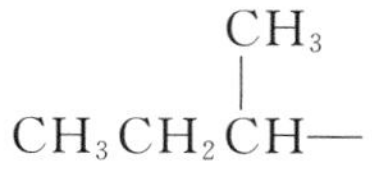

异丁基 $(CH_3)_2CHCH_2—$　　叔丁基 $(CH_3)_3C—$

异戊基 $(CH_3)_2CHCH_2CH_2—$　　新戊基 $(CH_3)_3CCH_2—$

2. 系统命名法

(1)直链烷烃　与普通命名法相似，只是不加“正”字。例如，丁烷、戊烷、十六烷。

(2)支链烷烃　视为直链烷烃的烷基衍生物，支链当做取代基。

①选主链，确定母体。选择最长、支链最多的碳链为主链。依据主链碳原子数称“某”烷。

②主链编号。从近支链最近的一端对主链编号，以1、2……示之。若有两种以上编号方法，位次相同时，较小取代基给予较小编号；位次不同时，则按“最低系列原则”编号，即顺次逐项比较各系列的不同位次，最先遇到取代基的为最低系列(若同时遇到取代基，则顺次比较，直至区分开为止)。例如

③写出全称。取代基名称写在母体前，之前用阿拉伯数字标明位置，数字与名称间用半字线“-”(读作“位”)隔开；不同取代基，应先简后繁[即当含有几个不同取代基时，取代基排列顺序按“次序规则”(见9.2.3)的规定，“较优”基团后列出]；相同取代基，合并一起写，位次间用逗“，”号隔开；取代基数目用汉字(一、二……)写在取代基名称前。如前例命名为

3-甲基-5-乙基庚烷　　　2,5,6-三甲基-6-乙基辛烷

【任务9-3 解答】 (1)异丙基；(2)2,2,4-三甲基戊烷；

(3)十五烷；(4)2,3,8-三甲基-6-乙基壬烷

知识拓展

系统命名法是国际普遍使用的命名法，它是采用IUPAC(International Union of Pure and Applied Chemistry，国际纯粹与应用化学联合会)命名原则，结合中国文字特点而制定的，由中国化学会于1980年最后一次修订通过。

此外，我国有机物有时还采用俗名，如2,2,4-三甲基戊烷，俗称异辛烷，它是油品分析中用于确定汽油辛烷值的基准物。

9.2.3 不饱和脂肪烃命名

1. 不饱和脂肪烃的系统命名法

【任务9-4】 命名下列化合物或烃基。

（1）$CH_3CH{=}CH—$　　　　（2）$HC{\equiv}C(CH_2)_{12}CH_3$

（3）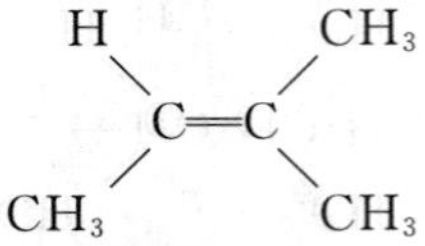　　　　（4）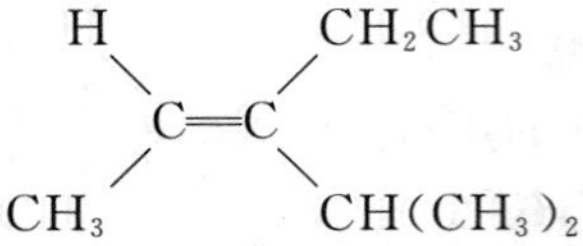

与烷烃相似，命名时选择含有双键或叁键的最长碳链为主链，按主链碳原子数命名为“某烯”或“某炔”；从靠近不饱和键的一端编号；标明不饱和键位次，用不饱和键较小编号表示，写在不饱和烃前面；支链作为取代基；命名表示方法为，取代基位次-取代基名称-官能团位次-母体名称。含 10 个碳原子以下用天干数，10 个以上的用中文数字表示，并在“烯”或“炔”字前面加上“碳”字。例如

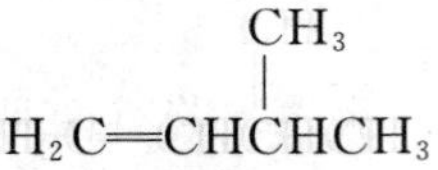
3-甲基-1-丁烯

$CH_3C{\equiv}CCH_3$
2-丁炔

$CH_3CH{=}CH(CH_2)_{10}CH_3$
2-十四碳烯

二烯烃命名时，选择含两个双键的碳链为主链，称“某二烯”；从距双键最近的一端编号，并用阿拉伯数字标明两个双键位次于“某二烯”名称之前。例如

$CH_2{=}CHCH{=}CH_2$
1,3-丁二烯

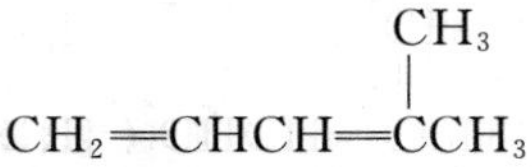
4-甲基-1,3-戊二烯

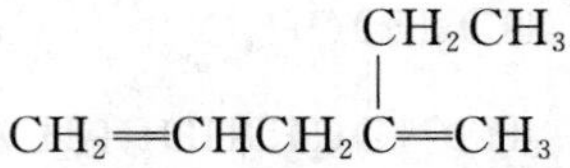
2-乙基-1,4-戊二烯

2. 不饱和烃基的命名

不饱和烃分子中去掉一个氢原子剩下的基团，称为不饱和烃基。简单的不饱和烃基有

$CH_2{=}CH—$	$CH_3CH{=}CH—$	$CH_2{=}CHCH_2—$	$CH{\equiv}C—$
乙烯基	丙烯基	烯丙基	乙炔基

知识拓展

在系统命名时，不饱和链烃分子中同时含有碳碳双键和碳碳叁键的混合物，按碳原子数命名为烯炔（“烯”在前，“炔”在后），碳链的编号、碳健的编号以双键和叁键的位次和最小为原则。例如

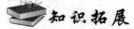

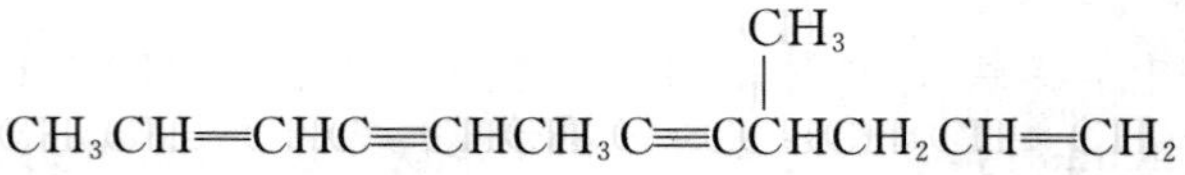

3-戊烯-1-炔　　　　4-甲基-1-庚烯-5-炔当双键、叁键处于同一位次时，优先给双键以最小的编号。例如

$CH_2{=}CHC{\equiv}CH$　　$CH{\equiv}CCH_2CH{=}CH_2$

1-丁烯-3-炔　　　　1-戊烯-4-炔

其中，$CH_2{=}CHC{\equiv}CH$ 还可以看成是乙烯的衍生物，可用衍生物命名法命名。

3. 烯烃立体异构体的命名

（1）顺反命名法　双键碳原子所连相同原子或基团在双键同一侧的烯烃，在其名称之前加上“顺”字，否则用“反”字标记。例如

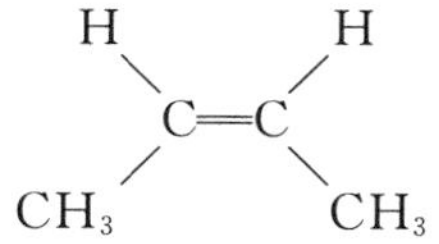
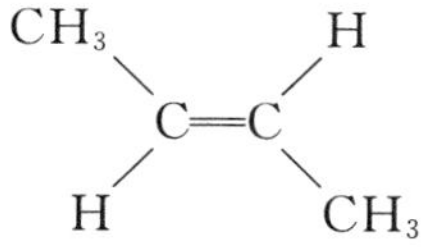

顺-2-丁烯　　反-2-丁烯

(2)Z/E 命名法　当双键碳原子所连 4 个不同原子或基团时，只能用 Z/E 命名法命名，顺反异构体也可用该法命名。

Z/E 命名法首先将双键所连原子或基团按"次序规则"排列。即与双键碳原子相连原子的原子序数较大者优先("＞"表示"优先于")。

$$I > Br > Cl > S > P > F > O > N > C > H$$

连接双键碳原子基团的第一个原子相同时，则顺次比较其他原子确定优先顺序。多原子基团优先次序为

$$—OH > —NH_2 > —C(CH_3)_3 > —CH(CH_3)_2 > —CH_2CH_3 > —CH_3$$

重键可视为单键和多个原子的重复。例如

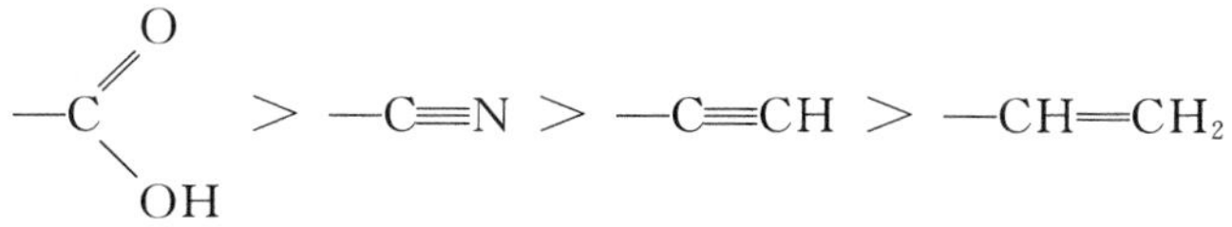

若较优基团在双键同侧，为 Z 型；在相反两侧则为 E 型。例如

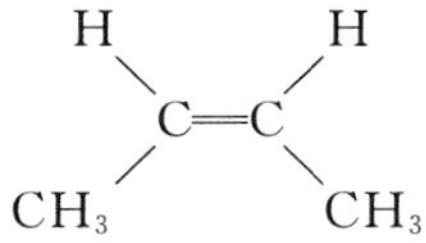
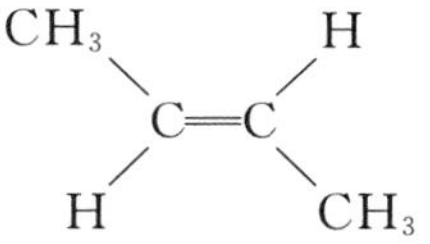
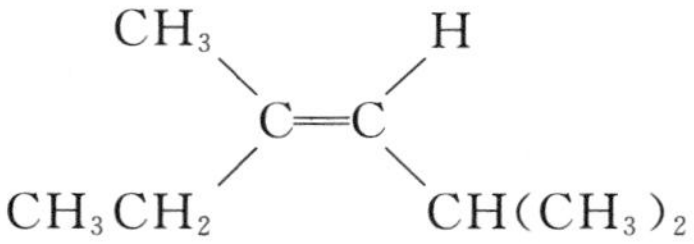

(Z)-2-丁烯　　(E)-2-丁烯　　(Z)-2,4-二甲基-3-己烯

【任务 9-4 解答】 (1)丙烯基　(2)1-十五碳炔　(3)2-甲基-2-丁烯

(4)(Z)-4-甲基-3-乙基-2-戊烯

练一练

(1)用系统命名法命名下列化合物。

① $CH≡C(CH_2)_9CH_3$

② 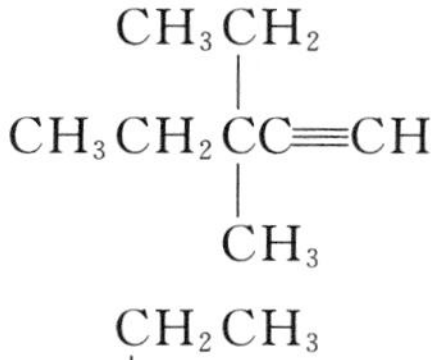

③ 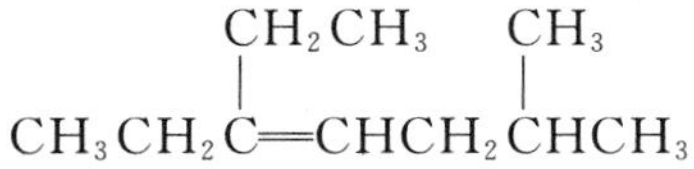

④ 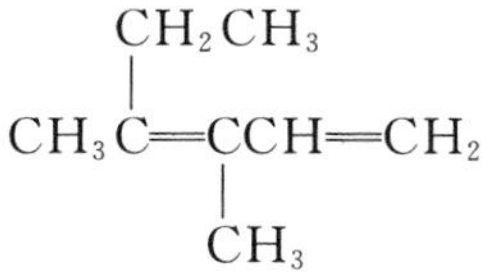

(2)用顺反和 Z/E 命名法命名下列烯烃。

① 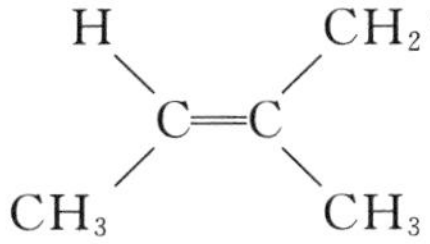

② 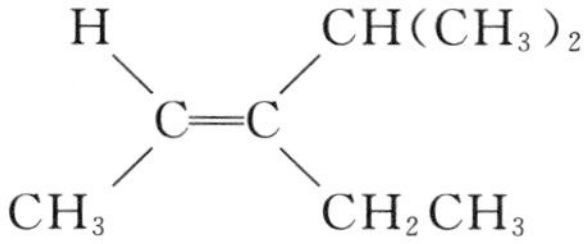

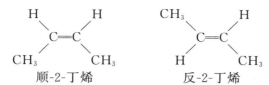

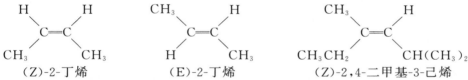

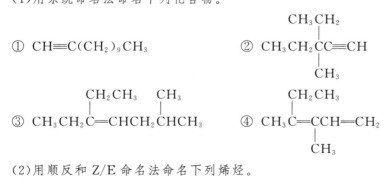

9.3 脂肪烃的性质

9.3.1 脂肪烃的物理性质

在常温(25 ℃)常压(0.1 MPa)下，直链烷烃 C_4～C_4 呈气态，C_5～C_{17} 呈液态，C_{17} 以上呈固态；烯烃 C_2～C_4 为气体，C_5～C_{18} 为液体，C_{18} 以上为固体；炔烃 C_2～C_4 为气体，C_5～C_{15} 为液体，C_{15} 以上为固体。

知识拓展

天然气是蕴藏在地层内的可燃性气体，主要成分为甲烷、乙烷。按来源分为气田气、油田伴生气、凝析气田气和矿井气(俗称瓦斯)4 种。目前压缩天然气(简称 CNG)和液化天然气(简称 LNG)作为清洁能源已得到广泛应用。天然气除用作发电厂、工厂、家庭用户的燃料外，其中所含的甲烷可用作制造肥料、甲醇溶剂及合成醋酸等化工原料；另外，其所含的乙烷和丙烷可经裂解生成乙烯及丙烯，是塑料产品的重要原料。

液化石油气(简称 LPG)是以 C_3、C_4 为主的烃类混合物。其来源主要是从天然气或油田伴生气中回收的 C_3、C_4 等组分；原油二次加工过程中产生的石油分解产物。液化石油气具有污染少(能全部燃烧，无粉尘污染)、发热量高(相同质量相当于煤的 2 倍)、易于运输(液体可用车、船在陆上和水上运输)等优点，因此广泛用作工业、民用、内燃机燃料。此外，液化石油气用作石油化工原料，用于烃类裂解制乙烯或蒸气转化制合成气。

脂肪烃熔、沸点及相对密度均随相对分子质量的增加而升高。相同碳原子数时，支链烃沸点略低，且支链越多，沸点越低，顺式烯烃沸点比反式高；对称性较高的偶数碳原子直链烷烃熔点略高，反式烯烃比顺式高；相对密度顺序为炔烃＞烯烃＞烷烃，但均比水轻。

脂肪烃是无色物质，难溶于水，易溶于四氯化碳等有机溶剂。

知识拓展

乙炔难于压缩，但 15 ℃时，1 体积丙酮可溶 25 体积乙炔。因此，乙炔钢瓶采用浸满丙酮的多孔填料(如活性炭)来溶解乙炔，使用时再将乙炔气体从丙酮中释放出，既方便运输，又保证安全使用。

9.3.2 脂肪烃的化学性质

1. 裂化、异构化反应

【任务 9-5】 某烯烃为 C_5H_{10}，经 $KMnO_4$ 酸性溶液氧化后得到如下产物，试推断对应烯烃的构造式。

(1)乙酸和丙酮　　(2)乙酸和丙酸

(3)二氧化碳和 2-丁酮　　(4)二氧化碳和 2-甲基丙酸

（1）裂化反应　烷烃在高温及隔绝空气条件下进行的热分解反应。裂化反应实质是 C—C 和 C—H 断裂，其产物是复杂的混合物。例如

$$CH_3CH_2CH_2CH_3 \xrightarrow{\text{高温}} \begin{cases} CH_3CH{=}CH_2 + CH_4 \\ CH_2{=}CH_2 + CH_3CH_3 \\ CH_3CH_2CH{=}CH_2 + H_2 \end{cases}$$

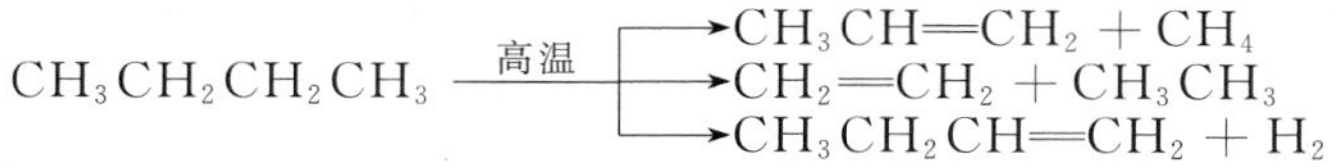

裂化有热裂化（5 MPa，500～600 ℃）和催化裂化（常压，450～500 ℃，分子筛硅酸铝催化剂）两种。目前，前者只用于残渣燃料减黏，后者用于增产汽油、柴油等轻质油。

通常，将石油馏分在更高温度（大于 700 ℃）下进行深度裂化，生产乙烯、丙烯、丁二烯等产品的过程称为裂解。

（2）异构化反应　从一种异构体转变为另一种异构体的过程，指在催化剂的作用下直链及少支链烃的碳骨架重排为多支链烃。例如

$$CH_3CH_2CH_2CH_3 \xrightleftharpoons{\text{催化剂}} CH_3\underset{\underset{CH_3}{|}}{C}HCH_3$$

$$CH_3CH_2CH{=}CH_2 \xrightleftharpoons{\text{催化剂}} CH_3\underset{\underset{CH_3}{|}}{C}{=}CH_2$$

$$CH_3CH_2CH_2CH_2CH_2CH_3 \xrightleftharpoons{\text{催化剂}} CH_3\underset{\underset{CH_3}{|}}{C}HCH_2CH_2CH_3 + CH_3CH_2\underset{\underset{CH_3}{|}}{C}HCH_2CH_3 +$$

$$CH_3\underset{\underset{CH_3}{|}}{C}H\underset{\underset{CH_3}{|}}{C}HCH_3 + CH_3\underset{\underset{CH_3}{|}}{\overset{\overset{CH_3}{|}}{C}}CH_2CH_3$$

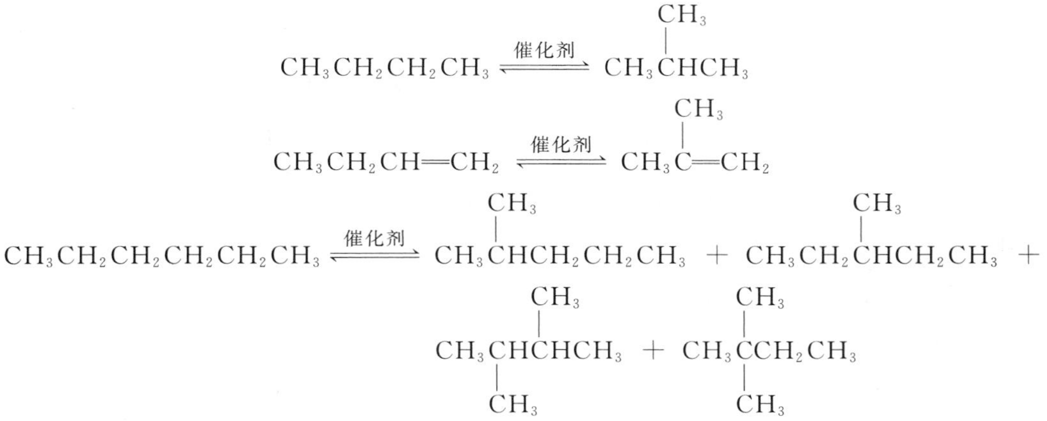

多支链烃是改善汽油抗爆性的优良组分，石油二次加工中的催化裂化、催化加氢及催化重整等过程均有异构化反应发生。

2. 氧化反应

（1）催化氧化　在有机化学中，氧化反应通常表现在加氧或脱氢。脂肪烃燃烧放出大量热，因此可作为燃料。若在催化剂作用下，一些脂肪烃可被空气轻度氧化，生成重要化合物。例如，在二氧化锰或乙酸锰等锰盐的催化作用下，C_{20}～C_{40} 的高级烷烃（石蜡）可被空气氧化生成高级脂肪酸。

$$RCH_2CH_2R' + O_2 \xrightarrow[120\ ℃]{\text{锰盐}} RC\overset{\overset{O}{\|}}{\underset{OH}{}} + R'C\overset{\overset{O}{\|}}{\underset{OH}{}}$$

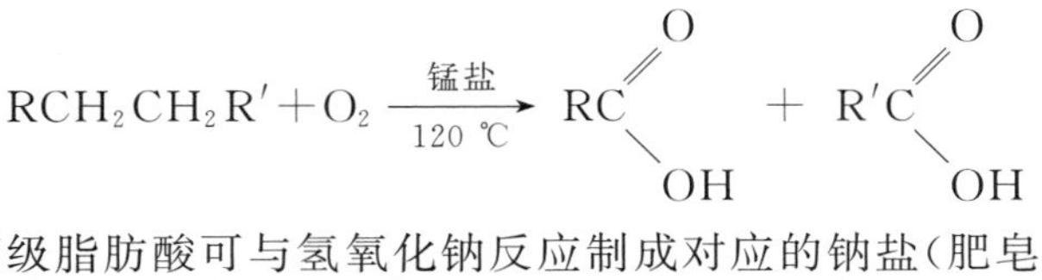

其中，C_{12}～C_{18} 的高级脂肪酸可与氢氧化钠反应制成对应的钠盐（肥皂）。

工业上，采用银或氧化银为催化剂，用空气氧化乙烯制取环氧乙烷。

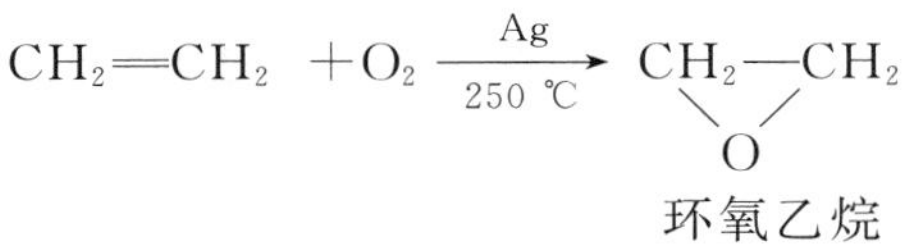

$$CH_2{=}CH_2 + O_2 \xrightarrow[250\ ℃]{Ag} \underset{\text{环氧乙烷}}{CH_2{-}CH_2 \atop \diagdown O \diagup}$$

环氧乙烷是一种简单的环醚、重要的有机合成中间体，用于制备乙二醇、合成洗涤剂、乳化剂及塑料等。

知识拓展

乙二醇是最简单、最重要的二元醇。目前工业上普遍采用环氧乙烷水合法制备。反应如下

$$CH_2{=}CH_2 + O_2 \xrightarrow[250\ ℃]{Ag} \underset{O}{CH_2-CH_2} \xrightarrow[200\ ℃]{H_2O,H^+} \underset{OH\quad OH}{CH_2-CH_2}$$

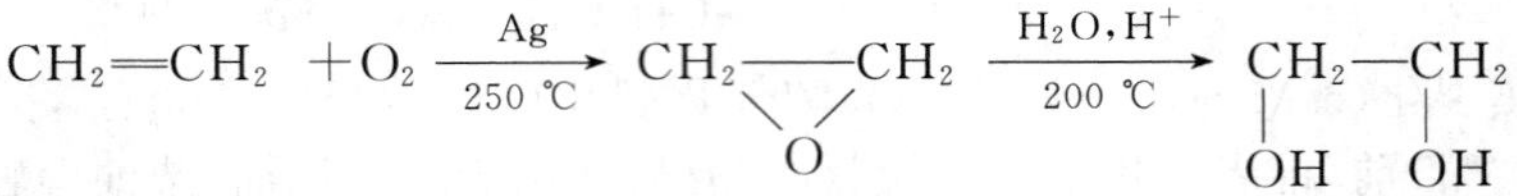

在氯化钯-氯化铜水溶液中,用空气或氧气氧化烯烃,乙烯生成乙醛,丙烯生成丙酮。

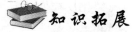

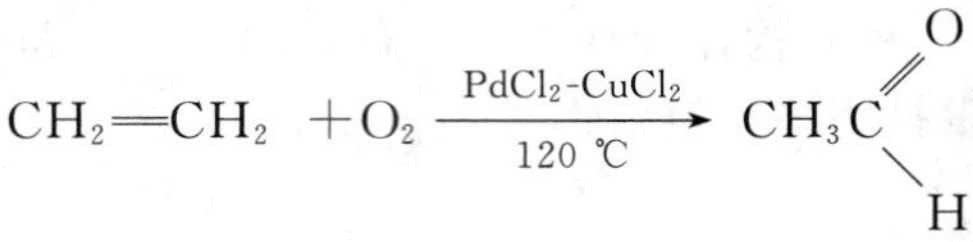

$$CH_2{=}CH_2 + O_2 \xrightarrow[120\ ℃]{PdCl_2\text{-}CuCl_2} \underset{乙醛}{CH_3C\overset{O}{\underset{H}{\Vert}}}$$

$$CH_3-CH{=}CH_2 + O_2 \xrightarrow[120\ ℃]{PdCl_2\text{-}CuCl_2} \underset{丙酮}{CH_3\overset{O}{\overset{\Vert}{C}}CH_3}$$

此法原料价格便宜,工艺环保,是乙醛和丙酮的重要工业制法。

知识拓展

乙醛是有辛辣刺激性的气体,沸点 20 ℃,易燃,能与水、乙醇、乙醚、氯仿相混溶。用于制备乙酸、乙酸酐、乙醇、合成树脂等。

丙酮是无色、易挥发、易燃液体。沸点 56.5 ℃,有微弱的香味,能与水、乙醇、乙醚、氯仿等混溶,并能溶解油脂、树脂、橡胶、蜡等多种有机物,是良好的溶剂。还可用于制备甲基丙烯酸甲酯(生产有机玻璃的原料)、环氧树脂等重要原料。

在氨存在的条件下,丙烯可被催化氧化成丙烯腈,该反应称为氨氧化反应。这是丙烯腈的工业制法。

$$CH_2{=}CHCH_3 + NH_3 + O_2 \xrightarrow[470\ ℃]{磷钼酸铋} \underset{丙烯腈}{CH_2{=}CHCN}$$

知识拓展

丙烯腈微溶于水,易溶于有机溶剂,蒸气能与空气形成爆炸性混合物。水解生成丙烯酸,还原生成丙腈。易聚合,是合成腈纶(人造羊毛)的单体,用于制备丁腈橡胶和其他合成树脂。

(2)高锰酸钾氧化　烯烃在高锰酸钾稀、冷的中性或碱性溶液中,C═C 中的 π 键断裂,双键碳原子各引入一个羟基生成邻二醇。同时高锰酸钾溶液紫红色迅速褪去,并产生棕褐色二氧化锰沉淀。现象明显,用于检验烯烃的存在。

$$3CH_3{-}CH{=}CH_2 + 3KMnO_4 + 4H_2O \xrightarrow[\text{或中性}]{\text{稀 OH}^-} 3CH_3{-}\underset{\underset{OH}{|}}{CH}{-}\underset{\underset{OH}{|}}{CH_2} + 2MnO_2\downarrow + 2KOH$$

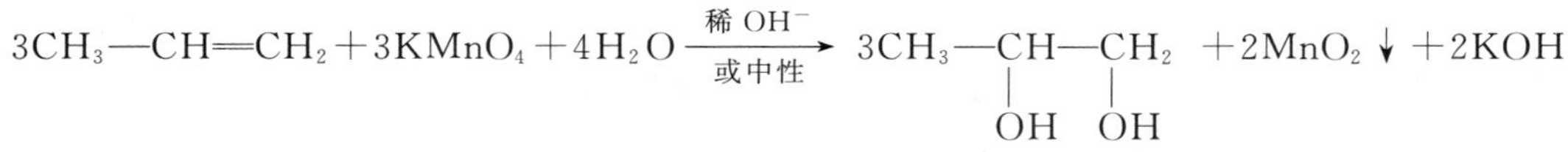

1,2-丙二醇

该反应不易停留在生成二元醇的阶段,产物复杂,因此只能用于鉴别,不能用于制备。

在过量的 $KMnO_4$ 热溶液或 $KMnO_4$ 酸性溶液中,C=C 键完全断裂。例如

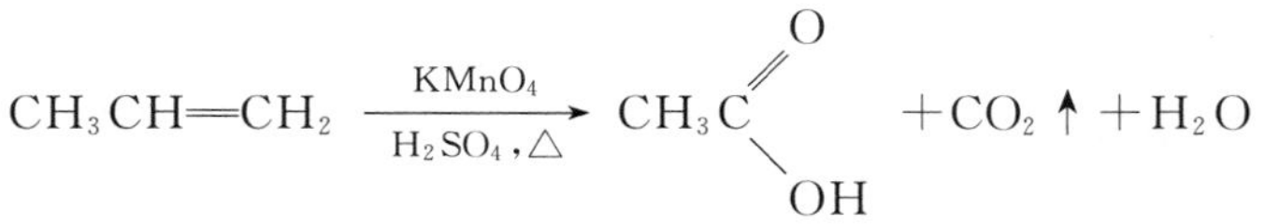

$$CH_3CH{=}CH_2 \xrightarrow[H_2SO_4,\triangle]{KMnO_4} CH_3\overset{\overset{O}{\|}}{C}{-}OH + CO_2\uparrow + H_2O$$

乙酸

$$CH_3CH_2CH{=}\underset{\underset{CH_2CH_3}{|}}{\overset{\overset{CH_3}{|}}{C}} \xrightarrow[H_2SO_4,\triangle]{KMnO_4} CH_3CH_2\overset{\overset{O}{\|}}{C}{-}OH + O{=}\underset{\underset{CH_2CH_3}{|}}{\overset{\overset{CH_3}{|}}{C}}$$

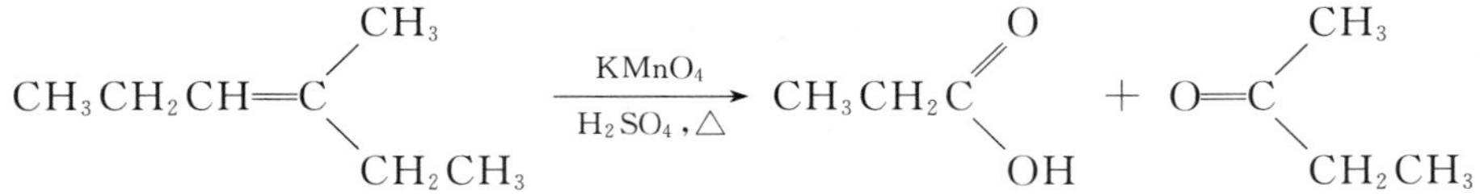

丙酸   2-丁酮

烯烃结构不同,所得氧化产物也不同。双键碳原子只连接两个氢原子($CH_2{=}$)的部分,氧化产物为 CO_2 和 H_2O;双键碳原子连接一个烷基($RCH{=}$)的部分,氧化产物为羧酸($RC\overset{\overset{O}{\|}}{{-}OH}$);双键碳原子连接两个烷基($\underset{R}{\overset{R'}{{=}C}}$)的部分,氧化产物为酮($O{=}\underset{R}{\overset{R'}{C}}$)。根据氧化产物,可推断烯烃构造。

【任务 9-5 解答】 (1)$CH_3CH{=}C(CH_3)_2$ (2)$CH_3CH{=}CHCH_2CH_3$

(3)$CH_2{=}\underset{\underset{CH_3}{|}}{C}CH_2CH_3$ (4)$CH_2{=}CHCH\underset{\underset{CH_3}{|}}{{}}CH_3$

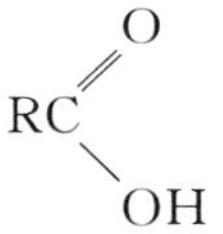

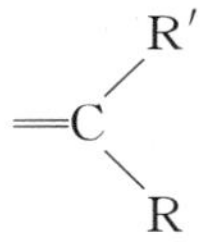

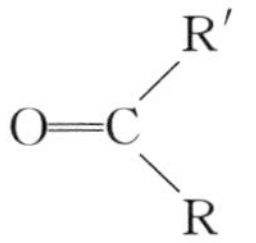

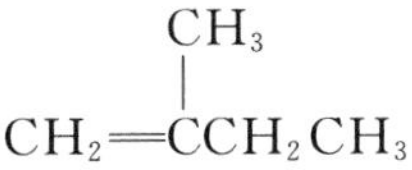

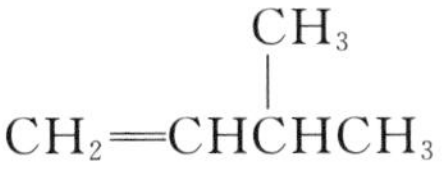

炔烃被高锰酸钾氧化,叁键断裂,炔氢及叁键碳被氧化成二氧化碳和水,烷基与叁键碳被氧化成对应的羧酸。同时,高锰酸钾溶液紫色褪去,生成棕褐色的二氧化锰沉淀。这个反应用于检验炔烃存在及推断炔烃构造。例如

$$3CH{\equiv}CH + 10KMnO_4 + 2H_2O \longrightarrow 6CO_2\uparrow + 10MnO_2\downarrow + 10KOH$$
$$3CH_3C{\equiv}CH + 8KMnO_4 + 4H_2O \longrightarrow 3CH_3COOH + 3CO_2\uparrow + 8KOH + 8MnO_2\downarrow$$

练一练

炔烃为 C_6H_{10},经 $KMnO_4$ 溶液氧化后得到如下产物,试推断对应炔烃的构造式。

(1)CH_3CH_2COOH (2)CH_3COOH 和 $CH_3CH_2CH_2COOH$

(3)CO_2 和 $(CH_3)_3CCOOH$

3. 加成反应

【任务 9-6】 用化学方法鉴别丁烷、1-丁烯、1,3-丁二烯。

(1)催化加氢　不饱和脂肪烃与某些试剂作用时,π键断裂,试剂中的两个原子或基团加到不饱和碳原子上的反应,称为加成反应。在加温(200～300 ℃)、加压及催化剂存在下,不饱和脂肪烃能与氢气发生加成反应。

$$CH_3CH\!\!=\!\!CH_2 + H_2 \xrightarrow[\triangle]{Ni} CH_3CH_2CH_3$$

烯烃加氢可定量进行,据此有机分析中可根据试样吸收氢气的体积,计算试样含双键的数目或混合物中不饱和烃的含量;同时,催化裂化汽油加氢可提高其安定性。

加氢催化剂常用雷尼(Raney)镍,它是用氢氧化钠溶液处理镍铝(1∶1)合金,溶去铝以后得到的疏松多孔、活性很强的黑色镍粉,因此雷尼镍又称骨架镍。

炔烃催化加氢时,若采用林德拉(Lindelar)催化剂(将金属钯沉结在碳酸钙上,再用醋酸铅处理制得),可使反应停留在生成烯烃阶段。

$$CH_3C\!\!\equiv\!\!CH + H_2 \xrightarrow{\text{林德拉催化剂}} CH_3CH\!\!=\!\!CH_2$$

$$CH_2\!\!=\!\!CH\!-\!C\!\!\equiv\!\!CH + H_2 \xrightarrow{\text{林德拉催化剂}} CH_2\!\!=\!\!CH\!-\!CH\!\!=\!\!CH_2$$

工业上,常利用此反应除去乙烯中含有的少量乙炔,来提高乙烯的纯度。

(2)加卤素　烯烃与卤素加成,生成邻二卤代烃。常温下,将烯烃或炔烃通入溴的四氯化碳溶液中,溴的红棕色很快消失。据此,可检验 C=C 或 C≡C 的存在。

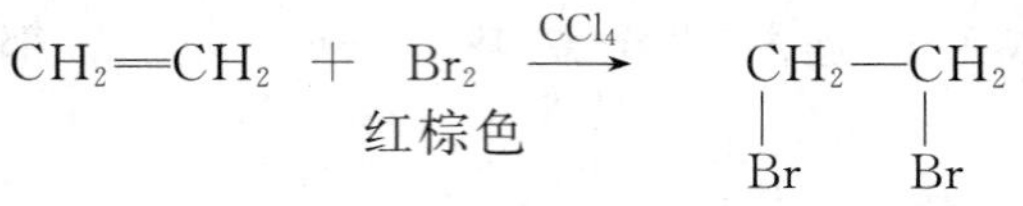

$$CH_2\!\!=\!\!CH_2 + \underset{\text{红棕色}}{Br_2} \xrightarrow{CCl_4} \underset{\substack{| \quad |\\ Br \quad Br\\ \text{1,2-二溴乙烷(无色)}}}{CH_2\!-\!CH_2}$$

$$CH\!\!\equiv\!\!CH \xrightarrow[CCl_4]{Br_2} \underset{\substack{|\quad|\\Br\ Br}}{CH\!\!=\!\!CH} \xrightarrow[CCl_4]{Br_2} \underset{\substack{Br\ Br\\|\quad|\\CH\!-\!CH\\|\quad|\\Br\ Br\\\text{1,1,2,2-四溴乙烷}}}{}$$

📚 知识拓展

1,2-二氯乙烷和1,2-二溴乙烷性质相似。易挥发,有剧毒,难溶于水,易溶于乙醇、乙醚等有机溶剂。主要用作脂肪、蜡、橡胶等的溶剂,大量用于制备氯乙烯,可用作林木的杀虫剂及谷物和水果的熏蒸剂。

卤素与不饱和脂肪烃发生加成反应的活性顺序为:$F_2 > Cl_2 > Br_2 > I_2$。其中,与 F_2、Cl_2 反应剧烈,与 Cl_2 的加成需用无水 $FeCl_3$ 催化,并在惰性溶剂稀释下进行。例如

$$CH_2\!\!=\!\!CH_2 + Cl_2 \xrightarrow[45\ ℃,0.2\ MPa]{FeCl_3,1,2\text{-二氯乙烷}} \underset{\substack{|\quad|\\Cl\ \ Cl}}{CH_2\!-\!CH_2}$$

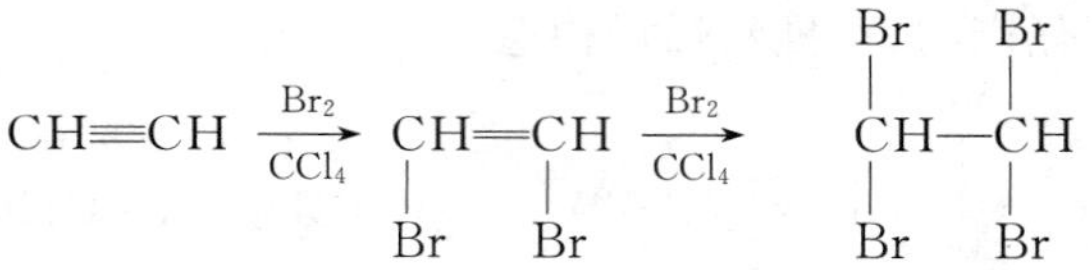

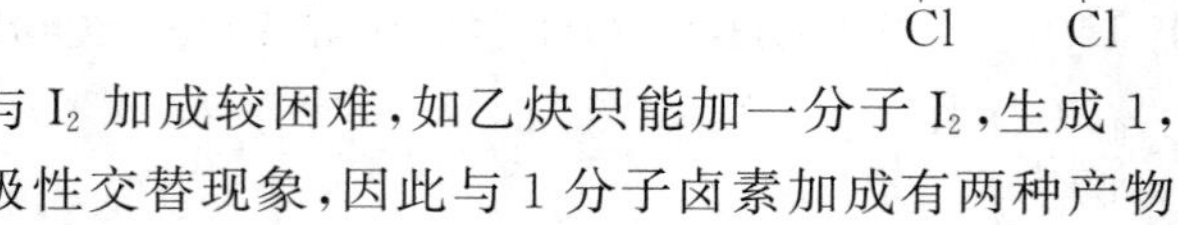

不饱和脂肪烃与 I_2 加成较困难,如乙炔只能加一分子 I_2,生成1,2-二碘乙烯。

共轭二烯烃有极性交替现象,因此与1分子卤素加成有两种产物。例如

$$CH_2\!\!=\!\!CHCH\!\!=\!\!CH_2 + Br_2 \longrightarrow$$

正己烷 $-15\ ℃$：

$$CH_2\!\!=\!\!CH\overset{\overset{\displaystyle Br}{|}}{C}H\overset{\overset{\displaystyle Br}{|}}{C}H_2 + CH_2\overset{\overset{\displaystyle Br}{|}}{C}H\!\!=\!\!CH\overset{\overset{\displaystyle Br}{|}}{C}H$$
（62%）　　　　（38%）

$CHCl_3$ $-15\ ℃$：

$$CH_2\!\!=\!\!CH\underset{\underset{\displaystyle Br}{|}}{C}H\underset{\underset{\displaystyle Br}{|}}{C}H_2 + CH_2\underset{\underset{\displaystyle Br}{|}}{C}H\!\!=\!\!CH\underset{\underset{\displaystyle Br}{|}}{C}H$$
（37%）　　　　（63%）

$$CH_2\!\!=\!\!CHCH\!\!=\!\!CH_2 + Cl_2 \longrightarrow$$

$\leq 25\ ℃$：

$$CH_2\!\!=\!\!CH\overset{\overset{\displaystyle Cl}{|}}{C}H\overset{\overset{\displaystyle Cl}{|}}{C}H_2 + CH_2\overset{\overset{\displaystyle Cl}{|}}{C}H\!\!=\!\!CH\overset{\overset{\displaystyle Cl}{|}}{C}H$$
（60%）　　　　（40%）

$\leq 200\ ℃$：

$$CH_2\!\!=\!\!CH\underset{\underset{\displaystyle Cl}{|}}{C}H\underset{\underset{\displaystyle Cl}{|}}{C}H_2 + CH_2\underset{\underset{\displaystyle Cl}{|}}{C}H\!\!=\!\!CH\underset{\underset{\displaystyle Cl}{|}}{C}H$$
（30%）　　　　（70%）

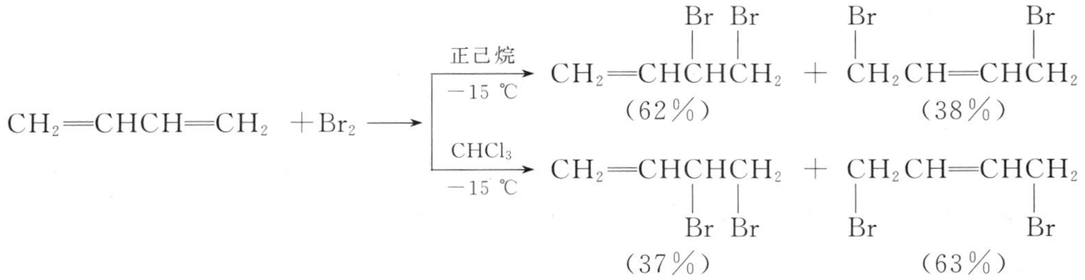

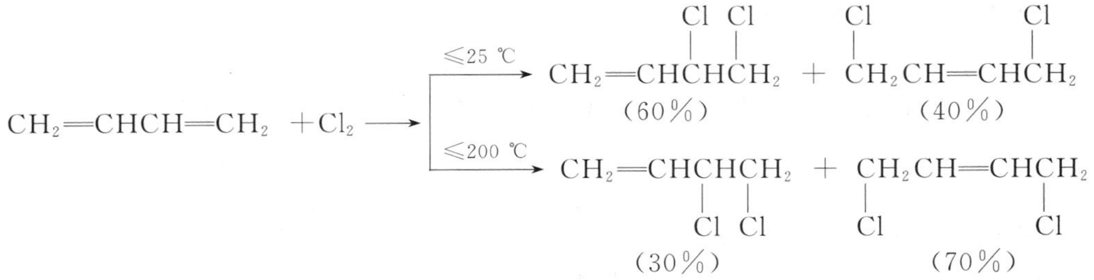

通常，共轭二烯烃在低温下或非极性溶剂中，有利于 1,2 加成；升高温度或在极性溶剂中，1,4 加成产物比例升高。

（3）加卤化氢　乙烯及其他对称烯烃与卤化氢加成时，只得到一种一卤代物。例如

$$CH_2\!\!=\!\!CH_2 + HCl \xrightarrow[130\sim250\ ℃]{AlCl_3} CH_3CH_2Cl$$

卤化氢与不饱和脂肪烃发生加成反应的活性次序为：$HI > HBr > HCl$。

不对称烯烃（两双键碳原子上取代基不相同的烯烃）与卤化氢加成可得到两种加成产物。例如

$$CH_3CH_2CH\!\!=\!\!CH_2 + HBr \xrightarrow{醋酸} CH_3CH_2\underset{\underset{\displaystyle Br}{|}}{C}HCH_3 + CH_3CH_2CH_2CH_2Br$$
（80%）　　　　（20%）

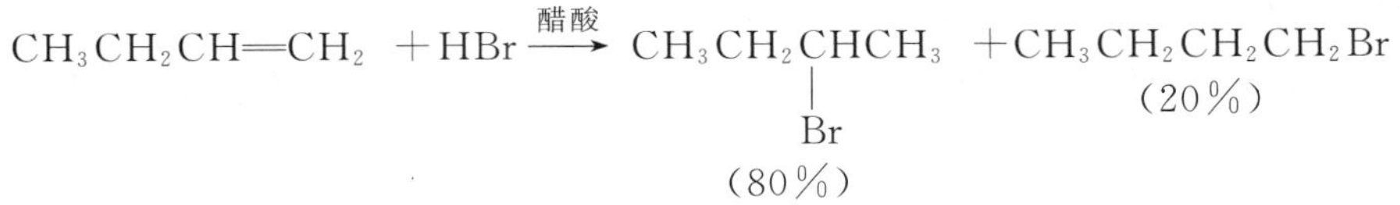

实验证明：不对称烯烃与极性试剂（表 9-2）加成时，试剂中带正电荷部分主要加到含氢较多的双键碳原子上，带负电部分则加到含氢较少的双键碳原子上。此规律称为马尔科夫尼科夫（Markovnidov）规则，简称马氏规则。

表 9-2　　　　　　　　　　　　常见极性试剂

极性试剂	带正电荷部分	带负电荷部分	极性试剂	带正电荷部分	带负电荷部分
卤化氢	H—X		水		H—OH
硫酸	H—OSO$_2$OH		次卤酸		X—OH

当有过氧化物（如 H_2O_2、R—O—O—R 等）存在时，不对称烯烃与溴化氢加成时，按反马氏规则进行。这种现象，称为过氧化物效应。例如

$$CH_3CH\!\!=\!\!CH_2 + HBr \xrightarrow{过氧化} CH_3CH_2CH_2Br$$

$$CH_3CH\!\!=\!\!CH_2 + HBr \xrightarrow{无过氧化物} CH_3\underset{\underset{\displaystyle Br}{|}}{C}HCH_3$$

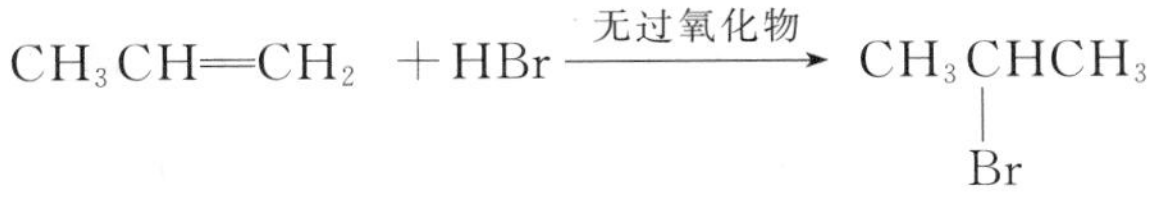

炔烃与卤化氢加成与烯烃相似。例如

$$CH\equiv CH + HCl \xrightarrow[180\ ℃]{HgCl_2\text{-}C} \underset{\substack{|\\H}}{CH}=\underset{\substack{|\\Cl}}{CH}$$

该反应工艺简单，产率高，是工业早期生产氯乙烯的方法，但因能耗大，催化剂有毒，已逐渐被乙烯合成法所代替。氯乙烯继续与氯化氢加成，则生成 1，1-二氯乙烷（CH_3CHCl_2）。

不对称炔烃加成遵循马氏规则。例如

$$CH_3CH_2C\equiv CH \xrightarrow{HBr} CH_3CH_2\underset{\substack{|\\Br}}{C}=CH_2 \xrightarrow{HBr} CH_3CH_2\overset{\substack{Br\\|}}{\underset{\substack{|\\Br}}{C}}CH_3$$

2-溴-1-丁烯　　2，2-二溴丁烷

当有过氧化物时，不对称炔烃与溴化氢加成也存在过氧化物效应。

共轭二烯烃与卤化氢加成时，低温利于 1，2 加成；升高温度利于 1，4 加成。

$$CH_2=CHCH=CH_2 + HBr \longrightarrow \begin{cases} \xrightarrow{-80\ ℃} \underset{(80\%)}{CH_2=CH\overset{\substack{Br\\|}}{C}HCH_3} + \underset{(20\%)}{\overset{\substack{Br\\|}}{C}H_2CH=CHCH_3} \\ \xrightarrow{45\ ℃} \underset{(20\%)}{CH_2=CH\underset{\substack{|\\Br}}{C}HCH_3} + \underset{(80\%)}{\underset{\substack{|\\Br}}{C}H_2CH=CHCH_3} \end{cases}$$

（4）加硫酸　烯烃与冷的浓硫酸反应，生成硫酸氢烷基酯，产物溶于浓 H_2SO_4 中，与水共热则水解为醇。不对称烯烃与硫酸加成时，符合马氏规则。

$$CH_3CH=CH_2 + HOSO_2OH \longrightarrow CH_3\underset{\substack{|\\OSO_2OH}}{C}HCH_3 \xrightarrow[\triangle]{H_2O} CH_3\underset{\substack{|\\OH}}{C}HCH_3$$

硫酸氢异丙酯　　异丙醇

利用烯烃溶于浓硫酸的性质，石油工业用于精制石油产品，以改善油品的安定性。同时，产物水解成醇（烯烃间接水合），此法对烯烃纯度要求不高，是工业回收裂解气中烯烃制备乙醇、异丙醇等低级醇的方法，缺点是水解后产生的硫酸腐蚀设备，酸性废水污染环境。

想一想

若 2，2，4-三甲基戊烷中含有少量 1-庚烯，如何用化学方法除去？

（5）加水　在酸催化下，烯烃与水加成生成醇。不对称烯烃与水发生加成符合马氏规则。该反应是目前工业合成低级醇常用的方法，称为烯烃直接水合法。

$$CH_2=CH_2 + H_2O \xrightarrow[300\ ℃,7\ MPa]{H_3PO_4/\text{硅藻土}} CH_3CH_2OH$$

$$CH_3CH=CH_2 + H_2O \xrightarrow[300\ ℃,4\ MPa]{H_3PO_4/\text{硅藻土}} CH_3\underset{\substack{|\\OH}}{C}HCH_3$$

该反应对烯烃纯度要求高,需达 97% 以上。

在催化剂作用下,炔烃可与水发生加成反应,首先生成烯醇,然后立即发生分子内重排。乙炔转变为乙醛,其他炔转变为酮。

$$CH\!\equiv\!CH \;+\; H\!-\!OH \xrightarrow[H_2SO_4]{HgSO_4} \left[\begin{matrix} CH_2\!=\!CH \\ \quad | \\ \quad OH \end{matrix}\right] \xrightarrow{\text{重排}} CH_3\!-\!\overset{\displaystyle O}{\underset{\displaystyle H}{C}}$$

$$CH_3C\!\equiv\!CH \;+\; H\!-\!OH \xrightarrow[H_2SO_4]{HgSO_4} \left[\begin{matrix} CH_3C\!=\!CH_2 \\ \quad | \\ \quad OH \end{matrix}\right] \xrightarrow{\text{重排}} CH_3\overset{\displaystyle }{\underset{\displaystyle O}{C}}CH_3$$

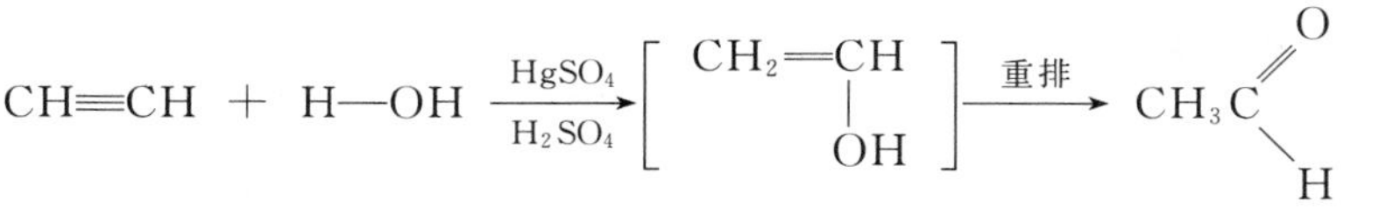

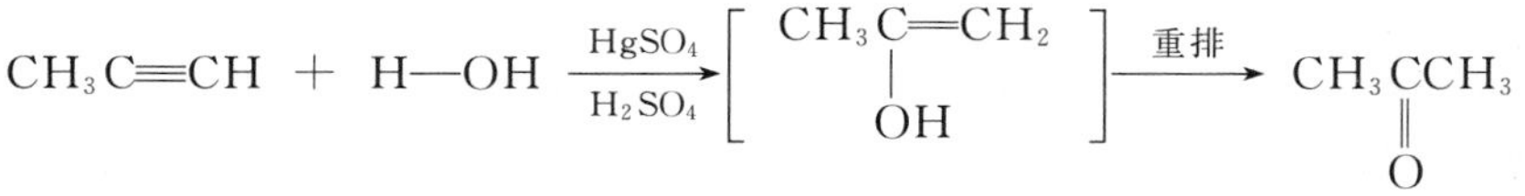

上述反应是工业制乙醛和丙酮的一种方法,但由于所用催化剂有毒,污染环境,影响健康,目前已被其他方法所代替。

(6) 加次卤酸　烯烃与次卤酸(常用次氯酸、次溴酸)加成,生成卤代醇。不对称烯烃加成时符合马氏规则。

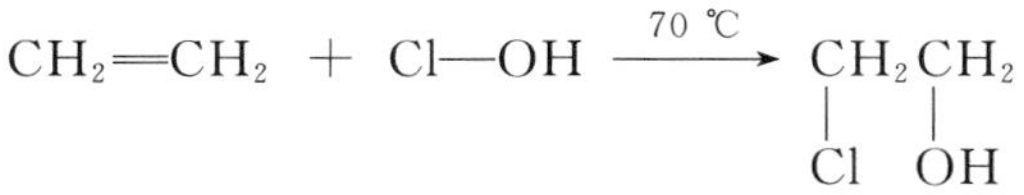

$$CH_2\!=\!CH_2 \;+\; Cl\!-\!OH \xrightarrow{70\ ℃} \begin{matrix} CH_2\,CH_2 \\ \;|\quad\;| \\ Cl\quad OH \end{matrix}$$
$$\text{2-氯乙醇}$$

实际中,常用卤素和水代替次卤酸(如 $Cl_2 + H_2O \Longrightarrow HClO + HCl$)。

$$CH_3CH\!=\!CH_2 \xrightarrow[H_2O]{Cl_2} \begin{matrix} CH_3CHCH_2Cl \\ \;| \\ OH \end{matrix}$$
$$\text{1-氯-2-丙醇}$$

2-氯乙醇和 1-氯-2-丙醇是制备环氧乙烷和甘油等的重要原料。

4. 双烯合成反应

共轭二烯烃与烯(炔)烃能进行 1,4-加成反应生成六元环状化合物,该反应称为双烯合成反应,又称狄尔斯-阿德尔(Diels-Alder)反应。

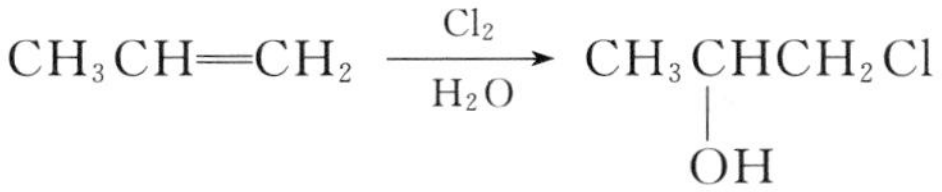

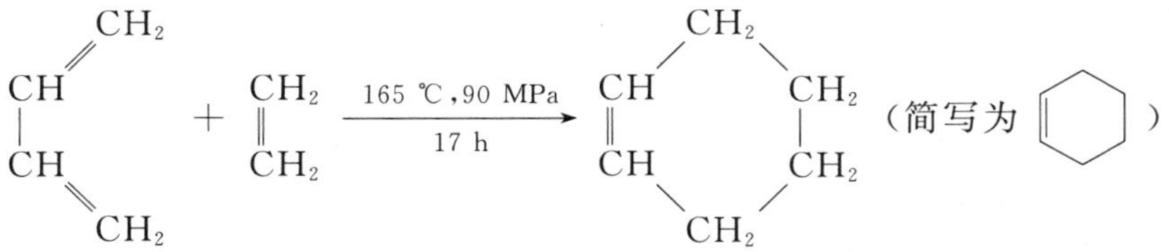

环己烯(78%)

共轭二烯烃称为双烯体,烯(炔)烃为亲双烯体。当亲双烯体中连有吸电子基(—COOH、—CHO、—CN 等)时,利于反应进行。

顺丁烯二酸酐(又称马来酸酐)　　　　　　　　　　　　　　　　(固体,100%)

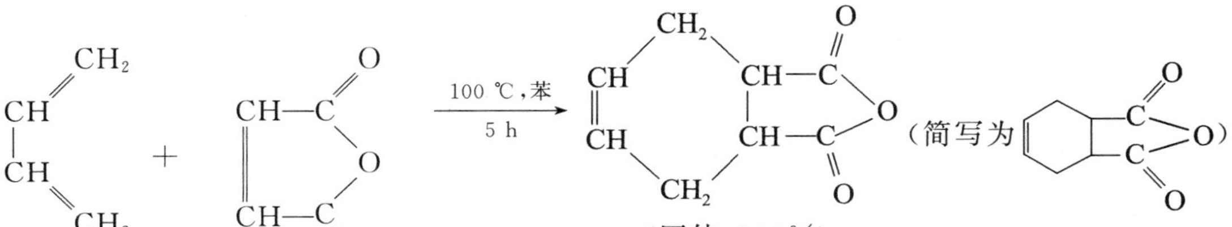

双烯合成反应是合成六元环状化合物的一种方法。共轭二烯烃与顺丁烯二酸酐反应定量生成白色固体,加热到较高温度时可分解为原来的二烯烃,因此常用于共轭二烯烃的鉴定与分离。

【任务 9-6 解答】

	丁烷	1-丁烯	1,3-丁二烯
Br_2/CCl_4	—	褪色	褪色
顺丁烯二酸酐		—	白色固体

5. 聚合反应

不饱和烃在引发剂或催化剂的作用下,π 键断裂,相互结合成大分子或高分子化合物的反应,称为聚合反应。例如,工业上用齐格勒-纳塔催化剂 $[TiCl_4\text{-}Al(CH_2CH_3)_3]$,在常压或 $1\sim1.5$ MPa 下可将乙烯制成低压聚乙烯。

$$nCH_2{=}CH_2 \xrightarrow[60\sim75\ ℃]{TiCl_4\text{-}Al(CH_3CH_2)_3} \begin{array}{c} \text{─}CH_2\text{─}CH_2\text{─}\end{array}_n$$
$$聚乙烯$$

参加反应的乙烯称为单体,n 称为聚合度或链节。

 查一查

利用互联网查一查低压聚乙烯与高压聚乙烯有何不同,应用如何?

$$nCH_3CH{=}CH_2 \xrightarrow[60\sim75\ ℃]{TiCl_4\text{-}Al(CH_2CH_3)_3} \begin{array}{c} \text{─}CH\text{─}CH_2\text{─} \\ | \\ CH_3 \end{array}_n$$
$$聚丙烯$$

聚丙烯是强度高、硬度大、耐磨、耐热性比聚乙烯好的塑料。

乙炔聚合比较困难,在不同条件下,只能发生二聚、三聚反应。

$$CH{\equiv}CH+CH{\equiv}CH \xrightarrow[85\sim95\ ℃]{CuCl\text{-}NH_4Cl} CH_2{=}CHC{\equiv}CH$$
$$乙烯基乙炔$$

乙烯基乙炔是合成氯丁橡胶的单体 2-氯-1,3-丁二烯的重要原料。

乙炔在高温及催化剂作用下,发生环状聚合生成苯,但产量不高,无工业生产价值。

工业上,在齐格勒-纳塔催化剂的作用下,使 1,3-丁二烯按 1,4 加成方式合成顺-1,4-聚丁二烯,简称顺丁橡胶。

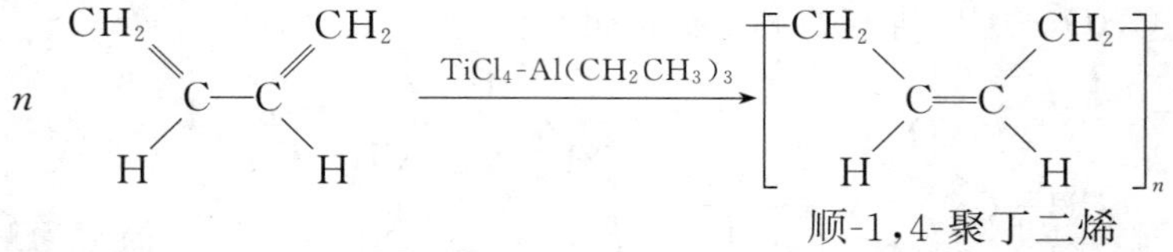

$$n \begin{array}{c} CH_2 \qquad CH_2 \\ \diagdown \qquad \diagup \\ C{=}C \\ \diagup \qquad \diagdown \\ H \qquad H \end{array} \xrightarrow{TiCl_4\text{-}Al(CH_2CH_3)_3} \begin{array}{c} \text{┌}CH_2 \qquad CH_2 \\ \diagdown \qquad \diagup \\ C{=}C \\ \diagup \qquad \diagdown \\ H \qquad H \text{┐}_n \end{array}$$
$$顺\text{-}1,4\text{-}聚丁二烯$$

顺丁橡胶具有耐磨、耐高温、耐老化、弹性好的特点,其性能与天然橡胶相近。主要用于制造轮胎、胶管等橡胶制品。

2-甲基-1,3-丁二烯(异戊二烯)也可以发生以 1,4 加成为主的聚合反应,聚合成顺-1,4-聚异戊二烯橡胶。

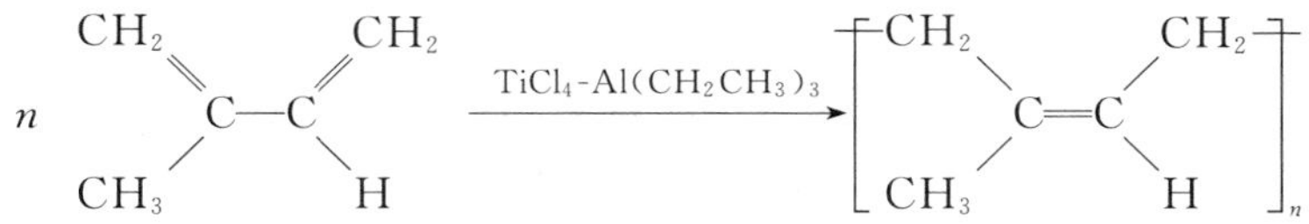

顺-1,4-聚异戊二烯

顺-1,4-聚异戊二烯橡胶的结构与天然橡胶相似，故又称为合成天然橡胶。

6. 取代反应

【任务 9-7】 由乙炔合成 1-丁炔（无机试剂任选）。

(1)烷烃的卤代　烷烃氢原子在高温或光照条件下可被卤素原子取代。烷烃直接进行氟代反应剧烈，难以控制，碘代反应则难以进行，氯代和溴代比较常用。卤素与烷烃发生卤代反应的活性：$F_2 > Cl_2 > Br_2 > I_2$。

甲烷与氯气混合，在漫射光或适当加热条件下，分子中氢原子能逐步被氯原子所取代，得到各种氯代烃的混合物。

$$CH_4 + Cl_2 \xrightarrow[25\ ℃]{\text{漫射光}} CH_3Cl + CH_2Cl_2 + CHCl_3 + CCl_4 + HCl$$

调节反应物配比，可控制产物结构。例如，$CH_4 : Cl_2 = 50 : 1$ 时，CH_3Cl 占取代产物的 98%，而当 $CH_4 : Cl_2 = 1 : 50$ 时，取代产物几乎全部为 CCl_4。

其他烷烃与氯气在一定的条件下，也能发生取代反应。例如

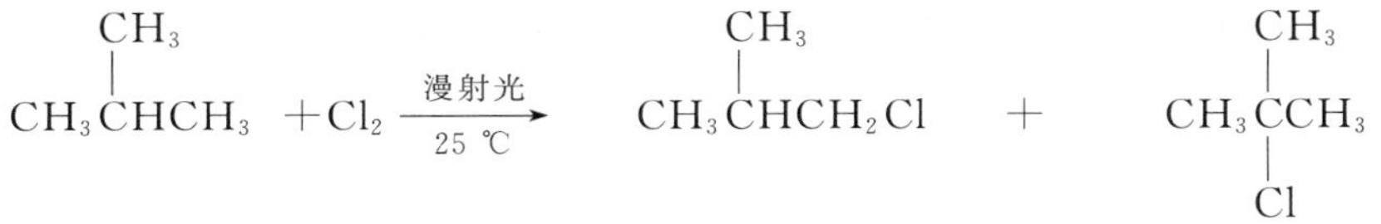

2-甲基-1-氯丙烷(64%)　2-甲基-2-氯丙烷(36%)

大量实验证明，烷烃同类碳原子的单个氢原子取代反应活性顺序为

$$3°H > 2°H > 1°H$$

知识拓展

有机物碳、氢原子分类如下：

(1)烷烃分子中，与 1、2、3、4 个碳原子相连的碳原子分别称为伯、仲、叔、季碳原子，依次用 1° C、2° C、3° C、4° C 表示；对应碳原子上的氢原子称为伯、仲、叔氢原子，表示为 1°H、2°H、3°H。

(2)在不饱和烃及烃的衍生物分子中，与官能团直接相连的碳原子称为 α-C，其次为 β-C，对应碳原子上的氢原子依次称为 α-H、β-H。例如

在 2-甲基丙烷中，伯氢与叔氢之比为 9 : 1，对应氯代产物之比为 64 : 36。显然单个叔氢原子的取代反应活性比伯氢高。又如

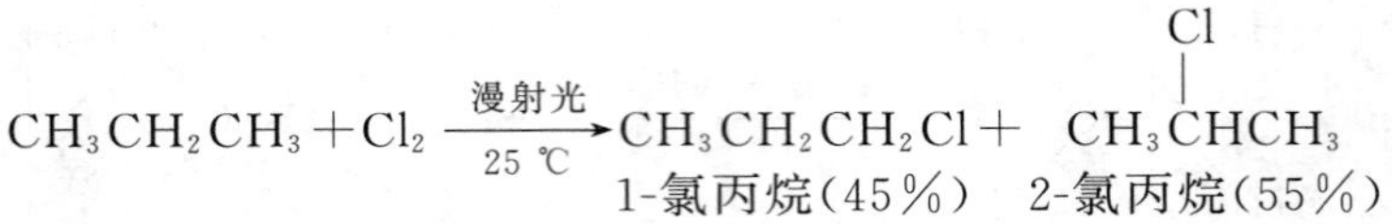
漫射光
25 ℃
1-氯丙烷(45%)
2-氯丙烷(55%)

光
25 ℃
1-溴丙烷(3%)
2-溴丙烷(97%)

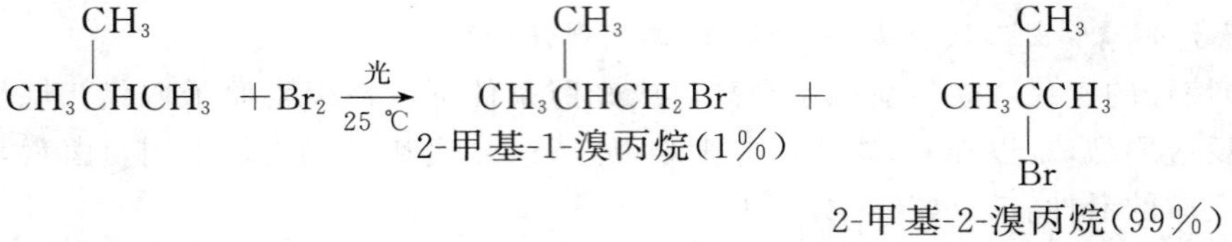
光
25 ℃
2-甲基-1-溴丙烷(1%)
2-甲基-2-溴丙烷(99%)

(2)烯烃 α-H 的卤代　受 C═C 影响，α-H 有较强活性，在一定条件下可被卤素取代。例如

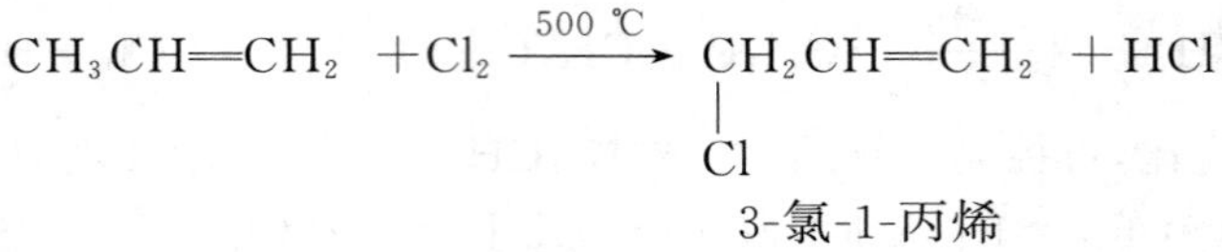
500 ℃
3-氯-1-丙烯

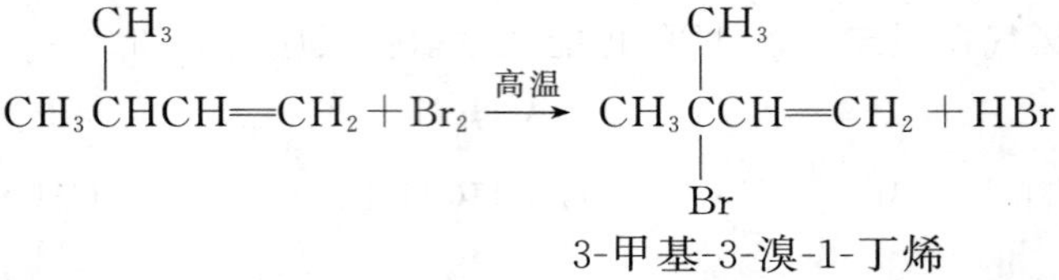
高温
3-甲基-3-溴-1-丁烯

若以 N-溴代丁二酰亚胺(N-bromo succinimide，简称 NBS)为溴化剂，在光或氧化物作用下，α-溴代可在较低温度下进行。

$$CH_3CH{=}CH_2 + NBS \xrightarrow{光} BrCH_2CH{=}CH_2$$

知识拓展

丙烯氯化是工业采用的丙烯氯化法合成甘油中重要步骤。丙烯氯化法合成甘油共包括四个步骤，即丙烯高温氯化、氯丙烯次氯酸化、二氯丙醇皂化以及环氧氯丙烷的水解。其反应如下：

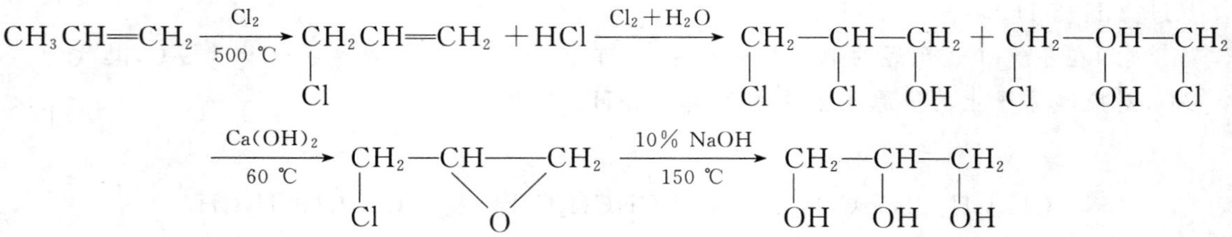
Cl_2
500 ℃
Cl_2+H_2O
$Ca(OH)_2$
60 ℃
10% NaOH
150 ℃

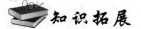

(3)炔氢的取代　乙炔及末端炔(RC≡CH 型炔烃)分子中，与叁键碳原子直接相连的氢原子称炔氢。其性质比较活泼，有微弱的酸性，可与碱金属(Na 或 K)或强碱($NaNH_2$)等反应，生成金属炔化物。例如

$$CH\equiv CH + NaNH_2 \xrightarrow{液氨} CH\equiv CNa + NH_3$$

氨基钠　　　乙炔钠

或

$$2CH\equiv CH + 2Na \xrightarrow{液氨} 2CH\equiv CNa + H_2$$

$$RC\equiv CH + NaNH_2 \xrightarrow{液氨} RC\equiv CNa + NH_3$$

炔化钠性质非常活泼，如与卤代烷作用，可在炔烃分子中引入烷基。

$$CH_3CH_2CH_2Br + CH\equiv CNa \xrightarrow{液氨} CH_3CH_2CH_2C\equiv CH + NaBr$$

利用该反应可由低级炔合成高级炔，是增长炔烃碳链的重要方法。

【任务 9-7 解答】

$$HC\equiv CH + H_2 \xrightarrow{林德拉催化剂} CH_2=CH_2$$

$$CH_2=CH_2 + HCl \longrightarrow CH_3CH_2Cl$$

$$2HC\equiv CH + 2Na \xrightarrow{液氨} 2HC\equiv CNa + H_2$$

$$HC\equiv CNa + CH_3CH_2Cl \longrightarrow HC\equiv CCH_2CH_3 + NaCl$$

炔氢的微弱酸性使它能被某些金属离子所取代生成金属炔化物。例如，将乙炔通入硝酸银或氯化亚铜的氨溶液中，则生成乙炔银白色沉淀或乙炔亚铜红棕色沉淀。

$$CH\equiv CH + 2Ag(NH_3)_2NO_3 \longrightarrow AgC\equiv CAg\downarrow + 2NH_4NO_3 + 2NH_3$$

乙炔银(白色)

$$CH\equiv CH + 2Cu(NH_3)_2Cl \longrightarrow CuC\equiv CCu\downarrow + 2NH_4Cl + 2NH_3$$

乙炔亚铜(红棕色)

该反应迅速，现象明显，是检验和分离乙炔及末端炔的简便方法。

练一练

用化学方法鉴别丙烷、丙烯、丙炔。

重金属炔化物在干燥情况下，受热或受撞击易爆炸(生成金属和碳)。因此，必须及时用浓盐酸或浓硝酸处理实验生成的重金属炔化物，以免发生危险。

$$AgC\equiv CAg + 2HCl \longrightarrow CH\equiv CH\uparrow + 2AgCl$$

$$CuC\equiv CCu + 2HCl \longrightarrow CH\equiv CH\uparrow + 2CuCl$$

查一查

利用互联网，查一查乙烯、丙烯、丁二烯、乙炔的生产及应用实例。

本章小结

- 脂肪烃
  - 有机物基础知识
    - 有机物的结构及特性
      - 原子间连接次序和方式不同而引起的异构为构造异构；空间排列方式不同而引起的异构为立体异构
      - 有机物具有容易燃烧，熔点低、沸点低，难溶于水，反应慢、副反应多的特性
    - 有机物的分类
      - 按碳架分为开链化合物、碳环化合物和杂环化合物
      - 按官能团分类可展现有机物的主要性质
  - 脂肪烃的结构特征及命名
    - 脂肪烃的结构特征
      - 烷烃的特点是 C－C 键可以任意旋转而不破坏 σ 键
      - 不饱和烃只有 1 个 σ 键，其余为 π 键。π 键重叠程度小，不能自由旋转，是化学反应的活性部位
    - 饱和脂肪烃的命名
      - 普通命名法：用汉字词头“正”、“异”、“新”表示异构体
      - 系统命名法：选择最长、支链最多的碳链为主链；按“最低系列原则”编号，且“小基小号”；先简后繁
    - 不饱和脂肪烃的命名
      - 系统命名法：选含不饱和键的最长碳链为主链；近不饱和键编号；有顺反异构体和 Z/E 异构体
  - 脂肪烃的性质
    - 物理性质
      - 熔、沸点及相对密度均随相对分子质量增加而升高；相对密度：炔 ＞ 烯 ＞ 烷，均比水轻；无色，难溶于水
    - 化学性质
      - 裂化、异构化反应：大分子分解为小分子烃及异构体转变的过程。可增产轻油，改善汽油抗爆性
      - 氧化反应：加氧或脱氢过程。用于制备醛、酮、环氧乙烷、高级脂肪酸等，可推断不饱和烃的结构
      - 加成反应：π 键断裂加上试剂原子或原子团的过程。不对称加成规则，过氧化物效应。用于鉴别、合成
      - 双烯合成反应：共轭二烯烃与烯(炔) 烃能进行 1,4-加成，生成六元环状化合物的过程。用于鉴别、合成
      - 聚合反应：不饱和烃 π 键断裂，相互结合成大分子或高分子化合物的过程。用于合成塑料、橡胶等
      - 取代反应：烃分子的氢原子被其他原子或原子团所取代的过程。用于鉴别、合成

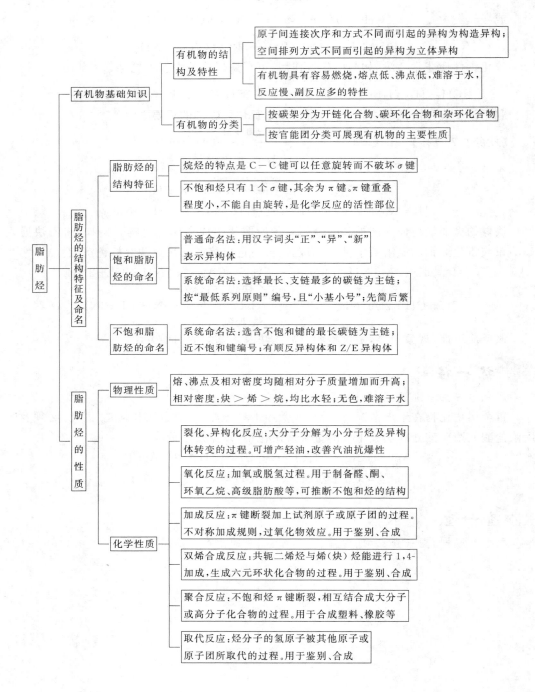

自 测 题

一、填空题

1.脂肪烃是由碳碳单键、双键、叁键连接而成的_____化合物。碳原子间只以单键连接的脂肪烃,称为_____烃或_____;含有碳碳双键或叁键的脂肪烃称为_____烃。

2.写出下列基团的名称或构造式。

(1)CH₃CH₂CH₂—	(2) $CH_3\overset{CH_3}{\underset{|}{CH}}—$	(3) $CH_3CH_2\overset{CH_3}{\underset{|}{CH}}—$	(4) CH₂=CH—
(5)烯丙基	(6)乙炔基	(7)叔丁基	(8)新戊基

3.命名下列化合物或写出其结构式。

(1) $\underset{H}{\overset{CH_3}{C}}=\underset{CH_3}{\overset{CH_2CH_3}{C}}$	(2) $\underset{H}{\overset{CH_2=CH}{C}}=\underset{H}{\overset{CH_3}{C}}$	(3) $\underset{H}{\overset{CH_3}{C}}=\underset{CH(CH_3)_2}{\overset{CH_3}{C}}$
(4)(Z)-2,3-二甲基-3-己烯	(5)顺-2-戊烯	(6)2-十二碳炔

4.完成下列反应。

(1) $CH_3CH_2CH=\underset{CH_3}{\overset{CH_3}{\underset{|}{C}}}$ $\xrightarrow[\text{H}_2\text{SO}_4,\triangle]{\text{KMnO}_4}$ (   )+(   )

(2) CH≡CH + H₂ $\xrightarrow{\text{林德拉催化剂}}$ (   )

(3) CH₃CH=CH₂ + HBr $\xrightarrow{\text{过氧化物}}$ (   )

(4) CH₃CH₂C≡CH $\xrightarrow{\text{HCl}}$ (   ) $\xrightarrow{\text{HCl}}$ (   )

(5) CH₃CH=CH₂ + H₂O $\xrightarrow[300\ ℃,4\ \text{MPa}]{\text{H}_3\text{PO}_4/硅藻土}$ (   )

(6) CH₃CH=CH₂ + HOSO₂OH $\longrightarrow$ (   ) $\xrightarrow[\triangle]{\text{H}_2\text{O}}$ (   )

(7) CH₂=CHCH₃ $\xrightarrow[\text{H}_2\text{O}]{\text{Cl}_2}$ (   )

(8) $\underset{}{\diagup\!\!\diagdown}$ + $\underset{COOH}{\overset{COOH}{\diagdown\!\!\diagup}}$ $\longrightarrow$ (   )

(9) nCH₃CH=CH₂ $\xrightarrow[60\sim75\ ℃]{\text{TiCl}_4\text{-Al(CH}_2\text{CH}_3)_3}$ (   )

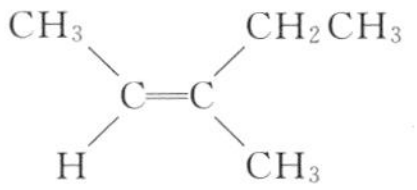

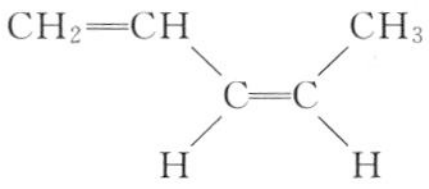

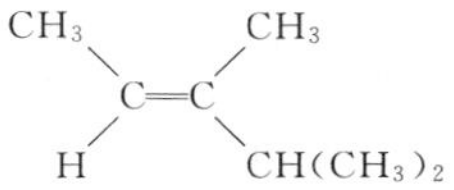

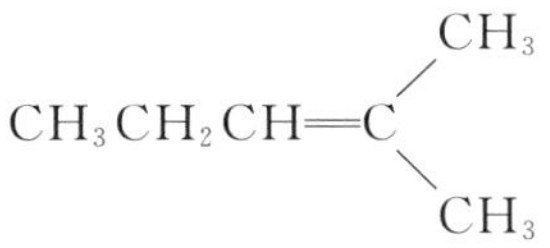

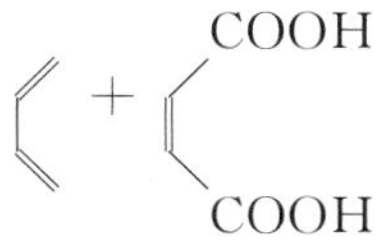

(10) $CH\equiv CH + CH\equiv CH \xrightarrow[85\sim95\ ℃]{CuCl\text{-}NH_4Cl}$ (　　　　)

(11) $CH_3CH=CH_2 \xrightarrow[500\ ℃]{Cl_2}$ (　　　　)

(12) $CH_3C\equiv CH \xrightarrow{NaNH_2}$ (　　　　) $\xrightarrow[液氨]{CH_3CH_2Br}$ (　　　　)

二、判断题(正确的画“√”,错误的画“×”)

1. 两个双键被单键隔开的二烯烃,称共轭二烯烃。 (　　)

2. 次序规则中规定,与双键碳原子相连原子的原子序数较大者优先。 (　　)

3. 烯炔催化加氢时,若采用林德拉催化剂,则生成二烯烃。 (　　)

4. 通常,共轭二烯烃在低温下或非极性溶剂中,有利于1,2加成;升高温度或在极性溶剂中,1,4加成产物比例升高。 (　　)

5. 卤化氢与不饱和脂肪烃反应活性次序为 HCl>HBr>HI。 (　　)

6. $(CH_3)_2C=CH_2 + HBr \xrightarrow{过氧化物} (CH_3)_3CBr$ (　　)

7. 卤素与烷烃发生取代反应的活性顺序均为 $F_2>Cl_2>Br_2>I_2$。 (　　)

8. 烷烃同类碳原子的单个氢原子取代反应活性顺序为 $3°H>2°H>1°H$。 (　　)

9. 高温下,丙烯与溴反应的主要产物为 $CH_3\underset{|\atop Br}{CH}\underset{|\atop Br}{CH_2}$ 。 (　　)

10. 实验生成的重金属炔化物,必须及时用浓盐酸或浓硝酸处理。 (　　)

三、选择题

1. 下列烃基中,称为丙烯基的是(　　)。

A. $CH_2=CH—$　　B. $CH_3CH=CH—$

C. $CH_2=CHCH_2—$　　D. $CH\equiv C—$

2. 下列基团中,按次序规则排列较优的是(　　)。

A. —OH　　B. $—C(CH_3)_3$　　C. $—CH(CH_3)_2$　　D. $—CH_3$

3. 在氯化钯-氯化铜水溶液中,用空气或氧气氧化丙烯,则生成(　　)。

A. $CH_3C{=O \atop \backslash H}$ (O 双键连于 C, H 单键连于 C)　　B. $CH_3C{=O \atop \backslash OH}$

C. $CH_3\overset{O}{\overset{\|}{C}}CH_3$　　D. $CH_3CH_2CH_2OH$

4. 卤素与不饱和烃发生加成反应的活性最弱的是(　　)。

A. F_2　　B. Cl_2　　C. Br_2　　D. I_2

5. 下列化合物简称顺丁橡胶的是(　　)。

A. $\lbrack CH_2—CH_2 \rbrack_n$　　B. $\lbrack \underset{|\atop CH_3}{CH}—CH_2 \rbrack_n$

$$\text{C.} \quad \left[\begin{array}{c} CH_2 \quad\quad CH_2 \\ \ \ \ \diagdown \quad\quad \diagup \\ \ \ \ \ C = C \\ \ \ \diagup \quad\quad \diagdown \\ H \quad\quad\quad H \end{array} \right]_n \qquad\qquad \text{D.} \quad \left[\begin{array}{c} CH_2 \quad\quad CH_2 \\ \ \ \ \diagdown \quad\quad \diagup \\ \ \ \ \ C = C \\ \ \ \diagup \quad\quad \diagdown \\ CH_3 \quad\quad\ H \end{array} \right]_n$$

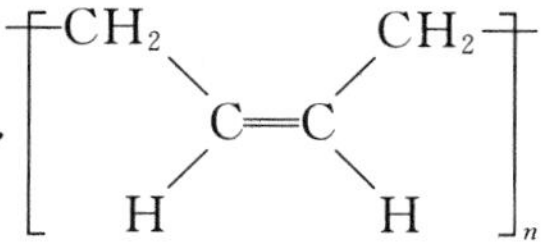

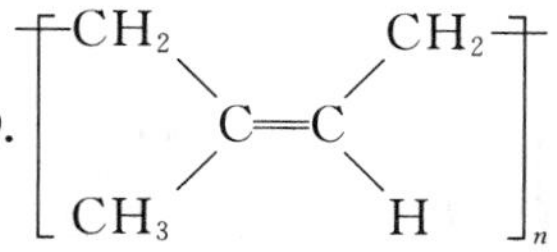

四、综合题

1.烯烃经高锰酸钾酸性溶液氧化,得到下列化合物,请写出与之对应的烯烃结构式。

(1)只得到乙酸　　　　　　　　　　(2)得到丙酸和丙酮

(3)得到丁酸和二氧化碳　　　　　　(4)分子式为 C_6H_{12} 的烯烃,只得到一种酮

2.用化学方法鉴别下列各组化合物。

(1)乙烷、乙烯、乙炔

(2)丙烷、丙烯、丙炔、1,3-丁二烯

(3)丁烷、1,3-丁二烯、1-丁炔、2-丁炔

3.用所给原料合成化合物(无机试剂任选)。

(1)以 1-丁烯为原料,合成 1,2,3-三氯丁烷

(2)以丙烯为原料,合成 $\underset{\ \ \ \ |\ \ \ \ |\ \ \ \ |}{CH_2CHCH_2} \atop {\ \ Cl\ \ OH\ \ Br}$

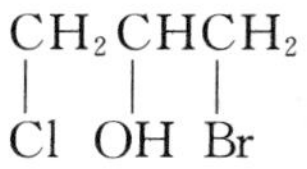

(3)由丙炔合成 2-己炔

五、问答题

1.聚丙烯生产中常用己烷或庚烷作溶剂,如何检验溶剂中是否含有烯烃及怎样除去烯烃?

2.如何用简便方法将乙烯中混入的乙炔除去?

第10章

环烃和杂环化合物

能 力 目 标

1. 能命名常见环烷烃及书写结构式，会应用其性质进行鉴别及合成。
2. 会命名单环芳烃衍生物，能合理应用其性质和定位规律进行简单合成。
3. 会命名简单稠环芳烃衍生物，应用其定位规律指出进一步取代位置。
4. 会命名常见杂环化合物，书写有关反应产物。

知 识 目 标

1. 掌握简单环烷烃的命名和性质。
2. 掌握单环芳烃的性质和取代反应定位规律。
3. 了解简单稠环芳烃的命名和性质及其定位规律。
4. 了解重要杂环化合物的分类、命名和性质。

10.1 脂环烃

10.1.1 脂环烃的结构特征、分类和命名

1. 脂环烃的结构特征

【任务 10-1】 环烷烃的结构特征决定其化学性质与命名有何特殊性？

分子中含有环状碳骨架且性质和脂肪烃相似的碳氢化合物，称为脂环烃。

环烷烃分子中，环丙烷和环丁烷不稳定，其他环烷烃较稳定，环己烷最稳定。这是因为环烷烃分子中，碳原子是以 sp^3 杂化方式与相邻碳原子成键，彼此连接成环的。

环丙烷中的三个碳原子由于受几何形状限制，碳碳键只能以弯曲方式相互重叠，重叠程度比正常的 σ 键小，因此弯曲键（俗称香蕉键）容易断裂。实验测得，环丙烷分子中成环的碳原子间的键角为 105.5°，偏离正常键角 109°28′（如图 10-1）。

这就使分子内产生一种力图恢复到正常键角的张力，称角张力。随成环碳原子数增多，成环碳原子间键角逐渐接近 109.5°，如环己烷，角张力趋于零，分子很稳定。因此，成环碳原子数目决定环的稳定性，环丙烷、环丁烷易开环加成，性质似烯烃，而环戊烷和环己烷通常不易开环。

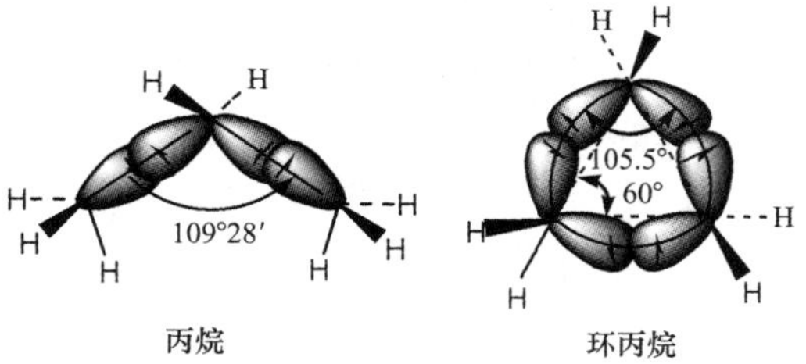

图 10-1　丙烷和环丙烷分子内的碳碳键角的比较

此外，由于环的存在，限制了环上碳原子间 σ 键的自由旋转，因此环烷烃有立体异构。

【任务 10-1 解答】　环烷烃由于有角张力的存在，致使其化学性质具有“小环似烯，大环似烷”的特点，并有立体异构存在。

2. 分类

(1)根据脂环烃分子中是否存在不饱和键，分为饱和脂环烃和不饱和脂环烃两类。饱和脂环烃即环烷烃，不饱和脂环烃有环烯烃和环炔烃。

(2)根据分子中碳环的数目分为单环、二环和多环脂环烃等。例如，环烷烃可分为：

单环环烷烃：

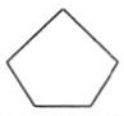
环戊烷

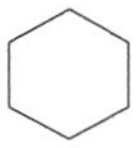
环己烷

二环环烷烃：

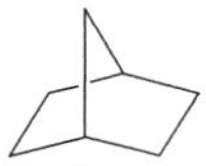
降冰片烷

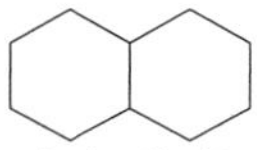
十氢化萘

多环环烷烃：

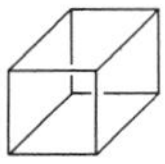
立方烷

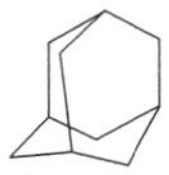
金刚烷

单环环烷烃的通式为 C_nH_{2n}，单环环烯烃的通式为 C_nH_{2n-2}。

3. 命名

(1)环烷烃的命名　同烷烃命名类似，只是在名称之前加上“环”字。环上取代基的编号原则是使取代基位置最小；当编号相同时，按次序规则给较优基团以较大的编号。例如

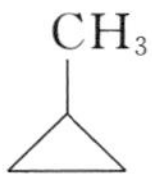
甲基环丙烷

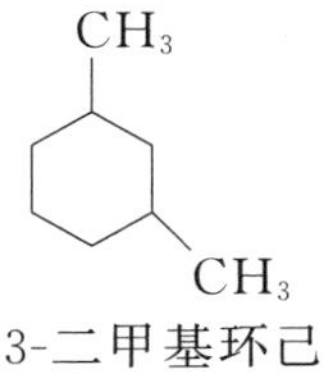
1,3-二甲基环己烷

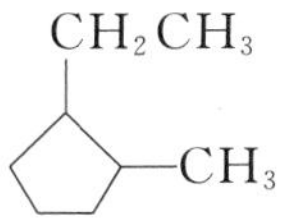
1-甲基-2-乙基环戊烷

环烷烃的顺反异构体命名原则是当两个相同原子或基团处于环平面同侧时称为顺式，处于异侧时称为反式。例如

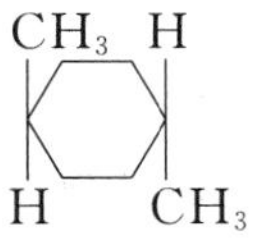
反-1,4-二甲基环己烷

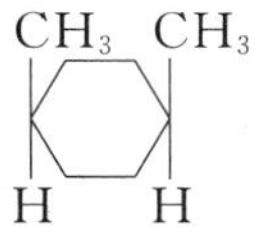
顺-1,4-二甲基环己烷

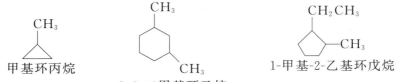

(2)不饱和脂环烃的命名　环烯烃和环炔烃的命名是以环烯烃和环炔烃为母体，环上碳原子编号要满足官能团碳原子位置最小，取代基以按“最低系列原则”循环编号，环上取代基列出次序与链烃相同。例如

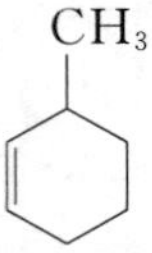

3-甲基环己烯

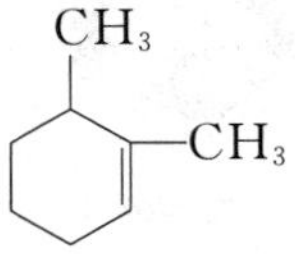

1,6-二甲基环己烯

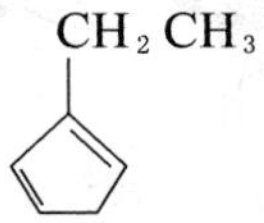

2-乙基-1,3-环戊二烯

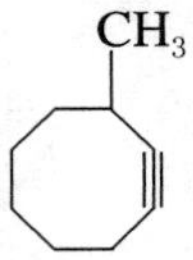

3-甲基环辛炔

练一练

命名下列化合物

(1) 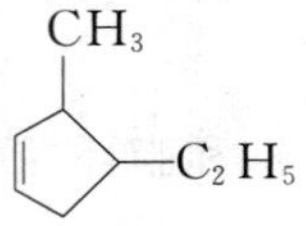

(2) 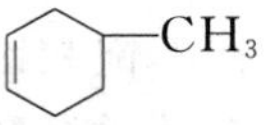

(3) 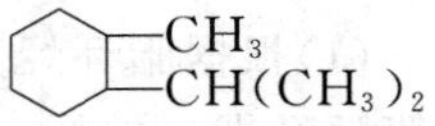

(4) 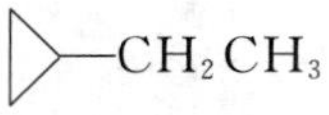

(5) 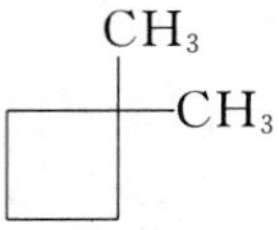

(6) 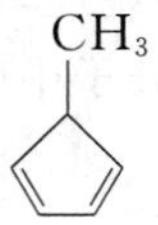

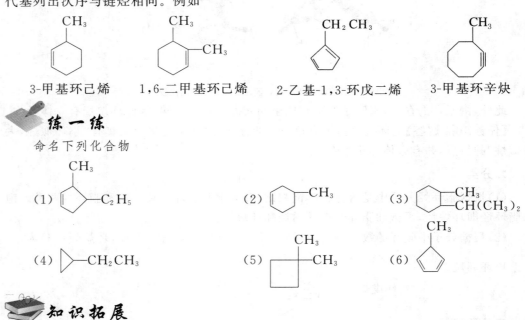

知识拓展

石油是环烷烃的主要工业来源，石油中的环烷烃主要是环戊烷、环己烷及其衍生物，最重要的是环己烷。工业上生产环己烷主要采用石油馏分异构化法和苯催化加氢法。

10.1.2　脂环烃的性质

1. 环烷烃的物理性质

环丙烷、环丁烷常温下为气体，环戊烷以上为液体，高级环烷烃的沸点、熔点、相对密度比相应的烷烃高。常见环烷烃的物理常数见表10-1。

表10-1　常见环烷烃的物理常数

环烷烃	沸点/℃	熔点/℃	相对密度/(kg/m^3)
环丙烷	−33	−127	
环丁烷	13	−80	
环戊烷	49	−94	0.746
环己烷	81	−6.5	0.778
环庚烷	118	−12	0.810
环辛烷	148	11.5	0.830

2. 环烷烃的化学性质

【任务10-2】　用化学方法鉴别丙烷、丙烯、丙炔和环丙烷。

(1)取代反应　与烷烃相似，在光照或加热的条件下，环烷烃可与卤素发生取代反应，生成环烷烃的卤代衍生物。且环烷烃取代反应，优先发生在含氢少的碳原子上。

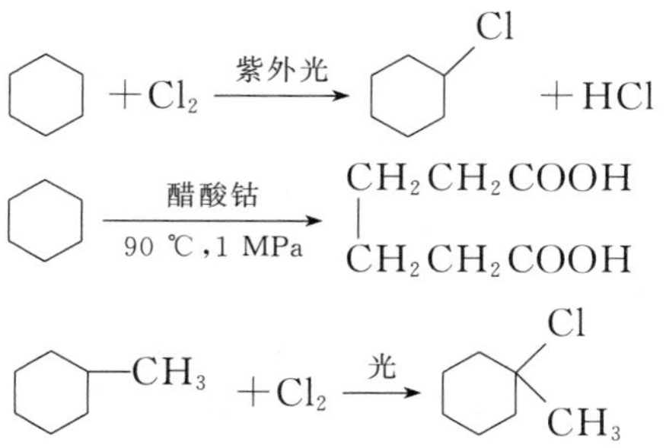

(2)加成反应

①催化加氢　环烷烃催化加氢后,开环生成烷烃。环的大小不同,加氢反应难易不同。

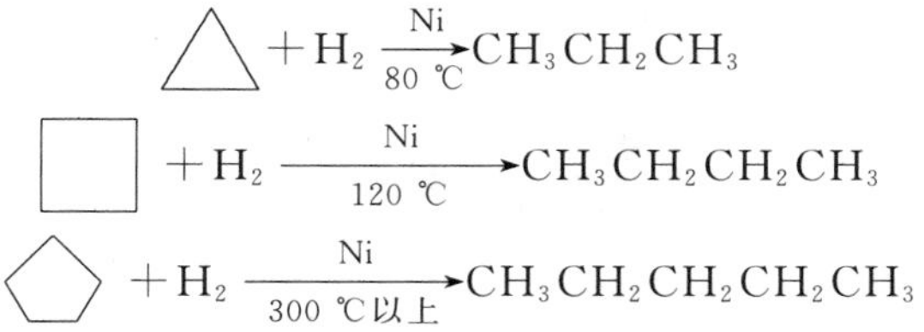

环丙烷、环丁烷易加成,环己烷和环庚烷等在此条件下不发生反应。

②加卤素　环丙烷室温下即可与溴加成,而环丁烷则需加热才能进行,生成开链烷烃。

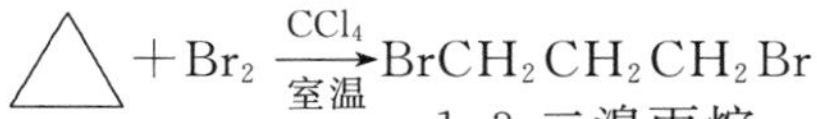

1,3-二溴丙烷

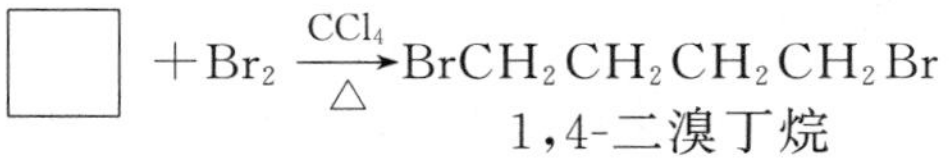

1,4-二溴丁烷

环戊烷、环己烷稳定,与卤素不易发生开环加成,而是氢原子被取代。

③加卤化氢　环丙烷、环丁烷与卤化氢进行开环反应,生成卤代烷。

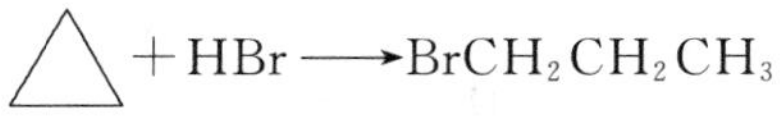

烃基取代的环丙烷、环丁烷与卤化氢反应时,环破裂发生在取代基最多与取代基最少的两个环碳原子之间,加成产物遵循马氏规则。

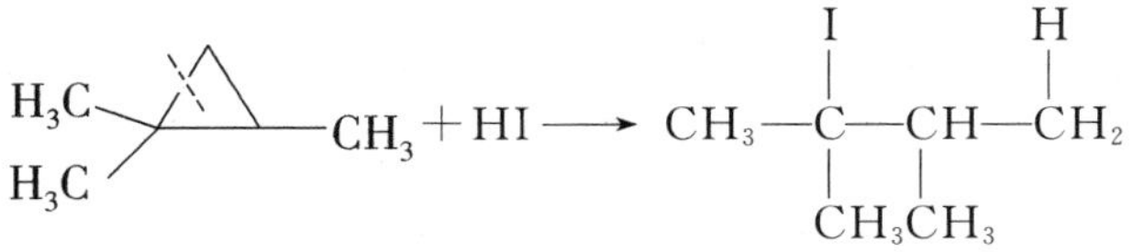

2,3-二甲基-2-碘丁烷

(3)氧化反应　常温下,环烷烃与 $KMnO_4$ 水溶液作用时,若支链有不饱和键,只是支链断裂,而环不断裂。如:

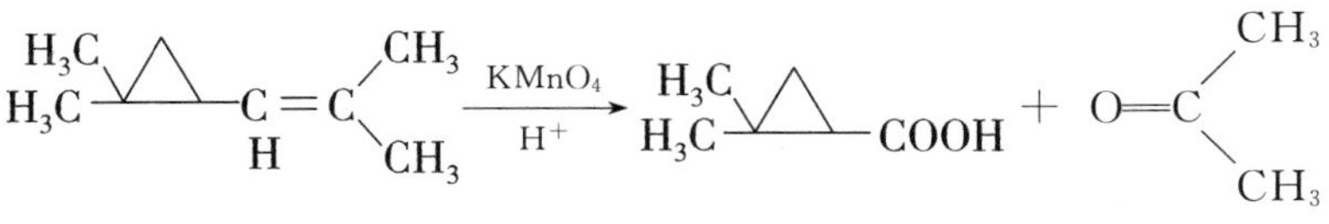

【任务 10-2 解答】

	丙烷	丙烯	丙炔	环丙烷
Br_2/CCl_4 溶液	—	褪色	褪色	褪色
$KMnO_4/H^+$		褪色	褪色	—
$Ag(NH_3)_2NO_3$ 溶液		—	↓(白)	

当加热或在催化剂的作用下，用空气中的氧气或用硝酸等强氧化剂氧化环己烷，可得不同产物。

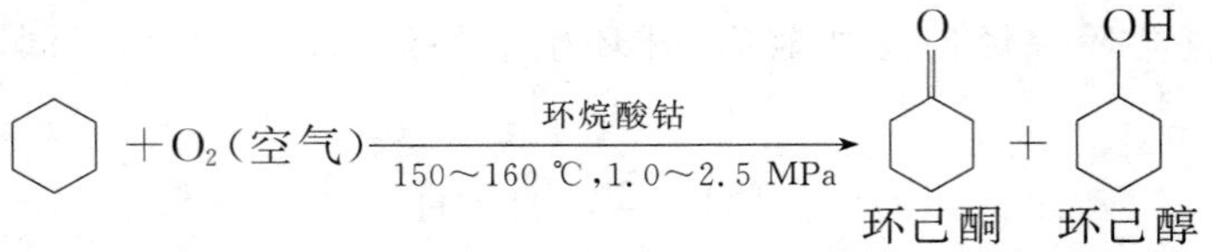

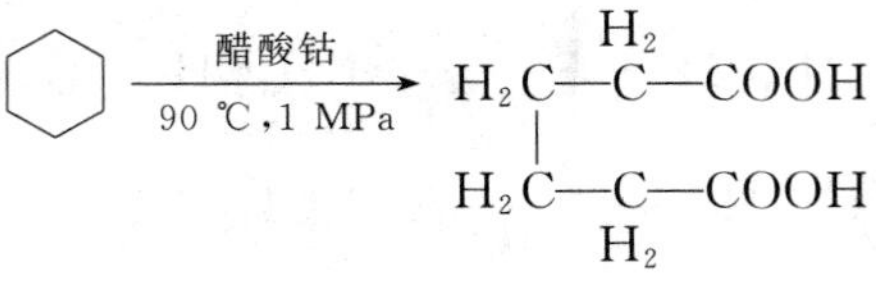

查一查

环己酮和环己醇都是重要的有机化工原料，利用互联网查一查两者在有机合成中的应用。

3. 不饱和脂环烃的性质

环烯烃具有一般烯烃的性质，如催化加氢，与极性试剂加成遵循马氏规则，能被 $KMnO_4$ 等氧化剂氧化。例如

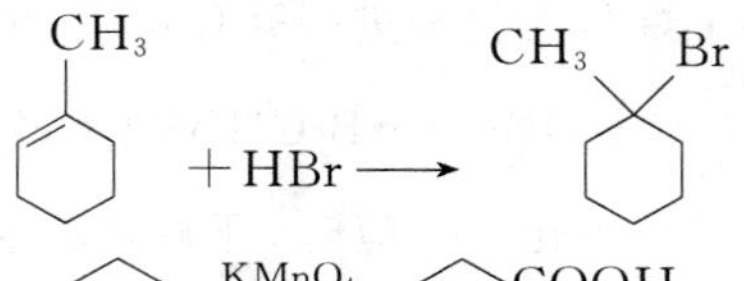

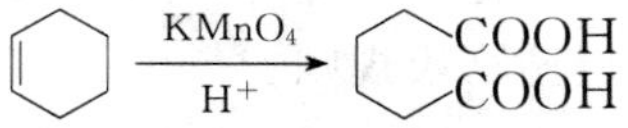

共轭二烯烃与亲双烯体发生双烯合成反应是制取二环化合物的重要方法。

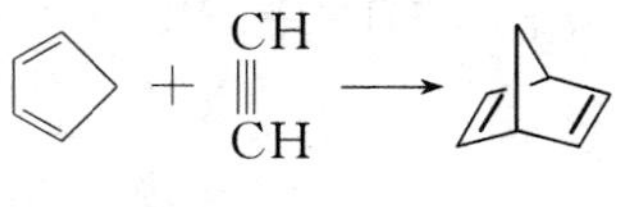

10.2 单环芳烃

10.2.1 苯的结构特征及单环芳烃的命名

1. 苯分子的结构特征

芳香烃(简称芳烃)一般指分子中含有苯环结构的有机物。苯是结构最简单、最具代表性的芳烃,苯分子组成为 C_6H_6,物理方法测定表明,苯分子内6个碳原子和6个氢原子都在一个平面内,6个碳原子构成平面正六边形,碳碳键长均为0.140 nm。苯分子中的键角都是120°,如图10-2所示。

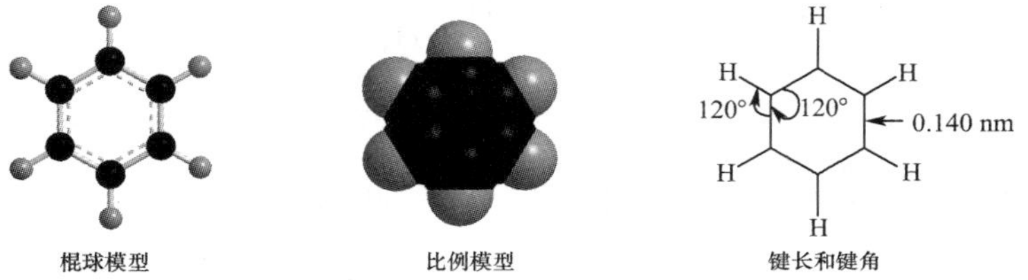

图10-2 苯分子的结构

苯环碳碳键长比正常碳碳单键(键长0.154 nm)短,而比正常碳碳双键(键长0.134 nm)长。这是由于苯分子内6个碳原子均以 sp^2 杂化方式与相邻碳原子或氢原子成键,每个碳原子上各有一个未参与杂化的p轨道,其对称轴相互平行,均垂直于碳原子和氢原子所在平面,彼此之间以"肩并肩"方式侧面重叠形成闭合离域的 π_6^6 大 π 键的缘故(图10-3)。

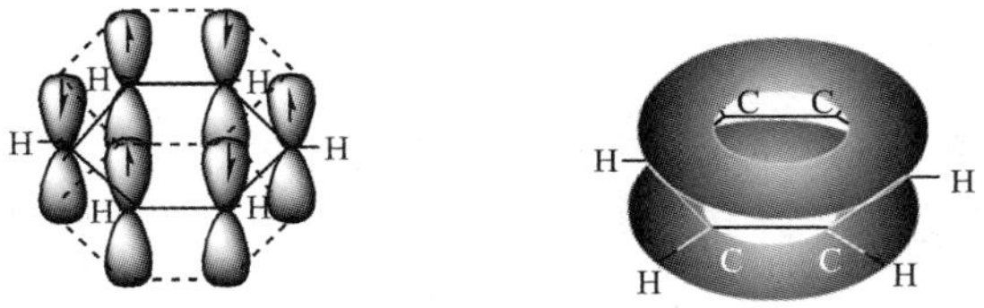

图10-3 苯分子中的共轭 π 键、π 电子示意图

苯环 π 电子云对称分布在碳原子所在平面的上下方,分子内原子之间相互影响,使大 π 键电子高度离域,电子云密度分布完全平均化,苯分子能量降低,因此苯环相当稳定。苯环的特殊稳定性,决定芳烃具有难加成,难氧化,易取代的特性,称为芳烃的芳香性。

苯的结构式常用  或  来表示。

知识拓展

苯是具有特殊芳香气味的无色可燃性液体,沸点80.1 ℃,不溶于水,易溶于有机溶剂,其蒸气有毒。主要来源于煤焦油和石油的芳构化。苯是重要的有机溶剂,可溶解涂料、橡胶和胶水等;也是基本的有机化工原料,可通过取代、加成和氧化反应制得多种重要的化工产品或中间体。

2. 单环芳烃的命名

【任务 10-3】命名下列有机物：

(1) 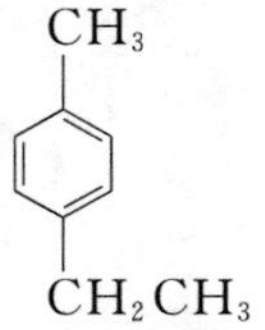

(2) 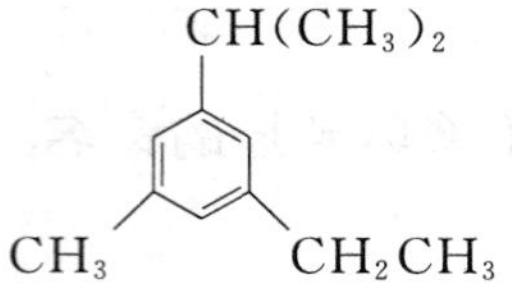

只含有一个苯环的芳烃称单环芳烃。当苯环上的取代基为烷基时，以苯环作为母体，烷基为取代基，称作某烷基苯，“基”字可省略。当苯环上连有两个或两个以上取代基时，可用阿拉伯数字表示它们之间的相对位置。苯环上只连接两个取代基时，也可以用“邻”、“间”、“对”，或 *o*-、*m*-、*p*-表示它们的相对位置。例如

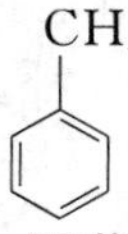

甲苯

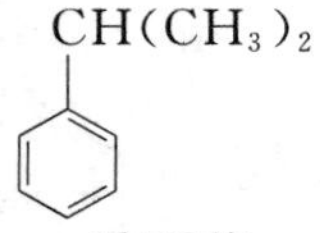

异丙苯

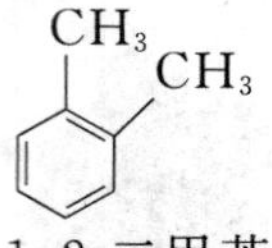

1,2-二甲苯
邻二甲苯(*o*-二甲苯)

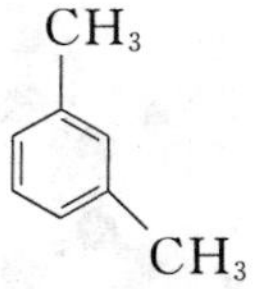

1,3-二甲苯
间二甲苯(*m*-二甲苯)

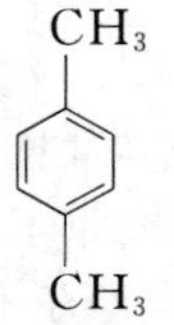

1,4-二甲苯
对二甲苯(*p*-二甲苯)

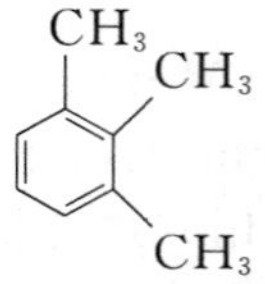

1,2,3-三甲苯
连三甲苯

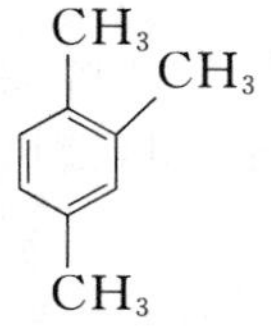

1,2,4-三甲苯
偏三甲苯

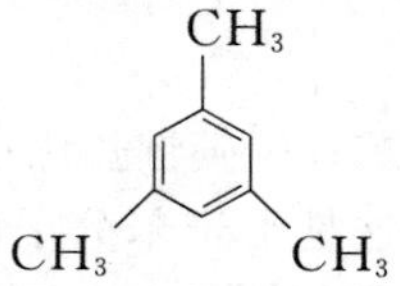

1,3,5-三甲苯
均三甲苯

知识拓展

甲苯是无色液体，沸点 110.6 ℃，不溶于水，溶于有机溶剂，有毒。主要来源于煤焦油和石油的铂重整。甲苯是重要的有机溶剂，也是基本有机化工原料，主要用于合成苯甲醛、苯甲酸、苯酚、苄基氯以及炸药、染料、香料、医药和糖精等。

二甲苯存在于煤焦油中，通常由石油产品重整制得。二甲苯是无色具有芳香气味的液体，不溶于水，可溶于有机溶剂，是合成树脂、染料、医药和香料的原料。

苯环上连有不同烷基时，按“次序规则”较优基团后列出。例如

【任务 10-3 解答】 (1)1-甲基-4-乙苯　(2)1-甲基-3-乙基-5-异丙苯

当苯环上的取代基为不饱和烃基或取代基比较复杂时，一般是以侧链为母体，苯环作为取代基来命名。例如

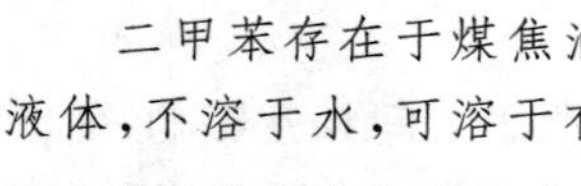

2-甲基-3-苯基丁烷

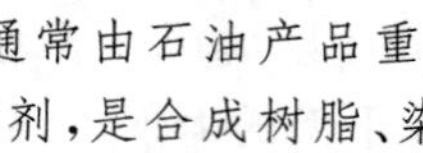

苯乙烯

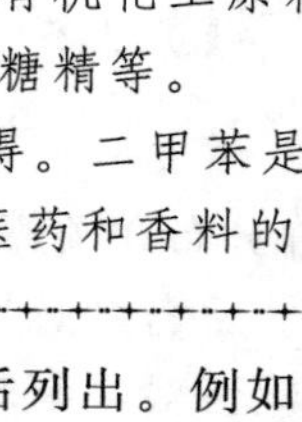

对二乙烯基苯

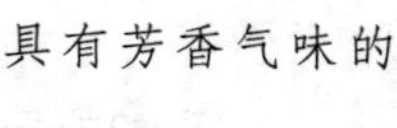

苯乙炔

练一练

写出下列有机物的结构式。

(1) 2,4-二甲基苯乙炔　(2)间二乙苯　(3)1,2-二苯乙烷　(4)3-苯基-1-丙烯

知识拓展

苯乙烯为无色液体，沸点 146 ℃，由乙苯脱氢制备，能发生加成和聚合等反应。可自身进行聚合生成聚苯乙烯，因此贮存时要加入阻聚剂。

芳烃分子中去掉一个氢原子而形成的基团，称为芳基，简写为 Ar—。苯去掉一个氢原子而形成的基团 C_6H_5—，称为苯基，简写为 Ph—。甲苯的甲基上去掉一个氢原子而形成的基团 $C_6H_5CH_2$—，称为苯甲基或苄基。

3. 单环芳烃衍生物的命名

苯环上的一个或几个氢原子被其他原子或基团取代后生成的化合物，称为苯的衍生物。

(1)苯环上连有作取代基的基团　当取代基团为—X(卤原子)、—NO_2(硝基)时，命名方法与连有结构简单的—R(烷基)相似，以苯为母体，称为“某基代苯”，一般“代”字可省略。例如

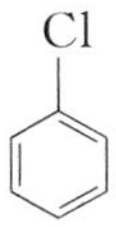
氯苯

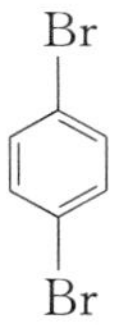
对二溴苯

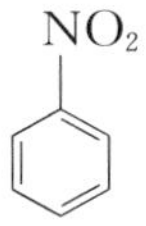
硝基苯

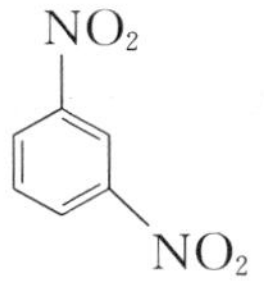
间二硝基苯

(2)苯环上连有作母体的基团　当取代基为—COOH(羧基)、—SO_3H(磺酸基)、—CHO(醛基)、—OH(羟基)、—NH_2(氨基)等时，将苯环作为取代基。例如

苯甲酸

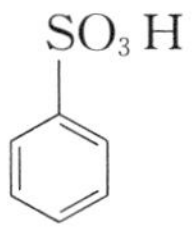
苯磺酸

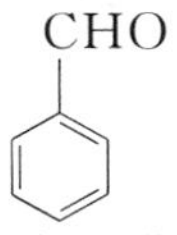
苯甲醛

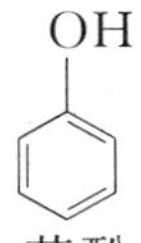
苯酚

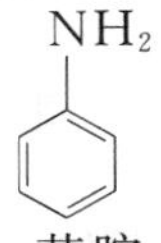
苯胺

【任务 10-4】　命名下列有机物：

(1) 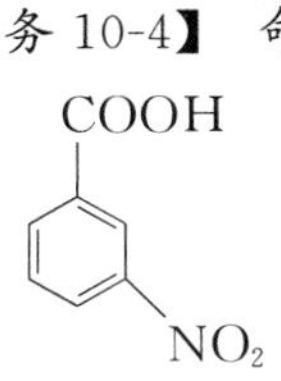　(2) 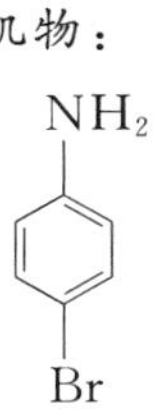　(3) 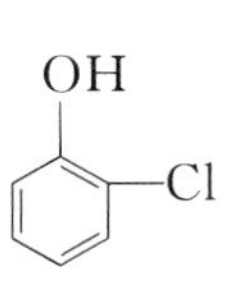　(4) 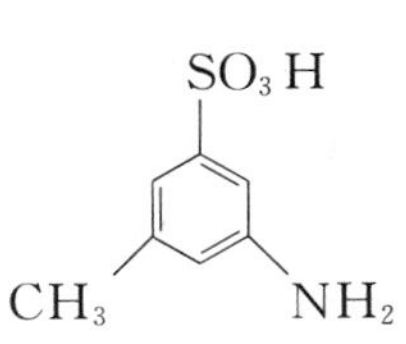

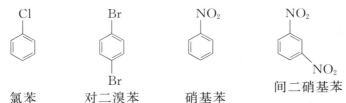

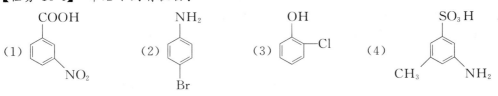

(3)苯环上连有多个取代基　当苯环上连有两个或两个以上不同的取代基时，需要按照“取代基优先次序(或称官能团优先次序)”来确定母体。常见取代基优先次序如下：

—COOH、—SO_3H、—CHO、—$COCH_3$(乙酰基)、—OH、—NH_2、—OR(烷氧基)、

—C₆H₅(苯基)、—R(烷基)、—X、—NO₂

前面的优先于后面的基团,优先基团与苯一起作母体。作为母体的基团命名时总是编号为 1 位,再按"最低系列原则"对苯环其他碳原子依次编号。

【任务 10-4 解答】 (1)3-硝基苯甲酸(或间硝基苯甲酸)

(2)4-溴苯胺(或对溴苯胺)

(3)2-氯苯酚(或邻氯苯酚)

(4)3-甲基-5-氨基苯磺酸

 练一练

命名下列有机物:

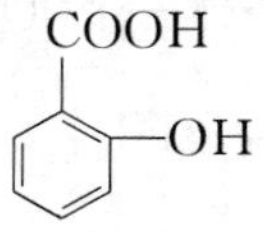

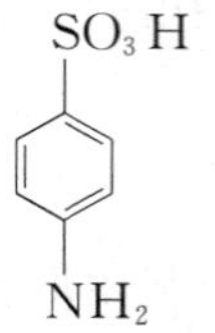

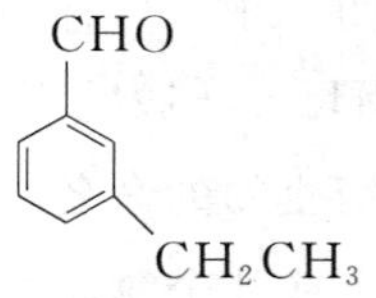

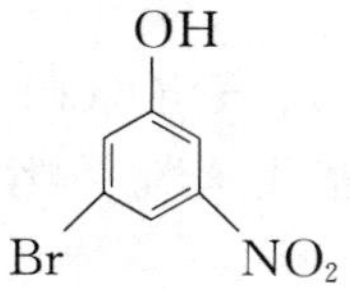

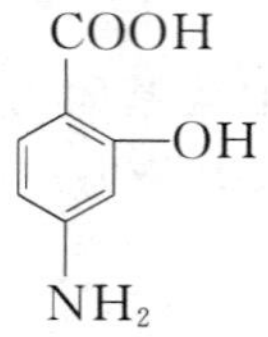

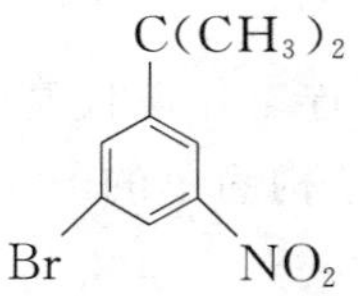

10.2.2 单环芳烃的物理性质

苯及其同系物多数是无色液体,比水轻,不溶于水,可溶于汽油、乙醇和乙醚等有机溶剂中,相对密度一般在 0.86~0.9 之间。甲苯、二甲苯等对某些涂料有较好的溶解性,可用作涂料工业的稀释剂。

苯及其同系物有特殊的气味,蒸气有毒,其中苯的毒性较大,长期吸入苯蒸气,损坏造血器官及神经系统应避免吸入或皮肤接触吸收大量的苯。

10.2.3 单环芳烃的化学性质

1. 取代反应

【任务 10-5】当苯环存在—X、—CH₃、—NO₂、—SO₃H 时,再发生取代反应,主要生成邻、对位产物的有哪些? 主要生成间位产物的有哪些? 再次取代反应难易如何?

(1)卤代反应　在铁粉或无水卤化铁催化剂作用下,苯环上的氢原子被卤素取代,生成卤代苯。例如

$$\text{苯} + Cl_2 \xrightarrow[55\sim60\ ℃]{FeCl_3} \text{苯}-Cl + HCl$$

$$\text{苯} + Br_2 \xrightarrow[55\sim60\ ℃]{FeBr_3} \text{苯}-Br + HBr$$

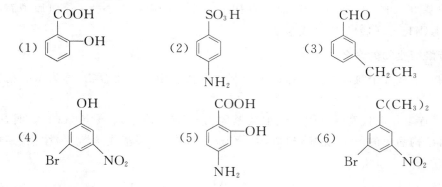

温度升高,一卤代苯可以继续卤代,主要产物是邻位和对位的二卤代苯。

$$2 \quad \text{苯Br} \quad + Br_2 \xrightarrow[90\ ℃]{FeBr_3} \quad \text{邻二溴苯} \quad + \quad \text{对二溴苯}$$

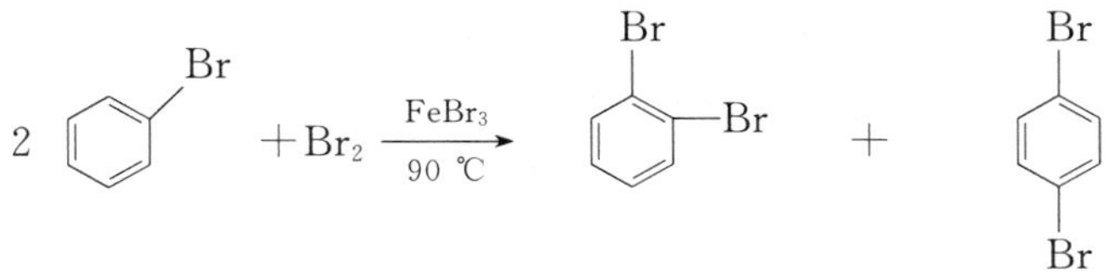

邻二溴苯（15％）　　对二溴苯（85％）

烷基苯比苯更容易进行卤代反应，主要生成邻位和对位产物。这是工业上生产一氯甲苯的方法之一。

$$\text{甲苯} + Cl_2 \xrightarrow[\triangle]{Fe\ 粉或\ FeCl_3} \quad \text{邻氯甲苯} \quad + \quad \text{对氯甲苯}$$

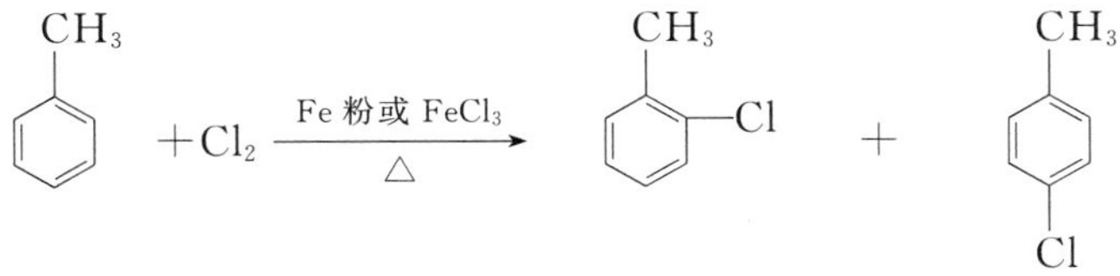

邻氯甲苯（58％）　　对氯甲苯（42％）

芳烃苯环侧链上连有 α-H 时，在热或光的作用下，α-H 原子被卤素取代。

$$\text{甲苯} + Cl_2 \xrightarrow[130\sim140\ ℃]{光} \quad \text{苯氯甲烷} \quad + HCl$$

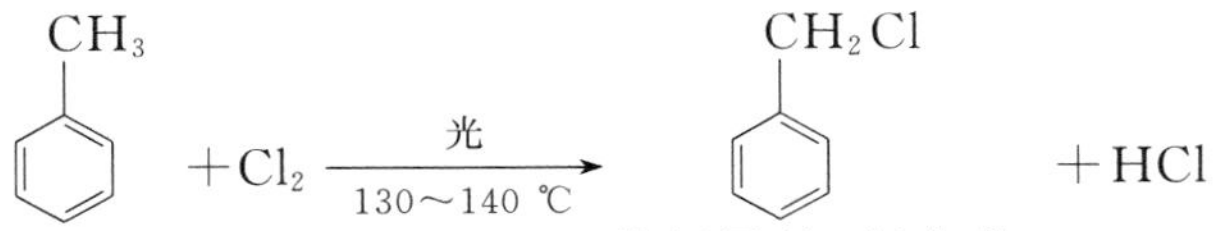

苯氯甲烷（氯化苄）

反应可继续进行，生成苯二氯甲烷、苯三氯甲烷。通过控制氯气用量及反应条件，可使任一产物为主要产物。这是工业上生产氯甲苯的方法之一。

(2) 硝化反应　芳环上氢原子被硝基取代的反应，称为硝化反应。常用硝化试剂是浓硝酸和浓硫酸的混合物，俗称"混酸"。例如

$$\text{苯} + HNO_3 \xrightarrow[50\sim60\ ℃]{H_2SO_4} \quad \text{苯}-NO_2 \quad + H_2O$$

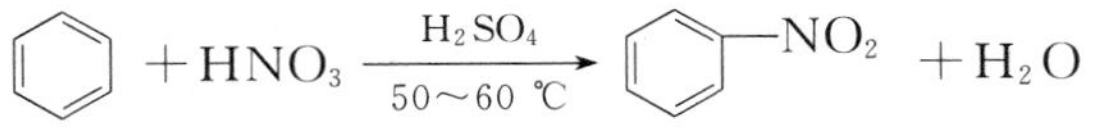

这是实验室和工业上制备硝基苯的方法之一。

硝基苯不容易继续硝化，在更高温度及用发烟 HNO_3 和浓 H_2SO_4 的混合物作硝化剂时，才能生成间二硝基苯。

$$\text{苯}NO_2 \xrightarrow[100\ ℃]{HNO_3(发烟),浓\ H_2SO_4} \quad \text{间二硝基苯} \quad + H_2O\uparrow$$

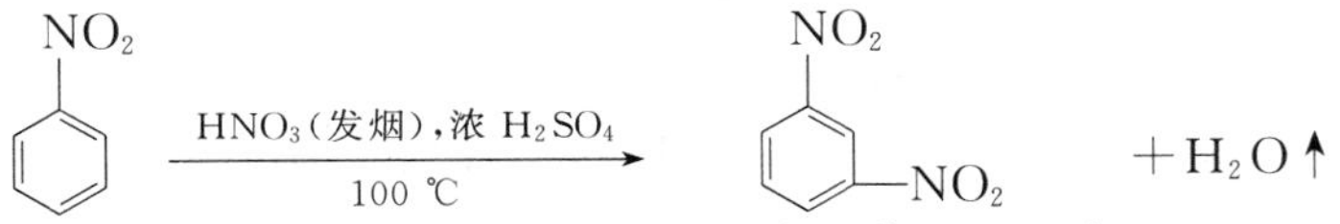

间二硝基苯（93.2％）

烷基苯比苯容易硝化，主要产物为邻硝基甲苯、对硝基甲苯。

$$\text{甲苯} \xrightarrow[30\ ℃]{HNO_3, H_2SO_4} \quad \text{邻硝基甲苯} \quad + \quad \text{对硝基甲苯} \quad + H_2O$$

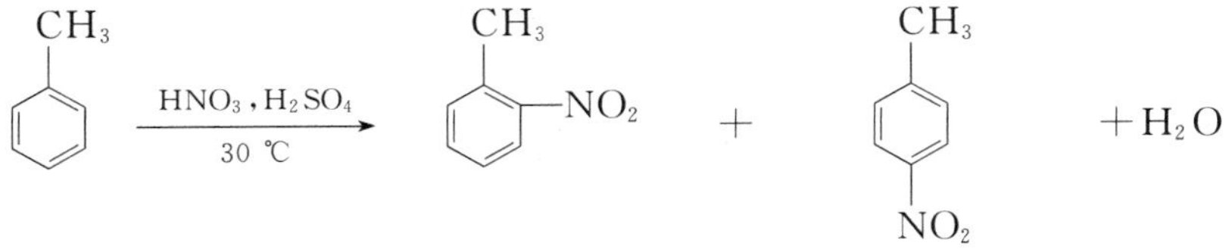

邻硝基甲苯（58％）　　对硝基甲苯（38％）

 查一查

利用互联网或有关工具书查询硝基苯的性质与用途。

(3)磺化反应　苯以及同系物在加热条件下与浓 H_2SO_4 发生反应，苯环上的氢原子被 $-SO_3H$ 取代生成苯磺酸的反应，称为磺化反应。例如

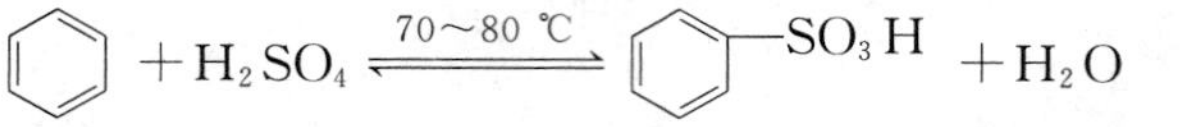

苯与发烟硫酸（$H_2SO_4 \cdot nSO_3$）在室温下即可反应。苯磺酸比苯难于磺化，需采用发烟硫酸并在较高温度下进行，主要生成间苯二磺酸。

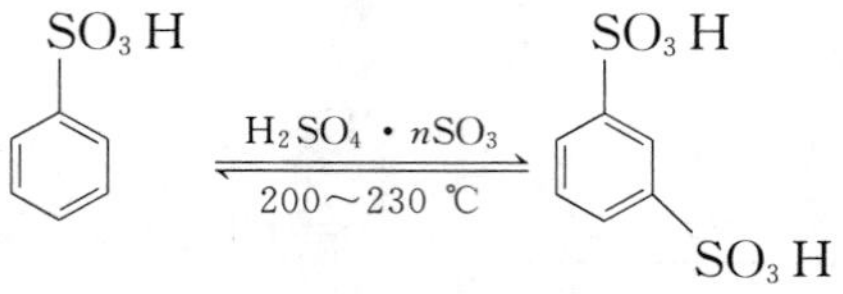

烷基苯比苯易于磺化，主要得到邻、对位产物。如

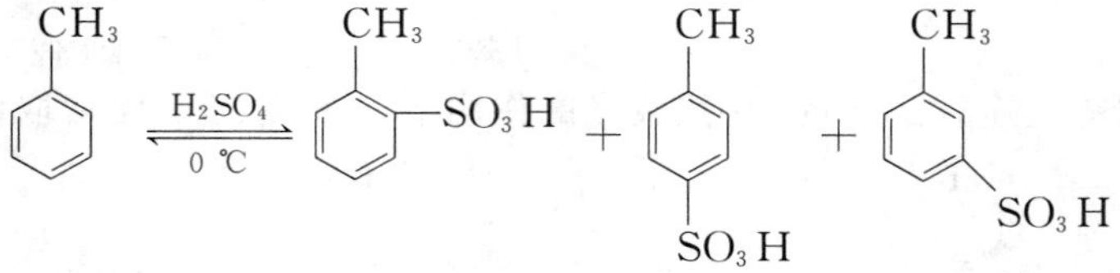

43%　　53%　　4%

提高温度比较有利于对位产物的生成。例如，100 ℃时对位占 79%，0 ℃时对位占 53%。因此，可应用苯磺酸产物溶于浓硫酸及易水解的性质，进行有机物分离，或在有机合成中先占位后水解，制备纯度较高的化合物。

练一练

由甲苯制取邻氯甲苯时，若直接氯代，则得到难以分离的邻氯甲苯和对氯甲苯的混合物。若先磺化，再氯代，产物经水解即可得到高产率的邻氯甲苯。试写出反应方程式。

【任务 10-5 解答】　再发生取代反应，主要生成邻对位产物的有 $-X$、$-CH_3$；主要生成间位产物的有 $-NO_2$、$-SO_3H$。从反应温度及试剂条件看出，再次取代反应较容易的是 $-CH_3$，较困难的是 $-X$、$-NO_2$、$-SO_3H$。

(4)傅瑞德尔—克拉夫茨(Friedel-Crafts)反应　在无水氯化铝等催化作用下，芳环上氢原子被烷基或酰基取代的反应叫做傅-克反应。傅-克反应有烷基化和酰基化两种情况。

【任务 10-6】　十二烷基苯磺酸钠是合成洗涤剂（洗衣粉）的主要成分，试完成合成

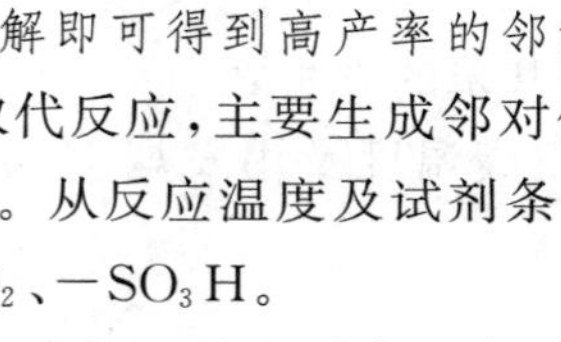

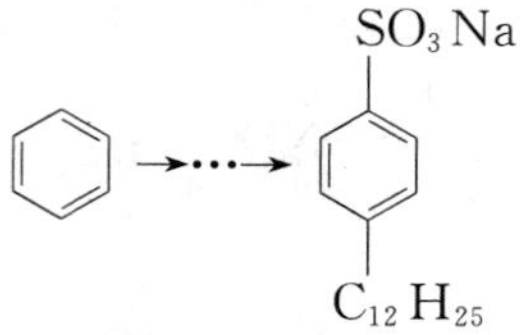

①烷基化反应　在无水 $AlCl_3$ 催化作用下，苯与卤代烷、烯烃或醇等烷基化试剂作用，芳环上氢原子被烷基取代生成烷基苯。例如

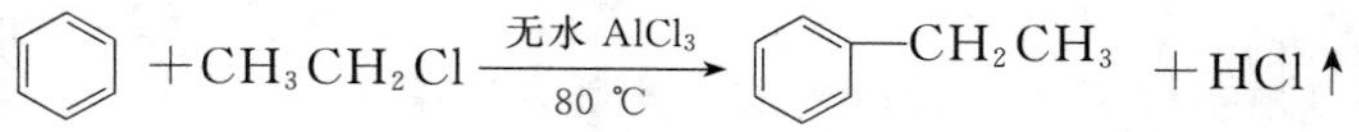

$$\text{C}_6\text{H}_5 + \text{CH}_2=\text{CH}_2 \xrightarrow[\text{90~100 °C}]{\text{无水 AlCl}_3} \text{C}_6\text{H}_5-\text{CH}_2\text{CH}_3$$

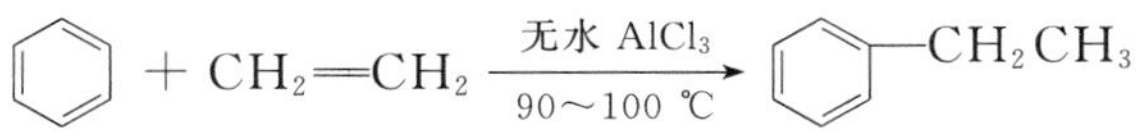

若引入的烷基含有三个或三个以上碳原子时,常常发生重排,生成重排产物。例如

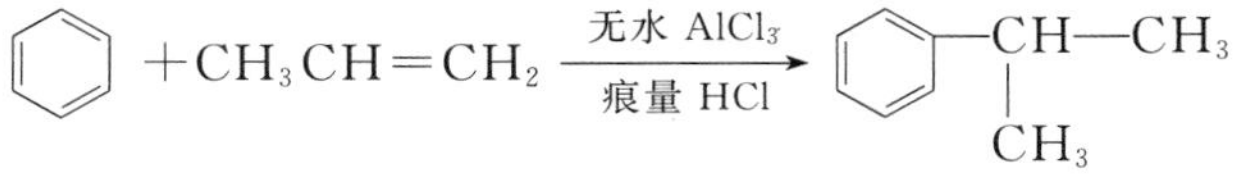

$$\text{C}_6\text{H}_5 + \text{CH}_3\text{CH}=\text{CH}_2 \xrightarrow[\text{痕量 HCl}]{\text{无水 AlCl}_3} \text{C}_6\text{H}_5-\text{CH}-\text{CH}_3$$
$$\underset{\text{CH}_3}{}$$

异丙苯(70%)

$$\text{C}_6\text{H}_5 + \text{CH}_3\text{CH}_2\text{CH}_2\text{Cl} \xrightarrow{\text{无水 AlCl}_3} \text{C}_6\text{H}_5-\text{CH(CH}_3)_2 + \text{C}_6\text{H}_5-\text{CH}_2\text{CH}_2\text{CH}_3$$
$$\text{70%}\text{30%}$$

烷基化反应时,常常伴随多烷基化反应发生,若以一烷基苯为主要产物,苯要过量。烷基化反应在工业生产上有重要意义。

知识拓展

无水 AlCl_3 是传统上使用的烷基化反应,此外还可采用 FeCl_3、BF_3、H_2SO_4、ZnCl_2 等。为防止强酸的腐蚀和污染,目前提倡使用固体烷基化催化剂,如金属卤化物、分子筛、固体磷酸(磷酸-硅藻土)等。

【任务 10-6 解答】
$$\text{C}_6\text{H}_6 \xrightarrow[\text{无水 AlCl}_3]{\text{C}_{12}\text{H}_{25}\text{Cl}} \text{C}_6\text{H}_5-\text{C}_{12}\text{H}_{25} \xrightarrow[\text{40~50 °C}]{\text{浓 H}_2\text{SO}_4} \text{(SO}_3\text{H)C}_6\text{H}_4(\text{C}_{12}\text{H}_{25}) \xrightarrow{\text{NaOH}} \text{(SO}_3\text{Na)C}_6\text{H}_4(\text{C}_{12}\text{H}_{25})$$

苯环上连有强吸电子基如 $-\text{NO}_2$、$-\text{SO}_3\text{H}$、$-\text{COR}$ 等基团时,一般不发生傅—克反应,因此硝基苯常作傅—克反应的溶剂,因为苯与氯化铝都能溶解于硝基苯中。卤原子直接与 $\text{C}=\text{C}$ 键或苯环相连的卤代烃,如氯乙烯、氯苯由于活性小,不能作为烷基化试剂。

②酰基化反应 在无水 AlCl_3 催化作用下,苯与酰卤或酸酐反应,苯环上氢原子被酰基取代生成芳酮的过程。

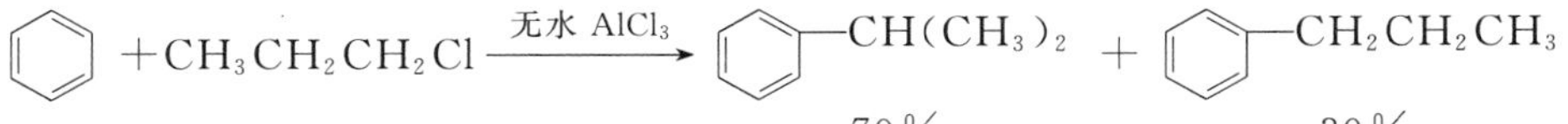

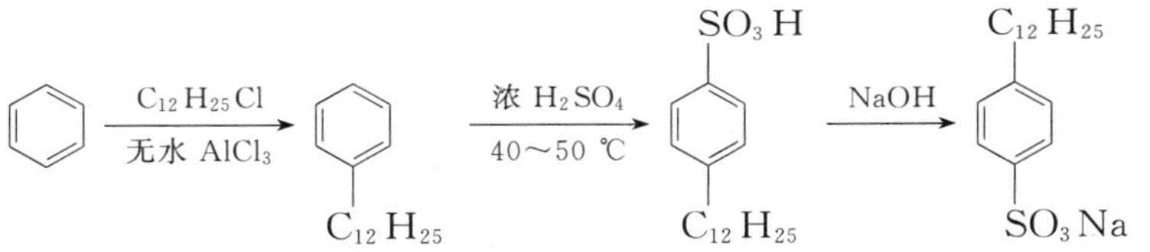

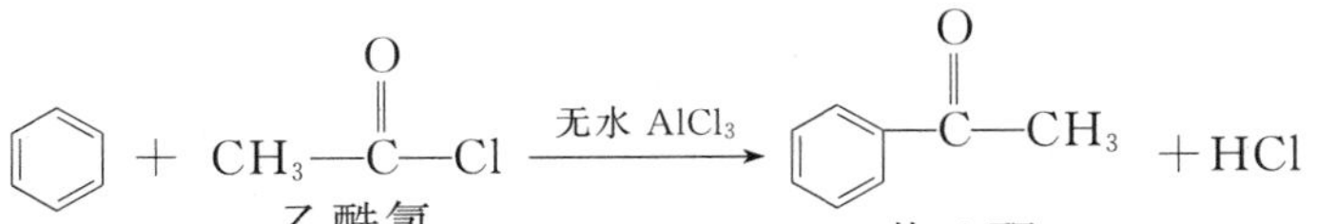

$$\text{C}_6\text{H}_6 + \text{CH}_3-\overset{\text{O}}{\overset{\|}{\text{C}}}-\text{Cl} \xrightarrow{\text{无水 AlCl}_3} \text{C}_6\text{H}_5-\overset{\text{O}}{\overset{\|}{\text{C}}}-\text{CH}_3 + \text{HCl}$$
乙酰氯 苯乙酮

$$\text{C}_6\text{H}_6 + \text{CH}_3-\overset{\text{O}}{\overset{\|}{\text{C}}}-\text{O}-\overset{\text{O}}{\overset{\|}{\text{C}}}-\text{CH}_3 \xrightarrow{\text{无水 AlCl}_3} \text{C}_6\text{H}_5-\overset{\text{O}}{\overset{\|}{\text{C}}}-\text{CH}_3 + \text{CH}_3\text{COOH}$$
乙酸酐

酰基化反应既不发生异构化,也不发生重排,羰基可以进一步还原成亚甲基,得到正构烷基苯。利用该性质,可制备长侧链的烷基苯。

【应用实例】 实验室及工业,通过酰基化反应和克莱门森还原制备正丙苯。

$$\text{C}_6\text{H}_6 + \text{CH}_3\text{CH}_2\text{COCl} \xrightarrow[\triangle]{\text{AlCl}_3} \text{C}_6\text{H}_5-\overset{\text{O}}{\overset{\|}{\text{C}}}\text{CH}_2\text{CH}_3 \xrightarrow[\text{HCl}]{\text{Zn-Hg}} \text{C}_6\text{H}_5-\text{CH}_2\text{CH}_2\text{CH}_3$$

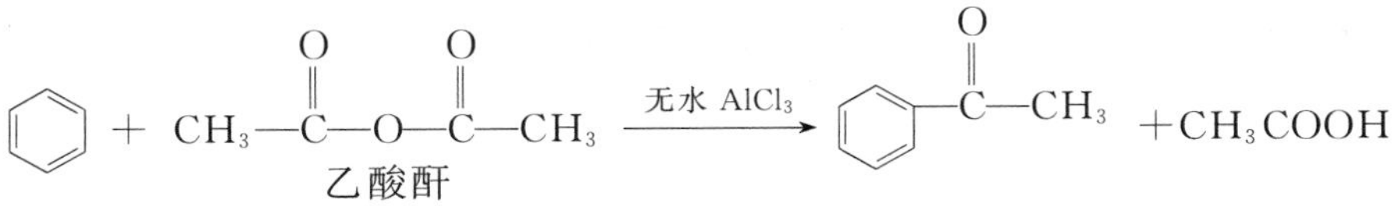

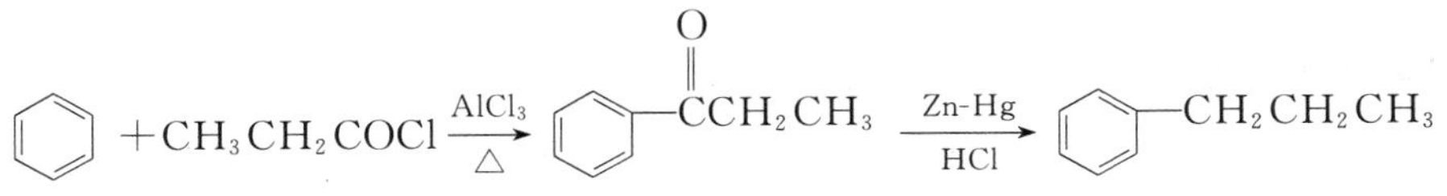

知识拓展

傅-克反应在工业上有着重要的意义。苯和乙烯、丙烯反应是工业上生产乙苯和异丙苯的方法;乙苯经催化脱氢后得到的苯乙烯是合成树脂及合成橡胶的重要原料;异丙苯是工业制取苯酚、丙酮的重要原料,反应如下:

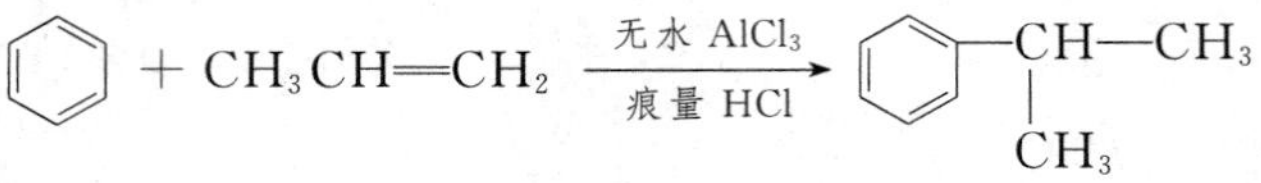

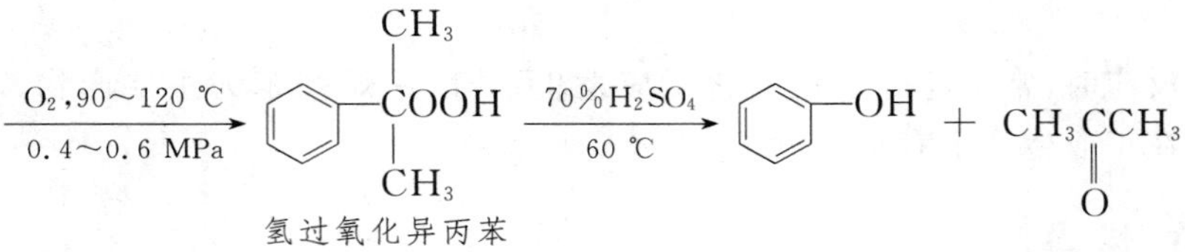

氢过氧化异丙苯

练一练

完成下列反应

(1) 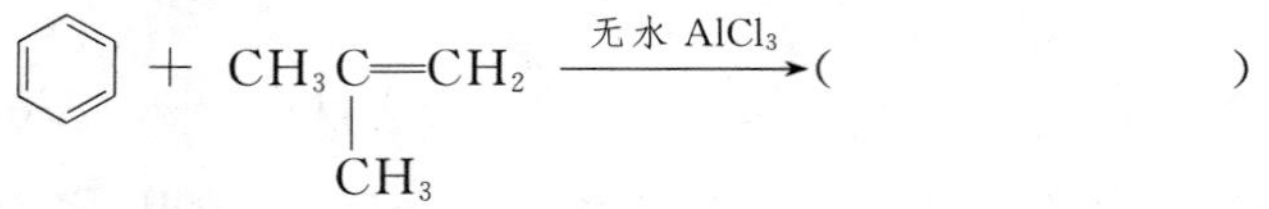

(2) 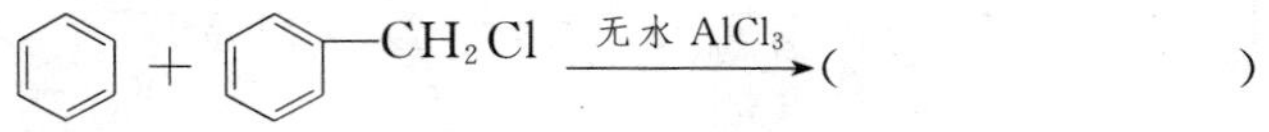

(2) 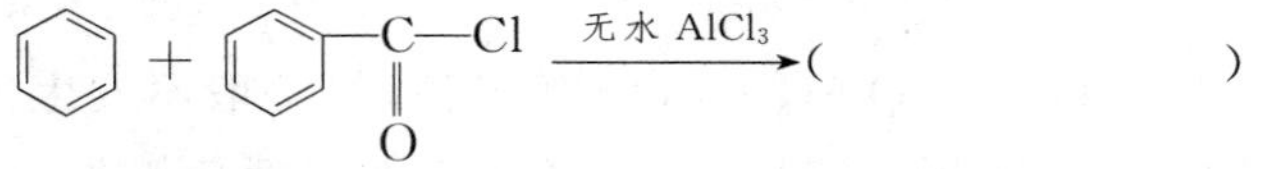

2. 加成反应

苯环非常稳定,加成反应比较困难,但在一定的条件下,也能与 H_2 和 Cl_2 发生加成反应。例如

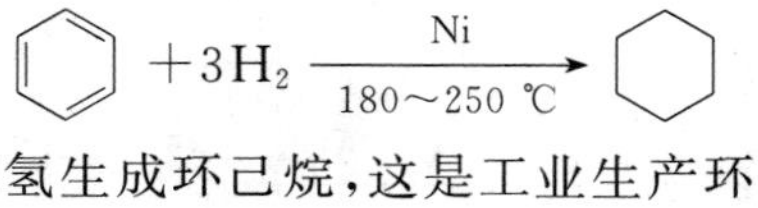

在催化剂存在下,苯环加氢生成环己烷,这是工业生产环己烷的方法。

3. 氧化反应

(1)苯环氧化　苯环稳定,不易被氧化,但在高温和催化剂作用下,可氧化生成顺丁烯二酸酐。

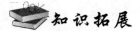

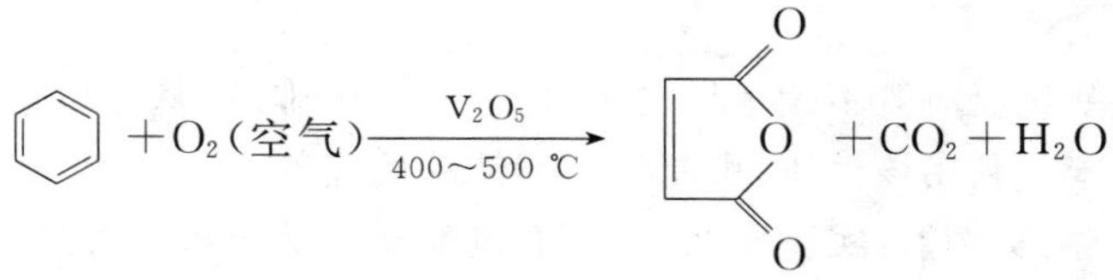

知识拓展

顺丁烯二酸酐是重要的有机化工中间体,可用于制作塑料工业中的增塑剂;造纸业中

的纸张处理剂；合成树脂产业中的不饱和聚酯树脂；涂料业中的醇酸型涂料；农药生产中的马拉硫磷的合成；医药产业中磺胺药品的生产等。

(2)侧链氧化　在酸性 $KMnO_4$、$K_2Cr_2O_7$ 等氧化剂的作用下，含有 α-H 的侧链均被氧化成苯甲酸。例如

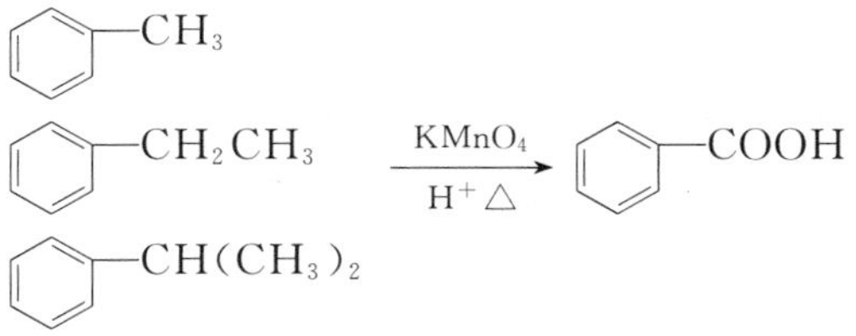

应用该性质，可鉴别烷基苯和制备苯甲酸。

查一查

天然苯甲酸以酯的形式存在于安息香胶及其他一些香树脂中，故俗称安息香酸。试利用互联网或有关工具书查询其性质、主要用途及对环境、健康有哪些危害。

练一练

完成下列反应。

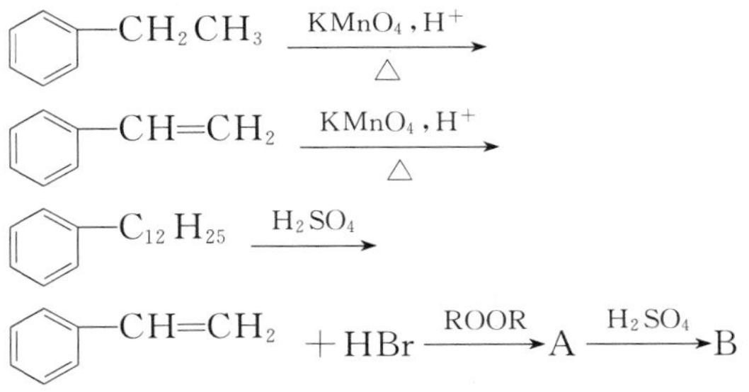

10.2.4　苯环上亲电取代反应的定位规律及应用

【任务 10-7】　标记出下列化合物进行一元硝化时硝基进入苯环的位置。

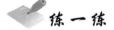

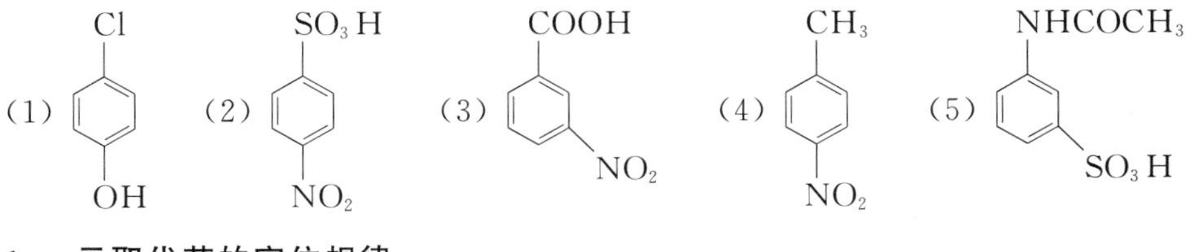

1. 一元取代苯的定位规律

一元取代苯进行取代反应时，原有取代基对新取代基的进入有定位效应，所以将原有的取代基称为定位基。由【任务 10-5 解答】得知，常见取代基按其定位效应分为两类：

(1)邻、对位定位基(第一类定位基)　这类定位基使苯环新引入的取代基主要进入其邻位和对位，邻位和对位取代物之和大于 60%。

常见第一类定位基按由强到弱的顺序为：

$-O^-$（负氧离子基），$-N(CH_3)_2$（二甲氨基），$-NHCH_3$（甲氨基），$-NH_2$（氨基），$-OH$（羟基），$-OR$（烷氧基），$-NHCOCH_3$（乙酰氨基），$-OCOCH_3$（乙酰氧基），$-R$（烷基），$-CH=CH_2$（乙烯基），$-X$（$-F$，$-Cl$，$-Br$，$-I$），$-CH_2Cl$（氯甲基）。

其结构特点是：与苯环直接相连的原子不含双键（$-CH=CH_2$ 除外），且具有孤对电子（烷基例外），是供电子基；除卤素原子、氯甲基等以外，第一类定位基一般都使苯环活化，其活化苯环由强到弱的顺序与定位强弱顺序相同。

（2）间位定位基（第二类定位基） 这类定位基能使新进入的取代基主要进入它的间位，间位产物大于 40%。

常见第二类定位基按由强到弱顺序为：

$-N^+H_3$（铵基），$-N^+(CH_3)_3$（三甲铵基），$-NO_2$（硝基），$-CCl_3$（三氯甲基），$-SO_3H$（磺酸基），$-CHO$（醛基），$-COCH_3$（乙酰基），$-COOH$（羧基），$-CONH_2$（氨基甲酰基）。

间位定位基的结构特点是：与苯环直接相连的原子含有重键或带正电荷（$-CCl_3$ 除外）；第二类定位基使苯环钝化，即当苯环上连有这类取代基时，难以发生取代反应。其钝化苯环由强到弱的顺序与定位强弱顺序相同，则其活化顺序与此相反。

2. 二元取代苯的定位规律

（1）取代基为同类时，第三个取代基进入位置由定位能力强的决定。例如

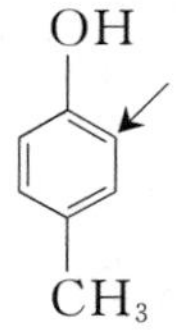

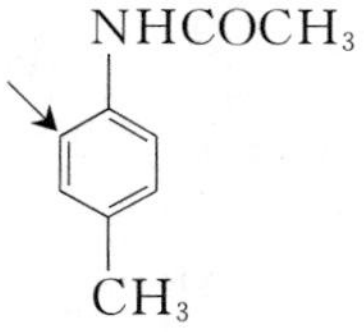

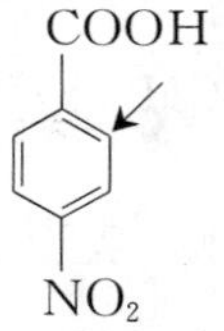

定位基强弱：$-OH>-CH_3$ $-NHCOCH_3>-CH_3$ $-NO_2>-COOH$

（2）取代基为异类时，第三个取代基进入位置由邻对位定位基决定。例如

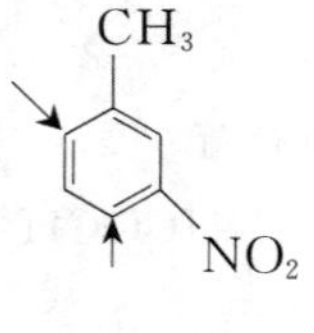

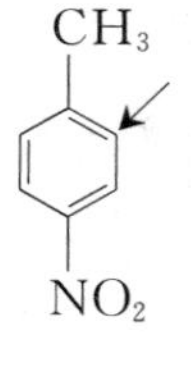

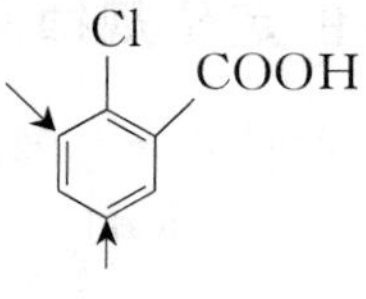

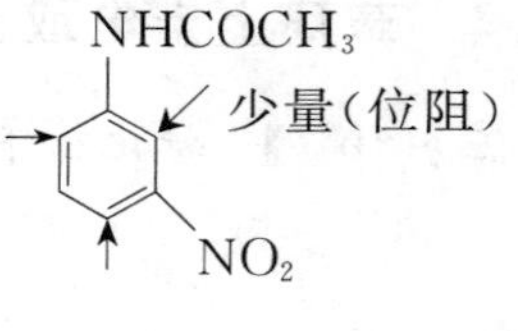

【任务 10-6 解答】

（1）
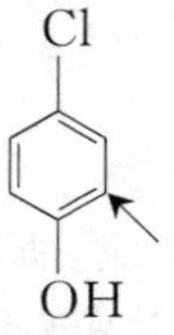

（2）
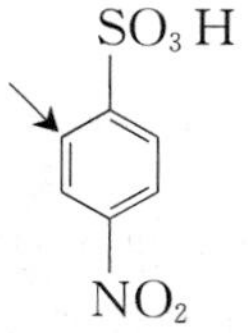

（3）
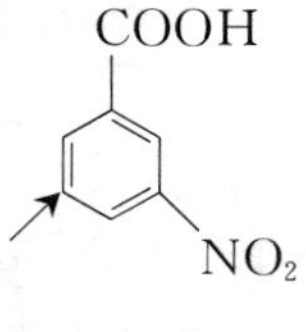

（4）
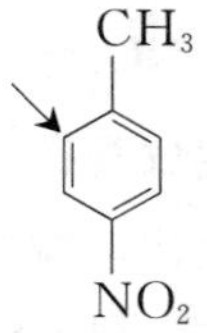

（5）
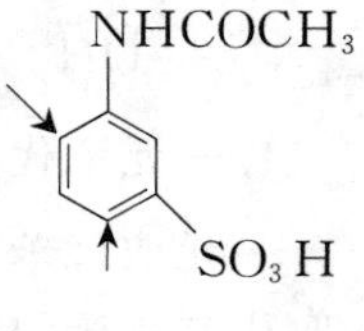

3. 定位规律的应用

【任务 10-8】 完成下列合成反应。

(1) 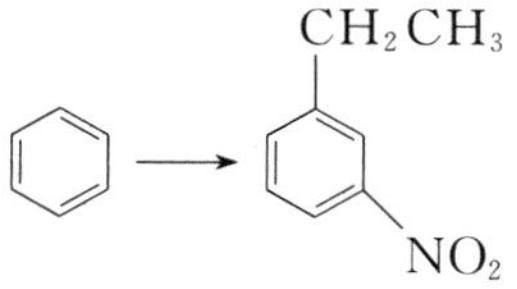　(2) 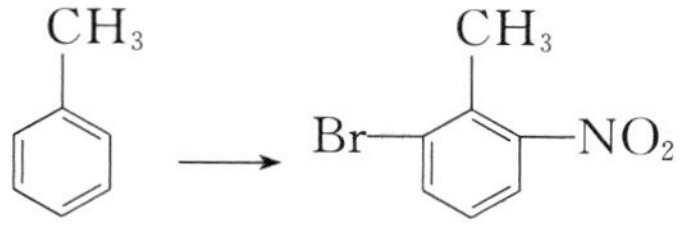 (纯的)

(3) 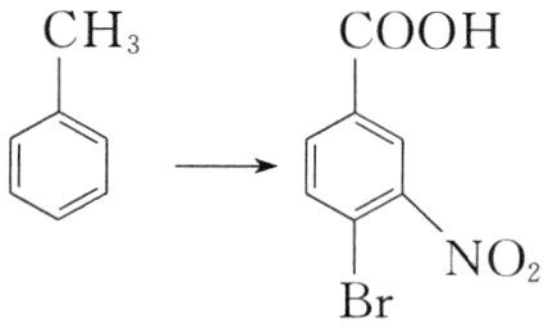

在生产实践和科学实验中，应用定位规律可以预测反应的主要产物，得到较高产率和容易分离的有机化合物。

【实例分析】 由苯合成间硝基溴苯。

根据定位规律需由苯先硝化再溴代，否则得到邻硝基溴苯和对硝基溴苯。

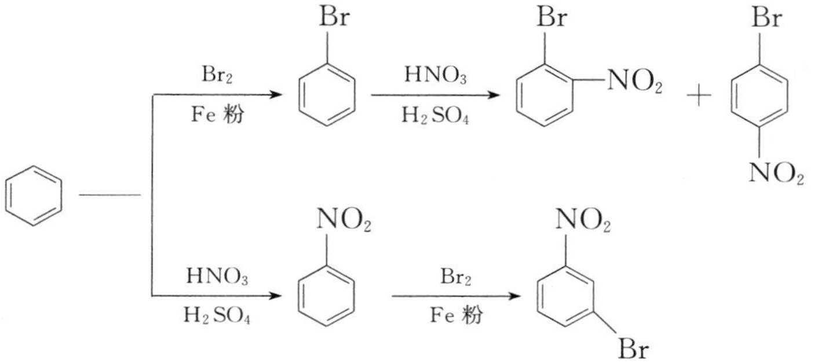

【实例分析】 由苯合成 4-甲基-3-硝基苯磺酸。

由于硝基或磺酸基的存在，不能进行烷基化反应，所以只能有两种合成路线供选择。方案 1：烷基化-硝化-磺化；方案 2：烷基化-磺化-硝化。方案 1 中，需分别分离副产物对硝基甲苯和 2-甲基-3-硝基苯磺酸，不仅增加分离操作的负担，产品产率也低。方案 2 中，可利用高温利于甲苯对位磺化的规律提高其产率，同时由于甲基与磺酸基的定位作用一致，进一步硝化时，产率自然较高。即

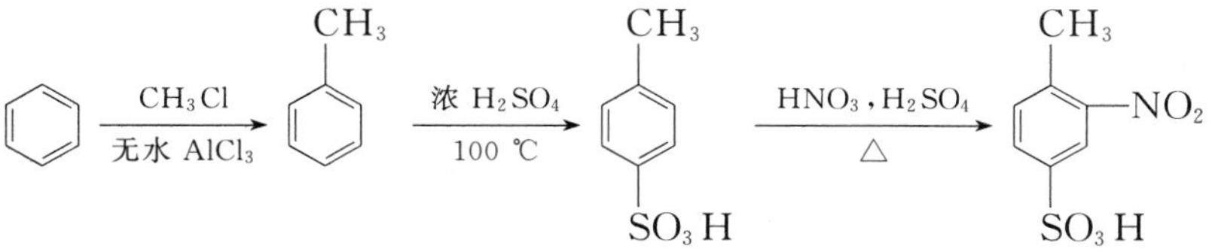

【任务 10-8 解答】

(1) 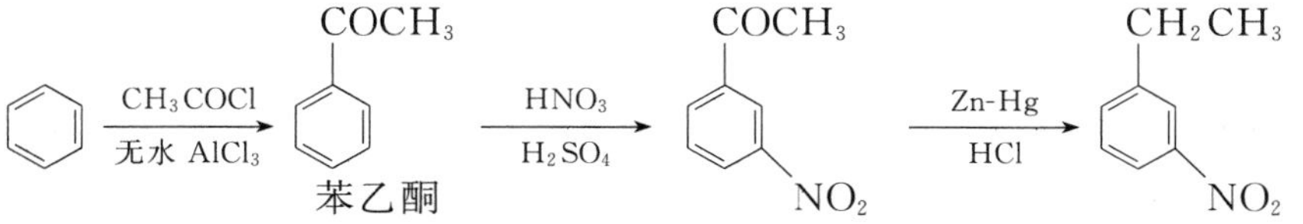

苯乙酮　间硝基苯乙酮　间硝基乙苯

(2) 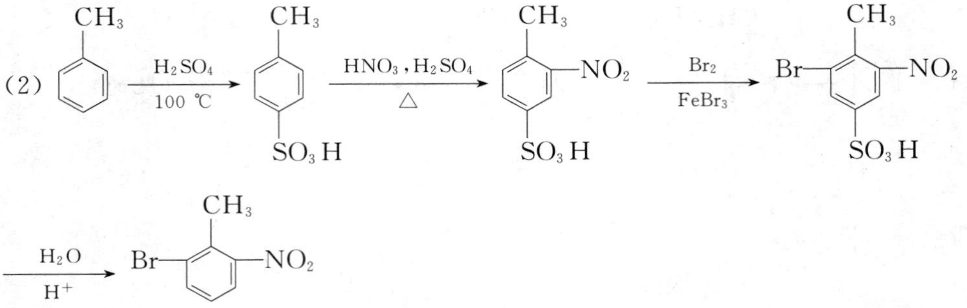

(3) 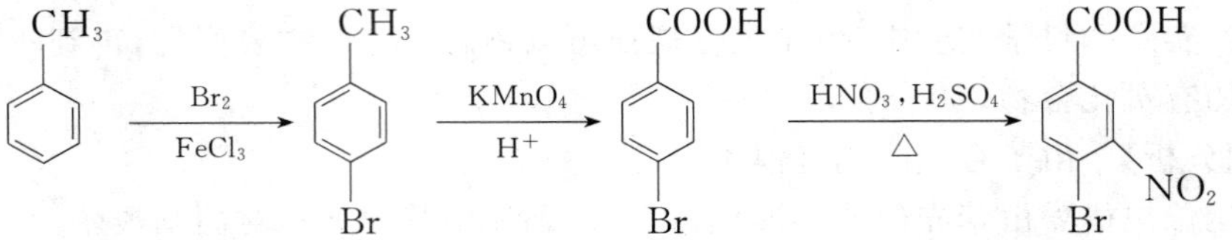

练一练

(1)由苯合成间硝基溴苯;(2)由甲苯合成邻硝基苯甲酸;(3)由苯合成对硝基正丙苯;(4)由苯合成邻溴甲苯。

10.3 稠环芳烃

10.3.1 简单稠环芳烃的结构特征和命名

【任务 10-9】 命名下列化合物。

(1) 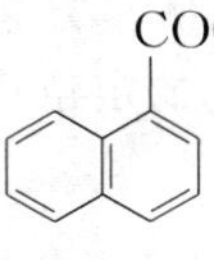 (2) 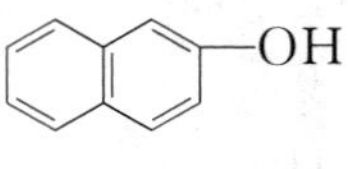 (3) 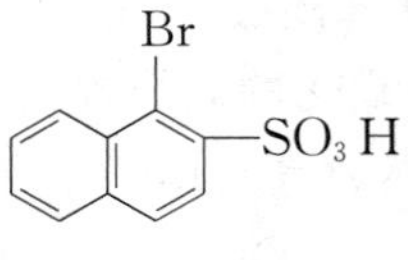 (4) 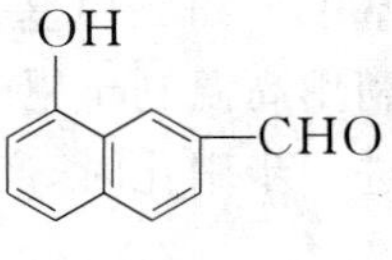

1. 单稠环芳烃的结构特征

分子中含有两个或两个以上的苯环,彼此通过共用相邻的碳原子稠合而成的碳氢化合物,称为稠环芳烃。最简单的稠环芳烃是萘,分子式为 $C_{10}H_8$。萘环碳原子编号如下:

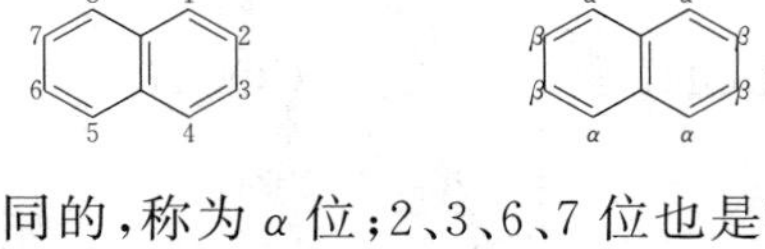

其中的 1、4、5、8 位是等同的,称为 α 位;2、3、6、7 位也是等同的,称为 β 位。

萘分子的 10 个碳原子和 8 个氢原子均处在同一平面内.碳原子采取 sp^2 杂化,与相邻的碳或氢原子形成 σ 键,10 个 p 轨道以“肩并肩”方式彼此侧面重叠,电子高度离域,形成环状离域的大 π 键(图 10-4)。

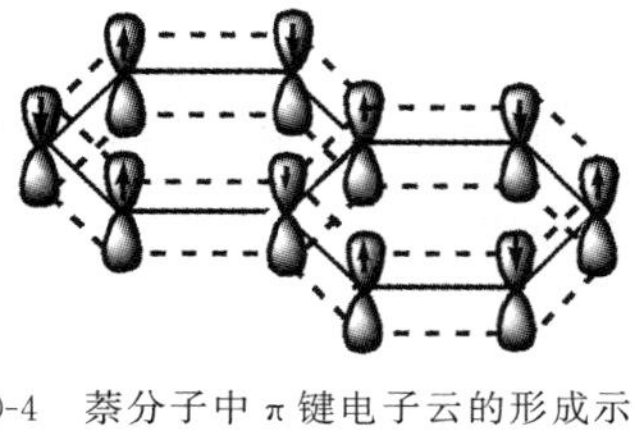

图 10-4　萘分子中 π 键电子云的形成示意图

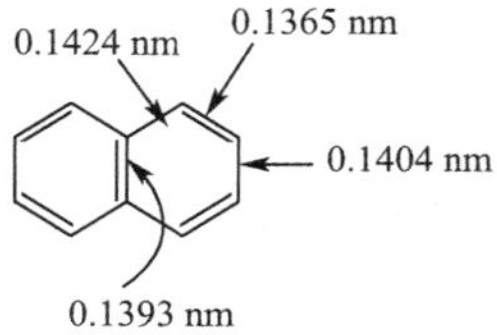

图 10-5　萘分子中碳碳键键长

共轭 π 键的存在，决定了萘的芳香性。但由于 π 电子云并不是平均地分布在两个碳环上，使萘分子中碳碳键键长既不同于 C—C 键，又不同于 C=C 键，也不像苯环那样等长（图 10-5）。

因此，萘的芳香性及稳定性均不如苯。主要表现在比苯更容易发生取代反应、加成反应和氧化反应，且 α 位比 β 位活泼，反应一般发生在 α 位。

2. 简单稠环芳烃的命名

以萘及其衍生物为例，一元取代萘有两种不同的异构体 α-取代萘和 β-取代萘。例如

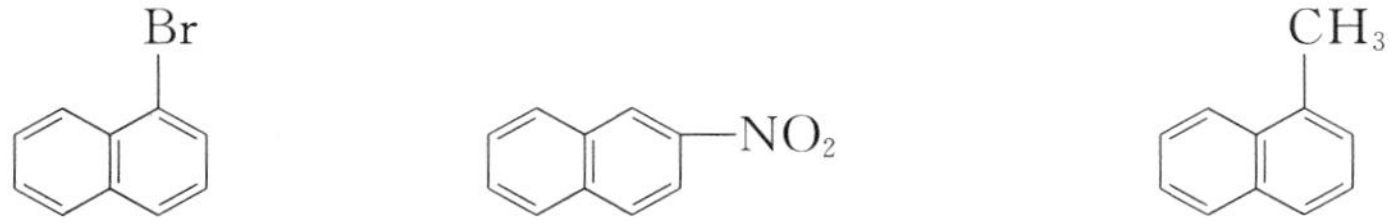

1-溴萘（α-溴萘）　2-硝基萘（β-硝基萘）　1-甲基萘（α-甲基萘）

与单环芳烃衍生物的命名相似，除—R、—X、—NO_2 外，萘与其他取代基直接相连，取代基均作母体；若连有多个取代基，按“取代基优先次序”确定母体。

【任务 10-9 解答】（1）1-萘甲酸（α-萘甲酸）；（2）2-萘酚（β-萘酚）。

（3）1-溴-2-萘磺酸；（4）8-羟基-2-萘甲醛。

知识拓展

除萘以外，比较重要的稠环芳烃还有蒽和菲。

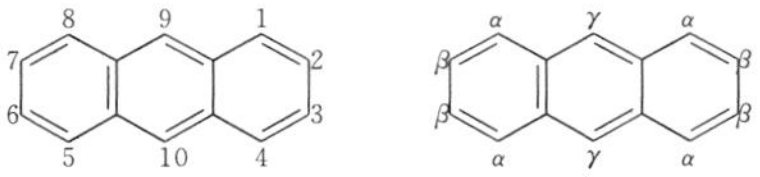

蒽

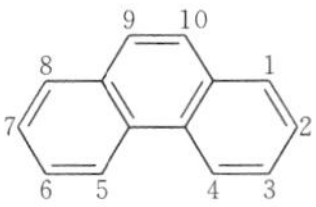

菲

蒽和菲分子中所有碳原子均在同一平面，与萘相似，成环碳原子的 p 轨道侧面交盖，形成包含 14 个碳原子的闭合共轭体系，具有芳香性，能发生加成、取代和氧化反应。反应一般都发生在较活泼的 9，10 位上。

10.3.2　萘的性质

【任务 10-10】　标记出下列化合物进行一元硝化时硝基进入苯环的位置。

（1）（2）（3）

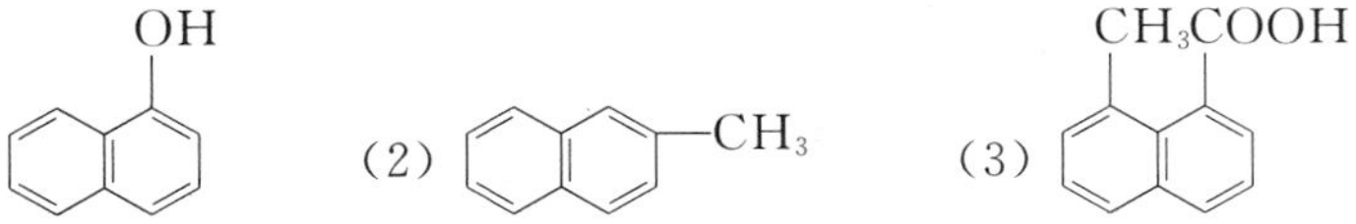

1. 物理性质

萘是白色光亮片状晶体，不溶于水，易溶于热的乙醇、乙醚、氯仿、二硫化碳及苯等有机溶剂，熔点 80.2 ℃，沸点 218 ℃，易升华，有特殊气味。

知识拓展

萘用于制作日常生活中的防蛀剂（俗称卫生球或樟脑），用于制造苯酐、萘酚、萘胺等，也是生产合成树脂、增塑剂、表面活性剂、农药、染料的中间体。

2. 化学性质

（1）取代反应　萘比苯易于发生取代反应，一般发生在 α 位。

①卤代　在无水氯化铁的催化下，萘与氯反应，主要生成 α-氯萘。与溴作用，即使没有催化剂也能进行。

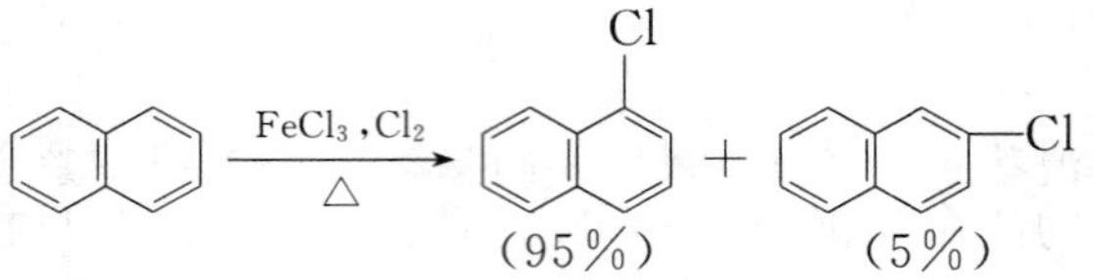

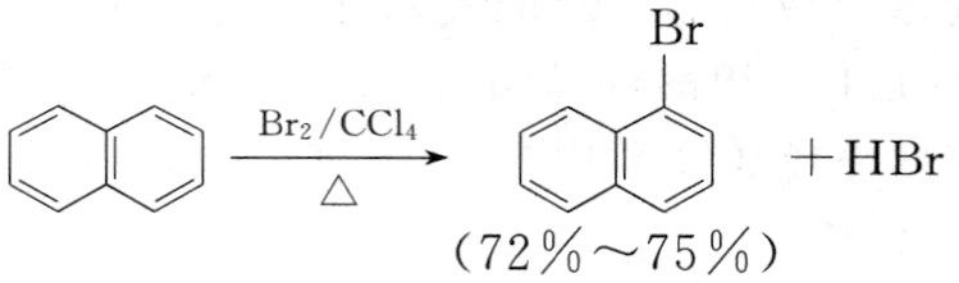

查一查

利用互联网，查一查 α-氯萘的用途。

②硝化　在 30～60 ℃，萘与混酸反应，主要生成 α-硝基萘。

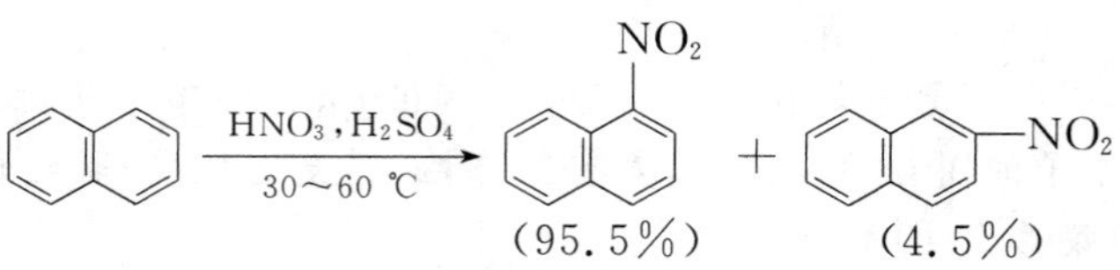

知识拓展

α-硝基萘是黄色针状结晶，熔点 61 ℃，不溶于水而溶于有机溶剂，用于制备 α-萘胺，后者为制备偶氮染料的重要中间体。

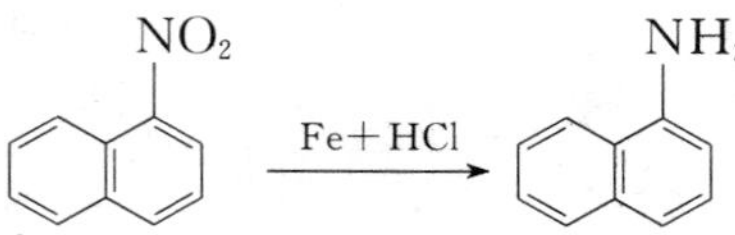

③磺化反应　萘与浓 H_2SO_4 在低温时磺化主要生成 α-萘磺酸；在高温时主要生成 β-萘磺酸。萘的磺化反应也是可逆的。

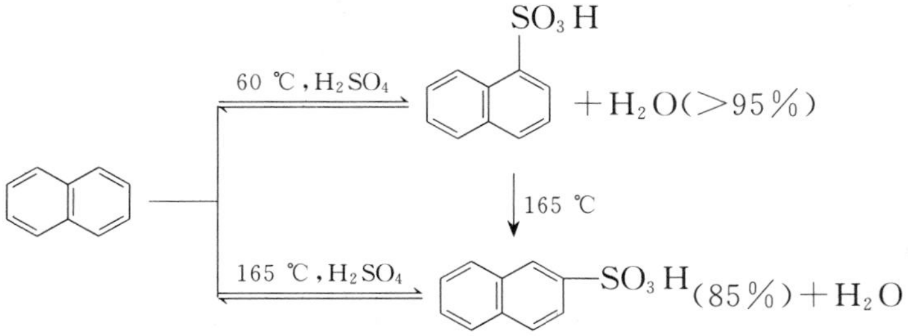

α-萘磺酸易生成，165 ℃时转变为 β-萘磺酸，后者比前者稳定。

知识拓展

β-萘磺酸是白色结晶，有吸湿性，熔点 124 ℃，溶于水、乙醇和乙醚，用于碱熔法制备 β-萘酚。

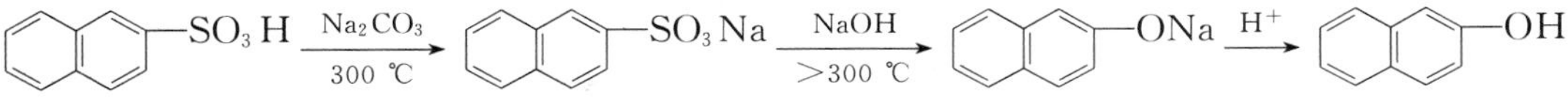

(2)加氢反应　用金属钠和乙醇可使萘部分还原成 1，4-二氢萘和四氢化萘，催化加氢可生成十氢化萘。

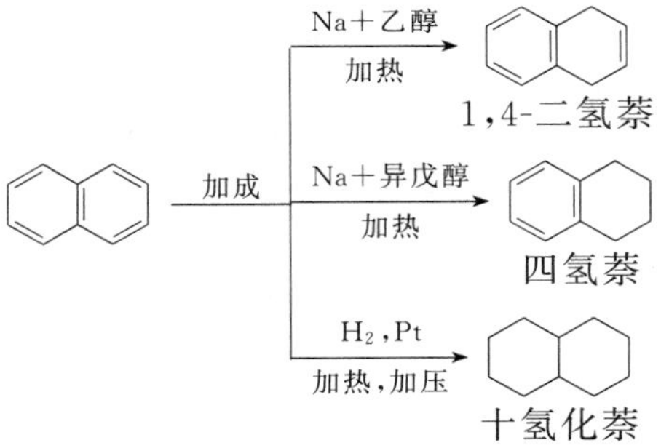

它们都是性能良好的高沸点溶剂。

(3)氧化反应　萘易被氧化，且随反应条件不同，氧化产物也不同。例如，在乙酸溶液中，用三氧化铬作氧化剂，被氧化为 1，4-萘醌。

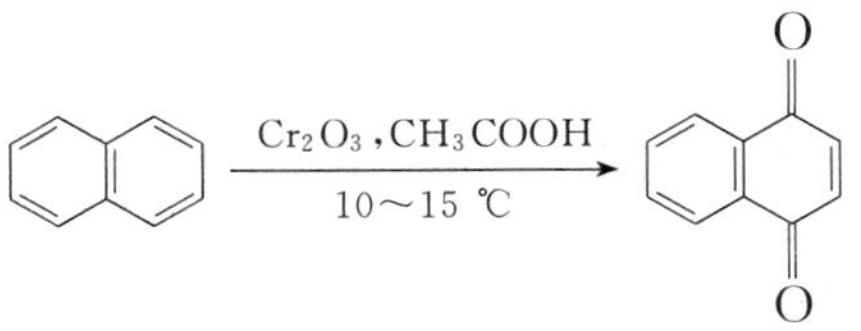

在强烈条件下，萘被氧化成邻苯二甲酸酐，这是邻苯二甲酸酐的工业制法。

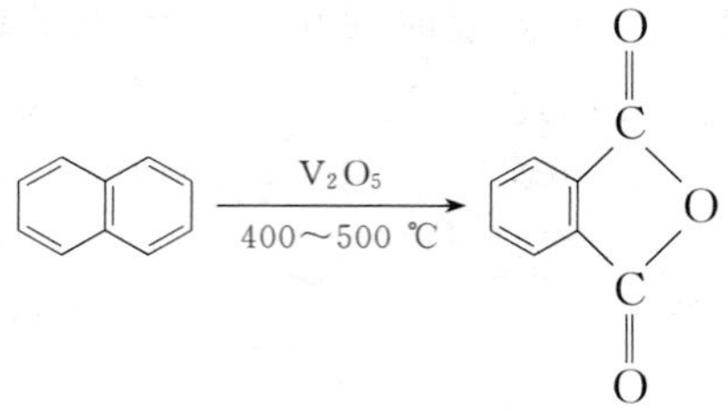

查一查

邻苯二甲酸酐是重要的化工原料，利用互联网，查查其用途。

10.3.3 萘的定位规律

(1)有邻、对位定位基时，通常发生同环相邻 α 位取代。例如

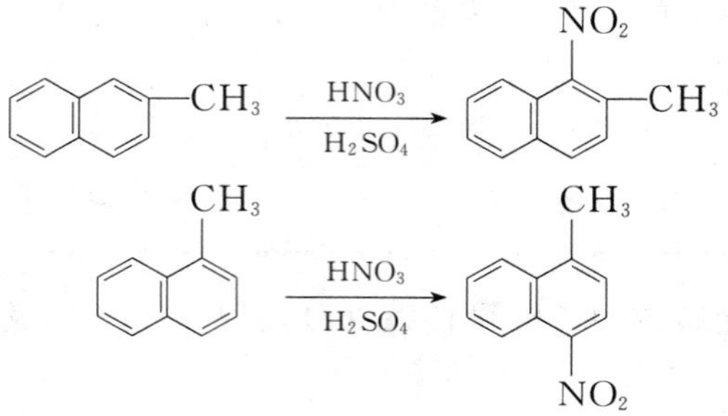

(2)有间位定位基时，通常发生异环 α 位取代。例如

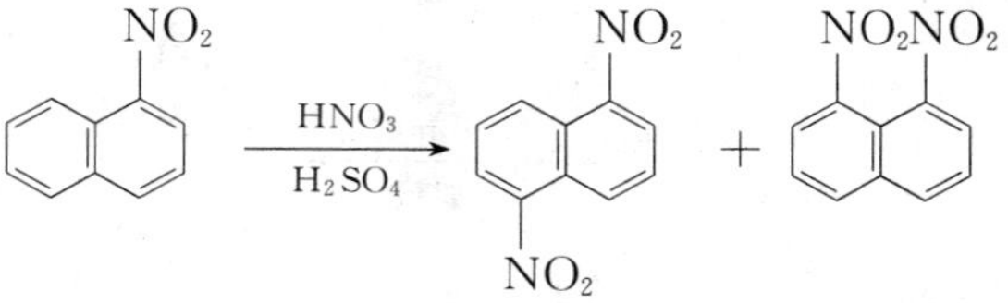

【任务 10-10 解答】 (1) 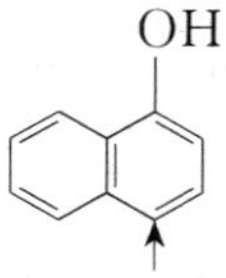 (2) 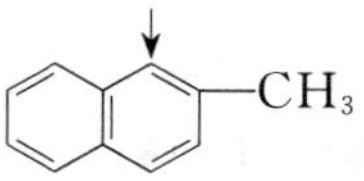 (3) 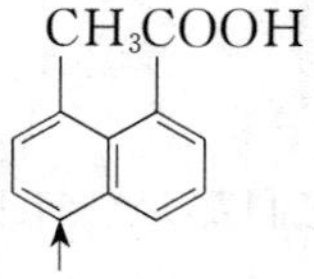

*10.4 杂环化合物

10.4.1 杂环化合物的结构特征、分类和命名

1. 杂环化合物的结构特征

前面介绍的环氧乙烷、顺丁烯二酸酐等杂环化合物，在一定条件下容易开环成链状化合物，与脂肪族化合物性质相似，属于非芳香杂环化合物。本节讨论的是环比较稳定、结构与芳香烃相似、具有芳香性的物质，称为芳香族杂环化合物。例如

呋喃

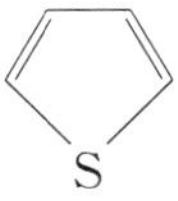
噻吩

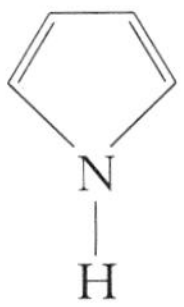
吡咯

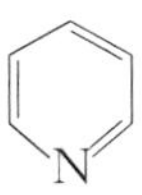
吡啶

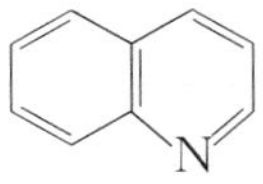
喹啉

其中，五元杂环化合物（呋喃、噻吩、吡咯等）结构相似，碳原子及杂原子相互间以 sp^2 杂化轨道彼此相连，形成 σ 键，5 个原子处于同一平面。4 个碳原子各有 1 个电子在 p 轨道上，杂原子 p 轨道有 2 个电子，这 5 个 p 轨道都垂直于环平面相互交盖形成闭合离域的 π_5^6 富电子大 π 键（图 10-6）。

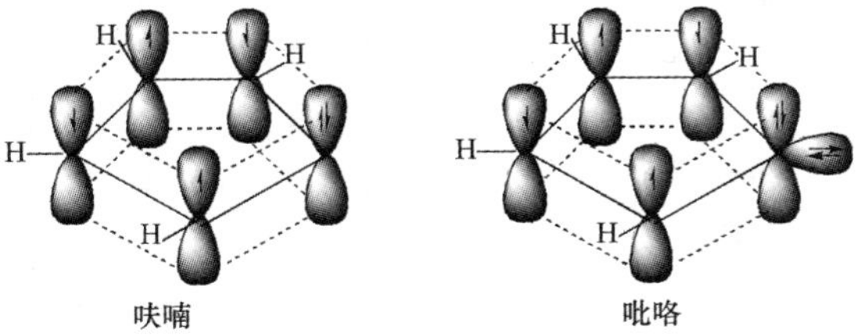

图 10-6　五元杂环化合物的结构

由于杂原子参与、共轭程度的差异，其芳香性均比苯小，其芳香性由弱到强的次序为：

呋喃＜吡咯＜噻吩＜苯

因此，五元芳杂环化合物均比苯的化学性质活泼。

知识拓展

1931 年休克尔（E. Hückel）提出判断芳香性的规则——休克尔规则：若单环化合物具有平面离域体系，其 π 电子数为 $4n+2$（$n=0,1,2,\cdots$ 整数），就具有芳香性。凡符合休克尔规则的化合物，具有芳香性，但又不含苯环的烃类化合物就叫做非苯芳烃。

六元环杂环化合物结构相似，如吡啶分子中成环氮原子与 5 个碳原子处于同一平面上，每个原子均以 sp^2 杂化轨道交盖形成 6 个 σ 键，每个原子各有一个含单电子的 p 轨道，垂直于环平面相互交盖成闭合的共轭体系（π_6^6）。氮原子还有一个 sp^2 杂化轨道被一对电子占据着，未参与共轭（图 10-7），能接受质子，因此吡啶有碱性。

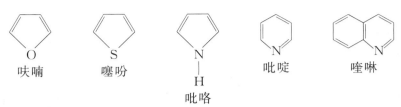

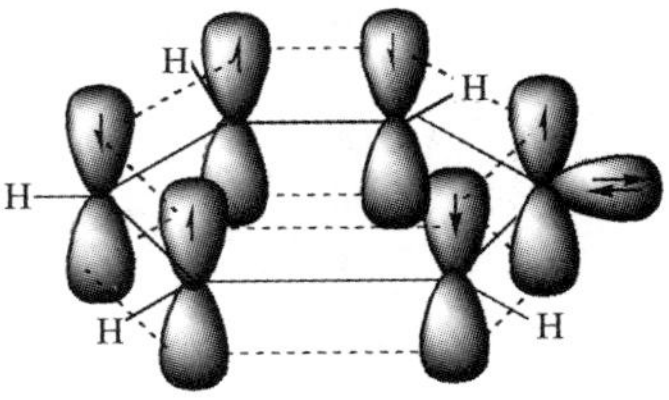

图 10-7　吡啶的结构

2. 杂环化合物的分类和命名

杂环化合物按组成原子数分为五元和六元杂环两大类；按环的数目分为单杂环和稠杂环。每一类又可按含杂原子数的数目分类。

杂环化合物的命名一般采用译音法，即英文名称的译音，选用带“口”字旁的同音汉字命名（表 10-2）。

表 10-2　　　　一些杂环化合物的分类和命名

分类		含一个杂原子	含两个杂原子
五元杂环化合物	单杂环	 呋喃 furan　 噻吩 thiophene　 吡咯 pyrrole	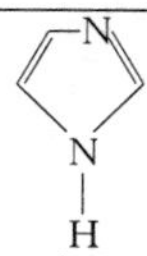 咪唑 imidazole　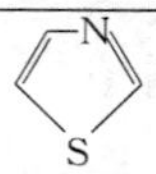 噻唑 thiazole　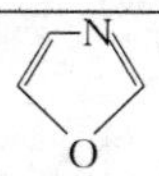 噁唑 oxazole
	稠杂环	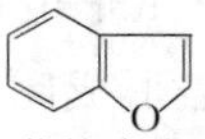 苯并呋喃 benzofuran　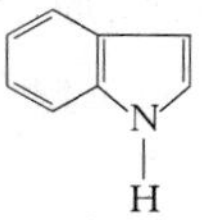 吲哚 indole　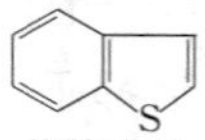 苯并噻吩 benzothiophene	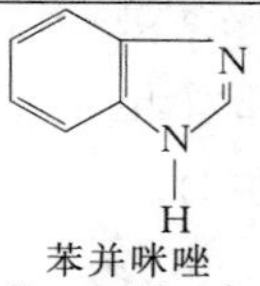 苯并咪唑 Benzimidazole　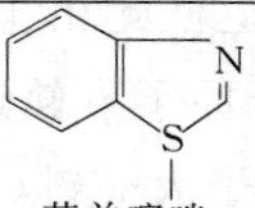 苯并噻唑 benzothiazole
六元杂环化合物	单杂环	 吡啶 pyridine	 嘧啶 pyrimidine
	稠杂环	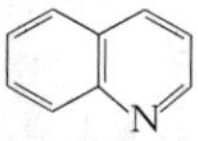 喹啉 quinoline　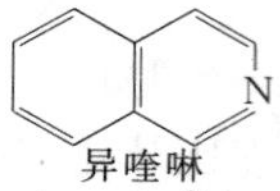 异喹啉 isoquinoline	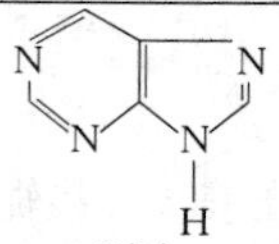 嘌呤 purine

按系统命名规定，杂环的衍生物命名时，从杂原子开始编号，依次为 1、2、3……。也可从杂原子开始，按希腊字母 α、β、γ……顺序编号。若环上有多个不同杂原子时，则按 O、S、N 次序编号。当环上有不同取代基时，编号时遵守次序规则及最低系列原则。例如

(1) 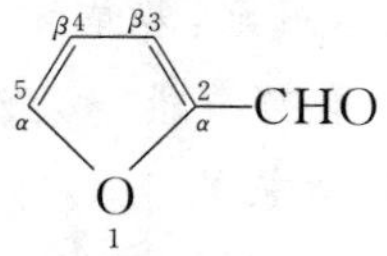
2-呋喃甲醛
(α-呋喃甲醛)

(2) 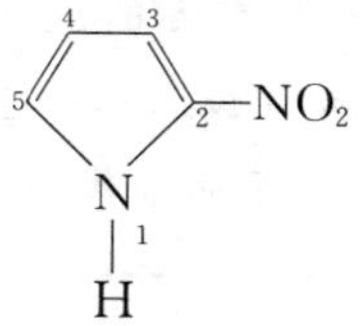
2-硝基吡咯
(α-硝基吡咯)

(3) 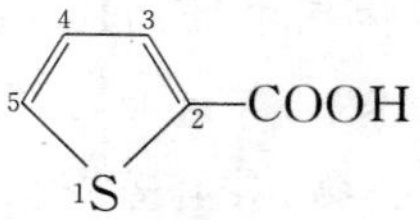
2-噻吩甲酸
(α-噻吩甲酸)

(4) 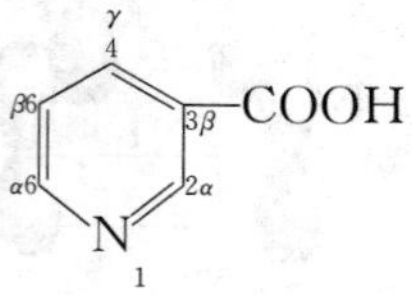
3-吡啶甲酸
(β-吡啶甲酸)

(5) 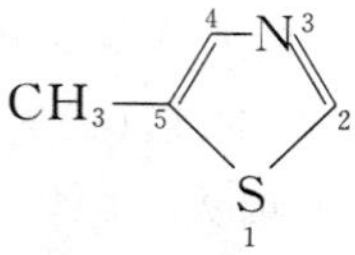
5-甲基噻唑

(6) 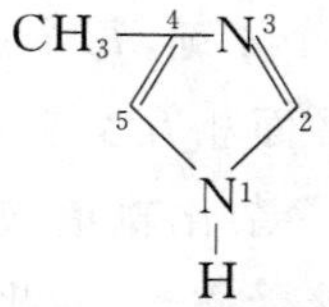
4-甲基咪唑

练一练

命名下列杂环化合物。

(1) 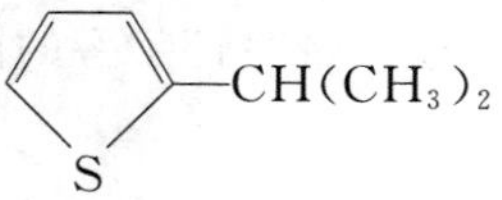

(2) 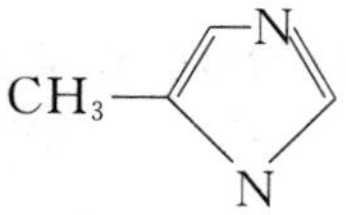

(3) 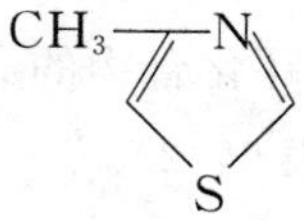

10.4.2　简单杂环化合物的性质

【任务 10-11】　填写反应产物。

(1) $+Br_2 \xrightarrow{CH_3COOH}$ (　　　　) + (　　　　)

(2) $+CH_3COONO_2 \xrightarrow[\text{乙酸酐}]{-10\ ℃}$ (　　　　) + (　　　　)

(3) $\xrightarrow{SO_3,\ \text{吡啶}}$ (　　　　)

(4) $+(CH_3CO)_2O \xrightarrow{BF_3}$ (　　　　) + (　　　　)

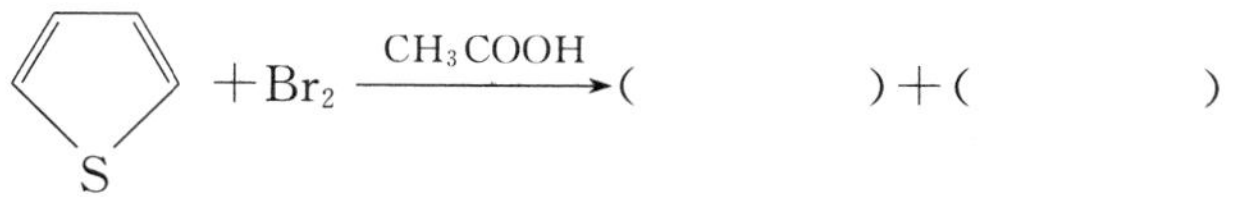

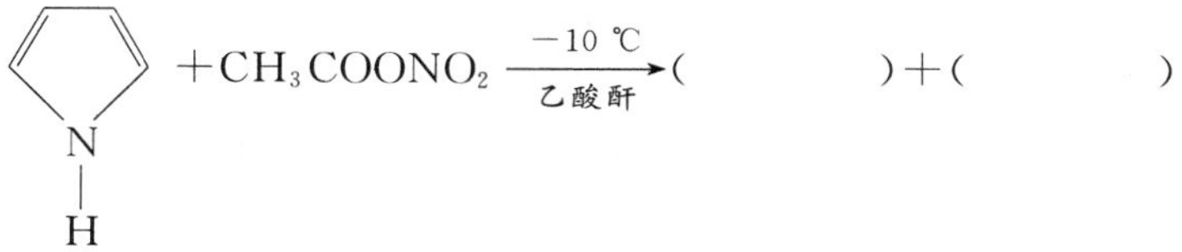

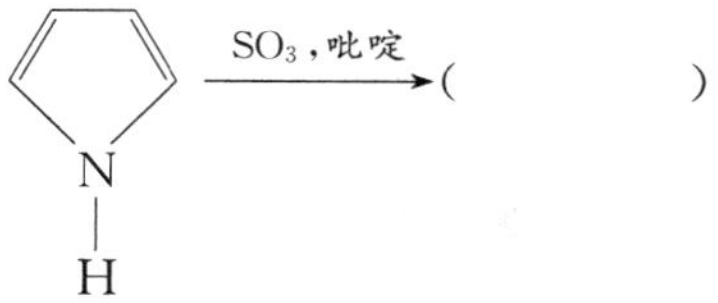

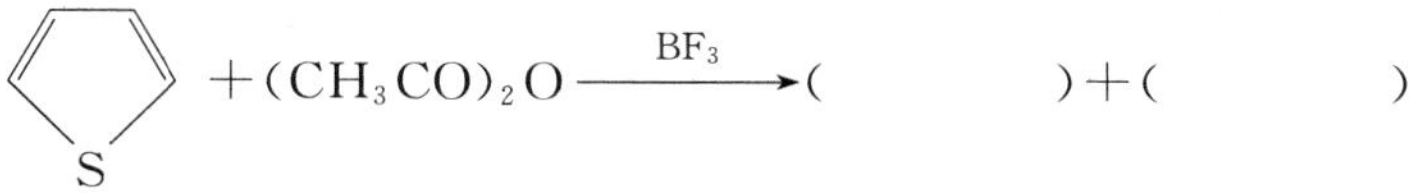

1. 取代反应

富电子五元芳杂环,比苯易于取代,且多发生在 α 位。吡啶环比苯难取代,多发生在 β 位,且不发生傅-克反应。

(1)卤代反应　呋喃等富电子五元芳杂环由于比苯活性高,需要在较温和的条件下进行卤化反应,否则常得到多卤代物。例如

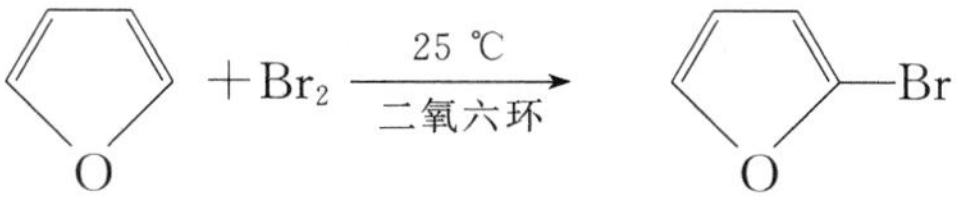

$$\text{呋喃} +Br_2 \xrightarrow[\text{二氧六环}]{25\ ℃} \text{2-溴呋喃}(\alpha\text{-溴呋喃})$$

2-溴呋喃(α-溴呋喃)

$+Br_2 \xrightarrow[\text{乙醚}]{0\ ℃}$ 2,3,4,5-四溴吡咯 $+HBr$

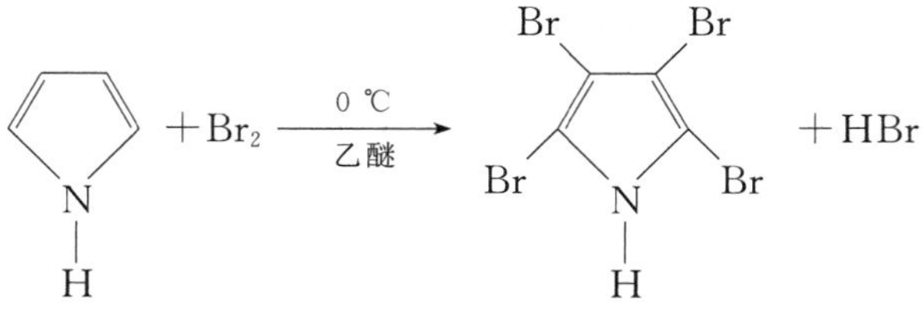

2,3,4,5-四溴吡咯

吡啶则在较剧烈条件下才被卤代。例如

$+Br_2 \xrightarrow{300\ ℃}$ 3-溴吡啶(β-溴吡啶) $+HBr$

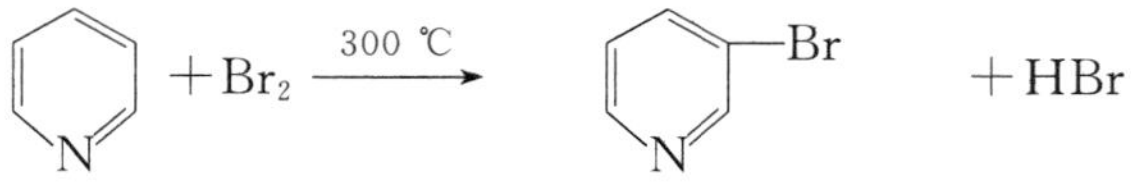

3-溴吡啶(β-溴吡啶)

(2)硝化反应　五元芳杂环必须在较温和条件下进行硝化,否则易分解、开环及聚合。而吡啶的硝化则需剧烈条件和较长时间,而且产率很低。例如

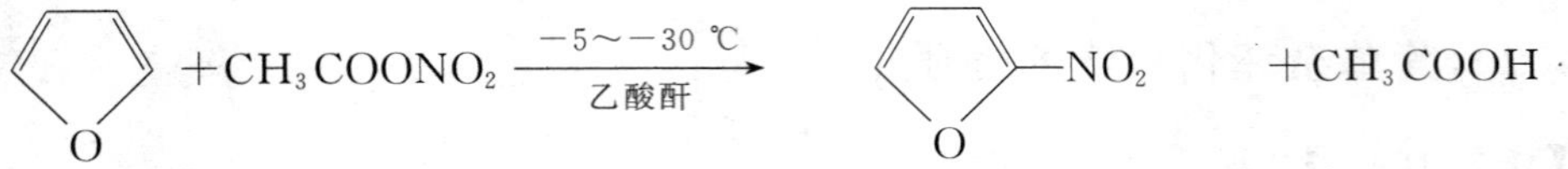

2-硝基呋喃(α-硝基呋喃)

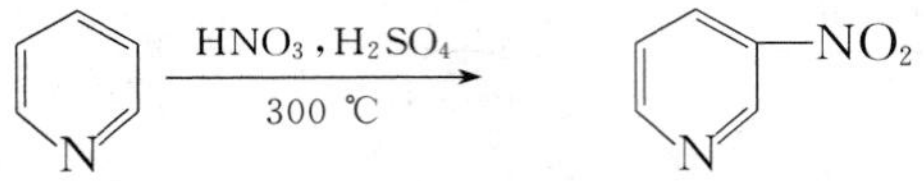

3-硝基吡啶(β-硝基吡啶)

(3)磺化反应　吡咯、呋喃由于反应活性大,对强酸敏感,易开环聚合,通常采用一种温和的吡啶、三氧化硫作磺化剂。噻吩能在室温下与浓硫酸发生磺化反应,并溶于浓硫酸中,吡啶则较难磺化。

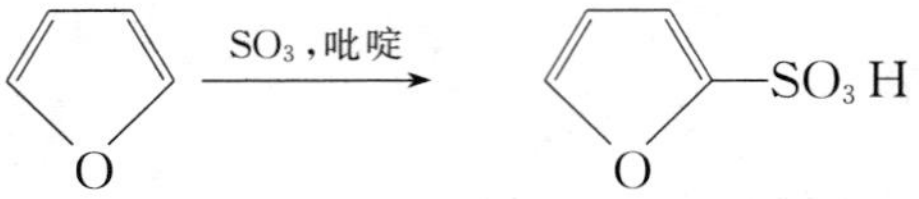

2-呋喃磺酸(α-呋喃磺酸)

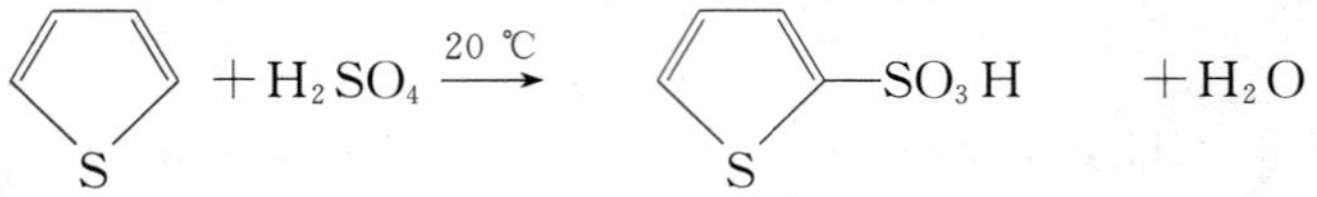

2-噻吩磺酸(α-噻吩磺酸)

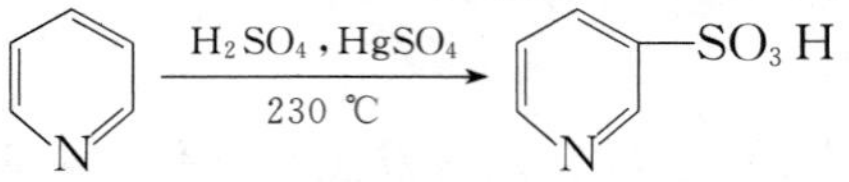

(4)傅-克反应　呋喃、吡咯、噻吩的活性较高,一般用较缓和的催化剂就能发生酰基化反应。

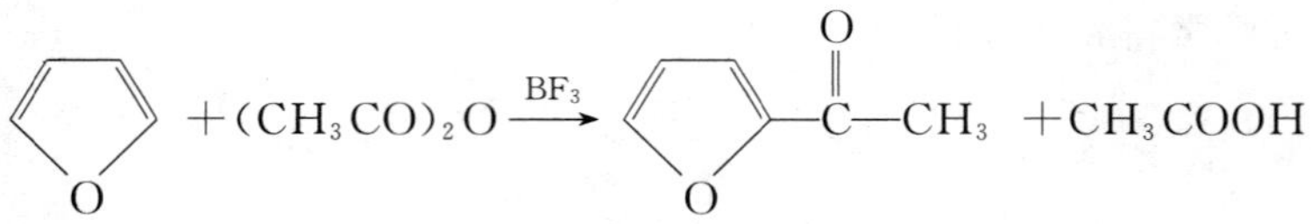

2-乙酰基呋喃

【任务 10-11 解答】 (1) 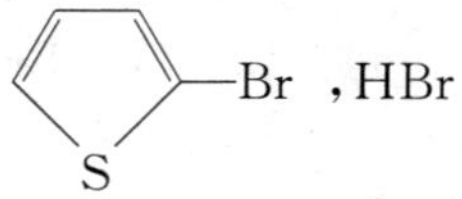

,HBr　(2) 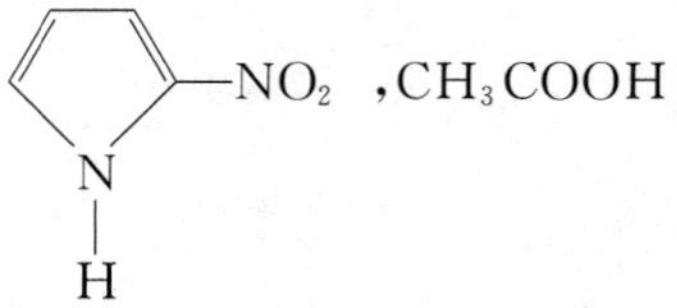

,CH₃COOH

(3) 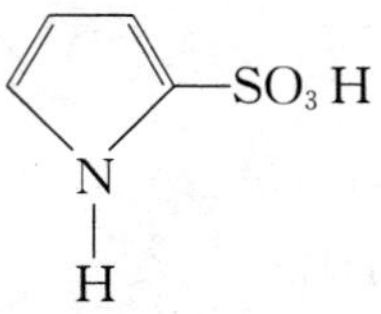

(4) 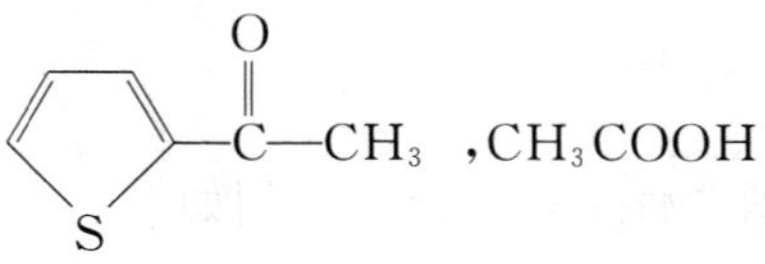

,CH₃COOH

2. 氧化反应

呋喃、吡咯对氧化剂都很敏感,在空气中就能被氧化,而吡啶对氧化剂却相当稳定。与苯相似,当吡啶连有烷基侧链时,侧链被氧化成羧基。

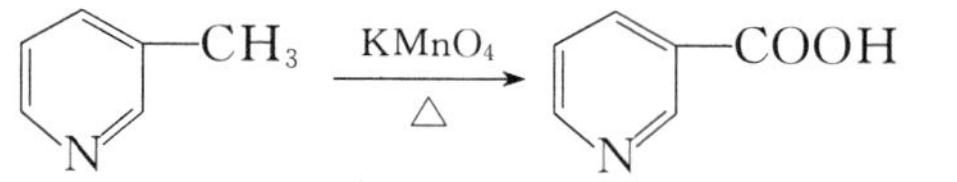

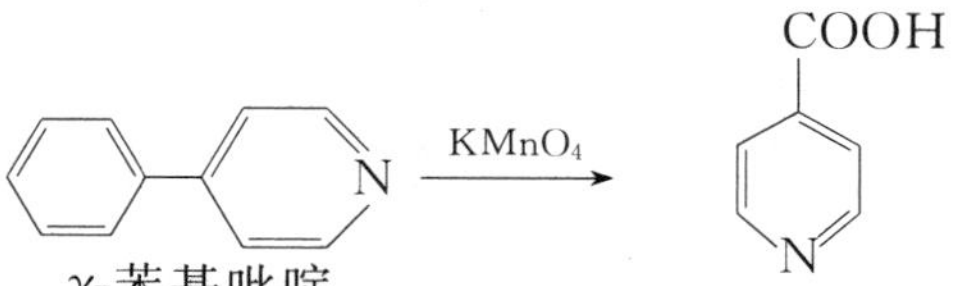

γ-苯基吡啶　　　　γ-吡啶甲酸（烟酸）

由此可知，吡啶环比苯环难于氧化。

3. 催化加氢

呋喃、噻吩和吡咯在催化剂存在下，都能加氢生成四氢化物。例如

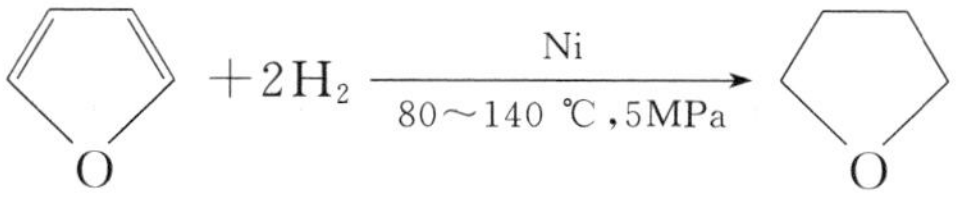

四氢呋喃

吡啶也比苯容易加氢，常温下，催化加氢或用乙醇钠还原可得到六氢吡啶。

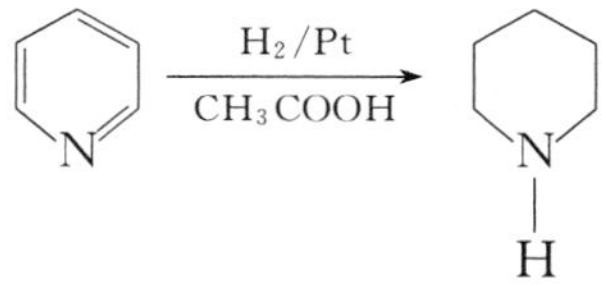

六氢吡啶

知识拓展

吡啶氮原子上未参与共轭的一对电子能接受质子。因此，吡啶显弱碱性，能与强酸生成结晶盐。

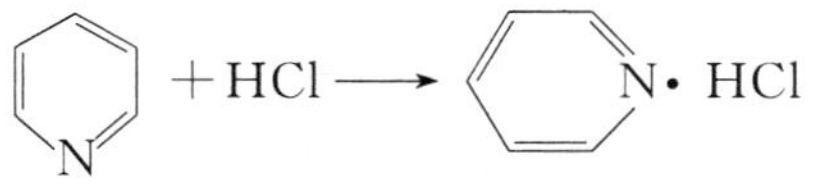

因此吡啶可用来吸收反应中所生成的酸，工业上常称吡啶为缚酸剂。吡啶生成的盐遇强碱又重新生成吡啶。

α-呋喃甲醛是一种优良的溶剂，最初由米糠与稀酸共热制得，故又称糠醛。糠醛的化学性质与甲醛相似，醛基既能被氧化为羧基，又能被还原为羟基。

糠酸为白色结晶，熔点为 133 ℃，可作防腐剂及制备增塑剂。糠醇为无色液体，沸点为 170 ℃，也是良好的溶剂，是制备糠醇树脂的(用作防腐涂料及制玻璃钢)原料。

本章小结

- 环烃和杂环化合物
  - 脂环烃
    - 结构特征——含环状碳骨架性质和脂肪烃相似的碳氢化合物称为脂环烃
    - 命名——单环脂环烃与脂肪烃相似，不同的是母体名称前加“环”字
    - 性质——环烷烃：“小环（三、四环）似烯，大环似烷”
  - 单环芳烃
    - 结构特征——芳烃一般指含苯环结构的有机物。苯：大 π 键
    - 命名——连有 $—R$、$—NO_2$、$—X$ 时，以苯为母体；不饱和烃基衍生物以及取代基结构复杂的烷基苯，以侧链为母体；苯的 $—COOH$、$—SO_3H$、$—CHO$、$—OH$、$—NH_2$ 等衍生物，苯环作为取代基；多个取代基，按“官能团优先次序”确定母体
    - 性质——芳烃具有芳香性，即难加成、难氧化、易取代
    - 定位规律——邻、对位定位基：$—NH_2$、$—OH$、$—OR$、$—NHCOCH_3$、$—CH_3$（甲基）等；间位定位基：$—NO_2$、$—CCl_3$、$—SO_3H$、$—CHO$、$—COCH_3$、$—COOH$ 等；二元取代苯的定位规律：同类取代基，第三个取代基进入位置由定位能力强的决定；异类取代基，由邻对位定位基决定
  - 简单的稠环芳烃
    - 结构特征——含两个或两个以上苯环，共用相邻的碳原子稠合而成
    - 命名——母体确定与苯相同，如一元取代萘有 α、β 两种异构体
    - 性质——芳香性比苯差，萘的反应一般发生在 α 位
    - 定位规律——第一类定位基，同环相邻 α 位；第二类定位基，异环 α 位
  - 杂环化合物
    - 结构特征——有共轭大 π 键（五元、六元杂环），为芳香族杂环化合物
    - 命名——一般采用译音法命名
    - 性质——五元芳杂环取代易于苯，多发生在 α 位。吡啶比苯难取代，多发生在 β 位

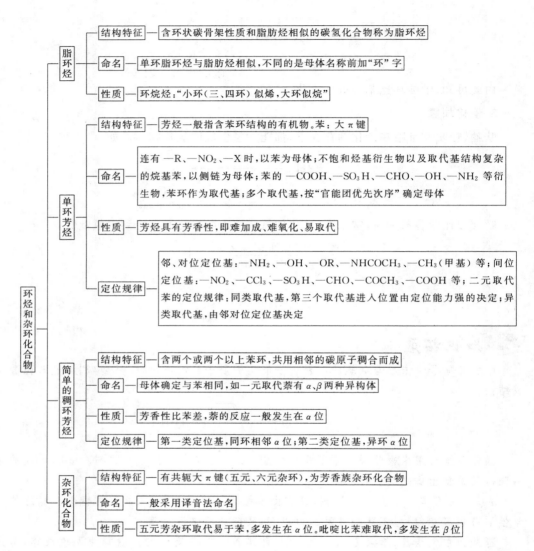

自 测 题

一、填空题

1. 写出下列化合物的构造式。

(1)1,1-二乙基环丁烷________　　(2)异丙苯________

(3)乙烯基环戊烷________　　(4)对硝基甲苯________

(5)1,2-二甲基环戊烯________　　(6)β-萘甲酸________

(7)3-乙基异丙苯________　　(8)8-硝基-1-萘磺酸________

2. 命名下列化合物。

(1) 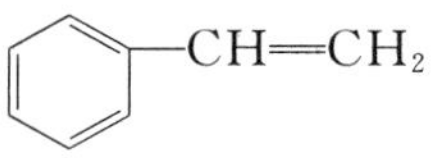

(2) 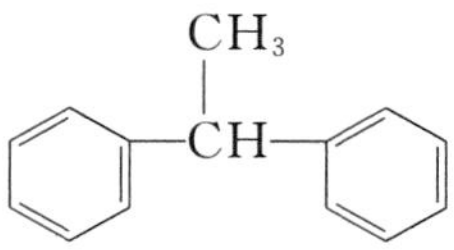

(3) 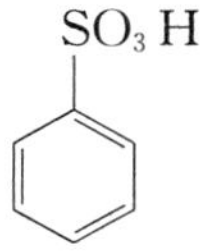

(4) 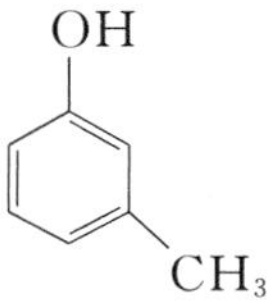

(5) 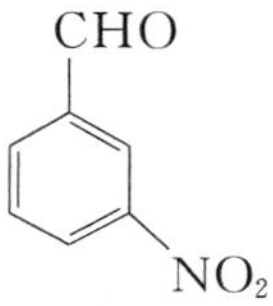

(6) 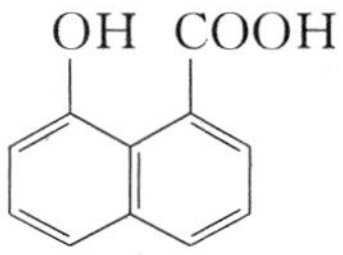

(7) 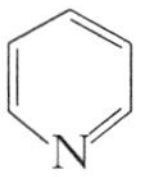

(8) 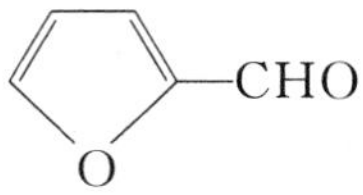

(9) 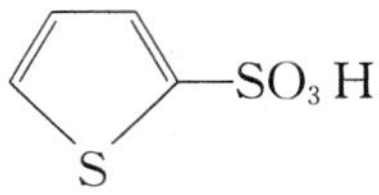

3. 完成下列反应式。

(1) 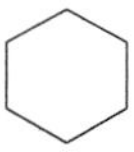 $\xrightarrow[\text{高温}]{Cl_2}$ (　　　)

(2) 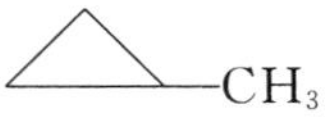

$\xrightarrow[\triangle]{H_2/Ni}$ (　　　)

(3) 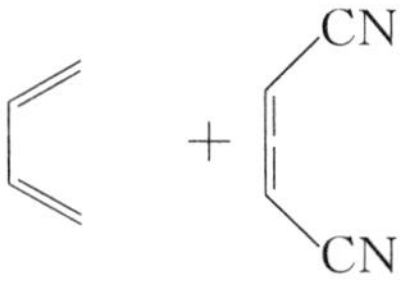

$\xrightarrow{\triangle}$ (　　　)

(4) 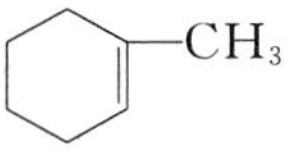

$+HCl \longrightarrow$ (　　　)

(5) 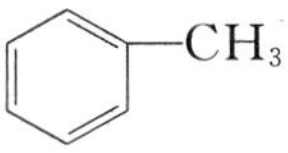

$\xrightarrow[\triangle]{KMnO_4/H^+}$ (　　　) $\xrightarrow{\text{混酸}}$ (　　　)

(6) 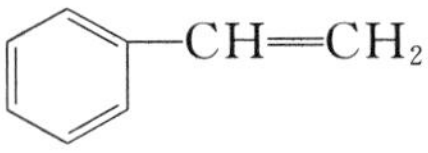

$\xrightarrow[\triangle]{KMnO_4/H^+}$ (　　　)

(7) 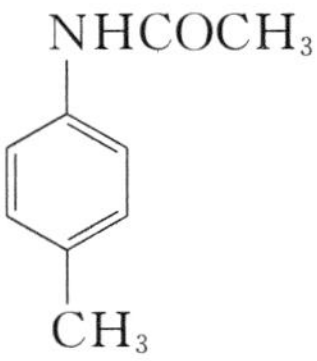

$\xrightarrow[\triangle]{Br_2}$ (　　　)

(8) 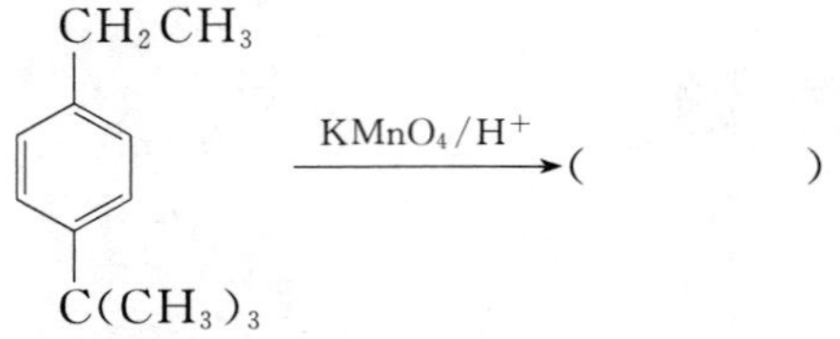

(9) 

(10) 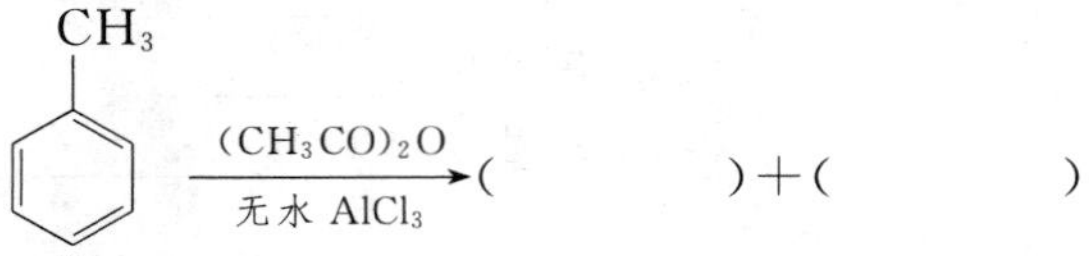

(11) 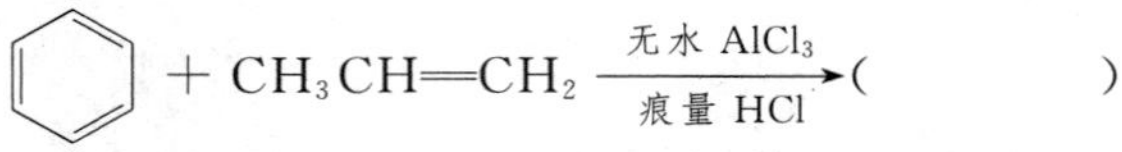

(12) 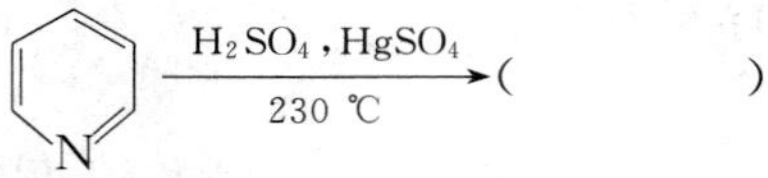

二、判断题(正确的画"√",错误的画"×")

1. 烃基取代的环丙烷与卤化氢加成时,环破裂发生在含氢最多和最少的两个碳原子之间。 (　　)

2. 环丁烷与甲基环丙烷的分子式相同,互为构造异构体。 (　　)

3. 由于苯环结构具有高度不饱和性,所以易加成、易氧化、难取代。 (　　)

4. 正丙苯可以通过苯的傅-克烷基化反应来制备。 (　　)

5. 在酸性 $KMnO_4$ 作用下,苯侧链不论长短,均被氧化成羧基。 (　　)

6. 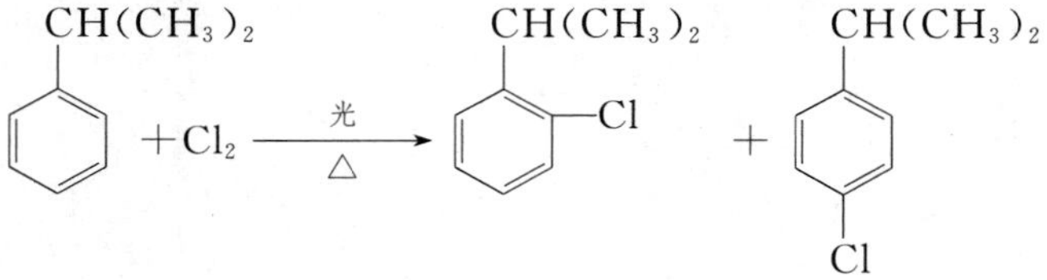 (　　)

7. 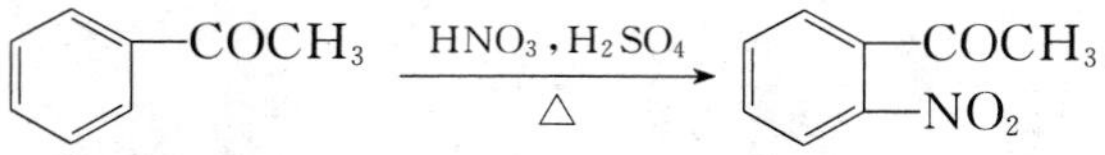 (　　)

8. 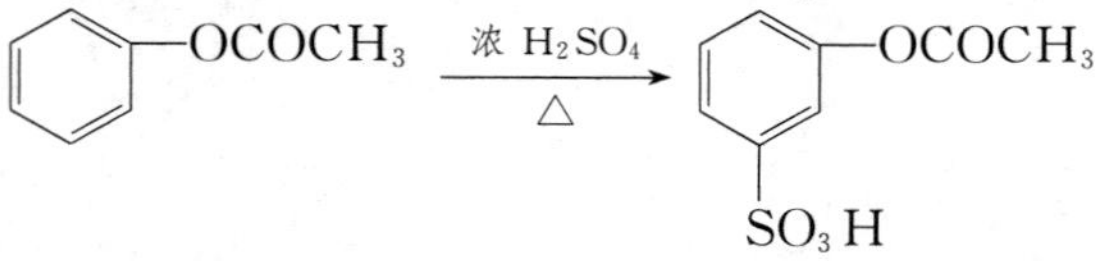 (　　)

9. 苯环连有—COOH 比连有—SO_3H 容易发生硝化反应。 (　　)

10. 五元芳杂环比苯易于取代,且多发生在 α 位;吡啶环比苯难取代,多发生在 β 位。(　　)

三、选择题

1. 下述环烷烃与 HI 反应时,开环位置正确的是(　　)。

A. 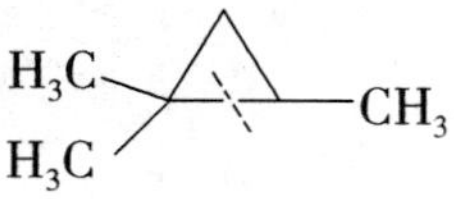

B. 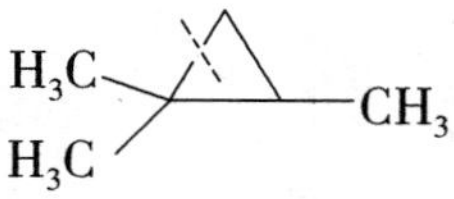

C. 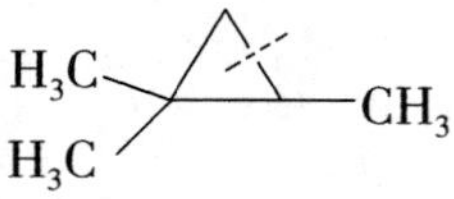

D. 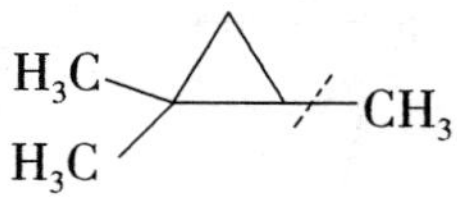

2. 下列化合物中能在室温下使高锰酸钾溶液褪色的是(　　)。

A. 环丙烷　　B. 环丁烷　　C. 丙烯　　D. 丙烷

3. 某化合物既不能使 Br_2 的 CCl_4 溶液褪色，也不能使 $KMnO_4$ 溶液褪色，则该化合物是(　　)。

A. 异丁烯　　B. 甲基环己烷　　C. 2-丁炔　　D. 甲基环丙烷

4. 甲苯在混酸和加热条件下，主要产物是(　　)。

A. 邻硝基甲苯　　B. 间硝基甲苯　　C. 对硝基甲苯　　D. 苯甲酸

5. 下列化合物不能发生傅-克烷基化反应的是(　　)。

A. 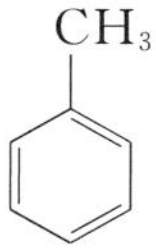
B. 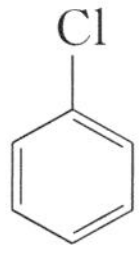
C. 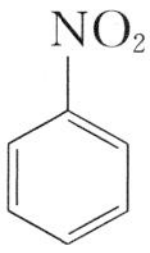
D. 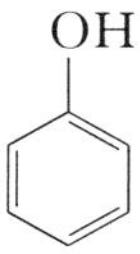

6. 下列不属于邻对位定位基的是(　　)。

A. $-NH_2$　　B. $-OH$　　C. $-CN$　　D. $-CH_3$

7. 下列不属于间位定位基的是(　　)。

A. $-NO_2$　　B. $-OH$　　C. $-CHO$　　D. $-COOH$

8. 下列各组化合物的硝化反应活性最大的是(　　)。

A. 氯苯　　B. 甲苯　　C. 苯酚　　D. 苯

9. 下列化合物溴化时，只生成一种一溴代物的是(　　)。

A. 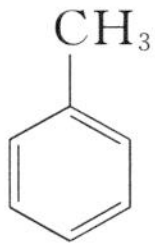
B. 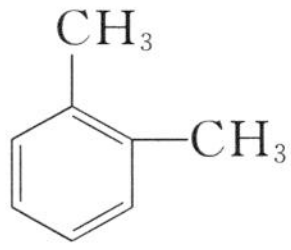
C. 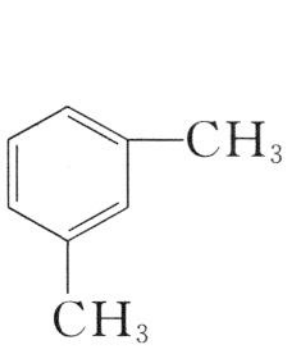
D. 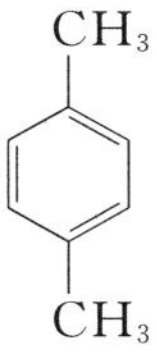

10. 在下列有机物中，引入第三个取代基时，主产物位置正确的是(　　)。

A. 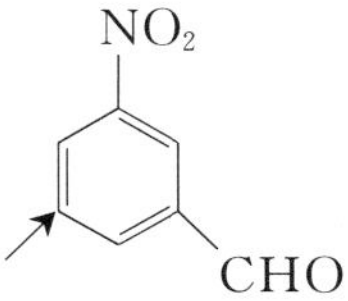
B. 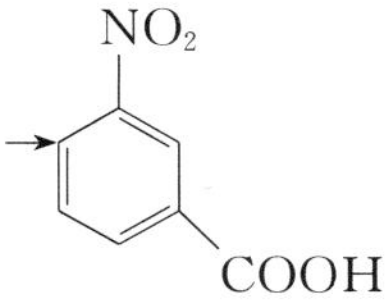
C. 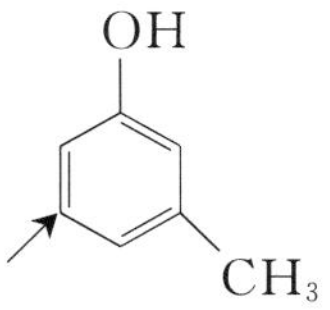
D. 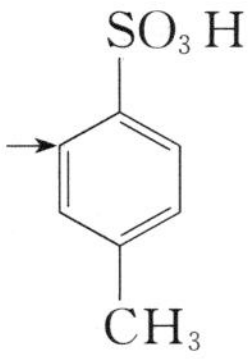

11. 在下列有机物中，引入取代基时，主产物位置正确的是(　　)。

A. 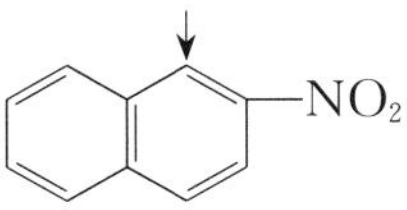
B. 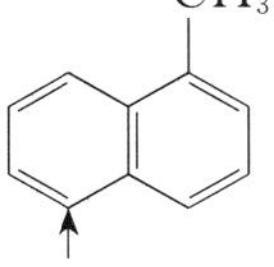
C. 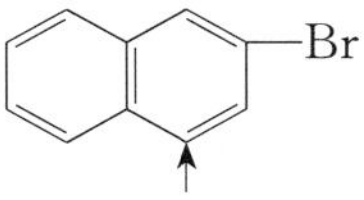
D. 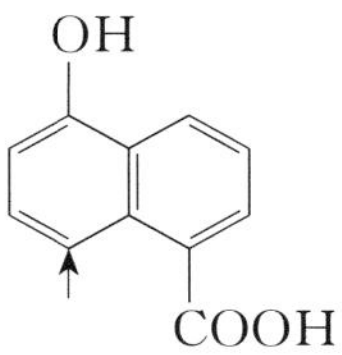

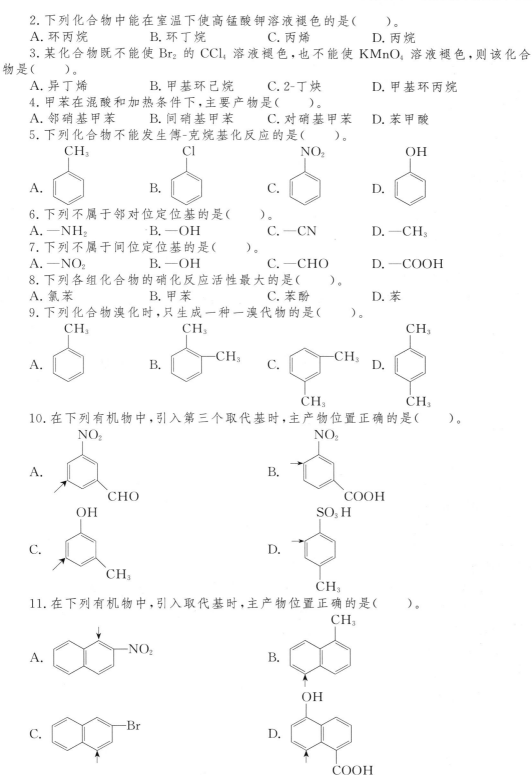

12.下列芳杂环磺化时，主产物位置不正确的是(　　)。

A. 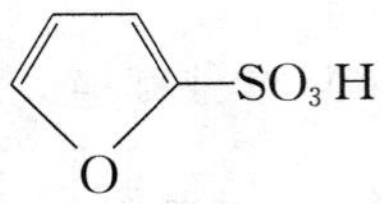

B. 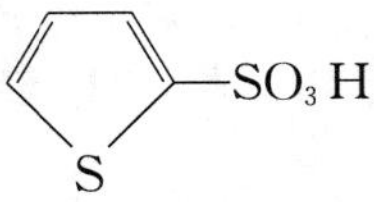

C. 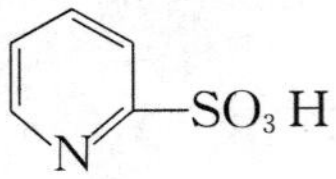

D. 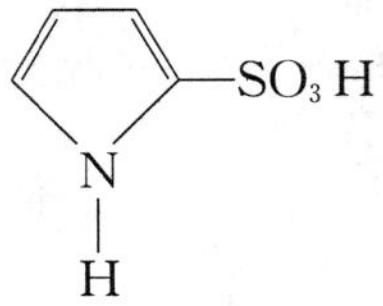

四、综合题

1.以甲苯为原料，合成下列化合物。

(1)邻溴苯甲酸　(2)3-硝基-4-溴苯甲酸　(3)4-甲基-3-硝基苯磺酸

2.以苯为原料，合成下列化合物。

(1)2,4-二硝基氯苯　　(2)对硝基正丙苯

(3)对硝基苯甲酸　　(4)邻氯乙苯(纯的)

3.用箭头表示，新取代基团进入苯环的主要位置。

(1) 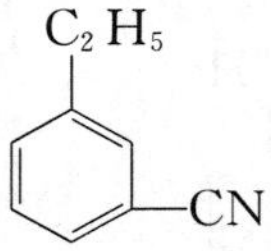　(2) 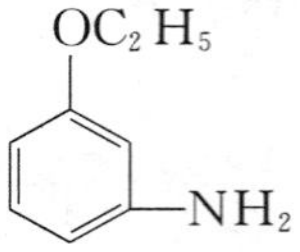　(3) 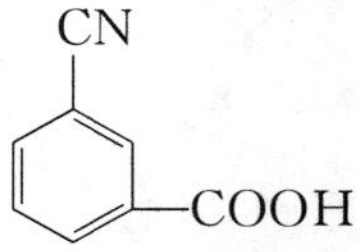

(4) 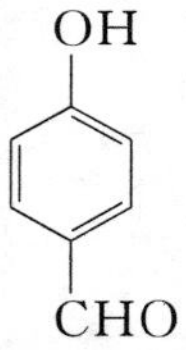　(5) 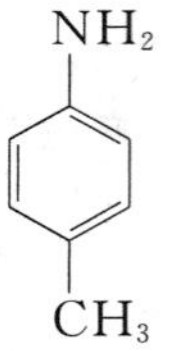　(6) 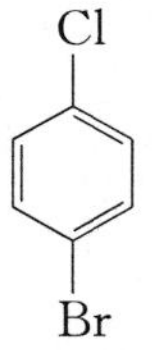

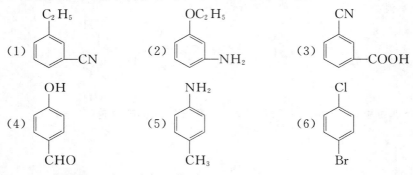

4.用化学方法鉴别下列各组物质。

(1)异丁烯、甲基环己烷和甲基环丙烷。

(2)环戊烷、甲基环丁烷和1,2-二甲基环丙烷。

(3)苯、环己烷和环己烯。

五、问答题

1. A、B、C三个化合物的分子式都是C_4H_6，高温气相催化氢化，都生成正丁烷。与过量的高锰酸钾反应时，A生成CH_3CH_2COOH，B生成HOOCCOOH，而C生成HOOC-CH_2CH_2COOH。写出A、B、C的构造式。

2.某芳烃分子式为C_9H_{12}，用重铬酸钾氧化后，可得一种二元酸。将原来的芳烃进行硝化，所得一元硝基化合物有两种，写出该芳烃的构造式。

3.如何用化学方法除去苯中混入的少量噻吩?

第11章

含卤和含氧有机化合物

能力目标

1. 能命名卤代烃、醇、酚、醚、醛、酮、羧酸、羧酸衍生物。
2. 能应用化学反应规律选择合理的合成路线来合成有机物。
3. 会鉴别、分离及提纯常见卤代烃、醇、酚、醚、醛、酮、羧酸。

知识目标

1. 了解卤代烃、醇、酚、醚、羧酸、醛、酮、羧酸衍生物的结构特征和分类。
2. 掌握卤代烃、醇、酚、醚、羧酸、醛、酮、羧酸衍生物的化学性质。
3. 掌握卤代烃、醇、酚、醚、羧酸、醛、酮、羧酸衍生物的特征反应。

11.1 卤代烃

11.1.1 卤代烃的结构特征、分类和命名

【任务 11-1】 用普通命名法命名下列卤代烃。

(1) $CH_3CH_2CH_2Br$　　(2) $CH_3CH_2CHCH_3$（CH 上连 Br）　　(3) CH_3CHCH_2Br（CH 上连 CH_3）

1. 卤代烃的结构特征

烃分子中的一个或几个氢原子被卤原子取代后的产物，叫做卤代烃（简称卤烃）。卤原子是卤代烃的官能团。饱和一元卤代烷的常用 R—X 表示，通式为 $C_nH_{2n+1}X$。

饱和卤代烃的化学反应主要发生在官能团卤原子以及受其影响而比较活泼的 β-H 上：

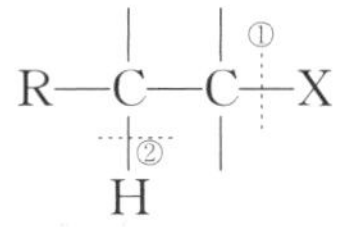

①C－X 键断裂：卤原子被取代；与金属 Mg 反应形成 C－Mg 和 Mg－X 键。

②C－X 键及 β-C－H 键断裂，形成 C═C 键。

2. 卤代烃的分类

(1)按烃基结构　按与卤原子相连的烃基结构分为饱和卤代烃、不饱和卤代烃（卤代

烯烃、卤代炔烃）和卤代芳香烃。

（2）按碳原子种类　按与卤原子直接相连的碳原子种类分为伯卤代烃（如CH_3CH_2Cl）、仲卤代烃［如$(CH_3)_2CHBr$］和叔卤代烃［如$(CH_3)_3CCl$］。

（3）按卤原子数　分为一卤代烃和多卤代烃。一卤代烃可用 R—X 或 Ar—X 表示。

3. 卤代烃的命名

（1）普通命名法

简单卤代烃可根据与卤原子相连的烃基命名。例如

$(CH_3)_2CHCl$	$CH_2{=}CHCl$	$CH_2{=}CHCH_2Br$	$CH_3CH{=}CHBr$
异丙基氯	乙烯基氯	烯丙基溴	丙烯基溴

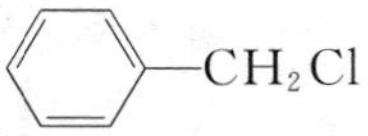

苄基氯（又称氯化苄、苯氯甲烷）

【任务 11-1 解答】（1）正丙基溴　（2）仲丁基溴　（3）异丁基溴

（2）系统命名法

【任务 11-2】　用系统命名法命名下列卤代烃。

（1）$CH_2{=}CHCH_2Br$　（2）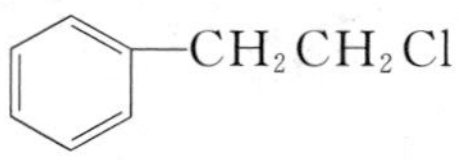　（3）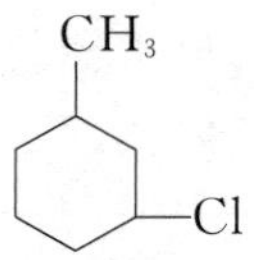

①脂肪族卤代烃（饱和卤代烃、不饱和卤代烃）的命名。卤原子作为取代基，烃为母体，命名方法与脂肪烃相同。例如

$CH_3\underset{\displaystyle Br}{\underset{|}{C}}HCH_2CH_3$　2-溴丁烷

$CH_3CH_2\underset{\displaystyle CH_3}{\underset{|}{C}}HCH_2\underset{\displaystyle Cl}{\underset{|}{C}}HCH_2CH_3$　3-甲基-5-氯庚烷

$CH_2{=}CHCl$　氯乙烯

$CH_3\underset{\displaystyle Br}{\underset{|}{C}}HCH{=}CHCH_3$　4-溴-2-戊烯

②卤代芳烃的命名。卤原子直接连在芳环上时，以芳烃为母体，卤原子为取代基；卤原子连在侧链上时，则以脂肪烃为母体，芳基和卤素当作取代基命名。

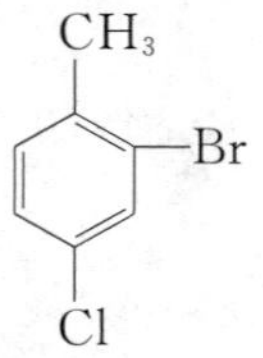

4-氯-2-溴甲苯

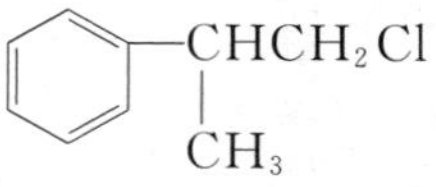

2-苯基-1-氯丙烷

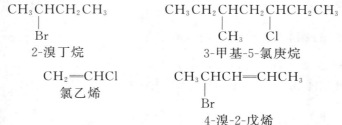

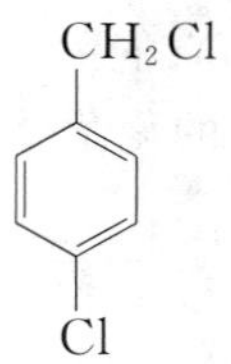

对氯苯氯甲烷（对氯苄基氯）

卤代脂环烃的命名方法与卤代芳烃相似，但卤原子直接连在环烷环上时，碳原子按次序规则编号。

【任务 11-2 解答】（1）3-溴丙烯　（2）1-苯基-2-氯乙烷　（3）1-甲基-3-氯环己烷

有些卤代烃常用俗名，如 $CHCl_3$ 称为氯仿、CHI_3 称为碘仿；有些常采用简称，如二氟

一氯溴甲烷(CF_2ClBr)称为1211灭火剂或氟里昂-1211制冷剂。

11.1.2 卤代烷烃的物理性质

常温常压下只有少数低级卤代烷是气体,如:氯甲烷、氯乙烷、溴甲烷等。其余多为液体。卤烷蒸气有毒,尤其含氯或碘的卤代烷可通过皮肤吸收。

卤原子相同时,卤代烷的沸点随碳原子数增加而升高;烃基相同时,沸点 RI>RBr>RCl,且支链越多,沸点越低。

除一氟代烷和一氯代烷外,其余卤代烷相对密度大于1。卤代烷不溶于水,易溶于醇、醚等多数有机溶剂,因此常用氯仿、四氯化碳从水层中提取有机物。

纯净的卤烷无色,碘代烷因易分解产生游离碘,久置后逐渐变成红棕色。

知识拓展

氯乙烯是无色气体,具有微弱芳香气味,沸点-13.8 ℃,易溶于乙醇、丙酮等有机溶剂,氯乙烯容易燃烧,与空气形成爆炸性混合物,爆炸极限为4%~22%(体积分数)。空气中最高允许浓度为50 μg/g。长期接触高浓度氯乙烯可引起疾病,并有致癌作用。

11.1.3 卤代烷烃的化学性质

【任务11-3】 用化学方法鉴别下列卤代烃。

(1)叔丁基氯 (2)仲丁基氯 (3)正丁基氯

1. 取代反应

(1)水解 卤代烷与强碱的水溶液共热,卤原子被羟基取代。

$$CH_3CH_2CH_2CH_2Br + NaOH \xrightarrow[\text{回流}]{H_2O} \underset{\text{正丁醇}}{CH_3CH_2CH_2CH_2OH} + NaBr$$

通常,卤代烷由醇制得,因此一般不用此法制醇。

(2)醇解 伯卤烷与醇钠在相应的醇中,卤原子被烷氧基取代生成醚。

$$CH_3CH_2CH_2CH_2Br + CH_3CH_2ONa \xrightarrow[\text{回流}]{CH_3CH_2OH} \underset{\text{乙基正丁基醚}}{CH_3CH_2CH_2CH_2OCH_2CH_3} + NaBr$$

该反应称威廉姆森(Williamson)合成,这是制备醚,特别是制备 R—O—R′类型醚最常用的一种方法。通常由伯卤代烷制备,否则因发生消除反应而降低产率。

(3)氰解 伯卤烷与氰化钠(或氰化钾)的醇溶液共热,卤原子被氰基取代生成腈。

$$CH_3CH_2CH_2CH_2Br + NaCN \xrightarrow[\text{回流}]{CH_3CH_2OH} \underset{\text{正戊腈}}{CH_3CH_2CH_2CH_2CN} + NaBr$$

这是有机合成中,增长碳链的一种方法。—CN水解生成—COOH;还原生成—CH_2NH_2,所以也是从伯卤代烷制备羧酸(RCOOH)和胺(RCH_2NH_2)的一种方法。但氰化钠剧毒,故应用受到限制。

(4)氨解 伯卤烷与过量的氨反应生成伯胺,卤原子被氨基取代。

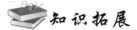

$$CH_3CH_2CH_2CH_2Br + 2NH_3 \longrightarrow \underset{\text{正丁胺}}{CH_3CH_2CH_2CH_2NH_2} + NH_4Br$$

(5)与硝酸银作用　卤烷与硝酸银的醇溶液共热时生成硝酸酯和卤化银沉淀。

$$R—X + AgNO_3 \xrightarrow{CH_3CH_2OH} RONO_2 + AgX\downarrow$$

烷基相同时，活性顺序是 R—I＞R—Br＞R—Cl；卤原子相同时，其活性顺序是叔卤代烷＞仲卤代烷＞伯卤代烷。室温下，叔卤代烷立刻生成卤化银沉淀；仲氯烷反应片刻后出现沉淀；伯卤代烷需加热后才有沉淀生成。该反应在有机分析中，常用来定性及定量分析卤代烷。

【任务 11-3 解答】

	叔丁基氯	仲丁基氯	正丁基氯
$AgNO_3/CH_3CH_2OH$	立刻↓(白)	片刻↓(白)	加热后↓(白)

2. 消除反应

分子中 β-碳上的氢原子和卤原子脱去一分子卤化氢而生成烯烃。这种从分子中脱去简单分子(如水、卤化氢、氨)，生成不饱和烃的反应称消除反应。

$$CH_3CH_2CH_2CH_2Br \xrightarrow[\triangle]{NaOH/CH_3CH_2OH} CH_3CH_2CH{=}CH_2$$

卤代烷消除卤化氢时，主要是从含氢较少的 β-碳原子上消除氢原子，生成双键碳连接较多烃基的烯烃，这就是扎伊采夫(Saytzeff)规则。例如

$$\underset{\underset{Br}{|}}{CH_3CH_2CHCH_3} \xrightarrow[\triangle]{KOH/CH_3CH_2OH} \underset{\text{2-丁烯(81\%)}}{CH_3CH{=}CHCH_3} + \underset{\text{1-丁烯(19\%)}}{CH_3CH_2CH{=}CH_2}$$

碱浓度越大，消除反应越明显。卤代烷消除反应活性顺序是：

叔卤代烷＞仲卤代烷＞伯卤代烷

想一想

用威廉穆森合成法合成 $CH_3OC(CH_3)_3$ 时，为什么要用 $(CH_3)_3CONa$ 和 CH_3Cl 与醇共热，而不选择 CH_3ONa 和 $(CH_3)_3CCl$ 呢？

消除反应与取代反应是竞争反应。若叔卤代烷分别与 NaOH、RONa 等反应，主要发生消除反应，而不是取代反应。

实验证明，强极性溶剂有利于取代反应，弱极性溶剂有利于消除反应。因此，卤代烷烃在强碱的水溶液中主要发生水解反应，在强碱的醇溶液中主要发生消除反应。

3. 与金属镁反应——格氏试剂的生成

在绝对(无水、无醇)乙醚中，卤代烷与金属镁屑作用，生成的烷基卤代镁，称为格利雅(Grignard)试剂，简称格氏试剂。

$$CH_3CH_2Br + Mg \xrightarrow[\text{回流}]{\text{绝对乙醚}} \underset{\text{乙基溴化镁}}{CH_3CH_2MgBr}$$

制备格氏试剂时，烃基相同的各种卤代烷的反应活性次序为：

$$R—I>R—Br>R—Cl$$

化工生产中，常使用价格及反应活性适中的溴代烷。格氏试剂易与空气或水发生反应，故制得格氏试剂无需分离，可直接使用。

知识拓展

1. 格氏试剂的用途

格氏试剂中的 C—Mg 键是强极性共价键，具有较强的化学活性，能与许多含有活泼氢的化合物反应生成烷烃。例如：

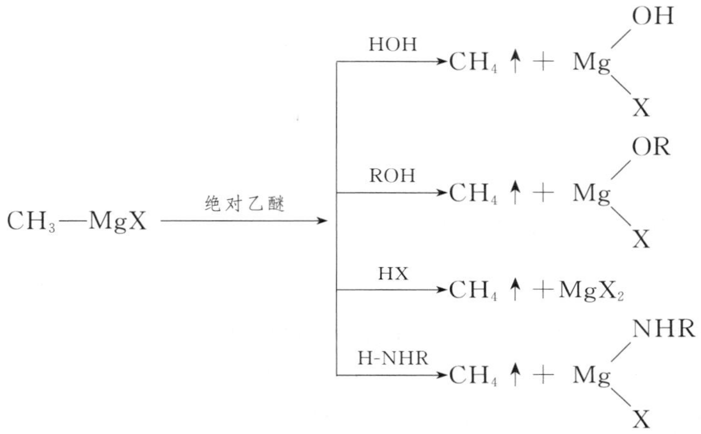

上述反应可定量进行，有机分析中常采用甲基碘化镁与含有活泼氢的化合物反应，并通过测定甲烷体积来计算活泼氢含量。基于上述性质，制备格氏试剂时，必须使用绝对乙醚。保存格氏试剂时，除防接触水汽、醇、酸和氨外，还必须隔绝空气，因为在室温下，格氏试剂易与空气中的氧气、二氧化碳等反应而变质。

$$RMgX+O_2 \xrightarrow{\text{绝对乙醚}} ROMgX \xrightarrow{H_2O} ROH+Mg(OH)X$$

$$RMgX+CO_2 \xrightarrow{\text{绝对乙醚}} RCOOMgX \xrightarrow{H_2O} RCOOH+Mg(OH)X$$

格氏试剂与二氧化碳、醛、铜等试剂反应可制备羧酸、醇等化合物，并增加一个碳原子，因此是有机合成中非常重要的试剂。

2. 卤代烯烃与卤代芳烃化学反应活性比较

类　型	烯丙基(苄基)型	隔离型	乙烯(苯基)型
实　例	$CH_2=CHCH_2Cl$	$CH_2=CHCH_2CH_2Cl$	$CH_2=CHCl$
		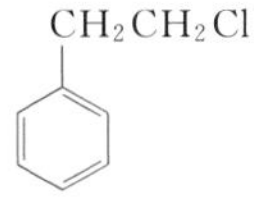	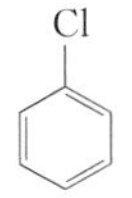
反应活性	活性最大	活性居中	活性最小
与硝酸银的醇溶液反应	立刻↓(白)	加热后↓(白)	加热也无沉淀生成

3. 三氯甲烷（$CHCl_3$）。

$CHCl_3$ 又称氯仿，是一种无色、甜味的液体，沸点 61.2 ℃，密度 1.482 g/cm^3，不溶于水，易溶于醇、醚等有机溶剂。能溶解脂肪、蜡、有机玻璃和橡胶等多种有机物，是一种不燃的有机溶剂。在光照下，氯仿易被空气氧化生成剧毒的光气（$Cl_2C=O$），因此需密封保存在棕色瓶中，并加入 1‰ 的乙醇，以破坏可能产生的光气。

4. 四氯化碳（CCl_4）。

CCl_4 是无色液体，沸点低（77 ℃），密度大（1.594 g/cm^3），遇热易挥发，蒸气比空气重，不燃烧，不导电。四氯化碳主要用作溶剂、灭火剂、有机物氯化剂、香料浸出剂、纤维脱脂剂、谷物熏蒸剂、药物萃取剂、织物干洗剂等。但高温时会水解产生光气，因此灭火时，要注意通风，以免中毒。

11.2 醇

11.2.1 醇的结构特征、分类和命名

1. 醇的结构特征

醇可以看做是水分子的氢原子被烃基取代的衍生物。羟基（—OH）是醇分子的官能团。饱和一元醇用 R—OH 表示，通式为 $C_nH_{2n+1}OH$。

羟基中氧原子的电负性较大，故 C—O 键和 O—H 键均具有较强的极性。醇羟基和醇分子本身的极性对醇的物理性质和化学性质有较大的影响。

$$R-\underset{\underset{④}{H}}{\overset{}{C}}H-\underset{\underset{③}{H}}{\overset{}{C}}H-\underset{②}{O}-\underset{①}{H}$$

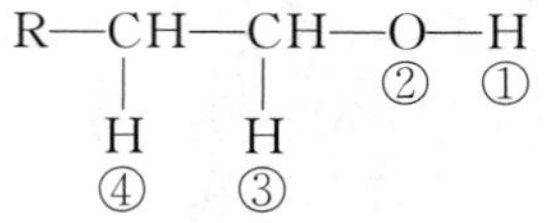

① 氢氧键断裂，氢原子被取代；

② 碳氧键断裂，羟基被取代；

③ ④受羟基影响，α-H、β-H 有一定活泼性。

2. 醇的分类

【任务 11-4】 用普通命名法命名下列醇。

(1) $CH_3CH_2CH_2CH_2OH$　(2) $CH_3\underset{\underset{OH}{|}}{CH}CH_3$　(3) $CH_3\underset{\underset{OH}{|}}{CH}CH_2CH_3$

(4) $CH_3\underset{\underset{OH}{|}}{\overset{\overset{CH_3}{|}}{C}}CH_3$　(5) ⬡—OH　(6) ⬡—CH_2OH

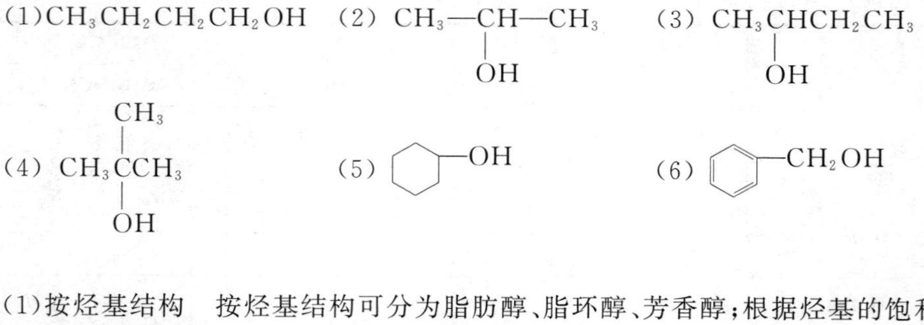

(1) 按烃基结构　按烃基结构可分为脂肪醇、脂环醇、芳香醇；根据烃基的饱和程度又分为饱和醇、不饱和醇。

（2）按羟基数　按所含羟基数分为一元醇、二元醇和多元醇（二元以上醇的统称）。例如

CH_3CH_2OH　　　$\underset{OH}{CH_2}—\underset{OH}{CH_2}$　　　$\underset{OH}{CH_2}—\underset{OH}{CH}—\underset{OH}{CH_2}$

乙醇　　　乙二醇　　　丙三醇

一元醇　　　二元醇　　　三元醇

（3）按羟基所连碳原子类型　可分为伯、仲、叔醇。

3. 醇的命名

（1）普通命名法　在烃基名称后加"醇"字。

【任务 11-4 解答】（1）正丁醇；（2）异丙醇；（3）仲丁醇；（4）叔丁醇；（5）环己醇；（6）苄醇。

（2）系统命名法　选择含羟基碳的最长碳链为主链，将支链作为取代基，从离羟基最近的一端开始编号，按主链碳原子数，称为"某"醇，醇名前冠以取代基的位次、名称和羟基的位次。

$CH_3\underset{OH}{CH}\underset{CH_3}{CH}CH_3$　　　$CH_3\underset{OH}{CH}CH_2CH_2Cl$　　　$\underset{OH}{CH_2}CH_2CH_2\underset{OH}{CH_2}$

3-甲基-2-丁醇　　　4-氯-2-丁醇　　　1,4-丁二醇

2-苯基乙醇

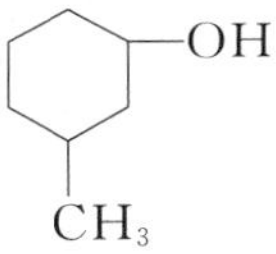

3-甲基环己醇

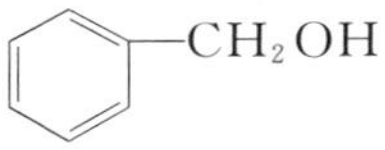

苯甲醇（苄醇）

不饱和醇的命名，选择同时含有羟基和不饱和键的最长碳链为主链，从靠近羟基的一端开始编号，不饱和键位置写在母体名称前。例如

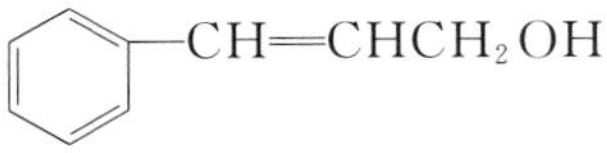

3-苯基-2-丙烯-1-醇

$CH_3CH{=}CHCH_2CH_2OH$

3-戊烯-1-醇

$CH_2{=}CHCH_2\underset{OH}{CH}CH_2CH_3$

5-己烯-3-醇

练一练

用系统命名法命名下列化合物。

（1）$CH_3\overset{CH_3}{\underset{OH}{C}}CH_3$　（2）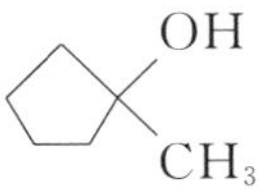　（3）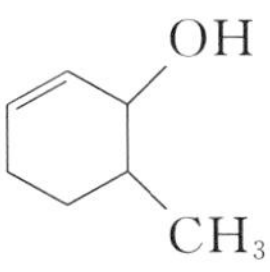　（4）$\underset{OH}{CH_2}—\underset{OH}{CH}—\underset{OH}{CH_2}$

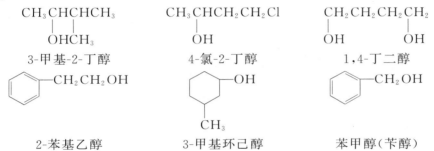

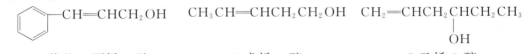

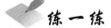

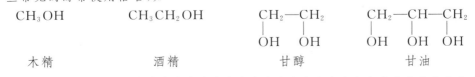

知识拓展

一些常见的醇常使用俗名，如

CH_3OH　　　CH_3CH_2OH　　　$\underset{OH}{CH_2}—\underset{OH}{CH_2}$　　　$\underset{OH}{CH_2}—\underset{OH}{CH}—\underset{OH}{CH_2}$

木精　　　酒精　　　甘醇　　　甘油

11.2.2 醇的物理性质

低级直链饱和一元醇为无色透明有酒精气味的液体，含 5～11 个碳原子的醇是有一种令人不愉快气味的油状液体，含 12 个以上碳原子的醇为无臭、无味的蜡状固体。醇分子中含有极性较大的羟基，分子间又有氢键缔合，因此醇的沸点比相对分子质量相近的烷烃高得多，且羟基越多，形成的氢键越多，分子间作用力越大，沸点也高。

醇分子与水分子可以形成氢键，三个碳及以下的低级醇能与水混溶。随着烃基增大，醇羟基与水形成氢键的能力减小，则醇的溶解度相应减小，高级醇甚至不溶于水，而能溶于石油醚等有机溶剂。碳原子相同时，含支链多的醇由于位阻，难以形成氢键，故沸点低。脂肪族饱和一元醇相对密度小于 1，芳香族醇及多元醇的相对密度大于 1。一些醇的物理常数见表 11-1。

表 11-1　　一些醇的物理常数

名称	构造式	熔点/℃	沸点/℃	相对密度/g·cm^{-3}	溶解度/g·(100 g H_2O)$^{-1}$
甲醇	CH_3OH	−98	65	0.792	∞
乙醇	CH_3CH_2OH	−114	78.3	0.789	∞
正丙醇	$CH_3CH_2CH_2OH$	−126	97.2	0.804	∞
异丙醇	$CH_3—CH—CH_3$ | OH	−89	82.3	0.789	∞
正丁醇	$CH_3CH_2CH_2CH_2OH$	−90	118	0.810	7.9
异丁醇	CH_3 | CH_3CHCH_2OH	−108	108	0.798	9.5
仲丁醇	$CH_3CHCH_2CH_3$ | OH	−115	100	0.808	12.5
叔丁醇	CH_3 | CH_3CCH_3 | OH	26	83	0.789	∞
正戊醇	$CH_3(CH_2)_3CH_2OH$	−79	138	0.809	2.7
正己醇	$CH_3(CH_2)_4CH_2OH$	−51.6	155.8	0.820	0.59
环己醇	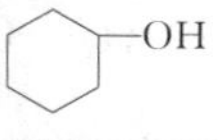	25	161	0.962	3.6
烯丙醇	$CH_2═CH—CH_2OH$	−129	97	0.855	∞
苄醇	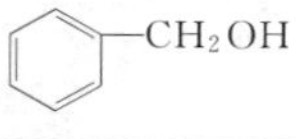	−15	205	1.046	4
乙二醇	$CH_2—CH_2$ |　| OH　OH	−12.6	197	1.113	∞
丙三醇	$CH_2—CH—CH_2$ |　|　| OH　OH　OH	18	290(分解)	1.261	∞

11.2.3　醇的化学性质

1. 与活泼金属反应

醇可以与活泼金属钾、钠、镁、铝等反应,生成氢气。例如

$$2CH_3CH_2OH + 2Na \longrightarrow 2CH_3CH_2ONa + H_2 \uparrow$$
$$\text{乙醇钠}$$

反应现象明显,但不激烈,可用于鉴别 6 个碳原子以下的低级醇,也可在实验室中用于销毁某些反应残余的金属钠屑。各类低级醇与金属钠反应速率的排序是:

$$\text{甲醇} > \text{伯醇} > \text{仲醇} > \text{叔醇}$$

醇钠为强碱,很活泼,在有机合成中常被用作碱性催化剂、缩合剂和烷氧基化剂。工业上利用醇钠水解的可逆性,用固体的 NaOH 与醇作用,加入苯(约 8%)共沸蒸馏,不断除去水而制得醇钠,避免使用昂贵的金属钠,生产更安全。

$$RONa + H_2O \Longrightarrow ROH + NaOH$$

2. 与氢卤酸反应

【任务 11-5】　用化学方法鉴别:1-丁醇、2-甲基-2-丁醇、2-丁醇。

醇与卤化氢反应,生成卤代烃和水

$$ROH + HX \Longrightarrow RX + H_2O$$

这是实验室制备卤代烃的常用方法之一。

??? 想一想

如何运用平衡移动原理提高卤代烃产量?

反应速率与氢卤酸类型有关。氢卤酸反应活性为:$HI > HBr > HCl$。因此,制备不同卤代烃所需条件不同。

制备 R—I 时,用氢碘酸的恒沸溶液即可。

$$CH_3CH_2CH_2CH_2OH + HI(57\%) \xrightarrow{\triangle} CH_3CH_2CH_2CH_2I + H_2O$$

制备 R—Br 时,用氢溴酸恒沸溶液,需在硫酸存在下制得。溴化氢还可利用溴化钠和硫酸作用产生。

$$CH_3CH_2CH_2CH_2OH + HBr(47.5\%) \xrightarrow[\triangle]{H_2SO_4} CH_3CH_2CH_2CH_2Br + H_2O$$

$$CH_3CH_2OH \xrightarrow[\triangle]{NaBr, H_2SO_4} CH_3CH_2Br$$

反应速率还与醇的结构有关:烯丙型醇和苄醇 > 叔醇 > 仲醇 > 伯醇。

制备 R—Cl 时,除叔醇以外,一般需用浓盐酸的无水 $ZnCl_2$ 溶液。浓盐酸与无水氯化锌组成的试剂称为卢卡斯(Lucas)试剂。

【应用实例】　在适量卢卡斯试剂中,加入两滴醇,混合均匀

$$CH_3-\overset{\overset{\displaystyle CH_3}{|}}{\underset{\underset{\displaystyle OH}{|}}{C}}-CH_3 + HCl \xrightarrow[20\ ℃, 1\ min]{\text{无水 } ZnCl_2} CH_3-\overset{\overset{\displaystyle CH_3}{|}}{\underset{\underset{\displaystyle Cl}{|}}{C}}-CH_3 + H_2O$$

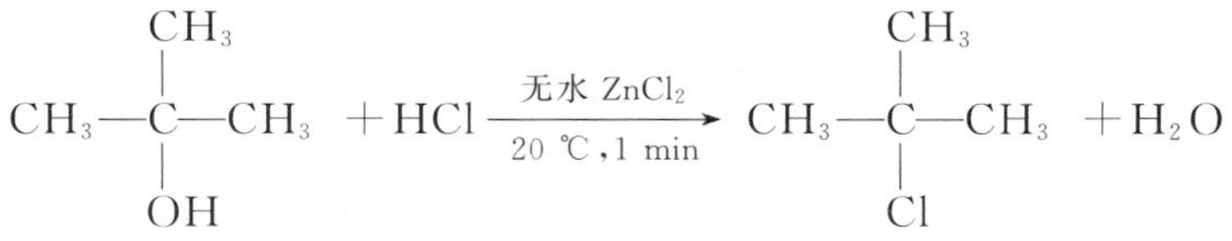

$$\underset{\displaystyle\mathrm{OH}}{\mathrm{CH_3\overset{}{C}HCH_2CH_3}} + HCl \xrightarrow[20\ ^\circ C,10\ min]{\text{无水}\ ZnCl_2} \underset{\displaystyle\mathrm{Cl}}{\mathrm{CH_3CHCH_2CH_3}} + H_2O$$

$$CH_3CH_2CH_2CH_2OH + HCl \xrightarrow[\text{加热}]{\text{无水}\ ZnCl_2} CH_3CH_2CH_2CH_2Cl + H_2O$$

卤代烷不溶于水，可使溶液发生混浊或分层。卢卡斯试剂适用于 C_6 以下一元醇的鉴别，因为更高级的醇难溶或微溶于水。

【任务 11-5 解答】

	1-丁醇	2-甲基-2-丁醇	2-丁醇
加卢卡斯试剂	加热后分层	立即分层	片刻分层

某些低级醇与氢卤酸反应容易发生重排，若选用三卤化磷（PX_3）或亚硫酰氯（$SOCl_2$）与醇作用，可得到相应的卤代烃，且无重排现象。实际操作中，常用赤磷与溴或碘代替三卤化磷。

$$3CH_3CH_2OH + PI_3 \longrightarrow 3CH_3CH_2I + H_3PO_3$$

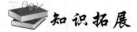

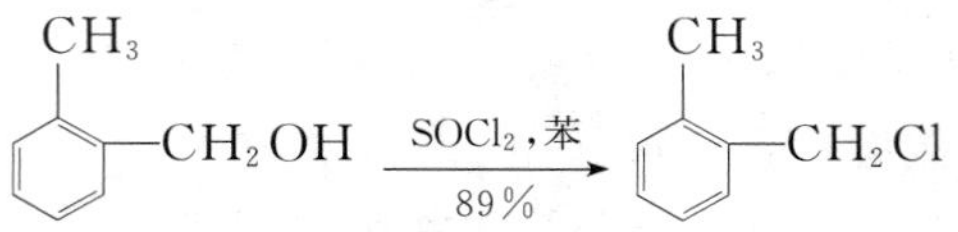

醇与亚硫酰氯作用生成卤代烷的产量较高，而且副产物 SO_2 和 HCl 均为气体，易于分离。

3. 酯的生成

醇与无机含氧酸（硫酸、硝酸、磷酸等）和羧酸作用，发生分子间脱水生成酯。例如

$$CH_3OH + H_2SO_4 \rightleftharpoons \underset{\text{硫酸氢甲酯}}{CH_3OSO_3H} + H_2O$$

$$2CH_3OSO_3H \rightleftharpoons \underset{\text{硫酸二甲酯}}{(CH_3O)_2SO_2} + H_2SO_4$$

硫酸二甲酯还可由发烟硫酸和过量甲醇制备：

$$2CH_3OH + SO_3 \rightleftharpoons (CH_3O)_2SO_2 + H_2O$$

知识拓展

硫酸二甲酯是无色油状液体，沸点 188 ℃（分解），蒸气有剧毒。稍溶于水、乙醇和丙酮等，主要用作甲基化试剂。

醇与浓硝酸作用脱水生成硝酸酯。最重要的硝酸酯之一是甘油三硝酸酯。工业上是将甘油于 30 ℃以下加入到浓硝酸和浓硫酸的混合物中而制得：

$$\begin{array}{l} CH_2-OH \\ | \\ CH-OH \\ | \\ CH_2-OH \end{array} + 3HNO_3 \xrightarrow[10\sim20^\circ C]{H_2SO_4} \begin{array}{l} CH_2-ONO_2 \\ | \\ CH-ONO_2 \\ | \\ CH_2-ONO_2 \end{array} + 3H_2O$$

甘油三硝酸酯

知识拓展

甘油三硝酸酯俗称硝化甘油，是淡黄色黏稠液体，撞击或加热能爆炸，可作为烈性炸药，还应用于血管舒张、治疗心绞痛和胆绞痛的药物中。

$$CH_3COOH + C_2H_5OH \underset{140\ ℃}{\overset{H_2SO_4}{\rightleftharpoons}} \underset{\text{乙酸乙酯(67\%)}}{CH_3COOC_2H_5} + H_2O$$

4. 脱水反应

醇在浓强酸或脱水剂的作用下，受热脱水，低温生成醚，高温生成烯。

$$\underset{\ \ |\qquad\quad |\ \ \ }{CH_2—CH_2}\atop{H\qquad OH}\ \xrightarrow[\text{或 }Al_2O_3,360\ ℃]{\text{浓 }H_2SO_4,170\ ℃} CH_2{=}CH_2\uparrow + H_2O$$

$$CH_3CH_2OH + HOCH_2CH_3 \xrightarrow[140\ ℃]{\text{浓 }H_2SO_4} CH_3CH_2OCH_2CH_3 + H_2O$$

脱水方式不仅与反应条件有关，还与醇的结构有关，只有伯醇能与浓硫酸共热成醚，仲醇易发生分子内脱水，叔醇只能分子内脱水，仲醇、叔醇发生分子内脱水时符合扎伊采夫(Saytzeff)规则。

$$CH_3CH_2CH_2\underset{OH}{\underset{|}{C}}HCH_3 \xrightarrow[90\sim95\ ℃]{62\%H_2SO_4} \underset{\text{2-戊烯(90\%)}}{CH_3CH_2CH{=}CHCH_3} + H_2O$$

$$CH_3—\overset{CH_3}{\overset{|}{\underset{OH}{\underset{|}{C}}}}—CH_3 \xrightarrow[85\sim90\ ℃]{20\%\ H_2SO_4} \underset{\text{2-甲基丙烯(84\%)}}{CH_3—\overset{CH_3}{\overset{|}{C}}{=}CH_2} + H_2O$$

5. 氧化和脱氢

(1)氧化反应　受羟基影响，α-H 比较活泼，易被氧化。伯醇氧化生成醛，继续氧化则生成酸；仲醇氧化生成酮，酮不易继续氧化，所以一般用此法来制备酮。常用氧化试剂有 $K_2Cr_2O_7$、$KMnO_4$ 等。

$$CH_3CH_2CH_2OH \xrightarrow[\triangle]{KMnO_4,H_2SO_4} \underset{\text{丙醛}}{CH_3CH_2CHO} \xrightarrow[\triangle]{KMnO_4,H_2SO_4} \underset{\text{丙酸}}{CH_3CH_2COOH}$$

$$CH_3(CH_2)_5\underset{OH}{\underset{|}{C}}HCH_3 \xrightarrow[\triangle]{Na_2Cr_2O_7,H_2SO_4} CH_3(CH_2)_5\underset{O}{\underset{\|}{C}}CH_3$$

2-辛酮(95%)

制备醛时，应将生成的醛及时从混合物中蒸出以脱离氧化环境。如果使用温和的三氧化铬氧化剂，也可以使伯醇氧化中止到醛的阶段。

$$\underset{\text{6-甲基-1-辛醇}}{CH_3CH_2\underset{CH_3}{\underset{|}{C}}H(CH_2)_4CH_2OH} \xrightarrow[CH_2Cl_2]{CrO_3} \underset{\text{6-甲基辛醛(69\%)}}{CH_3CH_2\underset{CH_3}{\underset{|}{C}}H(CH_2)_4CHO}$$

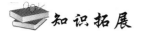

叔醇分子中没有 α-H，在上述同样条件下不易被氧化，在强烈氧化条件下，发生 C—C 断裂，生成小分子氧化产物，一般无实际意义。

(2)脱氢反应　在金属铜或银催化下，伯醇和仲醇高温脱氢分别生成醛和酮。叔醇分子没有 α-H，不发生脱氢反应。

$$CH_3CH_2OH \xrightarrow[270\sim300\ ℃]{Cu} CH_3CHO$$

$$CH_3\underset{\displaystyle OH}{\underset{|}{C}}HCH_3 \xrightarrow[400\sim480\ ℃]{Cu} CH_3—\overset{\displaystyle O}{\overset{\|}{C}}—CH_3$$

知识拓展

甲醇俗称木精，最早由木材干馏制得，近代工业上是以合成气或天然气为原料，在高温高压和催化剂的作用下合成的。

$$CH_4 + \frac{1}{2}O_2 \xrightarrow[10\ MPa,200\ ℃]{Cu} CH_3OH$$

$$CO + 2H_2 \xrightarrow{CuO\text{-}ZnO\text{-}Cr_2O_3} CH_3OH$$

甲醇为无色有酒精味的液体，可以任何比例与水互溶，甲醇有毒，其蒸气可通过空气吸收而表现出毒性，若误服 10 g，就会使眼睛失明，误服 25 g，即可使人致命。甲醇是重要的有机化工原料。

查一查

利用互联网，查一查乙醇、乙二醇、丙三醇的用途。

11.3　酚

11.3.1　酚的结构特征、分类和命名

1. 酚的结构特征

羟基直接与芳环相连的化合物，称为酚。酚羟基氧原子上未参与杂化 p 轨道上的一对电子与芳烃大 π 键形成 p-π 共轭体系(图 11-1)，使得酚羟基和醇羟基性质有着明显不同。

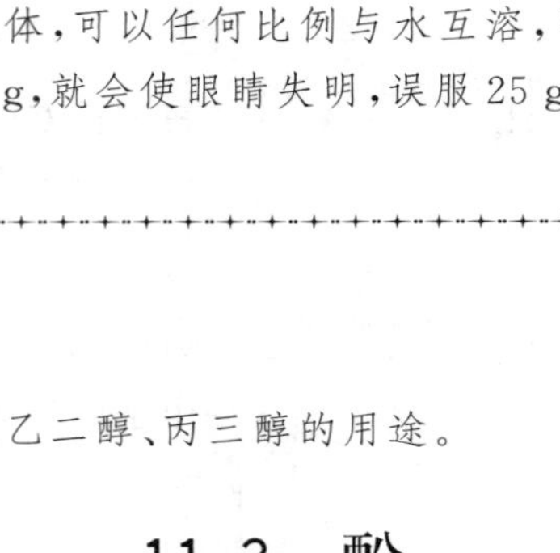

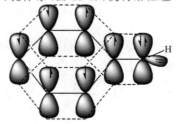

图 11-1　苯酚的 p-π 共轭体系示意图

酚的酸性比醇强，酚的化学反应发生在羟基和芳环上。

2. 酚的分类和命名

【任务 11-6】 命名下列化合物。

(1) 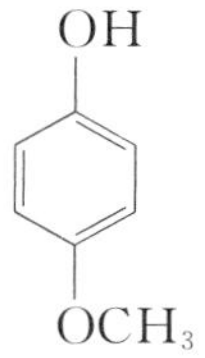

(2) 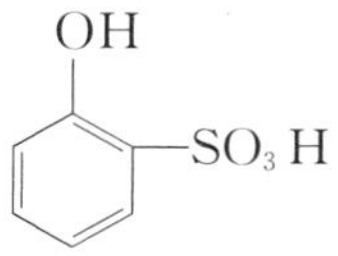

(3) 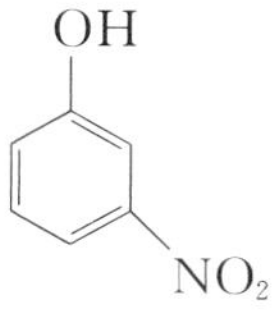

(4) 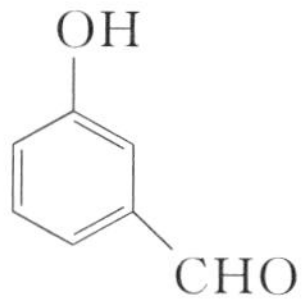

(5) 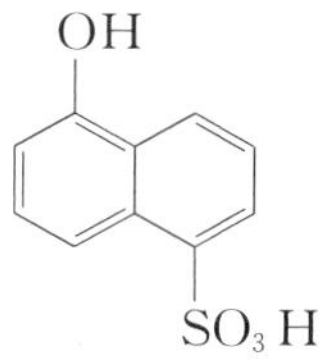

根据芳环所连羟基数，分为一元酚、二元酚等，含两个以上羟基的酚称为多元酚。酚的命名是在芳环名称之后加上“酚”字，若环上还有取代基，则按芳烃衍生物的命名方法(见第 10 章)由“取代基优先次序(或称官能团优先次序)”来确定母体，进行命名。例如

一元酚：

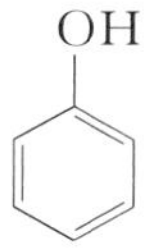

苯酚

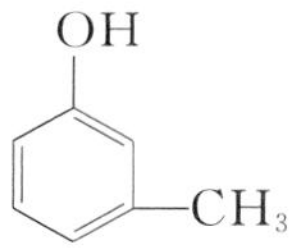

间甲苯酚

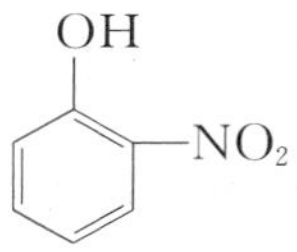

邻硝基苯酚

二元酚：

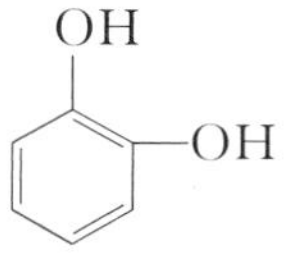

邻苯二酚

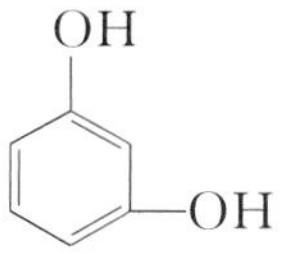

间苯二酚

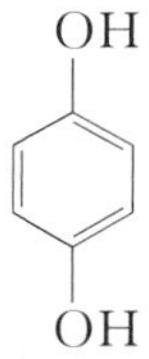

对苯二酚

多元酚：

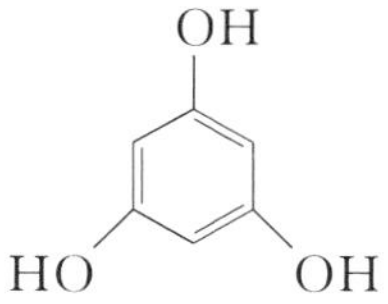

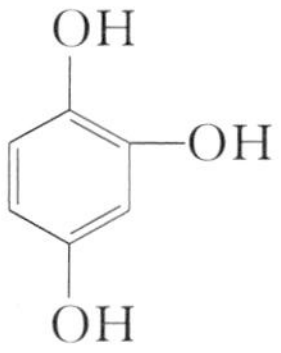

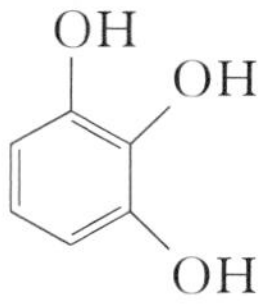

1,3,5-苯三酚(均苯三酚)1,2,4-苯三酚(偏苯三酚)1,2,3-苯三酚(连苯三酚)

【任务 11-6 解答】 (1)对甲氧基苯酚　(2)邻羟基苯磺酸　(3)间硝基苯酚　(4)间羟基苯甲醛　(5)5-羟基-1-萘磺酸

11.3.2　酚的物理性质

常温下，除少数烷基酚是高沸点液体外，大多数酚都为无色晶体。酚类在空气中易被氧化而呈现粉红色或红色。由于分子间能形成氢键，酚有较高的沸点，其熔点也比相应的烃高，但由于芳基在分子中占有较大的比例，故一元酚微溶或不溶于水，而易溶于乙醇、醚等有机溶剂。一些酚的物理常数见表 11-2。

表 11-2　　一些酚的物理常数

名称	熔点/℃	沸点/℃	溶解度/g·(100 g H_2O)$^{-1}$	p$K_a^{\ominus}$
苯酚	43	182	8(溶于热水)	9.98
邻甲苯酚	30	191	2.5	10.28
间甲苯酚	11.9	202	2.6	10.08
对甲苯酚	34	202.5	2.3	10.14
邻硝基苯酚	44.9	216	0.2	7.23
间硝基苯酚	96	194	2.2	8.40
对硝基苯酚	114.9	295	1.3	7.15
2,4-二硝基苯酚	113	升华	0.6	4.00
2,4,6-三硝基苯酚	122.5	升华	1.2	0.71
邻苯二酚	105	245	45.1	9.48
对苯二酚	170	286	8	9.96
α-萘酚	94	179	难溶	9.34
β-萘酚	123	286	0.1	
1,2,3-苯三酚	133	309	62	7.0

11.3.3　酚的化学性质

1. 酚羟基的反应

(1)弱酸性　酚羟基上的氢比醇羟基中的氢较易离解,故酚(如苯酚 p$K_a^{\ominus}$=10)的酸性比醇(如乙醇 p$K_a^{\ominus}$=15.9)强。例如,苯酚能与氢氧化钠的水溶液作用,生成可溶于水的苯酚钠。

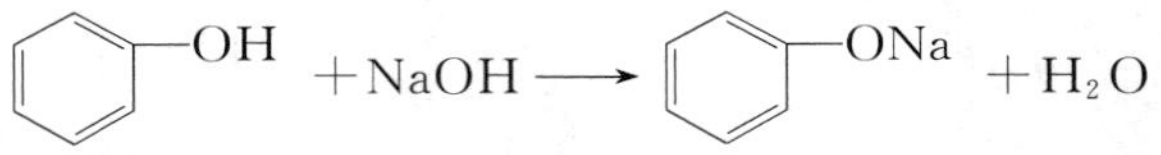

苯酚(俗称石炭酸)是弱酸(比碳酸 p$K_a^{\ominus}$=6.38 弱),不能使指示剂改变颜色。苯酚不能与碳酸氢钠作用生成二氧化碳。相反,将二氧化碳通入苯酚钠的水溶液中,苯酚即游离出来。

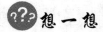

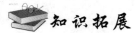

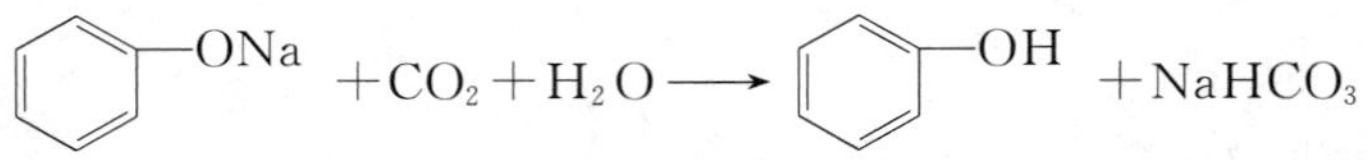

利用这一性质可鉴别和分离难溶或不溶于水的酚和醇。

想一想

如何用化学方法鉴别苯酚和环己醇?

知识拓展

苯环连有吸电基时,酚的酸性增加,如硝基苯酚酸性比苯酚强,而苦味酸(2,4,6-三硝基苯酚)的酸性相当于强的无机酸;相反,苯环连有供电子基时,因不利于羟基氧原子上电荷的分散,酸性降低。如烷基酚的酸性弱于苯酚。

（2）醚的生成　酚不能分子间脱水成醚,可应用威廉姆森合成法用酚钠与卤代烷反应制得醚,但卤代芳烃难于反应。例如

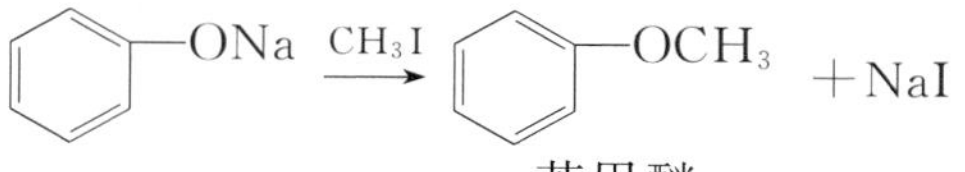

$$C_6H_5-ONa \xrightarrow{CH_3I} C_6H_5-OCH_3 + NaI$$

苯甲醚

$$C_6H_5-ONa + CH_3(CH_2)_2CH_2I \xrightarrow[80\%]{回流} C_6H_5-OCH_2(CH_2)_2CH_3$$

苯丁醚

$$\text{对-}HO-C_6H_4-Cl + (CH_3CH_2O)_2SO_2 \xrightarrow{KOH,微沸} \text{对-}CH_3CH_2O-C_6H_4-Cl$$

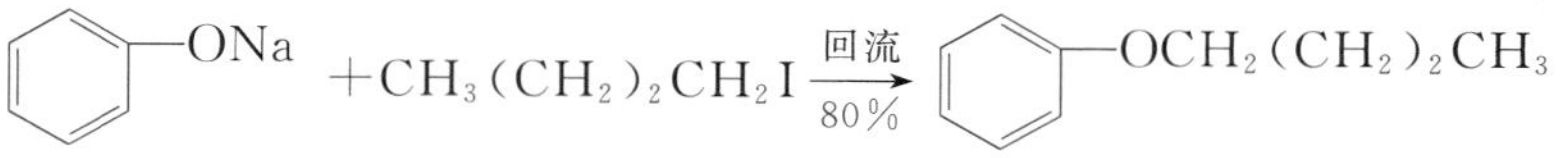

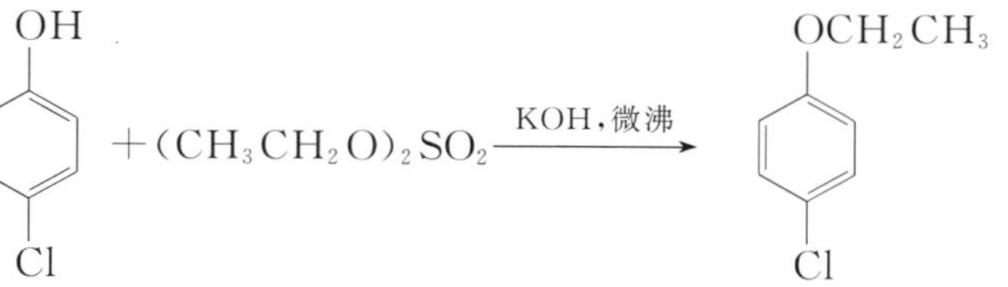

硫酸二乙酯　　　　　　　　　　对氯苯乙醚（85%）

（3）酯的生成　酚较难与酸发生酯化反应,一般采用与酰氯或酸酐反应。

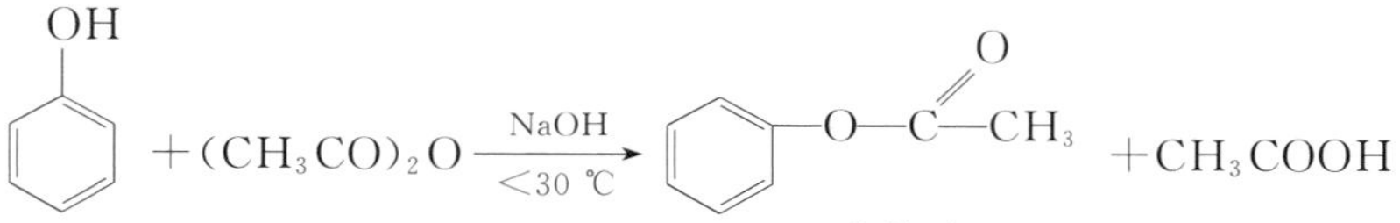

$$C_6H_5-OH + (CH_3CO)_2O \xrightarrow[<30\ ℃]{NaOH} C_6H_5-O-\overset{\overset{O}{\|}}{C}-CH_3 + CH_3COOH$$

乙酸苯酯

$$\text{邻-}(HOOC)C_6H_4(OH) + (CH_3CO)_2O \xrightarrow[\triangle]{H_3PO_4} \text{邻-}(HOOC)C_6H_4\left(O-\overset{\overset{O}{\|}}{C}-CH_3\right) + CH_3COOH$$

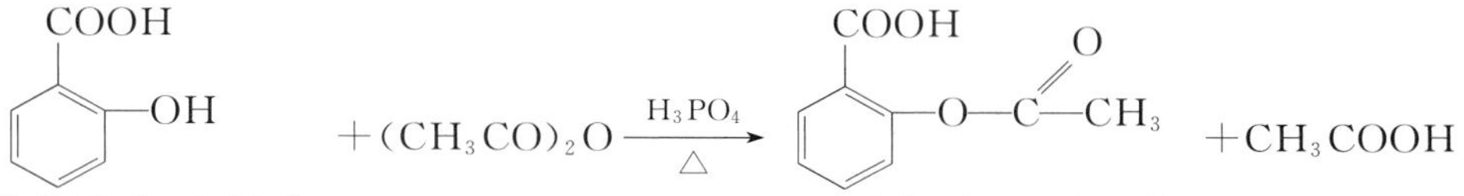

邻羟基苯甲酸（水杨酸）　　　　　　　　乙酰水杨酸（阿司匹林）

此反应用于制备医药"阿司匹林",它是一种常用的解热镇痛药。

2. 芳环上的反应

（1）催化加氢　在催化剂（如雷尼镍、铜等）的作用下,苯酚可加氢生成环己醇。

$$C_6H_5-OH + H_2 \xrightarrow[140\sim150\ ℃]{雷尼镍} C_6H_{11}-OH$$

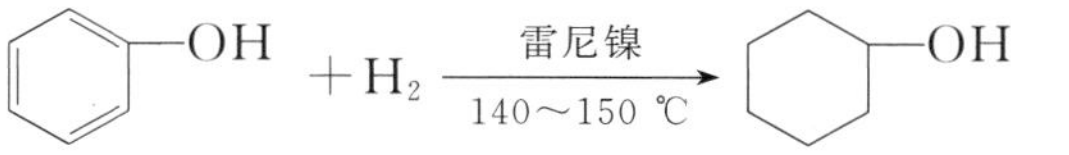

这是工业生产环己醇的方法之一。

知识拓展

环己醇是无色吸湿性晶体或液体,有樟脑气味。熔点 $23\sim25\ ℃$,沸点 $161\ ℃$,$d_4^{20}=0.962$。微溶于水,溶于乙醇、乙醚和苯等有机溶剂。可用作溶剂,是生产己内酰胺、己二酸的重要原料。

（2）取代反应　羟基是一个较强的邻对位定位基,因此酚很容易进行卤化、硝化、磺化和傅-克反应。

①卤代反应　苯酚与溴水在室温下,立即生成 2,4,6-三溴苯酚白色沉淀。

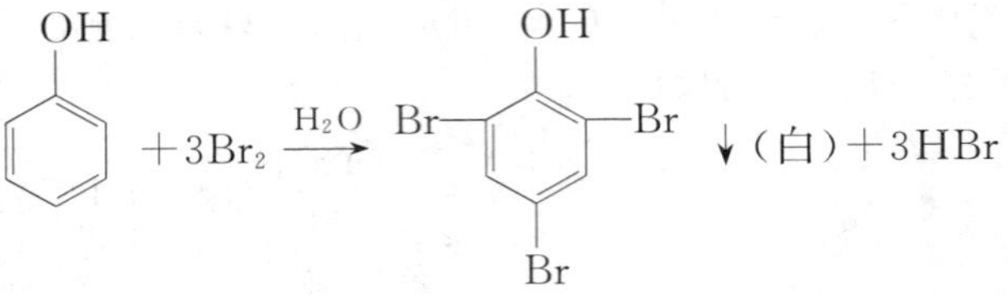

此反应定量、灵敏，常用于苯酚的定量、定性分析。

若在低温非极性溶剂(如 CS_2、CCl_4、$CHCl_3$ 等)中反应，主要得到对溴苯酚。

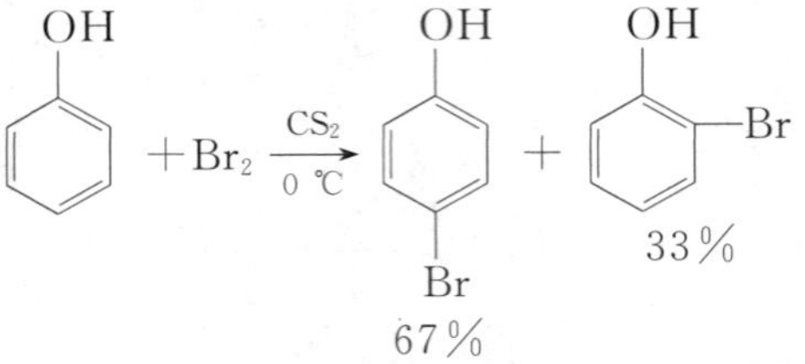

②硝化反应　在常温时，苯酚即可与稀硝酸反应，生成邻硝基苯酚和对硝基苯酚的混合物，并以邻位为主。

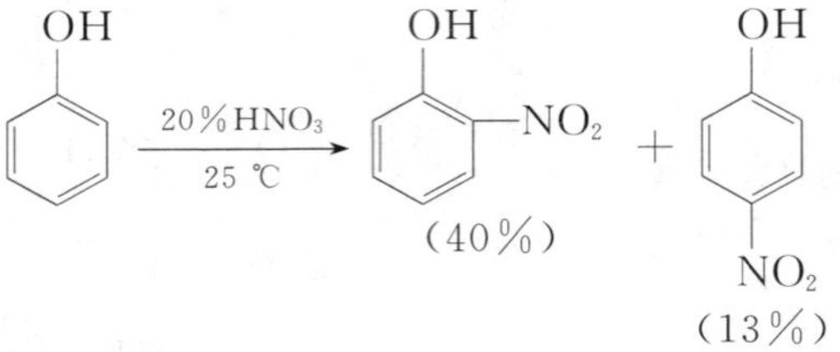

苯酚易被硝酸氧化，且产率较低，无工业生产价值。但由于操作简便，邻位和对位异构体容易分离，因而是实验室中制备少量邻硝基苯酚常用的方法。

知识拓展

实验室中分离邻、对位硝基苯酚采用水蒸气蒸馏的方法。因为邻硝基苯酚能形成分子内氢键，易挥发而随水蒸气一起被蒸出；对硝基苯酚因形成分子间氢键，不易挥发而仍留在反应器中。

③磺化　浓硫酸易使苯酚磺化，室温下生成几乎等量的邻位和对位取代产物。在较高温度，主要生成对位产物。继续磺化，可得二取代产物 4-羟基-1,3-苯二磺酸。

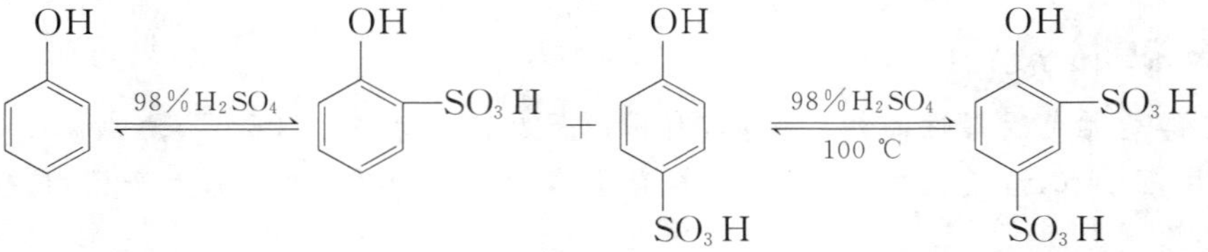

(3)烷基化反应　酚可与氯化铝生成盐，而失去催化活性，因此一般采用浓 H_2SO_4、H_3PO_4、BF_3 等催化剂进行烷基化反应，酚与卤代烷、烯烃或醇共热，可顺利地在苯环上引进烷基。例如

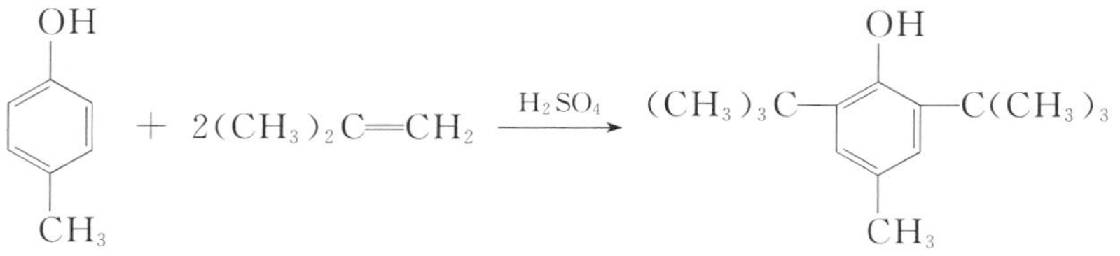

4-甲基-2,6-二叔丁基苯酚为白色晶体,熔点为 70 ℃,可用作橡胶或塑料的防老剂,也用作汽油、变压器油等的抗氧化剂。

3. 氧化反应

酚易被氧化,酚在空气中较长时间放置颜色变深,即是被空气氧化的结果,其氧化产物很复杂。某些酚在氧化剂作用下,可被氧化成醌。例如

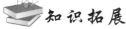

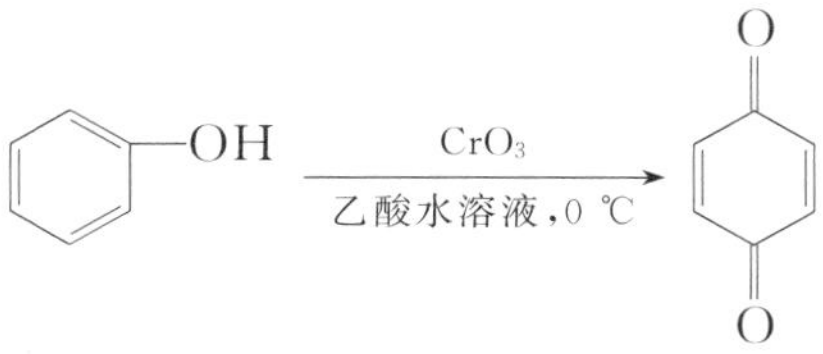

对苯醌

具有醌型结构的物质都有颜色,邻位醌为红色,对位醌为黄色。

4. 显色反应

酚与氯化铁稀溶液作用可发生显色反应(表 11-3)。因此,可利用该反应鉴别酚(含有羟基与双键碳原子相连的烯醇式化合物也能与氯化铁溶液发生显色反应)。

表 11-3　　酚与三氯化铁的显色反应

化合物	显色	化合物	显色
苯酚	紫	邻苯二酚	绿
邻甲苯酚	红	对苯二酚	暗绿结晶
间甲苯酚	紫	间苯二酚	蓝-紫
对甲苯酚	紫	1,2,3-苯三酚	紫-棕红
邻硝基苯酚	红-棕	α-萘酚	紫
对硝基苯酚	棕	β-萘酚	黄-绿

酚与氯化铁的反应一般认为是生成了配合物。

$$6ArOH + FeCl_3 \rightleftharpoons [Fe(OAr)_6]^{3-} + 6H^+ + 3Cl^-$$

知识拓展

苯酚俗称石炭酸,为无色或白色晶体,有特殊气味。由于易氧化,应装于棕色瓶中避光保存。苯酚能凝固蛋白质,对皮肤有腐蚀性,并有杀菌作用。它是医药临床上使用最早的外科消毒剂,因为有毒,现已不用,但仍用苯酚系数衡量消毒剂的杀菌能力。如某一消毒剂 Z 的苯酚系数是 3,就表示在同一时间内 Z 的浓度为苯酚浓度的 1/3 时,就有与苯酚同等的杀菌能力。此外,苯酚也是重要的工业原料,可用于制造塑料、染料、药物及照相显影剂。

甲苯酚有邻、间、对三种异构体，它们的沸点相近，不易分离，在实际中常混合使用。甲苯酚有苯酚气味，毒性与苯酚相同，但杀菌能力比苯酚强，医药上用含47%～53%的肥皂水消毒，这种消毒液俗称“来苏尔”，由于它来源于煤焦油，也称作“煤酚皂溶液”。

查一查

利用互联网查一查苯酚的制法和用途。

11.4 醚

11.4.1 醚的结构特征、分类和命名

1. 醚的结构特征

醚可以看做是水分子中的两个氢原子被烃基取代后所得到的化合物。醚键(—O—)是醚类化合物的官能团，其中氧原子是以杂化状态分别与两个烃基的碳原子形成两个σ键，氧原子上有两对孤对电子。脂肪醚键角COC约为111°左右(图11-2)。

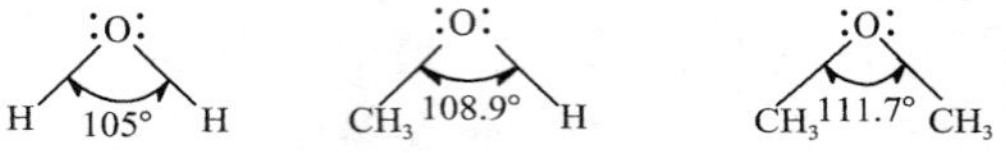

图11-2 水、甲醇与二甲醚键角的比较

最简单的芳醚是苯甲醚。在芳基醚中由于存在着氧原子与芳环的p-π共轭作用，所以芳醚的化学性质与脂肪醚有所不同。

2. 醚的分类

按烃基结构不同，醚分为脂肪醚(饱和醚和不饱和醚)和芳香醚两大类。两个烃基相同的，称为单醚；不同的，称为混醚(表11-4)。

表11-4　醚的分类与常见实例

饱和醚	$CH_3OCH_2CH_3$	(混醚)	$CH_3CH_2OCH_2CH_3$	(单醚)
不饱和醚	$CH_3OCH{=}CH_2$	(混醚)	$CH_2{=}CHOCH{=}CH_2$	(单醚)
芳 醚	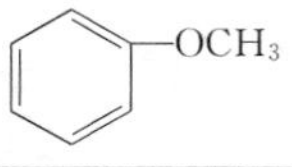	(混醚)	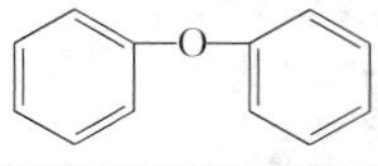	(单醚)

3. 醚的命名

【任务11-7】 命名表11-4中的醚。

(1)普通命名法　适用于简单醚的习惯命名。命名时，通常将氧原子所连的两个烃基名称按先小(碳原子数少的烃基)后大的顺序写在“醚”字之前。芳醚需将芳基放在脂肪烃基之前来命名。对于单醚，称为“二某烃基醚”，“二”和“基”有时也可省略。

【任务 11-7 解答】

$CH_3OCH_2CH_3$	甲乙醚	$CH_3CH_2OCH_2CH_3$	乙醚
$CH_3OCH=CH_2$	甲基乙烯基醚	$CH_2=CHOCH=CH_2$	二乙烯基醚
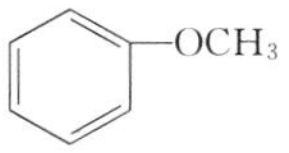	苯甲醚	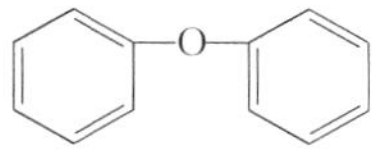	二苯醚

(2)系统命名法　比较复杂的醚采用系统命名法。取最长碳链的烃基作为母体，以羟氧基(RO—，称为烷氧基)为取代基，按"次序规则"，较优基团后列出。例如

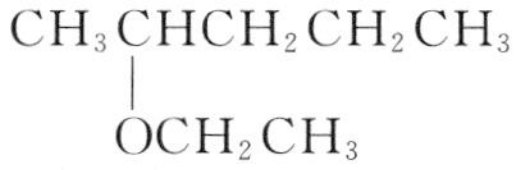

2-乙氧基戊烷

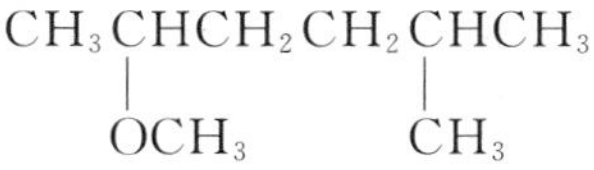

2-甲基-5-甲氧基己烷

$CH_2=CHCH_2OCH_3$

3-甲氧基-1-丙烯

练一练

用系统命名法命名下述化合物。

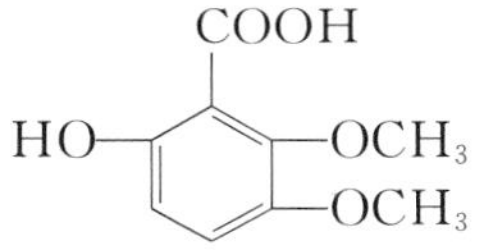

想一想

环醚一般称为环氧"某"烷或按杂环化合物命名。例如

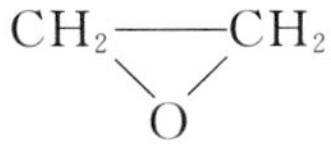

环氧乙烷

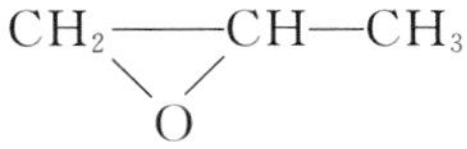

1,2-环氧丙烷

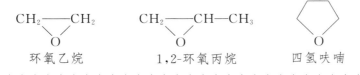

四氢呋喃

11.4.2　醚的物理性质

在常温下甲醚和甲乙醚是气体，其余大多数为无色有香味的液体。醚易燃烧。醚分子能与水分子形成氢键，在水中的溶解度与相对分子质量相近的醇相近，如甲醚能与水混溶，乙醚与正丁醇在水中的溶解度都约为 8 g/100 g H_2O。醚分子间不能以氢键缔合，故沸点低于相同碳原子数的醇，如乙醚的沸点为 34.5 ℃，而正丁醇的沸点是 117.3 ℃。

11.4.3　醚的化学性质

1. 𬭩盐的生成

除某些环醚外，醚对碱、氧化剂、还原剂等大多数试剂都十分稳定，对稀酸也比较稳定。但醚能溶于强酸(如浓硫酸或氢卤酸)中，生成𬭩盐。例如

$$R—\overset{..}{\underset{..}{O}}—R + HCl \longrightarrow \left[R—\overset{..}{\underset{\underset{H}{|}}{O}}—R \right]^+ \cdot Cl^-$$

$$R—\overset{..}{\underset{..}{O}}—R + H_2SO_4 \longrightarrow \left[R—\overset{..}{\underset{\underset{H}{|}}{O}}—R \right]^+ \cdot HSO_4^-$$

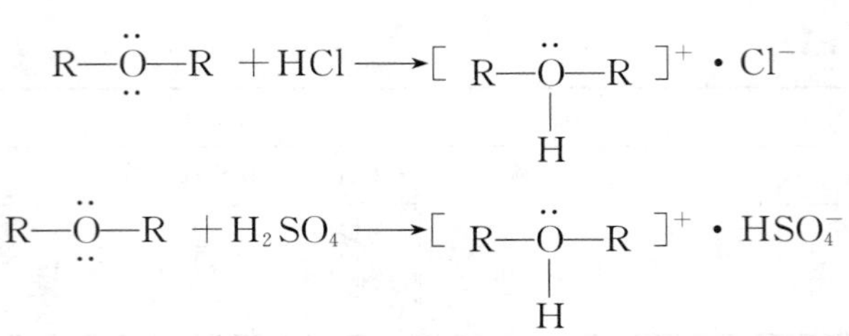

锌盐可溶于冷的浓酸中,但锌盐很不稳定,遇水即分解成原来的醚,因此可利用此性质鉴别和分离醚。

$$\left[R—\overset{..}{\underset{\underset{H}{|}}{O}}—R \right]^+ \cdot Cl^- + H_2O \longrightarrow ROR + H_3^+O + Cl^-$$

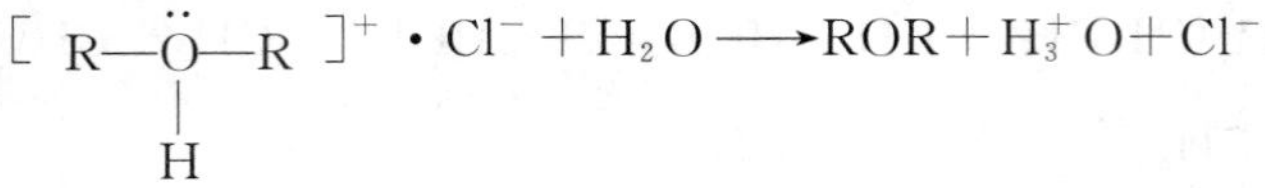

??? 想一想

实验室制备溴乙烷时,常用浓 H_2SO_4 出去杂质乙醚,其原理是什么?

2. 醚键的断裂

醚与浓的氢卤酸共热,醚键断裂。氢卤酸的反应活性排序为 $HI > HBr > HCl$。

$$CH_3CH_2OCH_2CH_3 + HI(浓) \overset{\triangle}{\longrightarrow} CH_3CH_2OH + CH_3CH_2I$$

混醚与氢碘酸反应时,一般是较小的烷基生成碘烷,较大的烷基生成醇;生成的醇与过量的氢碘酸作用生成碘代烷。

$$CH_3CH_2OCH_3 + HI(浓) \overset{\triangle}{\longrightarrow} CH_3CH_2OH + CH_3I$$

$$CH_3CH_2OH + HI(浓) \overset{\triangle}{\longrightarrow} CH_3CH_2I + H_2O$$

酚醚与氢卤酸反应生成酚和碘代烷,酚不能继续作用。

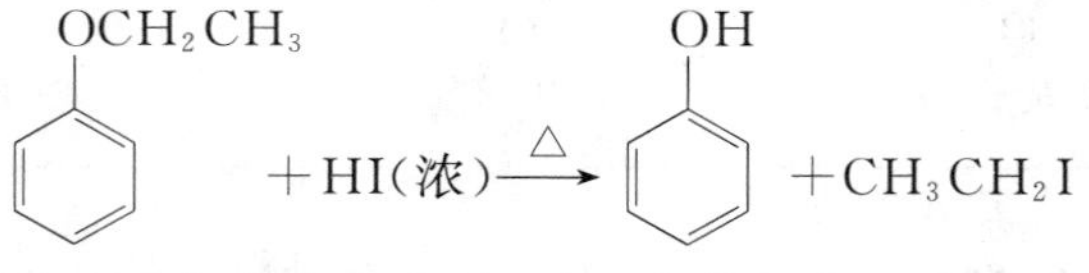

反应定量完成,可通过测定碘代烷含量,进而推算烷氧基的含量。

??? 想一想

如何定量测定卤代烷含量?

二芳基醚不与氢卤酸反应。

氢溴酸和盐酸的活性较差,需采用浓酸及较高温度,故氢碘酸是最有效和最常用的试剂。

3. 过氧化物的生成

乙醚等低级醚与空气长期接触,会慢慢生成过氧化物。过氧化物不稳定,受热易爆炸,因此在蒸馏醚时,切忌不可蒸干,以免发生危险。

贮存过久的醚，在蒸馏前，应检验是否有过氧化物存在。可用湿润的淀粉-碘化钾试纸检验，若试纸变蓝，则证明有过氧化物存在。

$$I^- \xrightarrow{\text{过氧化物}} I_2 \xrightarrow{\text{淀粉}} \text{蓝色}$$

蒸馏前，加入 $FeSO_4$ 或 Na_2SO_3 等还原剂可分解破坏过氧化物。贮存时，醚中加入少许金属钠也可避免过氧化物的生成。

知识拓展

乙醚由乙醇分子间脱水制备，混有少量乙醇和水，用无水氯化钙处理后，再用金属钠处理除去。

乙醚为无色透明液体，沸点低(34.5 ℃)，易挥发，蒸气具有麻醉性。易燃，爆炸极限(体积分数)为 1.85%～36.5%，使用乙醚时，要远离火源。乙醚蒸气比空气重 2.5 倍，实验反应逸出的乙醚要排出室外(或引入下水道)。

乙醚比水轻，微溶于水，易溶于有机溶剂。乙醚也能溶于许多有机物，如油脂、树脂、硝化纤维等，是常用的有机溶剂。

4. 环氧乙烷的性质

环氧乙烷是最简单且最重要的环醚，室温下是无色无毒气体，沸点 11℃，常贮存于钢瓶中。环氧乙烷能与水混溶，也能溶于乙醇、乙醚等有机溶剂。环氧乙烷易燃、易爆，爆炸极限为 3%～80%。工业用其作原料时，常用氮气预先吹扫反应釜及管阀，排除空气，以保证操作安全。环氧乙烷是三元环，角张力较大，化学性质活泼，能与水、醇、氨、酚、卤化氢等许多含有活泼氢的试剂作用，C—O 键断裂，发生开环反应，而得到多种化工产品。因此，环氧乙烷是重要的化工原料。

(1)酸催化开环反应

在酸性条件下，环氧乙烷可以与水、醇、卤化氢等发生开环反应，生成乙二醇、乙二醇单醚、卤乙醇等。

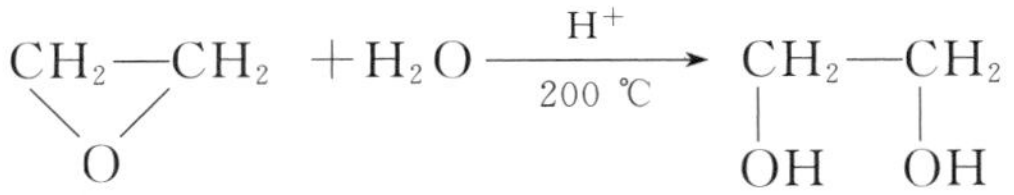

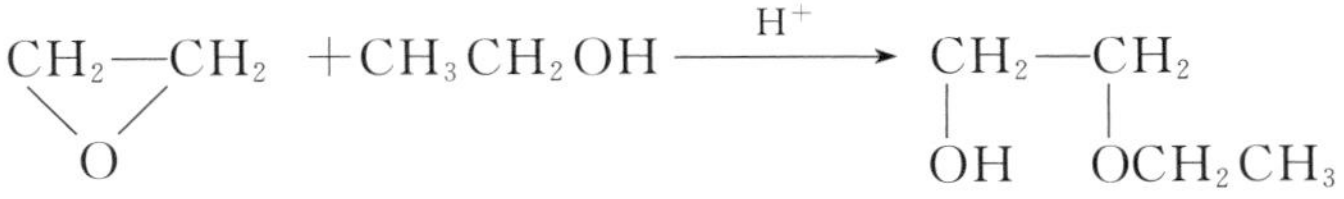

乙二醇单乙醚

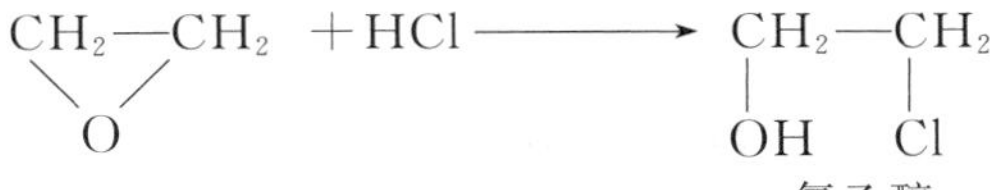

氯乙醇

乙二醇单乙醚具有醇和醚的双重性质，是良好的溶剂，能与许多极性和非极性物质混溶。

（2）碱催化开环反应

环氧乙烷与氨水生成乙胺醇,若环氧乙烷过量,可继续生成二乙醇胺、三乙醇胺。采取合适的原料配比和反应条件,可控制目标产物的比例。

$$\underset{\underset{O}{\diagdown\diagup}}{CH_2-CH_2} +NH_3 \longrightarrow \underset{\underset{NH_2\ \ OH}{|\ \ \ \ |}}{CH_2-CH_2} \xrightarrow{\overset{CH_2-CH_2}{\diagdown\underset{O}{\diagup}}} NH(CH_2CH_2OH)_2$$

乙胺醇　　　　　　　　　二乙醇胺

$$\xrightarrow{\overset{CH_2-CH_2}{\diagdown\underset{O}{\diagup}}} N(CH_2CH_2OH)_3$$

三乙醇胺

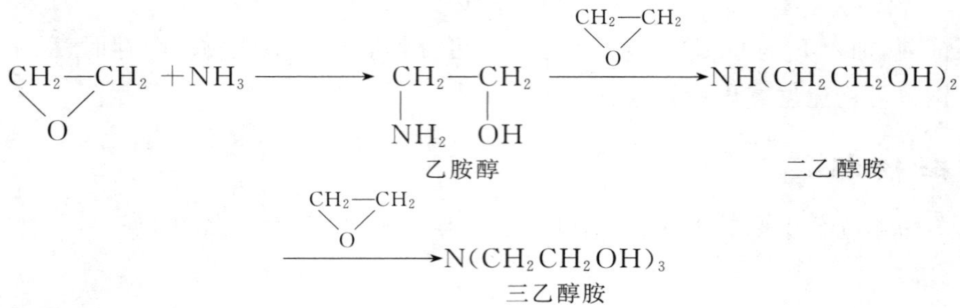

 查一查

利用互联网查一查,三种乙醇胺的性质及其应用。

（3）与格氏试剂反应

环氧乙烷与格氏试剂反应,可合成增加两个碳原子的伯醇。例如

$$\underset{\underset{O}{\diagdown\diagup}}{CH_2-CH_2} +RMgBr \xrightarrow{\text{绝对乙醚}} RCH_2CH_2OMgBr \xrightarrow[H^+]{H_2O} RCH_2CH_2OH$$

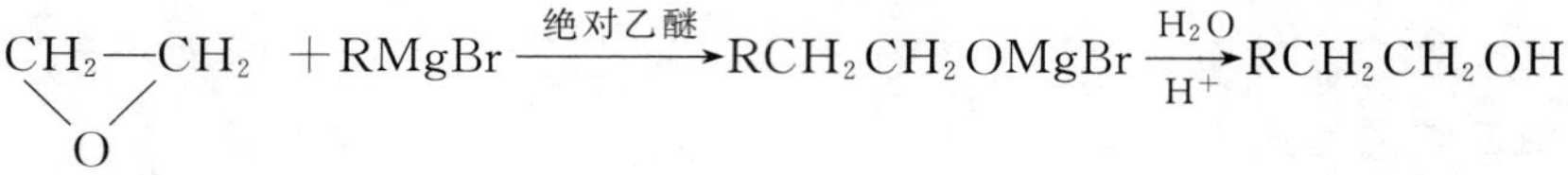

该反应在有机合成中用来增长碳链,是制备伯醇的一种方法。

 练一练

完成下列化学反应方程式。

（1）$\underset{\underset{O}{\diagdown\diagup}}{CH_2-CH_2}$ ＋HBr ⟶（　　　　　　　　　）

（2）$\underset{\underset{O}{\diagdown\diagup}}{CH_2-CH_2}$ ＋CH₃OH $\xrightarrow{H^+}$（　　　　　　　　　）

（3）$\underset{\underset{O}{\diagdown\diagup}}{CH_2-CH_2}$ ＋ ⬡—OH $\xrightarrow{H^+}$（　　　　　　　　　）

（4）$\underset{\underset{O}{\diagdown\diagup}}{CH_2-CH_2}$ ＋ ⬡—MgBr $\xrightarrow{\text{绝对乙醚}}$（　　）$\xrightarrow[H^+]{H_2O}$（　　　　）

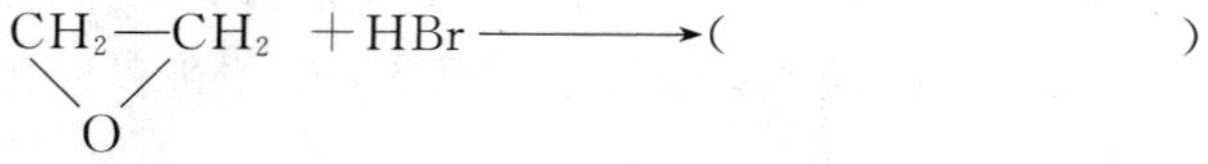

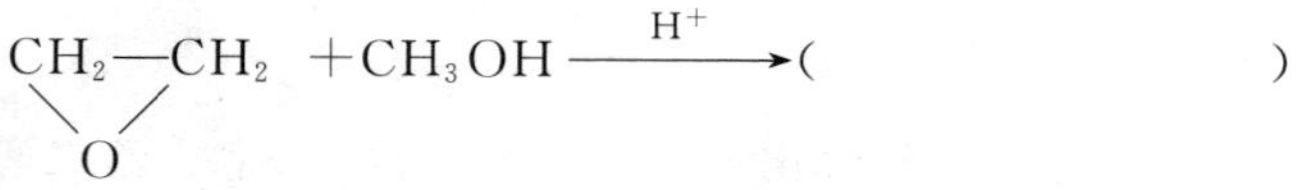

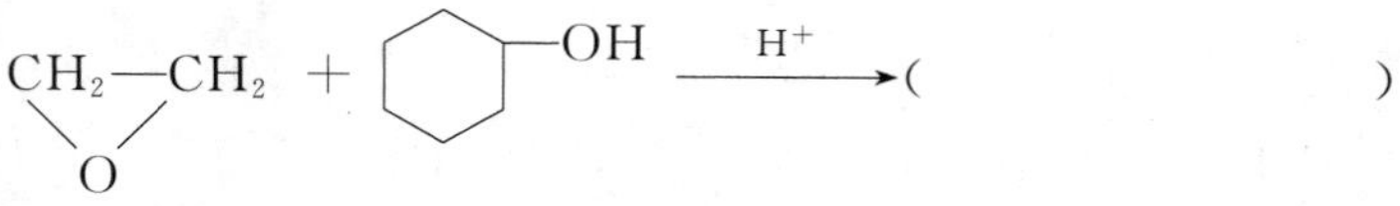

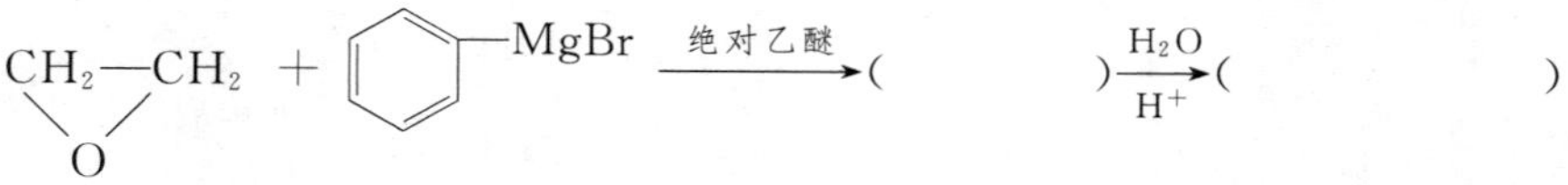

11.5　醛和酮

11.5.1　醛和酮的结构特征、分类和命名

【任务11-8】 用普通命名法命名下列醛和酮。

(1) $CH_3CH_2CH_2CHO$　(2) $CH_3-\underset{\underset{CH_3}{|}}{CH}-CHO$　(3) $CH_3-\overset{\overset{O}{\|}}{C}-CH_2CH_3$

(4) $CH_3CH_2-\overset{\overset{O}{\|}}{C}-CH_2CH_3$　　(5) $CH_3-\overset{\overset{O}{\|}}{C}-CH(CH_3)_2$

(6) $\overset{\overset{O}{\|}}{C}CH_2CH_3$（苯基）　　(7) $CH_3\overset{\overset{O}{\|}}{C}CH=CH_2$

(8) $\overset{\overset{O}{\|}}{C}$（二苯基）　　(9) 邻甲苯基$\overset{\overset{O}{\|}}{C}CH_2CH_3$

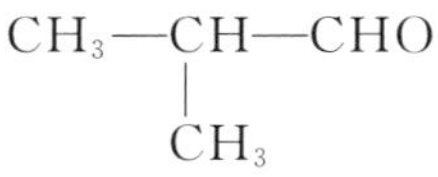

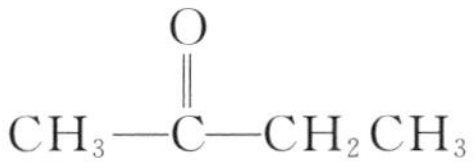

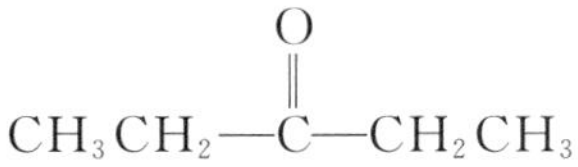

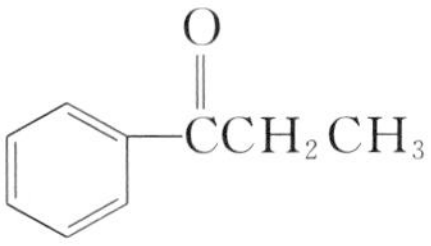

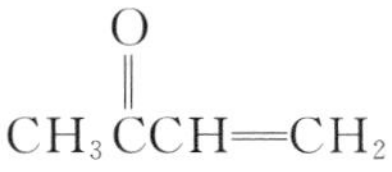

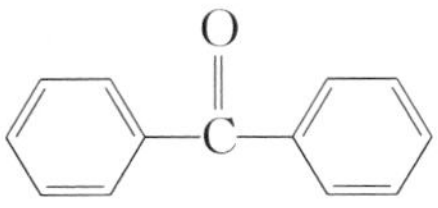

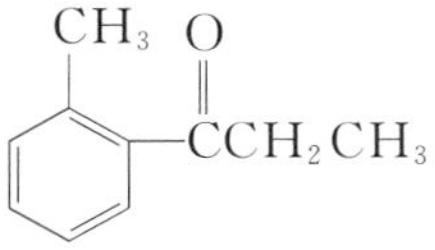

1. 醛和酮的结构特征

醛和酮分子中都含有羰基,羰基是它们的官能团,因此醛和酮统称羰基化合物。羰基碳的两端至少有一端与氢原子相连者称为醛,醛基是醛的官能团。羰基的两端都与烃基相连者,称为酮,酮分子中的羰基(又称酮基),是酮的官能团。分子式相同的醛和酮互为异构体(如丙醛和丙酮),属于官能团异构。

在羰基中,碳以 sp^2 杂化方式与氧原子形成碳氧双键。羰基是极性基团,在进攻试剂的影响下,碳氧双键中的 π 键可以断裂,发生加成反应。受羰基影响,α-H 也有一定活性。因此,醛比酮的化学活泼性强,羰基易发生反应的部位如下:

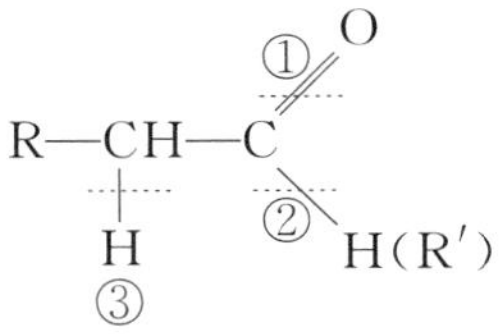

$$R-\underset{\underset{③}{\underset{|}{H}}}{CH}-\overset{①}{\underset{②}{C}}\overset{O}{\underset{H(R')}{}}$$

①羰基的 π 键断裂,发生加成反应或还原反应;
②醛基的 C—H 键断裂,发生氧化反应;
③α-H 键断裂,发生卤代反应或羟醛缩合反应。

2. 醛和酮的分类

(1)按烃基结构分类　分为脂肪族醛(酮)、脂环族醛(酮)、芳香族醛(酮)。其中,前两种又包含饱和醛(酮)和不饱和醛(酮)。酮分子中的两个烃基相同,称为单酮;不同的,称为混酮。

(2)按羰基数分类　分为一元醛(酮)、二元醛(酮)和多元醛(酮)。

3. 醛和酮的命名

(1)普通命名法　醛的普通命名与醇的普通命名相似,只是将"醇"字改为"醛"字。酮的普通命名是将所连两个烃基名称(烃基的"基"字可略)后面加上"酮"字,混酮按"次序规则",较优烃基后写出,芳酮要先写芳基。

【任务 11-8 解答】

(1)正丁醛　(2)异丁醛　(3)甲基乙基酮(甲乙酮)
(4)二乙基酮(二乙酮)　(5)甲基异丙基酮(甲异丙酮)　(6)苯基乙基酮
(7)甲基乙烯基酮(甲乙烯酮)　(8)二苯基酮(二苯酮)　(9)邻甲苯基乙基酮

(2)系统命名法　选择含有羰基的最长碳链为主链,从靠近羰基的一端编号,根据主链碳原子数,称为某醛、某酮。在母体名称之前依次写出取代基的位置及名称,醛基处在第一位,位置可省略,酮羰基位置通常需注明。

$CH_3CH_2CH_2CHO$

丁醛

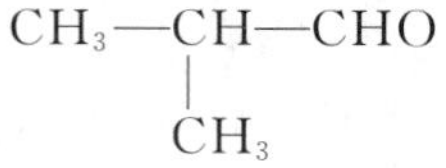

2-甲基丙醛

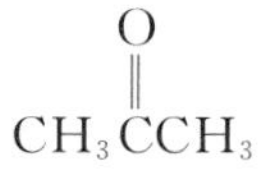

丙酮

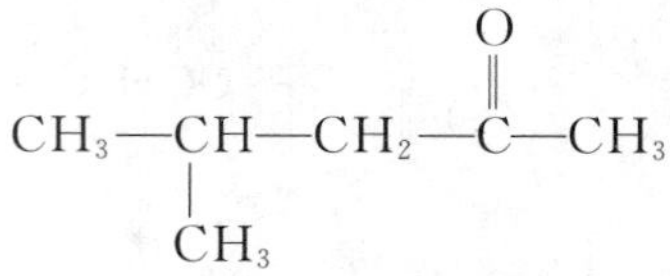

4-甲基-2-戊酮

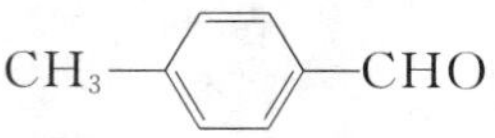

对甲苯甲醛

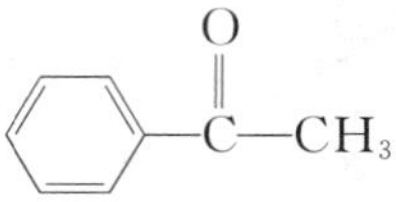

苯乙酮

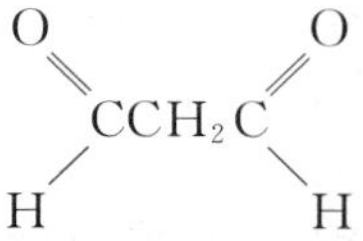

丙二醛

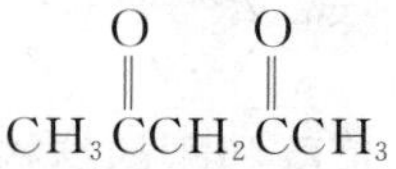

2,4-戊二酮

不饱和醛、酮选含羰基与不饱和键的最长碳链(等长时,选含取代基最多的)为主链;编号时,使羰基位次最小(若酮羰基位次相同,则使不饱和键位次最小)。

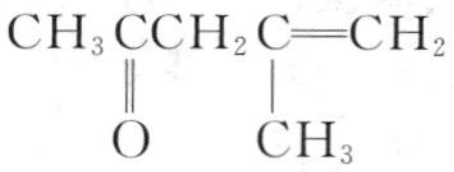

4-甲基-4-戊烯-2-酮

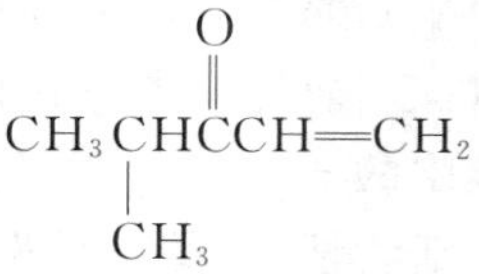

4-甲基-1-戊烯-3-酮

练一练

命名下列化合物。

(1) 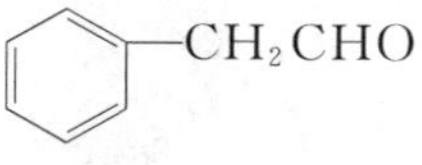　(2) 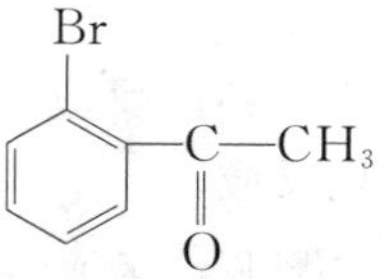　(3) 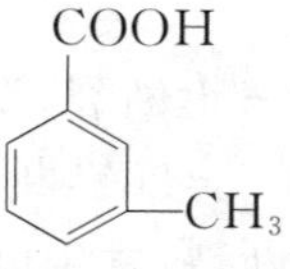

主链碳原子位次除用阿拉伯数字表示外,还常用希腊字母表示。与羰基直接相连的碳原子为 α-碳原子,其余依次为 β、γ、δ……,酮分子中有 2 个 α-碳原子时,可分别用 α、α' 表示,其余依次为 β、β'。例如

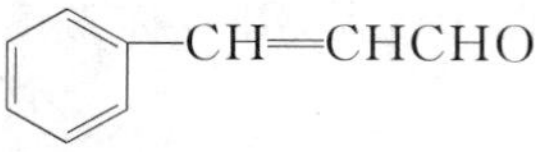

3-苯基丙烯醛
β-苯基丙烯醛

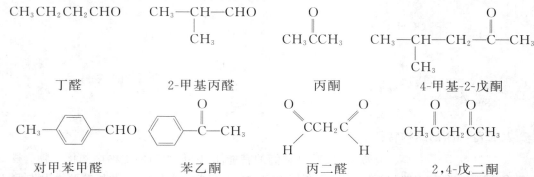

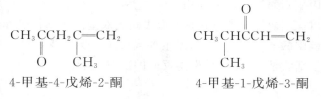

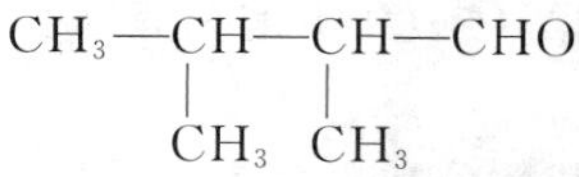

2,3-二甲基丁醛
α,β-二甲基丁醛

知识拓展

有些醛还有俗名，它们是由相应酸的名称而来。例如

HCHO	$CH_3CH{=}CHCHO$	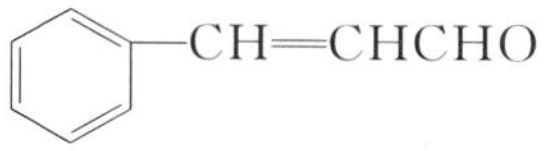
甲醛（蚁醛）	2-丁烯醛（巴豆醛）	3-苯基丙烯醛（肉桂醛）

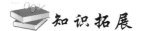

11.5.2　醛和酮的物理性质

室温下，除甲醛是气体外，C_{12} 以下的各种醛、酮都是无色液体，高级醛、酮和芳香酮为固体。低级醛具有刺激性气味，中级醛（如 $C_8 \sim C_{13}$）有水果香味。酮类和一些芳香醛一般都带有芳香味。因而某些醛、酮常用于香料工业。

醛、酮的沸点比相对分子质量相近的烃和醚高很多，但比醇低。低级醛、酮能溶于水，甲醛、乙醛、丙酮能与水混溶。这是由于醛、酮的羰基能与水形成氢键的缘故。

醛、酮在水中的溶解度，随着碳原子数的增加而递减。醛和酮易溶于乙醇、乙醚等有机溶剂，丙酮本身就是常用的优良溶剂。一些常见醛和酮物理常数见表 11-5。

表 11-5　　一些常见醛和酮的物理常数

名称	熔点/ ℃	沸点/ ℃	溶解度/g·(100 g H_2O)$^{-1}$
甲醛	−92	−21	易溶水
乙醛	−121	20	∞
丙醛	−81	49	16
正丁醛	−99	76	7
正戊醛	−91	103	微溶
苯甲醛	−26	178	0.3
丙酮	−94	56	∞
丁酮	−86	80	26
2-戊酮	−78	102	6.3
3-戊酮	−41	101	5
2,4-戊二酮	−23	127	2.0
环己酮	−45	157	2
苯乙酮	21	202	微溶
二苯甲酮	48	306	难溶

11.5.3　醛和酮的化学性质

1. 羰基的加成反应

(1)加氢氰酸　在微碱性条件下，醛和脂肪族甲基酮生或 α-羟基腈，又称氰醇。例如

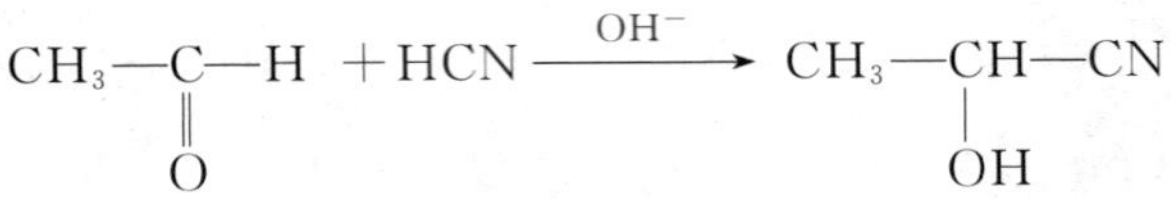

$$CH_3-\overset{\displaystyle O}{\underset{\displaystyle \parallel}{C}}-H \ +HCN \xrightarrow{OH^-} CH_3-\overset{\displaystyle }{\underset{\displaystyle OH}{CH}}-CN$$

2-羟基丙腈

$$CH_3-\overset{\displaystyle O}{\underset{\displaystyle \parallel}{C}}-CH_3 \ +HCN \xrightarrow{OH^-} CH_3-\overset{\displaystyle CH_3}{\underset{\displaystyle OH}{\overset{\displaystyle |}{\underset{\displaystyle |}{C}}}}-CN$$

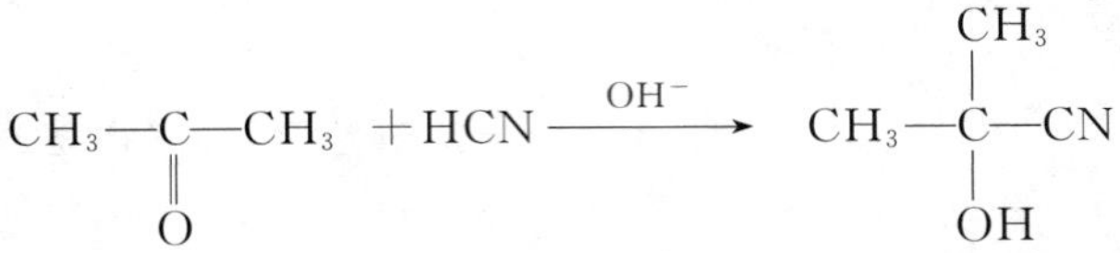

2-甲基-2-羟基丙腈

产物比原来的醛、酮增加了一个碳原子,是有机合成增长碳链的方法之一。例如

$$CH_3-\overset{\displaystyle CH_3}{\underset{\displaystyle OH}{\overset{\displaystyle |}{\underset{\displaystyle |}{C}}}}-CN \xrightarrow[\text{水解}]{\text{稀 HCl}} CH_3-\overset{\displaystyle CH_3}{\underset{\displaystyle OH}{\overset{\displaystyle |}{\underset{\displaystyle |}{C}}}}-COOH$$

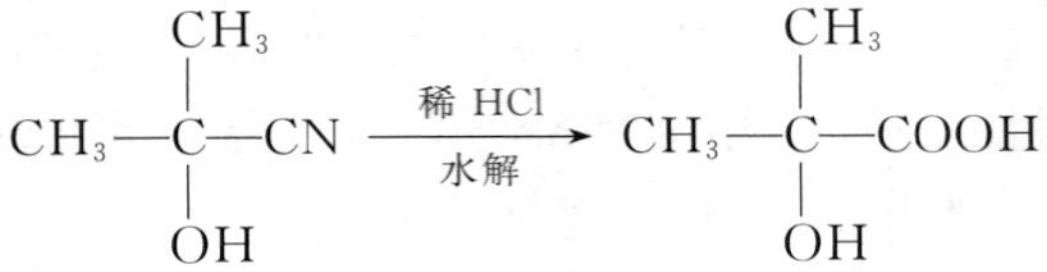

📚 知识拓展

2-甲基-2-羟基丙腈是有机玻璃单体 α-甲基丙烯酸甲酯的中间体。

$$CH_3-\overset{\displaystyle CH_3}{\underset{\displaystyle OH}{\overset{\displaystyle |}{\underset{\displaystyle |}{C}}}}-CN \xrightarrow[\triangle]{H_2SO_4,CH_3OH} CH_2{=}\overset{\displaystyle CH_3}{\overset{\displaystyle |}{C}}COOCH_3 \xrightarrow{\text{聚合}} {\left[CH_2-\overset{\displaystyle CH_3}{\underset{\displaystyle CCOOCH_3}{\overset{\displaystyle |}{\underset{\displaystyle |}{C}}}}\right]}_n$$

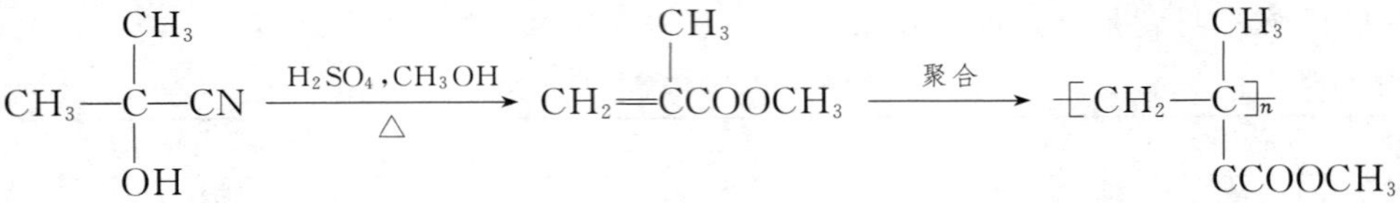

α-甲基丙烯酸甲酯　　　　　　有机玻璃

(2)加亚硫酸氢钠　醛、脂肪族甲基酮和 C_8 以下的环酮能与饱和亚硫酸氢钠溶液(40%)发生加成反应,生成 α-羟基磺酸钠白色晶体从溶液中析出。

$$\overset{\displaystyle R}{\underset{\displaystyle CH_3(H)}{\overset{\displaystyle }{C}}}{=}O \ +NaHSO_3 \rightleftharpoons \overset{\displaystyle R \quad OH}{\underset{\displaystyle CH_3(H) \quad SO_3Na}{\overset{\displaystyle }{C}}} \qquad \downarrow$$

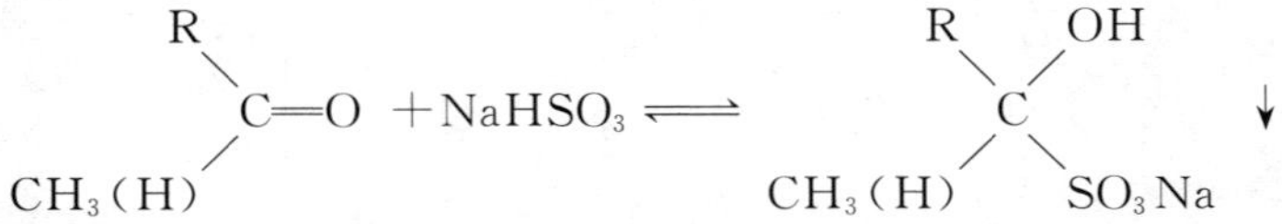

该性质用来鉴定醛、脂肪族甲基酮和 C_8 以下的环酮。其他酮空间位阻较大,难于发生上述反应。

在加成产物或其溶液中加入酸或碱,则产物分解,重新生成原来的醛和酮。该反应可用来分离上述醛和酮。

$$\overset{\displaystyle R \quad OH}{\underset{\displaystyle R'(H) \quad SO_3Na}{\overset{\displaystyle }{C}}} \rightleftharpoons \overset{\displaystyle R}{\underset{\displaystyle R'(H)}{\overset{\displaystyle }{C}}}{=}O \ + \begin{cases} \xrightarrow{\frac{1}{2}Na_2CO_3} Na_2SO_3 + \frac{1}{2}CO_2\uparrow + \frac{1}{2}H_2O \\ NaHSO_3 \\ \xrightarrow{HCl} NaCl + SO_2\uparrow + H_2O \end{cases}$$

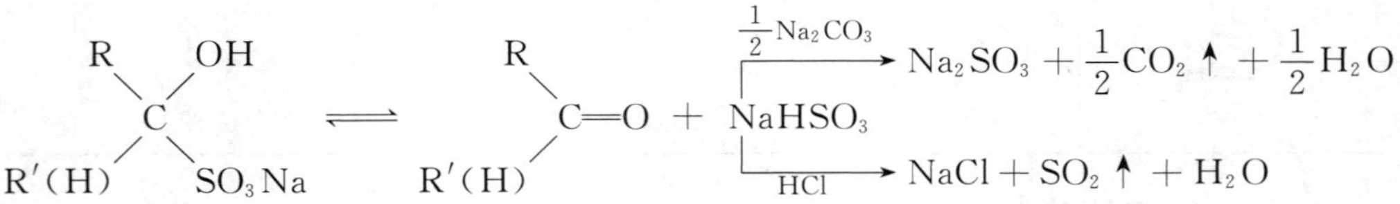

🔧 练一练

试用化学方法分离 2-戊酮、3-戊酮混合物。

(3)在干燥的氯化氢作用下,醛和无水醇发生加成反应,生成半缩醛,半缩醛不稳定,在酸的催化作用下,继续与醇作用,失去一分子水,生成缩醛。

$$RCHO \underset{干\ HCl}{\overset{CH_3CH_2OH}{\rightleftharpoons}} \underset{\underset{OH}{|}}{RCHOCH_2CH_3} \underset{干\ HCl}{\overset{CH_3CH_2OH}{\rightleftharpoons}} \underset{\underset{OCH_2CH_3}{|}}{RCHOCH_2CH_3}$$

半缩醛 缩醛

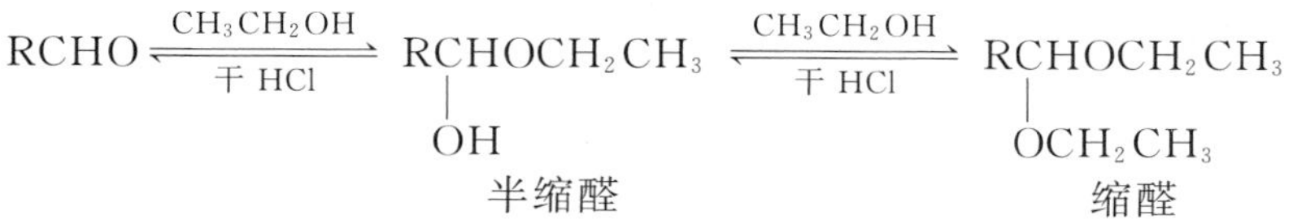

缩醛为同碳二醚,对碱、氧化剂和还原剂都比较稳定。但在酸性溶液中易水解为原来的醛。在有机合成中,常用生成缩醛的措施来"保护"较活泼的醛基,使醛基不被破坏,待反应结束后,再用稀酸水解为原来的醛。例如:

$$CH_2{=}CHCHO \underset{干\ HCl}{\overset{2ROH}{\rightleftharpoons}} \underset{\underset{OR}{|}}{CH_2{=}CHCHOR} \overset{H_2\ Ni}{\underset{\triangle}{\longrightarrow}} \underset{\underset{OR}{|}}{CH_2CH_2CHOR} \overset{稀\ HCl}{\underset{\triangle}{\longrightarrow}} CH_2CH_2CHO$$

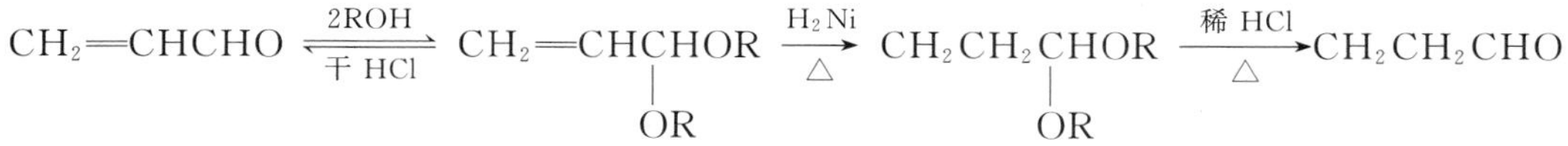

(4)与格氏试剂的加成

【任务 11-9】 选用合适格氏试剂合成下列三种醇。

(1) —CH$_2$CH$_2$OH (2) $\underset{\underset{OH}{|}}{CH_3CHCH_3}$ (3) $\underset{\underset{OH}{|}}{CH_3\overset{\overset{CH_3}{|}}{C}CH_3}$

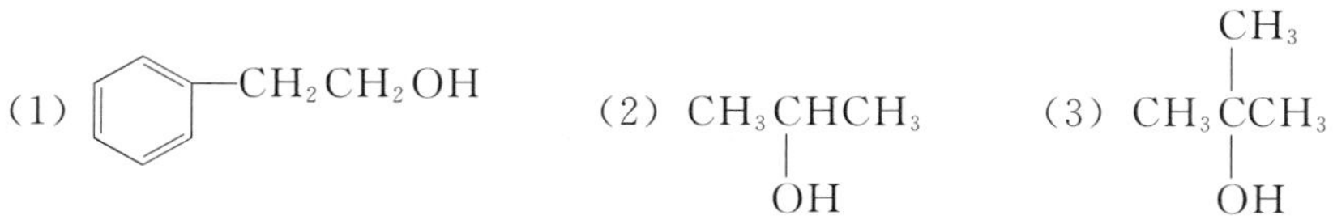

醛、酮均能与格氏试剂发生加成反应,产物水解后得到醇。

$$\underset{醛或酮}{\diagdown\!\!C{=}O} + R{-}MgX \overset{绝对乙醚}{\longrightarrow} \underset{\underset{OMgX}{|}}{{-}\overset{|}{C}{-}R} \overset{H_2O}{\underset{H^+}{\longrightarrow}} \underset{\underset{OH}{|}\ 醇}{{-}\overset{|}{C}{-}R}$$

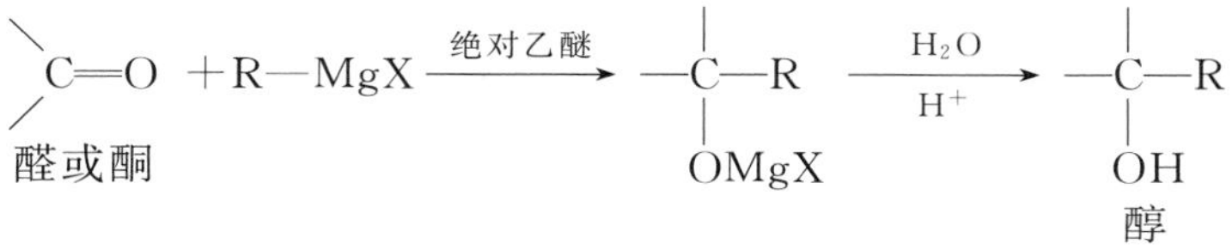

这也是一种增碳反应,增加的碳原子数随格氏试剂中烃基碳原子数而定。格氏试剂与甲醛反应,产物水解后可以制得伯醇;其他醛则制得仲醇;与酮反应,产物水解后,制得叔醇。

【任务 11-9 解答】

（1） HCHO + —CH$_2$MgBr $\overset{绝对乙醚}{\longrightarrow}$ —CH$_2$CH$_2$OMgBr $\overset{H_2O}{\underset{H^+}{\longrightarrow}}$

—CH$_2$CH$_2$OH

(2) CH$_3$CHO + CH$_3$MgBr $\overset{绝对乙醚}{\longrightarrow}$ $\underset{\underset{OMgBr}{|}}{CH_3CHCH_3}$ $\overset{H_2O}{\underset{H^+}{\longrightarrow}}$ $\underset{\underset{OH}{|}}{CH_3CHCH_3}$

(3) $\underset{\underset{O}{\|}}{CH_3CCH_3}$ + CH$_3$MgBr $\overset{绝对乙醚}{\longrightarrow}$ $\underset{\underset{OMgBr}{|}}{CH_3\overset{\overset{CH_3}{|}}{C}CH_3}$ $\overset{H_2O}{\underset{H^+}{\longrightarrow}}$ $\underset{\underset{OH}{|}}{CH_3\overset{\overset{CH_3}{|}}{C}CH_3}$

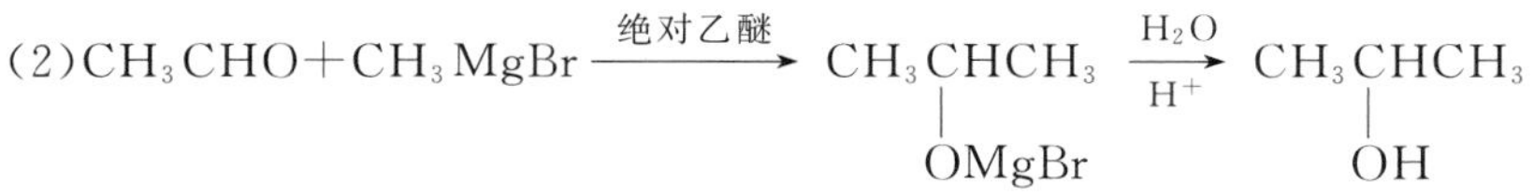

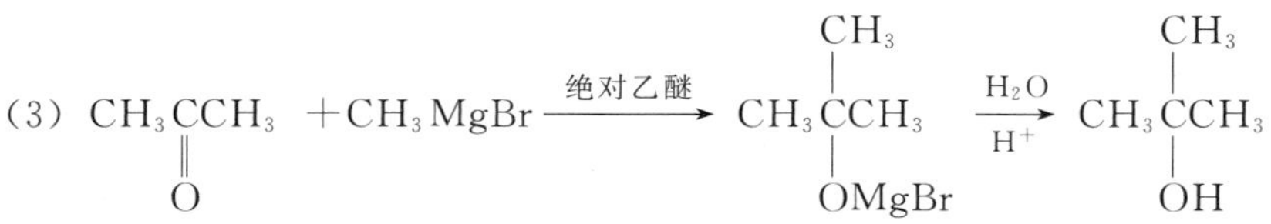

 练一练

试用三种方法合成 3-甲基-3-己醇。

2. 与氨的衍生物反应

醛酮与氨的衍生物,如羟氨($NH_2—OH$)、肼($NH_2—NH_2$)、苯肼(—$NH—NH_2$)等发生缩合反应,产物分子间脱水可得含有碳氮双键的化合物。例如

2,4-二硝基苯肼   2,4-二硝基苯腙(黄色晶体)

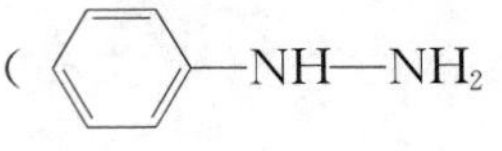

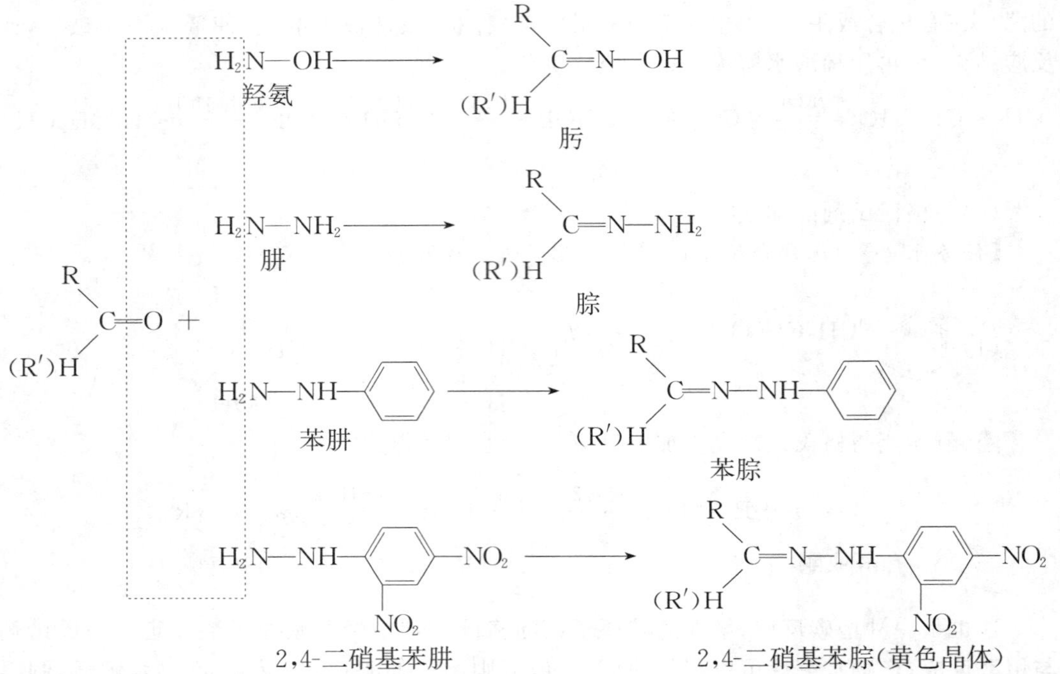

产物都是具有一定熔点的晶体,故可用于醛和酮的鉴定。其中,2,4-二硝基苯肼最常用。在室温下,将醛和酮加到 2,4-二硝基苯肼溶液中,立即生成 2,4-二硝基苯腙黄色结晶,根据沉淀的熔点,可确定反应物是何种醛和酮。

肟、苯腙和 2,4-二硝基苯腙在稀酸水溶液中,水解生成原来的醛和酮,可利用此反应分离和精制醛和酮。

??? 想一想

甲醇试剂中含有少量乙醛、丙酮,如何用化学方法除杂?

练一练

完成下列反应方程式。

(1) O + H_2NOH ⟶(   )

(2) CH_3CH_2CHO + $H_2N—NH$— ⟶(   )

(3) —CHO + $H_2N—NH$— —NO_2 ⟶(   )

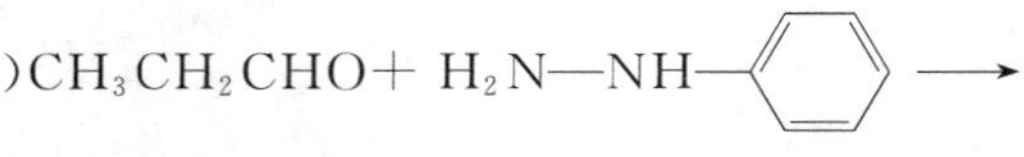

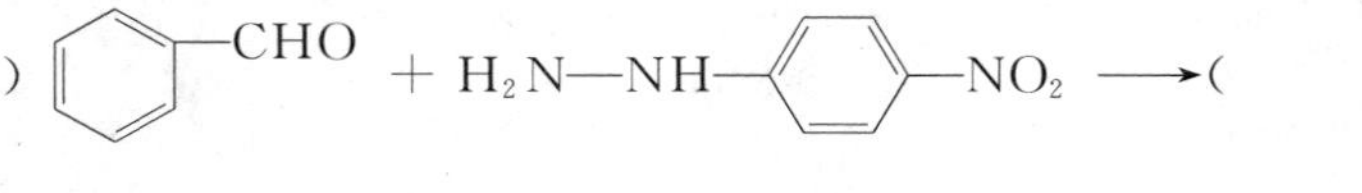

3. α-氢的反应

（1）卤仿反应　醛、酮分子中的 α-氢原子容易被卤素取代，生成 α-卤代醛、酮。

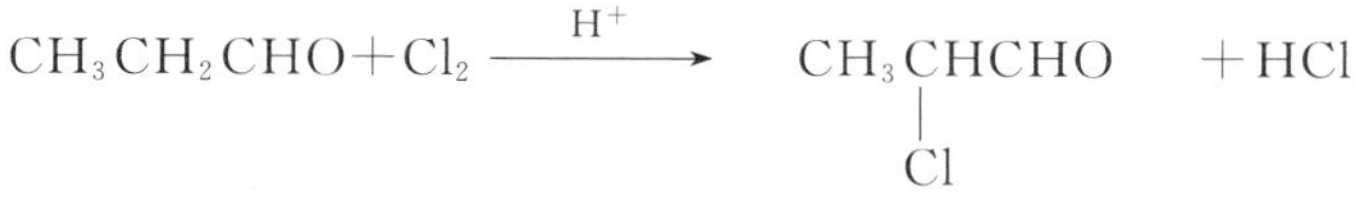

$$CH_3CH_2CHO + Cl_2 \xrightarrow{H^+} CH_3\underset{\underset{Cl}{|}}{CH}CHO + HCl$$

2-氯丙醛（α-氯丙醛）

$$CH_3\underset{\underset{O}{\|}}{C}CH_3 + Br_2 \xrightarrow{H^+} CH_3\underset{\underset{O}{\|}}{C}CH_2Br + HBr$$

1-溴丙酮（α-溴丙酮）

乙醛和甲基酮与次卤酸钠（NaOX）或卤素的碱溶液（X_2＋NaOH）作用时，生成 α-三卤代物。例如：

$$CH_3\underset{\underset{(X_2+NaOH)}{}}{\overset{\overset{O}{\|}}{C}}H(R) + 3NaOX \longrightarrow CHX_3 + (R)H\overset{\overset{O}{\|}}{C}ONa + 2NaOH$$

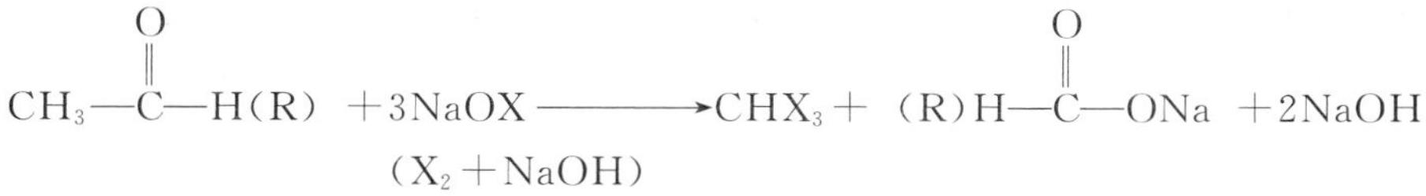

三卤甲烷俗名卤仿，这类反应总称为卤仿反应。碘仿是黄色晶体，易于观察，所以碘仿反应常用来鉴定乙醛和甲基酮。

由于次碘酸钠能将伯醇、仲醇氧化为醛或酮，因此乙醇和具有 $CH_3\underset{\underset{OH}{|}}{CH}-$ 构造的仲醇也可用碘仿反应进行鉴别。

卤仿反应还可用于制备其他方法不易得到的羧酸。例如：

$$(CH_3)_3C\underset{\underset{O}{\|}}{C}CH_3 \xrightarrow[(2)H^+]{(1)Cl_2,NaOH} (CH_3)_2C=CH\underset{\underset{O}{\|}}{C}OH$$

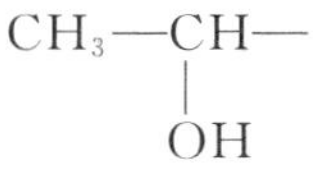

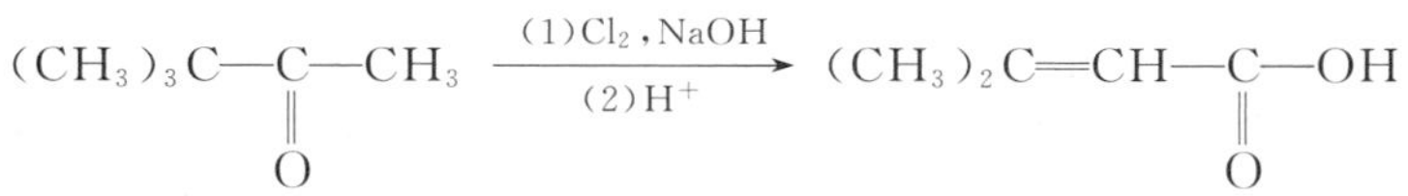

得产物比母体少一个碳原子，这是有机合成中的一种减碳反应。

 练一练

试用化学方法鉴别下列各组有机化合物。

（1）乙醛、丁醛；（2）3-戊酮、2-戊酮。

（2）羟醛缩合反应　在稀碱的作用下，两分子含有 α-氢原子的醛可以相互加成，生成 β-羟基醛，这种反应称为羟醛缩合。

$$CH_3CHO + CH_3CHO \xrightarrow{稀碱} CH_3\underset{\underset{OH}{|}}{CH}CH_2CHO$$

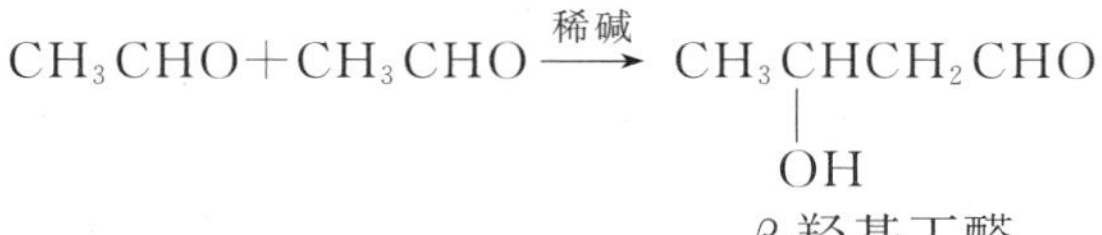

β-羟基丁醛

通过羟醛缩合可以合成比原料醛多一倍碳原子的醛醇。例如，β-羟基丁醛的 α-氢原子受 β-碳原子的羟基影响，非常活泼，极易脱水生成 α、β-不饱和醛。

$$CH_3\underset{\underset{OH}{|}}{CH}CH_2CHO \xrightarrow[\triangle]{-H_2O} CH_3CH=CHCHO$$

2-丁烯醛

知识拓展

2-丁烯醛俗称为巴豆醛,是重要的有机合成原料。例如,催化加氢可以生成正丁醇,这是工业制备方法。

$$CH_3CH=CHCHO + 2H_2 \xrightarrow[\triangle]{Ni} CH_3CH_2CH_2CH_2OH$$

4. 氧化反应

【任务 11-10】 用化学方法鉴别甲醛水溶液、乙醛、丙醛和苯甲醛

(1)**托伦试剂氧化醛** 醛易氧化,即使氧化能力弱的托伦(Tollens)试剂和斐林(Fehling)试剂也能将醛氧化成羧酸,而酮则不能。因此可以应用氧化性区别醛和酮。

托伦试剂为硝酸银加过量氨水形成的溶液,简称银氨溶液。反应中,$[Ag(NH_3)_2]^+$被还原生成 Ag,可附着在干净的器壁上形成银镜,故称银镜反应。工业制镜过程就是应用该反应原理。

$$RCHO + 2[Ag(NH_3)_2]^+ + 2OH^- \xrightarrow{\triangle} RCOONH_4 + 2Ag\downarrow + H_2O + 3NH_3$$

(2)**斐林试剂氧化醛** 斐林试剂是由硫酸铜溶液与酒石酸钾钠的碱溶液等体积混合而成的蓝色溶液。使用前分开存放。其中,酒石酸钾钠的作用是与 Cu^{2+} 形成配离子,以避免生成氢氧化铜沉淀。具有氧化作用的 Cu^{2+} 配离子氧化醛基为羧基,自身被还原成砖红色的 Cu_2O 沉淀。

$$RCHO + 2Cu^{2+} + OH^- + H_2O \xrightarrow{\triangle} RCOO^- + Cu_2O\downarrow + 4H^+$$

芳香醛和酮不与斐林试剂反应。所以,用托伦试剂或斐林试剂既可用来鉴别酮和脂肪醛,又可以区别脂肪醛和芳香醛。

甲醛的还原性较强,生成的 Cu_2O 可进一步还原为单质铜,呈暗红色粉末或铜镜。可用于鉴别甲醛与其他醛。

【任务 11-10 解答】

	甲醛水溶液	乙醛	丙醛	苯甲醛
斐林试剂	铜镜	↓（砖红）	↓（砖红）	—
I_2,NaOH 溶液		↓（黄）	—	

托伦试剂或斐林试剂都不能氧化醛分子中的 C=C 键和 C≡C 键以及 β 位或更远的羟基,因此是良好的选择性氧化剂。例如

$$CH_3CH=CHCHO \xrightarrow{\text{托伦试剂或斐林试剂}} CH_3CH=CHCOOH$$

$$HOCH_2CH_2CHO \xrightarrow{\text{托伦试剂或斐林试剂}} HOCH_2CH_2COOH$$

酮不易被氧化,但在强氧化条件环己酮氧化得到己二酸。

$$\text{〈六元环〉}=O \xrightarrow{\text{浓 } HNO_3} \begin{array}{l} CH_2CH_2COOH \\ | \\ CH_2CH_2COOH \end{array}$$

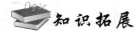

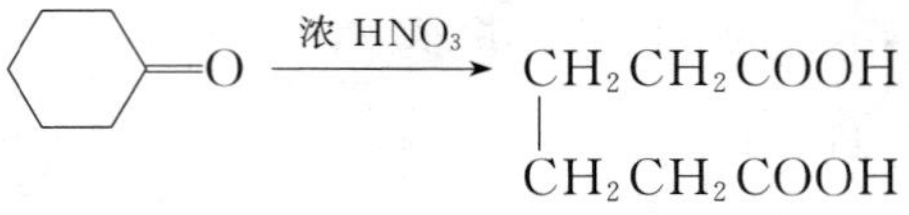

己二酸

练一练

试用化学方法鉴别下列各组有机化合物。

(1)丙醇、丙醛和丙酮 (2)苯乙酮和苯乙醛。

5. 还原反应

(1)还原成醇 醛、酮在催化剂的作用下可以还原成醇。例如

$$
\underset{R'(H)}{\overset{R}{C}}{=}O \xrightarrow[\text{Ni}]{H_2} \underset{R'(H)}{\overset{R}{C}}H{-}OH
$$

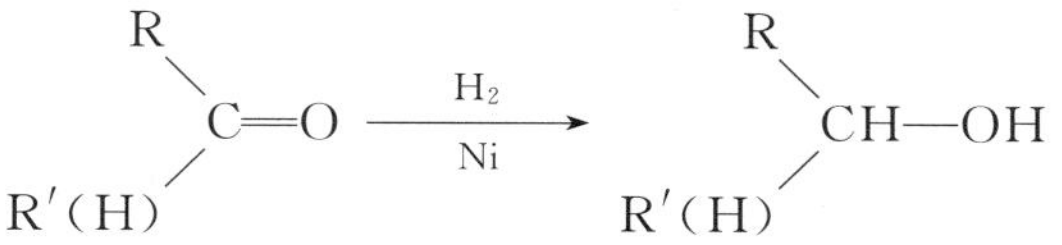

若使用氢化铝锂($LiAlH_4$)、氢硼化钠($NaBH_4$)及异丙醇铝等选择性还原剂,可以只还原羰基,而保留碳碳不饱和键。

$$
CH_3CH{=}CHCHO \xrightarrow[\text{②}H_2O/H^+]{\text{①}NaBH_4} CH_3CH{=}CHCH_2OH
$$
$$
\text{2-丁烯醇}
$$

上述催化剂中 $LiAlH_4$ 的还原能力最强,甚至能还原—COOH、—COOR、—CONH$_2$ 等基团。

(2)还原成亚甲基 用锌汞齐(Zn-Hg)和浓盐酸作还原剂,可将醛、酮的羰基直接还原成亚甲基(—CH$_2$—),此种方法为克莱门森(Clemmensen)还原法。如

$$
\underset{}{\overset{O}{CH_3{-}C{-}CH_2{-}CH_3}} \xrightarrow[\text{HCl}]{\text{Zn-Hg}} CH_3CH_2CH_2CH_3
$$

$$
\text{Ph}{-}\overset{O}{C}{-}CH_3 \xrightarrow[\text{HCl}]{\text{Zn-Hg}} \text{Ph}{-}CH_2CH_3
$$

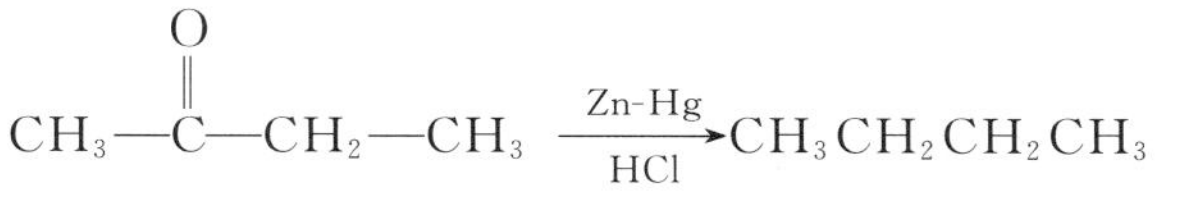

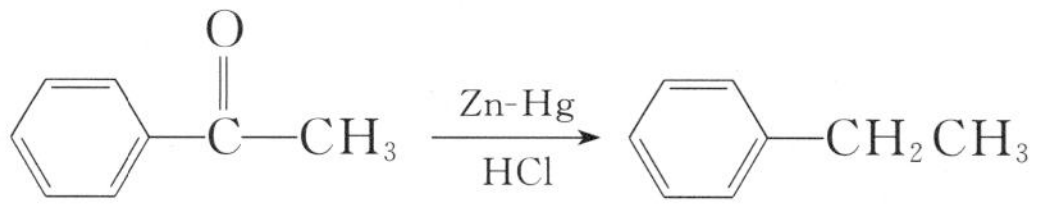

将醛或酮与 NaOH、肼(NH$_2$—NH$_2$)的水溶液在高沸点溶剂(如一缩乙二醇 HOCH$_2$CH$_2$OCH$_2$CH$_2$OH)中共热,羰基可被还原成亚甲基,这个方法称为乌尔夫-凯惜纳-黄鸣龙(Wolff-Kishner-Huangminglong)还原。对酸不稳定而对碱稳定的羰基化合物可以用此法还原。例如

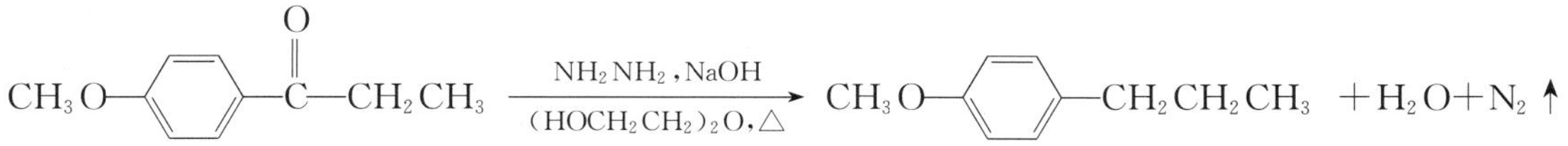

$$
CH_3O{-}\text{Ph}{-}\overset{O}{C}{-}CH_2CH_3 \xrightarrow[\text{(HOCH}_2\text{CH}_2)_2\text{O},\triangle]{\text{NH}_2\text{NH}_2,\text{NaOH}} CH_3O{-}\text{Ph}{-}CH_2CH_2CH_3 +H_2O+N_2\uparrow
$$

6. 歧化反应

不含 α 氢的醛与浓碱共热,一分子醛被氧化成羧酸(盐),一分子醛被还原成醇的反应,称为歧化反应,又称坎尼扎罗(Cannizzaro)反应。例如

$$
2HCHO \xrightarrow[\triangle]{\text{浓 NaOH}} HCOONa+CH_3OH
$$

$$
2\,\text{Ph}{-}CHO \xrightarrow[\triangle]{\text{浓 NaOH}} \text{Ph}{-}COONa + \text{Ph}{-}CH_2OH
$$

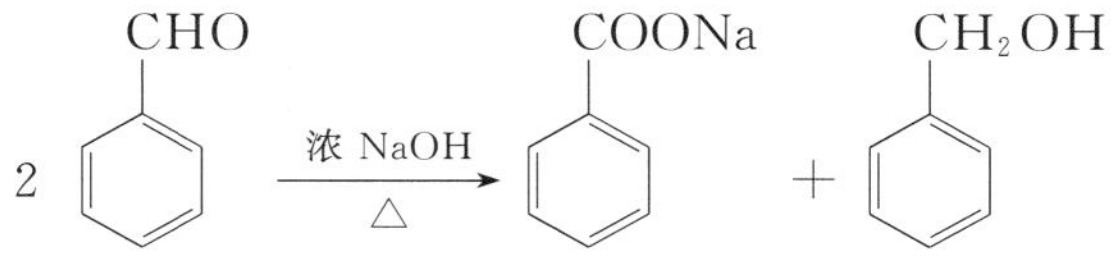

甲醛与其他不含 α-氢的醛作用，通常是还原性较强的甲醛被氧化成甲酸(盐)。例如

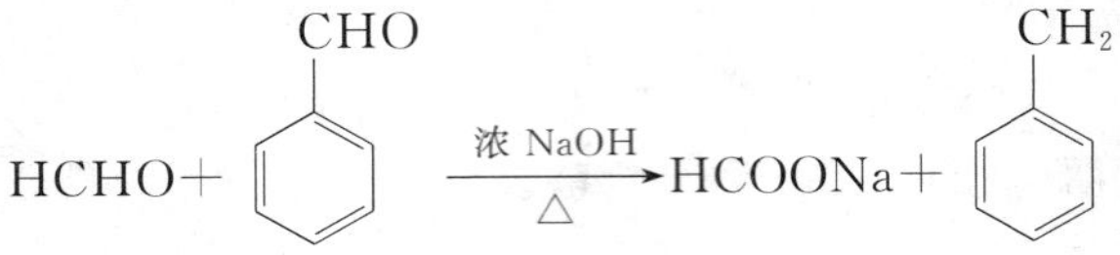

知识拓展

甲醛俗称蚁醛是一种重要的化工原料，其衍生物已达上百种。由于其分子中具有碳氧双键，因此易进行聚合和加成反应，形成各种高附加值的产品。

甲醛的沸点为 −21 ℃，常温下为无色气体，具有强烈的刺激性气味，易溶于水。37%～40%的甲醛水溶液(含稳定剂甲醇 6%～12%)俗称“福尔马林”，它是医药上常用的消毒剂和防腐剂。甲醛蒸气和空气混合物的爆炸极限为(体积分数)7%～73%。

查一查

利用互联网查一查，乙醛、苯甲醛、丙酮及环己酮的制备及其应用。

11.6 羧酸

11.6.1 羧酸的结构、分类和命名

1. 羧酸的结构

羧酸是含有羧基(—COOH)的含氧有机化合物，有机酸就是这类化合物。

羧基碳原子采取 sp^2 杂化，分别与羰基的氧原子、羟基的氧原子和一个烃基的碳原子(或一个氢原子)形成 σ 键，羧基是平面结构，键角大约为 120°。羧基碳原子剩下一个 p 轨道与羰基氧原子的 p 轨道形成 π 键，羟基氧原子的一对未共用电子与 π 键形成 p-π 共轭体系(图 11-3)。

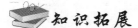

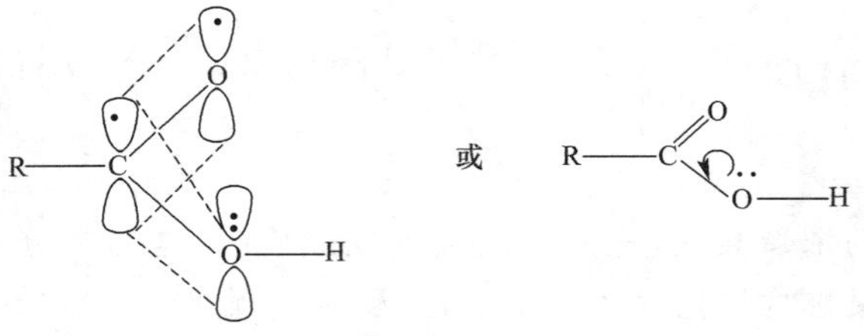

图 11-3 羧基的 π 电子云及结构示意图

p-π 共轭使键长趋于平均化，使氧原子周围的电子云密度降低，氧氢键成键电子云更靠近氧原子，从而增强了 O—H 键的极性，有利于氢原子离解而显示明显的酸性。羧基易发生反应的部位如下：

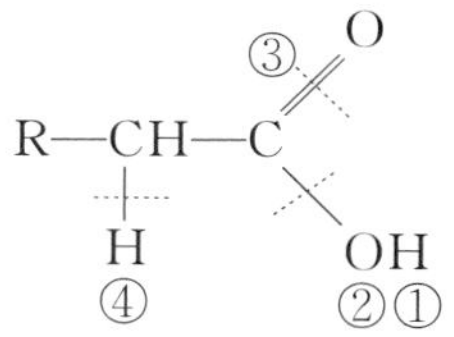

①羟基中氢原子的酸性和成盐反应；

②羟基被取代的反应；

③羰基的还原和脱羧反应；

④α-H 的取代反应。

2. 羧酸的分类

按照与羧基所连的烃基不同，羧酸可分为脂肪族羧酸和芳香族羧酸。脂肪族羧酸又可分为饱和羧酸、不饱和羧酸和脂环羧酸；按照分子中所含羧基数目可分为一元羧酸、二元羧酸和多元羧酸。

3. 羧酸的命名

(1)俗名　某些羧酸常根据其天然来源而命名，即为俗名。例如，甲酸来自蚂蚁，称为蚁酸；乙酸存在于食醋中，称为醋酸；丁酸存在于奶油中，称为酪酸；苯甲酸存在于安息香胶中，称为安息香酸；乙二酸又叫草酸，大部分植物和草中都含有草酸盐；丙二酸又称胡萝卜酸，邻羟基苯甲酸又称水杨酸等。

(2)系统命名法　羧酸的系统命名法与醛的命名相似。选择含有羧基的最长碳链作主链；若分子中含有重键，则选含有羧基和重键的最长碳链为主链，根据主链碳原子的数目称“某酸”或“某烯(炔)酸”；取代基的位次(可用阿拉伯数字或希腊字母 α、β、γ 标明)、数目、名称及不饱和键的位置要标明，写在“某酸”或“某烯(炔)酸”之前。例如

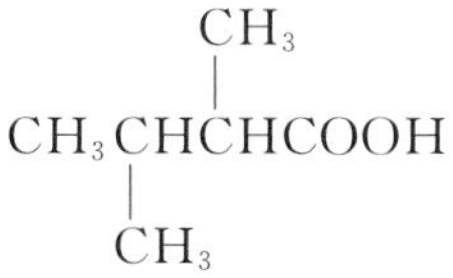

2,3-二甲基丁酸
(α、β-二甲基丁酸)

4-甲基-2-乙基戊酸
(γ-甲基-α-乙基戊酸)

$CH_2{=}CHCOOH$
丙烯酸

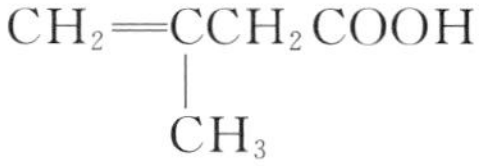

3-甲基-3-丁烯酸

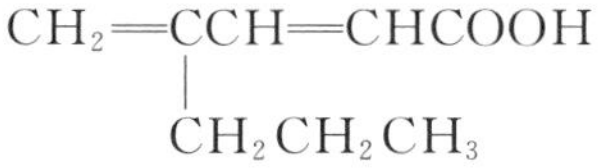

4-丙基-2,4-戊二烯酸

芳香酸一般以苯甲酸为母体，结构复杂的芳香酸则把芳环作为取代基来命名。例如

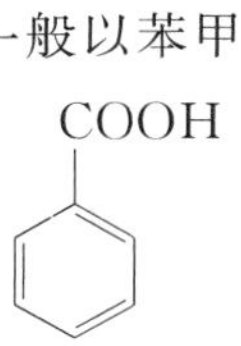

苯甲酸

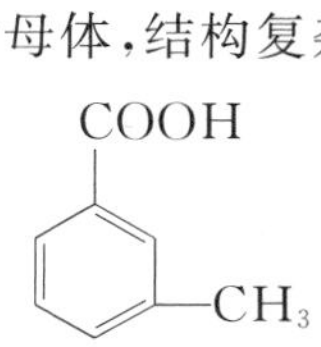

间甲基苯甲酸

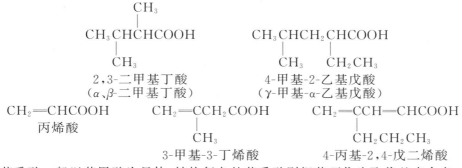

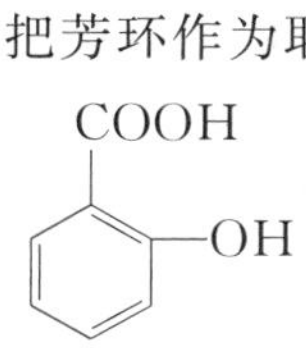

邻羟基苯甲酸(俗名：水杨酸)

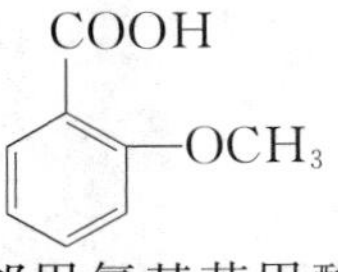

邻甲氧基苯甲酸

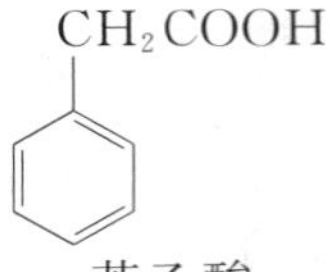

苯乙酸

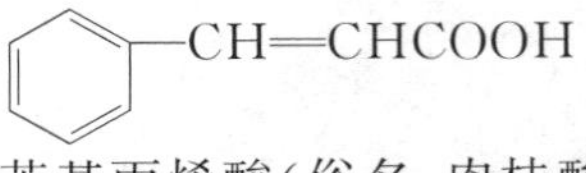

3-苯基丙烯酸(俗名:肉桂酸)

二元羧酸选择含有两个羧基的最长碳链为主链,称为“某二酸”,若为芳香族二元酸需注明两个羧基的位置。例如:

$HOOCCH_2CH_2CH_2CH_2COOH$

己二酸

2-甲基丁二酸

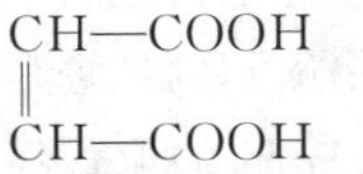

顺丁烯二酸(俗名:马来酸)

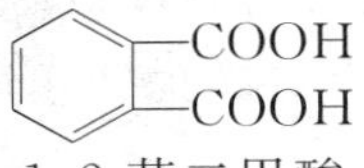

1,2-苯二甲酸
(邻苯二甲酸)

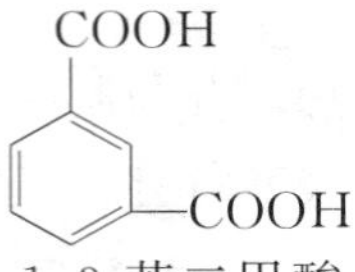

1,3-苯二甲酸
(间苯二甲酸)

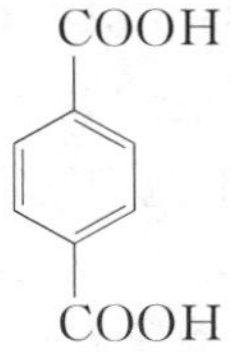

1,4-苯二甲酸
(对苯二甲酸)

一些基团的命名:

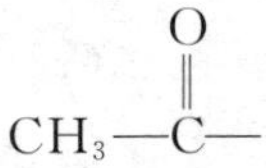

乙酰基

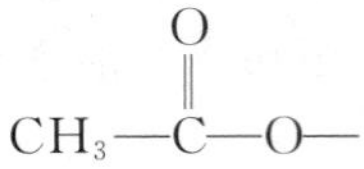

乙酰氧基

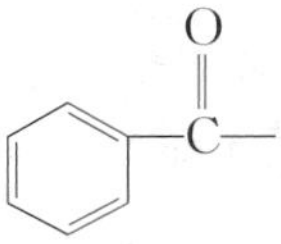

苯甲酰基

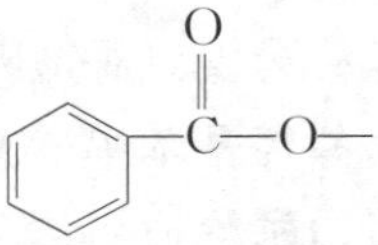

苯甲酰氧基

11.6.2 羧酸的物理性质

饱和一元羧酸中,$C_1\sim C_3$ 为具有强烈酸味的刺激性液体,$C_4\sim C_9$ 为具有腐败臭味的油状液体,C_{10}以上为蜡状固体。脂肪族二元羧酸及芳香羧酸均为结晶固体。脂肪族低级一元羧酸可与水混溶,随碳原子数增加溶解度降低,芳香酸水溶性极微。饱和一元羧酸沸点比相对分子质量相近的醇高,原因在于羧酸分子间能以两个氢键形成双分子缔合二聚体。

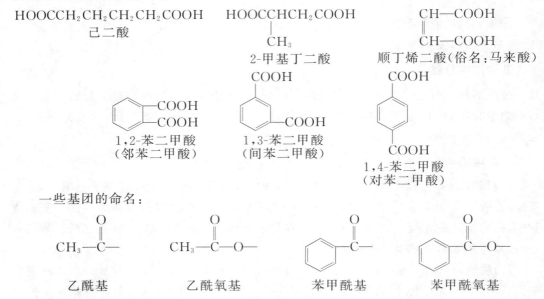

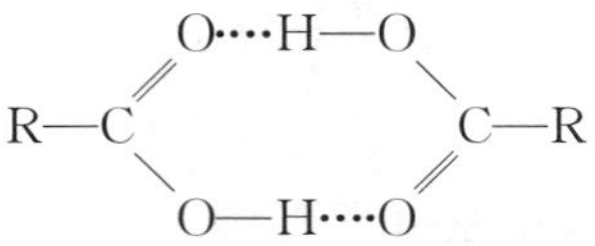

饱和一元羧酸的沸点和熔点变化总趋势都是随碳链增长而升高,但熔点变化的特点是呈锯齿状上升,即含偶数碳原子羧酸的熔点比前、后两个相邻的含奇数碳原子羧酸的熔点高。这是由于偶数碳羧酸具有较高的对称性,晶格排列更紧密,因而熔点较高。

芳香族羧酸一般可以升华,有些能随水蒸气挥发。利用这一特性可以从混合物中分离、提纯芳香酸。一些常见羧酸名称及物理常数见表 11-6。

表 11-6　　一些常见羧酸名称及物理常数

名称(俗名)	熔点/℃	沸点/℃	溶解度/g·(100 g H_2O)$^{-1}$	$pK_{a1}^{\ominus}$,$pK_{a2}^{\ominus}$
甲酸(蚁酸)	8.4	100.7	∞	3.77
乙酸(醋酸)	16.6	118	∞	4.76
丙酸(初油酸)	−21	141	∞	4.88
丁酸(酪酸)	−5	164	∞	4.82
戊酸(缬草酸)	−34	186	3.7	4.86
己酸(羊油酸)	−3	205	1.0	4.85
十二酸(月桂酸)	44	225	不溶	
十四酸(肉豆蔻酸)	54	251(13.3 kPa)	不溶	
十六酸(棕榈酸,软脂酸)	63	390	不溶	
十八酸(硬脂酸)	71.5	360(分解)	不溶	6.37
丙烯酸(败脂酸)	13	141.6	溶	4.26
乙二酸(草酸)	189.5	157(升华)	溶	1.23,4.19
丙二酸(胡萝卜酸)	135.6	140(分解)	易溶	2.83,5.69
丁二酸(琥珀酸)	185	235(分解)	6.8	4.19,5.45
顺丁烯二酸(马来酸)	130.5	130(分解)	78.8	1.83,6.07
反丁烯二酸(富马酸)	286～287	200(升华)	0.7	3.03,4.44
苯甲酸(安息香酸)	122.4	249	0.34	4.19
3-苯基丙烯酸(肉桂酸)	135	300	微溶于热水	4.43

11.6.3　羧酸的化学性质

1. 酸性

【任务 11-11】　用化学方法鉴别苯甲酸、苯甲醇和对甲苯酚。

羧酸在水溶液中能够解离出氢离子,呈明显弱酸性,能使湿润的蓝色石蕊试纸变红。

大多数脂肪族一元羧酸的 $pK_a^{\ominus}$ 值在 4～5 范围内。芳香酸及二元酸的酸性强于一元脂肪族羧酸。羧酸的酸性弱于强的无机酸而强于碳酸($pK_a^{\ominus}=6.38$)和一般的酚($pK_a^{\ominus}\approx 10$)。例如

$$RCOOH + NaOH \longrightarrow RCOONa + H_2O$$

$$RCOOH + NaHCO_3 \longrightarrow RCOONa + H_2O + CO_2 \uparrow$$

羧酸的碱金属盐具有一般无机盐的性质,不挥发,在水中能完全解离,加入无机强酸,又可以使羧酸重新游离出来。

$$RCOONa + HCl \longrightarrow RCOOH + NaCl$$

利用羧酸的酸性,可以分离羧酸与其他不具酸性的有机物,也可以用于羧酸的鉴别和精制。

【任务 11-11 解答】

	苯甲酸	苯甲醇	对甲苯酚
$NaHCO_3$ 溶液	溶解,↑	—	—
NaOH 溶液		不溶解	溶解

知识拓展

当羧酸的烃基上(特别是α-碳原子上)连有电负性大的基团时,其吸电子诱导效应使氢氧键的极性增强,促进解离,则酸性增大。基团数目愈多,距羧基愈近,羧酸的酸性愈强。例如

化合物	三氯乙酸	二氯乙酸	氯乙酸
$pK_a^{\ominus}$(25℃)	0.65	1.29	2.86

苯甲酸的酸性比甲酸弱,而比乙酸、丙酸和苯乙酸强。

化合物	甲酸	乙酸	丙酸	苯甲酸	苯乙酸
$pK_a^{\ominus}$(25℃)	3.77	4.76	4.84	4.17	4.31

芳香酸酸性的规律是:羧基对位上连有硝基、卤素原子等吸电子基时,酸性增强;连有甲基、甲氧基等供电子基时,则酸性减弱。邻位取代基因受位阻影响比较复杂,间位取代基的影响不能在共轭体系内传递,影响较小。

化合物	对硝基苯甲酸	对氯苯甲酸	对甲氧基苯甲酸	对甲基苯甲酸
$pK_a^{\ominus}$(25℃)	3.42	3.97	4.47	4.38

羧酸盐具有一定的用途。例如,硬脂酸钠[$CH_3(CH_2)_{16}COONa$]等高级脂肪酸的钠盐是肥皂的主要成分。山梨酸钾($CH_3CH=CHCH=CHCOOK$)等具有抑制细菌生长的作用,常用作食品添加剂。青霉素分子中含有羧基,将其制成钾盐或钠盐注射剂,也是应用羧酸盐易溶于水的性质。

2. 羧酸衍生物的生成

(1)酰卤的生成 羧酸(除甲酸外)与三氯化磷、五氯化磷或亚硫酰氯($SOCl_2$)等作用时,分子中的羟基被卤原子取代,生成酰卤。例如

$$3R-\overset{\overset{\displaystyle O}{\|}}{C}-OH + PCl_3 \xrightarrow{\triangle} 3R-\overset{\overset{\displaystyle O}{\|}}{C}-Cl + H_3PO_3$$

$$R-\overset{\overset{\displaystyle O}{\|}}{C}-OH + PCl_5 \xrightarrow{\triangle} R-\overset{\overset{\displaystyle O}{\|}}{C}-Cl + POCl_3 + HCl\uparrow$$

$$R-\overset{\overset{\displaystyle O}{\|}}{C}-OH + SOCl_2 \longrightarrow R-\overset{\overset{\displaystyle O}{\|}}{C}-Cl + SO_2\uparrow + HCl\uparrow$$

三氯化磷适宜制备低沸点的酰氯;五氯化磷适宜制备高沸点的酰氯;通常使用亚硫酰氯比较方便,因为除酰氯外都是气体,易于分离。

芳香族酰卤一般由五氯化磷或亚硫酰氯与芳酸作用而制得。

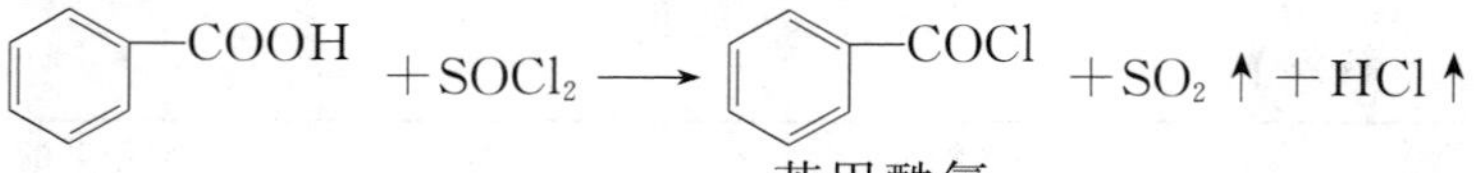

苯甲酰氯

知识拓展

酰氯非常活泼，易水解，通常用蒸馏法分离。甲酰氯极不稳定，故无法制得。芳香族酰氯稳定性较好，水解反应缓慢。乙酰氯和苯甲酰氯是常用的酰基化试剂。

(2)酸酐的生成　羧酸(除甲酸外)在脱水剂(如五氧化二磷、乙酸酐等)作用下，发生分子间脱水，生成酸酐。例如

$$\mathrm{RCOO{-}H + HO{-}\overset{\overset{\displaystyle O}{\|}}{C}{-}R \xrightarrow[\triangle]{P_2O_5} RCOO{-}\overset{\overset{\displaystyle O}{\|}}{C}{-}R + H_2O}$$

某些二元酸(如丁二酸、戊二酸、邻苯二甲酸等)不需要脱水剂，加热就可发生分子内脱水生成酸酐。例如

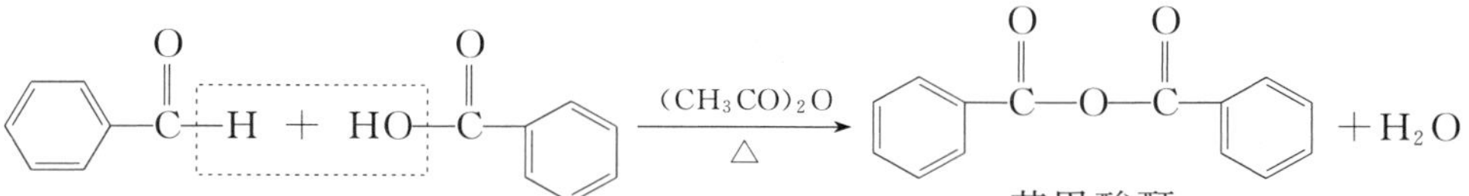

苯甲酸酐

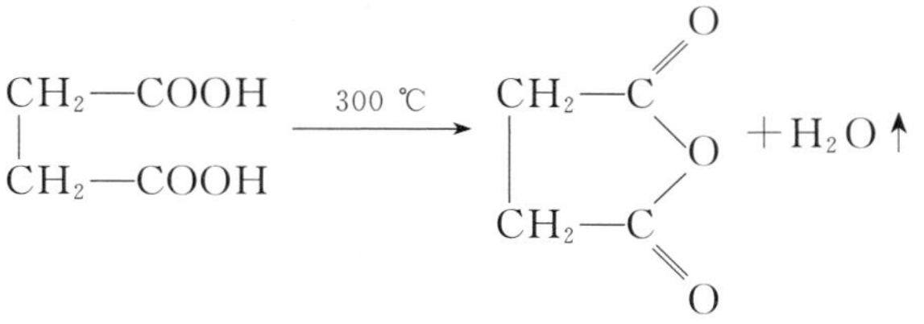

丁二酸酐

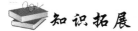

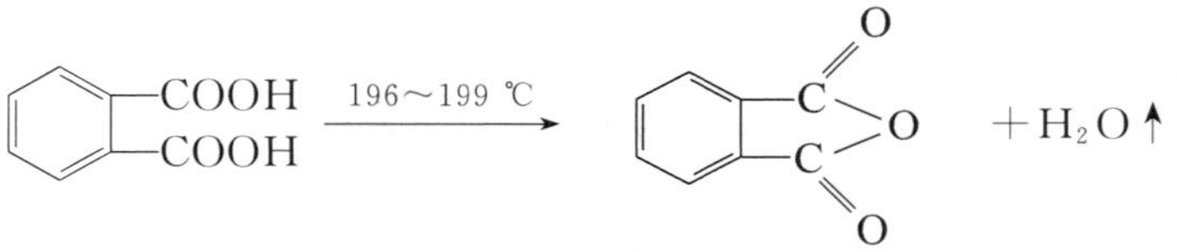

邻苯二甲酸酐(苯酐)

酰卤和无水羧酸盐共热，既可制备两个酰基相同的单酐也可以制两个不同酰基的混酐。

$$\mathrm{R{-}\overset{\overset{\displaystyle O}{\|}}{C}{-}Cl + NaO{-}\overset{\overset{\displaystyle O}{\|}}{C}{-}R' \xrightarrow{\triangle} R{-}\overset{\overset{\displaystyle O}{\|}}{C}{-}O{-}\overset{\overset{\displaystyle O}{\|}}{C}{-}R' + NaCl}$$

(3)酯的生成　羧酸与醇在强酸(如无水 HCl、浓 H_2SO_4 等)的催化作用下生成酯的反应，称为酯化反应。

$$\mathrm{R{-}\overset{\overset{\displaystyle O}{\|}}{C}{-}OH + HO{-}R' \overset{H^+}{\rightleftharpoons} R{-}\overset{\overset{\displaystyle O}{\|}}{C}{-}OR' + H_2O}$$

练一练

写出在浓硫酸催化作用下，制备乙酸异戊酯的化学方程式。并根据反应特点说明，增大产率可采取的措施。

(4)酰胺的生成　羧酸与氨或胺反应,首先生成羧酸铵;铵盐受热分解,失水生成酰胺。

$$\underset{}{R-\overset{\overset{\displaystyle O}{\|}}{C}-OH} + NH_3 \longrightarrow \underset{酸铵}{R-\overset{\overset{\displaystyle O}{\|}}{C}-ONH_4} \xrightarrow[\triangle]{-H_2O} \underset{酰胺}{R-\overset{\overset{\displaystyle O}{\|}}{C}-NH_2}$$

$$CH_3CH_2COOH + NH_3 \rightleftharpoons \underset{丙酸铵}{CH_3CH_2COONH_4} \xrightarrow[\triangle]{-H_2O} \underset{丙酰胺}{CH_3CH_2CONH_2}$$

3. 还原反应

饱和羧酸不易被一般的还原剂还原成醇,实验室中常在氢化锂铝或氢硼化钠的作用下还原成醇。

$$CH_3CH_2COOH \xrightarrow[②H_2O]{①LiAlH_4} CH_3CH_2CH_2OH$$

$$\underset{}{\overset{COOH}{\bigcirc}} \xrightarrow[②H_2O]{①LiAlH_4} \underset{}{\overset{CH_2OH}{\bigcirc}}$$

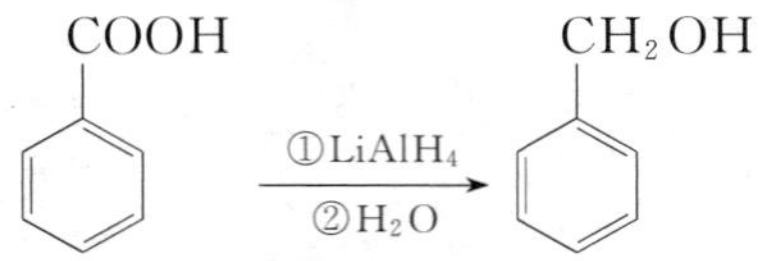

该法不但产率高,而且不影响 C=C 键。例如

$$CH_3CH=CHCOOH \xrightarrow[②H_2O]{①LiAlH_4} CH_3CH=CHCH_2OH$$

4. α-氢原子的卤代反应

羧基和羰基一样,能使 α-H 活化。但羧基的致活作用比羰基小,所以羧酸的 α-H 卤代反应需在红磷等催化剂存在下才能顺利进行。例如

$$CH_3COOH \xrightarrow[P,90\ ℃]{Cl_2} \underset{一氯乙酸}{ClCH_2COOH} \xrightarrow[P,100\ ℃]{Cl_2} \underset{二氯乙酸}{Cl_2CHCOOH} \xrightarrow[P,>100\ ℃]{Cl_2} \underset{三氯乙酸}{Cl_3CCOOH}$$

控制合适的反应条件,可使反应停留在一元或二元取代阶段,三氯乙酸可作为合成原料或直接用于印染工业。

5. 脱羧反应

羧酸分子脱去羧基放出二氧化碳的反应,称为脱羧反应。羧酸中的羧基较为稳定,不易发生脱羧反应,但在特殊条件下,羧酸能脱去羧基而生成烃。最常用的脱羧方法是将羧酸的钠盐与碱石灰(CaO＋NaOH)或固体氢氧化钠强热。例如

$$CH_3COONa + NaOH \xrightarrow[\triangle]{CaO} CH_4\uparrow + Na_2CO_3$$

此反应在实验室中用于少量甲烷的制备。

📚 **知识拓展**

甲酸俗称蚁酸,存在于蜂类、某些蚁类及毛虫的分泌物中,同时也广泛存在于植物界,如荨麻、松叶及某些果实中。

甲酸的工业制法是用一氧化碳和氢氧化钠在加压、加热下反应,制得甲酸的钠盐,再用硫酸酸化制得甲酸:

$$CO+NaOH \xrightarrow[210\ ^\circ C]{608\sim1013\ kPa} H-\overset{\overset{O}{\|}}{C}-ONa \xrightarrow{H_2SO_4} H-\overset{\overset{O}{\|}}{C}-OH$$

甲酸是具有刺激性气味的无色液体，沸点 100.5℃，能与水、乙醇和乙醚混溶，它的腐蚀性很强，能刺激皮肤起泡。

甲酸是羧酸中最简单的酸，它的结构比较特殊，分子中的羧基和氢原子相连。从结构上看，它既具有羧基的结构，同时又具有醛基的结构。因此，甲酸具有与它的同系物不同的特性，既有羧酸的一般性质，也有醛的某些性质。例如，甲酸具有显著的酸性（$pK_a^{\ominus}=3.77$），比它的同系物强；甲酸具有还原性，能与托伦试剂发生作用生成银镜，还能使高锰酸钾溶液褪色，这些反应常用作甲酸的定性鉴定。甲酸与浓硫酸共热，则分解为水和一氧化碳。

$$HCOOH \xrightarrow[60\sim80\ ^\circ C]{浓\ H_2SO_4} CO\uparrow + H_2O$$

这是实验室制备一氧化碳的一种常用方法。

工业上，甲酸可用来制备某些染料和用作酸性还原剂，也可作橡胶的凝聚剂，在医药上因甲酸有杀菌力还可用作消毒剂或防腐剂。

乙酸俗称醋酸，是食醋的主要成分，一般食醋中含乙酸 6%～8%。乙酸为无色具有刺激性气味的液体。当室温低于 16.6℃时，无水乙酸很容易凝结成冰状固体，故常将无水乙酸称为冰醋酸。乙酸能与水以任何比例混溶，也可溶于乙醇、乙醚和其他有机溶剂。

乙酸最初是通过酿造法，使乙醇在醋酸杆菌中的醇氧化酶催化下，被空气氧化而成的。

$$C_2H_5OH+O_2 \xrightarrow[醇氧化酶]{35\ ^\circ C} CH_3COOH+H_2O$$

工业上由乙醛在催化剂醋酸锰的存在下，用空气氧化而制得。

$$CH_3CHO+O_2 \xrightarrow[60\sim80\ ^\circ C]{(CH_3COO)_2Mn} CH_3COOH$$

乙酸是人类最早使用的一种酸，可用来调味。乙酸在工业上有广泛的用途，是染料工业及香料工业不可缺少的原料。因为乙酸不易被氧化，常用作氧化反应的溶剂。乙酸还用来合成乙酸乙烯酯、乙酸乙酯、乙酐、乙烯酮、氯乙酸等。

乙二酸俗称草酸，通常以盐的形式存在于草本植物及藻类的细胞膜中。工业上用甲酸钠迅速加热至 360 ℃以上，先制得草酸钠，再经酸化得到草酸。

$$2HCOONa \xrightarrow{360\ ^\circ C} NaOOCCOONa \xrightarrow{H_2SO_4} HOOCCOOH$$

乙二酸是无色晶体，通常含有两分子结晶水，可溶于水和乙醇，不溶于乙醚。草酸具有还原性，容易被高锰酸钾溶液氧化，反应是定量进行的，在分析化学中，常用草酸作为标定高锰酸钾溶液的基准物质。

$$5HOOCCOOH+2KMnO_4+3H_2SO_4 \longrightarrow K_2SO_4+2MnSO_4+10\ CO_2\uparrow+8H_2O$$

乙二酸还能和许多金属离子配合，生成可溶性的配离子，广泛用于提取稀有金属。在日常生活中，可将其用作漂白剂、媒染剂和除锈剂等。

11.7 羧酸衍生物

11.7.1 羧酸衍生物的结构特征、分类和命名

1. 羧酸衍生物的结构特征

羧酸衍生物指羧酸的羟基被其他基团取代的有机化合物。羧酸衍生物分子中都含有酰基，酰基上所连接的基团都是极性基团，因此它们具有相似的化学性质。但按酰基所连接原子和基团的不同，其反应活性也存在差异。反应活性强弱顺序是：

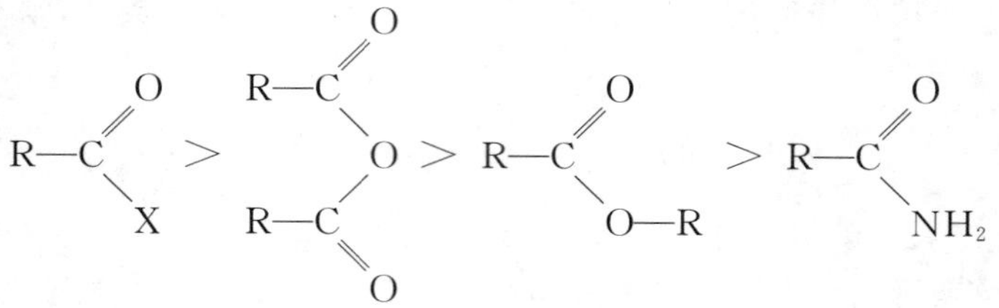

2. 羧酸衍生物的分类

羧酸衍生物主要包括酰卤、酸酐、酯、酰胺四类。即

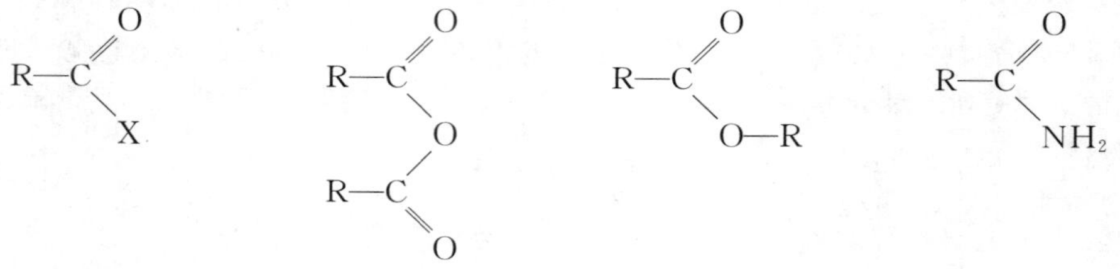

酰卤　　　　　　酸酐　　　　　　酯　　　　　　酰胺

羧酸分子中去掉羟基后剩余的基团称为酰基。例如

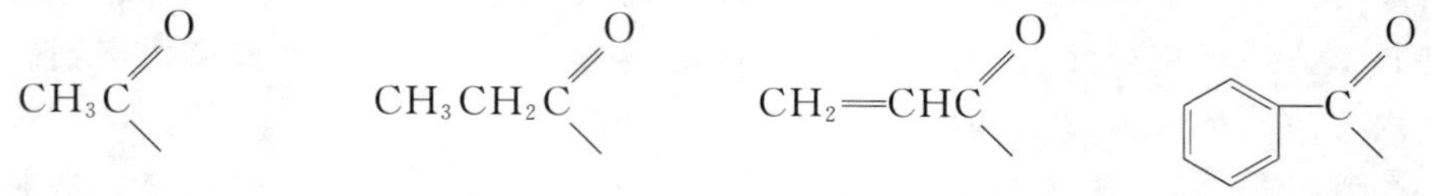

乙酰基　　　　　　丙酰基　　　　　　丙烯酰基　　　　　　苯甲酰基

3. 羧酸衍生物的命名

(1)酰卤的命名　根据酰基名称来命名，称为“某酰卤”。例如

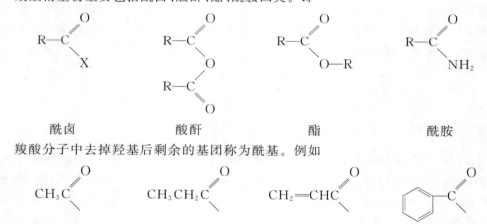

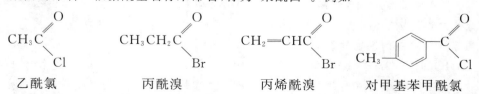

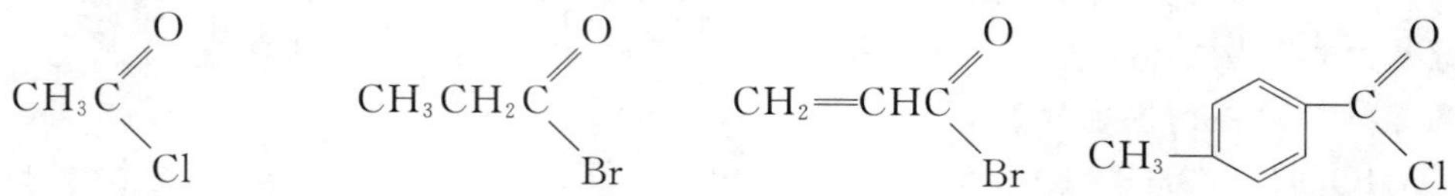

乙酰氯　　　　　　丙酰溴　　　　　　丙烯酰溴　　　　　　对甲基苯甲酰氯

(2)酸酐的命名　羧酸失去一分子水而成的化合物，称为酸酐。酸酐通常是根据其水解后生成的羧酸来命名的。例如

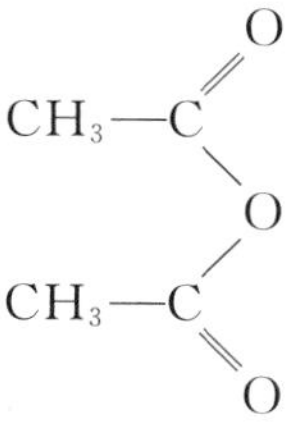
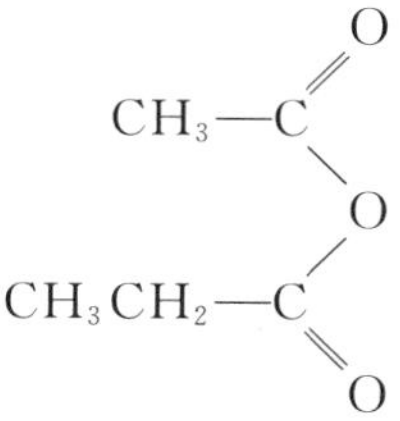
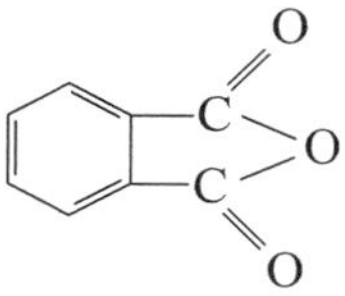
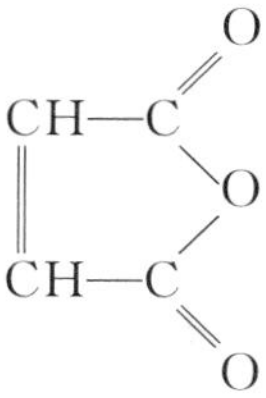

乙酸酐(乙酐)　　乙丙酸酐(乙丙酐)　邻苯二甲酸酐(苯酐)　顺丁烯二酸酐(马来酸酐)

(3)酯的命名　由酸和醇脱水后生成的化合物称为酯。命名时,根据相应酸和醇的名称称为"某酸某酯"。例如

$HCOOCH_2CH_3$　　CH_3COOCH_3　　$CH_3CH_2OOCCOOCH_2CH_3$

甲酸乙酯　　乙酸甲酯　　乙二酸二乙酯

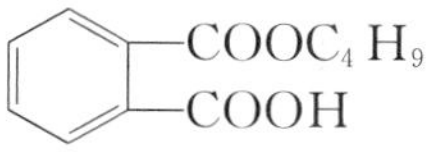
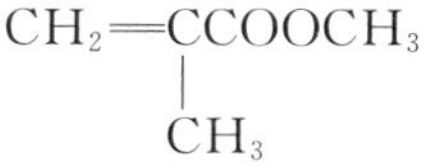

苯甲酸乙酯　　乙酸苯酯　　邻苯二甲酸一丁酯　α-甲基丙烯酸甲酯

多元醇的酯命名时,一般将醇的名称放在前面,称为"某醇某酸酯"。

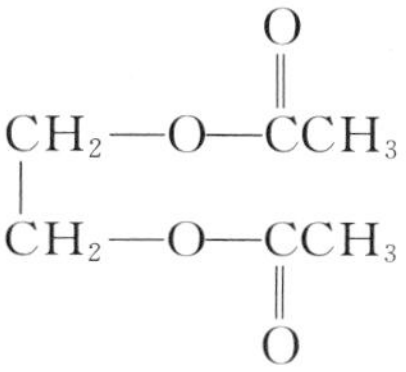
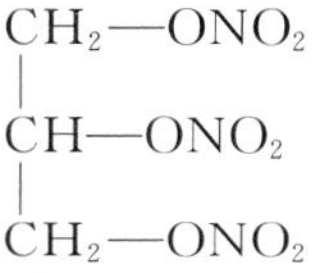
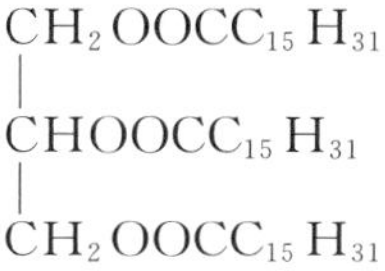

乙二醇二乙酸酯　　丙三醇三硝酸酯(硝化甘油)　　甘油三软脂酸酯

(4)酰胺的命名　根据酰基的名称称为"某酰胺"。例如

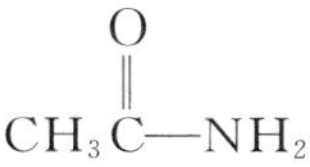
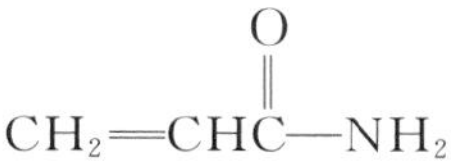

乙酰胺　　丙烯酰胺

若酰胺分子中含有取代氨基,命名时将氮原子所连烃基作为取代基,写名称时用"N"表示其位置。例如

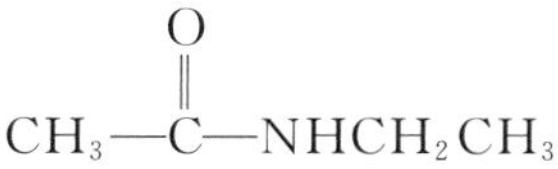

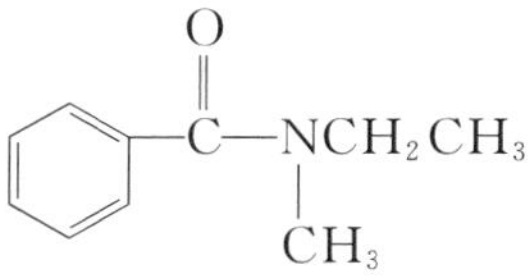

N-乙基乙酰胺　　N,N-二甲基甲酰胺　　N-甲基-N-乙基苯甲酰胺

11.7.2　羧酸衍生物的物理性质

酰卤中最常用的是酰氯。甲酰氯不存在,低级酰氯是具有强烈刺激性气味的液体,高级酰氯是白色低熔点固体。酰氯不溶于水,低级酰氯遇水容易水解放出氯化氢。酰氯沸点比相应羧酸低,这是因为酰氯分子中没有羟基,分子间不能以氢键相互缔合的缘故。

甲酸酐不存在,低级酸酐是有刺激性气味的液体,高级酸酐为固体。大多数酸酐不溶于水,而溶于有机溶剂。饱和一元羧酸的酸酐沸点比相应的羧酸稍高,如乙酸酐沸点139.6 ℃,乙酸沸点118 ℃。

低级酯是具有水果香味的无色液体,存在于植物的花果中,如苹果中含有戊酸异戊酯,香蕉中含有乙酸异戊酯,茉莉花中含有苯甲酸甲酯。高级酯为蜡状固体。酯在水中溶解度很小，易溶于乙醇、乙醚等有机溶剂。酯的沸点比相对分子质量相近的醇和羧酸都低。

甲酰胺是液体，脂肪族氮取代酰胺多数为液体，其余都是白色固体。酰胺的熔点、沸点明显高于相对分子质量相近的羧酸，如乙酰胺的熔点 82 ℃、沸点 221 ℃，而乙酸的熔点 16.6 ℃、沸点 118 ℃；苯甲酰胺的熔点 130 ℃，沸点 290 ℃，而苯甲酸熔点 122.4 ℃，沸点 249 ℃。低级酰胺溶于水，随着相对分子质量增大，溶解度降低。液态酰胺是有机物和无机物的优良溶剂，例如 N,N-二甲基甲酰胺能与水及多数有机溶剂混溶，是一种重要的溶剂。

11.7.3 羧酸衍生物的性质

1. 水解

羧酸衍生物都能发生水解反应生成羧酸。

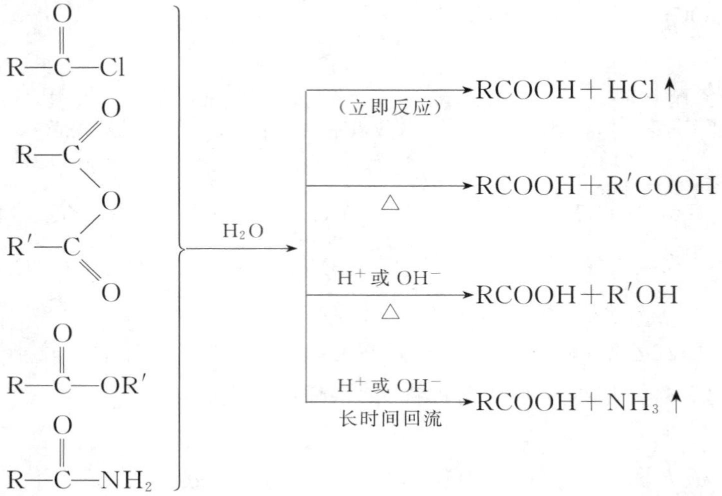

乙酰氯暴露在空气中，即吸湿分解，放出氯化氢气体立即形成白雾。因此，酰氯必须密封贮存。

2. 醇解

酰卤、酸酐和酯与醇作用生成酯的反应，称为醇解。

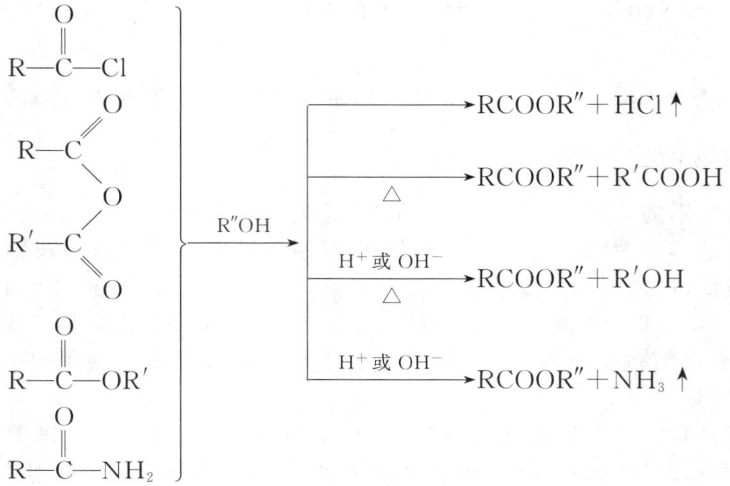

酯与醇反应，生成另外的酯和醇，称为酯交换反应。酯交换反应是可逆反应。例如

$$CH_2{=\!=}CHCOOCH_3 + CH_3(CH_2)_3OH \overset{H^+}{\rightleftharpoons} CH_2{=\!=}CHCOO(CH_2)_3CH_3 + CH_3OH$$

沸点：　80.5 ℃　　　117.7 ℃　　　　　　145 ℃　　　　　64.7 ℃

酯交换反应广泛应用于有机合成中。例如，工业上合成涤纶树脂的单体——对苯二甲酸二乙二醇酯就是采用酯交换反应得到的。

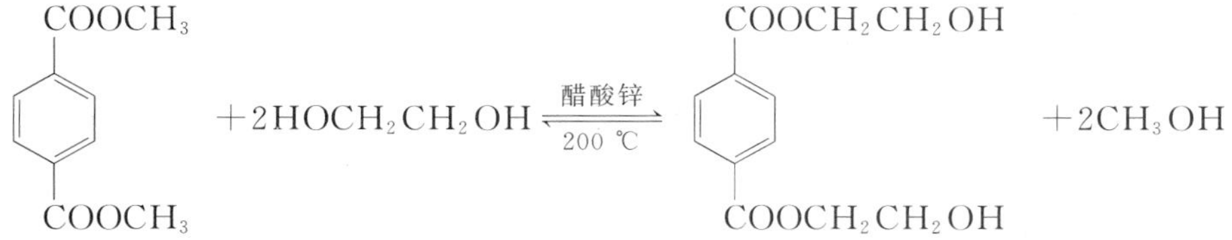

对苯二甲酸二乙二醇酯

3. 氨解

酰卤、酸酐和酯与氨或胺作用生成酰胺的反应，称为氨解。

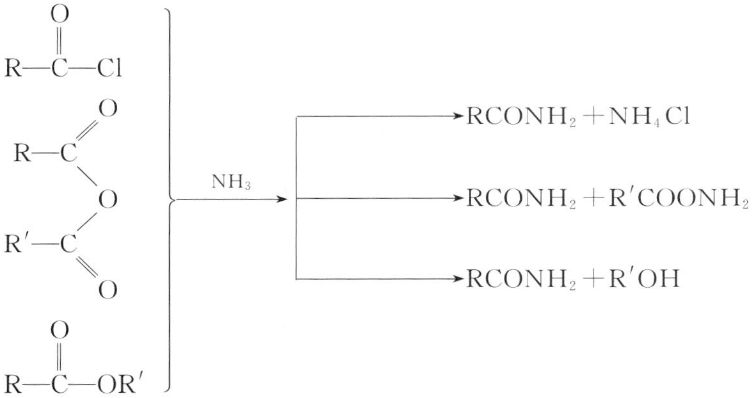

酰氯的氨解过于剧烈，并放出大量的热，操作难以控制，故工业上常用酸酐的氨解来制取酰胺。酰胺与胺的反应是可逆的，必须用过量的胺才能得到 N-烷基酰胺。

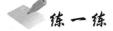

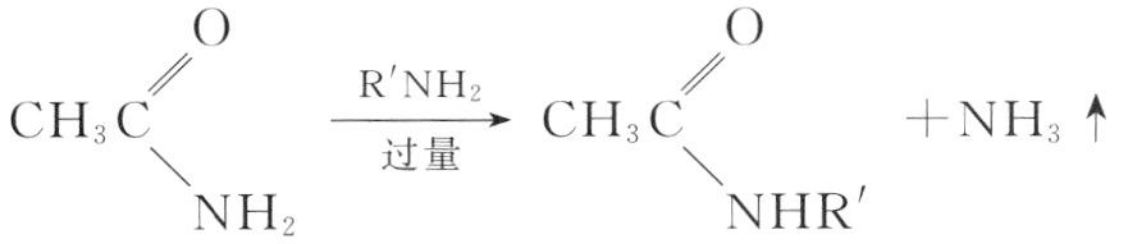

羧酸衍生物的水解、醇解和氨解反应相当于在水、醇、氨分子中引入酰基。凡是向其他分子中引入酰基的反应都叫酰基化反应。提供酰基的试剂叫酰基化试剂。酰氯、酸酐是常用的酰基化试剂。

练一练

写出丙酰氯与下列试剂反应时的主要产物。

(1)H_2O　(2)CH_3CH_2OH　(3)NH_3　(4)$(CH_3)_2CHOH$

4. 还原反应

酰卤、酸酐、酯和酰胺都比羧酸容易还原，除酰胺被还原成相应的胺外，酰卤、酸酐和

酯均被还原成相应的伯醇。

$$\left.\begin{array}{l}RCOCl\\(RCO)_2O\\RCOOR'\\RCONH_2\end{array}\right\}\xrightarrow[\text{②}H_2O/H^+]{\text{①}LiAlH_4}\begin{cases}\longrightarrow RCH_2OH\\\longrightarrow 2RCH_2OH\\\longrightarrow RCH_2OH+R'OH\\\longrightarrow RCH_2NH_2\end{cases}$$

酯最易被还原，除氢化铝锂外，酯还能被醇和金属钠还原而不影响分子中的不饱和键，这在工业合成中具有实际意义。例如

$$\underset{\text{月桂酸甲酯}}{CH_3(CH_2)_{10}COOCH_3}\xrightarrow[CH_3CH_2OH]{Na}\underset{\text{月桂醇（十二醇）}}{CH_3(CH_2)_{10}CH_2OH}+CH_3OH$$

$$\underset{\text{油酸丁酯}}{CH_3(CH_2)_7CH{=}CH(CH_2)_7COOC_4H_9}\xrightarrow[CH_3CH_2OH]{Na}\underset{\text{油醇}}{CH_3(CH_2)_7CH{=}CH(CH_2)_7CH_2OH}+C_4H_9OH$$

此反应可以得到长碳链的醇，月桂醇等高级醇是合成增塑剂、润湿剂、洗涤剂的重要原料。

5. 酰胺的特性

(1)脱水反应　酰胺与脱水剂（如 P_2O_5、PCl_5、$SOCl_2$ 等）共热，发生分子内脱水生成腈。这是实验室制备腈的一种方法。

$$CH_3CH_2CH_2C(=O)NH_2\xrightarrow[\triangle]{P_2O_5}\underset{\text{丁腈}}{CH_3CH_2CH_2CN}+H_2O$$

利用该法可制备一些难以用卤代烃和氰化钠反应而得到的腈。例如

$$(CH_3)_3CC(=O)NH_2\xrightarrow[\triangle]{P_2O_5}(CH_3)_3CCN+H_2O$$

(2)霍夫曼降解反应　酰胺与次氯酸钠或次溴酸钠作用，失去羰基生成比原来少一个碳原子的伯胺，该反应称为霍夫曼（Hofmann）降解反应。

$$CH_3CH_2CONH_2\xrightarrow[\triangle]{NaOBr+NaOH}\underset{\text{乙胺}}{CH_3CH_2NH_2}+NaBr+Na_2CO_3+H_2O$$

练一练

完成下列反应方程式。

(1) $CH_3CH_2COOH\xrightarrow{NH_3}(\qquad)\xrightarrow[\triangle]{}(\qquad)\xrightarrow[\triangle]{P_2O_5}(\qquad)$

(2) 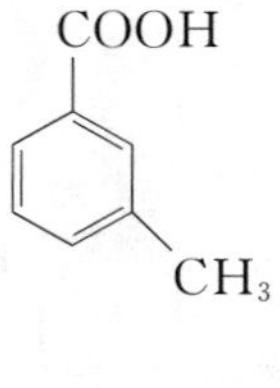

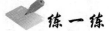

$\xrightarrow{NH_3}(\qquad)\xrightarrow[\triangle]{}(\qquad)\xrightarrow[\triangle]{NaOH+Br_2}(\qquad)$

本章小结

- 含卤和含氧有机化合物
  - 卤代烃
    - 命名—普通命名法适用于简单卤代烃；系统命名法将卤素当做取代基命名方法与脂肪烃
    - 性质—类型：取代反应，消除反应(扎伊采夫规则)；化学活性：RI > RBr > RCl
  - 醇
    - 命名—主链：连有羟基碳的最长碳链；编号：羟基所连碳位次最小；其他同烷烃
    - 性质—遇活泼金属放出氢气；卢卡斯试剂鉴别溶于水的三类醇；可与含氧酸生成酯；脱水成烯烃(扎伊采夫规则)或醚；不同醇、不同氧化条件氧化产物不同
  - 酚
    - 性质—酸性弱于碳酸而强于醇，易被氧化而颜色增深，与 $FeCl_3$ 溶液生成有色配离子。活化芳环，易发生取代反应，二元取代物主要为邻、对位
  - 醚
    - 命名—普通命名按醚键所连烷基命名，单醚可省略烃基的数目。复杂醚视为烃的烷氧基衍生物
    - 性质—酸条件下形成不稳定的𨥙盐，空气中放置易被氧化生成高沸点受热易爆炸的过氧化物，注意安全使用
  - 醛、酮
    - 命名—主链：包含羰基碳在内的最长碳链；编号：羰基碳位次最小；其他原则同烃类
    - 性质—加亚硫酸氢钠用于提纯和分离；醛加醇为缩醛可保护醛基；加格氏试剂再水解制取不同醇；与氨衍生物缩合；α-氢原子的反应(卤仿反应、羟醛缩合)；可被还原成醇或亚甲基；无 α-氢原子的醛可发生歧化反应；托伦试剂、斐林试剂用于鉴别
  - 羧酸
    - 命名—羧基为母体，其他原则和醛相似。俗名根据来源定
    - 性质—酸性使试纸变色；羧酸衍生物(酰卤、酸酐、酯、酰胺)的生成；还原能力强的还原剂可把羧酸还原成醇；α-氢原子可被卤代；脱羧反应
  - 羧酸衍生物
    - 命名—酰卤、酸酐、酰胺根据来源酸命名，酯一般称为：某羧酸醇酯
    - 性质—反应活性：酰卤、酸酐、酯、酰胺依次降低。水解得到羧酸；醇解得到羧酸酯、酰卤、酸酐、酯；氨解得到酰胺；还原为伯醇或伯胺；酰胺可脱水生成腈；酰胺可发生降解反应生成少一个碳原子的伯胺

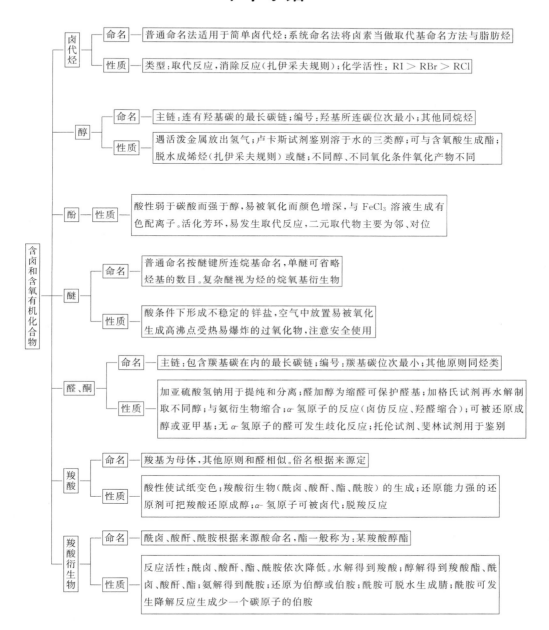

自 测 题

一、填空题

1. 写出下列有机物的名称或构造式。

(1) $CH_3CH_2CH_2C(CH_3)_2Br$ 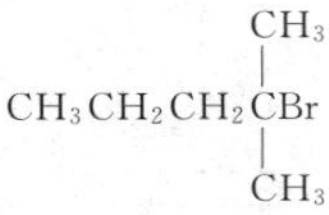	(2) 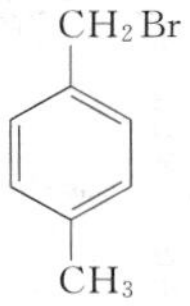	(3) 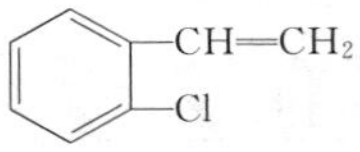	(4) 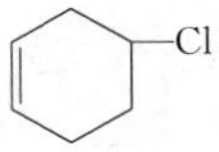
(5)对氯叔丁苯	(6)α-溴萘	(7)异丙醇	(8)甲乙醚
(9)间羟基苯甲醛	(10)苯乙酮	(11)水杨酸	(12)2-丁烯酸
(13)顺丁烯二酸酐	(14)N,N-二甲基苯胺	(15)苯甲酰氯	(16)乙酸异戊酯

2. 完成下列反应方程式。

(1) $CH_3CH{=}CH_2 + HBr \xrightarrow{过氧化物} (\quad\quad) \xrightarrow[绝对乙醚]{Mg} (\quad\quad)$

(2) 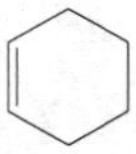 $\xrightarrow[高温]{Br_2} (\quad\quad) \xrightarrow[\triangle]{KOH/醇溶液} (\quad\quad)$

(3) $CH_3CH{=}CH_2 \xrightarrow{HBr} (\quad\quad) \xrightarrow{NaCN} (\quad\quad)$

(4) 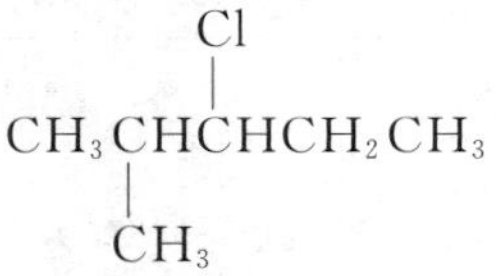 $CH_3CH(CH_3)CH(Cl)CH_2CH_3 \xrightarrow[\triangle]{KOH/醇溶液} (\quad\quad) \xrightarrow{Br_2} (\quad\quad) \xrightarrow[\triangle]{KOH/醇溶液} (\quad\quad)$

(5) 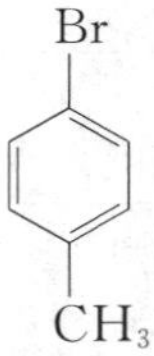 $\xrightarrow[绝对乙醚]{Mg} (\quad\quad)$

(6) 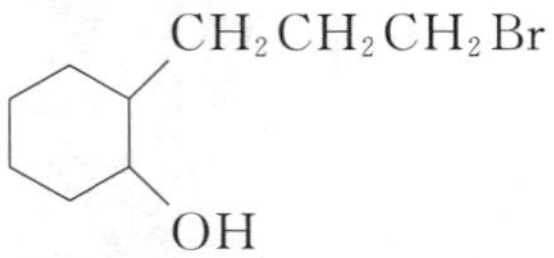 $\xrightarrow[\triangle]{H_2SO_4} (\quad\quad)$

(7) 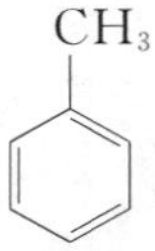 $\xrightarrow[100\ ℃]{98\%H_2SO_4} (\quad\quad) \xrightarrow{混酸} (\quad\quad)$

(8) 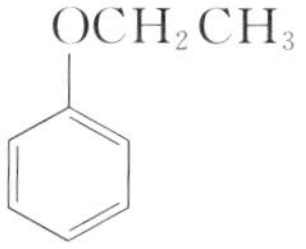 $\xrightarrow[\triangle]{HI(浓)}$ (　　　　　) + (　　　　　)

(9) $CH_3CHO \xrightarrow[②H_2O,H^+]{①C_2H_5MgBr}$ (　　　　　)

(10) $CH_3CH_2\overset{\overset{O}{\|}}{C}—NH_2 \xrightarrow[\triangle]{P_2O_5}$ (　　　　　) + (　　　　　)

二、判断题(正确的画"√",错误的画"×")

1. 饱和卤代烃的化学反应主要发生在官能团卤原子以及受其影响而比较活泼的 β-H 上。　(　　)

2. 伯卤烷与醇钠在相应的醇中,卤原子被烷氧基取代生成醚的反应,称为威廉姆森合成。　(　　)

3. 卤代烃在强碱的醇溶液中主要发生消除反应,在强碱的水溶液中主要发生水解反应。　(　　)

4. 若湿润的淀粉-碘化钾试纸变蓝,说明醚中有过氧化物存在。　(　　)

5. 用锌汞齐和浓盐酸作还原剂,可将醛、酮的羰基直接还原成醇。　(　　)

6. 只有醛类才能发生银镜反应。　(　　)

7. 将羧酸还原为醇常用的还原剂为 $LiAlH_4$。　(　　)

8. 酰卤、酸酐、酯、酰胺都是羧酸的衍生物,是由羧酸分子中的羟基分别被卤原子、酰氧基、烷氧基和氨基取代的产物。　(　　)

三、选择题

1. 下列化合物在 KOH 溶液中,脱去卤化氢的活性最大的是(　　)。

A. CH_3CH_2Cl　　B. CH_3CH_2Br

C. CH_3CH_2I　　D. $CH_3\underset{\underset{I}{|}}{C}HCH_2CH_3$

2. 下列化合物中,与硝酸银的醇溶液反应最慢的是(　　)。

A. $(CH_3)_2C{=}CHCl$　　B. $(CH_3)_3CCl$

C. $CH_3CH_2\underset{\underset{Cl}{|}}{C}HCH_3$　　D. 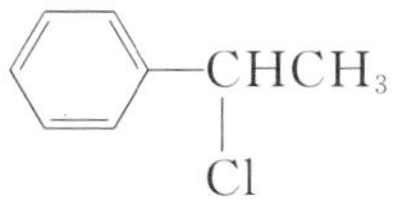

3. 与硝酸银的醇溶液混合后,室温下就有沉淀生成的是(　　)。

A. 3-氯-1-丙烯　　B. 1-溴丙烷　　C. 1-氯丙烯　　D. 3-溴甲苯

4. 下列物质中,称为甘油的是(　　)。

A. 甲醇　　B. 乙二醇　　C. 丙三醇　　D. 乙醇

5. 下列醇中,与卢卡斯试剂反应最快的是(　　)。

A. 正丁醇　　B. 仲丁醇　　C. 2-甲基-1-丙醇　　D. 叔丁醇

6. 不能与 3-戊醇反应的是(　　)。

A. I_2 + NaOH　　B. NaOH　　C. $KMnO_4$　　D. HBr

7. 不能发生碘仿反应的是(　　)。

A. 乙醛　　B. 丙酮　　C. 丙醛　　D. 乙醇

8. 下列化合物中,不与饱和亚硫酸氢钠溶液作用的是(　　)。

A. 苯甲醛　　B. 乙醛　　C. 丙酮　　D. 苯甲醚

9. 下列化合物中,能发生碘仿反应的是(　　)。

A. CH_3COOH　　B. CH_3COOCH_3　　C. CH_3CH_2OH　　D. $CH_3OCH_2CH_3$

10. 能溶于 NaOH 溶液,通入 CO_2 后又析出的化合物是(　　)。

A. 苯甲酸　　B. 苯酚　　C. 环己醇　　D. 溴乙烷

11. 鉴别甲醛与苯甲醛的化学试剂是(　　)。

A. 斐林试剂　　B. 托伦试剂　　C. 卢卡斯试剂　　D. 林德拉催化剂

12. 下列化合物中,能使氯化铁溶液显色的是(　　)。

A. 水杨酸　　B. 安息香酸　　C. 肉桂酸　　D. 马来酸

四、综合题

1. 分别写出正丁基氯和叔丁基氯与下列试剂反应时生成的主要产物。

(1) $NaOH/H_2O$　　(4) NH_3

(2) CH_3CH_2ONa/CH_3CH_2OH　　(5) $AgNO_3/CH_3CH_2OH$

(3) NaCN　　(6) 浓 KOH/CH_3CH_2OH,△

2. 用化学方法鉴别下列各组化合物。

(1) 1-溴丙烷、2-溴丙烯和 3-溴丙烯

(2) 溴化苄和对溴甲苯

(3) 环己烯、环己酮、环己醇

(4) 甲苯和苯酚

(5) 环己醇和苯酚

(6) 2-己醇,3-己醇,环己酮

(7) 乙醛、丁醛、苯甲醛、苯乙酮、环戊酮

(8) 苯甲醚、甲苯、对甲苯酚

3. 完成下列转变:

(1) $CH_2{=}CHCH_3 \longrightarrow CH_2{=}CHCH_2OH$

(2) 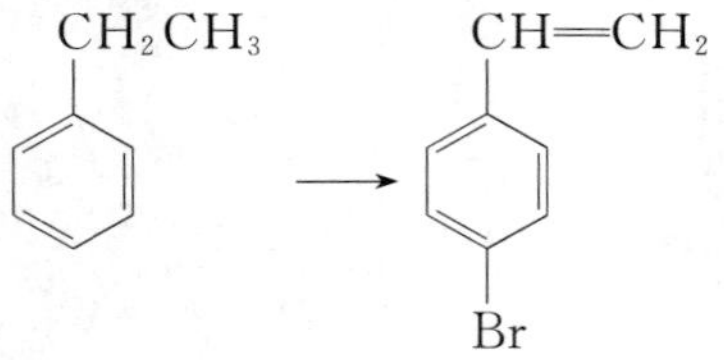

(3) 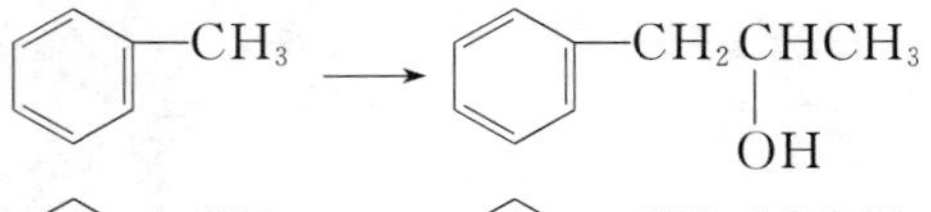

(4) 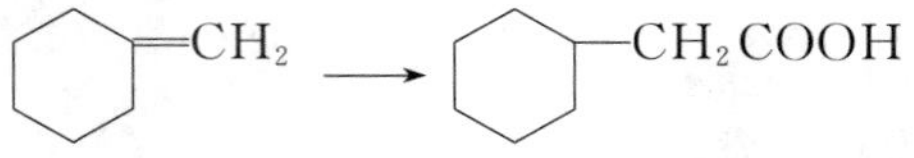

(5) $CH_3CH_2CH_2OH \longrightarrow CH_3\overset{CH_3}{\overset{|}{C}}HCOOH$

五、问答题

1. 如何分离苯甲酸、苯甲醇和苯酚的混合物?

2. 将下列化合物按酸性从强到弱排列:苯酚、乙醇、碳酸、水。

*第 12 章

含氮有机化合物

能 力 目 标

1. 能命名硝基化合物、胺、重氮盐和腈。
2. 能应用化学反应规律选择合理的合成路线进行简单合成。
3. 能制备重氮盐，会分离、提纯或鉴别胺。

知 识 目 标

1. 了解硝基化合物、胺、重氮盐和腈的结构特征和命名方法。
2. 掌握硝基化合物、胺、重氮盐和腈的化学性质。
3. 掌握硝基化合物、胺、重氮盐和腈的特征反应。

12.1 芳香族硝基化合物

12.1.1 芳香族硝基化合物分类和命名

1. 分类

分子中含有氮元素的有机化合物统称为含氮有机化合物。芳烃分子中的氢原子被硝基取代后的化合物，称为芳香族硝基化合物，包括硝基直接连在芳环上和侧链上两类，后者的制法和性质与脂肪族硝基化合物相似，且不甚重要，故这里主要讨论前者。

2. 命名

芳香族硝基化合物命名时，硝基总是作为取代基，再按芳烃衍生物命名方法来命名。例如

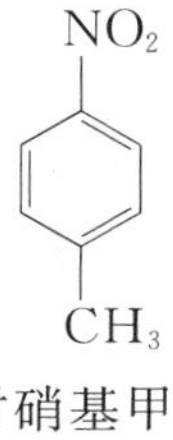

对硝基甲苯

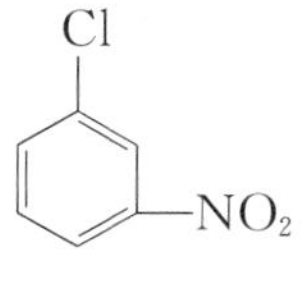

间硝基氯苯

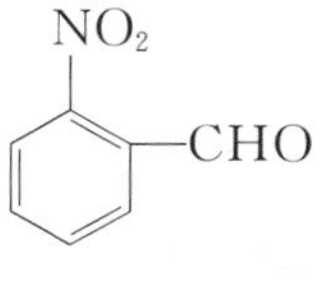

邻硝基苯甲醛

练一练

命名下列化合物。

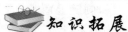

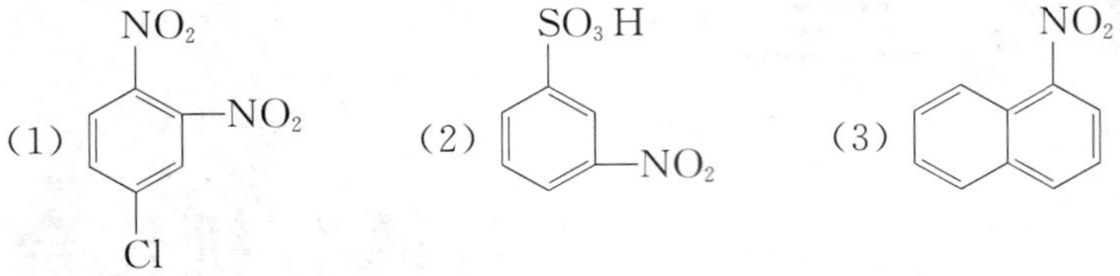

12.1.2 芳香族硝基化合物物理性质

芳烃的一硝基化合物是无色或淡黄色的液体或固体，多硝基化合物多数是黄色晶体。有苦杏仁味，叔丁基苯的某些多硝基化合物具有类似天然麝香的气味，可用作香料。芳香族硝基化合物比水重，难溶于水，易溶于有机溶剂，相对密度大于1。常见芳香族硝基化合物的物理常数见表12-1。

表12-1 芳香族硝基化合物的物理常数

化合物名称	熔点/℃	沸点/℃	相对密度 $d_4^{20}/1$
硝基苯	5.7	210.8	1.203
邻二硝基苯	118	319	1.565(17 ℃)
间二硝基苯	89.8	291	1.571(0 ℃)
对二硝基苯	174	299	1.625
1,3,5-三硝基苯	122	分解	1.688
邻硝基甲苯	4	222	1.163
间硝基甲苯	16	231	1.157
对硝基甲苯	52	238.5	1.286
2,4-二硝基甲苯	70	300	1.521(15 ℃)
α-硝基萘	61	304	1.322

知识拓展

多数硝基化合物有极强的爆炸性，2005年松花江污染事件就是因硝基苯爆炸引起的，因此使用时要注意安全。硝基化合物一般都有毒性，容易引起肝肾中毒。

12.1.3 芳香族硝基化合物的化学性质

1. 还原反应

硝基是不饱和基团，可被还原成氨基。例如，工业上用催化加氢法，实验室用金属(Fe或Sn)加酸还原制苯胺。

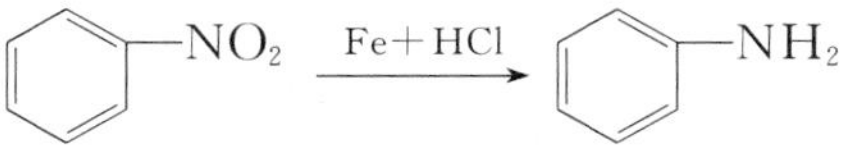

苯胺

练一练

完成下列转化：

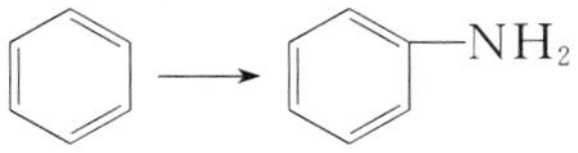

2. 苯环上的取代反应

硝基是间位定位基，且使苯环钝化，因此在苯环上进行亲电取代反应时，取代基进入硝基的间位，且比苯较难进行。例如

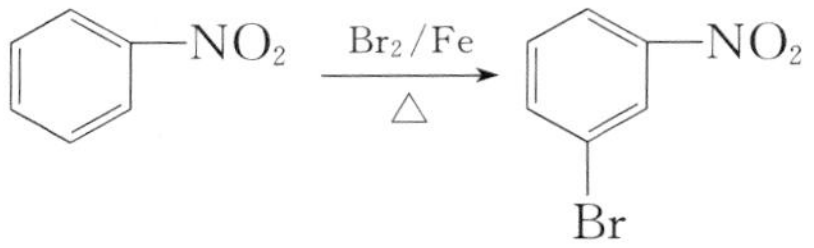

间硝基溴苯

3. 硝基对苯环上邻位和对位基团的影响

(1)对卤原子活泼性的影响　氯苯分子中的氯原子不活泼，一般较难水解。但当氯原子邻、对位连有硝基(强吸电基)时，氯原子就比较容易被取代。例如

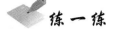

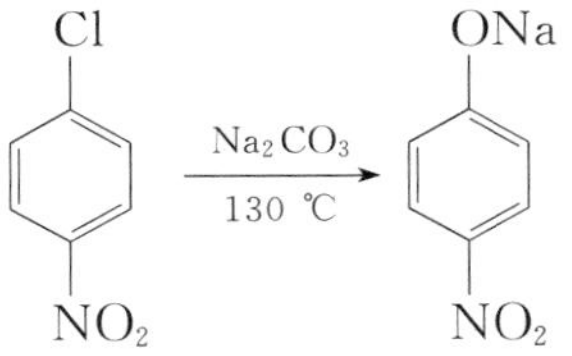

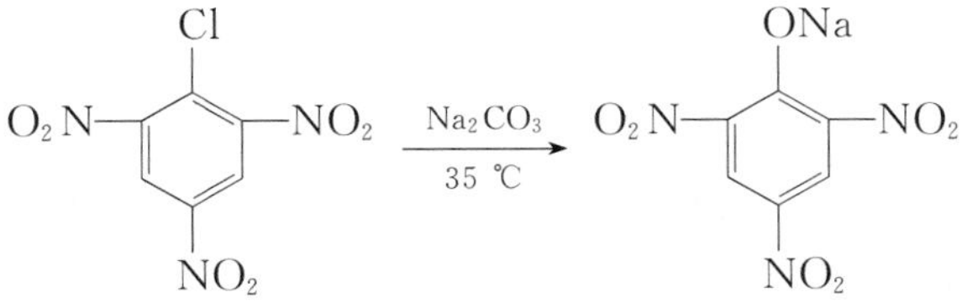

(2)对酚类酸性的影响　当酚羟基的邻、对位连有硝基时，酚的酸性增强。例如，2,4-二硝基苯酚的酸性与甲酸相近；2,4,6-三硝基苯酚的酸性几乎与强无机酸相近，俗称苦味酸。

知识拓展

苦味酸是黄色针状或块状结晶，无臭，味极苦，相对密度 1.767；凝固点 122.5 ℃，爆炸点 300 ℃，闪点 150 ℃，不易吸湿。难溶于冷水，易溶于热水，极易溶于沸水，溶于乙醇、乙醚、苯和氯仿。可应用于炸药、火柴、染料、制药和皮革等工业。

12.2 胺

12.2.1 胺的结构特征、分类和命名

1. 胺的结构特征

胺是氨的烃基衍生物，即氨分子中的一个、两个或三个氢原子被烃基取代后所得到的化合物。胺的结构与氨相似，甲胺的结构见图 12-1。

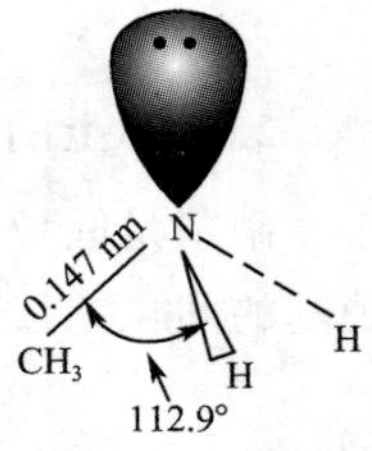

图 12-1 甲胺的结构

胺分子中氮原子上的未共用电子对能与 H^+ 结合，形成带正电荷的铵离子，故具有碱性。

2. 胺的分类

(1)按取代烃基数　分为伯胺(1°胺)、仲胺(2°胺)和叔胺(3°胺)。

RNH_2	R_2NH	R_3N
伯胺	仲胺	叔胺

想一想

伯、仲、叔胺与伯、仲、叔醇的分类有何不同?

伯、仲、叔胺与醇的分类是不同的，如叔丁醇是叔醇而叔丁胺属于伯胺。

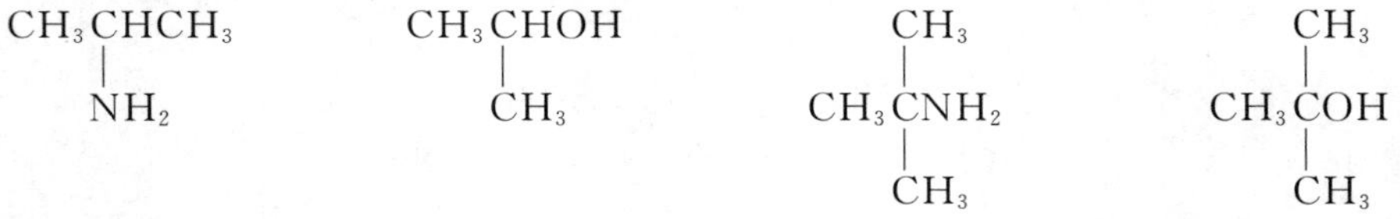

异丙胺(伯胺)　　异丙醇(仲醇)　　叔丁胺(伯胺)　　叔丁醇 (叔醇)

(2)按烃基结构　分为脂肪胺和芳香胺。氮原子上只连接脂肪烃基的称脂肪胺($R-NH_2$)，连有芳基的称芳香胺($Ar-NH_2$)。如脂肪胺

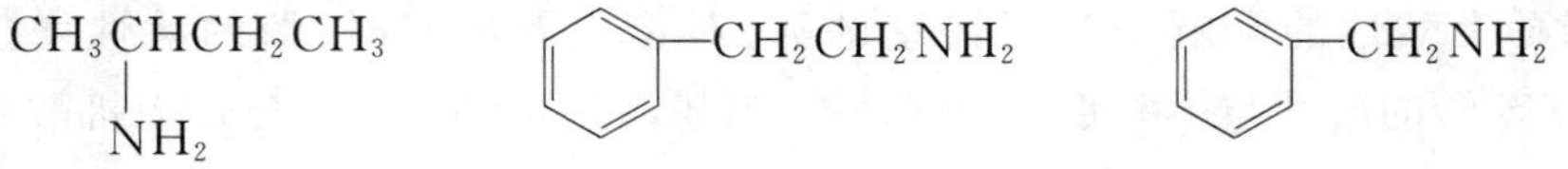

仲丁胺　　2-苯乙胺　　苄胺

又如，芳香胺

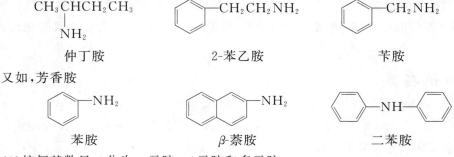

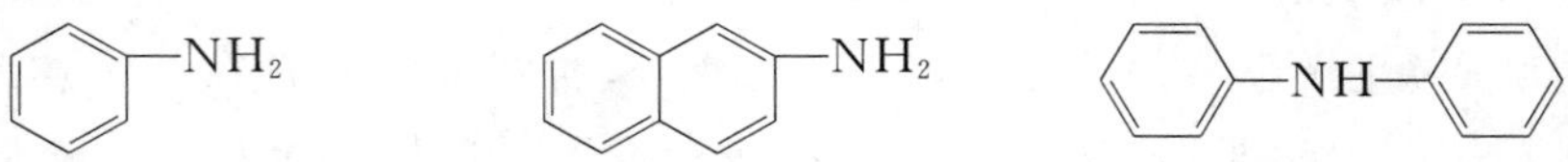

苯胺　　β-萘胺　　二苯胺

(3)按氨基数目　分为一元胺、二元胺和多元胺。

$$NH_2CH_2CH_2NH_2 \qquad NH_2CH_2CH_2CH_2NH_2$$

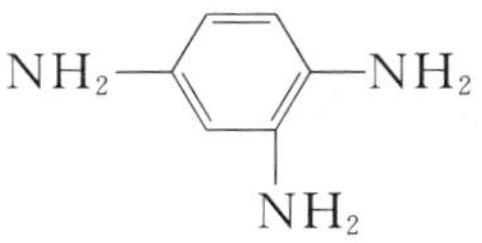

乙二胺　　　　　　　　1,3-丙二胺　　　　　　1,2,4-苯三胺

（4）季铵盐及季铵碱　季铵盐可看成是卤化铵分子（NH_4X）中四个氢原子被四个烃基取代后的化合物；季铵盐中酸根离子被氢氧根取代后的化合物叫季铵碱。例如

$$R_4N^+OH^- \qquad\qquad R_4N^+X^-$$

季铵碱　　　　　　　　季铵盐

3. 胺的命名

【任务 12-1】　用普通命名法命名下列化合物。

（1）CH_3NH_2　　　　　（2）CH_3NHCH_3　　　　　（3）$(CH_3)_3N$

（4）$C_6H_5NH_2$　　　　（5）$C_6H_5NHC_6H_5$　　　（6）$(C_6H_5)_3N$

（1）普通命名法　以胺为母体，"胺"字前面加上烃基的名称即可。仲胺和叔胺中，当烃基相同时，在烃基名称之前加词头"二"或"三"。

【任务 12-1 解答】

（1）甲胺　（2）二甲胺　（3）三甲胺　（4）苯胺　（5）二苯胺　（6）三苯胺

而仲胺或叔胺分子中烃基不同时，按"次序规则"将氮原子所连的烃基中较优基团作为母体，其余烃基作为取代基。例如

$$CH_3NHC_2H_5 \qquad (CH_3)_2NC_2H_5 \qquad CH_3NHCH(CH_3)_2$$

甲乙胺　　　　　　　　二甲乙胺　　　　　　　甲异丙胺

$$C_6H_5NHCH_3 \qquad C_6H_5N(CH_3)_2 \qquad C_6H_5NC_2H_5 \qquad (CH_3)_2CHNC_2H_5$$
$$\qquad\qquad\qquad\qquad\qquad\qquad\qquad CH_3 \qquad\qquad\qquad CH_3$$

N-甲基苯胺　　　　N,N-二甲基苯胺　　N-甲基-N-乙基苯胺　　甲乙异丙胺

（2）系统命名法　以烃为母体，氨基作为取代基按"次序规则"，较优的基团后列出。多官能团芳胺，按芳烃衍生物命名方法命名（见第 10 章）。例如

$$CH_3CHCH_2CHCH_3 \qquad CH_3CH_2CHCH_3$$
$$\quad CH_3 \quad\quad NH_2 \qquad\qquad NHC_2H_5$$

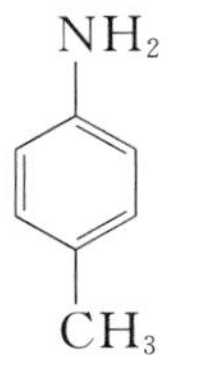

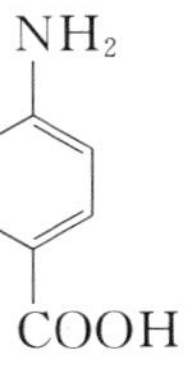

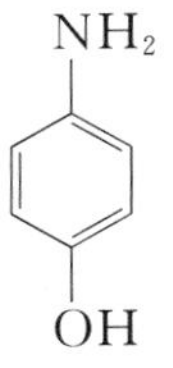

2-甲基-4-氨基戊烷　　2-乙胺基丁烷　　对甲苯胺　对氨基苯甲酸　对氨基苯酚

季铵盐和季铵碱的 4 个烃基相同时，命名为"卤化四某铵"、"某酸四某铵"或"氢氧化四某铵"；若烃基不同时，烃基名称由小到大依次排列。例如

$$[(CH_3)_4N]^+Cl^- \qquad [(CH_3)_3NC_2H_5]^+OH^- \qquad [(C_2H_5NH_3)_2]^{2+}SO_4^{2-}$$

氯化四甲铵　　　　　氢氧化三甲乙铵　　　　　硫酸二乙铵

$$[HOCH_2CH_2N(CH_3)_3]^+OH^- \qquad [C_6H_5CH_2N(CH_3)_2C_{12}H_{25}]^+Br^-$$

氢氧化三甲基-2-羟乙基铵（胆碱）　　溴化二甲基十二烷基苄基铵（新洁尔灭）

练一练

写出下列化合物的构造式。

(1)1,4-丁二胺　(2)甲乙叔丁胺　(3)环己胺　(4)α-萘胺

(5)氢氧化二甲基乙基正丙基铵　(6)对硝基-N-乙基苯胺

12.2.2　胺的物理性质

在常温下,低级脂肪胺如甲胺、二甲胺、三甲胺和乙胺是气体,丙胺以上是液体,十二胺以上为固体。低级胺有令人不愉快的或难闻的气味,如三甲胺有鱼腥味,丁二胺(腐胺)和戊二胺(尸胺)有动物尸体腐烂后的恶臭味。高级胺不易挥发,气味很小。芳胺是无色高沸点的液体或低熔点的固体。

知识拓展

芳胺气味虽小,但毒性较大,无论吸入蒸气还是皮肤与之接触都会引起中毒,食用0.25 mL就会严重中毒。有些芳胺(如β-萘胺、联苯胺)还有致癌作用。

12.2.3　胺的化学性质

1. 碱性

胺都具有碱性,胺在水溶液中,存在下列平衡

$$RNH_2 + H_2O \rightleftharpoons RNH_3^+ + OH^-$$

$$K_b^\ominus = \frac{[RNH_3^+][OH^-]}{[RNH_2]}$$

氨的 $pK_b^\ominus$ 为 4.75,一些胺的 $pK_b^\ominus$ 值见表 12-2。

表 12-2　一些胺的 $pK_b^\ominus$ 值(25 ℃,水溶液中)

名称	$pK_b^\ominus$	名称	$pK_b^\ominus$	名称	$pK_b^\ominus$
甲胺	3.38	二乙胺	3.0	N,N-二甲苯胺	8.93
二甲胺	3.27	正丁胺	3.23	二苯胺	13.21
三甲胺	4.21	苯胺	9.37	对氯苯胺	9.85
乙胺	3.29	N-甲苯胺	9.16	对硝基苯胺	13.0

查一查

查表 12-2,比较甲胺、二甲胺、三甲胺的碱性强弱,以及脂肪胺、氨和芳香胺的碱性强弱。

烷基是供电子基,可使脂肪胺中的氮原子电子云密度增大,接受质子能力增强,故烷基越多,胺的碱性越强。但从 $pK_b^\ominus$ 的比较看,伯、仲、叔胺的碱性强弱顺序为:

二甲胺＞ 甲胺 ＞ 三甲胺

这是由于随着烷基数目的增加,空间位阻增大,阻碍了氮原子未共用电子对与质子的结

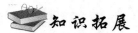

合,故叔胺的碱性反而小。此外,氨分子中的氮原子含氢越多,与水形成氢键能力越强,铵离子越稳定,则胺的碱性越强,致使伯胺的碱性反而比叔胺强。

 练一练

将下列各组化合物按碱性大小排序。
(1) 苯胺、N-甲基苯胺、乙酰苯胺
(2) 苯胺、2,4-二硝基苯胺、2,4,6-三硝基苯胺
在气态时,氮原子所连烷基越多,胺的碱性越强。例如

$$(CH_3)_3N > (CH_3)_2NH > CH_3NH_2 > NH_3$$

但在水溶液中,由于受溶剂化效应、空间效应等影响,其碱性强弱顺序为:

$$(CH_3)_2NH > CH_3NH_2 > (CH_3)_3N > NH_3$$

胺是弱碱,与无机酸(硫酸、盐酸)作用生成易溶于水的铵盐;加入强碱,又重新游离出胺。利用此性质可对其混合物进行分离、提纯或鉴别。例如

$$\text{C}_6\text{H}_5\text{—NH}_2 \xrightarrow{\text{HCl}} \text{C}_6\text{H}_5\text{—NH}_3^+\text{Cl}^- \xrightarrow{\text{NaOH}} \text{C}_6\text{H}_5\text{—NH}_2 + \text{NaCl} + \text{H}_2\text{O}$$

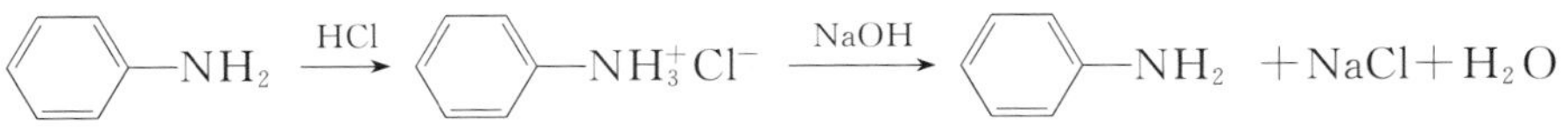

季铵碱的碱性与苛性碱相当。

??? 想一想

如何除去苯中少量的杂质苯胺?

2. 与亚硝酸的反应

亚硝酸不稳定,使用时由亚硝酸钠与盐酸或硫酸作用而产生。在强酸条件下,伯、仲、叔三类胺与亚硝酸的作用是各不相同的。脂肪族伯胺与亚硝酸作用生成醇、烯烃等,并定量地放出氮气。例如

$$RNH_2 \xrightarrow[\text{HCl}]{\text{NaNO}_2} RN_2^+Cl^- \longrightarrow N_2\uparrow + \text{醇、烯烃等}$$

此反应在合成上无实用价值,但由于能定量地放出氮气,因此可用于伯胺的测定和氨基的定量分析。

芳伯胺在低温下与亚硝酸盐的强酸水溶液反应,生成重氮盐,此反应称为重氮化反应。例如

$$\text{C}_6\text{H}_5\text{—NH}_2 \xrightarrow[0\sim5\text{℃}]{\text{NaNO}_2 + \text{HCl}} \text{C}_6\text{H}_5\text{—N}_2^+\text{Cl}^- \xrightarrow[\triangle]{\text{H}_2\text{O}} \text{C}_6\text{H}_5\text{—OH} + N_2\uparrow$$

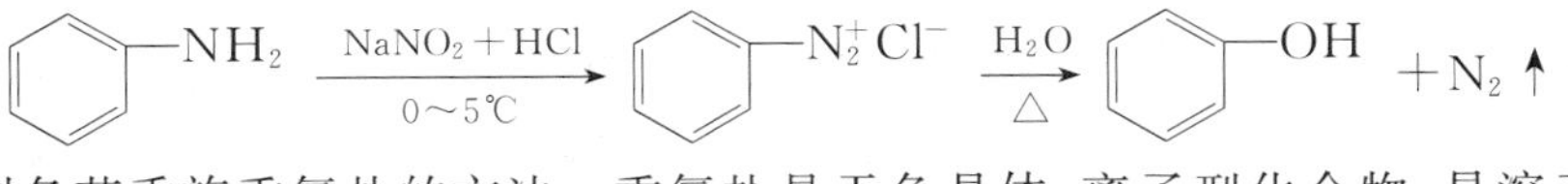

这是制备芳香族重氮盐的方法。重氮盐是无色晶体,离子型化合物,易溶于水,不溶于有机溶剂,其水溶液能导电。干燥的重氮盐极不稳定,受热或震动时易发生爆炸,所以重氮化反应一般都在水溶液中进行,且保持较低温度。生成的重氮盐不需分离,可直接用于下一步的合成反应中。

脂肪族和芳香族仲胺与亚硝酸反应,生成不溶于水的黄色油状物或黄色固体。例如

$$(CH_3CH_2)_2NH \xrightarrow{\text{NaNO}_2 + \text{HCl}} (CH_3CH_2)_2N\text{—N}\text{=}O$$
$$\text{N-亚硝基二乙胺(黄色)}$$

$$\bigcirc\!\!\!\!-NHCH_3 \xrightarrow{NaNO_2+HCl} \bigcirc\!\!\!\!-\overset{|}{\underset{CH_3}{N}}-N=O$$

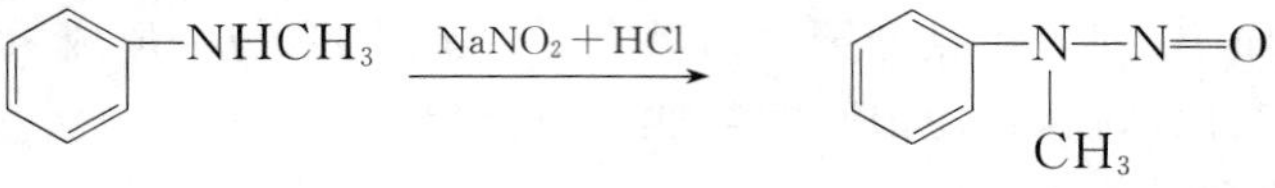

N-甲基-N-亚硝基苯胺(黄色)

N-亚硝基胺与盐酸共热,水解重新生成原来的仲胺。因此,该反应可用来鉴定和精制仲胺。

脂肪族叔胺因氮原子上没有氢原子,一般不与亚硝酸反应。芳香族叔胺与亚硝酸反应,生成对亚硝基取代物,若对位已被占据则生成邻位取代物。例如

$$(CH_3)_2N-\bigcirc\!\!\!\!-\xrightarrow[8\ ℃]{NaNO_2+HCl} (CH_3)_2N-\bigcirc\!\!\!\!-NO$$

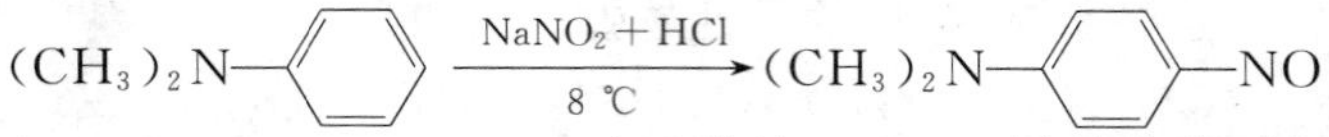

对亚硝基-N,N-二甲基苯胺(绿色晶体)

利用这个性质,可以鉴别伯、仲、叔胺。

练一练

用化学方法区别下列化合物。

1-丙胺;2-丙胺;N-甲基-N-乙基苯胺

3. 氧化反应

胺尤其是芳胺很容易被氧化,如纯净的苯胺是无色透明液体,但在空气中放置,会因被氧化而颜色变深,由无色逐渐变为黄色、浅棕色以至红棕色。氧化产物很复杂,其中包含了聚合、氧化、水解等反应产物。胺的氧化反应因氧化剂和反应条件不同而异。例如,苯胺用二氧化锰和硫酸氧化生成对苯醌:

$$\bigcirc\!\!\!\!^{NH_2} \xrightarrow[H_2SO_4]{MnO_2} \overset{O}{\underset{O}{\bigcirc}}$$

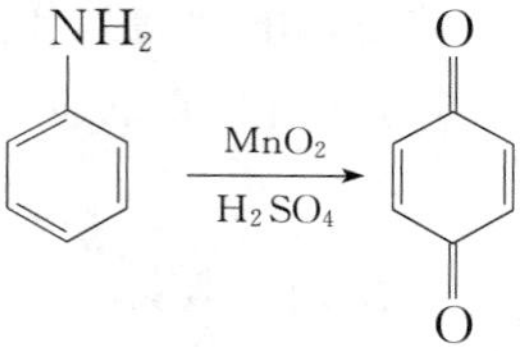

对苯醌还原后得到对苯二酚,这是工业生产对苯二酚的方法。

苯胺用酸性重铬酸钾氧化则生成苯胺黑,是一种结构很复杂的黑色染料。苯胺遇漂白粉溶液即呈明显的紫色,可用此来检验和鉴别苯胺。

4. 苯环上的取代反应

(1)卤代 苯胺与卤素很容易发生卤代反应。例如,在常温下苯胺与溴水作用,立即生成不溶于水的 2,4,6-三溴苯胺白色沉淀。此反应很难停留在一元取代阶段。

$$\bigcirc\!\!\!\!^{NH_2} \xrightarrow{Br_2} Br\overset{NH_2}{\underset{Br}{\bigcirc}}Br \downarrow +HBr$$

该反应定量进行,可用于苯胺的定性鉴定和定量分析。

若要制备一元卤代苯胺,则需先将氨基酰基化,以降低其活性之后再卤代。

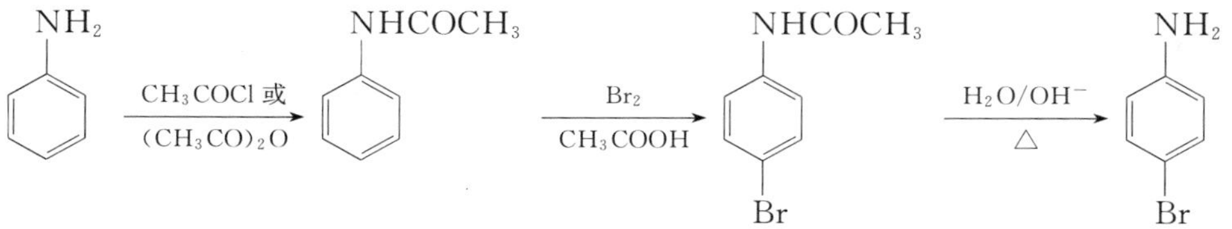

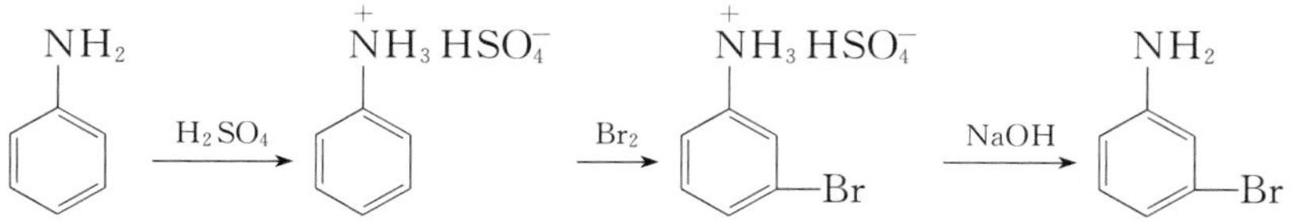

(2)硝化　胺易被氧化，为避免硝化副反应，可先将氨基“保护”起来，再进行硝化。根据产物的不同，采取不同的保护方法。

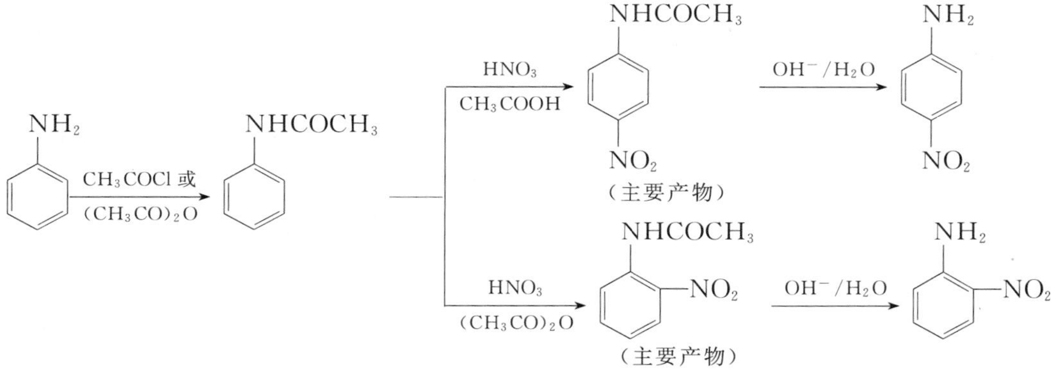

若要制备间硝基苯胺，可先将苯胺溶于浓硫酸中，使其转变为苯胺硫酸盐以保护氨基，然后再进行硝化，由于生成的$-NH_3^+$是间位定位基，故主要产物为间位取代产物。

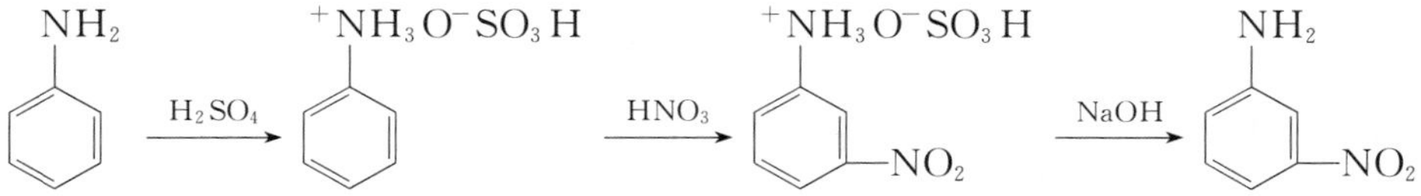

(3)磺化　苯胺可在常温下与浓硫酸反应，生成苯胺硫酸盐，将其在 180～190 ℃烘焙脱水，则重排为对氨基苯磺酸。

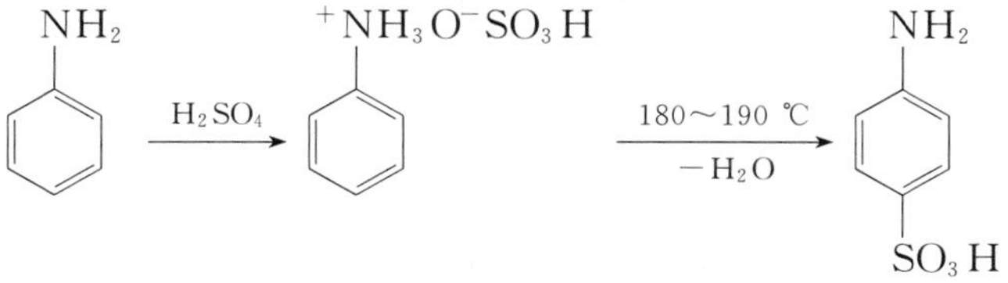

这是工业上生产对氨基苯磺酸的方法。对氨基苯磺酸，俗称磺胺酸，白色晶体，熔点 288 ℃，微溶于水，易溶于沸水，几乎不溶于乙醇、乙醚、苯等有机溶剂，是制备偶氮染料和磺胺药物的原料。

知识拓展

乙二胺为无色黏稠状液体，有氨味，沸点 116.5℃，可与水或乙醇混溶，其水溶液呈碱性。乙二胺是有机合成原料，主要用于制备药物、农药和乳化剂等，在塑料工业上可用作环氧树脂的固化剂。另外，乙二胺与氯乙酸在碱性溶液中反应，经酸化后得到乙二胺四乙酸，简称 EDTA。

EDTA 及其盐是分析化学中常用的金属螯合剂，用于配合和分离金属离子。EDTA 的二钠盐还是重金属中毒的解毒剂。

己二胺为无色片状晶体，熔点 42 ℃，沸点 196 ℃，微溶于水，溶于乙醇、乙醚、苯等有机溶剂。在工业上主要用于合成纤维、塑料等高分子聚合物，是尼龙-66、尼龙-610、尼龙-1010、尼龙-612 的单体。

苯胺为无色油状液体，沸点 184.1 ℃，微溶于水，易溶于有机溶剂，有毒。工业上用硝基苯还原和氯苯氨解法制得，但主要以硝基苯还原法为主。

硝基苯还原法一般是将硝基苯、铁粉和水在盐酸存在下还原而得到苯胺，反应如下：

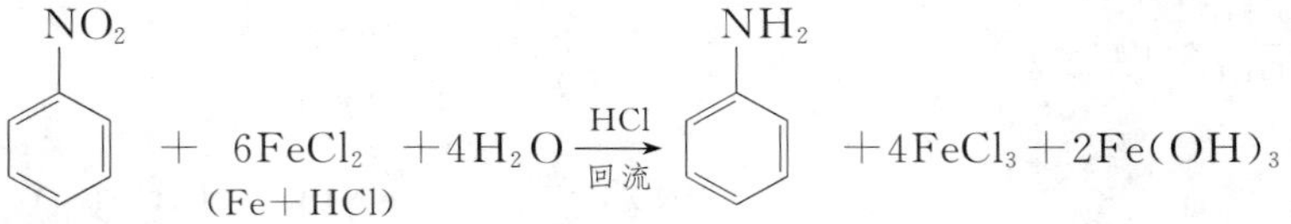

目前以逐渐采用硝基苯催化加氢制苯胺方法。该法产率高、排废（水、渣）少。反应如下：

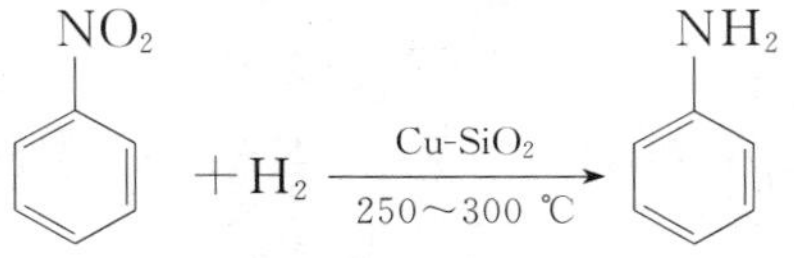

苯胺是重要的有机合成原料，主要用于橡胶、医药、染料、农药和炸药等工业。

12.3 重氮和偶氮化合物

12.3.1 重氮和偶氮化合物的结构特征和命名

重氮和偶氮化合物分子中都含—N_2—官能团。—N_2—官能团的两端均与烃基相连的化合物，称为偶氮化合物。例如

$CH_3—N═N—CH_3$

偶氮甲烷

偶氮苯

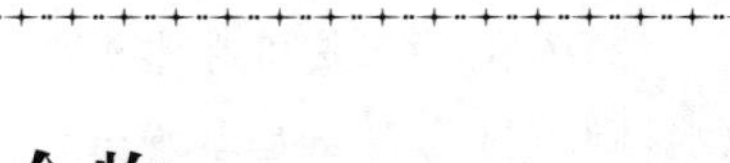

对羟基偶氮苯

—N_2—官能团的一端与烃基相连，另一端与非碳原子相连的化合物，称为重氮化合物。例如

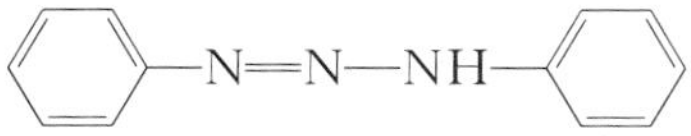

苯重氮氨基苯

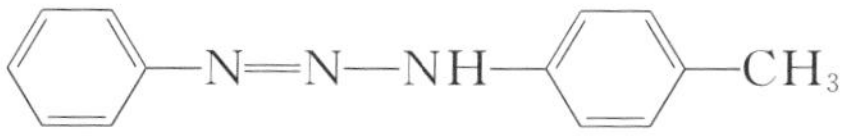

苯重氮氨基对甲苯

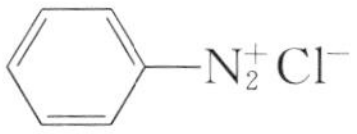

氯化重氮苯

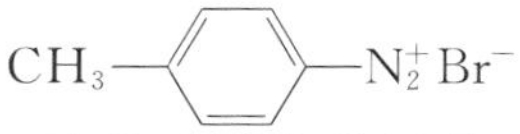

溴化对甲基重氮苯

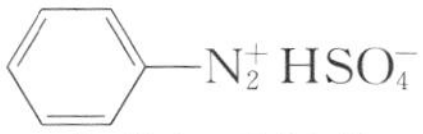

硫酸氢重氮苯

知识拓展

重氮和偶氮化合物都是合成的，不存在于自然界中。芳香族重氮化合物在有机合成和分析上用途广泛，而芳香族偶氮化合物则大多数从重氮化合物偶合而得，是重要的精细化工产品，如染料、药物、色素、指示剂、分析试剂等。目前偶氮染料占合成染料的60%以上。

12.3.2 重氮盐的性质

重氮盐是离子化合物，无色晶体，易溶于水，不溶于有机溶剂。干燥的重氮盐极不稳定，受热或震动易发生爆炸，因此重氮化反应一般都在水溶液中进行，且保持在0～5 ℃的较低温度。生成后的重氮盐无需从水溶液中分离，可直接用于下一步反应中。

重氮盐是活泼的中间体，可发生许多化学反应，主要分为放氮反应和保留氮的反应两类。

1. 放氮反应

【任务12-2】 完成下列转变。

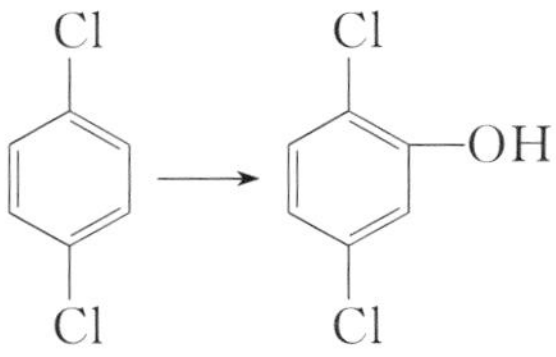

【任务12-3】 完成下列转变。

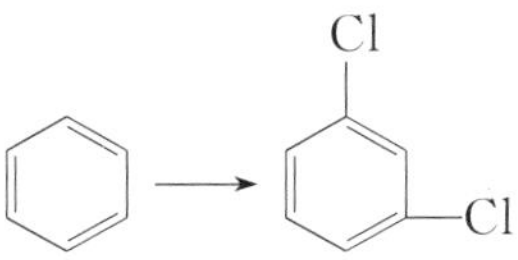

【任务12-4】 完成下列转变。

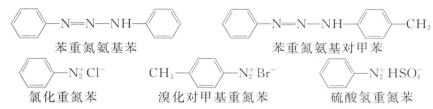

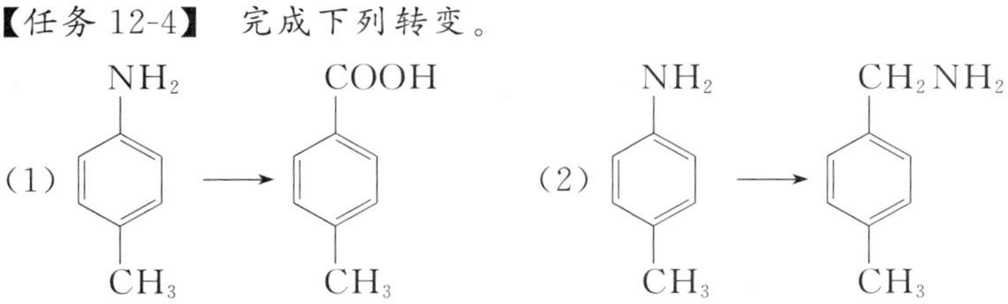

重氮基在一定条件下，可被氢原子、羟基、卤原子和氰基等原子或基团取代，并放出氮气。

(1)被氢原子取代 重氮盐与次磷酸(H_3PO_2)或乙醇等还原剂反应时，重氮基被氢原子取代。例如

$$\text{C}_6\text{H}_5\text{-N}_2^+\text{Cl}^- + \text{H}_3\text{PO}_2 + \text{H}_2\text{O} \longrightarrow \text{C}_6\text{H}_6 + \text{N}_2\uparrow + \text{H}_3\text{PO}_3 + \text{HCl}$$

$$\text{C}_6\text{H}_5\text{-N}_2^+\text{HSO}_4^- + \text{CH}_3\text{CH}_2\text{OH} \longrightarrow \text{C}_6\text{H}_6 + \text{N}_2\uparrow + \text{CH}_3\text{CHO} + \text{H}_2\text{SO}_4$$

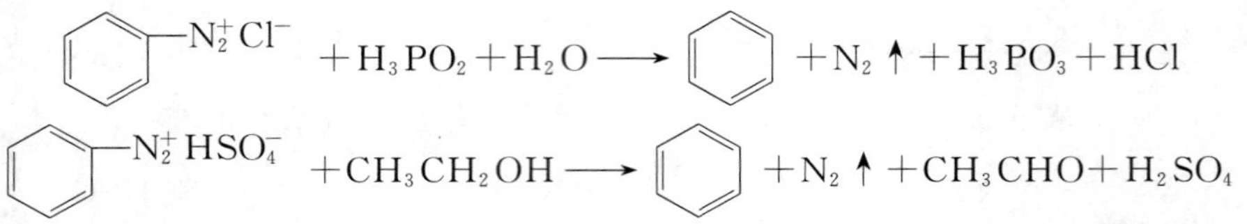

该反应在有机合成中作为从芳环上除去一个氨基（或硝基）的方法，或在特定位置上"占位"、"定位"，用以合成不易得到的一些化合物。例如，合成 1,3,5-三溴苯。

$$\text{C}_6\text{H}_6 \xrightarrow[\text{H}_2\text{SO}_4]{\text{HNO}_3} \text{C}_6\text{H}_5\text{NO}_2 \xrightarrow[\text{HCl}]{\text{Fe}} \text{C}_6\text{H}_5\text{NH}_2 \xrightarrow[\text{H}_2\text{O}]{\text{Br}_2} \text{(2,4,6-tribromoaniline)} \xrightarrow[0\sim5\ ℃]{\text{NaNO}_2,\text{H}_2\text{SO}_4}$$

$$\text{(2,4,6-tribromobenzenediazonium}\ \text{HSO}_4^-) \xrightarrow{\text{H}_3\text{PO}_2} \text{(1,3,5-tribromobenzene)}$$

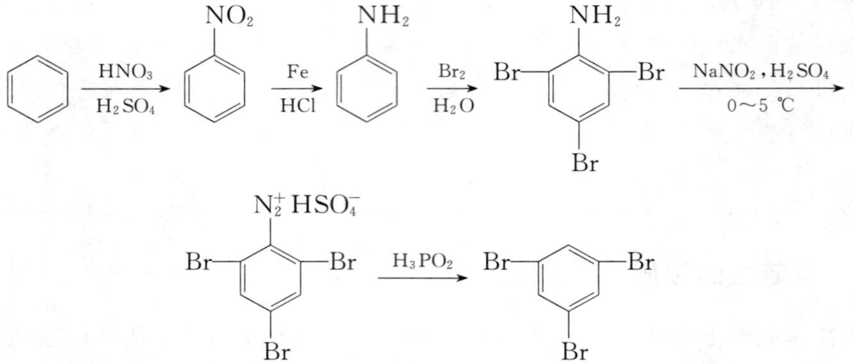

（2）被羟基取代　重氮盐在酸性水溶液中加热分解，生成酚并放出氮气。

$$\text{C}_6\text{H}_5\text{-N}_2\text{HSO}_4 \xrightarrow[\triangle]{\text{H}_2\text{O},\text{H}_2\text{SO}_4} \text{C}_6\text{H}_5\text{-OH} + \text{N}_2\uparrow + \text{H}_2\text{SO}_4$$

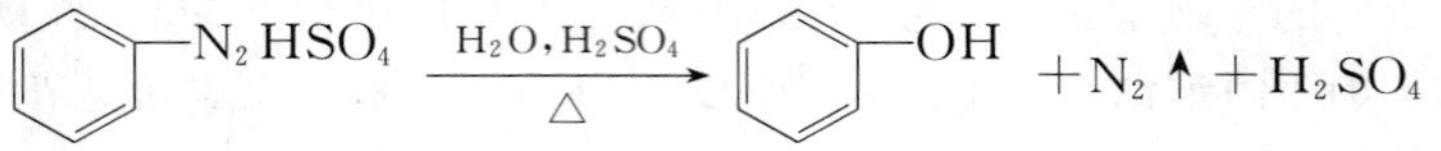

这是由氨基通过重氮盐制备酚的较好方法，产率一般为 50%～60%，此法主要用于制备无异构体的酚或用其他方法难以得到的酚。

【任务 12-2 解答】

$$\text{(1,4-dichlorobenzene)} \xrightarrow[\triangle]{\text{HNO}_3,\text{H}_2\text{SO}_4} \text{(2,5-dichloronitrobenzene)} \xrightarrow[\triangle]{\text{Fe},\text{HCl}} \text{(2,5-dichloroaniline)} \xrightarrow[0\sim5\ ℃]{\text{NaNO}_2,\text{H}_2\text{SO}_4}$$

$$\text{(2,5-dichlorobenzenediazonium}\ \text{N}_2^+\text{HSO}_4^-) \xrightarrow[\triangle]{\text{稀}\ \text{H}_2\text{SO}_4} \text{(2,5-dichlorophenol)}$$

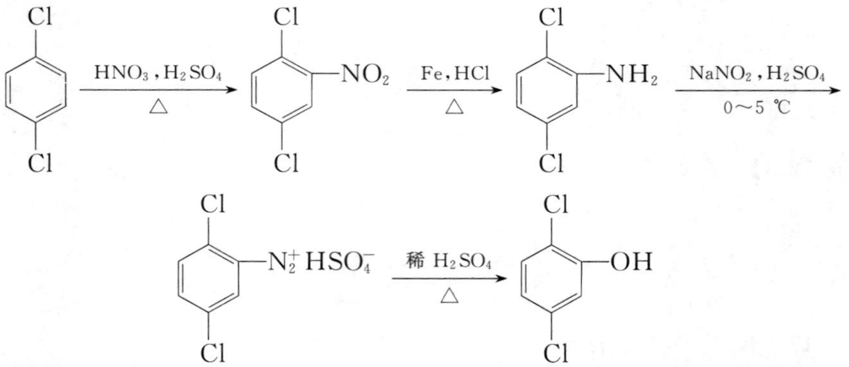

（3）被卤原子取代　重氮盐在氯化亚铜或溴化亚铜的酸性溶液作用下，重氮基被氯或溴原子取代，放出氮气。

$$\text{C}_6\text{H}_5\text{-N}_2\text{Cl} \xrightarrow[0\sim5\ ℃]{\text{CuCl},\text{HCl}} \text{C}_6\text{H}_5\text{-Cl} + \text{N}_2\uparrow$$

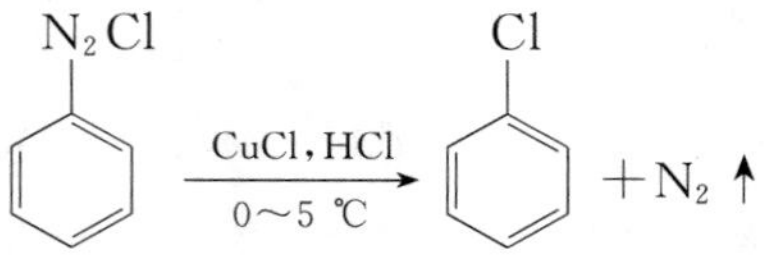

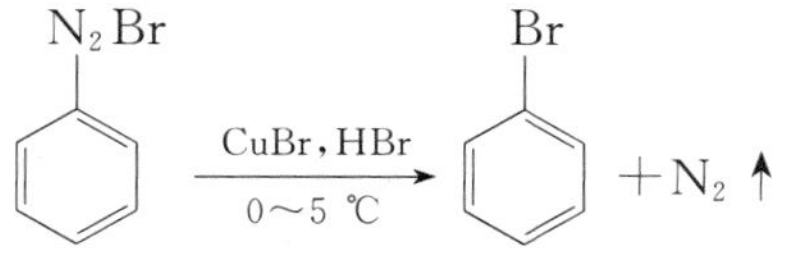

该反应常用于合成用其他方法不易或不能得到的一些卤代芳烃。

【任务 12-3 解答】

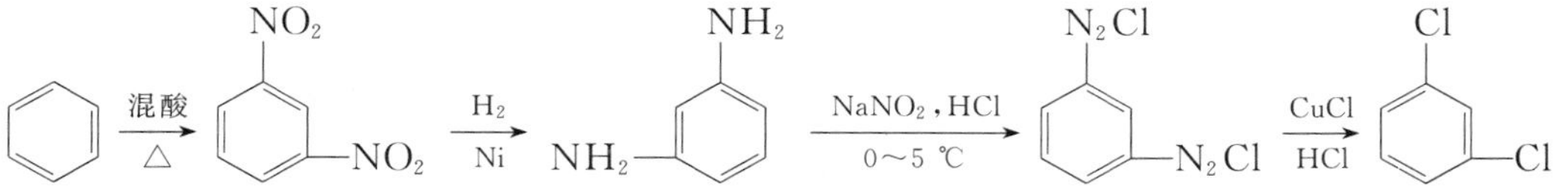

(4)被氰基取代　在氰化亚铜或铜粉存在下，重氮盐与氰化钾溶液作用，重氮基被氰基取代，生成芳腈。例如

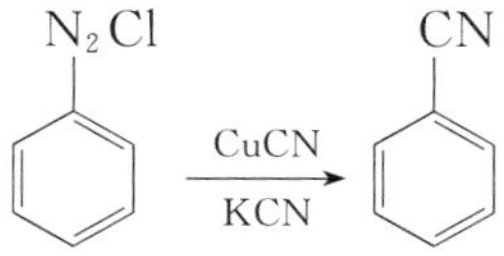

氰基可以水解成羧基或还原成氨甲基，这是通过重氮盐在芳环上引入羧基或氨甲基的一种方法。

【任务 12-4 解答】

(1)

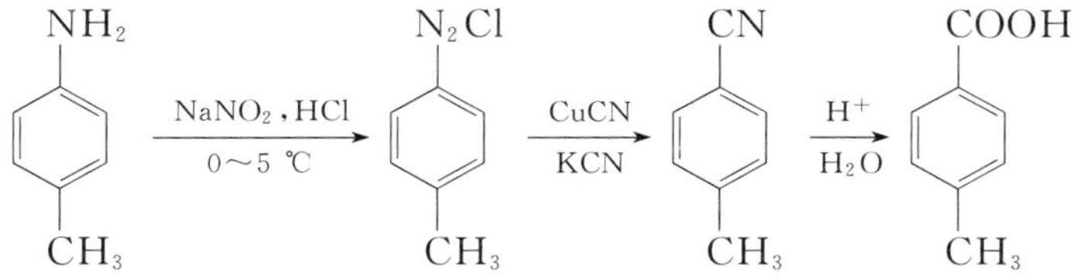

(2)

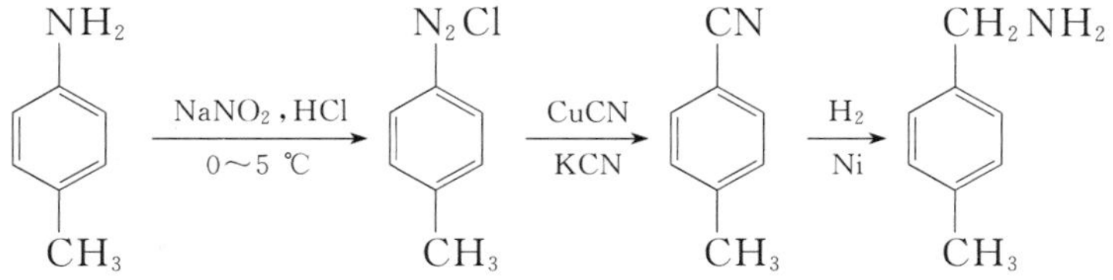

练一练

试写出反应方程式。

(1)由对甲苯胺合成间溴甲苯　(2)由对甲苯胺转化为间甲苯胺

(3)由乙酰苯胺合成对溴苯酚　(4)由硝基苯合成间溴氯苯

2. 保留氮的反应

重氮盐在反应后，重氮基的两个氮原子仍然保留在产物分子中，包括还原反应和偶合反应。

(1)还原反应　重氮盐与氯化亚锡和盐酸、亚硫酸钠、亚硫酸氢钠、二氧化硫等还原剂作用，被还原成苯肼。例如

知识拓展

　　苯肼为无色油状液体,其毒性较大,使用时应特别注意安全。苯肼是常用的羰基试剂,用于鉴定醛、酮和糖类化合物。也是合成药物及染料的重要原料。

　　(2)偶合反应　在适当的条件下,重氮盐与酚或芳胺作用,生成有颜色的偶氮化合物的反应,称为偶合反应或偶联反应。例如

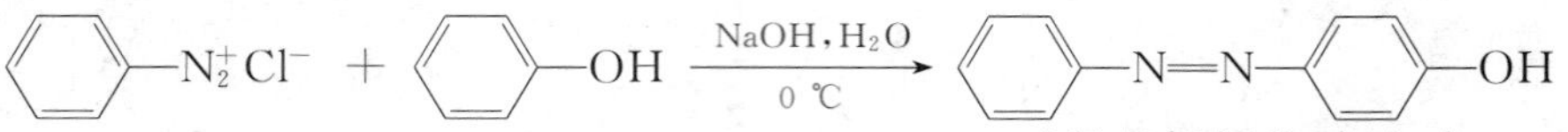

$$\text{—}N_2^+Cl^- + \text{—}OH \xrightarrow[0\ ℃]{NaOH,H_2O} \text{—}N=N\text{—}OH$$
对羟基偶氮苯(橘红色)

$$\text{—}N_2^+Cl^- + \text{—}N(CH_3)_2 \xrightarrow[0\ ℃]{CH_3COONa} \text{—}N=N\text{—}N(CH_3)_2$$
对二甲氨基偶氮苯(黄色)

　　偶合反应相当于在一个芳环上引入苯重氮基,只有比较活泼的芳烃衍生物(如酚、芳胺)才能与重氮盐发生偶合反应,生成偶氮化合物。

　　酚类的偶合反应通常在弱碱性介质(pH 为 8~10)中进行,芳胺的偶合通常在弱酸或中性介质(pH 为 5~7)中进行。

　　偶合反应所得到的偶氮化合物绝大多数都有颜色,可用作染料。因为分子中含有偶氮基,故又称为偶氮染料。

12.4　腈

12.4.1　腈的结构特征和命名

　　分子中含有氰基(—CN)的一类化合物,称为腈。腈可视为氢氰酸分子中的氢原子被烃基取代所生成的产物。氰基为碳氮叁键($C≡N$),与炔烃的碳碳叁键相似,可以发生各种加成反应。氰基是强极性基团,这决定了其水溶性强。

　　腈根据分子中所含碳原子数(包括 CN 中的碳原子)称为某腈。例如

CH_3CN　　　　$CH_2=CH—CN$　　　　$NC(CH_2)_4CN$　　　　$\text{—}CN$

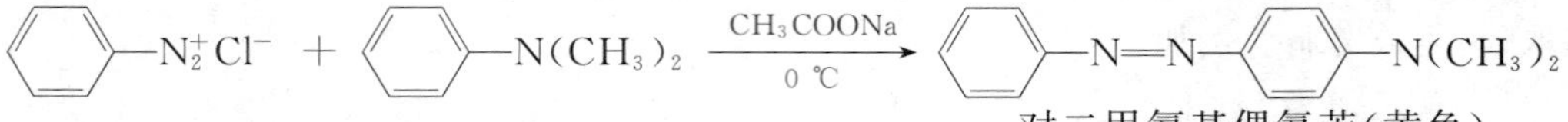

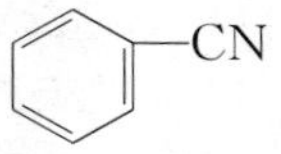

乙腈　　　　　丙烯腈　　　　　己二腈　　　　　苯甲腈

结构复杂的腈则以烃为母体,氰基作为取代基来命名。例如:

$CH_3CH_2CH_2\underset{\underset{CN}{|}}{C}HCH_2CH_3$　　　　$CH_3\underset{\underset{CN}{|}}{C}HCH_3$　　　　$CN\text{—}SO_3H$

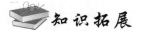

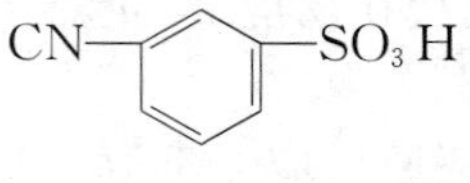

3-氰基己烷　　　　　异丁腈　　　　　间-氰基苯磺酸

12.4.2　腈的性质

低级腈为无色液体,高级腈为固体。腈的沸点与相对分子质量相当的醇相近,但低于羧酸。低级腈能溶于水,但随相对分子质量的增加,其溶解度迅速降低,丁腈以上难溶于水。腈能溶解许多极性和非极性物质,并能溶解许多无机盐类,因此,是一类优良的溶剂。

纯腈无毒,但通常腈中都含有少量异腈,而异腈是毒性很强的物质。

腈的化学性质比较活泼,可以发生水解、醇解和还原等反应。

1. 水解反应

腈在酸或碱的催化下,加热能水解生成羧酸或羧酸盐。例如

$$CH_3CH_2CH_2CN \xrightarrow[\triangle]{H_2O, H^+} CH_3CH_2CH_2COOH$$

$CH_2CH_2CN \xrightarrow[\triangle]{H_2O, NaOH}$ ⬡CH_2CH_2COONa

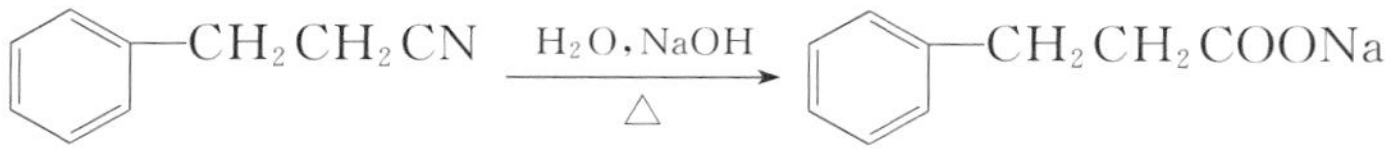

2. 醇解

腈在酸催化下,与醇反应生成酯。

$$CH_3CH_2CH_2CN \xrightarrow[H^+]{CH_3OH} CH_3CH_2CH_2COOCH_3 + NH_3 \uparrow$$

3. 还原反应

腈催化加氢或用还原剂(如 $LiAlH_4$)还原,生成相应伯胺,这是制备伯胺的一种方法。例如

$$CH_3CN \xrightarrow{H_2, Ni} CH_3CH_2NH_2$$

⬡$-CN \xrightarrow{LiAlH_4}$ ⬡$-CH_2NH_2$

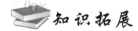

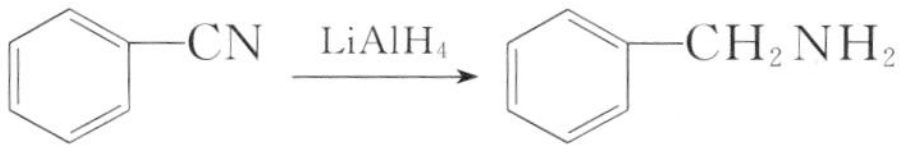

📚 知识拓展

乙腈为无色液体,沸点 80～82 ℃,有芳香气味,有毒,可溶于水和乙醇。水解生成乙酸,还原得到乙胺,通常以聚体或三聚体存在。工业上由碳酸二甲酯与氰化钠作用或由乙炔与氨在催化剂存在下制得,也可由乙酰胺脱水制备。

丙烯腈是无色挥发液体,具有桃仁气味,沸点 77.3 ℃,可与许多有机溶剂(如丙酮、苯、乙醚、甲醇等)无限混溶,20 ℃时丙烯腈在水中溶解度为 10.8%(质量分数)。丙烯腈主要以丙烯为原料,可以氨氧化法生产。

聚丙烯腈多采用溶液聚合或乳液聚合生产。另外,也可采用丙烯腈与其他单体共聚以进行改性。例如,丙烯腈与丙烯酸甲酯和衣康酸共聚,以改进其柔软性和染色性。

由聚丙烯腈或丙烯腈占 85% 以上的共聚物制得的纤维称为聚丙烯腈纤维,中国商品名为腈纶。因其柔软性和保暖性好,近似羊毛,俗称"合成羊毛"。腈纶广泛用于混纺和纯纺,做各种衣料、人造毛、毛毯、拉毛织物等。

本章小结

- 含氮化合物
  - 芳香族硝基化合物
    - 芳烃分子中的氢原子被硝基取代后的化合物，称为芳香族硝基化合物
    - 命名时，硝基总是作为取代基，再按芳烃衍生物命名方法来命名
    - 硝基是不饱和基团，可被还原成氨基；硝基是间位定位基，且使苯环钝化
  - 胺
    - 可看成是氨的烃基衍生物，由此可分为伯、仲、叔胺和季铵
    - 简单胺命名：烃基＋胺；复杂胺：氨基＋烃
    - 胺有弱碱性可生成铵盐；与亚硝酸反应可用作鉴别，其中芳香族伯胺可制备重氮盐；易氧化；酰基化生成酰基衍生物；芳胺的邻对位易发生取代反应
  - 重氮和偶氮化合物
    - 分子中都含 —N_2— 官能团。如果该官能团的两端都分别与烃基相连，该化合物称为偶氮化合物；若该官能团的一端与烃基相连，另一端与非碳原子相连，则该化合物称为重氮化合物
    - 失去氮的反应：被氢取代 —— 从苯环上除氨基或硝基
被羟基取代 —— 生成酚
被卤原子取代 —— 生成芳烃的卤素衍生物
被氰基取代 —— 生成芳氰、芳酸
    - 保留氮的反应：还原反应 —— 生成肼的衍生物，用作鉴别醛、酮和糖类
偶合反应 —— 生成偶氮化合物，可作为染料
  - 腈
    - 腈是分子中含有氰基(—CN)官能团的一类化合物，可以看做是氢氰酸分子中的氢原子被烃基取代所生成的产物，通式为 R—CN
    - 腈的性质：水解 —— 生成羧酸
醇解 —— 生成酯
还原 —— 生成伯胺

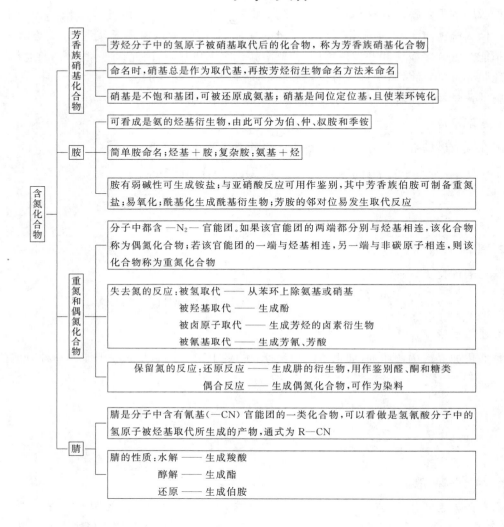

自测题

一、填空题

1. 命名下列化合物。

(1) 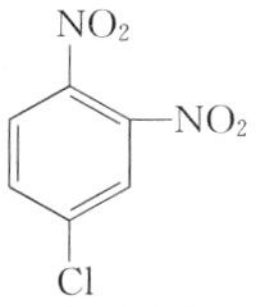	(2) 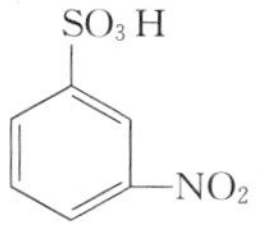	(3) 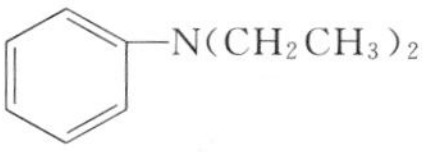
(4) 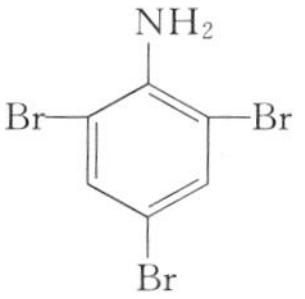	(5) $(CH_3CH_2CH_2)_4N^+OH^-$	(6) $CH_3CH_2CH_2CN$

2. 写出下列化合物的构造式。

(1)1,4-丁二胺__________　　(2)α-萘胺__________

(3)甲乙胺__________　　(4)环己胺__________

(5)氢氧化二甲基乙基正丙基铵__________

(6)对硝基-N-乙基苯胺__________

3. 完成下列反应方程式。

(1)  $\xrightarrow[50\sim60\ ℃]{HNO_3,浓\ H_2SO_4}$(　　　　) $\xrightarrow[100\sim110\ ℃]{HNO_3,浓\ H_2SO_4}$(　　　　) $\xrightarrow[Ni]{H_2}$(　　　　)

(2) $CH_3CH_2CH_2OH \xrightarrow[H_2SO_4]{HBr}$(　　　　) $\xrightarrow{NaCN}$(　　　　) $\xrightarrow[Ni]{H_2}$(　　　　)

(3) $CH_3CH_2CH_2CH_2CONH_2 \xrightarrow[NaOH]{Cl_2}$(　　　　)

(4) 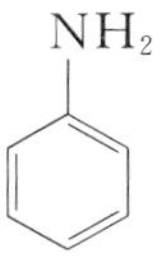 $\xrightarrow{H^+}$(　　　　) $\xrightarrow[\triangle]{H_2SO_4}$(　　　　) $\xrightarrow[\triangle]{NaOH}$(　　　　)

(5) 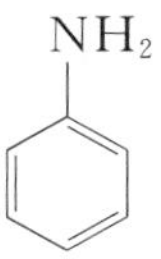 $\xrightarrow[H_2O]{Br_2}$(　　　　)

(6) $CH_3CH_2CH_2CH_2OH \xrightarrow[H_2SO_4]{Na_2Cr_2O_7}$(　　　　) $\xrightarrow{NH_3}$(　　　　) $\xrightarrow{P_2O_5}$(　　　　)

(7) 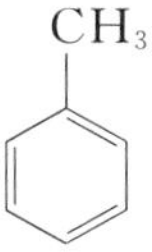 $\xrightarrow[H_2SO_4]{KMnO_4}$(　　　　) $\xrightarrow[\triangle]{NH_3}$(　　　　) $\xrightarrow[\triangle]{P_2O_5}$(　　　　)

$$(8) \quad \underset{\text{CH}_3}{\bigcirc} \quad \xrightarrow{\text{Cl}_2} (\qquad) \xrightarrow{\text{NaCN}} (\qquad) \xrightarrow[\text{H}_2\text{O}]{\text{H}^+} (\qquad)$$

二、判断题（正确的画"√"，错误的画"×"）

1. 硝基苯不溶于水，比水轻，有毒。 （　　）

2. 芳香族硝基化合物命名时，硝基总是作为取代基的。 （　　）

3. 2,4,6-三硝基苯酚的酸性小于无机酸碳酸。 （　　）

4. 季铵碱易溶于水，是强碱，其碱性与氢氧化钠相当。 （　　）

5. 常温下，苯胺与溴水加成立即生成白色沉淀，依此可鉴别苯胺。 （　　）

6. 烷基苯氧化是苯环上引入羧基的唯一方法。 （　　）

7. 由苯合成 1,3,5-三溴苯，可以通过三次取代溴化得到。 （　　）

8. 重氮盐不稳定，所以重氮化反应一般在低温（0～5 ℃）下进行。 （　　）

9. 叔胺加入亚硝酸反应生成绿色固体，可依此鉴别出所有叔胺。 （　　）

三、选择题

1. 下列化合物中可以在常温下水解的是（　　）。

A. 氯苯 　　　　　　　　　B. 邻硝基氯苯

C. 2,4-二硝基氯苯 　　　　　D. 2,4,6-三硝基氯苯

2. 下列化合物酸性最强的是（　　）。

A. 苯酚 　　　　　　　　　B. 邻硝基苯酚

C. 2,4-二硝基苯酚 　　　　　D. 2,4,6-三硝基苯酚

3. 下列化合物酸性最弱的是（　　）。

A. 苯酚 　　　　　　　　　B. 邻硝基苯酚

C. 2,4-二硝基苯酚 　　　　　D. 2,4,6-三硝基苯酚

4. 下列胺中属于叔胺的是（　　）。

$$\text{A.} \quad \underset{\underset{\text{CH}_3}{|}}{\overset{\overset{\text{CH}_3}{|}}{\text{CH}_3-\text{C}-\text{NH}_2}} \qquad\qquad \text{B.} \quad \underset{\underset{\text{CH}_3}{|}}{\overset{\overset{\text{CH}_3}{|}}{\text{CH}_3-\text{N}}}$$

$$\text{C.} \quad \underset{\underset{\text{CH}_3}{|}}{\text{CH}_3\text{CNHCH}_3} \qquad\qquad \text{D. } \text{CH}_3\text{CH}_2\text{NH}_2$$

5. 下列化合物中碱性最强的是（　　）。

A. 氢氧化四甲胺 　B. 苯胺 　　　　C. 二甲胺 　　　　D. 氨

6. 下列化合物中碱性最弱的是（　　）。

A. 氢氧化四甲铵 　B. 苯胺 　　　　C. 二甲胺 　　　　D. 氨

7. 卤代烷与氨作用生成胺，若卤代烷过量，则产物为（　　）。

A. 伯胺 　　　　　B. 仲胺 　　　　C. 叔胺 　　　　D. 季铵盐

8. 在常温下加溴水，无现象的是（　　）。

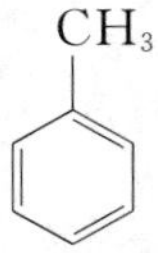

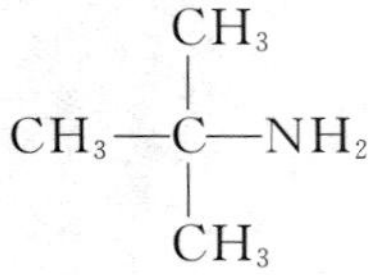

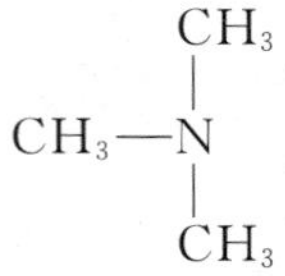

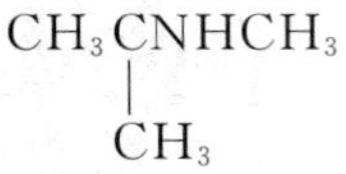

A. 苯胺　　B. 苯酚　　C. 环丙烷　　D. 环丁烷

9. 下列基团不能靠重氮盐反应引入苯环的是(　　)。

A. —OH　　B. —X　　C. $—CH_3$　　D. —CN

10. 下列哪个反应不能用来制备腈(　　)。

A. 卤烃与氰化钠反应　　B. 酰胺脱水反应

C. 霍夫曼降级反应　　D. 重氮基被氰基取代

四、综合题

1. 以苯为原料合成：

(1)对硝基苯酚　　(2)邻二氯苯

(3) 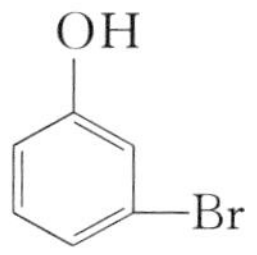

(4) 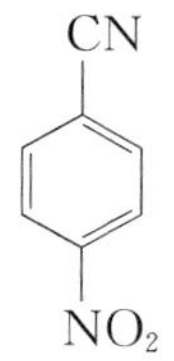

2. 由苯胺合成间硝基苯胺。

3. 由乙烯合成丁二胺。

4. 由丁醇合成丙胺。

5. 对硝基苯胺合成 1,2,3-三溴苯。

6. 以甲苯为原料合成：

(1)邻甲苯酚　　(2)对甲苯酚

7. 用化学方法鉴别下列各组化合物。

(1) 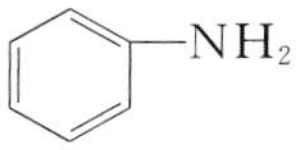　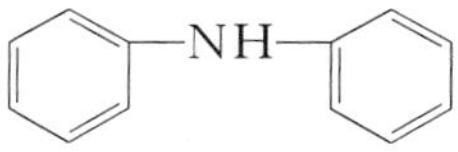　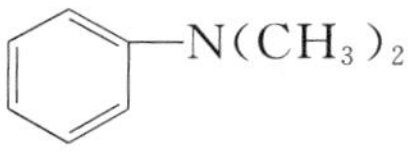

(2)苯胺、苯乙烯、苯酚和硝基苯

五、问答题

1. 将下列各组化合物按其碱性由弱至强的顺序排列。

(1)氨、苯胺、环己胺。

(2)苯胺、二苯胺、二甲胺、氨、氢氧化四甲胺。

2. 比较甲胺、二甲胺和三甲胺的碱性强弱，并说明为什么三种物质甲胺的碱性居中？

3. A 的分子式为 $C_7H_7NO_2$，与 Fe+HCl 反应生成 B：C_7H_9N；B 和 $NaNO_2$+HCl 在 0～5 ℃下反应，生成盐 C：$C_7H_7ClN_2$；在稀盐酸中 C 与 CuCN 反应，生成 D：C_8H_7N；D 在稀酸中水解得有机酸 E：$C_8H_8O_2$；E 用 $KMnO_4$ 氧化得到另一种酸 F；F 受热时生成酸酐 G：$C_8H_4O_3$。试写出 A～G 的构造式。

参 考 文 献

[1]王宝仁.无机化学(理论篇).第4版.大连:大连理工大学出版社,2018
[2]王宝仁.无机化学.第4版.北京:化学工业出版社,2022
[3]高琳.基础化学.第4版.北京:高等教育出版社,2019
[4]赵玉娥.基础化学.第3版.北京:化学工业出版社,2015
[5]朱裕贞,顾达,黑恩成.现代基础化学.第3版.北京:化学工业出版社,2010
[6]张法庆.有机化学.第4版.北京:化学工业出版社,2021
[7]胡伟光,张桂珍.无机化学.第4版.北京:化学工业出版社,2021
[8]初玉霞,有机化学.第4版.北京:化学工业出版社,2020
[9]初玉霞,王纪丽,黄桂芝编.有机化学学习指导.北京:化学工业出版社,2006
[10]叶芬霞.无机及分析化学.北京:高等教育出版社,2004
[11]黄一石,乔子荣.定量化学分析.第3版.北京:化学工业出版社,2014
[12]古国榜,李朴.无机化学.第4版.北京:化学工业出版社,2015
[13]高鸿宾.有机化学.第4版.北京:高等教育出版社,2005
[14]王正烈,周亚萍.物理化学.第4版.北京:高等教育出版社,2003
[15]刘军,张雯雯,申玉双.有机化学.第3版.北京:化学工业出版社,2015
[16]梁玉华,白守礼.物理化学.北京:化学工业出版社,1996
[17]石慧,刘德秀.分析化学.第3版.北京:化学工业出版社,2020
[18]高职高专化学教材编写组.分析化学.第4版.北京:高等教育出版社,2014

附 录

附录一 一些物质的热力学数据(298.15 K)

物质	化学式(物态)	$\Delta_f H_m^\ominus$/(kJ/mol)	$\Delta_f G_m^\ominus$/(kJ/mol)	$S_m^\ominus$/[J/(K·mol)]
银	Ag(s)	0	0	42.55
溴化银	AgBr(s)	−100.37	−96.90	107.1
氯化银	AgCl(s)	−127.07	−109.79	96.2
碘化银	AgI(s)	−61.84	−66.19	115.5
铝	Al(s)	0	0	28.33
氧化铝(刚玉)	Al_2O_3(s)	−1675.7	−1582.3	50.92
溴	Br_2(l)	0	0	152.23
溴	Br_2(g)	30.91	3.11	245.46
石墨	C(s)	0	0	5.74
金刚石	C(s)	1.895	2.90	2.38
四氯化碳	CCl_4(l)	−135.44	−65.21	216.40
四氯化碳	CCl_4(g)	−102.9	−60.59	309.85
一氧化碳	CO(g)	−110.52	−137.17	197.67
二氧化碳	CO_2(g)	−393.51	−394.36	213.74
二硫化碳	CS_2(l)	89.70	65.27	151.34
二硫化碳	CS_2(g)	117.36	67.12	237.84
碳化钙	CaC_2(s)	−59.8	−64.9	69.96
方解石	$CaCO_3$(s)	−1206.92	−1128.79	92.9
氯化钙	$CaCl_2$(s)	−795.8	−748.1	104.6
氧化钙	CaO(s)	−635.09	−604.03	39.75
氢氧化钙	$Ca(OH)_2$(s)	−986.59	−896.69	76.1
氯气	Cl_2(g)	0	0	223.07
铜	Cu(s)	0	0	33.15
氧化铜	CuO(s)	−157.3	−129.7	42.63
氧化亚铜	Cu_2O(s)	−168.6	−146.0	93.14
氟气	F_2(g)	0	0	202.78
氧化铁(赤铁矿)	Fe_2O_3(s)	−824.2	−742.2	87.4
四氧化三铁(磁铁矿)	Fe_3O_4(s)	−1118.4	−1015.4	146.4
硫酸亚铁	$FeSO_4$(s)	−928.4	−820.8	107.5
氢气	H_2(g)	0	0	130.68

（续表）

物质	化学式(物态)	$\Delta_f H_m^\ominus$/(kJ/mol)	$\Delta_f G_m^\ominus$/(kJ/mol)	$S_m^\ominus$/[J/(K·mol)]
溴化氢	HBr(g)	−36.4	−53.45	198.70
氯化氢	HCl(g)	−92.31	−95.30	186.91
氟化氢	HF(g)	−271.1	−273.2	175.78
碘化氢	HI(g)	26.48	1.70	206.59
氰化氢	HCN(g)	135.1	124.7	201.78
硝酸	HNO_3(l)	−174.10	−80.71	155.60
硝酸	HNO_3(g)	−135.10	−74.72	266.38
磷酸	H_3PO_4(s)	−1279.0	−1119.1	110.50
水	H_2O(l)	−285.83	−237.13	69.91
水	H_2O(g)	−241.82	−228.57	188.83
硫化氢	H_2S(g)	−20.63	−33.56	205.79
硫酸	H_2SO_4(l)	−813.99	−690.00	156.90
氯化亚汞	Hg_2Cl_2(s)	−265.22	−210.75	192.5
氯化汞	$HgCl_2$(s)	−224.3	−178.6	146.0
碘	I_2(s)	0	0	116.14
碘	I_2(g)	62.44	19.33	260.69
氯化钾	KCl(s)	−436.75	−409.14	82.59
硝酸钾	KNO_3(s)	−494.63	−394.86	133.05
硫酸钾	K_2SO_4(s)	−1437.79	−1321.37	175.56
硫酸氢钾	$KHSO_4$(s)	−1160.6	−1031.3	138.1
镁	Mg(s)	0	0	32.68
氧化镁	MgO(s)	−601.70	−569.43	26.94
氢氧化镁	$Mg(OH)_2$(s)	−924.54	−833.51	63.18
氮气	N_2(g)	0	0	191.61
氨气	NH_3(g)	−46.11	−16.45	192.45
氯化铵	NH_4Cl(s)	−314.43	−202.87	94.6
一氧化氮	NO(g)	90.25	86.55	210.76
二氧化氮	NO_2(g)	33.18	51.31	240.06
氧化二氮	N_2O(g)	82.05	104.20	219.85
氯化钠	NaCl(s)	−411.15	−384.14	72.13
硝酸钠	$NaNO_3$(s)	−467.85	−367.00	116.52
氢氧化钠	NaOH(s)	−425.61	−379.49	64.46
碳酸钠	Na_2CO_3(s)	−1130.68	−1044.44	134.98
碳酸氢钠	$NaHCO_3$(s)	−950.81	−851.0	101.7
硫酸钠	Na_2SO_4(s,正交晶系)	−1387.08	−1270.16	149.58
氧气	O_2(g)	0	0	205.14
臭氧	O_3(g)	132.7	163.2	238.93
白磷	P(α-白磷)	0	0	41.09
红磷	P(s，三斜晶系)	−17.6	−12.1	22.80
磷	P(g,白磷)	58.91	24.44	279.98
三氯化磷	PCl_3(g)	−297.0	−267.8	311.78
五氯化磷	PCl_5(g)	−374.9	−305.0	364.58
硫	S(s,正交晶系)	0	0	31.80
硫	S(g)	278.81	238.25	167.82

(续表)

物质	化学式(物态)	$\Delta_f H_m^\ominus$/(kJ/mol)	$\Delta_f G_m^\ominus$/(kJ/mol)	$S_m^\ominus$/[J/(K·mol)]
硅	Si(s)	0	0	18.83
二氧化硅	SiO_2(s,石英)	−910.94	−856.64	41.84
二氧化硅	SiO_2(s,无定形)	−903.49	−850.70	46.9
锌	Zn(s)	0	0	41.63
氧化锌	ZnO(s)	−348.28	−318.30	43.64
甲烷	CH_4(g)	−74.81	−50.72	186.26
乙烷	C_2H_6(g)	−84.68	−32.82	229.60
丙烷	C_3H_8(g)	−103.85	−23.37	270.02
正丁烷	C_4H_{10}(g)	−126.15	−17.02	310.23
异丁烷	C_4H_{10}(g)	−134.52	−20.75	294.75
正己烷	C_6H_{14}(l)	−167.19	−0.05	388.51
环己烷	C_6H_{12}(l)	−123.14	31.92	298.35
环己烯	C_6H_{10}(l)	−5.36	106.99	310.86
乙烯	C_2H_4(g)	52.26	68.15	219.56
乙炔	C_2H_2(g)	226.73	209.20	200.94
苯	C_6H_6(l)	49.04	124.45	173.26
苯	C_6H_6(g)	82.93	129.73	269.31
甲苯	$C_6H_5CH_3$(l)	12.01	113.89	220.96
甲苯	$C_6H_5CH_5$(g)	50.00	122.11	320.77
乙苯	$C_6H_5C_2H_5$(l)	−12.47	119.86	255.18
苯乙烯	$C_6H_5CH{=}CH_2$(g)	103.89	202.51	237.57
乙醚	$(C_2H_5)_2O$(l)	−279.5	−122.75	253.1
乙醚	$(C_2H_5)_2O$(g)	−252.21	−112.19	342.78
甲醇	CH_3OH(l)	−238.66	−166.27	126.8
甲醇	CH_3OH(g)	−200.66	−161.96	239.81
乙醇	C_2H_5OH(l)	−277.69	−174.74	160.81
乙醇	C_2H_5OH(g)	−235.10	−168.49	282.70
乙二醇	$(CH_2OH)_2$(l)	−454.80	−323.08	166.9
甲醛	HCHO (g)	−108.57	−102.53	218.77
乙醛	CH_3CHO(l)	−192.30	−128.12	160.2
丙酮	$(CH_3)_2CO$(l)	−248.1	−133.28	200.4
苯酚	C_6H_5OH(s)	−165.02	−50.31	144.01
甲酸	HCOOH (l)	−424.72	−361.35	128.95
乙酸	CH_3COOH(l)	−484.5	−389.9	159.8
乙酸	CH_3COOH(g)	−432.25	−374.0	282.5
苯甲酸	C_6H_5COOH	−385.14	−245.14	167.57
乙酸乙酯	$C_4H_8O_2$(l)	−479.03	−332.55	259.4
氯仿	$CHCl_3$(l)	−134.47	−73.66	201.7
氯仿	$CHCl_3$(g)	−103.14	−70.34	295.71
溴乙烷	C_2H_5Br(l)	−92.01	−27.7	198.7
溴乙烷	C_2H_5Br(g)	−64.52	−26.48	286.71
四氯化碳	CCl_4(l)	−135.44	−65.21	216.40
四氯化碳	CCl_4(g)	−102.9	−60.59	309.85

附录二　一些物质的标准摩尔燃烧焓(298.15 K)

物质	化学式(物态)	$-\Delta_c H_m^{\ominus}$/(kJ/mol)	物质	化学式	$-\Delta_c H_m^{\ominus}$/(kJ/mol)
石墨	C(s)	393.5	乙醛	CH_3CHO(l)	1166.4
一氧化碳	CO (g)	283.0	丙醛	C_2H_5CHO(l)	1816.3
氢气	H_2(g)	285.8	丙酮	$(CH_3)_2CO$(l)	1790.4
甲烷	CH_4(g)	890.3	甲乙酮	$CH_3COC_2H_5$(l)	2444.2
乙烷	C_2H_6(g)	1559.8	甲酸	HCOOH (l)	254.6
丙烷	C_3H_8(g)	2219.9	乙酸	CH_3COOH(l)	874.5
正丁烷	C_4H_{10}(g)	2878.5	丙酸	C_2H_5COOH(l)	1527.3
正戊烷	C_5H_{12}(l)	3509.5	正丁酸	C_3H_7COOH(l)	2183.5
正戊烷	C_5H_{12}(g)	3536.1	丙二酸	$CH_2(COOH)_2$(s)	861.2
乙烯	C_2H_4(g)	1411.0	丁二酸	$(CH_2COOH)_2$(s)	1491.0
乙炔	C_2H_2(g)	1299.6	乙酸酐	$(CH_3CO)_2O$(l)	1806.2
环丙烷	C_3H_6(g)	2091.5	甲酸甲酯	$HCOOCH_3$(l)	979.5
环丁烷	C_4H_8(l)	2720.5	苯酚	C_6H_5OH(s)	3053.5
环戊烷	C_5H_{10}(l)	3290.9	苯甲醛	C_6H_5CHO (l)	3527.9
环己烷	C_6H_{12}(l)	3919.9	苯乙酮	$C_6H_5COCH_3$(l)	4148.9
苯	C_6H_6(l)	3267.5	苯甲酸	C_6H_5COOH (s)	3226.9
萘	$C_{10}H_8$(s)	5153.9	邻苯二甲酸	$C_6H_4(COOH)_2$(s)	3223.5
甲醇	CH_3OH(l)	726.5	苯甲酸甲酯	$C_6H_5COOCH_3$(l)	3957.6
乙醇	C_2H_5OH(l)	1366.8	蔗糖	$C_{12}H_{22}O_{11}$(s)	5640.9
正丙醇	C_3H_7OH(l)	2019.8	甲胺	CH_3NH_2(l)	1060.6
正丁醇	C_4H_9OH(l)	2675.8	乙胺	$C_2H_5NH_2$(l)	1713.3
甲乙醚	$CH_3O\ C_2H_5$(g)	2107.4	尿素	$(NH_2)_2CO$ (s)	631.7
乙醚	$(C_2H_5)_2O$(l)	2751.1	吡啶	C_2H_5N (l)	2782.4
甲醛	HCHO (g)	570.8	乙酸乙酯	$C_4H_8O_2$(l)	2246.4

附录三　常见弱酸弱碱的解离常数(298.15 K)

1. 弱酸在水中的解离常数

物质	化学式	$K_{a1}^{\ominus}$	$K_{a2}^{\ominus}$	$K_{a3}^{\ominus}$
铝酸	H_3AlO_3	6.3×10^{-12}		
砷酸	H_3AsO_4	6.3×10^{-3}	1.0×10^{-7}	3.2×10^{-12}
亚砷酸	$HAsO_2$	6.0×10^{-10}		
硼酸	H_3BO_3	5.8×10^{-10}		

（续表）

物质	化学式	$K_{a1}^{\ominus}$	$K_{a2}^{\ominus}$	$K_{a3}^{\ominus}$
碳酸	$H_2CO_3(CO_2+H_2O)$	4.2×10^{-7}	5.6×10^{-11}	
氢氰酸	HCN	6.2×10^{-10}		
铬酸	H_2CrO_4	4.1	1.3×10^{-6}	
次氯酸	$HClO$	2.8×10^{-8}		
硫氰酸	$HCNS$	1.4×10^{-1}		
过氧化氢	H_2O_2	2.2×10^{-12}		
氢氟酸	HF	6.6×10^{-4}		
次碘酸	HIO	2.3×10^{-11}		
碘酸	HIO_3	0.16		
亚硝酸	HNO_2	5.1×10^{-4}		
磷酸	H_3PO_4	6.9×10^{-3}	6.2×10^{-8}	4.8×10^{-13}
亚磷酸	H_3PO_3	6.3×10^{-2}	2.0×10^{-7}	
氢硫酸	H_2S	1.3×10^{-7}	7.1×10^{-15}	
硫酸	H_2SO_4		1.2×10^{-2}	
亚硫酸	$H_2SO_3(SO_2+H_2O)$	1.3×10^{-2}	6.3×10^{-8}	
偏硅酸	H_2SiO_3	1.7×10^{-10}	1.6×10^{-12}	
铵离子	NH_4^+	5.6×10^{-10}		
甲酸	$HCOOH$	1.77×10^{-4}		
醋酸	CH_3COOH	1.75×10^{-5}		
乙二酸(草酸)	$H_2C_2O_4$	5.4×10^{-2}	5.4×10^{-5}	
一氯乙酸	$CH_2ClCOOH$	1.4×10^{-3}		
二氯乙酸	$CHCl_2COOH$	5.0×10^{-2}		
三氯乙酸	CCl_3COOH	0.23		
丙烯酸	$CH_2=CHCOOH$	1.4×10^{-3}		
苯甲酸	C_6H_5COOH	6.2×10^{-5}		
邻苯二甲酸	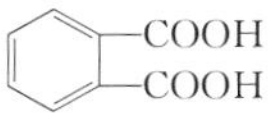	1.1×10^{-3}	3.9×10^{-6}	
苯酚	C_6H_5OH	1.1×10^{-10}		
乙二胺四乙酸	H_6Y^{2+}	0.13 $2.1\times10^{-3}(K_{a4}^{\ominus})$	3.0×10^{-2} $6.9\times10^{-7}(K_{a5}^{\ominus})$	1.0×10^{-2} $5.9\times10^{-11}(K_{a6}^{\ominus})$

2. 弱碱在水中的解离常数

物质	化学式	$K_b^{\ominus}$	物质	化学式	$K_b^{\ominus}$
氨	NH_3	1.8×10^{-5}	二乙胺	$(C_2H_5)_2NH$	1.3×10^{-3}
联氨	H_2NNH_2	$3.0\times10^{-6}(K_{b1}^{\ominus})$	乙二胺	$NH_2CH_2CH_2NH_2$	$8.3\times10^{-5}(K_{b1}^{\ominus})$
		$7.6\times10^{-15}(K_{b2}^{\ominus})$			$7.1\times10^{-8}(K_{b2}^{\ominus})$
羟氨	NH_2OH	9.1×10^{-9}	乙醇胺	$HOCH_2CH_2NH_2$	3.2×10^{-5}
甲胺	CH_3NH_2	4.2×10^{-4}	三乙醇胺	$(HOCH_2CH_2)_3N$	5.8×10^{-7}
乙胺	$C_2H_5NH_2$	5.6×10^{-4}	苯胺	$C_6H_5NH_2$	4.3×10^{-10}
二甲胺	$(CH_3)_2NH$	1.2×10^{-4}	吡啶	C_5H_5N	1.7×10^{-9}

附录四　一些难溶化合物的溶度积(298.15 K)

化合物	$K_{sp}^{\ominus}$	化合物	$K_{sp}^{\ominus}$
AgAc	1.9×10^{-3}	HgS(红)	2.0×10^{-53}
AgBr	5.4×10^{-13}	$Hg(OH)_2$	3.2×10^{-26}
AgCl	1.8×10^{-10}	Hg_2Br_2	6.4×10^{-23}
Ag_2CO_3	8.5×10^{-12}	Hg_2CO_3	3.7×10^{-17}
Ag_2CrO_4	1.1×10^{-12}	$Hg_2C_2O_4$	1.8×10^{-13}
$Ag_2Cr_2O_7$	2.0×10^{-7}	Hg_2Cl_2	1.5×10^{-18}
AgCN	5.9×10^{-17}	Hg_2F_2	3.1×10^{-6}
$Ag_2C_2O_4$	5.4×10^{-12}	Hg_2I_2	5.3×10^{-29}
$AgIO_3$	3.2×10^{-8}	Hg_2S	1.0×10^{-47}
AgI	8.5×10^{-17}	Hg_2SO_4	8.0×10^{-7}
AgOH	2.0×10^{-8}	$Hg_2(SCN)_2$	3.12×10^{-20}
Ag_3PO_4	8.9×10^{-17}	$KClO_4$	1.1×10^{-2}
Ag_2S	6.3×10^{-50}	$K_2[PtCl_6]$	7.5×10^{-6}
AgSCN	1.0×10^{-12}	Li_2CO_3	8.2×10^{-4}
Ag_2SO_4	1.2×10^{-5}	$MgCO_3$	6.8×10^{-6}
Ag_2SO_3	1.5×10^{-14}	MgF_2	7.4×10^{-11}
$Al(OH)_3$	1.1×10^{-33}	$Mg(OH)_2$	5.6×10^{-12}
As_2S_3	2.1×10^{-22}	$Mg_3(PO_4)_2$	9.9×10^{-25}
$BaCO_3$	2.6×10^{-9}	$MnCO_3$	2.24×10^{-11}
$BaCrO_4$	1.2×10^{-10}	$Mn(IO_3)_2$	4.4×10^{-7}
BaF_2	1.8×10^{-7}	$Mn(OH)_2$	2.1×10^{-13}
$Ba_3(PO_4)_2$	3.4×10^{-23}	MnS	4.7×10^{-14}
$BaSO_4$	1.1×10^{-10}	$NiCO_3$	1.4×10^{-7}
BaC_2O_4	1.6×10^{-7}	$Ni(IO_3)_2$	4.7×10^{-5}
Bi_2S_3	1.8×10^{-99}	$Ni(OH)_2$	5.5×10^{-16}
$CaCO_3$	5.0×10^{-9}	NiS	1.1×10^{-21}
CaF_2	1.5×10^{-10}	$Ni_3(PO_4)_2$	4.7×10^{-32}
$CaSO_4$	7.1×10^{-5}	$PbCO_3$	1.5×10^{-13}
$Ca(OH)_2$	4.7×10^{-6}	$PbCrO_4$	2.8×10^{-13}
CaC_2O_4	2.3×10^{-5}	PbC_2O_4	8.5×10^{-10}
$Ca(IO_3)_2$	6.5×10^{-6}	$PbCl_2$	1.2×10^{-5}
$Ca_3(PO_4)_2$	2.1×10^{-33}	$PbBr_2$	6.6×10^{-6}
CdF_2	6.4×10^{-3}	PbF_3	7.2×10^{-7}
$Cd(IO_3)_2$	2.5×10^{-8}	PbI_2	8.5×10^{-9}
$Cd(OH)_2$	7.2×10^{-15}	$Pb(IO_3)_2$	3.7×10^{-13}
CdS	8.0×10^{-27}	$Pb(OH)_2$	1.4×10^{-20}
$Cd_3(PO_4)_2$	2.5×10^{-33}	$Pb(OH)_4$	3.2×10^{-44}
$Co(IO_3)_2$	1.2×10^{-2}	PbS	9.1×10^{-29}
$Co(OH)_2$	1.1×10^{-15}	$PbSO_4$	1.8×10^{-8}
$Co_3(PO_4)_2$	2.1×10^{-35}	$Pb(SCN)_2$	2.1×10^{-5}
$Cr(OH)_3$	6.3×10^{-31}	PdS	2.0×10^{-58}
CuBr	6.3×10^{-9}	$Pd(SCN)_2$	4.4×10^{-23}
CuCl	1.7×10^{-7}	PtS	2.0×10^{-58}
CuC_2O_4	4.4×10^{-10}	$Sn(OH)_2$	5.5×10^{-27}
CuI	1.3×10^{-12}	$Sn(OH)_4$	1.0×10^{-56}
CuOH	1×10^{-14}	SnS	3.3×10^{-28}
$Cu(OH)_2$	2.2×10^{-20}	$SrCO_3$	5.6×10^{-10}
CuSCN	1.8×10^{-13}	SrF_2	4.3×10^{-9}
$Cu(IO_3)_2$	6.9×10^{-8}	$Sr(IO_3)_2$	1.1×10^{-7}
CuS	1.3×10^{-36}	$Sr(IO_3)_2\cdot H_2O$	3.6×10^{-7}
Cu_2S	2.3×10^{-48}	$Sr(IO_3)_2\cdot 6H_2O$	4.6×10^{-7}
$Cu_3(PO_4)_2$	1.4×10^{-37}	$SrSO_4$	3.4×10^{-7}
$FeCO_3$	3.1×10^{-11}	$ZnCO_3$	1.2×10^{-10}
FeF_2	2.4×10^{-6}	$ZnCO_3\cdot H_2O$	5.4×10^{-10}
$Fe(OH)_2$	4.9×10^{-11}	$ZnC_2O_4\cdot 2H_2O$	1.4×10^{-9}
$Fe(OH)_3$	2.6×10^{-39}	ZnF_2	3.0×10^{-2}
FeS	1.6×10^{-19}	$Zn(IO_3)_2$	4.3×10^{-6}
$FePO_4\cdot 2H_2O$	9.9×10^{-29}	γ-$Zn(OH)_2$	6.9×10^{-17}
$HgBr_2$	6.2×10^{-12}	β-$Zn(OH)_2$	7.7×10^{-17}
HgI_2	2.8×10^{-29}	α-ZnS	1.6×10^{-24}
HgS(黑)	6.4×10^{-53}	β-ZnS	2.5×10^{-22}

附录五　一些电极的标准电极电势(298.15 K)

1. 在酸性溶液中

电 对	电 极 反 应	$\varphi_A^\ominus$/V
Li^+/Li	$Li^+ + e^- \rightleftharpoons Li$	−3.045
Rb^+/Rb	$Rb^+ + e^- \rightleftharpoons Rb$	−2.98
K^+/K	$K^+ + e^- \rightleftharpoons K$	−2.931
Ba^{2+}/Ba	$Ba^{2+} + 2e^- \rightleftharpoons Ba$	−2.912
Sr^{2+}/Sr	$Sr^{2+} + 2e^- \rightleftharpoons Sr$	−2.89
Ca^{2+}/Ca	$Ca^{2+} + 2e^- \rightleftharpoons Ca$	−2.868
Na^+/Na	$Na^+ + e^- \rightleftharpoons Na$	−2.71
Mg^{2+}/Mg	$Mg^{2+} + 2e^- \rightleftharpoons Mg$	−2.372
Be^{2+}/Be	$Be^{2+} + 2e^- \rightleftharpoons Be$	−1.85
Al^{3+}/Al	$Al^{3+} + 3e^- \rightleftharpoons Al$	−1.662
Ti^{2+}/Ti	$Ti^{2+} + 2e^- \rightleftharpoons Ti$	−1.630
Mn^{2+}/Mn	$Mn^{2+} + 2e^- \rightleftharpoons Mn$	−1.17
TiO_2/Ti	$TiO_2 + 4H^+ + 4e^- \rightleftharpoons Ti + 2H_2O$	−0.86
Zn^{2+}/Zn	$Zn^{2+} + 2e^- \rightleftharpoons Zn$	−0.7618
Cr^{3+}/Cr	$Cr^{3+} + 3e^- \rightleftharpoons Cr$	−0.744
Ag_2S/Ag	$Ag_2S + 2e^- \rightleftharpoons 2Ag + S^{2-}$	−0.691
$CO_2/H_2C_2O_4$	$2CO_2 + 2H^+ + 2e^- \rightleftharpoons H_2C_2O_4$	−0.49
Fe^{2+}/Fe	$Fe^{2+} + 2e^- \rightleftharpoons Fe$	−0.447
Cd^{2+}/Cd	$Cd^{2+} + 2e^- \rightleftharpoons Cd$	−0.403
$PbSO_4/Pb$	$PbSO_4 + 2e^- \rightleftharpoons Pb + SO_4^{2-}$	−0.3588
Co^{2+}/Co	$Co^{2+} + 2e^- \rightleftharpoons Co$	−0.28
H_3PO_4/H_3PO_3	$H_3PO_4 + 2H^+ + 2e^- \rightleftharpoons H_3PO_3 + H_2O$	−0.276
$PbCl_2/Pb$	$PbCl_2 + 2e^- \rightleftharpoons Pb + 2Cl^-$	−0.2675
Ni^{2+}/Ni	$Ni^{2+} + 2e^- \rightleftharpoons Ni$	−0.257
V^{3+}/V^{2+}	$V^{3+} + e^- \rightleftharpoons V^{2+}$	−0.255
AgI/Ag	$AgI + e^- \rightleftharpoons Ag + I^-$	−0.1522
Sn^{2+}/Sn	$Sn^{2+} + 2e^- \rightleftharpoons Sn$	−0.1375
Pb^{2+}/Pb	$Pb^{2+} + 2e^- \rightleftharpoons Pb$	−0.1262
Fe^{3+}/Fe	$Fe^{3+} + 3e^- \rightleftharpoons Fe$	−0.037
Ag_2S/Ag	$Ag_2S + 2H^+ + 2e^- \rightleftharpoons 2Ag + H_2S$	−0.0366
$AgCN/Ag$	$AgCN + e^- \rightleftharpoons Ag + CN^-$	−0.017
H^+/H_2	$2H^+ + 2e^- \rightleftharpoons H_2$	0.000 0
$AgBr/Ag$	$AgBr + e^- \rightleftharpoons Ag + Br^-$	0.071 33
$S_4O_6^{2-}/S_2O_3^{2-}$	$S_4O_6^{2-} + 2e^- \rightleftharpoons 2S_2O_3^{2-}$	0.08
S/H_2S	$S + 2H^+ + 2e^- \rightleftharpoons H_2S(aq)$	0.142
Sn^{4+}/Sn^{2+}	$Sn^{4+} + 2e^- \rightleftharpoons 2Sn^{2+}$	0.151
Cu^{2+}/Cu^+	$Cu^{2+} + e^- \rightleftharpoons Cu^+$	0.17
SO_4^{2-}/H_2SO_3	$SO_4^{2-} + 4H^+ + 2e^- \rightleftharpoons H_2SO_3 + H_2O$	0.17
$AgCl/Ag$	$AgCl + e^- \rightleftharpoons Ag + Cl^-$	0.2223
Hg_2Cl_2/Hg	$Hg_2Cl_2 + 2e^- \rightleftharpoons 2Hg + 2Cl^-$	0.2681
Cu^{2+}/Cu	$Cu^{2+} + 2e^- \rightleftharpoons Cu$	0.3419
$[Fe(CN)_6]^{3-}/[Fe(CN)_6]^{4-}$	$[Fe(CN)_6]^{3-} + e^- \rightleftharpoons [Fe(CN)_6]^{4-}$	0.358
Ag_2CrO_4/Ag	$Ag_2CrO_4 + 2e^- \rightleftharpoons 2Ag + CrO_4^{2-}$	0.4470
H_2SO_3/S	$H_2SO_3 + 4H^+ + 4e^- \rightleftharpoons S + 3H_2O$	0.45
Cu^+/Cu	$Cu^+ + e^- \rightleftharpoons Cu$	0.521
I_2/I^-	$I_2 + 2e^- \rightleftharpoons 2I^-$	0.5355
I_3^-/I^-	$I_3^- + 2e^- \rightleftharpoons 3I^-$	0.536
H_3AsO_4/H_3AsO_3	$H_3AsO_4 + 2H^+ + 2e^- \rightleftharpoons H_3AsO_3 + H_2O$	0.560
$S_2O_6^{2-}/H_2SO_3$	$S_2O_6^{2-} + 4H^+ + 2e^- \rightleftharpoons 2H_2SO_3$	0.564
$HgCl_2/Hg_2Cl_2$	$2HgCl_2 + 2e^- \rightleftharpoons Hg_2Cl_2 + 2Cl^-$	0.63
Ag_2SO_4/Ag	$Ag_2SO_4 + 2e^- \rightleftharpoons 2Ag + SO_4^{2-}$	0.654
O_2/H_2O_2	$O_2 + 2H^+ + 2e^- \rightleftharpoons H_2O_2$	0.695
Fe^{3+}/Fe^{2+}	$Fe^{3+} + e^- \rightleftharpoons Fe^{2+}$	0.771
AgF/Ag	$AgF + e^- \rightleftharpoons Ag + F^-$	0.779

（续表）

电 对	电 极 反 应	$\varphi_A^\ominus$/V
Hg_2^{2+}/Hg	$Hg_2^{2+} + 2e^- \rightleftharpoons 2Hg$	0.7973
Ag^+/Ag	$Ag^+ + e^- \rightleftharpoons Ag$	0.7996
NO_3^-/NO_2	$NO_3^- + 2H^+ + e^- \rightleftharpoons NO_2 + H_2O$	0.803
Hg^{2+}/Hg	$Hg^{2+} + 2e^- \rightleftharpoons Hg$	0.851
Cu^{2-}/CuI	$Cu^{2-} + I^- + e^- \rightleftharpoons CuI$	0.86
Hg^{2+}/Hg_2^{2+}	$2Hg^{2+} + 2e^- \rightleftharpoons Hg_2^{2+}$	0.920
NO_3^-/HNO_2	$NO_3^- + 3H^+ + 2e^- \rightleftharpoons HNO_2 + H_2O$	0.934
Pd^{2+}/Pd	$Pd^{2+} + 2e^- \rightleftharpoons Pd$	0.951
NO_3^-/NO	$NO_3^- + 4H^+ + 3e^- \rightleftharpoons NO + 2H_2O$	0.957
HNO_2/NO	$HNO_2 + H^+ + e^- \rightleftharpoons NO + H_2O$	0.983
HIO/I^-	$HIO + H^+ + 2e^- \rightleftharpoons I^- + H_2O$	0.987
N_2O_4/NO	$N_2O_4 + 4H^+ + 4e^- \rightleftharpoons 2NO + 2H_2O$	1.035
N_2O_4/HNO_2	$N_2O_4 + 2H^+ + 2e^- \rightleftharpoons 2HNO_2$	1.065
Br_2/Br^-	$Br_2(l) + 2e^- \rightleftharpoons 2Br^-$	1.066
Br_2/Br^-	$Br_2(aq) + 2e^- \rightleftharpoons 2Br^-$	1.087
$Cu^{2+}/[Cu(CN)_2]^-$	$Cu^{2+} + 2CN^- + e^- \rightleftharpoons [Cu(CN)_2]^-$	1.103
ClO_3^-/ClO_2	$ClO_3^- + 2H^+ + e^- \rightleftharpoons ClO_2 + H_2O$	1.152
ClO_4^-/ClO_3^-	$ClO_4^- + 2H^+ + 2e^- \rightleftharpoons ClO_3^- + H_2O$	1.189
IO_3^-/I_2	$2IO_3^- + 12H^+ + 10e^- \rightleftharpoons I_2 + 6H_2O$	1.195
$ClO_3^-/HClO_2$	$ClO_3^- + 3H^+ + 2e^- \rightleftharpoons HClO_2 + H_2O$	1.214
MnO_2/Mn^{2+}	$MnO_2 + 4H^+ + 2e^- \rightleftharpoons Mn^{2+} + 2H_2O$	1.224
O_2/H_2O	$O_2 + 4H^+ + 4e^- \rightleftharpoons 2H_2O$	1.229
$Cr_2O_7^{2-}/Cr^{3+}$	$Cr_2O_7^{2-} + 14H^+ + 6e^- \rightleftharpoons 2Cr^{3+} + 7H_2O$	1.33
$ClO_2/HClO_2$	$ClO_2 + H^+ + e^- \rightleftharpoons HClO_2$	1.277
$HBrO/Br^-$	$HBrO + H^+ + 2e^- \rightleftharpoons Br^- + H_2O$	1.331
$HCrO_4^-/Cr^{3+}$	$HCrO_4^- + 7H^+ + 3e^- \rightleftharpoons Cr^{3+} + 4H_2O$	1.350
Cl_2/Cl^-	$Cl_2 + 2e^- \rightleftharpoons 2Cl^-$	1.358 3
ClO_4^-/Cl_2	$2ClO_4^- + 16H^+ + 14e^- \rightleftharpoons Cl_2 + 8H_2O$	1.39
Au^{3+}/Au^+	$Au^{3+} + 2e^- \rightleftharpoons Au^+$	1.401
BrO_3^-/Br^-	$BrO_3^- + 6H^+ + 6e^- \rightleftharpoons Br^- + 3H_2O$	1.423
PbO_2/Pb^{2+}	$PbO_2 + 4H^+ + 2e^- \rightleftharpoons Pb^{2+} + 2H_2O$	1.455
ClO_3^-/Cl_2	$2ClO_3^- + 12H^+ + 10e^- \rightleftharpoons Cl_2 + 6H_2O$	1.47
BrO_3^-/Br_2	$2BrO_3^- + 12H^+ + 10e^- \rightleftharpoons Br_2 + 6H_2O$	1.482
$HClO/Cl^-$	$HClO + H^+ + 2e^- \rightleftharpoons Cl^- + H_2O$	1.482
Mn_2O_3/Mn^{2+}	$Mn_2O_3 + 6H^+ + 2e^- \rightleftharpoons 2Mn^{2+} + 3H_2O$	1.485
Au^{3+}/Au	$Au^{3+} + 3e^- \rightleftharpoons Au$	1.498
MnO_4^-/Mn^{2+}	$MnO_4^- + 8H^+ + 5e^- \rightleftharpoons Mn^{2+} + 4H_2O$	1.507
Mn^{3+}/Mn^{2+}	$Mn^{3+} + e^- \rightleftharpoons Mn^{2+}$	1.541
$HClO_2/Cl^-$	$HClO_2 + 3H^+ + 4e^- \rightleftharpoons Cl^- + 2H_2O$	1.570
$HBrO/Br_2$	$2HBrO + 2H^+ + 2e^- \rightleftharpoons Br_2(aq) + 2H_2O$	1.574
$HBrO/Br_2$	$2HBrO + 2H^+ + 2e^- \rightleftharpoons Br_2(l) + 2H_2O$	1.596
$HClO/Cl_2$	$2HClO + 2H^+ + 2e^- \rightleftharpoons Cl_2 + 2H_2O$	1.611
$HClO_2/Cl_2$	$2HClO_2 + 6H^+ + 6e^- \rightleftharpoons Cl_2 + 4H_2O$	1.628
$HClO_2/HClO$	$HClO_2 + 2H^+ + 2e^- \rightleftharpoons HClO + H_2O$	1.645
MnO_4^-/MnO_2	$MnO_4^- + 4H^+ + 3e^- \rightleftharpoons MnO_2 + 2H_2O$	1.679
$PbO_2/PbSO_4$	$PbO_2 + SO_4^{2-} + 4H^+ + 2e^- \rightleftharpoons PbSO_4 + 2H_2O$	1.6913
H_2O_2/H_2O	$H_2O_2 + 2H^+ + 2e^- \rightleftharpoons 2H_2O$	1.776
$S_2O_8^{2-}/SO_4^{2-}$	$S_2O_8^{2-} + 2e^- \rightleftharpoons 2SO_4^{2-}$	2.010
O_3/H_2O	$O_3 + 2H^+ + 2e^- \rightleftharpoons O_2 + H_2O$	2.076
$S_2O_8^{2-}/HSO_4^-$	$S_2O_8^{2-} + 2H^+ + 2e^- \rightleftharpoons 2HSO_4^-$	2.123
H_4XeO_6/XeO_3	$H_4XeO_6 + 2H^+ + 2e^- \rightleftharpoons XeO_3 + 3H_2O$	2.42
F_2/F^-	$F_2 + 2e^- \rightleftharpoons 2F^-$	2.866
F_2/HF	$F_2 + 2H^+ + 2e^- \rightleftharpoons 2HF$	3.053
XeF/Xe	$XeF + e^- \rightleftharpoons Xe + F^-$	3.4

2. 在碱性溶液中

电 对	电 极 反 应	$\varphi_B^\ominus$/V
$Ca(OH)_2/Ca$	$Ca(OH)_2 + 2e^- \rightleftharpoons Ca + 2OH^-$	−3.02
$Ba(OH)_2/Ba$	$Ba(OH)_2 + 2e^- \rightleftharpoons Ba + 2OH^-$	−2.99
$Sr(OH)_2/Sr$	$Sr(OH)_2 + 2e^- \rightleftharpoons Sr + 2OH^-$	−2.88
$Mg(OH)_2/Mg$	$Mg(OH)_2 + 2e^- \rightleftharpoons Mg + 2OH^-$	−2.690
$H_2AlO_3^-/Al$	$H_2AlO_3^- + H_2O + 3e^- \rightleftharpoons Al + 4OH^-$	−2.33
SiO_3^{2-}/Si	$SiO_3^{2-} + 3H_2O + 4e^- \rightleftharpoons Si + 6OH^-$	−1.697
$HPO_3^{2-}/H_2PO_2^-$	$HPO_3^{2-} + 2H_2O + 2e^- \rightleftharpoons H_2PO_2^- + 3OH^-$	−1.65
$Mn(OH)_2/Mn$	$Mn(OH)_2 + 2e^- \rightleftharpoons Mn + 2OH^-$	−1.56
$Cr(OH)_3/Cr$	$Cr(OH)_3 + 3e^- \rightleftharpoons Cr + 3OH^-$	−1.3
$Zn(OH)_2/Zn$	$Zn(OH)_2 + 2e^- \rightleftharpoons Zn + 2OH^-$	−1.249
ZnO_2^-/Zn	$ZnO_2^- + 2H_2O + 3e^- \rightleftharpoons Zn + 4OH^-$	−1.215
$[Zn(OH)_4]^{2-}/Zn$	$[Zn(OH)_4]^{2-} + 2e^- \rightleftharpoons Zn + 4OH^-$	−1.199
$SO_3^{2-}/S_2O_4^{2-}$	$2SO_3^{2-} + 2H_2O + 2e^- \rightleftharpoons S_2O_4^{2-} + 4OH^-$	−1.12
PO_4^{3-}/HPO_3^{2-}	$PO_4^{3-} + 2H_2O + 2e^- \rightleftharpoons HPO_3^{2-} + 3OH^-$	−1.05
SO_4^{2-}/SO_3^{2-}	$SO_4^{2-} + H_2O + 2e^- \rightleftharpoons SO_3^{2-} + 2OH^-$	−0.93
P/PH_3	$P + 3H_2O + 3e^- \rightleftharpoons PH_3(g) + 3OH^-$	−0.87
NO_3^-/N_2O_4	$2NO_3^- + 2H_2O + 2e^- \rightleftharpoons N_2O_4 + 4OH^-$	−0.85
H_2O/H_2	$2H_2O + 2e^- \rightleftharpoons H_2 + 2OH^-$	−0.8277
$Co(OH)_2/Co$	$Co(OH)_2 + 2e^- \rightleftharpoons Co + 2OH^-$	−0.73
$Ni(OH)_2/Ni$	$Ni(OH)_2 + 2e^- \rightleftharpoons Ni + 2OH^-$	−0.72
AsO_4^{3-}/AsO_2^-	$AsO_4^{3-} + 2H_2O + 2e^- \rightleftharpoons AsO_2^- + 4OH^-$	−0.71
PbO/Pb	$PbO + H_2O + 2e^- \rightleftharpoons Pb + 2OH^-$	−0.580
$SO_3^{2-}/S_2O_3^{2-}$	$2SO_3^{2-} + 3H_2O + 4e^- \rightleftharpoons S_2O_3^{2-} + 6OH^-$	−0.571
$Fe(OH)_3/Fe(OH)_2$	$Fe(OH)_3 + e^- \rightleftharpoons Fe(OH)_2 + OH^-$	−0.56
S/HS^-	$S + H_2O + 2e^- \rightleftharpoons HS^- + OH^-$	−0.478
NO_2/NO	$NO_2 + H_2O + 2e^- \rightleftharpoons NO + 2OH^-$	−0.46
Cu_2O/Cu	$Cu_2O + H_2O + 2e^- \rightleftharpoons 2Cu + 2OH^-$	−0.360
$Cu(OH)_2/Cu$	$Cu(OH)_2 + 2e^- \rightleftharpoons Cu + 2OH^-$	−0.222
O_2/H_2O_2	$O_2 + 2H_2O + 2e^- \rightleftharpoons H_2O_2 + 2OH^-$	−0.146
$CrO_4^{2-}/Cr(OH)_3$	$CrO_4^{2-} + 4H_2O + 3e^- \rightleftharpoons Cr(OH)_3 + 5OH^-$	−0.13
$Cu(OH)_2/Cu_2O$	$2Cu(OH)_2 + 2e^- \rightleftharpoons Cu_2O + 2OH^- + H_2O$	−0.080
O_2/HO_2^-	$O_2 + H_2O + 2e^- \rightleftharpoons HO_2^- + OH^-$	−0.076
IO_3^-/IO^-	$IO_3^- + 2H_2O + 4e^- \rightleftharpoons IO^- + 4OH^-$	0.15
IO_3^-/I^-	$IO_3{}^- + 3H_2O + 6e^- \rightleftharpoons I^- + 6OH^-$	0.26
ClO_3^-/ClO_2^-	$ClO_3^- + H_2O + 2e^- \rightleftharpoons ClO_2 - + 2OH^-$	0.33
ClO_4^-/ClO_3^-	$ClO_4^- + H_2O + 2e^- \rightleftharpoons ClO_3^- + 2OH^-$	0.36
O_2/OH^-	$O_2 + 2H_2O + 4e^- \rightleftharpoons 4OH^-$	0.401
MnO_4^-/MnO_4^{2-}	$MnO_4^- + e^- \rightleftharpoons MnO_4^{2-}$	0.558
MnO_4^-/MnO_2	$MnO_4^- + 2H_2O + 3e^- \rightleftharpoons MnO_2 + 4OH^-$	0.595
MnO_4^{2-}/MnO_2	$MnO_4^{2-} + 2H_2O + 2e^- \rightleftharpoons MnO_2 + 4OH^-$	0.60
BrO_3^-/Br^-	$BrO_3^- + 3H_2O + 6e^- \rightleftharpoons Br^- + 6OH^-$	0.61
ClO_3^-/Cl^-	$ClO_3^- + 3H_2O + 6e^- \rightleftharpoons Cl^- + 6OH^-$	0.62
ClO_2^-/ClO^-	$ClO_2^- + H_2O + 2e^- \rightleftharpoons ClO^- + 2OH^-$	0.66
BrO^-/Br^-	$BrO^- + H_2O + 2e^- \rightleftharpoons Br^- + 2OH^-$	0.761
ClO^-/Cl^-	$ClO^- + H_2O + 2e^- \rightleftharpoons Cl^- + 2OH^-$	0.841
O_3/OH^-	$O_3 + H_2O + 2e^- \rightleftharpoons O_2 + 2OH^-$	1.24

附录六　常见配离子的稳定常数(298.15 K)

配离子	$K^{\ominus}_{稳}$	配离子	$K^{\ominus}_{稳}$
$[AuCl_2]^+$	6.3×10^{9}	$[CuEDTA]^{2-}$	5.0×10^{18}
$[CdCl_4]^{2-}$	6.33×10^{2}	$[FeEDTA]^{2-}$	2.14×10^{14}
$[CuCl_3]^{2-}$	5.0×10^{5}	$[FeEDTA]^{-}$	1.70×10^{24}
$[CuCl_4]^{2-}$	3.1×10^{5}	$[HgEDTA]^{2-}$	6.33×10^{21}
$[FeCl]^+$	2.99	$[MgEDTA]^{2-}$	4.37×10^{8}
$[FeCl_4]^-$	1.02	$[MnEDTA]^{2-}$	6.3×10^{13}
$[HgCl_4]^{2-}$	1.17×10^{15}	$[NiEDTA]^{2-}$	3.64×10^{18}
$[PbCl_4]^{2-}$	39.8	$[ZnEDTA]^{2-}$	2.5×10^{16}
$[PtCl_4]^{2-}$	1.0×10^{16}	$[Ag(en)_2]^+$	5.00×10^{7}
$[SnCl_4]^{2-}$	30.2	$[Cd(en)_3]^{2+}$	1.20×10^{12}
$[ZnCl_4]^{2-}$	1.58	$[Co(en)_3]^{2+}$	8.69×10^{13}
$[Ag(CN)_2]^-$	1.3×10^{21}	$[Co(en)_3]^{3+}$	4.90×10^{48}
$[Ag(CN)_4]^{3-}$	4.0×10^{20}	$[Cr(en)_2]^{2+}$	1.55×10^{9}
$[Au(CN)_2]^-$	2.0×10^{38}	$[Cu(en)_2]^+$	6.33×10^{10}
$[Cd(CN)_4]^{2-}$	6.02×10^{18}	$[Cu(en)_3]^{2+}$	1.0×10^{21}
$[Cu(CN)_2]^-$	1.0×10^{16}	$[Fe(en)_3]^{2+}$	5.00×10^{9}
$[Cu(CN)_4]^{3-}$	2.00×10^{30}	$[Hg(en)_2]^{2+}$	2.00×10^{23}
$[Fe(CN)_6]^{4-}$	1.0×10^{35}	$[Mn(en)_3]^{2+}$	4.67×10^{5}
$[Fe(CN)_6]^{3-}$	1.0×10^{42}	$[Ni(en)_3]^{2+}$	2.14×10^{18}
$[Hg(CN)_4]^{2-}$	2.5×10^{41}	$[Zn(en)_3]^{2+}$	1.29×10^{14}
$[Ni(CN)_4]^{2-}$	2.0×10^{31}	$[AlF_6]^{3-}$	6.94×10^{19}
$[Zn(CN)_4]^{2-}$	5.0×10^{16}	$[FeF_6]^{3-}$	1.0×10^{16}
$[Ag(SCN)_4]^{3-}$	1.20×10^{10}	$[AgI_3]^{2-}$	4.78×10^{13}
$[Ag(SCN)_2]^-$	3.72×10^{7}	$[AgI_2]^-$	5.49×10^{11}
$[Au(SCN)_4]^{3-}$	1.0×10^{42}	$[CdI_4]^{2-}$	2.57×10^{5}
$[Au(SCN)_2]^-$	1.0×10^{23}	$[CuI_2]^-$	7.09×10^{8}
$[Cd(SCN)_4]^{2-}$	3.98×10^{3}	$[PbI_4]^{2-}$	2.95×10^{4}
$[Co(SCN)_4]^{2-}$	1.00×10^{5}	$[HgI_4]^{2-}$	6.76×10^{29}
$[Cr(SCN)_2]^+$	9.52×10^{2}	$[Ag(NH_3)_2]^+$	1.12×10^{7}
$[Cu(SCN)_2]^-$	1.51×10^{5}	$[Cd(NH_3)_6]^{2+}$	1.38×10^{5}
$[Fe(SCN)_2]^+$	2.29×10^{3}	$[Cd(NH_3)_4]^{2+}$	1.32×10^{7}
$[Fe(SCN)_6]^{3-}$	1.48×10^{3}	$[Co(NH_3)_6]^{2+}$	1.29×10^{5}
$[Hg(SCN)_4]^{2-}$	1.7×10^{21}	$[Co(NH_3)_6]^{3+}$	1.58×10^{35}
$[Ni(SCN)_3]^-$	64.5	$[Cu(NH_3)_2]^+$	7.25×10^{10}
$[AgEDTA]^{3-}$	2.09×10^{5}	$[Cu(NH_3)_4]^{2+}$	2.09×10^{13}
$[AlEDTA]^-$	1.29×10^{16}	$[Fe(NH_3)_2]^{2+}$	1.6×10^{2}
$[CaEDTA]^{2-}$	1.0×10^{11}	$[Hg(NH_3)_4]^{2+}$	1.90×10^{19}
$[CdEDTA]^{2-}$	2.5×10^{7}	$[Mg(NH_3)_2]^{2+}$	20
$[CoEDTA]^{2-}$	2.04×10^{16}	$[Zn(NH_3)_4]^{2+}$	2.88×10^{9}
$[CoEDTA]^-$	1.0×10^{36}	$[Ni(NH_3)_6]^{2+}$	5.49×10^{8}
$[Ni(NH_3)_4]^{2+}$	9.09×10^{7}	$[Cu(P_2O_7)]^{2-}$	1.0×10^{8}
$[Pt(NH_3)_6]^{2+}$	2.00×10^{35}	$[Pb(P_2O_7)]^{2-}$	2.0×10^{5}
$[Zn(NH_3)_4]^{2+}$	2.88×10^{9}	$[Ni(P_2O_7)_2]^{6-}$	2.5×10^{2}
$[Al(OH)_4]^-$	1.07×10^{33}	$[Ag(S_2O_3)]^-$	6.62×10^{8}
$[Bi(OH)_4]^-$	1.59×10^{35}	$[Ag(S_2O_3)_2]^{3-}$	2.88×10^{13}
$[Cd(OH)_4]^{2-}$	4.17×10^{8}	$[Cd(S_2O_3)_2]^{2-}$	2.75×10^{6}
$[Cr(OH)_4]^-$	7.94×10^{29}	$[Cd(S_2O_3)_3]^{4-}$	5.89×10^{6}
$[Cu(OH)_4]^{2-}$	3.16×10^{18}	$[Cu(S_2O_3)_2]^{2-}$	1.66×10^{12}
$[Fe(OH)_4]^{2-}$	3.80×10^{8}	$[Pb(S_2O_3)_2]^{2-}$	1.35×10^{5}
$[Ca(P_2O_7)]^{2-}$	4.0×10^{4}	$[Hg(S_2O_3)_2]^{2-}$	2.75×10^{29}
$[Cd(P_2O_7)]^{2-}$	4.0×10^{5}	$[Hg(S_2O_3)_4]^{6-}$	1.74×10^{33}